수학 좀 한다면

디딤돌 초등수학 기본+응용 4-1

펴낸날 [초판 1쇄] 2024년 7월 31일 | **펴낸이** 이기열 | **펴낸곳** (주)디딤돌 교육 | **주소** (03972) 서울특별시 마포구 월드컵북로 122 청원선와이즈타워 | **대표전화** 02-3142-9000 | **구입문의** 02-322-8451 | **내용문의** 02-323-9166 | **팩시밀리** 02-338-3231 | **홈페이지** www.didimdol.co.kr | **등록번호** 제10-718호 | 구입한 후에는 철회되지 않으며 잘못 인쇄된 책은 바꾸어 드립니다.

내 실력에 딱!
최상위로 가는 '맞춤 학습 플랜'

STEP 1 On-line

나에게 맞는 공부법은?
맞춤 학습 가이드를 만나요.

교재 선택부터 공부법까지! 디딤돌에서 제공하는 시기별
맞춤 학습 가이드를 통해 아이에게 맞는 학습 계획을 세워 주세요.
(학습 가이드는 디딤돌 학부모카페 '맘이가'를 통해 상시 공지합니다.
cafe.naver.com/didimdolmom)

STEP 2 Book

맞춤 학습 스케줄표
계획에 따라 공부해요.

교재에 첨부된 '맞춤 학습 스케줄표'에 맞춰 공부 목표를
달성합니다.

STEP 3 On-line

이럴 땐 이렇게!
'맞춤 Q&A'로 해결해요.

궁금하거나 모르는 문제가 있다면,
'맘이가' 카페를 통해 질문을 남겨 주세요.
디딤돌 수학쌤 및 선배맘님들이 친절히 답변해 드립니다.

STEP 4 Book

다음에는 뭐 풀지?
다음 교재를 추천받아요.

학습 결과에 따라 후속 학습에 사용할 교재를 제시해 드립니다.
(교재 마지막 페이지 수록)

★ 디딤돌 플래너 만나러 가기

디딤돌 초등수학 기본+응용 4-1

짧은 기간에 집중력 있게 한 학기 과정을 완성할 수 있도록 설계하였습니다.
방학 때 미리 공부하고 싶다면 주 5일 8주 완성 과정을 이용해요.

공부한 날짜를 쓰고 하루 분량 학습을 마친 후, 부모님께 확인 check ☑를 받으세요.

1 큰 수

1주					2주	
☐	☐	☐	☐	☐	☐	☐
월 일	월 일	월 일	월 일	월 일	월 일	월 일
8~13쪽	14~17쪽	18~21쪽	22~23쪽	24~27쪽	28~30쪽	31~33쪽

3 곱셈과 나눗셈

3주					4주	
☐	☐	☐	☐	☐	☐	☐
월 일	월 일	월 일	월 일	월 일	월 일	월 일
50~53쪽	54~57쪽	58~60쪽	61~63쪽	66~69쪽	70~73쪽	74~77쪽

4 평면도형의 이동

5주					6주	
☐	☐	☐	☐	☐	☐	☐
월 일	월 일	월 일	월 일	월 일	월 일	월 일
92~94쪽	95~97쪽	100~103쪽	104~107쪽	108~113쪽	114~117쪽	118~120쪽

6 규칙 찾기

7주					8주	
☐	☐	☐	☐	☐	☐	☐
월 일	월 일	월 일	월 일	월 일	월 일	월 일
136~139쪽	140~143쪽	144~146쪽	147~149쪽	152~155쪽	156~159쪽	160~166쪽

MEMO

자르는 선

월 일	월 일	월 일
26~27쪽	28~30쪽	31~33쪽

월 일	월 일	월 일
54~55쪽	56~57쪽	58~60쪽

월 일	월 일	월 일
85~87쪽	88~89쪽	90~91쪽

월 일	월 일	월 일
114~115쪽	116~117쪽	118~120쪽

월 일	월 일	월 일
142~143쪽	144~146쪽	147~149쪽

월 일	월 일	월 일
169~170쪽	171~173쪽	174~176쪽

효과적인 수학 공부 비법

X 시켜서 억지로

O 내가 스스로

억지로 하는 일과 즐겁게 하는 일은 결과가 달라요.
목표를 가지고 스스로 즐기면 능률이 배가 돼요.

X 가끔 한꺼번에

O 매일매일 꾸준히

급하게 쌓은 실력은 무너지기 쉬워요.
조금씩이라도 매일매일 단단하게 실력을 쌓아가요.

X 정답을 몰래

O 개념을 꼼꼼히

모든 문제는 개념을 바탕으로 출제돼요.
쉽게 풀리지 않을 땐, 개념을 펼쳐 봐요.

X 채점하면 끝

O 틀린 문제는 다시

왜 틀렸는지 알아야 다시 틀리지 않겠죠?
틀린 문제와 어림짐작으로 맞힌 문제는
꼭 다시 풀어 봐요.

자르는 선

디딤돌 초등수학 기본+응용 4-1

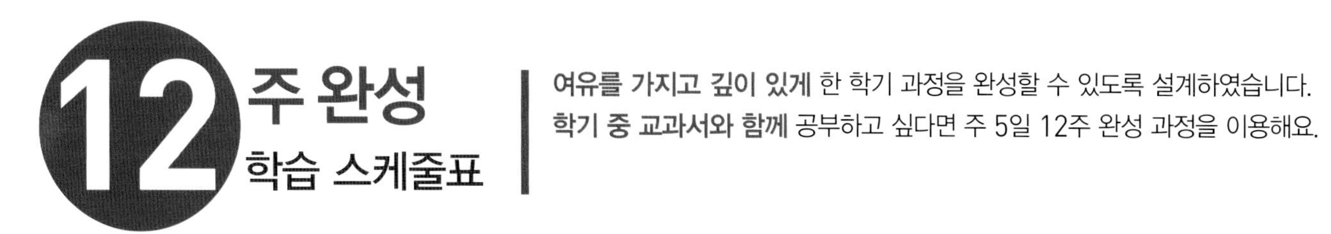

12주 완성 학습 스케줄표

여유를 가지고 깊이 있게 한 학기 과정을 완성할 수 있도록 설계하였습니다.
학기 중 교과서와 함께 공부하고 싶다면 주 5일 12주 완성 과정을 이용해요.

공부한 날짜를 쓰고 하루 분량 학습을 마친 후, 부모님께 확인 check ☑를 받으세요.

1 큰 수

1주					2주	
☐	☐	☐	☐	☐	☐	☐
월 일	월 일	월 일	월 일	월 일	월 일	월 일
8~10쪽	11~13쪽	14~15쪽	16~17쪽	18~21쪽	22~23쪽	24~25쪽

2 각도

3주					4주	
☐	☐	☐	☐	☐	☐	☐
월 일	월 일	월 일	월 일	월 일	월 일	월 일
36~39쪽	40~41쪽	42~43쪽	44~46쪽	47~49쪽	50~51쪽	52~53쪽

3 곱셈과 나눗셈

5주					6주	
☐	☐	☐	☐	☐	☐	☐
월 일	월 일	월 일	월 일	월 일	월 일	월 일
61~63쪽	66~69쪽	70~71쪽	72~73쪽	74~77쪽	78~81쪽	82~84쪽

4 평면도형의 이동

7주					8주	
☐	☐	☐	☐	☐	☐	☐
월 일	월 일	월 일	월 일	월 일	월 일	월 일
92~94쪽	95~97쪽	100~102쪽	103~105쪽	106~107쪽	108~110쪽	111~113쪽

5 막대그래프

9주					10주	
☐	☐	☐	☐	☐	☐	☐
월 일	월 일	월 일	월 일	월 일	월 일	월 일
121~123쪽	126~128쪽	129~131쪽	132~134쪽	135~137쪽	138~139쪽	140~141쪽

6 규칙 찾기

11주					12주	
☐	☐	☐	☐	☐	☐	☐
월 일	월 일	월 일	월 일	월 일	월 일	월 일
152~154쪽	155~157쪽	158~159쪽	160~161쪽	162~163쪽	164~166쪽	167~168쪽

2 각도		
월 일 36~39쪽	월 일 40~43쪽	월 일 44~49쪽

월 일 78~81쪽	월 일 82~87쪽	월 일 88~91쪽

	5 막대그래프	
월 일 121~123쪽	월 일 126~131쪽	월 일 132~135쪽

월 일 167~170쪽	월 일 171~173쪽	월 일 174~176쪽

효과적인 수학 공부 비법

X 시켜서 억지로 / O 내가 스스로

억지로 하는 일과 즐겁게 하는 일은 결과가 달라요.
목표를 가지고 스스로 즐기면 능률이 배가 돼요.

X 가끔 한꺼번에 / O 매일매일 꾸준히

급하게 쌓은 실력은 무너지기 쉬워요.
조금씩이라도 매일매일 단단하게 실력을 쌓아가요.

X 정답을 몰래 / O 개념을 꼼꼼히

모든 문제는 개념을 바탕으로 출제돼요.
쉽게 풀리지 않을 땐, 개념을 펼쳐 봐요.

X 채점하면 끝 / O 틀린 문제는 다시

왜 틀렸는지 알아야 다시 틀리지 않겠죠?
틀린 문제와 어림짐작으로 맞힌 문제는
꼭 다시 풀어 봐요.

수학 좀 한다면 디딤돌

초등수학 기본+응용

상위권으로 가는 **응용심화 학습서**

4-1

1 한눈에 보이는 개념 정리로 개념 이해!

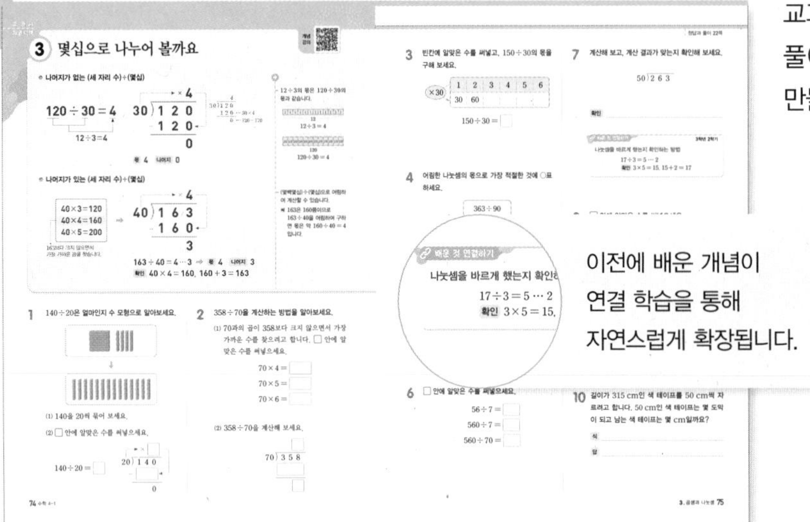

교과서 개념을 이해하고 기본 문제를 풀어 보며 개념을 확실히 내 것으로 만들어 봅니다.

2 개념 대표 문제로 개념 확인!

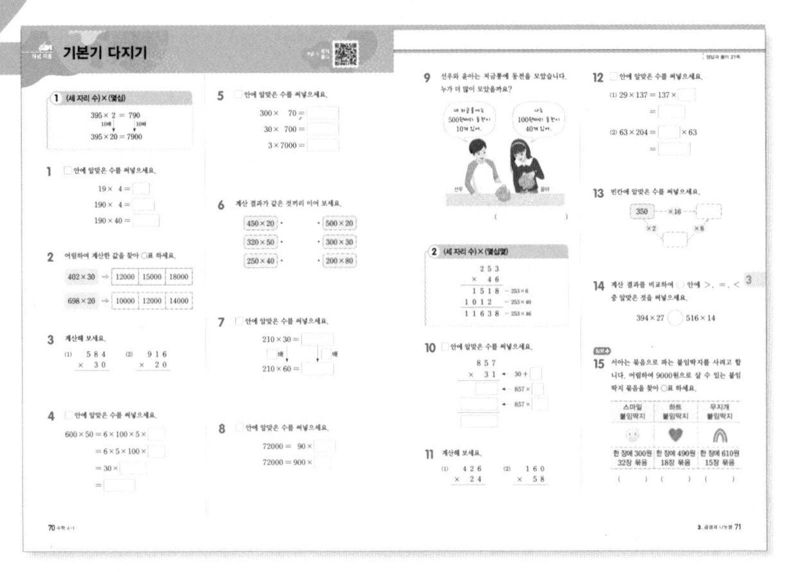

개념별 집중 문제로 교과서, 익힘책은 물론 서술형, 창의형 문제까지 기본 실력에 필요한 모든 문제를 풀어봅니다.

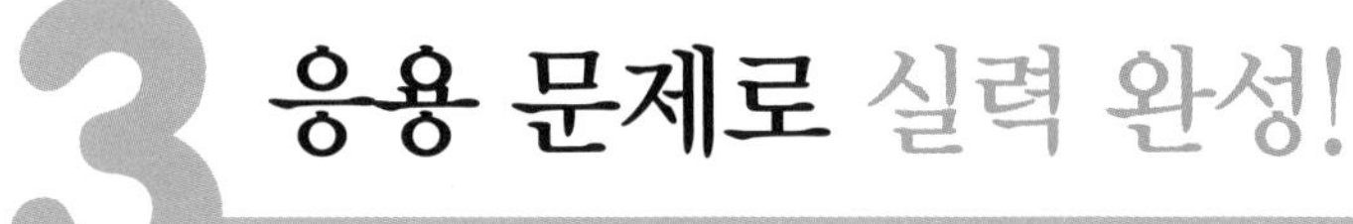

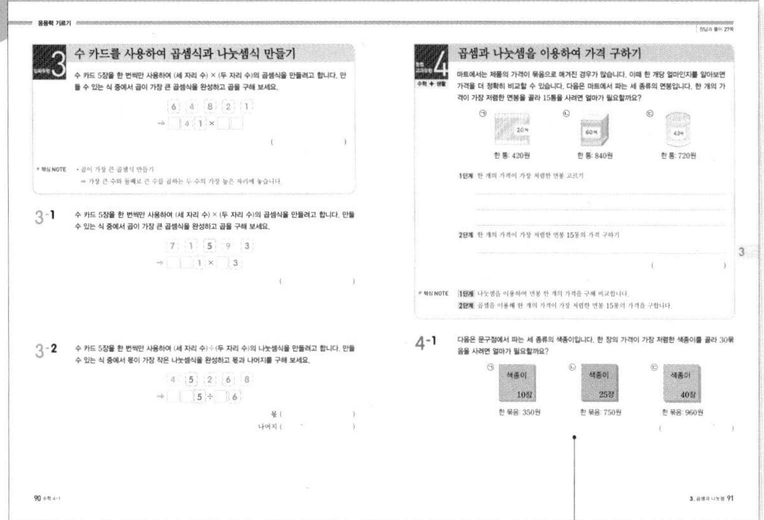

단원별 대표 응용 문제를 풀어보며 실력을 완성해 봅니다.

통합 교과유형 4 수학 + 생활

곱셈과 나눗셈을 이용하여 가격 구하기

마트에서는 제품의 가격이 묶음으로 매겨진 경우가 많습니다. 이때 한 개당 얼마인지를 알아보면 가격을 더 정확히 비교할 수 있습니다. 다음은 마트에서 파는 세 종류의 면봉입니다. 한 개의 가격이 가장 저렴한 면봉을 골라 15통을 사려면 얼마가 필요할까요?

㉠ ㉡ ㉢

통합 교과유형 문제를 통해 문제 해결력과 더불어 추론, 정보처리 역량까지 완성할 수 있습니다.

4 단원 평가로 실력 점검!

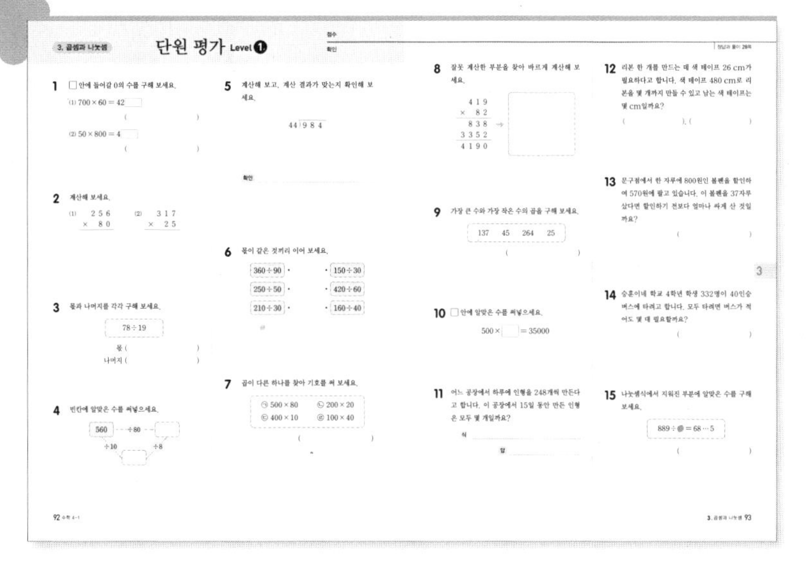

공부한 내용을 마무리하며 틀린 문제나 헷갈렸던 문제는 반드시 개념을 살펴봅니다.

이 책의 **차례**

1 큰 수

물건을 셀 때 1000개, 길이를 잴 때 1000 cm 등
수 뒤에 단위를 붙이듯이 자리를 나타내는 단위가 있어.

1000, 1000만,
1000억, 1000조

수는 10개가 모이면 한 자리 앞으로 가!

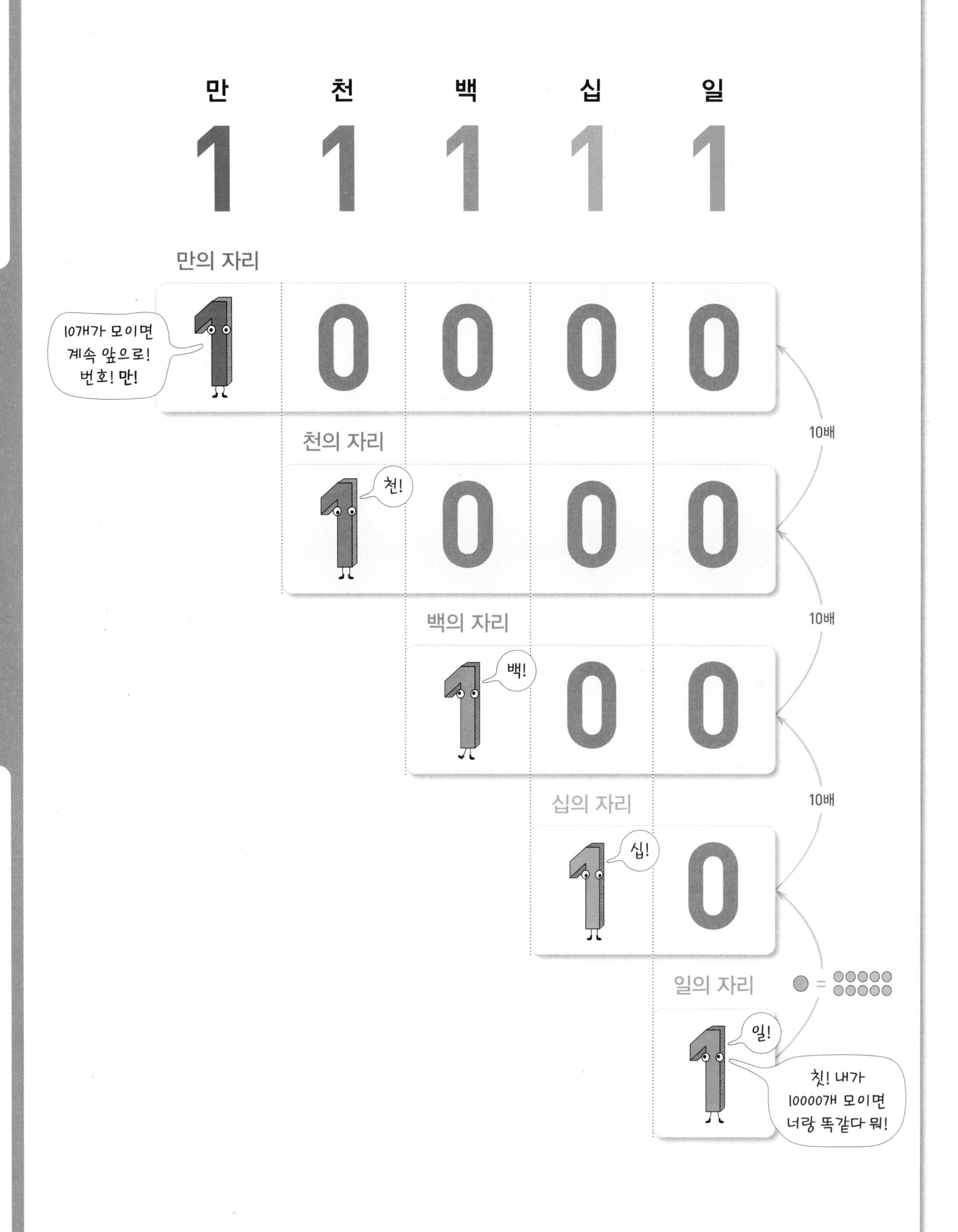

1 1000이 10개인 수와 다섯 자리 수를 알아볼까요

개념 강의 

1000이 10개인 수 알아보기

• 1000이 10개인 수 ➡ 쓰기 10000 또는 1만 읽기 만 또는 일만

• 만의 크기

10000은 9000보다 1000 / 9900보다 100 / 9990보다 10 / 9999보다 1 만큼 더 큰 수입니다.

몇만 알아보기

10000이 2개이면 20000(이만)
10000이 3개이면 30000(삼만)
10000이 4개이면 40000(사만)
⋮
➡ 10000이 ■개이면 ■0000

다섯 자리 수 알아보기

• 10000이 2개, 1000이 5개, 100이 9개, 10이 3개, 1이 6개인 수
➡ 쓰기 25936 읽기 이만 오천구백삼십육

• 다섯 자리 수에서 각 자리의 숫자가 나타내는 값

만의 자리	천의 자리	백의 자리	십의 자리	일의 자리
2	5	9	3	6
20000	5000	900	30	6

➡ 25936 = 20000 + 5000 + 900 + 30 + 6

다섯 자리 수 읽기

수를 읽을 때는 왼쪽부터 숫자를 먼저 읽고, 그다음에 숫자가 있는 자리를 읽습니다. 단, 일의 자리는 숫자만 읽습니다.

예)

9	7	4	2	5
만	천	백	십	일

➡ 구만 칠천사백이십오

확인 !

• 1000이 10개인 수는 [ ] 또는 1만이라고 씁니다.

• 10000은 [ ] 또는 일만이라고 읽습니다.

1 10000만큼 색칠해 보세요.

1000	1000	1000	1000
1000	1000	1000	1000
1000	1000	1000	1000

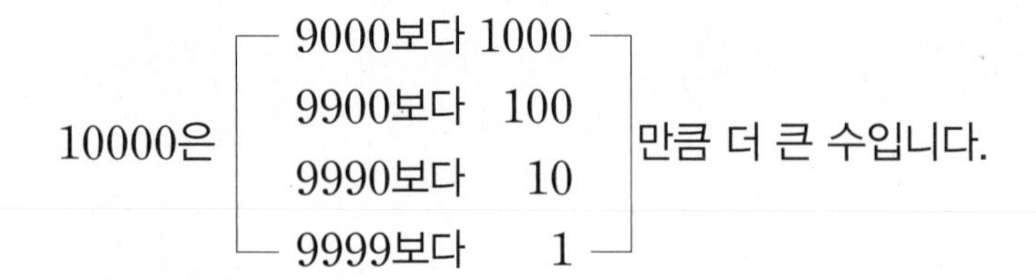

2 10000이 3개, 1000이 6개, 100이 4개, 10이 5개, 1이 8개인 수는 얼마인지 알아보세요.

만의 자리	천의 자리	백의 자리	십의 자리	일의 자리

⬇

[ ]

3 10000원이 되려면 각각의 돈이 얼마만큼 필요한지 알아보세요.

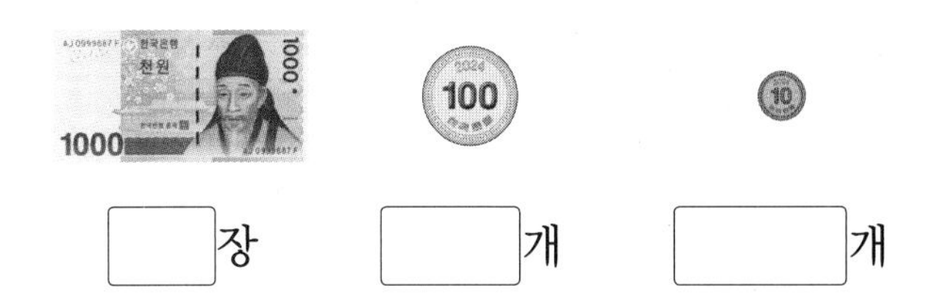

☐장 ☐개 ☐개

4 ☐ 안에 알맞은 수를 써넣으세요.

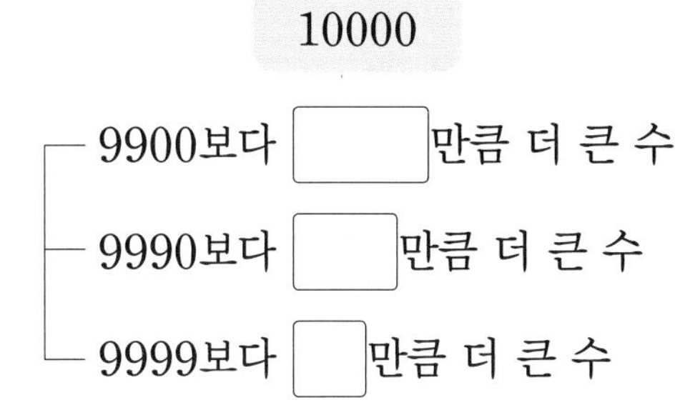

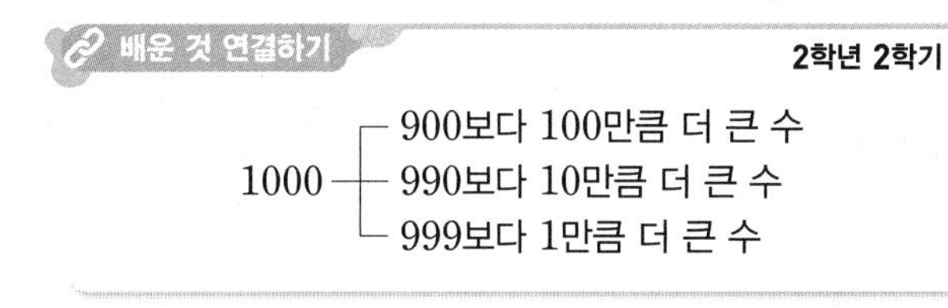

5 빈칸에 알맞은 수를 써넣으세요.

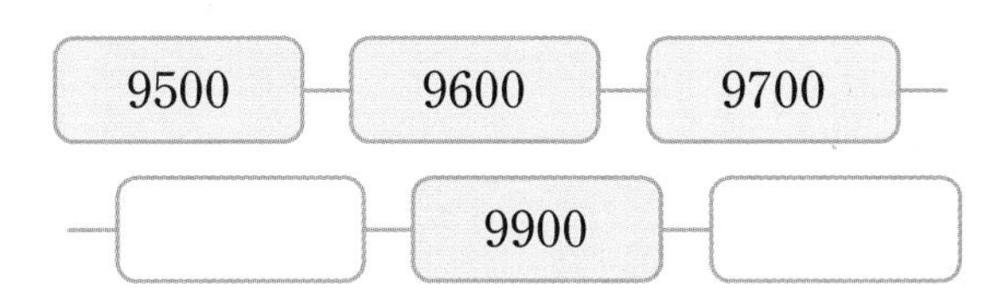

6 다음을 보고 ☐ 안에 알맞은 수를 써넣으세요.

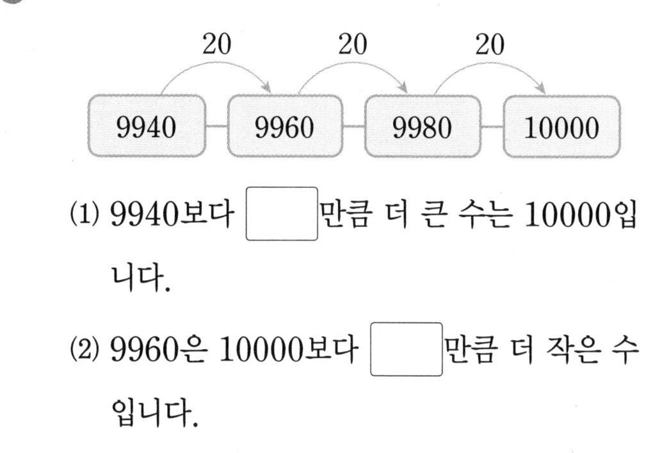

(1) 9940보다 ☐만큼 더 큰 수는 10000입니다.

(2) 9960은 10000보다 ☐만큼 더 작은 수입니다.

7 ☐ 안에 알맞은 수를 써넣으세요.

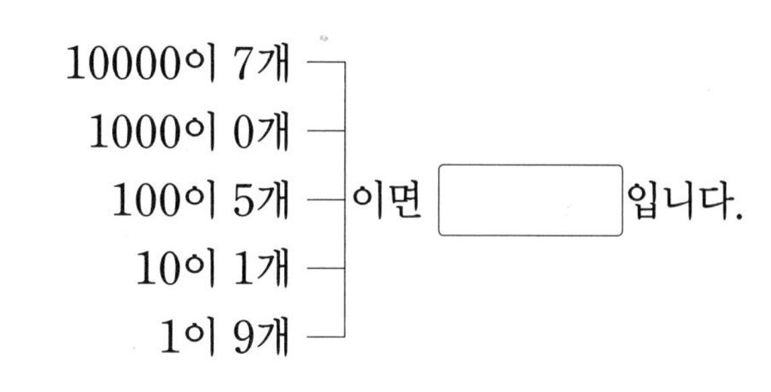

8 빈칸에 알맞은 수나 말을 써넣으세요.

85723	팔만 오천칠백이십삼
54072	
	구만 사천백오

9 빈칸에 알맞은 수를 써넣으세요.

만의 자리	천의 자리	백의 자리	십의 자리	일의 자리
5	2		4	
50000		600		1

52641

$= 50000 + \square + 600 + \square + 1$

2 십만, 백만, 천만을 알아볼까요

● 십만, 백만, 천만 알아보기

• 10000이 1537개인 수
→ 쓰기 1537|0000 또는 1537만 읽기 천오백삼십칠만

● 천만 단위까지의 수에서 각 자리의 숫자가 나타내는 값

• 1537|0000에서 각 자리의 숫자가 나타내는 값

천	백	십	일	천	백	십	일
			만				일
1	5	3	7	0	0	0	0

→ 1537|0000 = 1000|0000 + 500|0000
+ 30|0000 + 7|0000

+

- 만, 십만, 백만, 천만의 관계

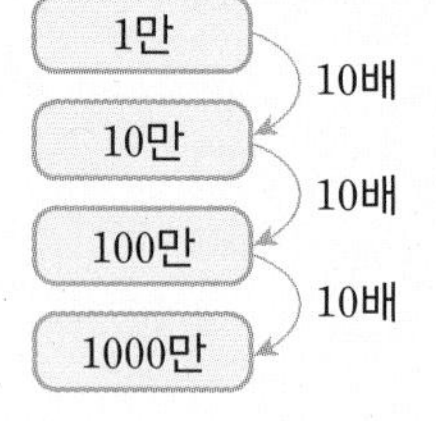

- 천만 단위의 수를 읽는 방법
• 일의 자리부터 네 자리를 끊은 다음 '만'의 단위를 사용하여 왼쪽부터 차례로 읽습니다.
• 숫자가 0인 자리는 읽지 않습니다.
• 숫자가 1인 자리는 나타내는 값만 읽습니다.

예 2419|0356
만
→ 이천사백십구만 삼백오십육

확인 !

10000이 10개이면 [   ], 10000이 100개이면 [   ],
10000이 1000개이면 [   ]입니다.

1 같은 수끼리 이어 보세요.

10000이 1000개인 수 •	• 10000
10000이 100개인 수 •	• 10|0000
10000이 10개인 수 •	• 100|0000
10000이 1개인 수 •	• 1000|0000

2 □ 안에 알맞은 수를 써넣으세요.

천	백	십	일	천	백	십	일
			만				일
5	8	4	1	0	0	0	0

십만의 자리 숫자는 [ ]이고 [   ]을 나타냅니다.

3 □ 안에 알맞은 수를 써넣으세요.

(1) 만 원짜리 지폐가 20장이면 □원입니다.

(2) 만 원짜리 지폐가 700장이면 □원입니다.

(3) 만 원짜리 지폐가 4000장이면 □원입니다.

4 설명하는 수가 얼마인지 써 보세요.

1000만이 2개, 100만이 6개,
10만이 7개, 만이 3개인 수

( )

5 빈칸에 알맞은 수나 말을 써넣으세요.

2945 0000	이천구백사십오만
□	칠십삼만
418 0000	□
□	삼천육십구만
8502 0000	□

6 빈칸에 알맞은 수를 써넣으세요.

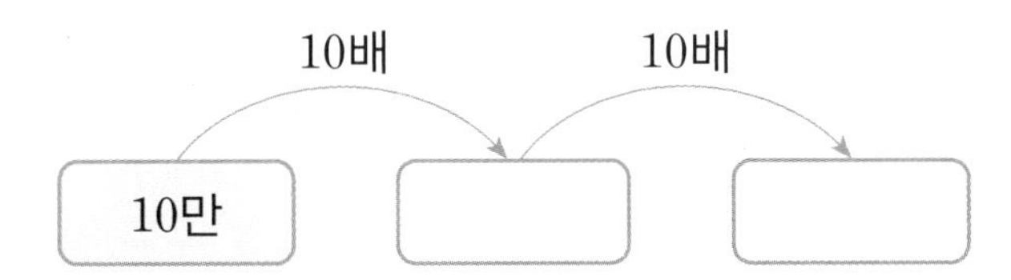

7 3295 0000에서 각 자리 숫자와 그 숫자가 나타내는 값을 알아보세요.

천만의 자리	백만의 자리	십만의 자리	만의 자리
3			
3000 0000			

8 보기 와 같이 각 자리 숫자가 나타내는 값의 합으로 나타내 보세요.

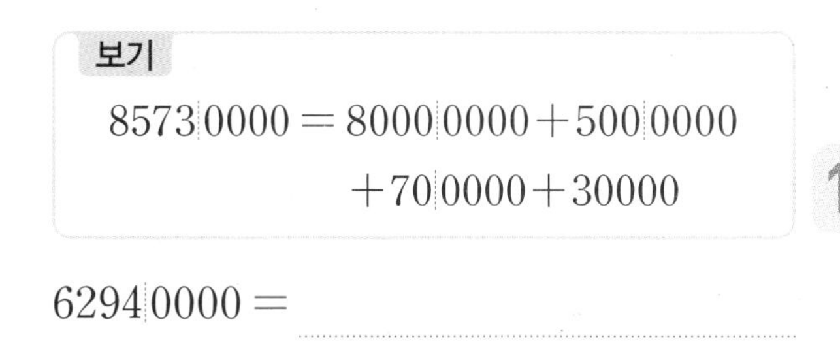
보기
8573 0000 = 8000 0000 + 500 0000
+ 70 0000 + 30000

6294 0000 = ...

9 7625 0000에서 숫자 6은 어느 자리 숫자이고 얼마를 나타낼까요?

( )의 자리 숫자

( )

10 숫자 3이 나타내는 값을 써넣으세요.

㉠ 1834 0000 ㉡ 5320 0000

	나타내는 값
㉠	
㉡	

1

3 억과 조를 알아볼까요

● 억 알아보기

• 1000만이 10개인 수

➡ 쓰기 100000000 또는 1억 읽기 억 또는 일억

• 1억이 1458개인 수

➡ 쓰기 145800000000 또는 1458억 읽기 천사백오십팔억

● 천억 단위까지의 수에서 각 자리의 숫자가 나타내는 값

• 145800000000에서 각 자리의 숫자가 나타내는 값

천	백	십	일	천	백	십	일	천	백	십	일
			억				만				일
1	4	5	8	0	0	0	0	0	0	0	0

➡ 145800000000 = 100000000000 + 40000000000
+ 5000000000 + 800000000

● 조 알아보기

• 1000억이 10개인 수

➡ 쓰기 1000000000000 또는 1조 읽기 조 또는 일조

• 1조가 5473개인 수

➡ 쓰기 5473000000000000 또는 5473조 읽기 오천사백칠십삼조

● 천조 단위까지의 수에서 각 자리의 숫자가 나타내는 값

• 5473000000000000에서 각 자리의 숫자가 나타내는 값

천	백	십	일	천	백	십	일	천	백	십	일	천	백	십	일
			조				억				만				일
5	4	7	3	0	0	0	0	0	0	0	0	0	0	0	0

➡ 5473000000000000
= 5000000000000000 + 400000000000000
+ 70000000000000 + 3000000000000

십억, 백억, 천억 알아보기

• 1억이 10개인 수
➡ 10억(십억)
• 1억이 100개인 수
➡ 100억(백억)
• 1억이 1000개인 수
➡ 1000억(천억)

조 단위의 수를 읽는 방법

일의 자리부터 네 자리씩 끊은 다음 '만', '억', '조'의 단위를 사용하여 왼쪽부터 차례로 읽습니다.

예 1234|1234|1234|1234
조 억 만

➡ 천이백삼십사조 천이백삼십사억 천이백삼십사만 천이백삼십사

일, 만, 억, 조의 관계

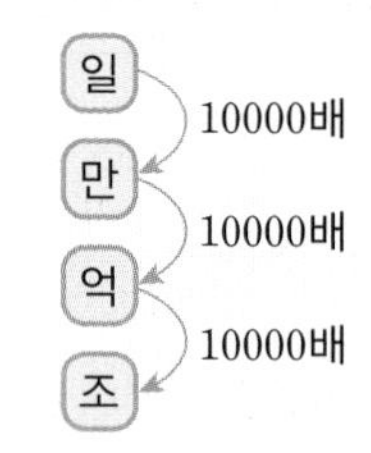

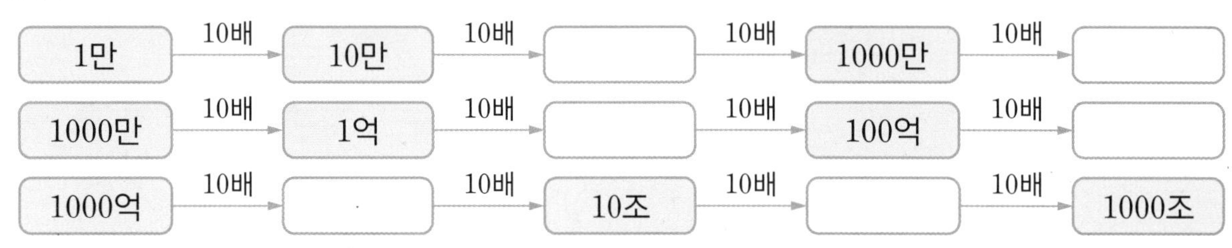

1 □ 안에 알맞은 수를 써넣으세요.

(1) 1억은 ─ 9990만보다 □만큼 더 큰 수입니다.
　　　　 └ 9000만보다 □만큼 더 큰 수입니다.

(2) 1조는 ─ 9999억보다 □만큼 더 큰 수입니다.
　　　　 └ 9900억보다 □만큼 더 큰 수입니다.

2 □ 안에 알맞은 수를 써넣으세요.

천	백	십	일	천	백	십	일	천	백	십	일
			억				만				일
5	4	3	8	0	0	0	0	0	0	0	0

5438 0000 0000 = 5000 0000 0000 + □ + 30 0000 0000 + □

3 8163 2597 0000 0000을 표로 나타내고, 주어진 수를 읽어 보세요.

천	백	십	일	천	백	십	일	천	백	십	일	천	백	십	일
			조				억				만				일
								0	0	0	0	0	0	0	0

( )

4 어느 나라의 연도별 국가 총예산을 나타낸 표입니다. 빈칸에 알맞은 금액을 써넣으세요.

연도	예산(원)		
2022년	89조 7000억	89 7000 0000 0000	팔십구조 칠천억
2023년	95조 2500억	95 2500 0000 0000	
2024년	112조 4000억		백십이조 사천억

기본기 다지기

1 만 알아보기

• 1000이 10개인 수

쓰기 10000 또는 1만　읽기 만 또는 일만

1 □ 안에 알맞은 수를 써넣으세요.

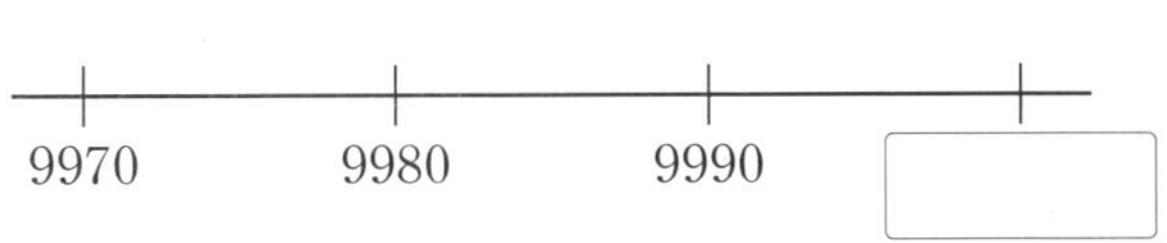

2 빈칸에 알맞은 수를 써넣으세요.

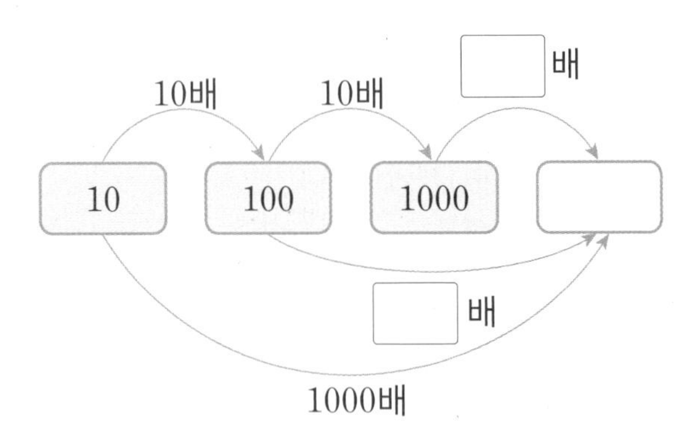

3 10000을 잘못 설명한 것을 찾아 기호를 쓰고 바르게 고쳐 보세요.

㉠ 9900보다 100만큼 더 큰 수
㉡ 9990보다 10만큼 더 큰 수
㉢ 7000보다 300만큼 더 큰 수

(　　　　　　　　)

바르게 고치기

4 민지는 10000원짜리 책을 사려고 합니다. 민지가 1000원짜리 지폐 8장을 가지고 있다면 얼마가 더 있어야 책을 살 수 있는지 구해 보세요.

(　　　　　　　　)

5 단추 50000개를 한 상자에 1000개씩 담으려고 합니다. 모두 몇 상자가 필요할까요?

(　　　　　　　　)

2 다섯 자리 수 알아보기

• 10000이 2개, 1000이 1개, 100이 4개, 10이 9개, 1이 6개인 수

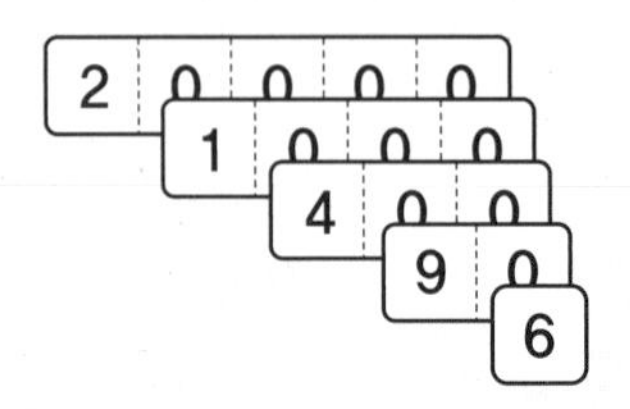

쓰기 21496　읽기 이만 천사백구십육

6 □ 안에 알맞은 수를 써넣어 보기 와 같이 나타내 보세요.

보기
37216
$=30000+7000+200+10+6$

84095
$=\square+\square+\square+5$

서술형

7 숫자 8이 나타내는 값이 가장 큰 수는 어느 것인지 풀이 과정을 쓰고 답을 구해 보세요.

39187　93824　82456　48012

풀이

답

8 돈이 모두 얼마인지 세어 보세요.

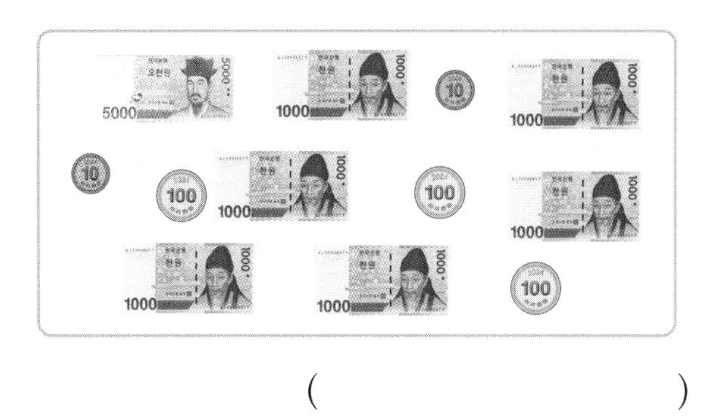

( )

9 민호가 저금통을 열었더니 1000원짜리 지폐가 16장, 100원짜리 동전이 28개, 10원짜리 동전이 5개 들어 있었습니다. 저금통에 들어 있던 돈은 모두 얼마일까요?

( )

3 십만, 백만, 천만 알아보기

1만의 수	쓰기		읽기
10개	10 0000	10만	십만
100개	100 0000	100만	백만
1000개	1000 0000	1000만	천만
2754개	2754 0000	2754만	이천칠백오십사만

10 설명하는 수를 찾아 기호를 써 보세요.

㉠ 십만　㉡ 백만　㉢ 천만

(1) 9000000보다 1000000만큼 더 큰 수

( )

(2) 10000이 100개인 수

( )

11 보기 와 같이 수로 나타낼 때 0의 개수가 다른 하나를 찾아 기호를 써 보세요.

보기
오천사백팔십일만 육천구백 ➡ 54816900

㉠ 육백만 사십　㉡ 칠천오백이십만
㉢ 이천십만 팔백오　㉣ 삼백오만

( )

12 은행에 저금한 67000000원을 만 원짜리 지폐로만 찾으면 만 원짜리 지폐는 모두 몇 장이 될까요?

( )

13 ㉠이 나타내는 값은 ㉡이 나타내는 값의 몇 배일까요?

431030
(㉠: 두 번째 자리의 3, ㉡: 다섯 번째 자리의 3)

( )

창의+

14 적정하지 않게 이야기한 사람의 이름을 쓰고, 그 까닭을 써 보세요.

( )

까닭

4 억 알아보기

• 1000만이 10개인 수

쓰기 1|0000|0000 또는 1억
억 만

읽기 억 또는 일억

• 1억이 7205개인 수

쓰기 7205|0000|0000 또는 7205억
억 만

읽기 칠천이백오억

15 같은 수끼리 이어 보세요.

7000만의 10배 •		• 700억
7억의 100배 •		• 70억
700만의 1000배 •		• 7억

16 십억의 자리 숫자가 가장 큰 수를 찾아 기호를 써 보세요.

㉠ 65321280714 ㉡ 148570329046
㉢ 321947520899 ㉣ 7346980251

( )

창의+

17 기사에 나타난 276억을 읽어 보세요.

"비닐봉지로 서울시 13번 덮을 수도"

2020년 우리나라 국민이 1년간 소비하는 비닐봉지는 276억 개로, 이를 20리터 종량제 봉투라고 가정하면 서울시를 13번 덮을 수 있는 양이 됩니다.

( )

서술형

18 1000만이 100개, 10만이 40개, 1000이 8개, 100이 3개인 수는 얼마인지 풀이 과정을 쓰고 답을 구해 보세요.

풀이

답

19 10억 원을 모두 100만 원짜리 수표로 바꾸면 100만 원짜리 수표는 모두 몇 장이 될까요?

( )

5 조 알아보기

• 1000억이 10개인 수

쓰기 1|0000|0000|0000 또는 1조
조 억 만

읽기 조 또는 일조

• 1조가 5004개인 수

쓰기 5004|0000|0000|0000 또는 5004조
조 억 만

읽기 오천사조

20 다음은 1조에 대한 설명입니다. □ 안에 알맞은 수를 써넣으세요.

• 1000억이 □개인 수

• 10억을 □배 한 수

• 9990억보다 □만큼 더 큰 수

21 설명하는 수를 써 보세요.

1000억이 34개인 수

(   )

22 보기 와 같이 나타내 보세요.

보기
4618523916490000
➡ 4618조 5239억 1649만

(1) 912048700000000
➡ (   )

(2) 1204069216520000
➡ (   )

23 수직선에서 ㉠과 ㉡이 나타내는 수는 각각 얼마일까요?

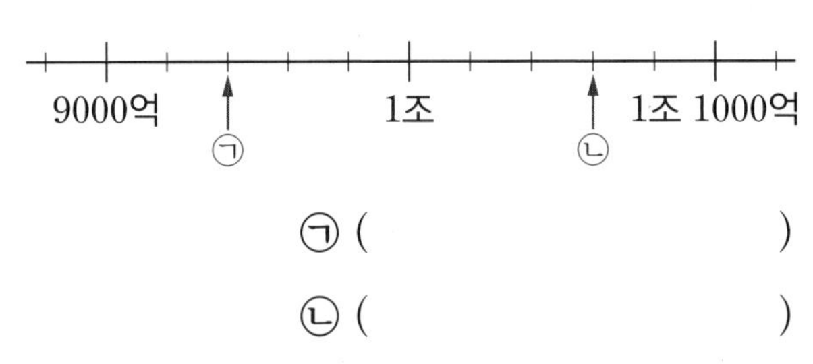

㉠ (   )
㉡ (   )

24 361029704580000을 잘못 설명한 사람의 이름을 쓰고 바르게 고쳐 보세요.

민지: 숫자 1은 1조를 나타내.
은호: 천억의 자리 숫자는 2야.
정수: 숫자 4는 백만의 자리 숫자야.

(   )

바르게 고치기 ……………………

6 나타내는 값 비교하기

예 4532378 16에서 ㉠, ㉡의 숫자 3이 나타내는 값
(㉠: 앞의 3, ㉡: 뒤의 3)

➡ ㉠의 숫자 3은 백만의 자리 숫자이므로 3000000을 나타내고, ㉡의 숫자 3은 만의 자리 숫자이므로 30000을 나타냅니다.

25 ㉠이 나타내는 값은 ㉡이 나타내는 값의 몇 배일까요?

㉠ 990000보다 10000만큼 더 큰 수
㉡ 9990보다 10만큼 더 큰 수

(   )

26 ㉠과 ㉡이 나타내는 값의 합을 구해 보세요.

162456038
(㉠: 두 번째 자리의 6, ㉡: 여섯 번째 자리의 6)

(   )

27 ㉠과 ㉡에서 숫자 7이 나타내는 값의 합을 구해 보세요.

㉠ 517248360
㉡ 243671259

(   )

4 뛰어 세기를 해 볼까요

개념 강의

뛰어 세기

• 10000씩 뛰어 세기

➡ 만의 자리 수가 1씩 커집니다.

• 10억씩 뛰어 세기

➡ 십억의 자리 수가 1씩 커집니다.

• 100조씩 뛰어 세기

➡ 백조의 자리 수가 1씩 커집니다.

• 10배 하기

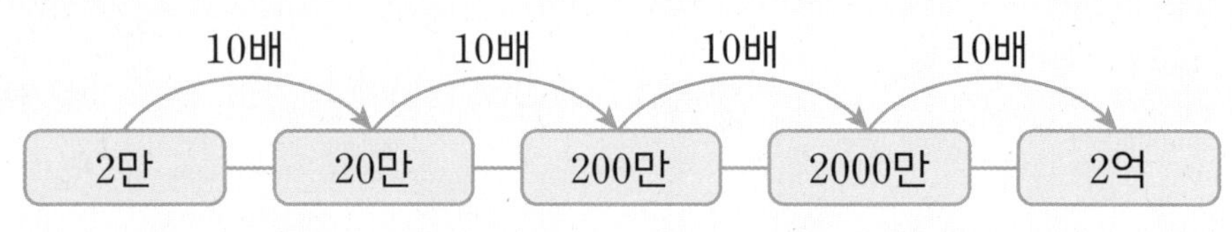

➡ 수를 10배 하면 수의 뒤에 0을 한 개 붙인 것과 같습니다.

뛰어 세기

어느 자리 수가 얼마씩 변하는지 알면 얼마씩 뛰어 세었는지 알 수 있습니다.

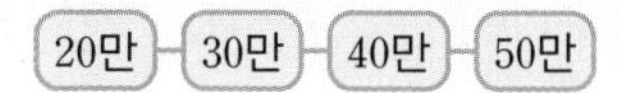

➡ 십만의 자리 수가 1씩 커지므로 10만씩 뛰어 세기 한 것입니다.

10배, 100배, 1000배, 10000배 하기

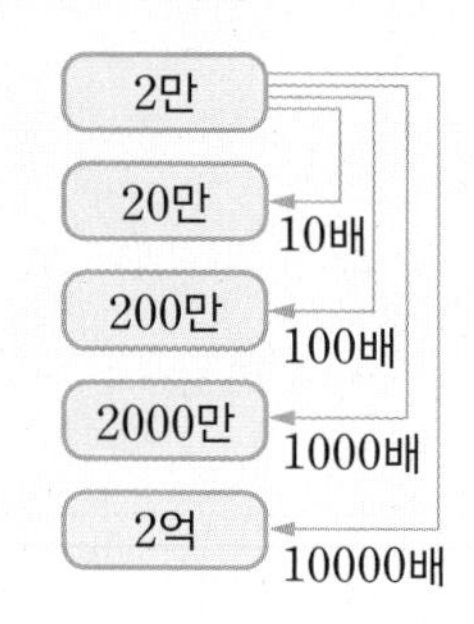

1 10|0000씩 뛰어 세어 보세요.

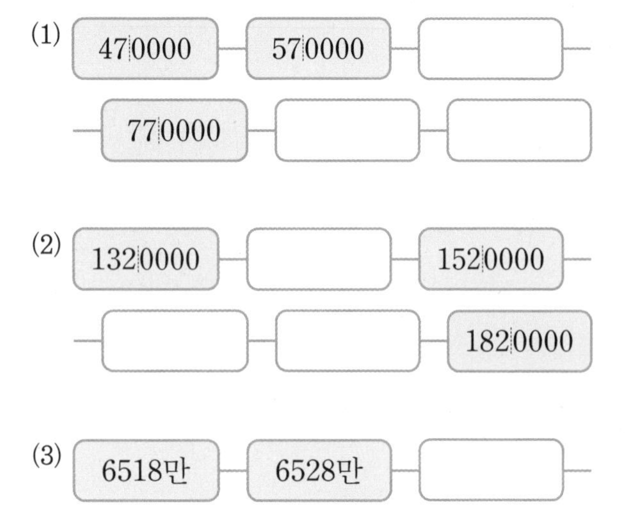

2 몇씩 뛰어 세었는지 써 보세요.

(1)

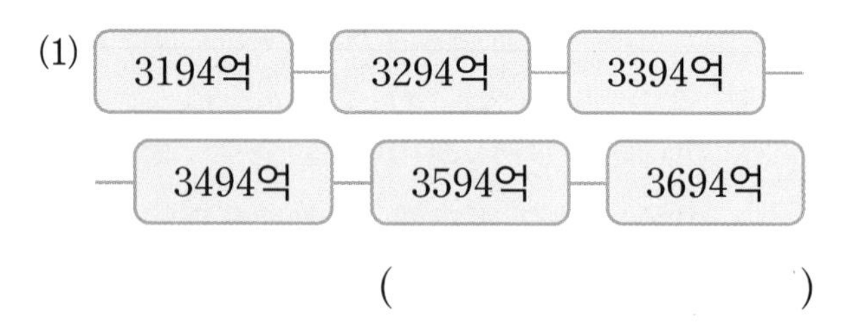

( )

(2)

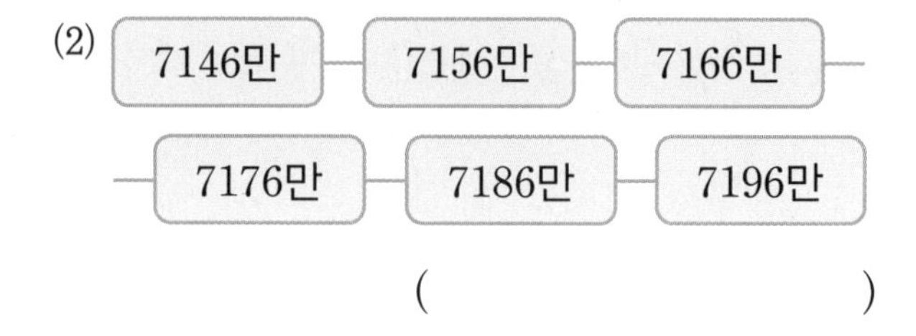

( )

3 20조씩 뛰어 세어 보세요.

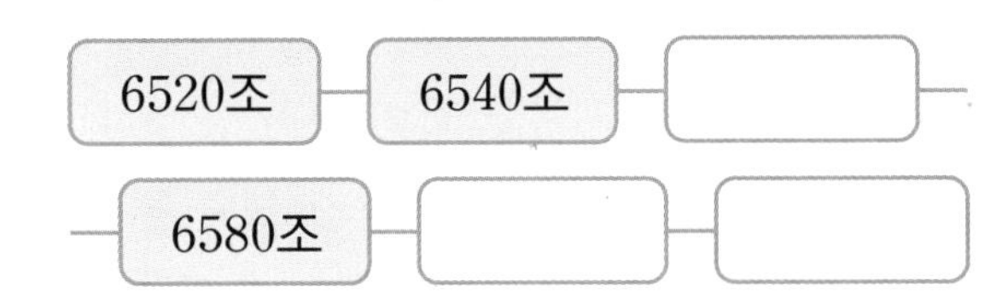

4 뛰어 세기를 하여 빈칸에 알맞은 수를 써넣으세요.

(1)

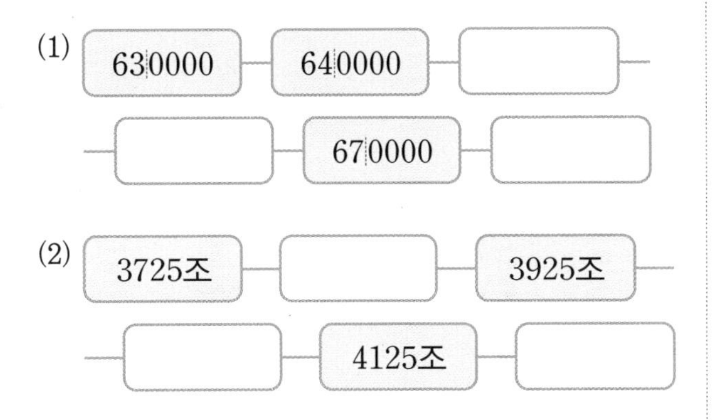

(2)

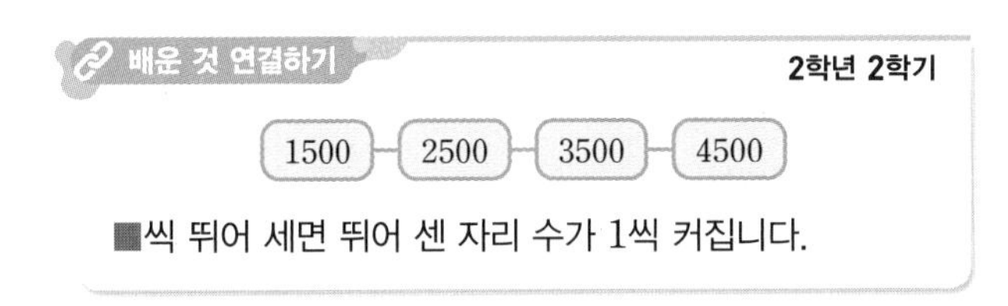

배운 것 연결하기 2학년 2학기

1500 - 2500 - 3500 - 4500

■씩 뛰어 세면 뛰어 센 자리 수가 1씩 커집니다.

5 뛰어 세는 규칙을 찾아 빈칸에 알맞은 수를 써넣으세요.

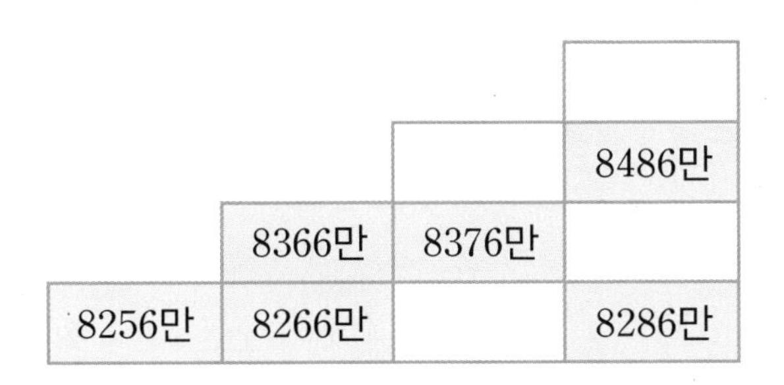

			8486만
	8366만	8376만	
8256만	8266만		8286만

6 3억 5200만에서 1000만씩 3번 뛰어 세면 얼마가 될까요?

(　　　　　　　　)

7 빈칸에 알맞은 수를 써넣으세요.

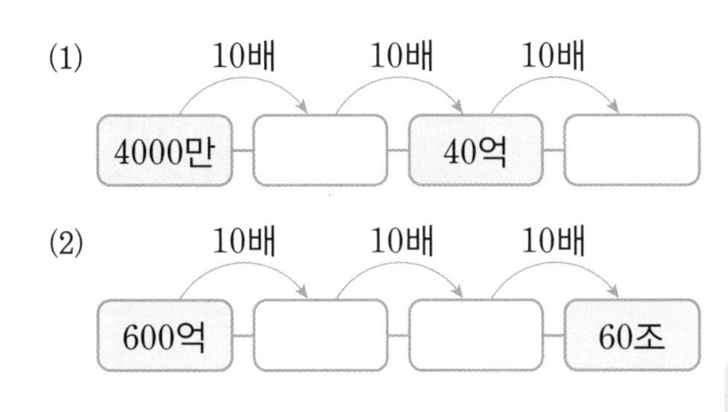

8 빈칸에 알맞은 수를 써넣으세요.

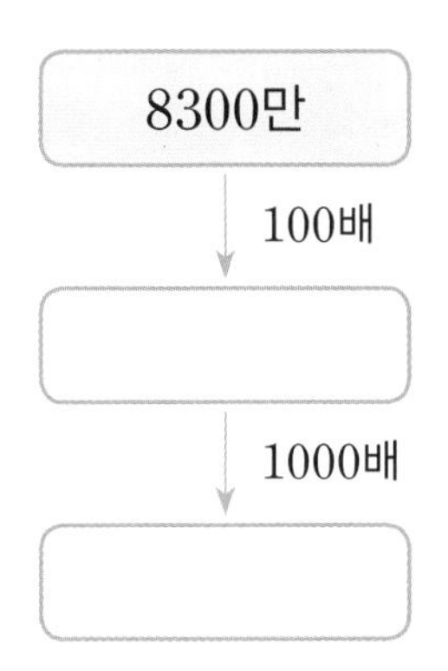

9 다음 수를 100배 한 수의 천만의 자리 숫자를 구해 보세요.

630 0000

(　　　　　　　　)

5 수의 크기를 비교해 볼까요

● 수의 크기 비교하기

① 자리 수가 다르면 자리 수가 많은 수가 더 큽니다.

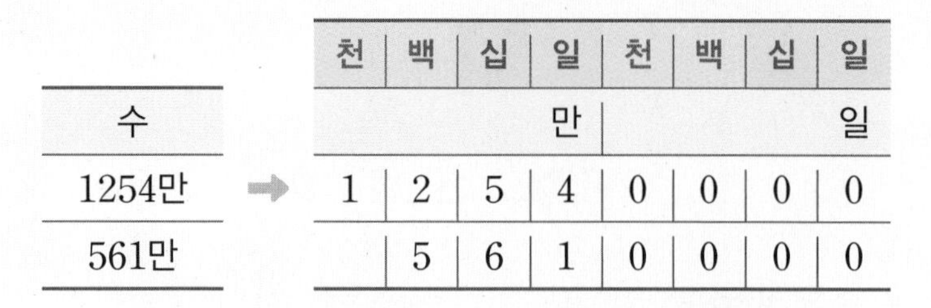

수		천	백	십	일	천	백	십	일
					만				일
1254만	➡	1	2	5	4	0	0	0	0
561만			5	6	1	0	0	0	0

12540000 > 5610000

여덟 자리 수 　　　 일곱 자리 수

② 자리 수가 같으면 높은 자리부터 비교하여 높은 자리 수가 큰 수가 더 큽니다.

수		천	백	십	일	천	백	십	일
					만				일
4856만	➡	4	8	5	6	0	0	0	0
4872만		4	8	7	2	0	0	0	0

48560000 < 48720000

5<7

자리 수가 다를 때
높은 자리 수와 상관없이 자리 수가 많은 수가 더 큽니다.

자리 수가 같을 때
① 높은 자리 수부터 차례로 비교합니다.
② 처음으로 다른 숫자가 나오면 그 자리의 수를 비교합니다.

● 수직선을 이용하여 수의 크기 비교하기

수직선에 나타냈을 때 오른쪽에 있는 수가 더 큽니다.

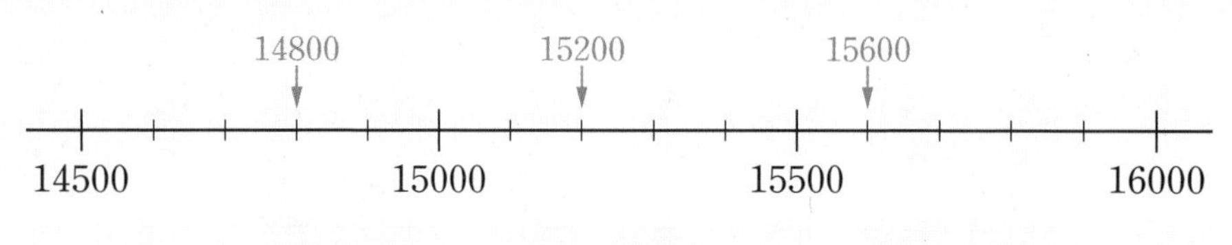

14800 < 15200 < 15600

1 두 수의 크기를 비교하여 ◯ 안에 >, =, < 중 알맞은 것을 써넣으세요.

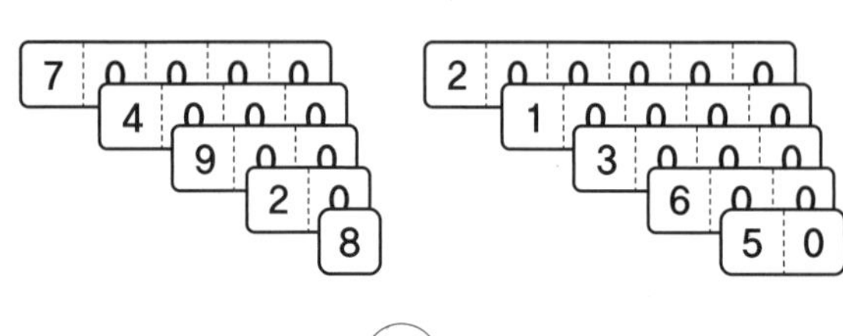

74928 ◯ 213650

2 두 수를 수직선에 나타내고 ◯ 안에 >, =, < 중 알맞은 것을 써넣으세요.

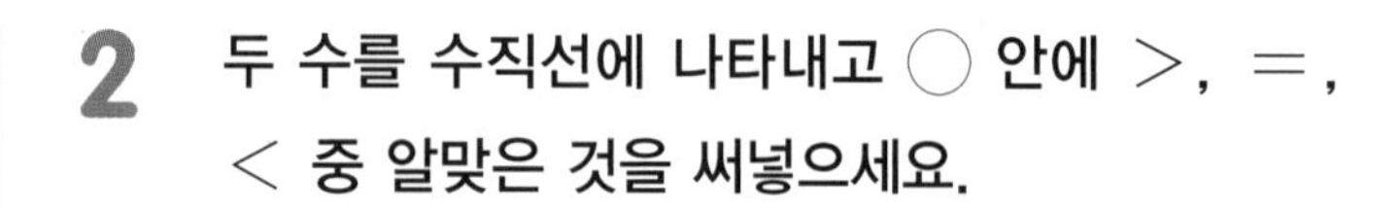

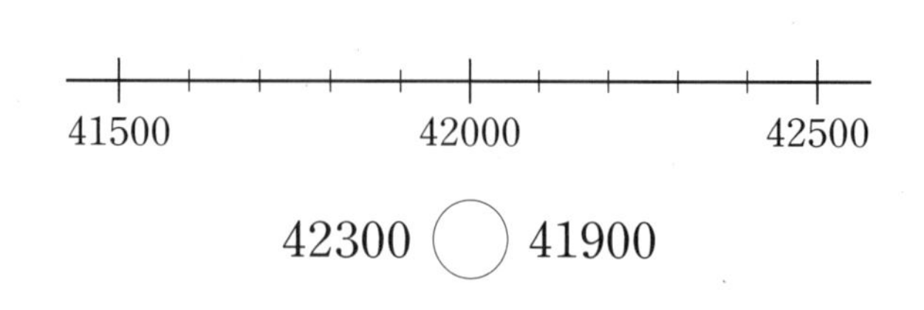

42300 ◯ 41900

3 두 수를 쓰고 크기를 비교하여 ◯ 안에 >, =, < 중 알맞은 것을 써넣으세요.

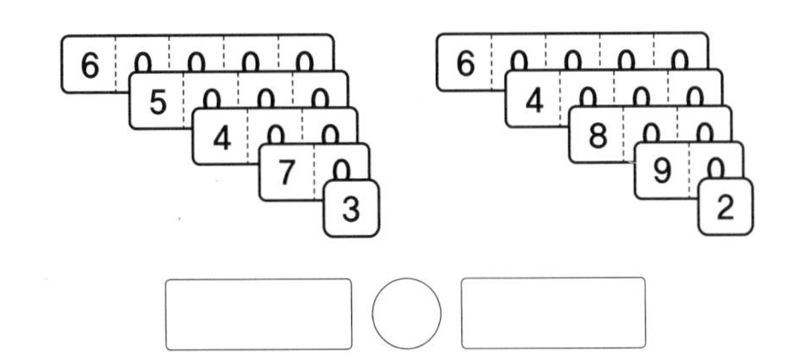

☐ ◯ ☐

4 두 수의 크기를 비교하여 ◯ 안에 >, =, < 중 알맞은 것을 써넣으세요.

(1) 547305 ◯ 547198

(2) 20754391 ◯ 8754906

(3) 217억 456만 ◯ 98억 7900만

(4) 3조 1543억 ◯ 3조 2300억

5 두 수의 크기를 비교하여 ◯ 안에 >, =, < 중 알맞은 것을 써넣으세요.

(1) 삼천오백이십만 칠천구백이 ◯ 3521 6300

(2) 오백구십일억 ◯ 590 9632 0000

6 ㉠과 ㉡이 나타내는 수를 수직선에 나타내고 크기를 비교해 보세요.

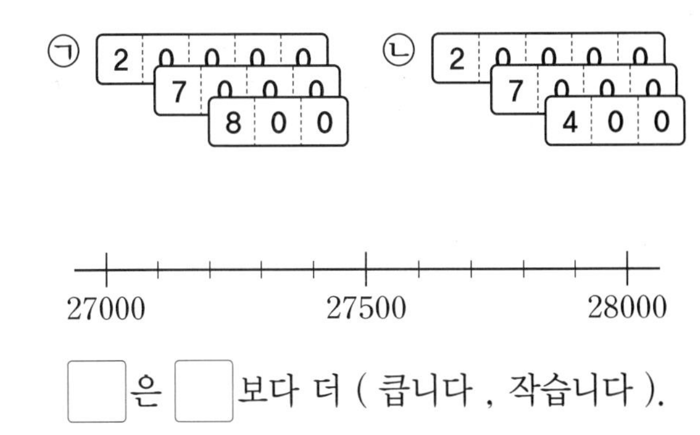

☐은 ☐보다 더 (큽니다 , 작습니다).

7 수를 보고 물음에 답하세요.

㉠ 430765900
㉡ 78954320
㉢ 531002578

(1) 가장 작은 수를 찾아 기호를 써 보세요.

( )

(2) 가장 큰 수를 찾아 기호를 써 보세요.

( )

8 각 도시의 인구입니다. 인구가 많은 도시부터 차례로 기호를 써 보세요.

가 도시	나 도시	다 도시
1029만 명	6470000명	칠백오십만 명

( )

기본기 다지기

7 뛰어 세기

➡ 100만씩 뛰어 세면 백만의 자리 수가 1씩 커집니다.

➡ 수를 10배 하면 수의 뒤에 0을 한 개 붙인 것과 같습니다.

28 빈칸에 알맞은 수를 써넣으세요.

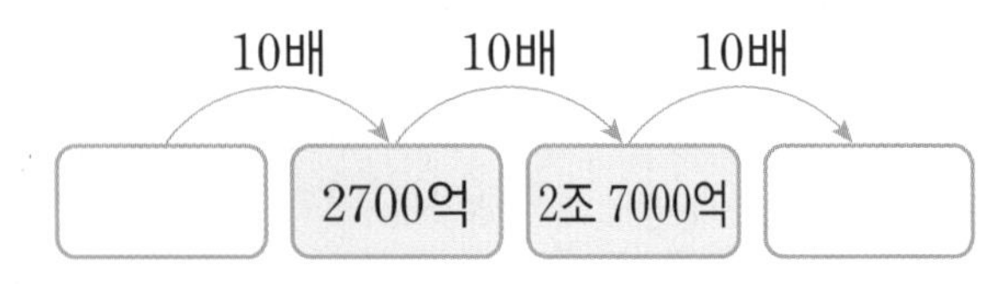

서술형

29 수직선에서 ㉠이 나타내는 수는 얼마인지 풀이 과정을 쓰고 답을 구해 보세요.

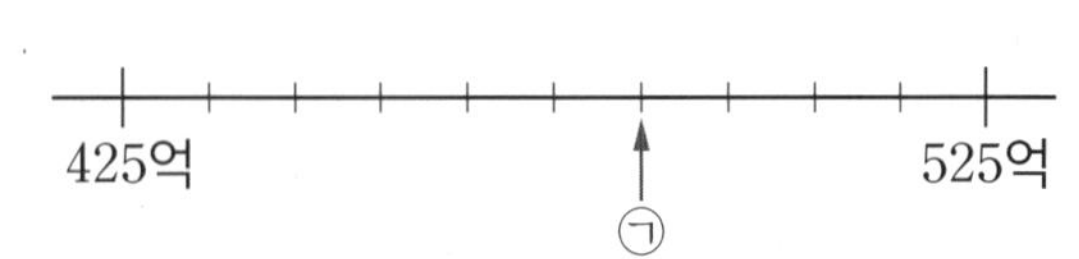

풀이

답

30 ㉠에서 10만씩 3번 뛰어 세었더니 다음과 같았습니다. ㉠에 알맞은 수를 구해 보세요.

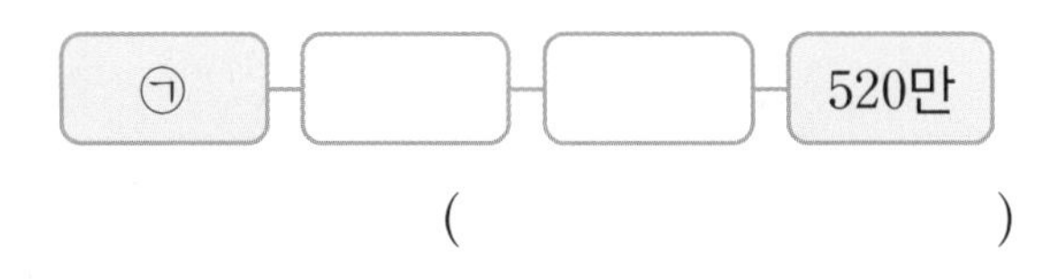

( )

31 어떤 수에서 2000억씩 4번 뛰어 세었더니 4조 5300억이 되었습니다. 어떤 수는 얼마일까요?

( )

8 수의 크기 비교하기

- 자리 수가 다르면 자리 수가 많은 수가 더 큰 수입니다.

  5072 4198 > 748 9136
  (여덟 자리 수) (일곱 자리 수)

- 자리 수가 같으면 높은 자리 수부터 차례로 비교하여 높은 자리 수가 큰 수가 더 큰 수입니다.

  6310 7254 < 6382 4216
  (1<8)

32 두 수의 크기를 비교하여 ○ 안에 >, =, < 중 알맞은 것을 써넣으세요.

(1) 9억 8726만 ○ 9216304000

(2) 132조 35억 ○ 132000350000000

창의+

33 휴대 전화의 판매 가격이 가장 낮은 판매자를 찾아 기호를 써 보세요.

휴대 전화

판매자	판매 가격
㉠	333000원
㉡	329000원
㉢	328000원

( )

34 작은 수부터 차례로 기호를 써 보세요.

㉠ 71조 258억
㉡ 7846250000000
㉢ 칠십이조 구천육백사만

( )

9 가장 큰 수, 가장 작은 수 만들기

1 9 3 4 0 7

• 가장 큰 여섯 자리 수 만들기 ➡ 974310
 └ 높은 자리부터 큰 수를 차례로 놓습니다.
• 가장 작은 여섯 자리 수 만들기 ➡ 103479
 └ 높은 자리부터 작은 수를 차례로 놓습니다.

주의 맨 앞 자리에는 0이 올 수 없습니다.

35 0부터 9까지의 수 중에서 7개의 수를 한 번씩만 사용하여 일곱 자리 수를 만들려고 합니다. 만들 수 있는 가장 큰 수와 가장 작은 수는 각각 얼마일까요?

가장 큰 수 ( )
가장 작은 수 ( )

36 수 카드를 두 번씩 사용하여 가장 작은 14자리 수를 만들어 쓰고, 읽어 보세요.

4 0 6 2 5 1 9

쓰기 ( )
읽기 ( )

10 조건을 만족시키는 수 구하기

예 조건을 모두 만족시키는 가장 큰 수 구하기

• 만의 자리 숫자가 7인 여섯 자리 수입니다.
• 0이 3개입니다.

만의 자리 숫자가 7인 여섯 자리 수는 □7□□□□입니다. 0이 3개인 가장 큰 수를 만들려면 □7□000에서 나머지 자리에 9를 놓습니다.
➡ 979000

37 조건을 모두 만족시키는 수를 구해 보세요.

• 일곱 자리 수입니다.
• 390만보다 크고 400만보다 작습니다.
• 십만의 자리 숫자와 백의 자리 숫자가 같습니다.
• 0이 4개입니다.

( )

38 조건을 모두 만족시키는 가장 큰 수를 구해 보세요.

• 천의 자리 숫자는 2입니다.
• 백만의 자리 숫자는 천의 자리 숫자의 4배입니다.
• 십억의 자리 숫자는 6보다 작습니다.
• 0부터 9까지의 수를 모두 한 번씩 사용하였습니다.

( )

응용력 기르기

심화유형 1

수직선에서 뛰어 세기

몇씩 뛰어 센 수를 수직선에 나타냈습니다. ㉠과 ㉡이 나타내는 수를 각각 구해 보세요.

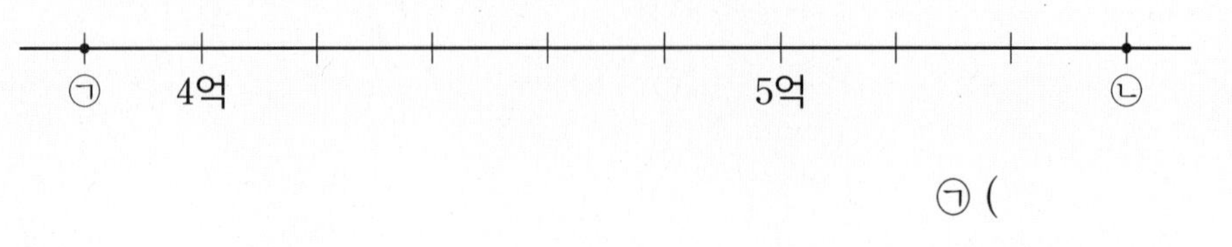

㉠ (　　　　　　　　)

㉡ (　　　　　　　　)

● 핵심 NOTE
- 수직선에서 눈금 한 칸의 크기가 얼마인지 알아봅니다.
- 눈금 5칸이 1억을 나타내므로 눈금 한 칸은 2000만을 나타냅니다.

1-1 몇씩 뛰어 센 수를 수직선에 나타냈습니다. ㉠과 ㉡이 나타내는 수를 각각 구해 보세요.

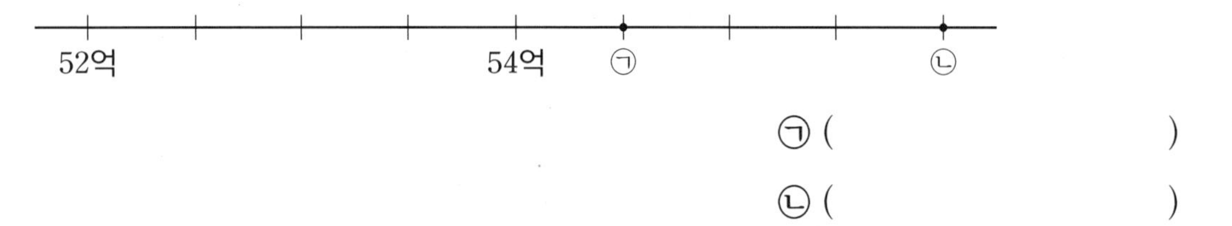

㉠ (　　　　　　　　)

㉡ (　　　　　　　　)

1-2 몇씩 뛰어 센 수를 수직선에 나타냈습니다. ㉠이 나타내는 수를 구해 보세요.

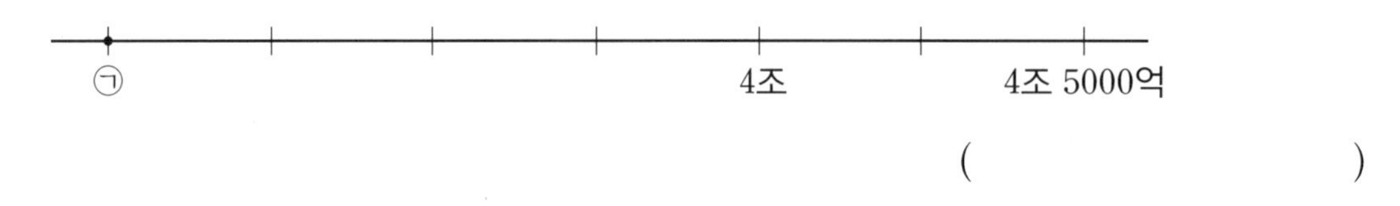

(　　　　　　　　)

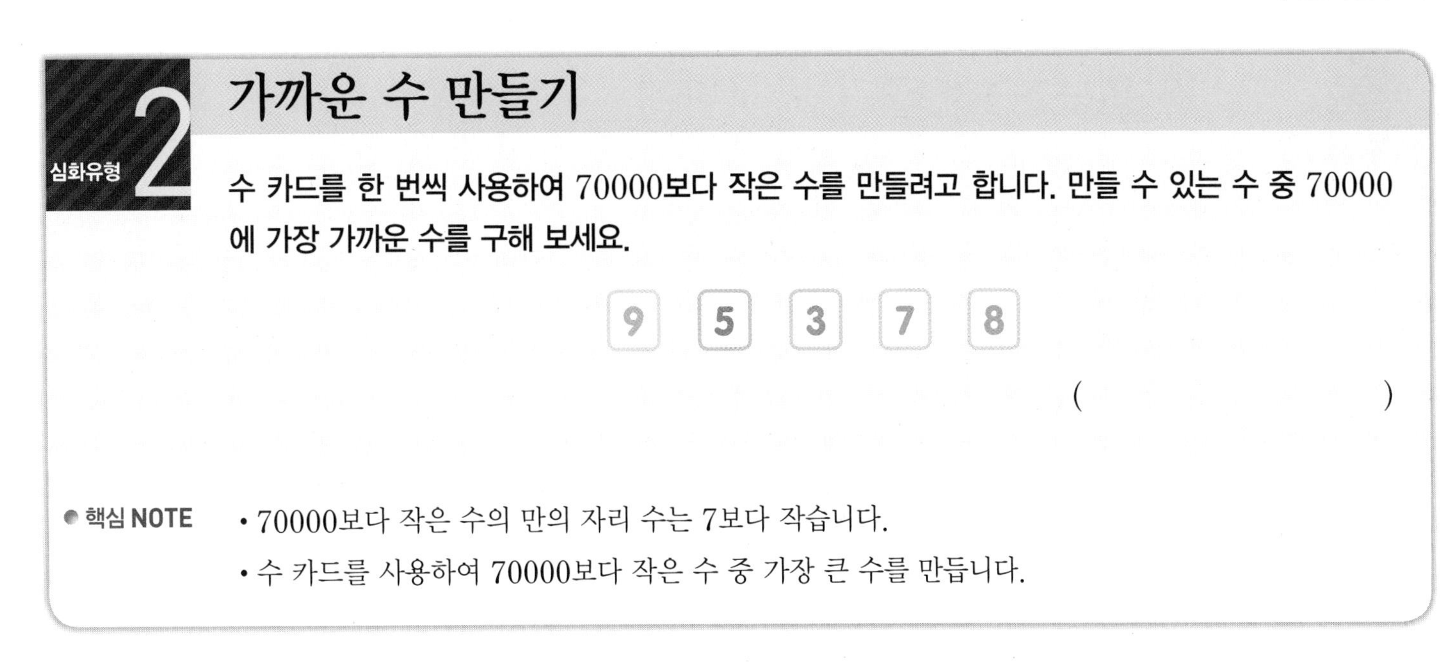

심화유형 2

가까운 수 만들기

수 카드를 한 번씩 사용하여 70000보다 작은 수를 만들려고 합니다. 만들 수 있는 수 중 70000에 가장 가까운 수를 구해 보세요.

9 5 3 7 8

(　　　　　　　　)

핵심 NOTE

• 70000보다 작은 수의 만의 자리 수는 7보다 작습니다.

• 수 카드를 사용하여 70000보다 작은 수 중 가장 큰 수를 만듭니다.

2-1 수 카드를 한 번씩 사용하여 60만보다 작은 수를 만들려고 합니다. 만들 수 있는 수 중 60만에 가장 가까운 수를 구해 보세요.

(　　　　　　　　)

2-2 수 카드를 한 번씩 사용하여 40만보다 큰 수를 만들려고 합니다. 만들 수 있는 수 중 40만에 가장 가까운 수를 구해 보세요.

(　　　　　　　　)

심화유형 3 □가 있는 수의 크기 비교하기

0부터 9까지의 수 중에서 □ 안에 들어갈 수 있는 수는 모두 몇 개인지 구해 보세요.

52436817 > 52□34259

(　　　　　　　)

핵심 NOTE
- 자리 수가 같으면 높은 자리부터 차례로 비교합니다.
- 십만의 자리 수가 서로 같은 경우도 생각해 봅니다.

3-1 0부터 9까지의 수 중에서 □ 안에 들어갈 수 있는 수는 모두 몇 개인지 구해 보세요.

815□42613 > 815742571

(　　　　　　　)

3-2 숫자가 하나씩 지워진 세 수가 있습니다. 큰 수부터 차례로 기호를 써 보세요. (단, 지워진 부분에는 0부터 9까지 어떤 수를 넣어도 됩니다.)

㉠ 37■165
㉡ 37012■
㉢ 37■0124

(　　　　　　　)

동전을 쌓은 높이 구하기

통합 교과유형 4

수학 + 사회

100원짜리 동전은 백동이라는 금속으로 만드는데, 앞면에는 이순신 장군의 모습이 찍히고 뒷면에는 발행 연도와 동전의 금액이 찍힙니다. 100원짜리 동전 100개를 쌓은 높이는 약 18 cm라고 합니다. 100만 원을 100원짜리 동전으로만 쌓는다면 쌓은 높이는 약 몇 cm가 될까요?

1단계 100만 원을 100원짜리 동전으로 쌓으려면 동전이 모두 몇 개 필요한지 구하기

2단계 100만 원을 100원짜리 동전으로 쌓은 높이는 약 몇 cm인지 구하기

( )

● 핵심 NOTE

1단계 100만이 100의 몇 배인지 알아보고 쌓은 동전의 개수를 구합니다.

2단계 쌓은 동전의 개수를 이용하여 동전을 쌓은 높이를 구합니다.

1

4-1

동전에는 우리나라를 대표하는 상징물이 그려져 있습니다. 500원짜리 동전에 그려져 있는 그림은 학입니다. 학은 예부터 십장생의 하나로 장수하는 동물이며 우리나라에서 신성한 동물로 여겨왔습니다. 500원짜리 동전 100개를 쌓은 높이는 약 19 cm라고 합니다. 5000만 원을 500원짜리 동전으로만 쌓는다면 쌓은 높이는 약 몇 m가 될까요?

( )

4-2

10원짜리 동전에 그려져 있는 그림은 다보탑입니다. 다보탑은 경주 불국사에 있는 신라 시대의 석탑입니다. 10원짜리 동전 100개를 쌓은 높이가 약 16 cm라고 할 때, 100억 원을 10원짜리 동전으로만 쌓는다면 높이는 약 몇 km가 될까요?

( )

단원 평가 Level ❶

점수

확인

1 빈칸에 알맞은 수를 써넣으세요.

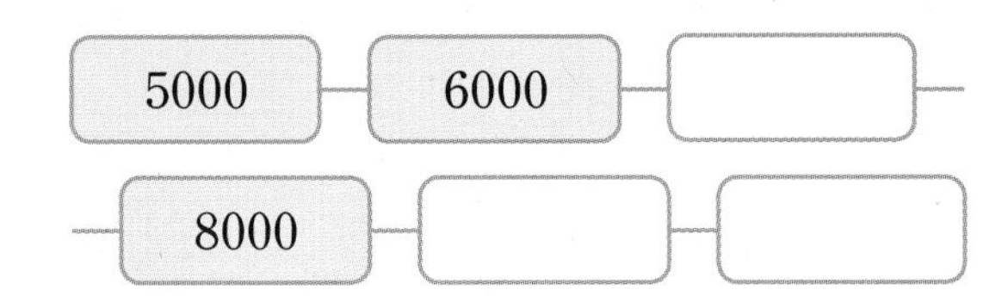

2 설명하는 수를 쓰고 읽어 보세요.

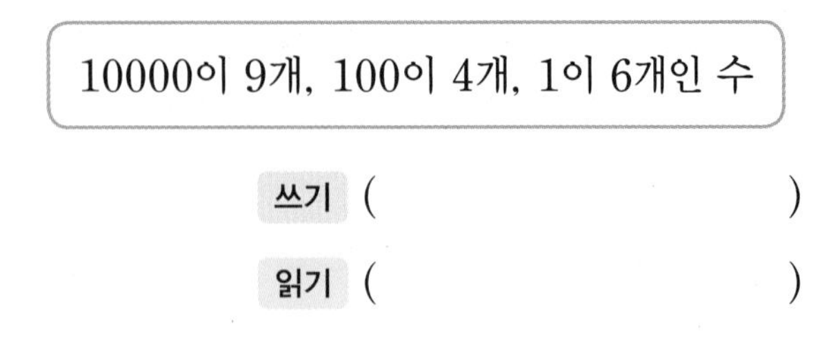

3 빈칸에 알맞은 수를 써넣으세요.

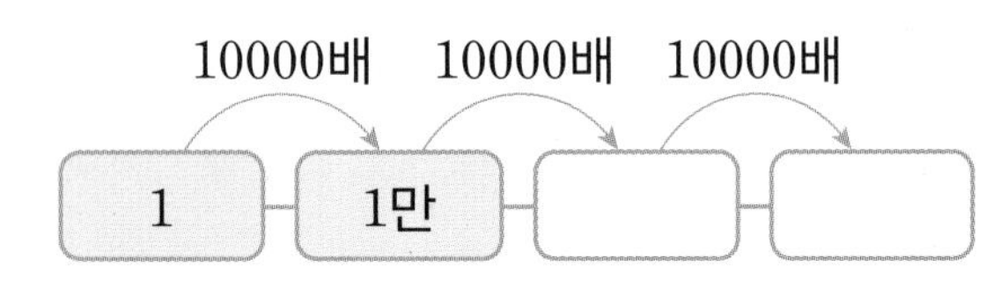

4 모아서 10000이 되도록 빈칸에 알맞은 수를 써넣으세요.

10000	
7000	
	6000

5 □ 안에 알맞은 수를 써넣으세요.

억이 209개, 만이 5714개, 일이 92개인 수는 □입니다.

6 나타내는 수가 다른 하나를 찾아 기호를 써 보세요.

㉠ 100만
㉡ 1000의 10000배
㉢ 10000이 100개인 수

(   )

7 다음을 12자리 수로 나타내려면 0을 몇 번 써야 할까요?

사천구십억 사백만 팔천

(   )

8 두 수의 크기를 비교하여 ○ 안에 >, =, < 중 알맞은 것을 써넣으세요.

135920000 ○ 팔천칠백사십육만 이천

9 다음 중 백만의 자리 숫자가 가장 큰 수는 어느 것일까요? (   )

① 3259647　　② 96702090
③ 42605749　　④ 48407273
⑤ 7980451

10 뛰어 세기를 하여 빈칸에 알맞은 수를 써넣으세요.

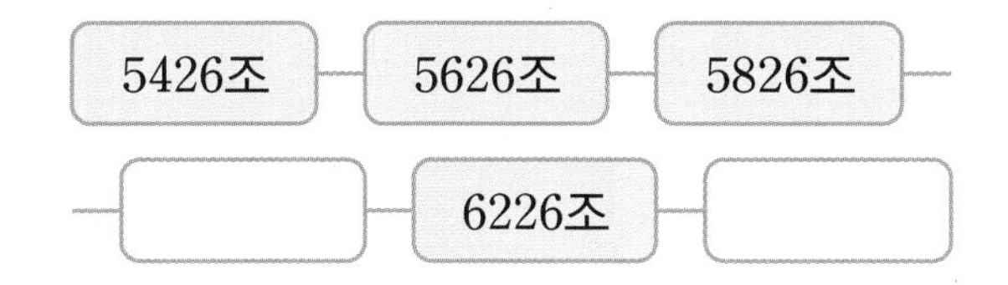

11 다음 수에서 100억씩 4번 뛰어 세면 얼마가 될까요?

1875억 5000만

(   )

12 수 카드를 모두 한 번씩만 사용하여 만들 수 있는 가장 작은 다섯 자리 수를 구해 보세요.

7　1　5　0　4

(   )

13 태양계 행성의 크기입니다. 가장 큰 행성과 가장 작은 행성의 이름을 써 보세요.

행성	지름(km)	행성	지름(km)
수성	4878	목성	142984
금성	12103	토성	120536
지구	12756	천왕성	51118
화성	6789	해왕성	49528

가장 큰 행성 (   )
가장 작은 행성 (   )

1

14 정현이는 저금통에 10000원짜리 지폐 3장, 1000원짜리 지폐 14장, 100원짜리 동전 5개, 10원짜리 동전 8개를 모았습니다. 정현이가 모은 돈은 모두 얼마일까요?

(   )

15 큰 수부터 차례로 기호를 써 보세요.

㉠ 47080000000000
㉡ 사십오조 백사십칠억
㉢ 90조 803억

(   )

16 ㉠에서 밑줄 친 숫자 4가 나타내는 값은 ㉡에서 밑줄 친 숫자 4가 나타내는 값의 몇 배일까요?

㉠ 47890000　　㉡ 90420000

(　　　　　　　　)

17 찢어진 번호표의 수를 구해 보세요.

1845

- 여섯 자리 수입니다.
- 20만보다 크고 30만보다 작은 수입니다.
- 각 자리의 숫자는 모두 다릅니다.
- 만의 자리 수는 짝수입니다.
- 1부터 9까지의 수만 들어갑니다.

(　　　　　　　　)

18 0부터 9까지의 수 중에서 □ 안에 들어갈 수 있는 수를 모두 구해 보세요.

37864209 < 378□5014

(　　　　　　　　)

19 어머니는 은행에서 2700000원을 모두 10만 원짜리 수표로 찾으셨습니다. 10만 원짜리 수표는 모두 몇 장인지 풀이 과정을 쓰고 답을 구해 보세요.

풀이

답

20 어떤 수에서 2000억씩 8번 뛰어 세었더니 3조 5000억이 되었습니다. 어떤 수는 얼마인지 풀이 과정을 쓰고 답을 구해 보세요.

풀이

답

단원 평가 Level 2

점수

확인

1 사탕을 한 봉지에 1000개씩 80봉지에 담았습니다. 80봉지에 담은 사탕은 모두 몇 개일까요?

(   )

2 □ 안에 알맞은 수를 써넣으세요.

- 34016 = 34000 + □
- 34016 = 30016 + □
- 34016 = 4016 + □
- 34016 = 30010 + □

3 설명하는 수를 쓰고 읽어 보세요.

만이 603개, 일이 4000개인 수

쓰기 (   )

읽기 (   )

4 50216387495에서 숫자 2는 어느 자리 숫자이고 얼마를 나타내는지 써 보세요.

(   ), (   )

5 보기 와 같이 □ 안에 알맞은 수를 써넣으세요.

보기
억이 6개, 만이 254개인 수
➡ 9 자리 수

억이 810개, 만이 43개인 수
➡ □ 자리 수

6 다음 중 100만보다 1만큼 더 작은 수는 어느 것일까요? (   )

① 99999
② 99만 9999
③ 999만 9999
④ 9999만 9999
⑤ 9억 9999만 9999

7 1억에 대한 설명이 아닌 것을 찾아 기호를 써 보세요.

㉠ 10000이 1000개인 수
㉡ 7000만보다 3000만만큼 더 큰 수
㉢ 10만의 1000배인 수

(   )

8 가격이 낮은 제품부터 차례로 기호를 써 보세요.

㉠	㉡	㉢
2970000원	4250000원	2695000원

(   )

9 지현이는 올해 3월까지 용돈을 5만 원 모았고 앞으로 매달 13000원씩 모으려고 합니다. 모은 돈이 처음으로 10만 원을 넘는 때는 몇 월일까요?

(   )

10 은행에서 3억 원을 모두 100만 원짜리 수표로 찾으면 100만 원짜리 수표는 모두 몇 장이 될까요?

(   )

11 19억 2038만을 10배 한 수에서 숫자 3이 나타내는 값은 얼마일까요?

(   )

12 □ 안에 알맞은 기호를 써넣으세요.

㉠ 9990만　㉡ 9990억　㉢ 9900억

(1) 1조는 □보다 100억만큼 더 큰 수입니다.

(2) 1조는 □보다 10억만큼 더 큰 수입니다.

13 빛이 1년 동안 갈 수 있는 거리를 1광년이라고 합니다. 1광년은 9조 4608억 km입니다. 1000광년은 몇 km일까요?

(   )

14 ㉠은 ㉡의 몇 배일까요?

- 10억은 100만의 ㉠배입니다.
- 1조는 100억의 ㉡배입니다.

(   )

15 더 큰 수의 기호를 써 보세요.

㉠ 1430조에서 1000조씩 5번 뛰어 센 수
㉡ 67억에서 10배씩 6번 한 수

(   )

16 조건을 모두 만족시키는 수를 구해 보세요.

- 12500보다 크고 12700보다 작은 다섯 자리 수입니다.
- 백의 자리 수와 일의 자리 수는 홀수입니다.
- 1부터 5까지의 수를 한 번씩 사용하였습니다.

( )

17 0부터 9까지의 수 중에서 □ 안에 들어갈 수 있는 수를 모두 구해 보세요.

145□6807 < 14532796

( )

18 몇씩 뛰어 센 수를 수직선에 나타냈습니다. ㉠이 나타내는 수는 얼마일까요?

8억 500만, 8억 900만, ㉠

( )

19 ㉠과 ㉡이 나타내는 값의 차는 얼마인지 풀이 과정을 쓰고 답을 구해 보세요.

233701659
(㉠: 둘째 자리 3, ㉡: 셋째 자리 3)

풀이

답

20 수 카드를 한 번씩만 사용하여 일곱 자리 수를 만들 때 십만의 자리 숫자가 2인 가장 작은 수는 얼마인지 풀이 과정을 쓰고 답을 구해 보세요.

1 5 2 0 7 4 8

풀이

답

2 각도

예리한 예각, 90°인 직각, 둔한 둔각!

두 반직선이 벌어진 정도, 각의 크기!

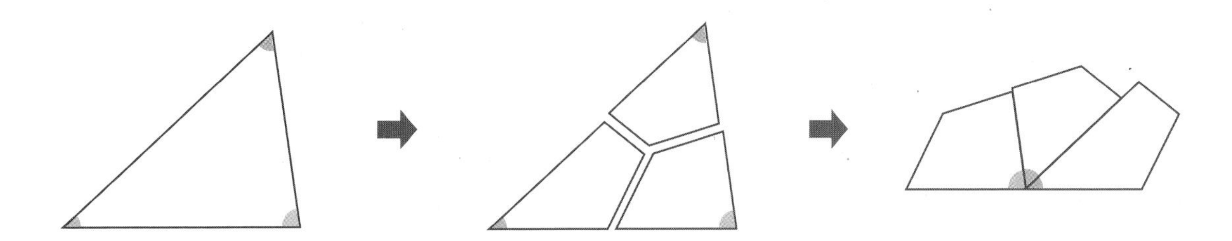

삼각형의 세 각의 크기의 합은 180°입니다.

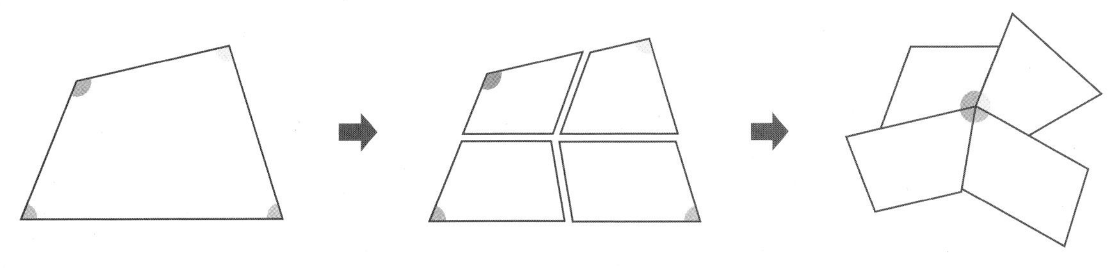

사각형의 네 각의 크기의 합은 360°입니다.

개념 강의 

1 각의 크기를 비교해 볼까요 / 각의 크기를 재어 볼까요

● 각의 크기 비교하기

└• 각의 두 변이 벌어진 정도

• 각의 크기는 변의 길이와 관계없이 **두 변이 많이 벌어질수록 큰 각**입니다.

가 나 다

➡ 가와 나의 각의 크기는 같고, 다의 각의 크기가 가장 작습니다.

● 각의 크기 알아보기

• **각도**: 각의 크기

• **1도**: 직각의 크기를 똑같이 90으로 나눈 것 중 하나

쓰기 1°

• **직각의 크기**: 90°

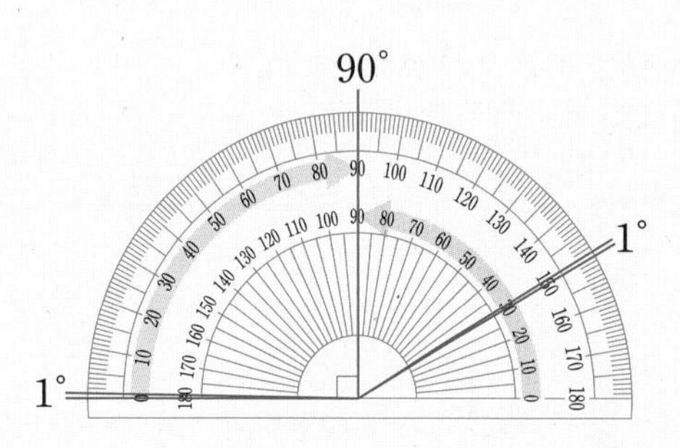

● 각도기를 사용하여 각도 재기

① 각도기의 중심을 각의 꼭짓점에 맞춥니다.

② 각도기의 밑금을 각의 한 변에 맞춥니다.

③ 각의 다른 변이 가리키는 눈금을 읽습니다.

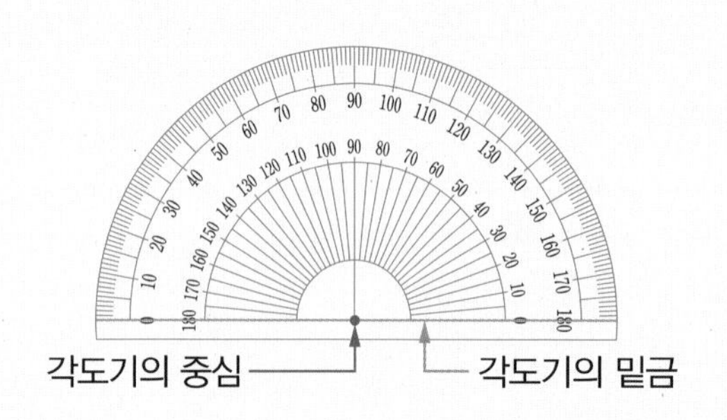

● 각도기의 눈금을 읽는 방법

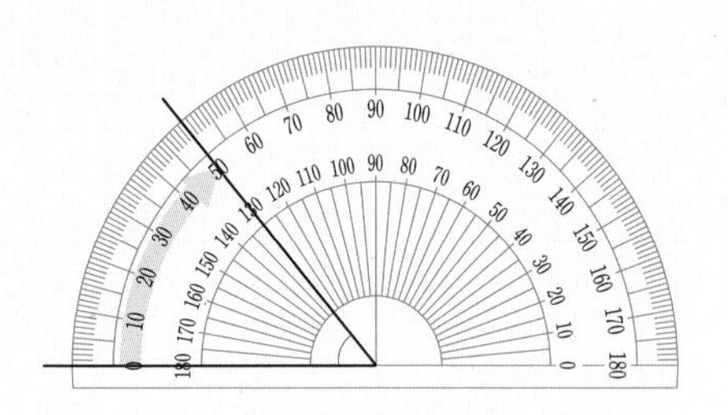

각의 한 변이 바깥쪽 눈금 0에 맞춰져 있으면 바깥쪽 눈금을 읽습니다.
➡ 50°

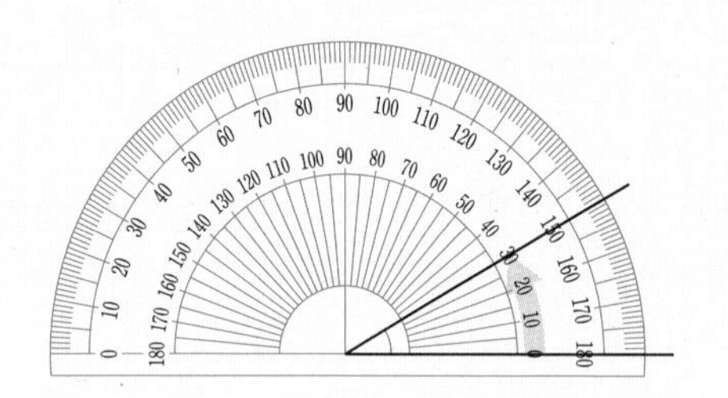

각의 한 변이 안쪽 눈금 0에 맞춰져 있으면 안쪽 눈금을 읽습니다.
➡ 30°

각의 크기를 비교하는 방법
두 각의 크기가 비슷하거나 각이 그려진 방향이 달라 눈으로 비교가 어려운 경우에는 투명 종이를 이용하여 본을 뜨고 겹쳐서 각의 크기를 비교할 수 있습니다.

각의 크기를 재는 도구는 각도기입니다.

각도기의 눈금을 바르게 읽는 방법
각도기의 안쪽, 바깥쪽 눈금 중 어느 수를 읽어야 할지 헷갈린다면 각도기의 눈금을 읽기 전에 각의 크기가 직각보다 큰 각인지, 작은 각인지를 생각해 봅니다.

확인 !

● 각의 한 변이 바깥쪽 눈금 0에 맞춰져 있으면 (안쪽 , 바깥쪽) 눈금을 읽어야 합니다.

1 두 각 중에서 더 큰 각의 기호를 써 보세요.

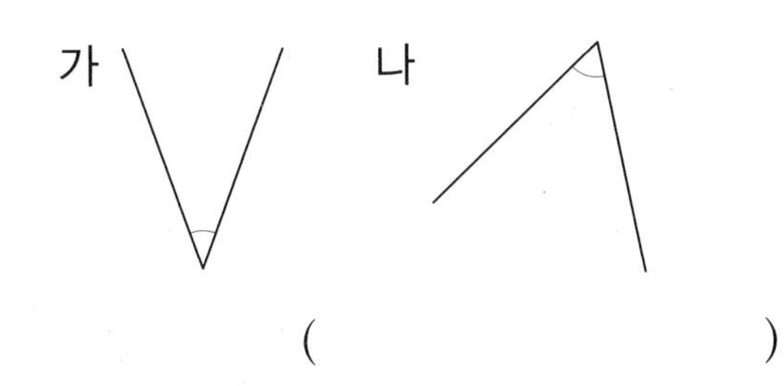

( )

배운 것 연결하기 3학년 1학기

• 각: 한 점에서 그은 두 반직선으로 이루어진 도형

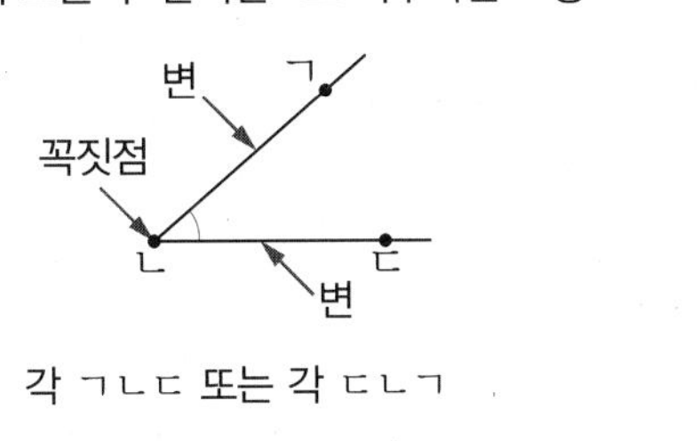

각 ㄱㄴㄷ 또는 각 ㄷㄴㄱ

2 보기 의 각보다 큰 각을 모두 찾아 기호를 써 보세요.

보기

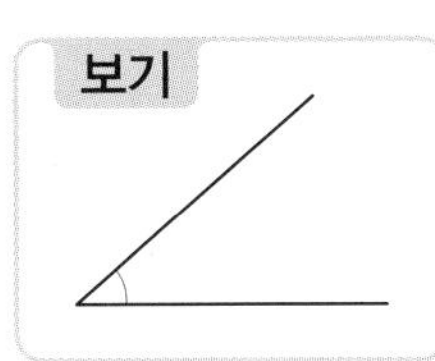

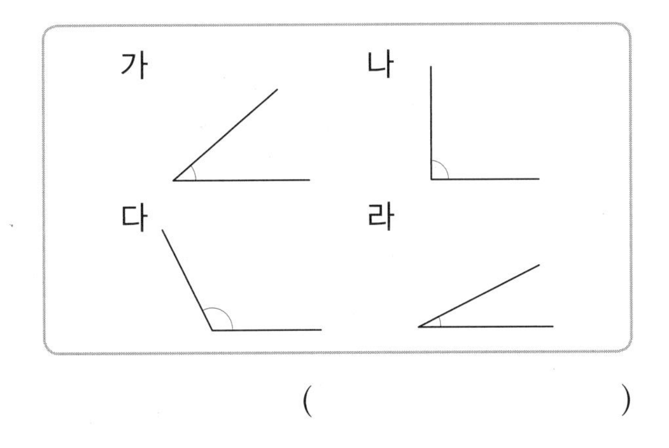

( )

3 각도를 바르게 잰 것을 찾아 기호를 써 보세요.

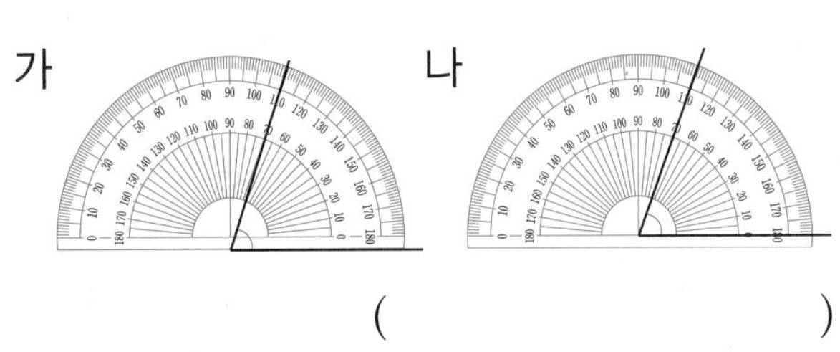

( )

4 각도기의 눈금 60과 120 중 어느 것을 읽어야 할까요?

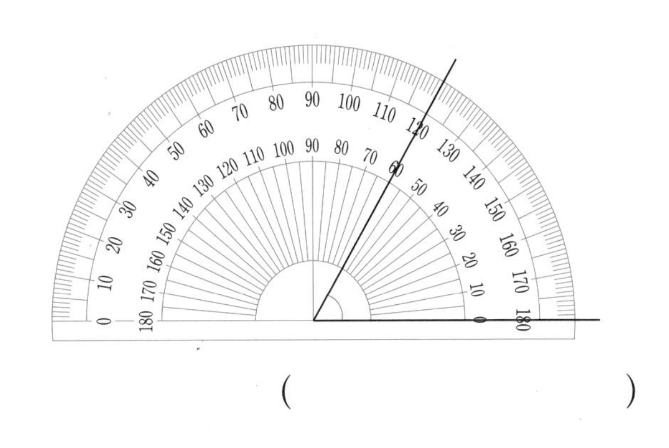

( )

5 각도를 구해 보세요.

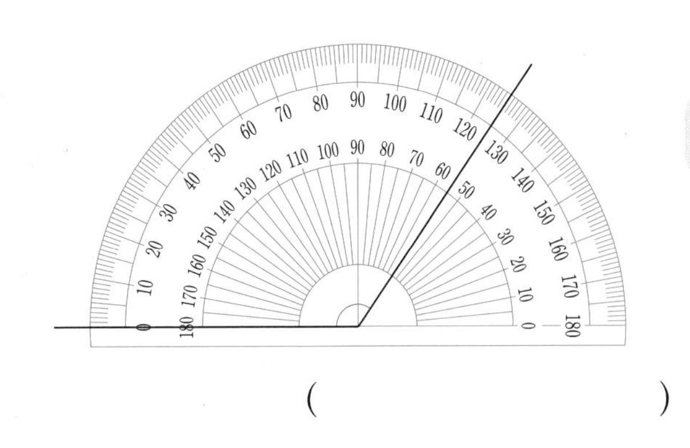

( )

6 각도기를 사용하여 각도를 재어 보세요.

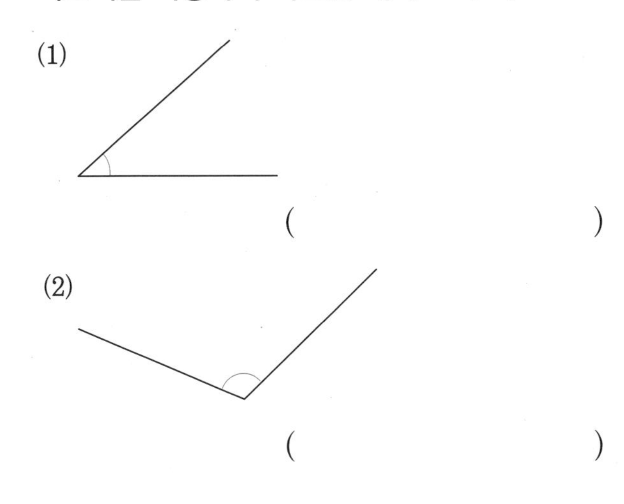

(1) ( )

(2) ( )

2 예각과 둔각을 알아볼까요 / 각도를 어림하고 재어 볼까요

예각과 둔각 알아보기

- **예각**: 0°보다 크고 직각보다 작은 각
- **둔각**: 직각보다 크고 180°보다 작은 각

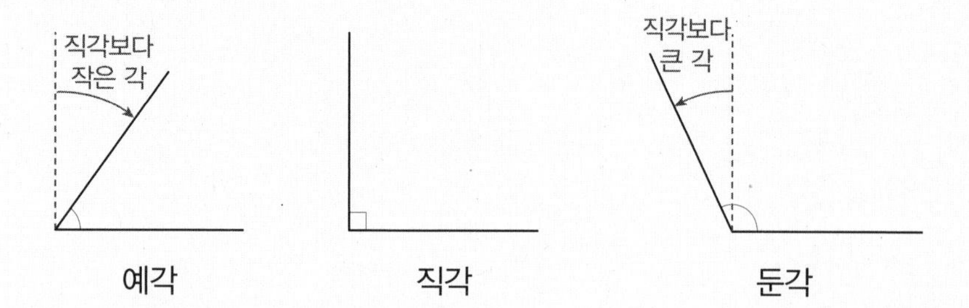

예각과 둔각
직각을 기준으로 예각과 둔각을 구분할 수 있습니다.

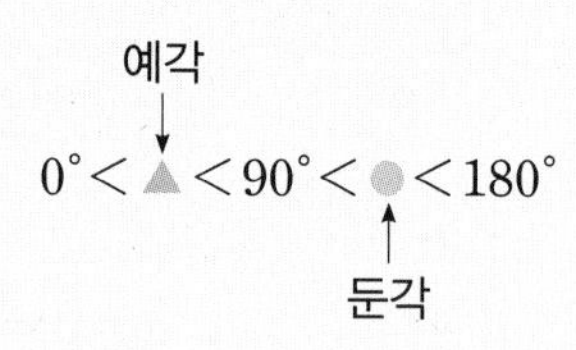

각도 어림하기

- 각도기를 사용하지 않고 각도가 얼마쯤 되는지 어림합니다.
- 각도를 어림할 때에는 '**약**'을 붙입니다.
- 각도기로 각도를 재어 어림한 각과 비교합니다.

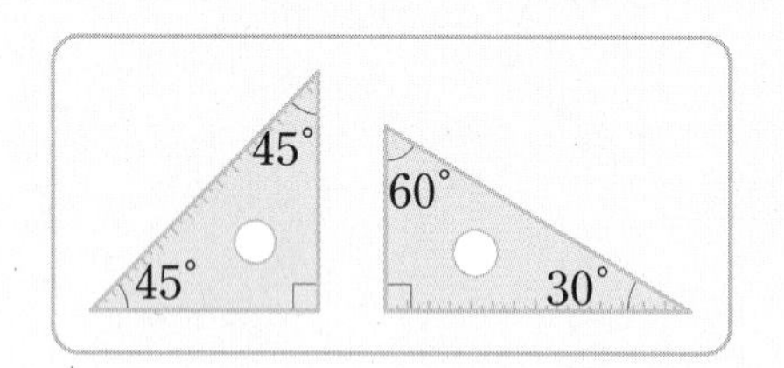

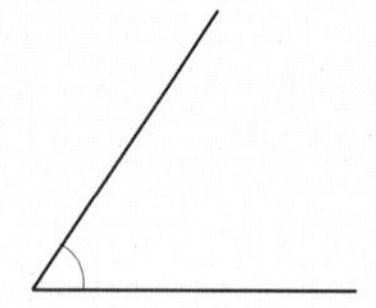

어림한 각도 약 50°

잰 각도 55°

각도 어림하기
삼각자의 30°, 45°, 60°, 90°를 기준으로 각도를 비교하면 쉽게 어림할 수 있습니다.

어림한 각도와 잰 각도 비교하기
어림한 각도가 각도기로 잰 각도에 가까울수록 잘 어림한 것입니다.

확인!

- 0°보다 크고 직각보다 작은 각을 □(이)라고 합니다.
- 직각보다 크고 180°보다 작은 각을 □(이)라고 합니다.

1 각을 보고 예각, 둔각 중 어느 것인지 □ 안에 써넣으세요.

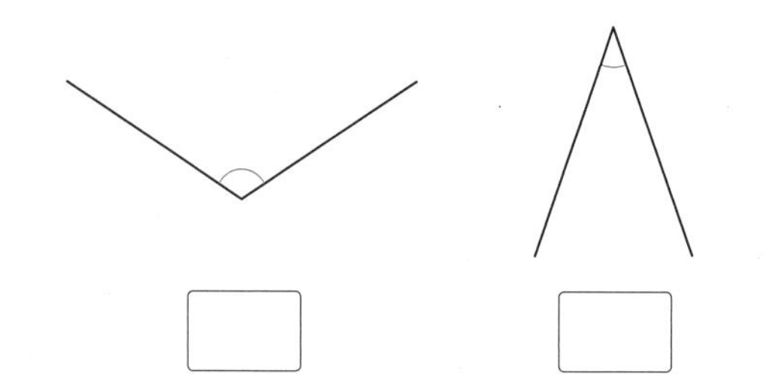

2 60°와 직각을 이용하여 ㉠의 각도를 어림해 보세요.

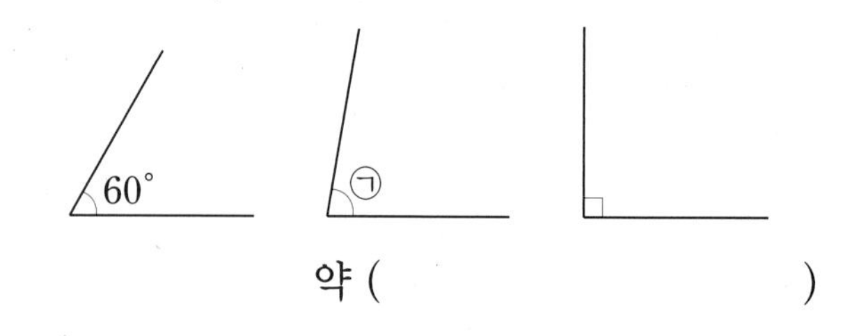

약 (   )

3 표시된 각이 예각, 둔각 중 어느 것인지 써 보세요.

(1) (2)

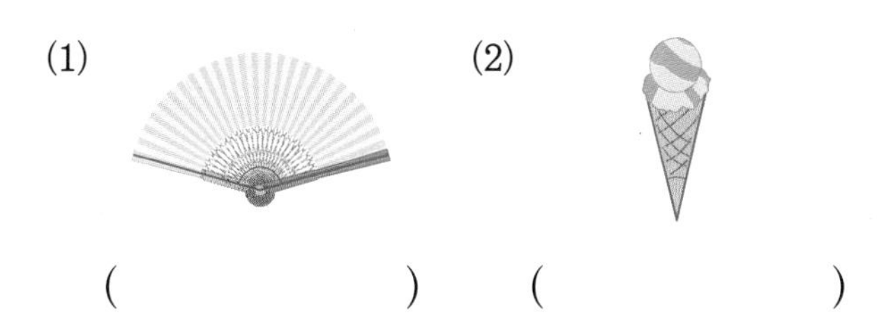

( ) ( )

4 삼각자의 각을 보고 각도를 어림해 보세요.

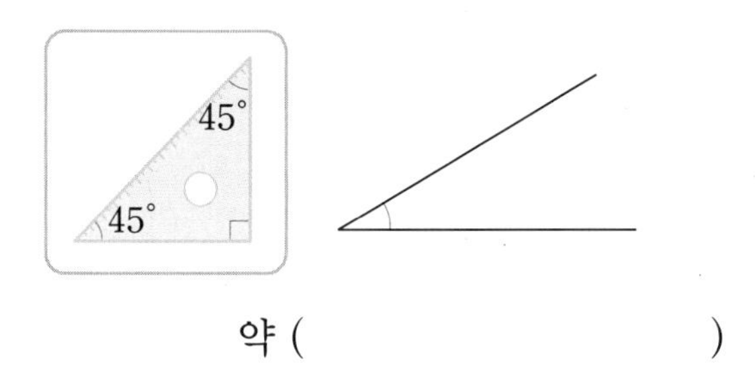

약 ( )

5 주어진 각을 예각, 직각, 둔각으로 분류하여 기호를 써 보세요.

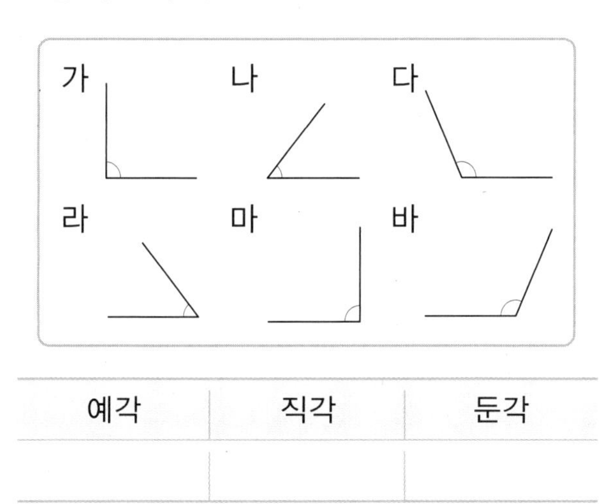

예각	직각	둔각

배운 것 연결하기 3학년 1학기

- 직각: 그림과 같이 종이를 반듯하게 두 번 접었을 때 생기는 각

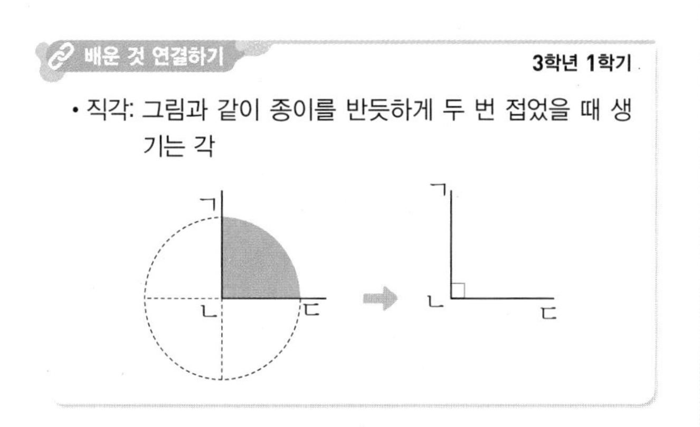

6 예각과 둔각을 찾아 써 보세요.

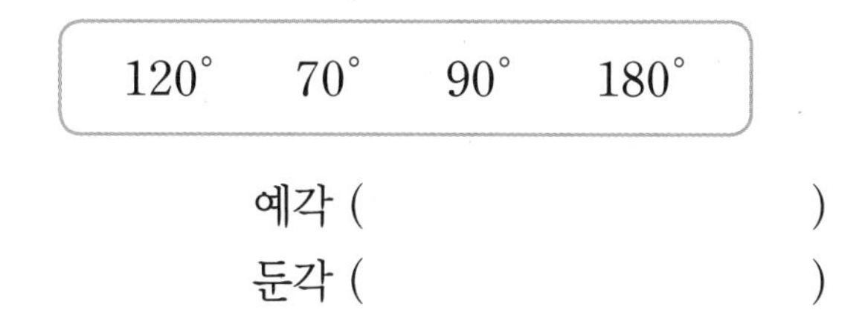

예각 ( )

둔각 ( )

7 주어진 선분을 이용하여 예각과 둔각을 그려 보세요.

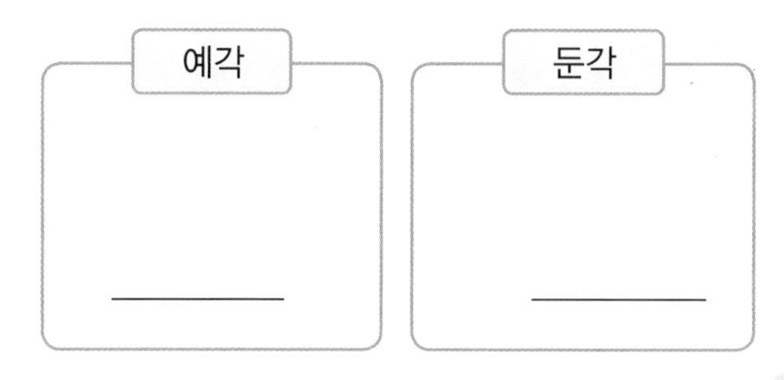

8 직각과 비교하여 각도를 어림하고, 각도기로 재어 확인해 보세요.

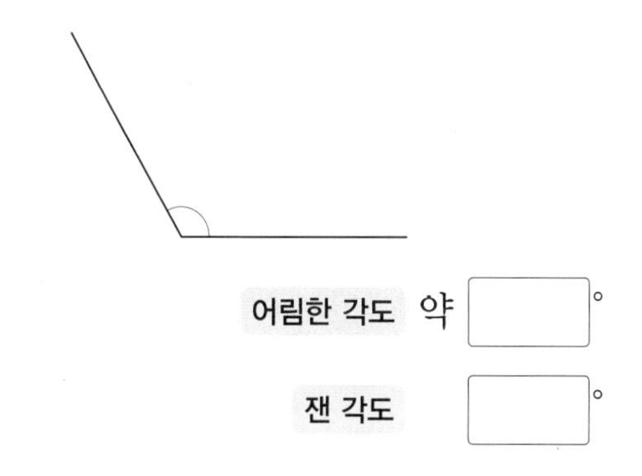

어림한 각도 약 □°

잰 각도 □°

9 시계의 긴바늘과 짧은바늘이 이루는 작은 쪽의 각이 예각, 둔각 중 어느 것인지 써 보세요.

(1) (2)

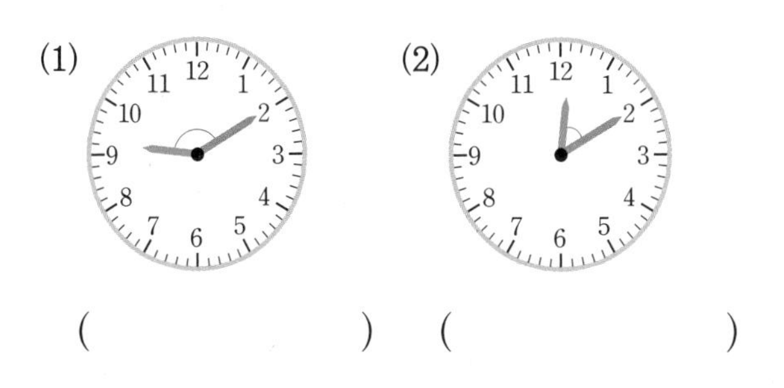

( ) ( )

기본기 다지기

1 각의 크기 비교하기

변의 길이와 관계없이 두 변이 벌어진 정도를 비교합니다.

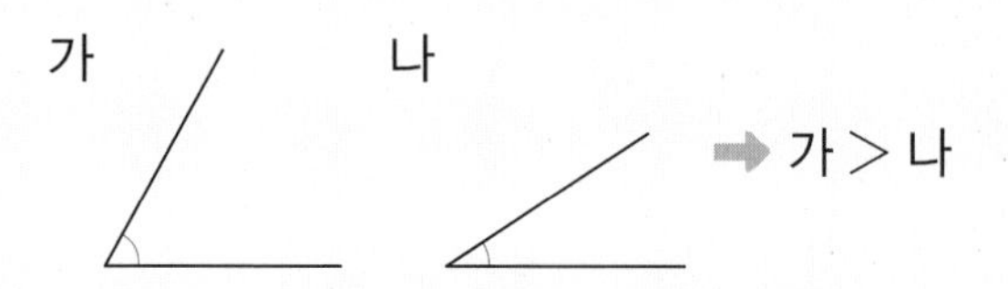

1 각의 크기를 바르게 비교한 사람의 이름을 써 보세요.

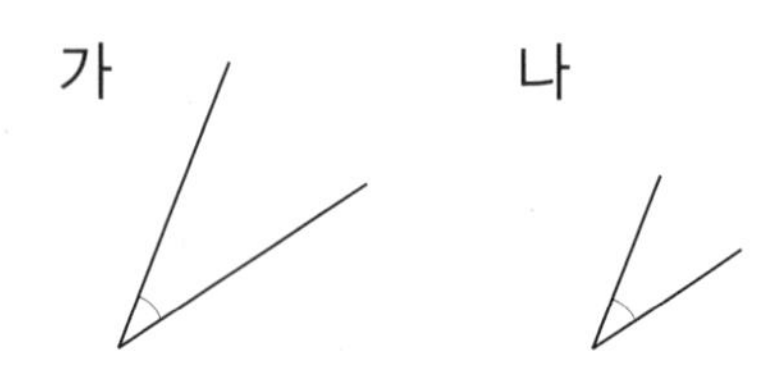

은지: 가의 각의 크기가 더 큽니다.
지우: 나의 각의 크기가 더 작습니다.
서아: 벌어진 정도가 같으므로 두 각의 크기는 같습니다.

(　　　　　　)

2 가장 큰 각에 ○표, 가장 작은 각에 △표 하세요.

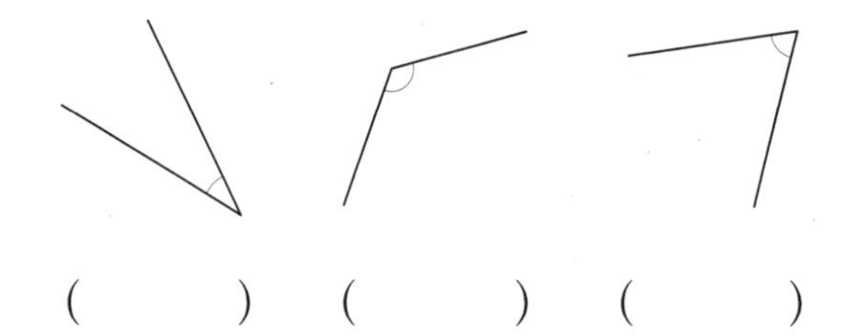

(　　) (　　) (　　)

3 등받이를 한 번 뒤로 젖힐 때 같은 각도만큼씩 젖혀지는 의자가 있습니다. 표시한 각의 크기가 더 큰 것의 기호를 써 보세요.

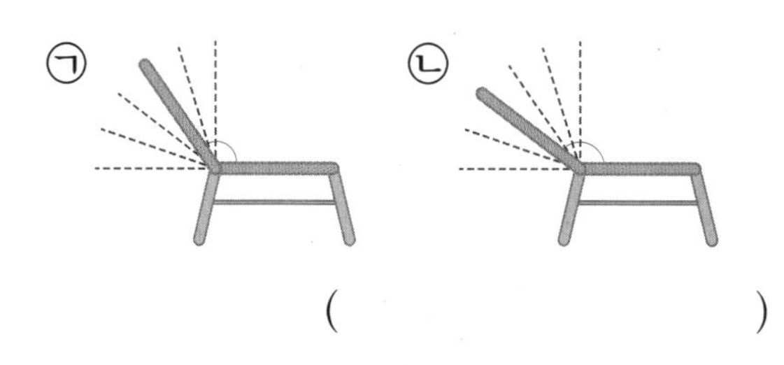

(　　　　　　)

4 각의 크기가 가장 큰 것을 찾아 기호를 써 보세요.

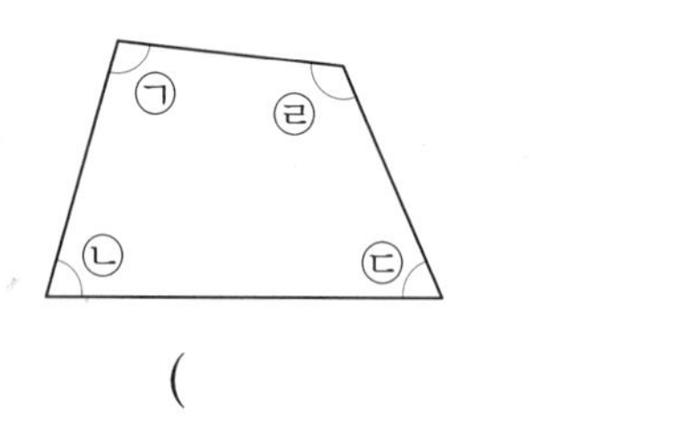

(　　　　　　)

2 각도 재기

① 각도기의 중심을 각의 꼭짓점에 맞춥니다.
② 각도기의 밑금을 각의 한 변에 맞춥니다.
③ 각의 다른 변이 가리키는 눈금을 읽습니다.

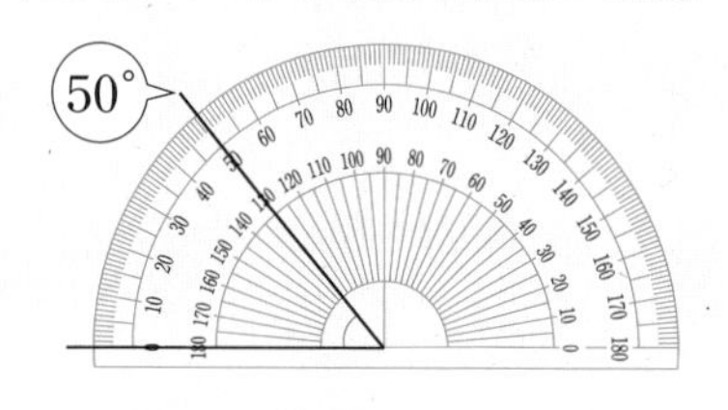

5 각도를 구해 보세요.

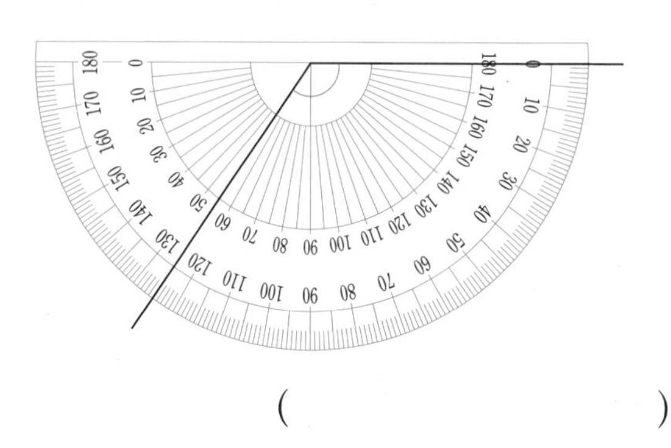

(　　　　　　)

6 각도기를 사용하여 각도를 재어 보세요.

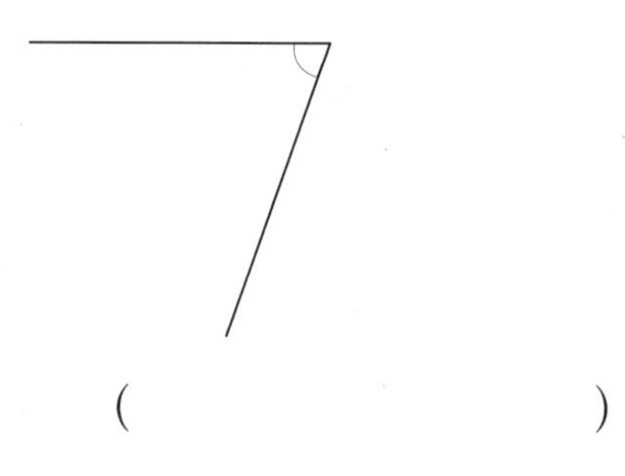

(　　　　　　)

서술형

7 다음과 같이 각도기로 각도를 재어 100°라고 잘못 구했습니다. 각도를 잘못 구한 까닭을 쓰고 바르게 구해 보세요.

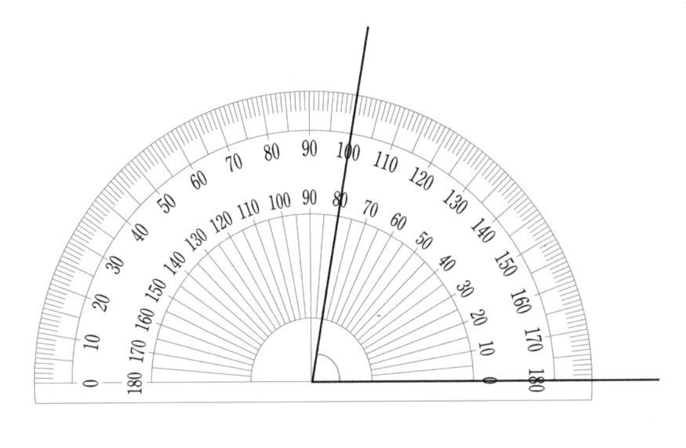

까닭 ....

바르게 구하기 ....

8 각도기를 사용하여 도형의 각도를 재어 □ 안에 알맞은 수를 써넣으세요.

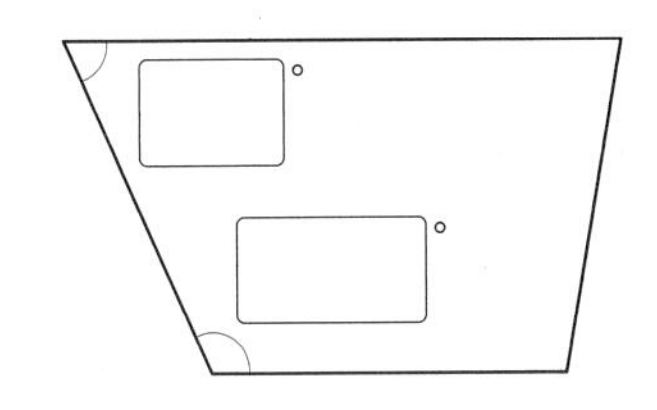

9 삼각형에서 가장 큰 각과 가장 작은 각의 크기를 각각 재어 보세요.

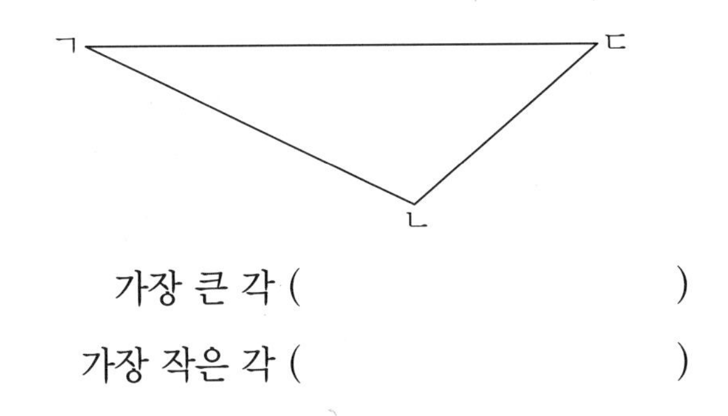

가장 큰 각 (   )

가장 작은 각 (   )

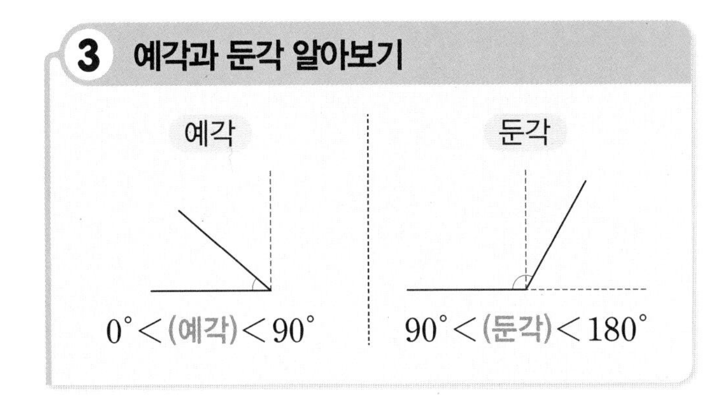

10 부채를 벌린 각도가 둔각인 것을 모두 찾아 기호를 써 보세요.

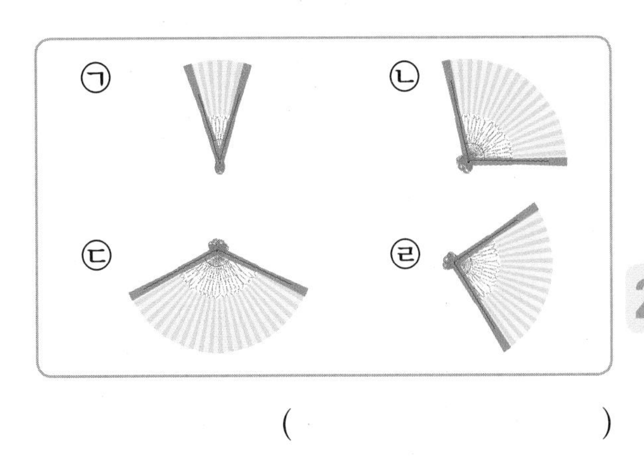

(   )

11 예각에 ○표, 둔각에 △표 하세요.

89°	113°	56°	90°	172°

창의+

12 서울 지하철 노선도에 표시된 부분의 각이 예각이면 '예', 직각이면 '직', 둔각이면 '둔'이라고 ○ 안에 써넣으세요.

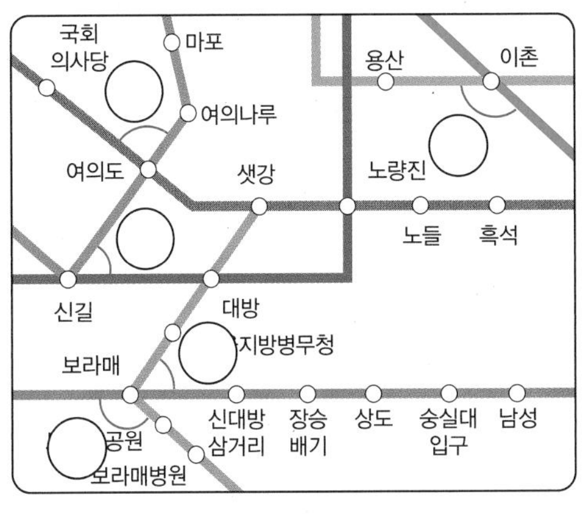

13 주어진 점 중 3개의 점을 연결하여 예각과 둔각을 1개씩 그려 보세요.

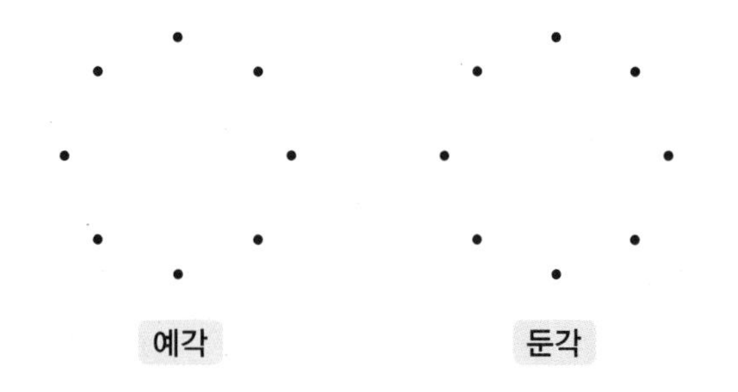

4 180°, 360° 알아보기

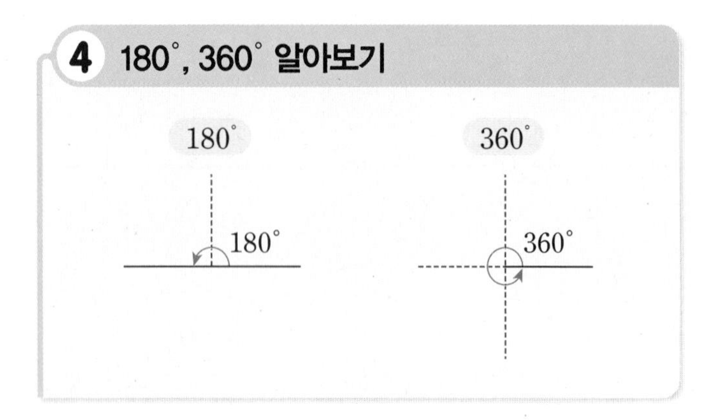

14 색종이를 접었다 펼쳤을 때 표시한 각의 크기는 몇 도일까요?

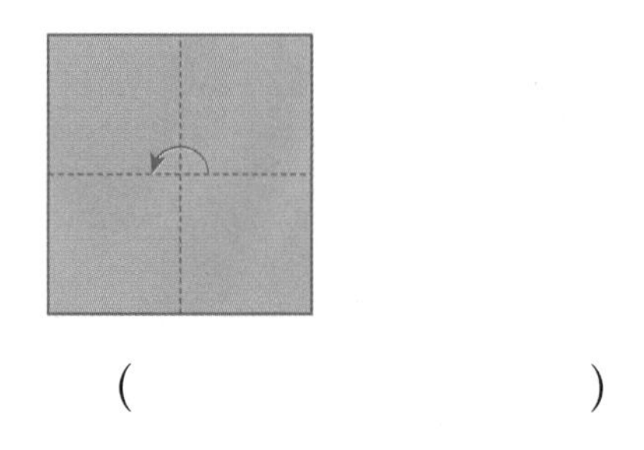

( )

15 부채 갓대가 포개어졌을 때 부채가 이루는 각의 크기는 몇 도일까요?

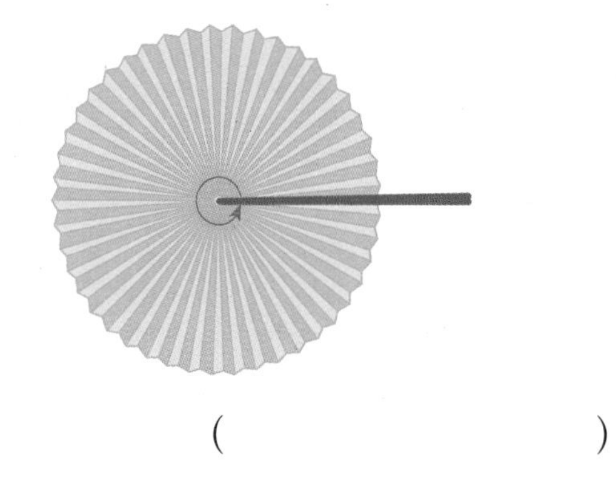

( )

5 시계의 긴바늘과 짧은바늘이 이루는 각도

시계의 긴바늘과 짧은바늘이 이루는 작은 쪽의 각의 크기를 알아봅니다.

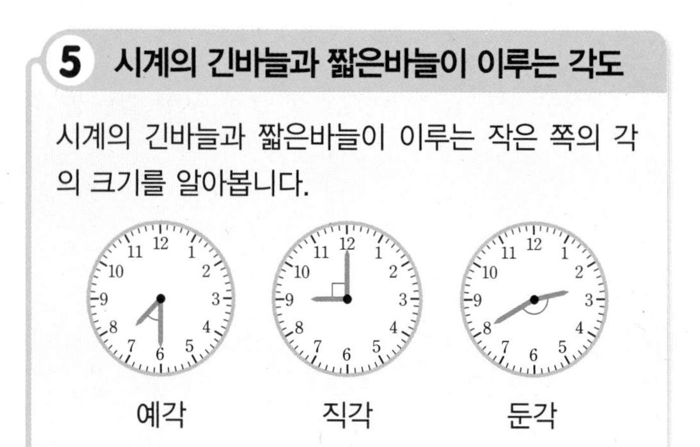

16 시계의 긴바늘과 짧은바늘이 이루는 작은 쪽의 각이 예각, 둔각 중 어느 것인지 써 보세요.

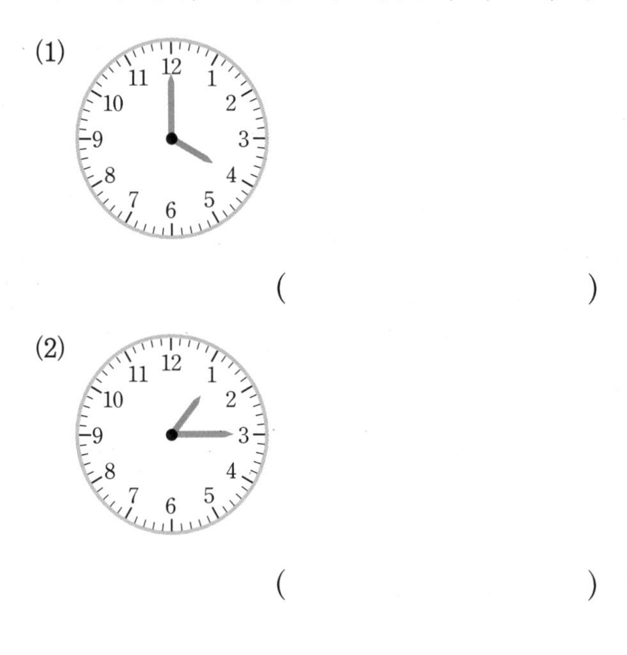

(1) ( )

(2) ( )

17 시계의 긴바늘과 짧은바늘이 이루는 작은 쪽의 각이 예각, 직각, 둔각 중 어느 것인지 써 보세요.

(1) 9시 ( )

(2) 3시 30분 ( )

(3) 5시 45분 ( )

18 다음 중 시계의 긴바늘과 짧은바늘이 이루는 작은 쪽의 각이 예각인 시각을 모두 찾아 기호를 써 보세요.

㉠ 3시	㉡ 6시 20분
㉢ 9시 5분	㉣ 12시 50분

( )

창의+

19 주어진 시각에서 30분 후에 시계의 긴바늘과 짧은바늘이 이루는 작은 쪽의 각이 예각, 직각, 둔각 중 어느 것인지 써 보세요.

( )

6 각도 어림하기

• 주어진 각도를 30°, 60°, 90°와 비교하여 어림하기

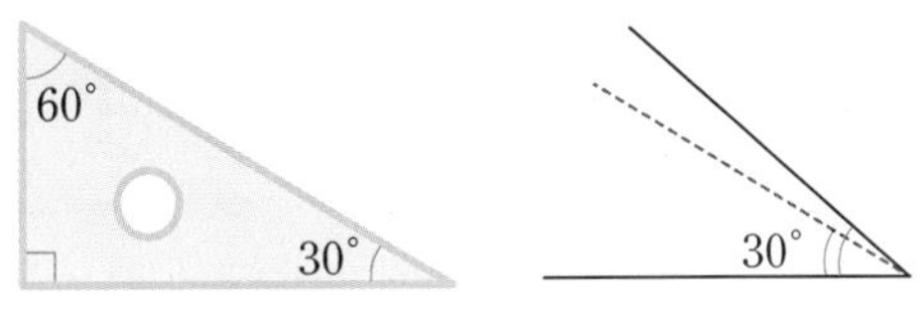

➡ 30°보다 약간 커 보이므로 약 40°입니다.

20 삼각자의 각을 보고 각도를 어림하고, 각도기로 재어 확인해 보세요.

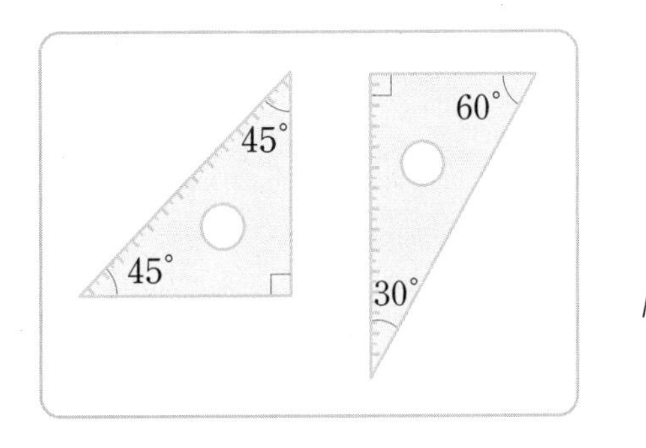

어림한 각도 약 □°

잰 각도 □°

21 20의 삼각자의 각을 보고 각도를 어림하고, 각도기로 재어 확인해 보세요.

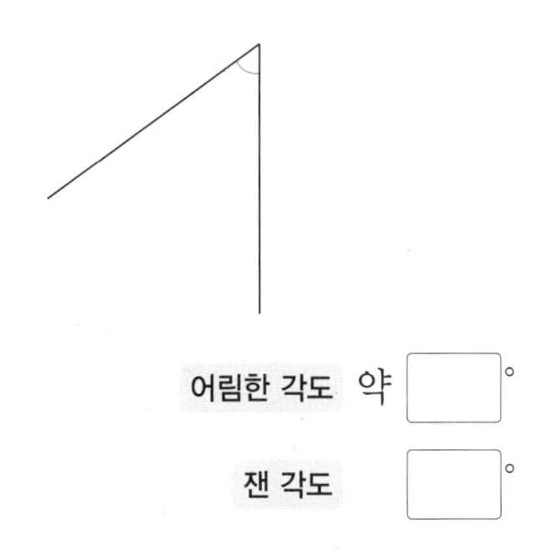

어림한 각도 약 □°

잰 각도 □°

22 오른쪽 각도를 실제와 더 가깝게 어림한 사람의 이름을 써 보세요.

현주: 90°의 반보다 조금 작으니까 약 40°야.
민경: 90°를 3등분한 것 중 2개쯤이니까 약 60°야.

( )

서술형

23 다음 각의 크기를 수진이는 약 45°, 인호는 약 65°로 어림했습니다. 각도기로 재어 확인해 보고, 누가 어림을 더 잘했는지 풀이 과정을 쓰고 답을 구해 보세요.

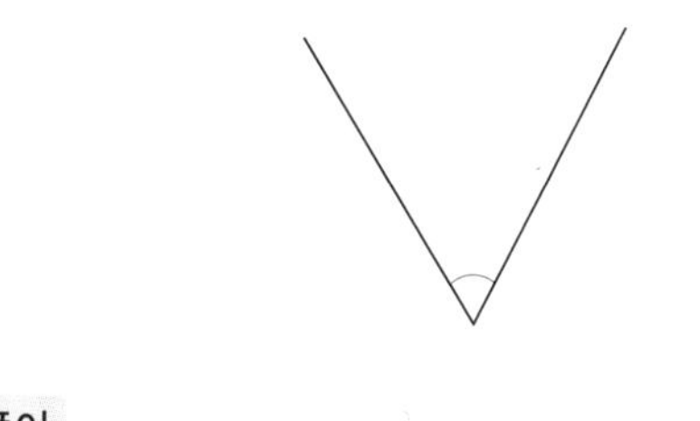

풀이

답

2

3 각도의 덧셈과 뺄셈을 해 볼까요

개념 강의

각도의 덧셈

자연수의 덧셈과 같은 방법으로 계산한 다음 단위(°)를 붙입니다.

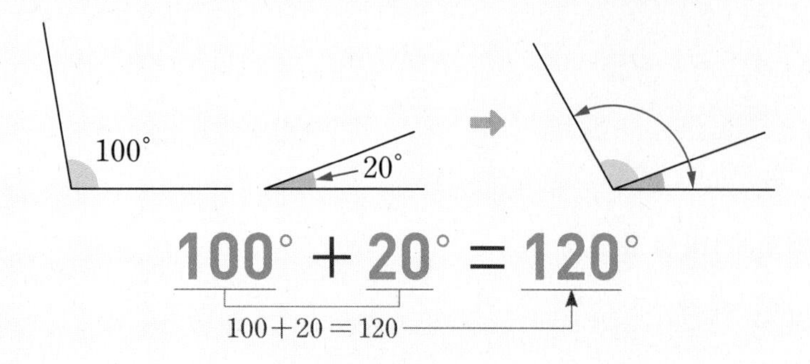

$100° + 20° = 120°$

100+20=120

각도의 덧셈
각의 꼭짓점과 한 변을 이어 붙였을 때 전체 각도입니다.

각도의 뺄셈

자연수의 뺄셈과 같은 방법으로 계산한 다음 단위(°)를 붙입니다.

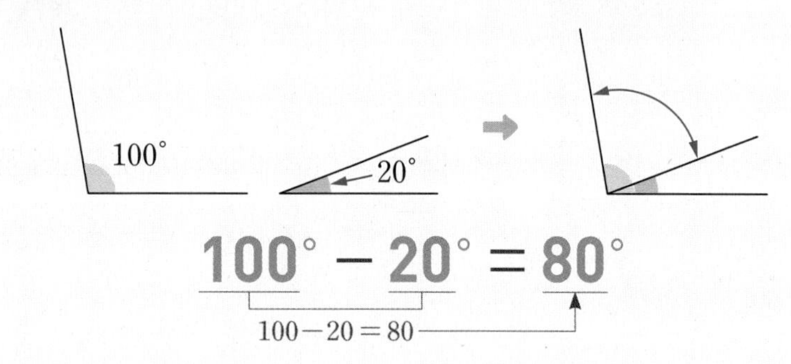

$100° - 20° = 80°$

100−20=80

각도의 뺄셈
한 변을 기준으로 두 각을 겹치도록 붙였을 때 겹치지 않은 부분의 각도입니다.

1 각도의 합을 구해 보세요.

(1)

$30° + 50° = \square°$

(2)

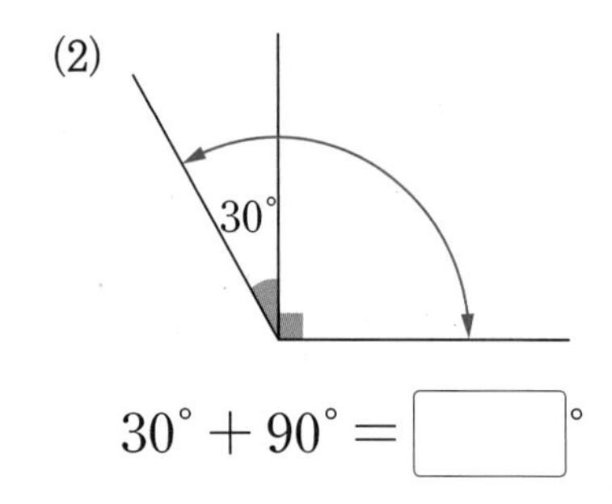

$30° + 90° = \square°$

2 각도의 차를 구해 보세요.

(1)

$50° - 30° = \square°$

(2)

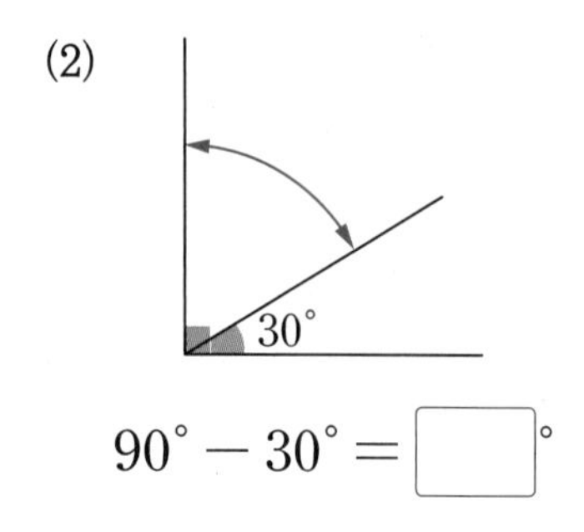

$90° - 30° = \square°$

3 각도의 합을 구해 보세요.

(1) $35^\circ + 60^\circ =$ □$^\circ$

(2) $70^\circ + 45^\circ =$ □$^\circ$

4 각도의 차를 구해 보세요.

(1) $125^\circ - 50^\circ =$ □$^\circ$

(2) $100^\circ - 65^\circ =$ □$^\circ$

5 주어진 각도를 구해 보세요.

(1) 직각보다 40°만큼 더 큰 각

( )

(2) 직각보다 25°만큼 더 작은 각

( )

6 각도를 비교하여 ○ 안에 >, =, < 중 알맞은 것을 써넣으세요.

$89^\circ + 73^\circ$ ○ $180^\circ - 11^\circ$

7 피자 조각을 이어 붙였습니다. □ 안에 알맞은 수를 써넣으세요.

(1) 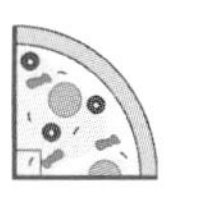

□$^\circ$

(2) 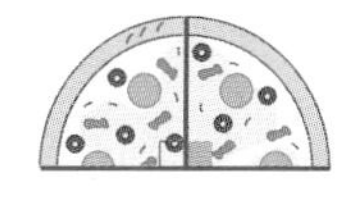

$90^\circ + 90^\circ$
$=$ □$^\circ$

(3) 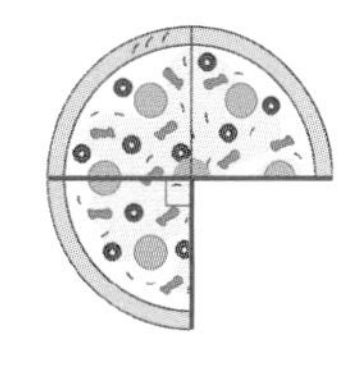

□$^\circ + 90^\circ$
$=$ □$^\circ$

(4) 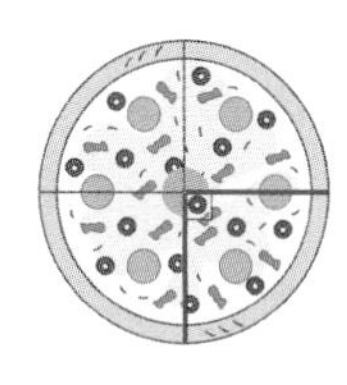

□$^\circ + 90^\circ$
$=$ □$^\circ$

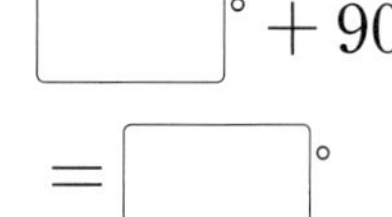

8 영지는 각도 조절 책상에서 숙제를 한 다음 책을 읽으려고 합니다. 책을 읽을 때는 숙제를 할 때보다 책상 각도를 몇 도 더 높여야 하는지 각도기를 사용하여 구해 보세요.

( )

9 ㉠의 각도를 구해 보세요.

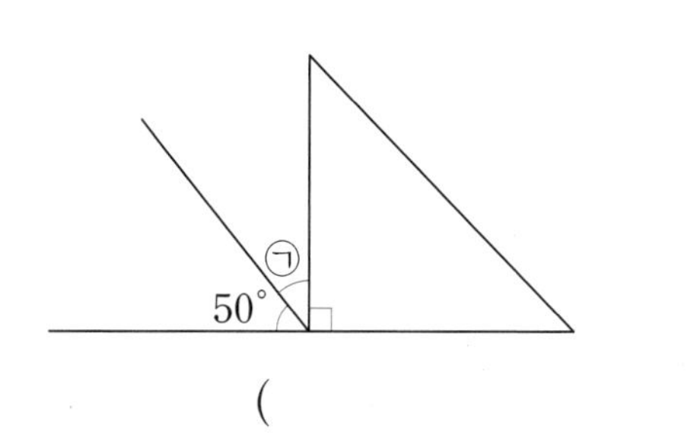

( )

4 삼각형의 세 각의 크기의 합을 알아볼까요

삼각형의 세 각의 크기의 합

• 세 각의 크기를 각도기로 재어 합 구하기

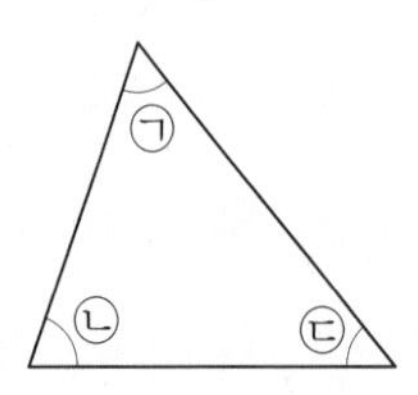

➡ 각도기로 삼각형의 세 각의 크기를 재면 ㉠ $=60^\circ$, ㉡ $=70^\circ$, ㉢ $=50^\circ$입니다. 따라서 삼각형의 세 각의 크기의 합은 $60^\circ+70^\circ+50^\circ=180^\circ$입니다.

• 삼각형을 잘라서 세 각의 크기의 합 구하기

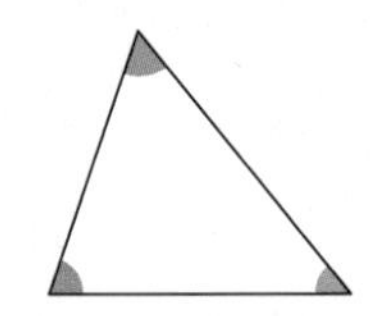

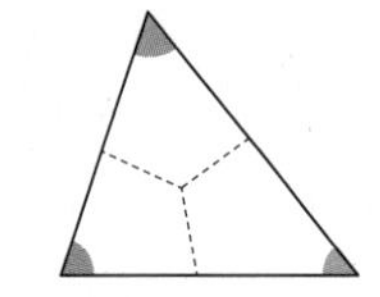

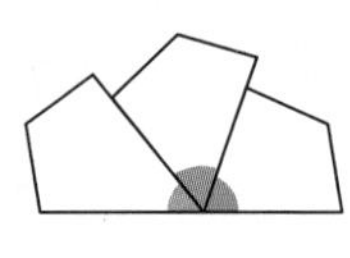

삼각형의 세 각을 다르게 색칠합니다. → 삼각형을 세 조각으로 자릅니다. → 세 꼭짓점이 한 점에 모이도록 이어 붙입니다.

➡ 삼각형의 세 각을 모으면 직선이 됩니다. 한 직선이 이루는 각도는 180°이므로 삼각형의 세 각의 크기의 합은 180°입니다.

> 삼각형의 세 각의 크기의 합은 **180°**입니다.

- 삼각형의 모양과 크기가 달라도 세 각의 크기의 합은 항상 180°입니다.

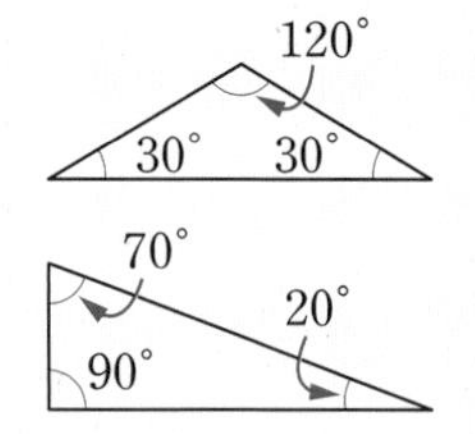

- **삼각형을 접어서 세 각의 크기의 합 구하기**

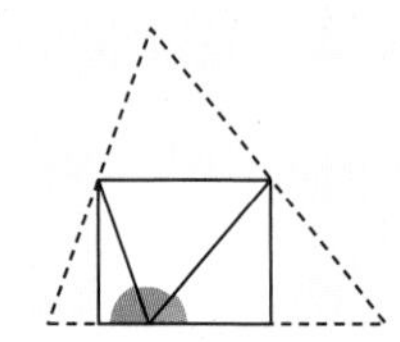

삼각형의 세 꼭짓점이 한 점에 모이도록 접으면 직선이 되므로 삼각형의 세 각의 크기의 합은 180°입니다.

확인 !

삼각형의 모양, 크기와 관계없이 삼각형의 세 각의 크기를 더하면 □°가 됩니다.

1 각도기를 사용하여 삼각형의 세 각의 크기를 각각 재어 보고 합을 구해 보세요.

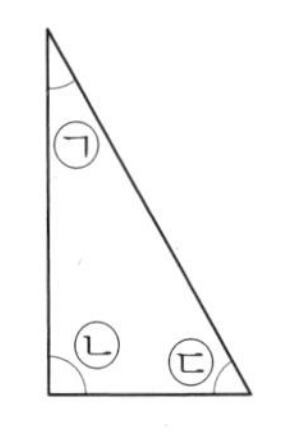

각	㉠	㉡	㉢
각도			

삼각형의 세 각의 크기의 합: □°

2 ㉠의 각도를 구하려고 합니다. □ 안에 알맞은 수를 써넣으세요.

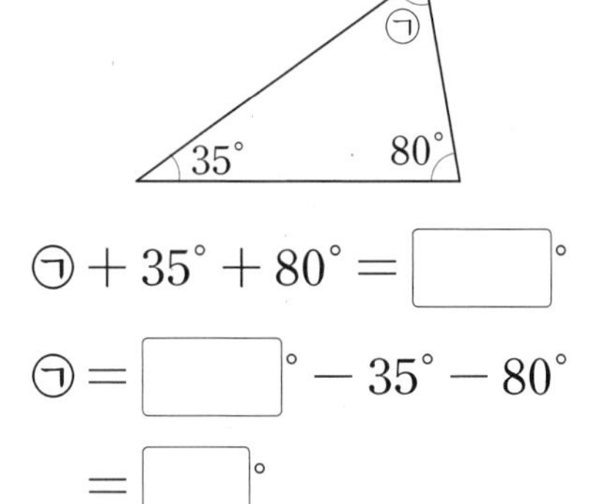

㉠ $+35^\circ+80^\circ=$ □°

㉠ $=$ □° $-35^\circ-80^\circ$

$=$ □°

3 삼각형을 잘라서 세 꼭짓점이 한 점에 모이도록 이어 붙였습니다. ㉠의 각도를 구해 보세요.

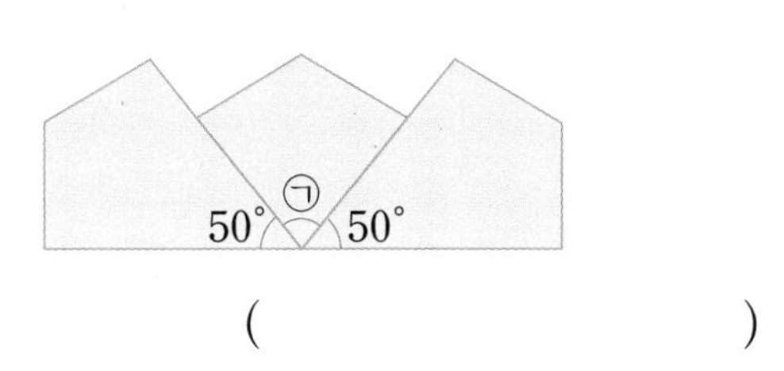

( )

4 □ 안에 알맞은 수를 써넣으세요.

(1)

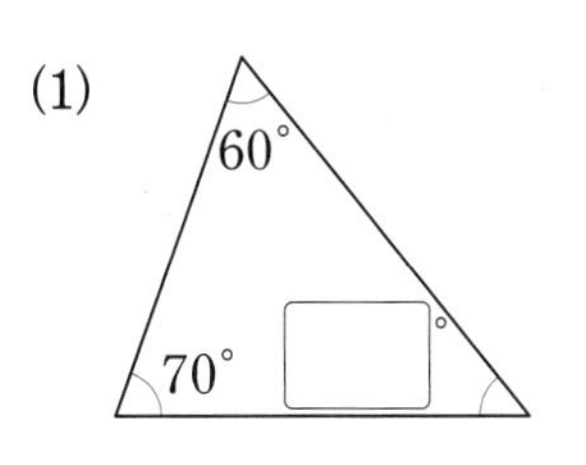

(2)

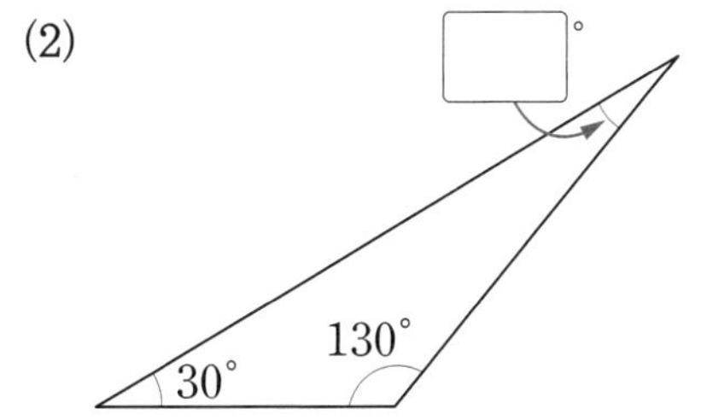

5 □ 안에 알맞은 수를 써넣으세요.

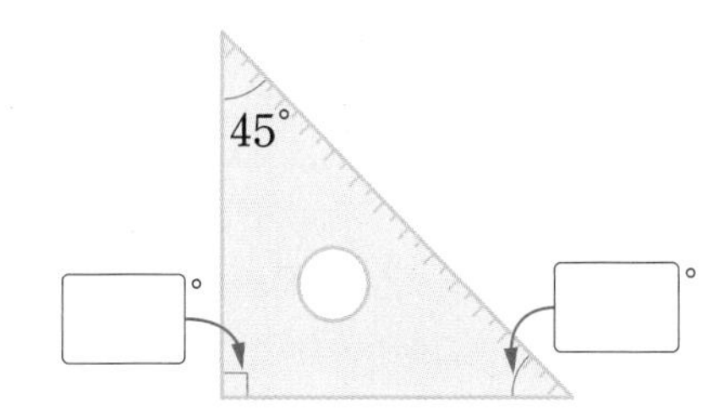

6 ㉠과 ㉡의 각도의 합을 구해 보세요.

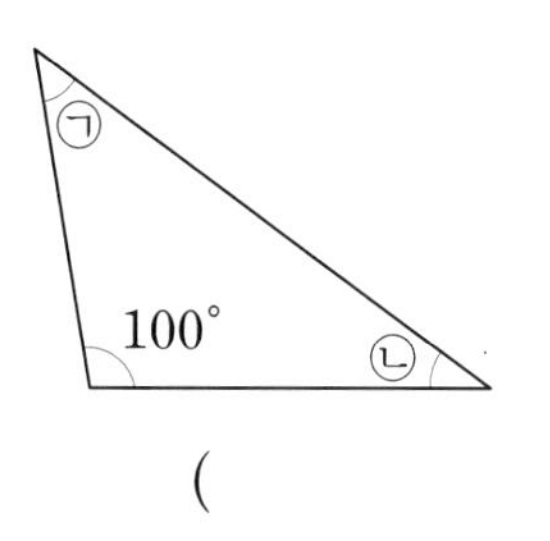

( )

7 ㉠의 각도를 구해 보세요.

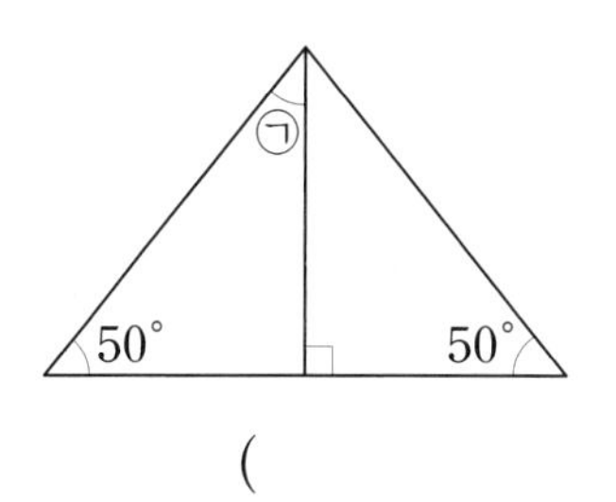

( )

8 삼각자 2개를 이용하여 ㉠을 만들었습니다. ㉠의 각도를 구해 보세요.

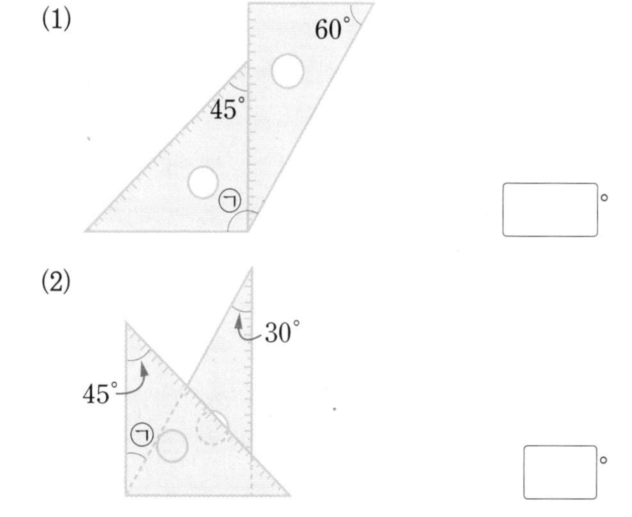

5 사각형의 네 각의 크기의 합을 알아볼까요

사각형의 네 각의 크기의 합

• 네 각의 크기를 각도기로 재어 합 구하기

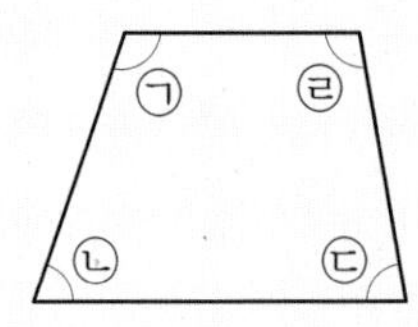

➡ 각도기로 사각형의 네 각의 크기를 재면 ㉠ $=110^\circ$, ㉡ $=70^\circ$, ㉢ $=80^\circ$, ㉣ $=100^\circ$입니다. 따라서 사각형의 네 각의 크기의 합은 $110^\circ+70^\circ+80^\circ+100^\circ=360^\circ$입니다.

• 사각형을 잘라서 네 각의 크기의 합 구하기

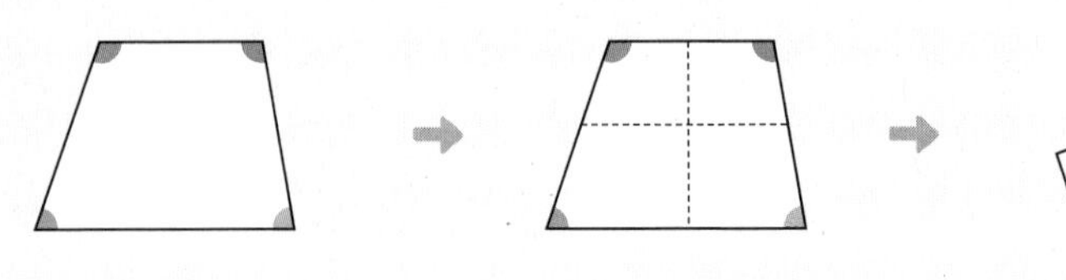

사각형의 네 각을 다르게 색칠합니다. / 사각형을 네 조각으로 자릅니다. / 네 꼭짓점이 한 점에 모이도록 이어 붙입니다.

➡ 사각형의 네 각을 모으면 바닥을 모두 채웁니다. (그림)의 각도는 360°이므로 사각형의 네 각의 크기의 합은 360°입니다.

> 사각형의 네 각의 크기의 합은 **360°**입니다.

사각형의 모양과 크기가 달라도 네 각의 크기의 합은 항상 360°입니다.

사각형을 삼각형 2개로 나누어 사각형의 네 각의 크기의 합 구하기

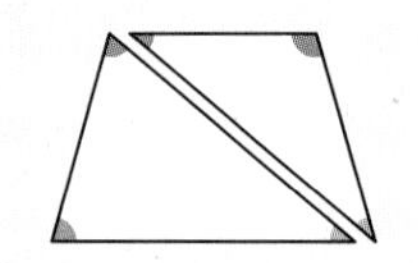

사각형은 삼각형 2개로 나눌 수 있고 삼각형의 세 각의 크기의 합은 180°이므로 사각형의 네 각의 크기의 합은 $180^\circ\times2=360^\circ$입니다.

확인 !

사각형의 모양, 크기와 관계없이 사각형의 네 각의 크기를 더하면 $\square^\circ$가 됩니다.

1 각도기를 사용하여 사각형의 네 각의 크기를 각각 재어 보고 합을 구해 보세요.

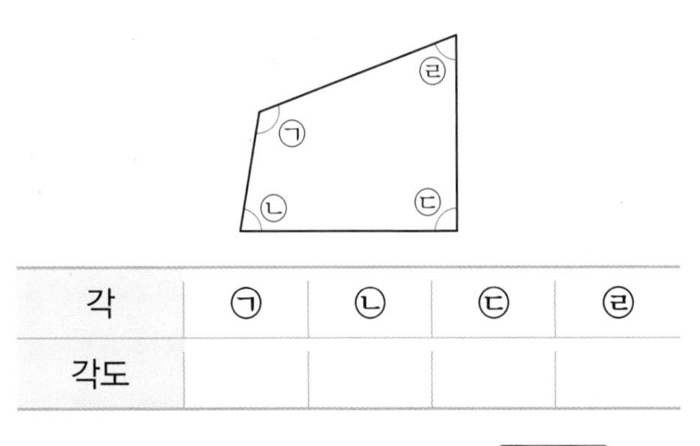

각	㉠	㉡	㉢	㉣
각도				

사각형의 네 각의 크기의 합: $\square^\circ$

2 ㉠의 각도를 구하려고 합니다. □ 안에 알맞은 수를 써넣으세요.

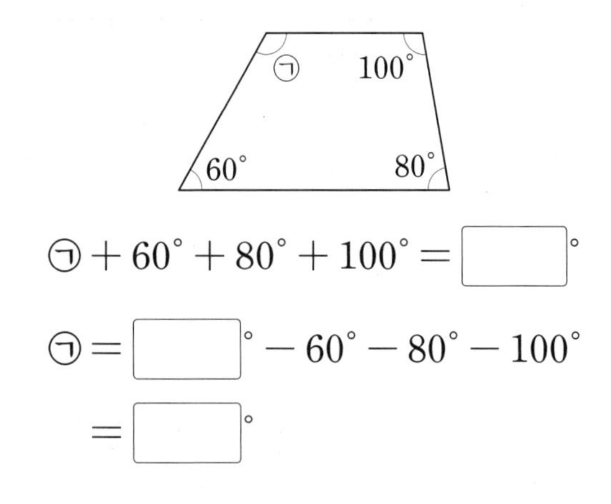

㉠ $+60^\circ+80^\circ+100^\circ=\square^\circ$

㉠ $=\square^\circ-60^\circ-80^\circ-100^\circ$

$=\square^\circ$

3 삼각형을 이용하여 사각형의 네 각의 크기의 합을 알아보려고 합니다. 물음에 답하세요.

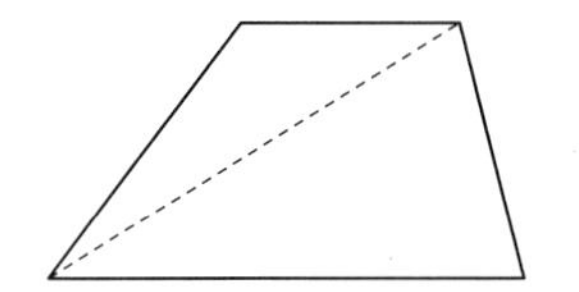

(1) 사각형을 삼각형 몇 개로 나누었나요?

(　　　　　　　　　　)

(2) 사각형의 네 각의 크기의 합을 구해 보세요.

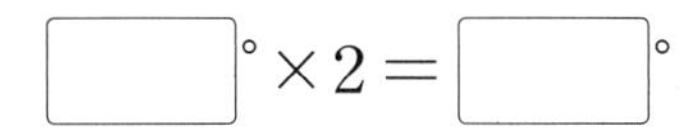

4 □ 안에 알맞은 수를 써넣으세요.

(1)

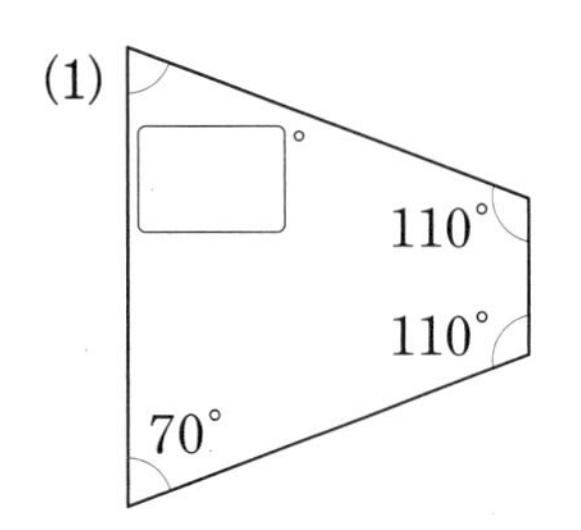

(2)

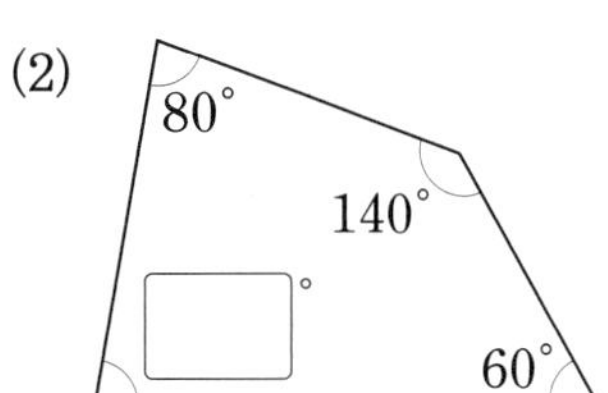

5 ㉠의 각도를 구해 보세요.

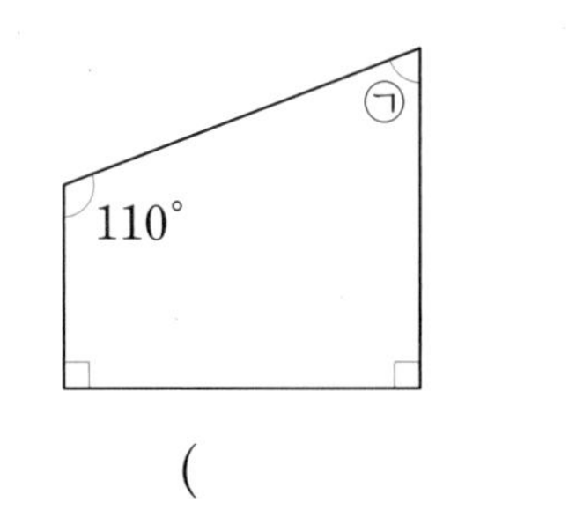

(　　　　　　　　　　)

6 ㉠과 ㉡의 각도의 합을 구해 보세요.

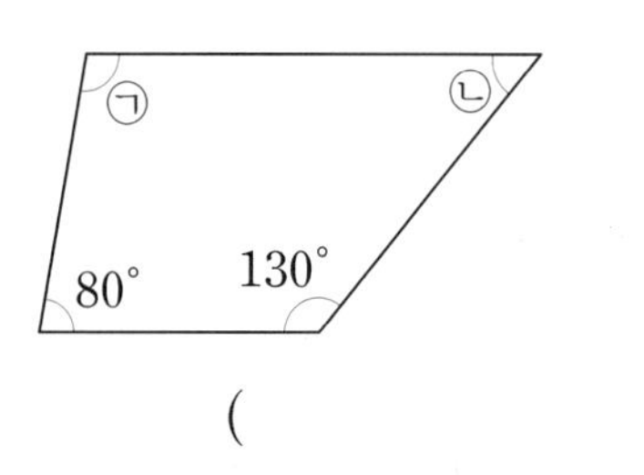

(　　　　　　　　　　)

7 ㉠의 각도를 구해 보세요.

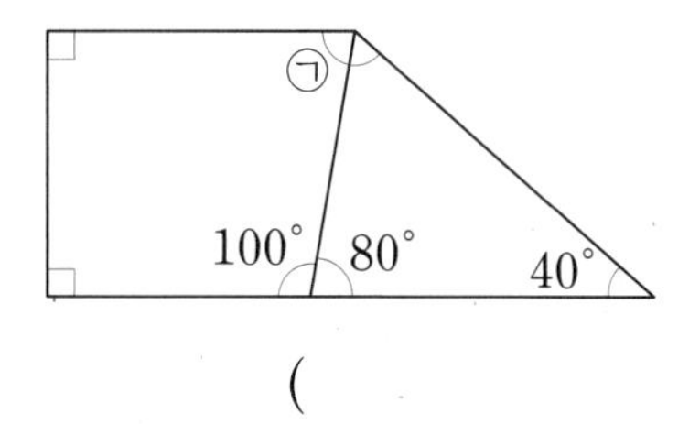

(　　　　　　　　　　)

8 사각형을 4개의 삼각형으로 나누어 사각형의 네 각의 크기의 합을 알아보려고 합니다. 물음에 답하세요.

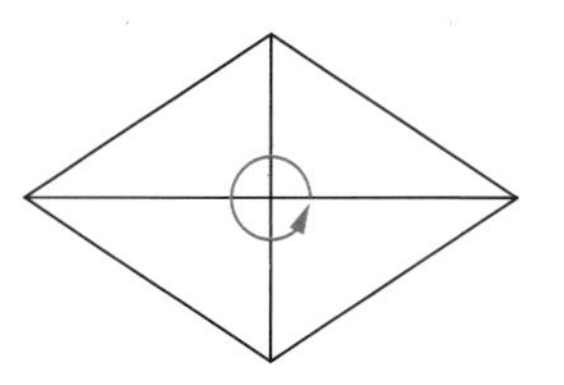

(1) 4개의 삼각형의 각의 크기를 모두 합하면 몇 도일까요?

(　　　　　　　　　　)

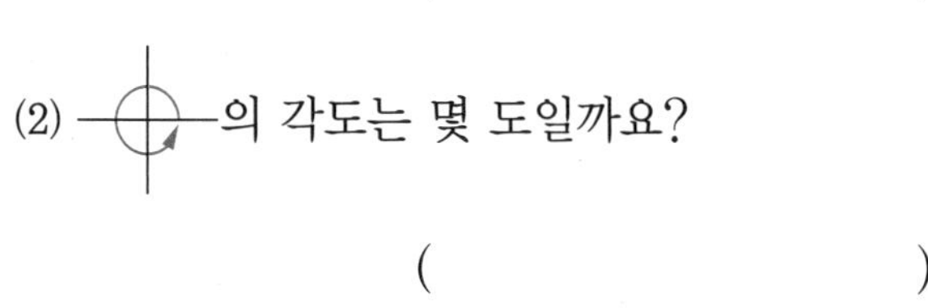

(　　　　　　　　　　)

(3) 사각형의 네 각의 크기의 합은 몇 도일까요?

(　　　　　　　　　　)

기본기 다지기

7 각도의 덧셈과 뺄셈

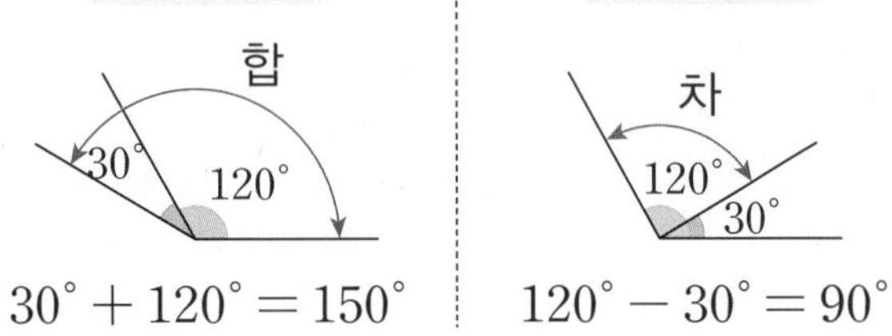

각도의 덧셈

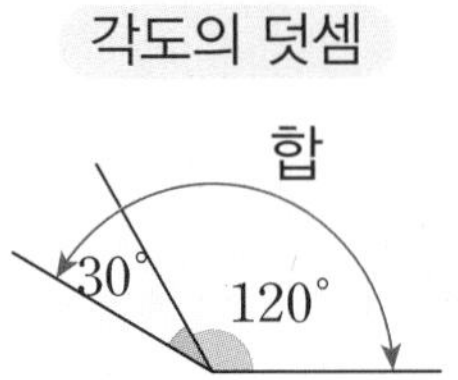

$30° + 120° = 150°$

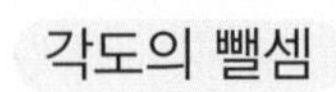

각도의 뺄셈

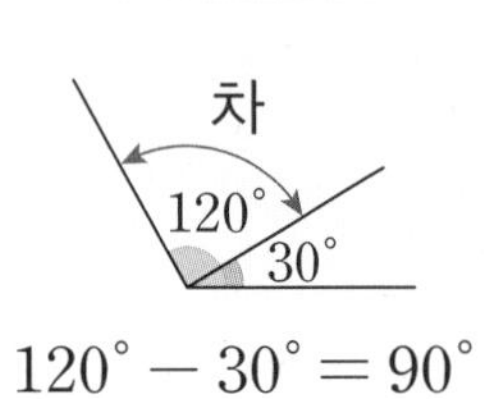

$120° - 30° = 90°$

24 각도기를 사용하여 각도를 각각 재어 보고 두 각도의 합과 차를 구해 보세요.

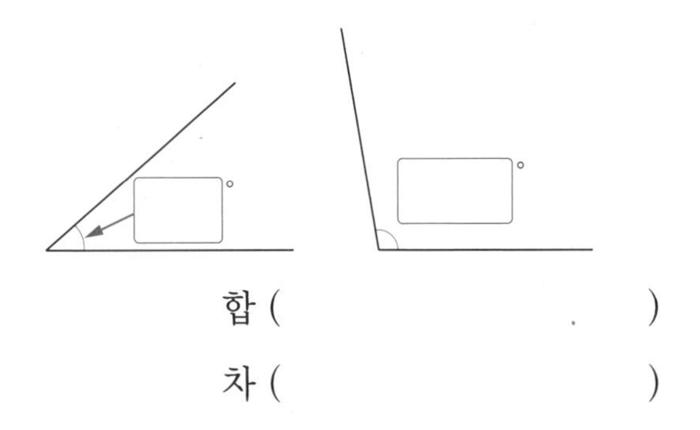

합 ( )

차 ( )

25 가장 큰 각도를 찾아 기호를 써 보세요.

㉠ $28° + 96°$
㉡ 133°보다 15°만큼 더 작은 각
㉢ 직각보다 26°만큼 더 큰 각

( )

26 두 각도의 차가 45°일 때 ㉠의 각도는 몇 도일까요?

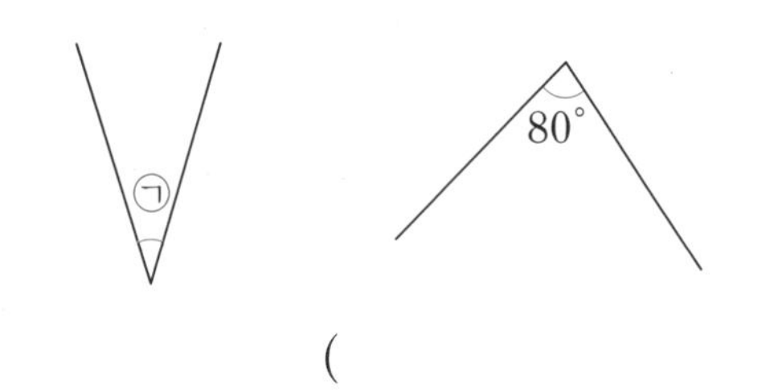

( )

27 □ 안에 알맞은 수를 써넣으세요.

(1) $65° + □° = 105°$

(2) $230° - □° = 80°$

8 각도기로 잴 수 없는 각도 구하기

각도의 덧셈 이용

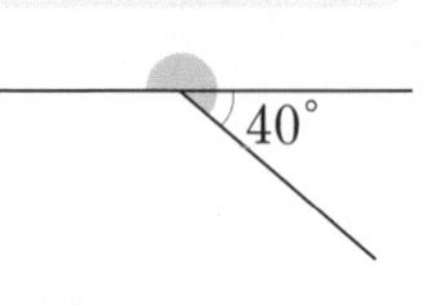

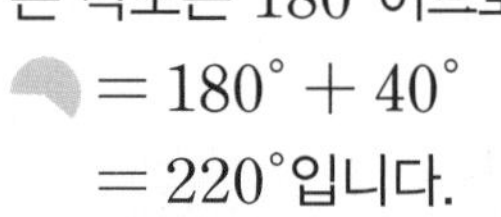

한 직선( )이 이루는 각도는 180°이므로 $= 180° + 40°$ $= 220°$입니다.

각도의 뺄셈 이용

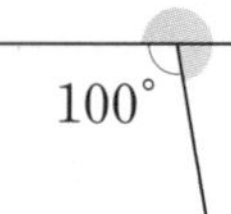

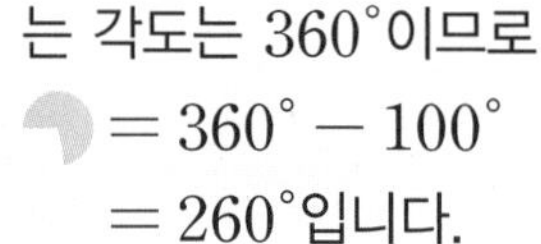

한 평면( )이 이루는 각도는 360°이므로 $= 360° - 100°$ $= 260°$입니다.

28 의 각도를 구해 보세요.

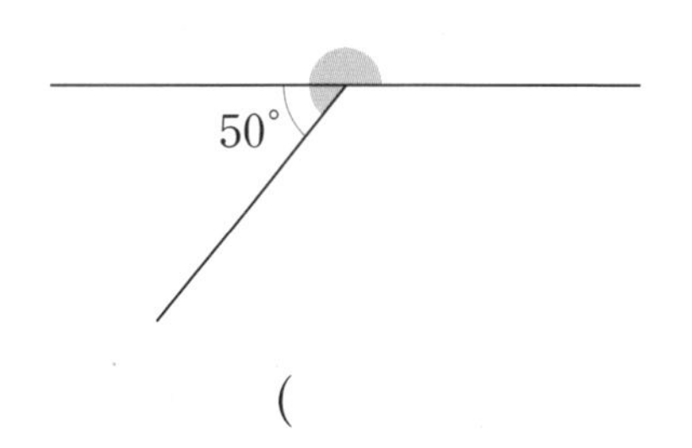

( )

29 각도기를 사용하여 □ 안에 알맞은 수를 써넣고 의 각도를 구해 보세요.

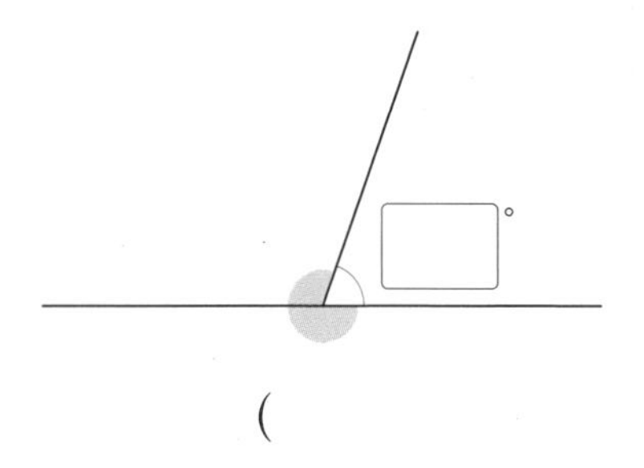

( )

9 직선 위에 있는 각도 구하기

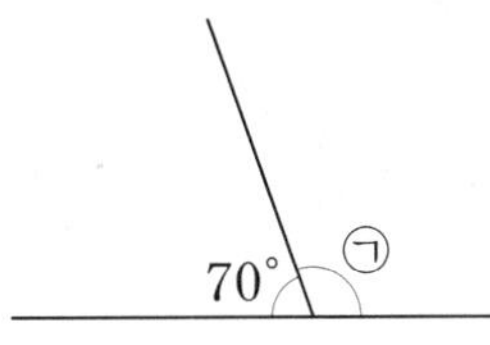

한 직선이 이루는 각도는 180°이므로
㉠ $= 180^\circ - 70^\circ = 110^\circ$입니다.

10 삼각형의 세 각의 크기의 합

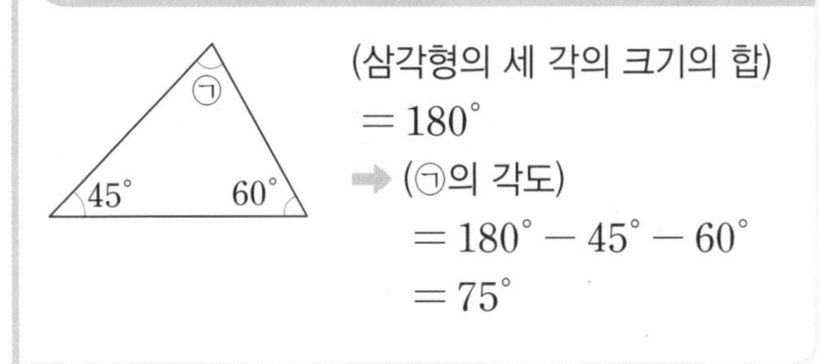

(삼각형의 세 각의 크기의 합)
$= 180^\circ$
➡ (㉠의 각도)
$= 180^\circ - 45^\circ - 60^\circ$
$= 75^\circ$

30 □ 안에 알맞은 수를 써넣으세요.

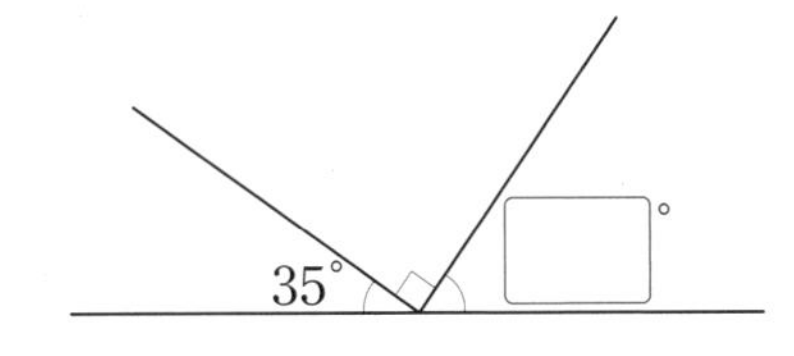

31 ㉠과 ㉡의 각도는 각각 몇 도일까요?

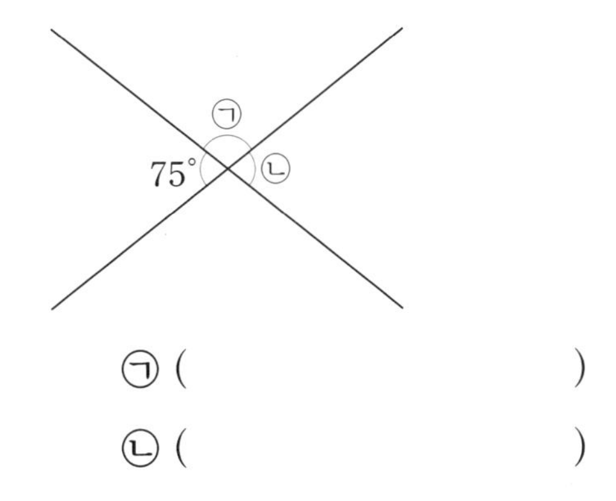

㉠ (　　　　　　　　)

㉡ (　　　　　　　　)

32 ㉠의 각도는 몇 도일까요?

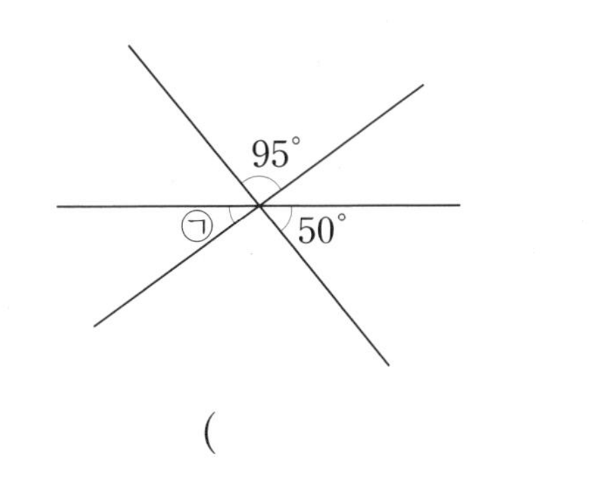

(　　　　　　　　)

33 삼각형의 세 각의 크기의 합을 이용하여 □ 안에 알맞은 수를 써넣으세요.

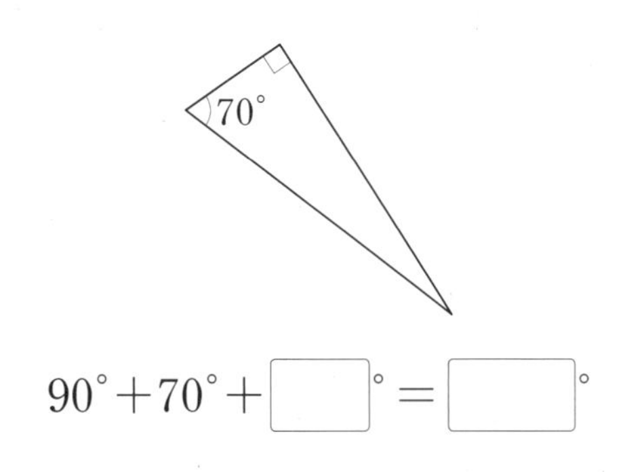

$90^\circ + 70^\circ +$ □$^\circ =$ □$^\circ$

창의+

34 다음과 같이 삼각형 모양의 종이를 잘랐습니다. ㉠, ㉡, ㉢의 각도의 합을 구해 보세요.

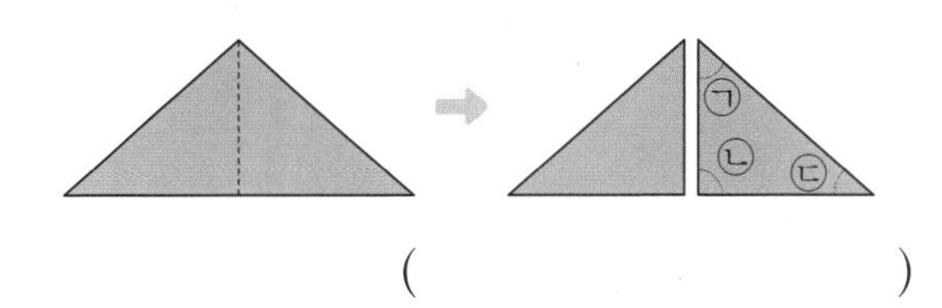

(　　　　　　　　)

35 삼각형의 세 각이 될 수 없는 것을 찾아 기호를 써 보세요.

㉠ 50°, 60°, 70°
㉡ 40°, 80°, 50°
㉢ 25°, 110°, 45°

(　　　　　　　　)

36 □ 안에 알맞은 수를 써넣으세요.

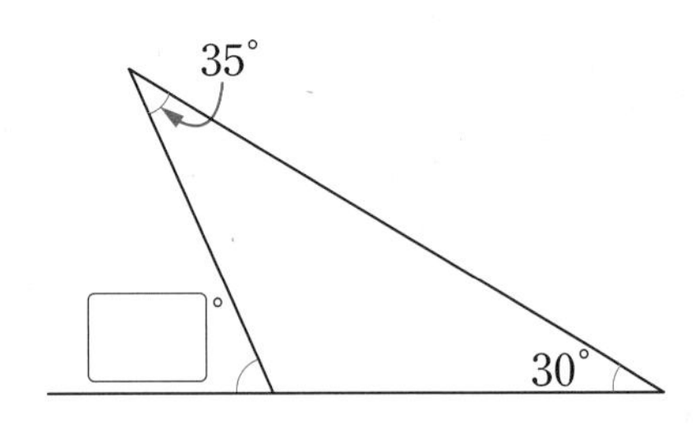

37 ㉠의 각도를 구해 보세요.

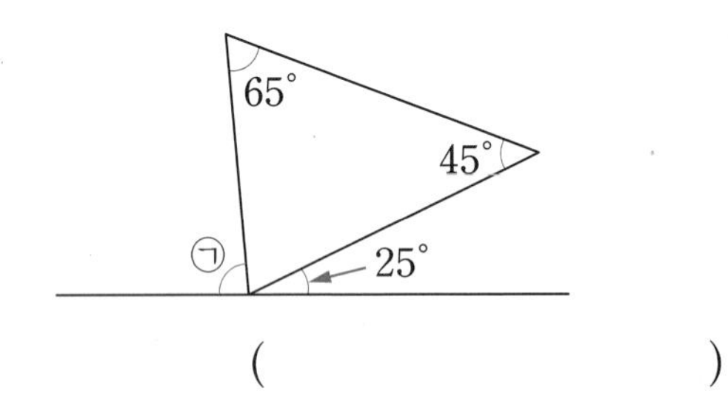

(　　　　　　　　)

11 사각형의 네 각의 크기의 합

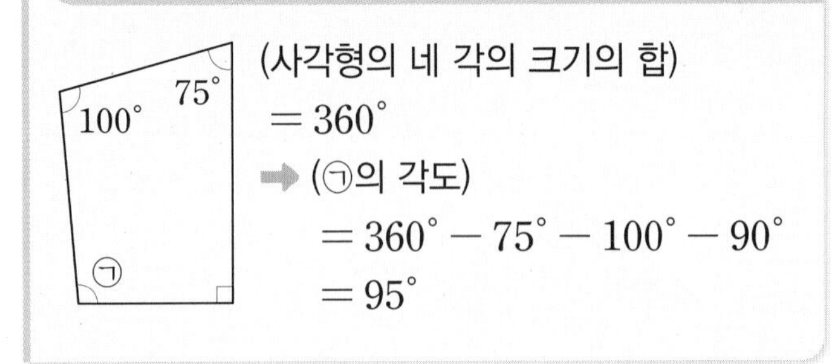

(사각형의 네 각의 크기의 합)
$= 360^\circ$
➡ (㉠의 각도)
$= 360^\circ - 75^\circ - 100^\circ - 90^\circ$
$= 95^\circ$

38 사각형을 그림과 같이 삼각형으로 나누었습니다. 그림을 보고 □ 안에 알맞은 수를 써넣으세요.

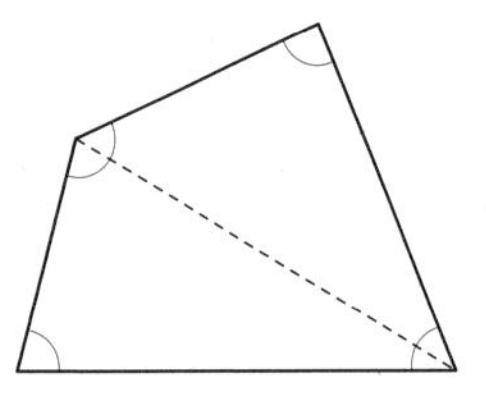

사각형은 삼각형 □개로 나눌 수 있으므로 사각형의 네 각의 크기의 합은 $180^\circ \times$ □ $=$ □°입니다.

39 사각형의 네 각의 크기의 합을 이용하여 □ 안에 알맞은 수를 써넣으세요.

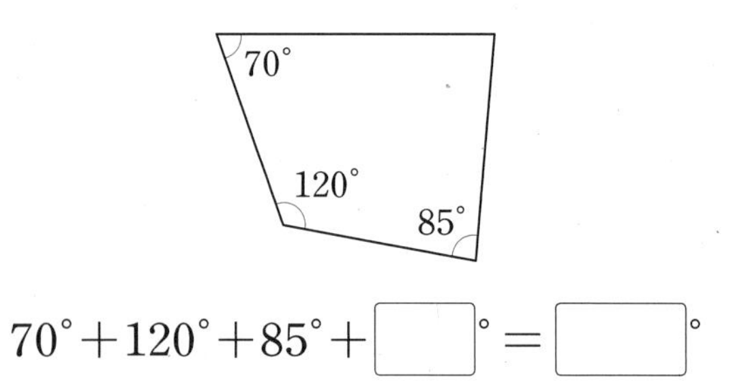

$70^\circ + 120^\circ + 85^\circ +$ □° $=$ □°

창의+

40 태하가 사각형의 네 각의 크기를 바르게 재었는지 알아보고 그렇게 생각한 까닭을 써 보세요.

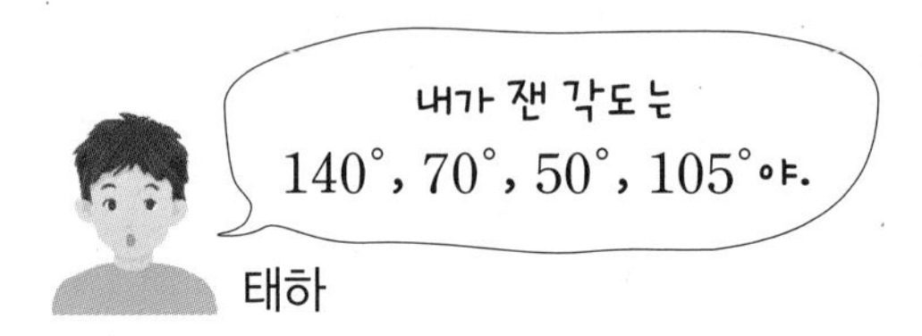

사각형의 네 각의 크기를 (바르게 , 잘못) 재었습니다.

까닭 ....

....

41 □ 안에 알맞은 수를 써넣으세요.

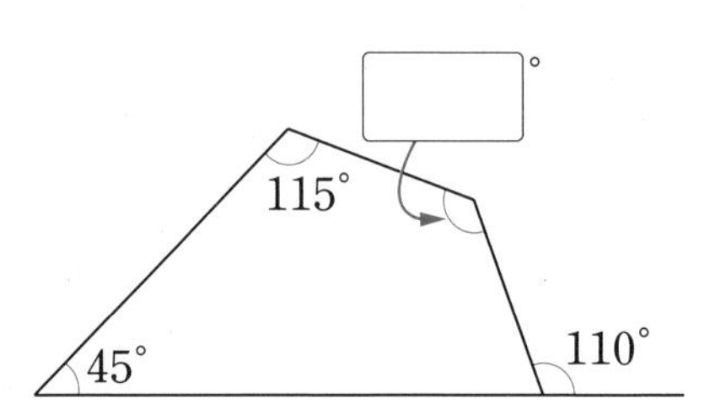

42 도형에서 ㉠의 각도를 구해 보세요.

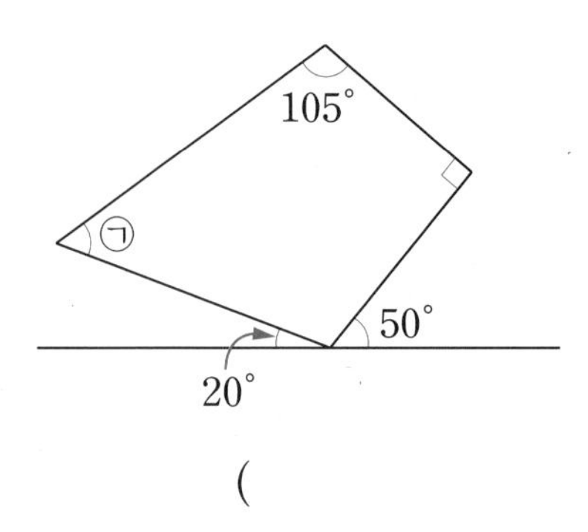

(　　　　　　　　)

12 삼각자 2개를 이용한 각도의 덧셈과 뺄셈

이어 붙여서 만든 각도	겹쳐서 만든 각도
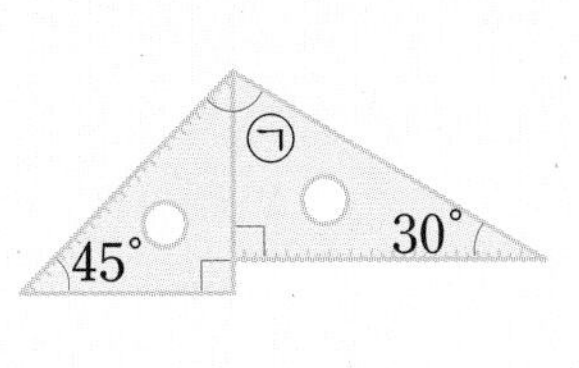	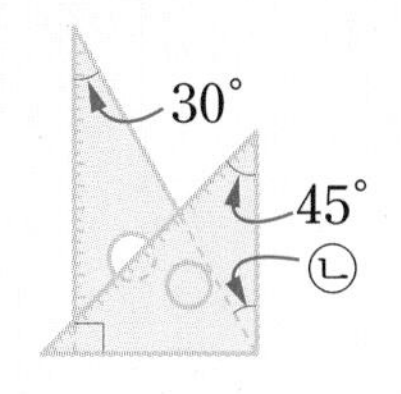
㉠ $= 45° + 60°$ $= 105°$	㉡ $= 90° - 60°$ $= 30°$

43 삼각자 2개를 다음과 같이 이어 붙였습니다. ㉠의 각도를 구해 보세요.

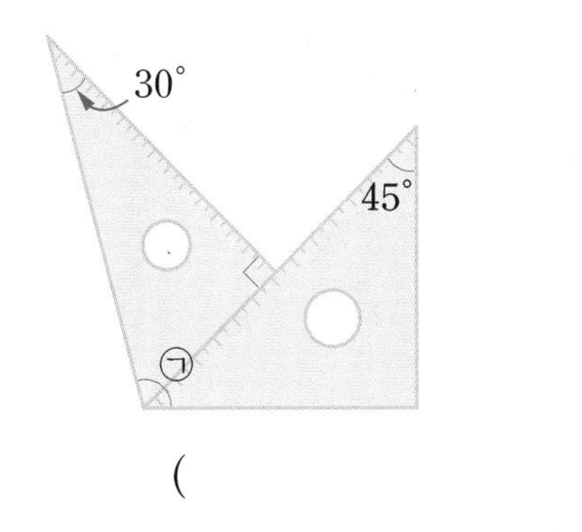

(　　　　　　　　)

44 삼각자 2개를 다음과 같이 겹쳤습니다. ㉠의 각도를 구해 보세요.

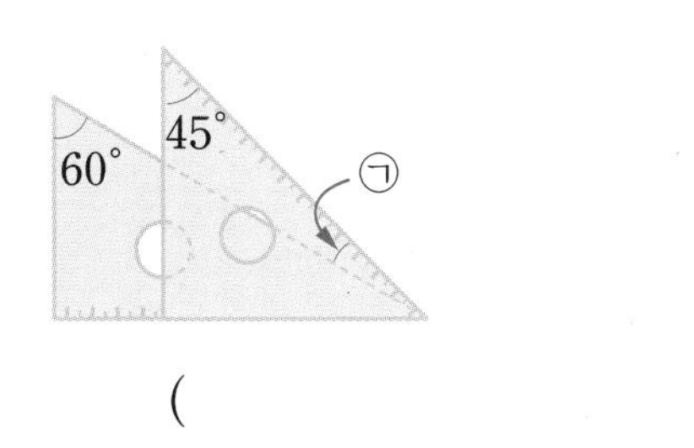

(　　　　　　　　)

45 삼각자 2개를 이어 붙여서 만들 수 있는 각도 중 가장 작은 각도를 구해 보세요.

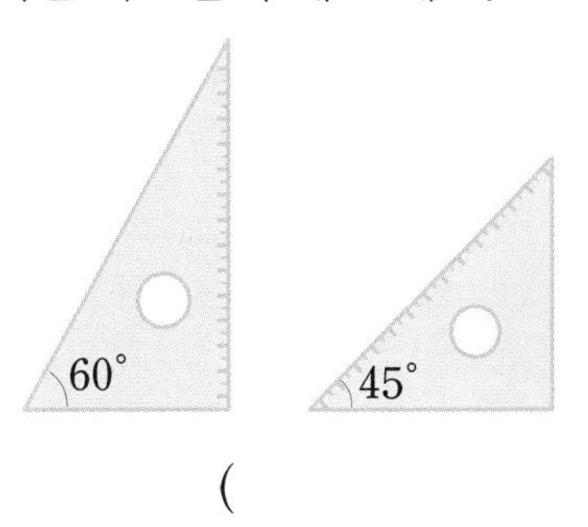

(　　　　　　　　)

13 도형에서 모르는 각도 구하기

① 도형에서 삼각형이나 사각형을 찾기
② 삼각형의 세 각의 크기의 합은 180°이고 사각형의 네 각의 크기의 합은 360°임을 이용하여 모르는 각도 구하기

46 도형에서 ㉠의 각도를 구해 보세요.

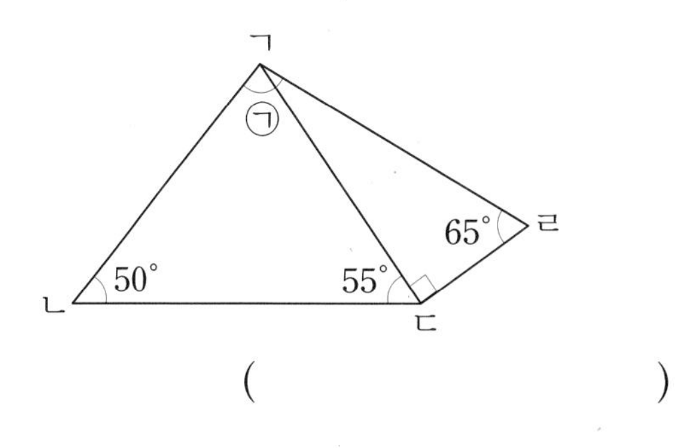

(　　　　　　　　)

47 도형에서 ㉠, ㉡, ㉢의 각도의 합을 구해 보세요.

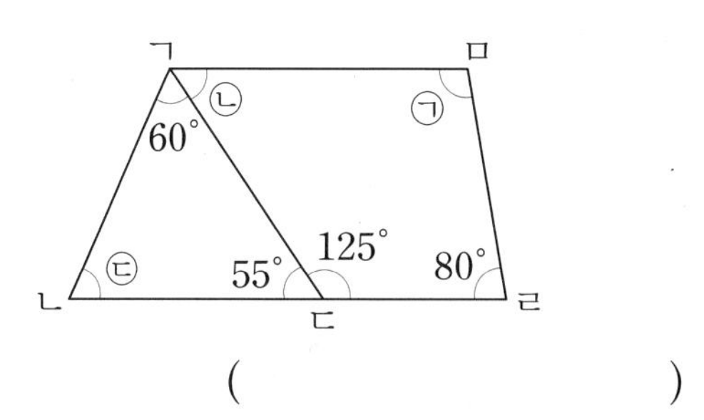

(　　　　　　　　)

서술형

48 도형에서 ㉠의 각도는 몇 도인지 풀이 과정을 쓰고 답을 구해 보세요.

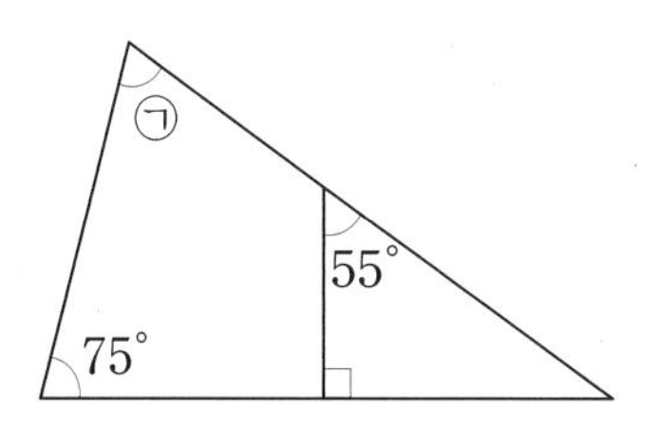

풀이

답

크고 작은 예각과 둔각의 수

가장 작은 각들은 크기가 모두 같습니다. 그림에서 찾을 수 있는 크고 작은 예각은 모두 몇 개인지 구해 보세요.

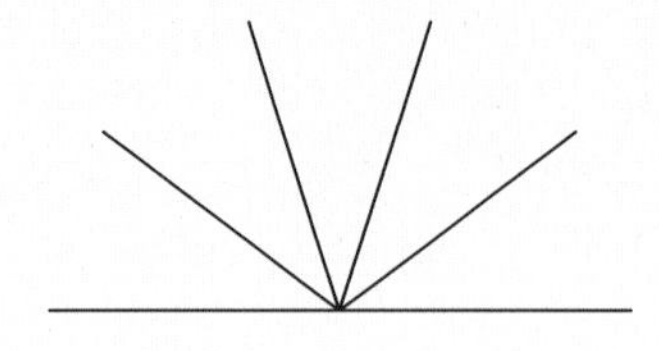

(　　　　　　)

● 핵심 NOTE • 예각은 가장 작은 각 몇 개로 이루어져 있는 각인지 알아봅니다.

1-1 가장 작은 각들은 크기가 모두 같습니다. 그림에서 찾을 수 있는 크고 작은 둔각은 모두 몇 개인지 구해 보세요.

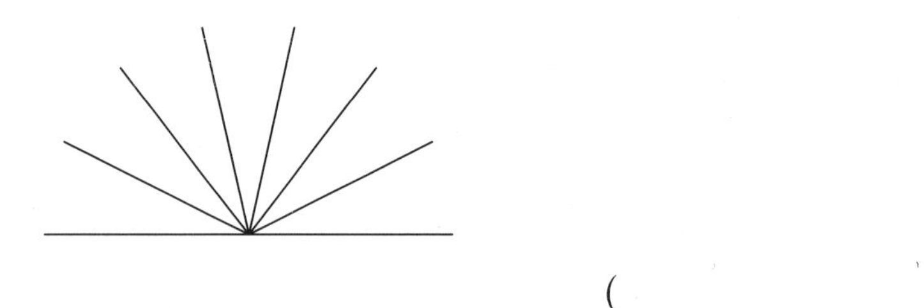

(　　　　　　)

1-2 가장 작은 각들은 크기가 모두 같습니다. 그림에서 찾을 수 있는 크고 작은 예각은 크고 작은 둔각보다 몇 개 더 많은지 구해 보세요.

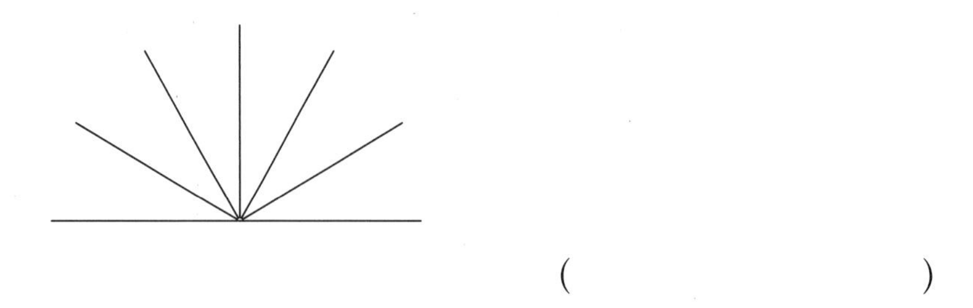

(　　　　　　)

심화유형 2

삼각자 2개로 만든 다양한 각도 구하기

삼각자 2개를 다음과 같이 이어 붙였습니다. ㉠의 각도를 구해 보세요.

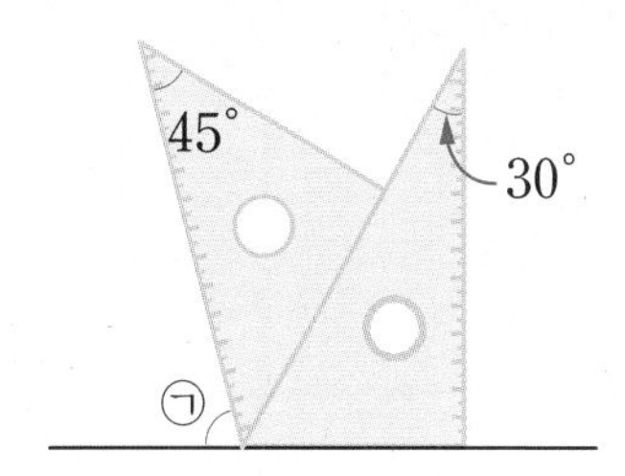

( )

핵심 NOTE

• 삼각자는 다음과 같이 두 가지 종류가 있습니다.

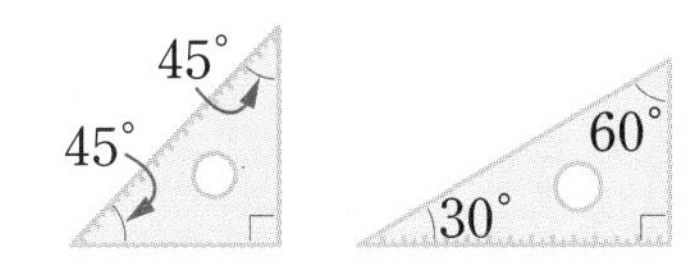

• 도형에서 직선이나 삼각형, 사각형을 찾아서 주어진 각의 크기를 구합니다.

2-1

삼각자 2개를 다음과 같이 겹쳤습니다. ㉠의 각도를 구해 보세요.

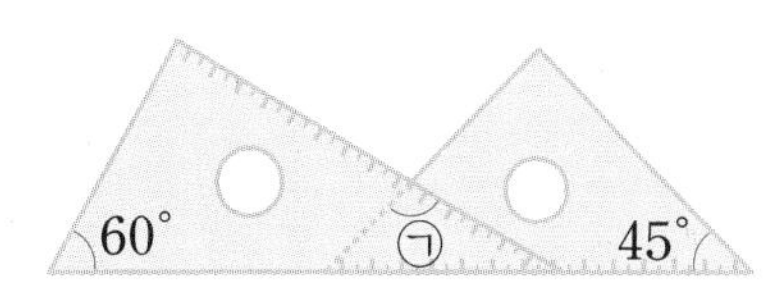

( )

2-2

삼각자 2개를 다음과 같이 겹쳤습니다. ㉠의 각도를 구해 보세요.

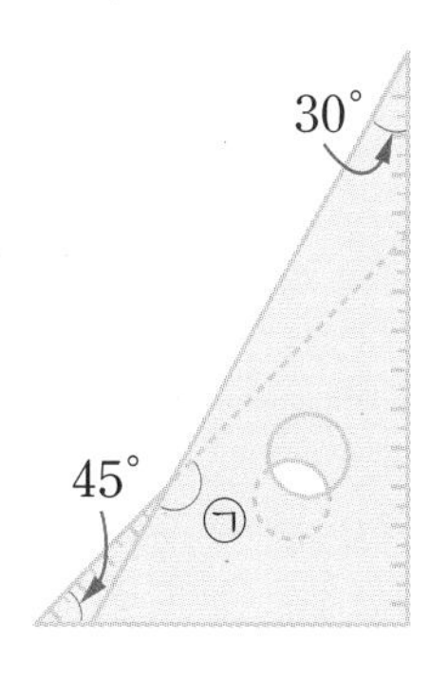

( )

종이를 접었을 때 생기는 각도 구하기

직사각형 모양의 종이를 다음과 같이 접었을 때 ㉠의 각도를 구해 보세요.

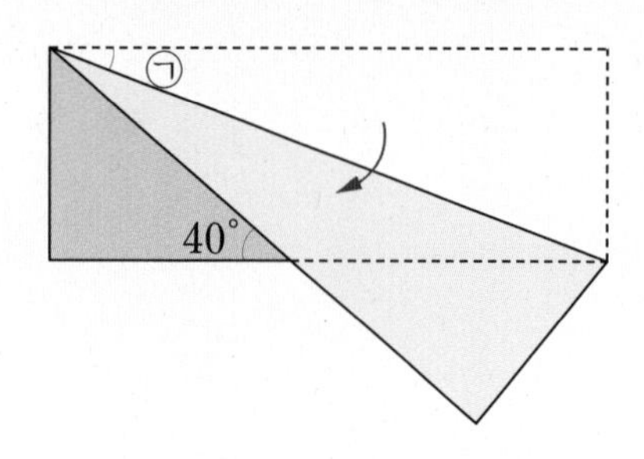

(　　　　　　　　)

● 핵심 NOTE

• 종이를 접은 부분의 각도는 같습니다.

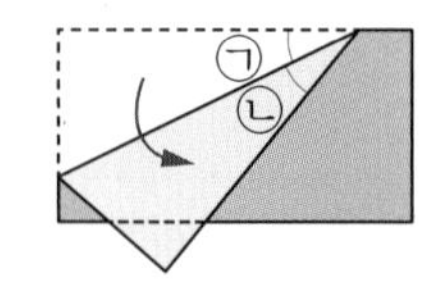

➡ (㉠의 각도)=(㉡의 각도)

3-1

직사각형 모양의 종이를 다음과 같이 접었을 때 ㉠의 각도를 구해 보세요.

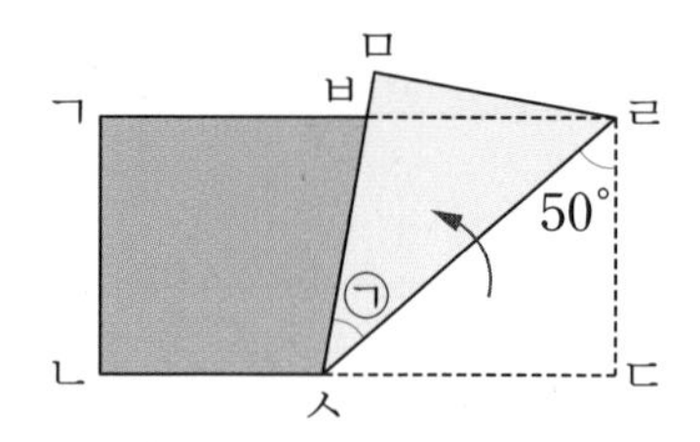

(　　　　　　　　)

3-2

직사각형 모양의 종이를 다음과 같이 접었을 때 ㉠의 각도를 구해 보세요.

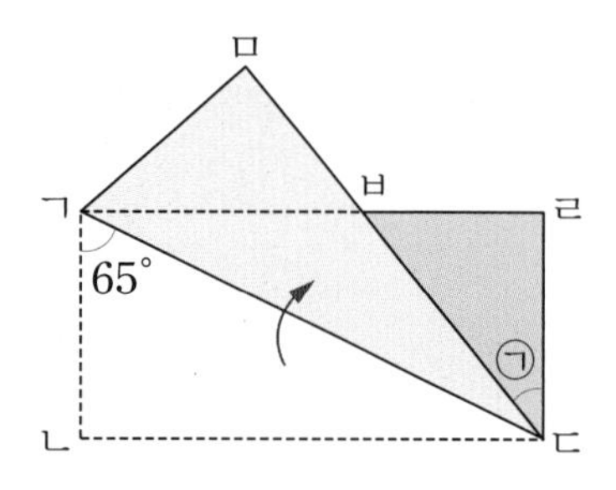

(　　　　　　　　)

통합 교과유형 4 수학 + 사회

도형에서 모든 각의 크기의 합 구하기

오른쪽 사진은 미국 국방부의 청사 역할을 하는 펜타곤입니다. 펜타곤은 세계 유일의 초강대국이 되어버린 미국의 강력한 국방력을 상징하는 건물로 유명합니다. 삼각형의 세 각의 크기의 합을 이용하여 펜타곤의 다섯 각의 크기의 합을 구해 보세요.

1단계 펜타곤을 삼각형 몇 개로 나눌 수 있는지 알아보기

2단계 펜타곤의 다섯 각의 크기의 합 구하기

(　　　　　　　　)

2

● 핵심 NOTE

1단계 펜타곤이 삼각형 몇 개로 나누어지는지 알아봅니다.

2단계 삼각형의 세 각의 크기의 합이 180°임을 이용하여 펜타곤의 다섯 각의 크기의 합을 구합니다.

4-1

벌집은 최소한의 재료로 최대한의 공간을 확보하기 위해 오른쪽과 같은 모양으로 지어졌습니다. 사각형의 네 각의 크기의 합을 이용하여 벌집의 여섯 각의 크기의 합을 구해 보세요.

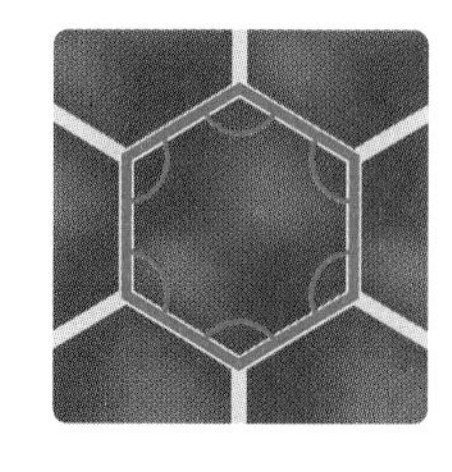

(　　　　　　　　)

4-2

특별시, 광역시의 구역에 설치된 도로 표지판은 오른쪽과 같은 모양입니다. 삼각형의 세 각의 크기의 합 또는 사각형의 네 각의 크기의 합을 이용하여 도로 표지판의 여덟 각의 크기의 합을 구해 보세요.

(　　　　　　　　)

단원 평가 Level ❶

점수

확인

1 각의 크기가 큰 것부터 차례로 □ 안에 1, 2, 3을 써넣으세요.

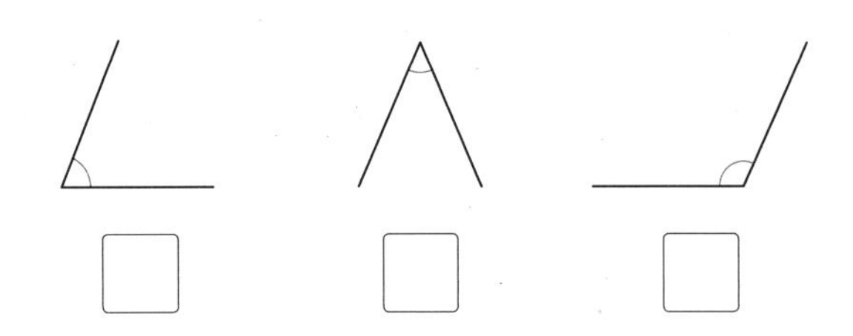

2 잘못 말한 사람을 찾아 이름을 써 보세요.

민수: 두 변이 더 많이 벌어져 있을수록 각의 크기가 더 작습니다.
유미: 각의 크기를 각도라고 합니다.
지호: 직각의 크기는 90°입니다.

(　　　　　　　　)

3 각도기를 사용하여 각도를 재어 보세요.

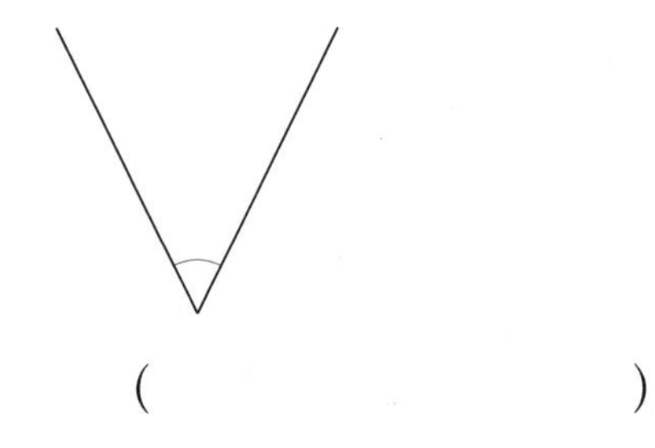

(　　　　　　　　)

4 주어진 선분을 한 변으로 하는 둔각을 그리려고 합니다. 점 ㄱ과 이어야 할 점을 찾아 기호를 써 보세요.

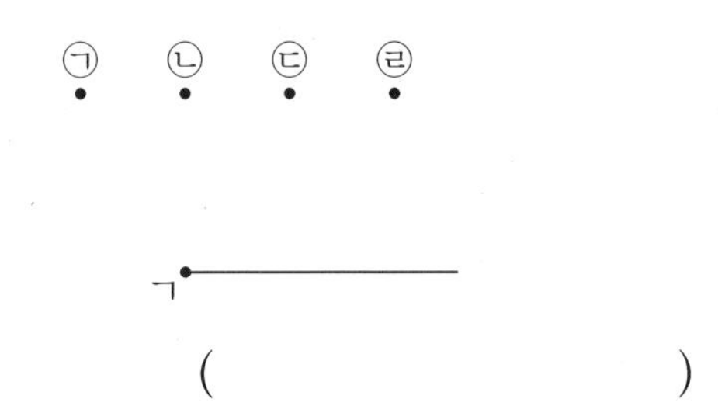

(　　　　　　　　)

5 주어진 각을 예각, 직각, 둔각으로 분류하여 기호를 써 보세요.

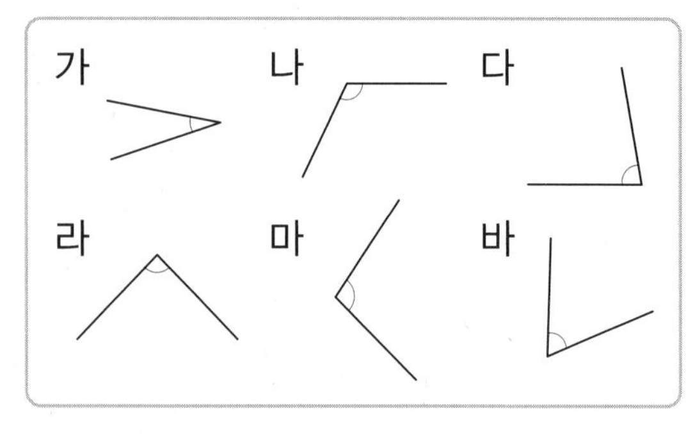

예각	직각	둔각

6 예각을 모두 찾아 써 보세요.

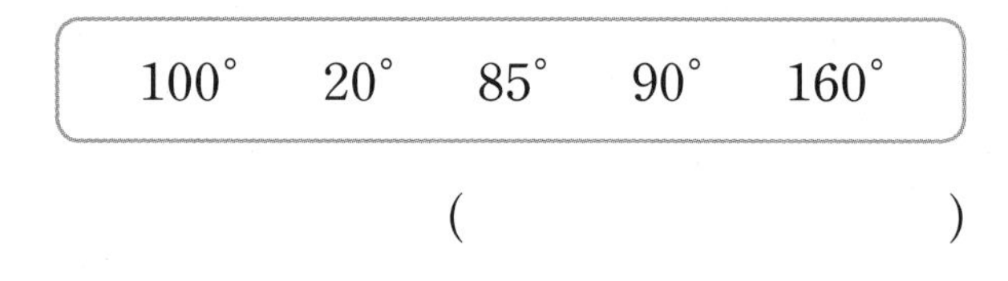

100°　20°　85°　90°　160°

(　　　　　　　　)

7 도형에서 둔각은 모두 몇 개일까요?

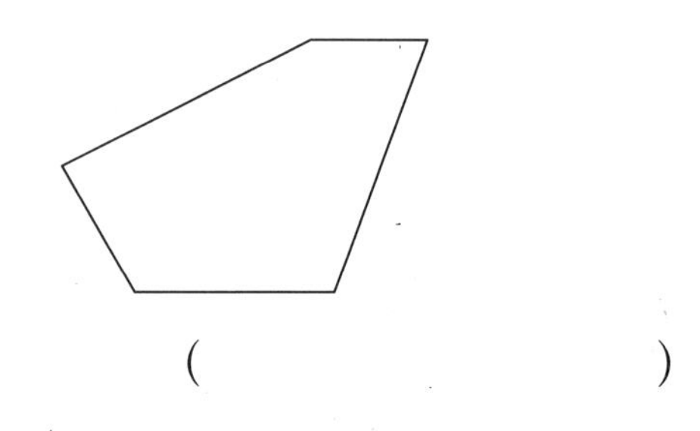

(　　　　　　　　)

8 다음 각의 크기를 상현이는 약 70°, 은영이는 약 85°로 어림했습니다. 각도기로 재어 확인해 보고 누가 어림을 더 잘했는지 이름을 써 보세요.

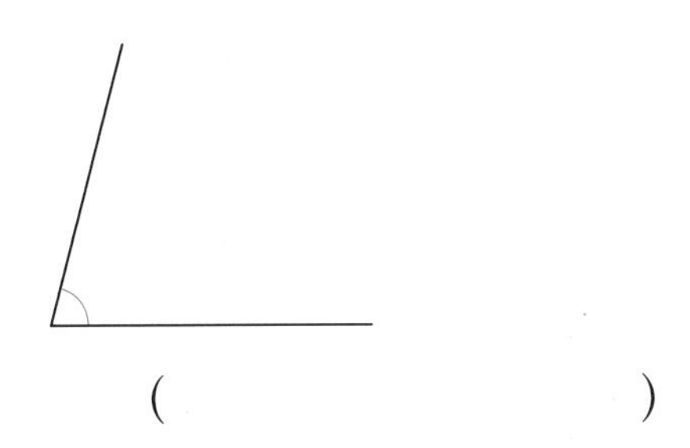

( )

9 두 각도의 합과 차를 구해 보세요.

115° 35°

합 ( )

차 ( )

10 각도를 비교하여 ○ 안에 >, =, < 중 알맞은 것을 써넣으세요.

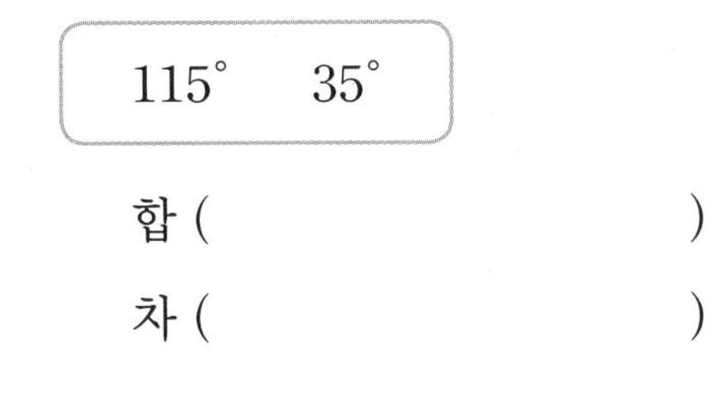

11 시계의 긴바늘과 짧은바늘이 이루는 작은 쪽의 각이 예각, 직각, 둔각 중 어느 것인지 써 보세요.

(1) 10시 ➡ ( )

(2) 1시 30분 ➡ ( )

12 오른쪽 그림은 피자를 똑같이 6조각으로 나눈 것입니다. 피자 한 조각의 각도에 대한 설명 중 옳지 않은 것을 찾아 기호를 써 보세요.

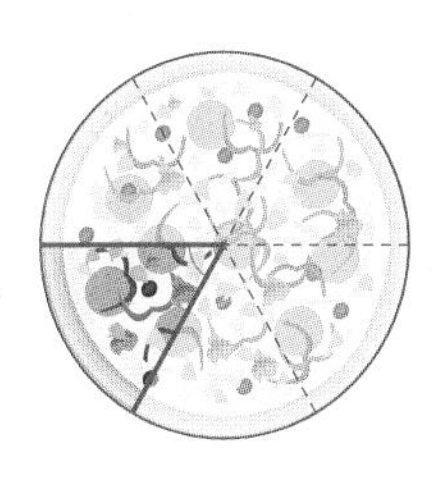

㉠ 90°의 반과 같습니다.
㉡ 180°를 3등분한 각도입니다.
㉢ 360°를 6등분한 각도입니다.

( )

13 각 ㄱㅇㄷ의 크기를 구해 보세요.

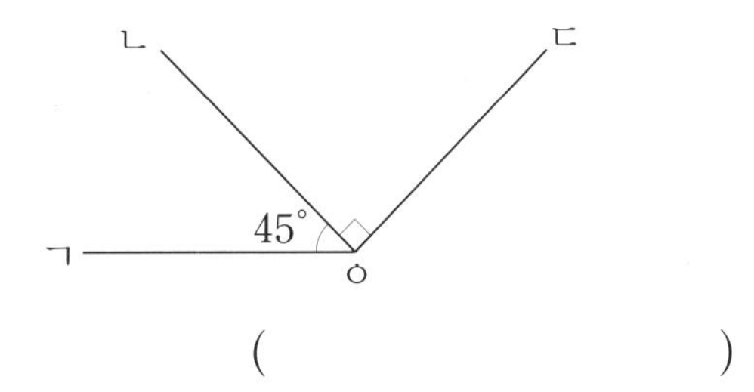

( )

14 삼각자 2개를 다음과 같이 이어 붙였습니다. ㉠의 각도를 구해 보세요.

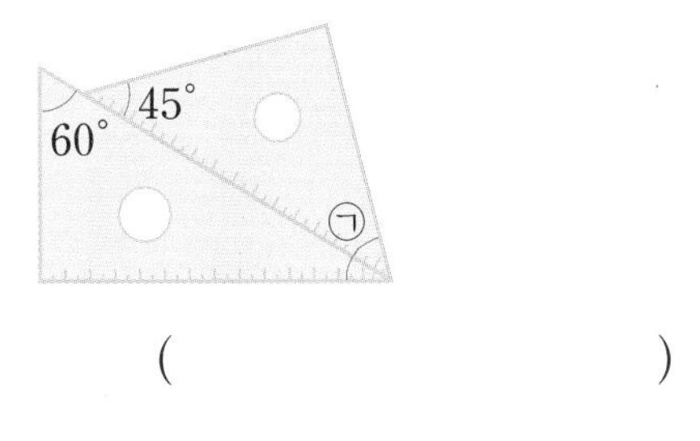

( )

15 □ 안에 알맞은 수를 써넣으세요.

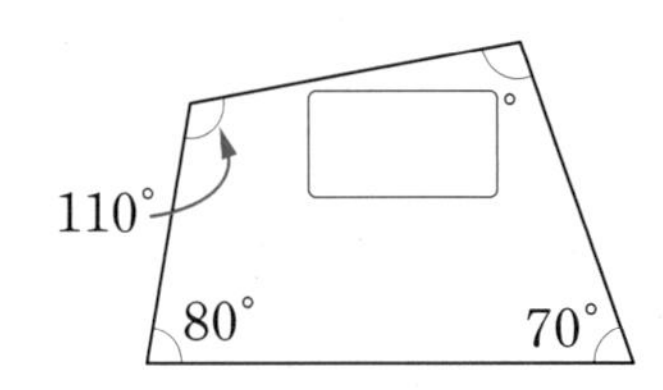

16 각 ㄷㅇㄹ의 크기를 구해 보세요.

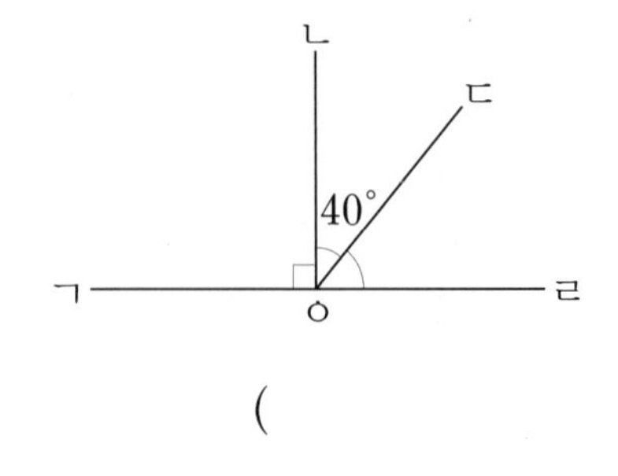

(　　　　　　　　)

17 삼각형에서 ㉠과 ㉡의 각도의 합을 구해 보세요.

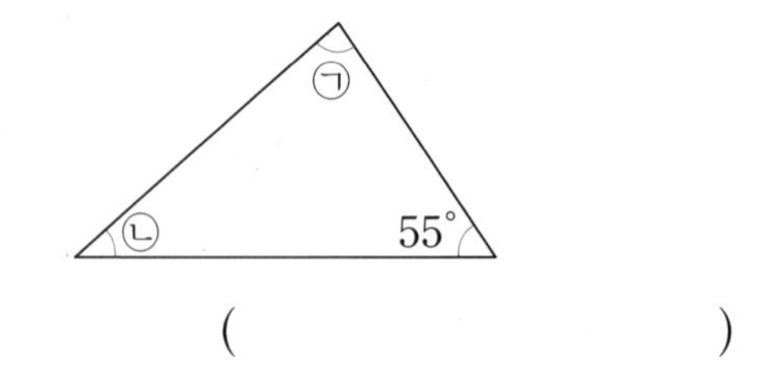

(　　　　　　　　)

18 도형에서 ㉠의 각도를 구해 보세요.

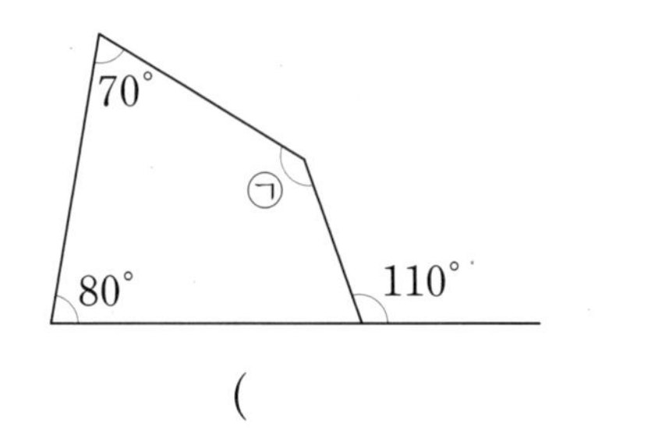

(　　　　　　　　)

19 진영이는 그림과 같이 각도기로 각도를 재어 110°라고 구했습니다. 각도를 잘못 구한 까닭을 쓰고 바르게 구해 보세요.

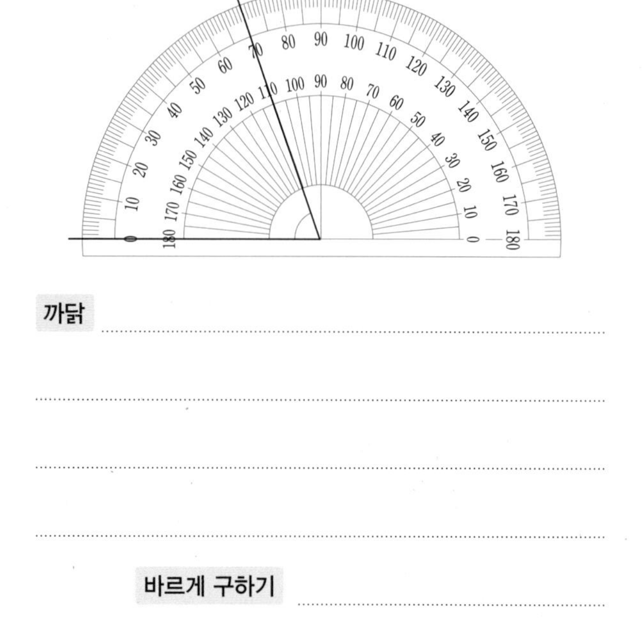

까닭 ....

....

....

....

바르게 구하기 ....

20 ㉠의 각도를 구하려고 합니다. 풀이 과정을 쓰고 답을 구해 보세요.

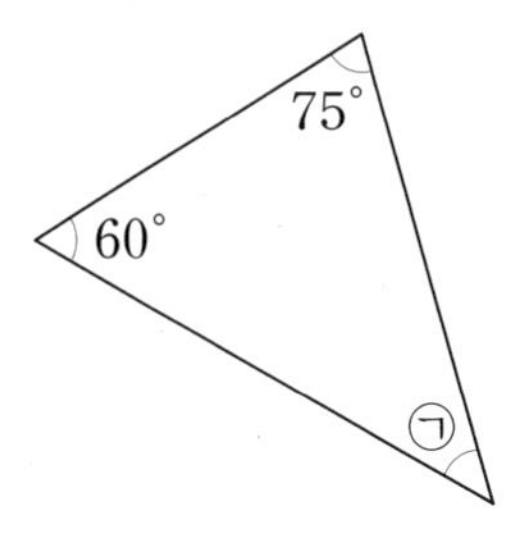

풀이 ....

....

....

....

답 ....

단원 평가 Level ❷

점수

확인

1 크기가 같은 두 각을 찾아 기호를 써 보세요.

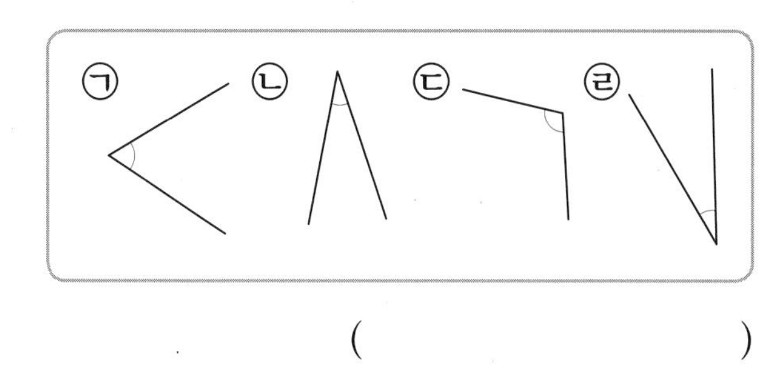

( )

2 파란색 두 변으로 이루어진 각도와 빨간색 두 변으로 이루어진 각도를 차례로 구해 보세요.

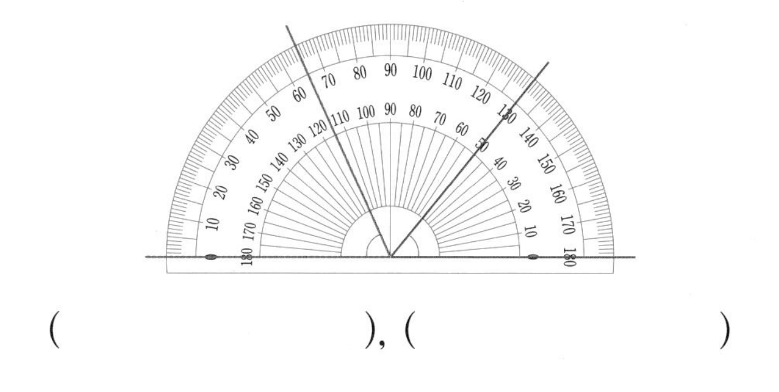

( ), ( )

3 바르게 설명한 것을 찾아 기호를 써 보세요.

㉠ 0°보다 크고 90°보다 작은 각을 예각이라고 합니다.
㉡ 90°인 각은 예각입니다.
㉢ 0°보다 크고 360°보다 작은 각을 둔각이라고 합니다.

( )

4 단추와 바구니에서 찾은 사각형입니다. □ 안에 알맞은 수를 써넣으세요.

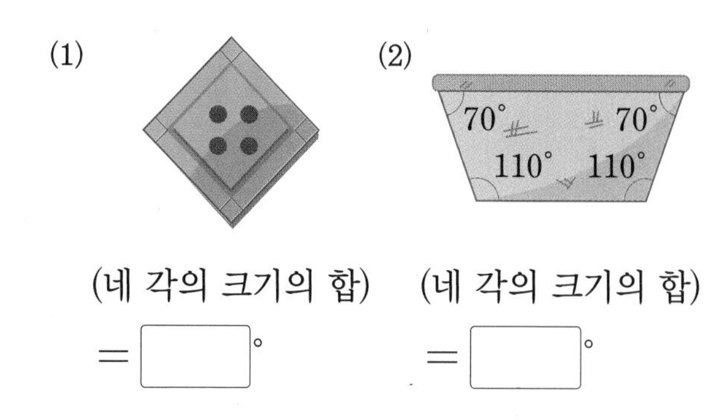

(네 각의 크기의 합) = □°   (네 각의 크기의 합) = □°

5 삼각형에서 둔각의 크기를 재어 보세요.

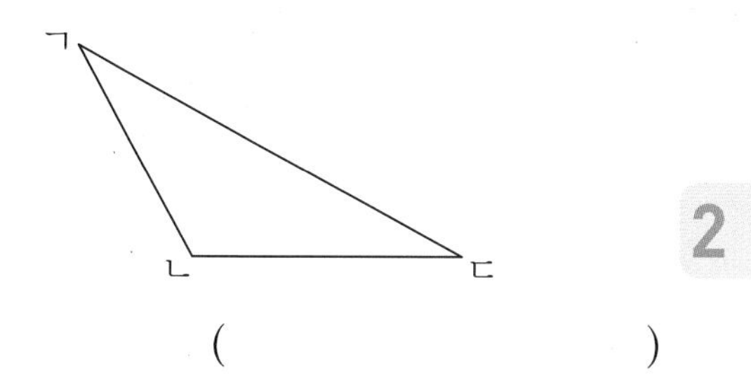

( )

6 다음과 같이 색종이를 세 번 접어서 만들어진 각의 크기는 몇 도일까요?

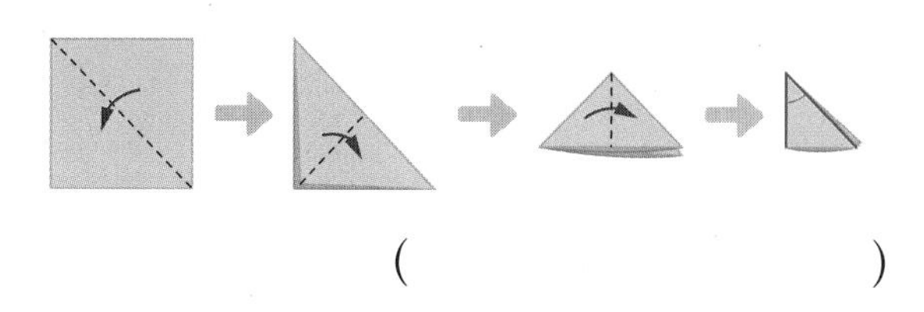

( )

7 그림과 같이 두 각을 한 변이 맞닿게 겹쳤습니다. 각도기를 사용하여 두 각도의 차를 구해 보세요.

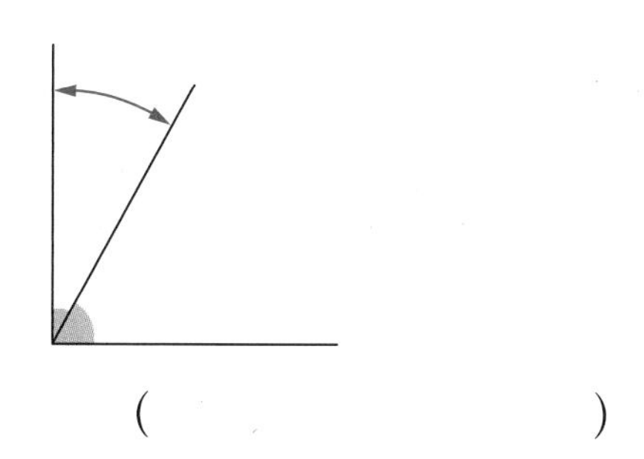

( )

8 노트북이 열린 각도를 어림하고 각도기로 재어 확인해 보세요.

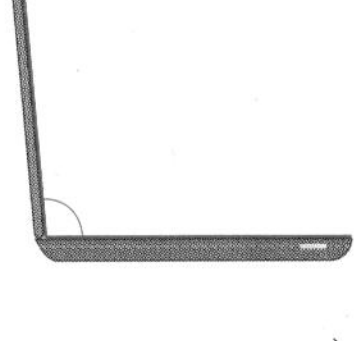

어림한 각도 약 (   )

잰 각도 (   )

9 삼각형의 세 각이 될 수 없는 것을 찾아 기호를 써 보세요.

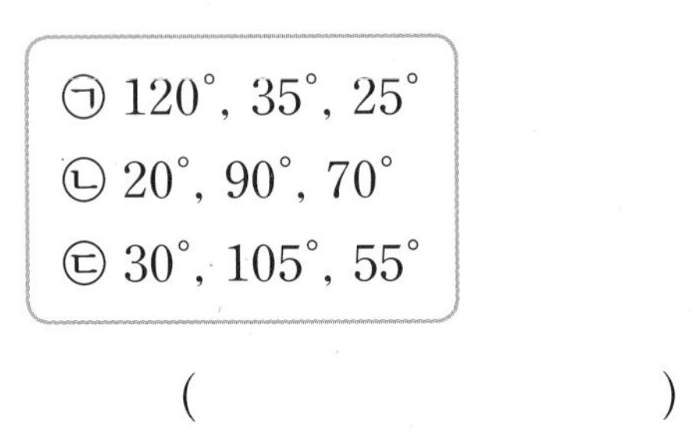

(   )

10 시계의 긴바늘과 짧은바늘이 이루는 작은 쪽의 각이 예각인 것은 어느 것일까요? (   )

① 11시 30분 ② 3시
③ 5시 40분 ④ 6시 10분
⑤ 8시

11 도형 안에 둔각은 직각보다 몇 개 더 많을까요?

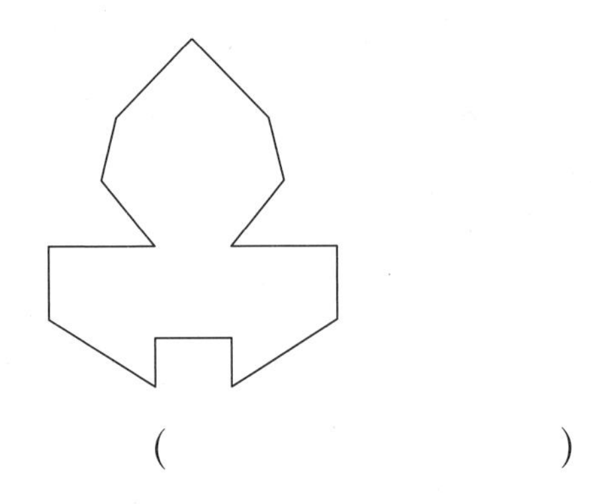

(   )

12 도형에서 ㉠의 각도를 구해 보세요.

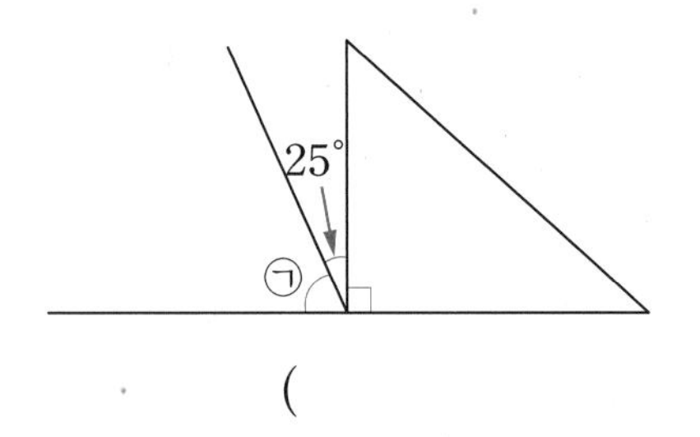

(   )

13 □ 안에 알맞은 수를 써넣으세요.

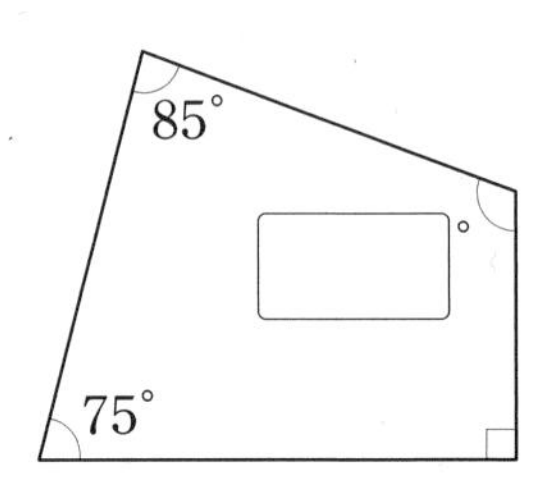

14 360°까지 펼칠 수 있는 부채가 있습니다. 그림을 보고 부채를 펼친 각도를 구해 보세요.

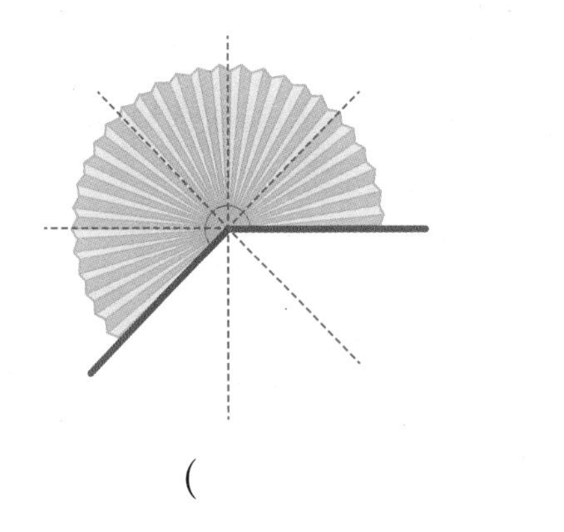

(   )

15 □ 안에 알맞은 수를 써넣으세요.

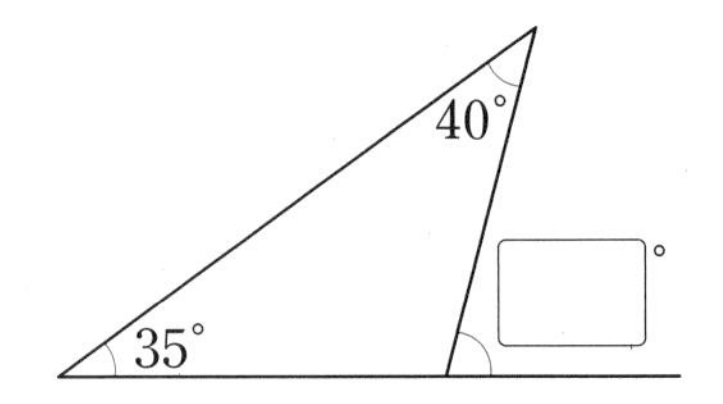

16 삼각자 2개를 다음과 같이 겹쳤습니다. ㉠의 각도를 구해 보세요.

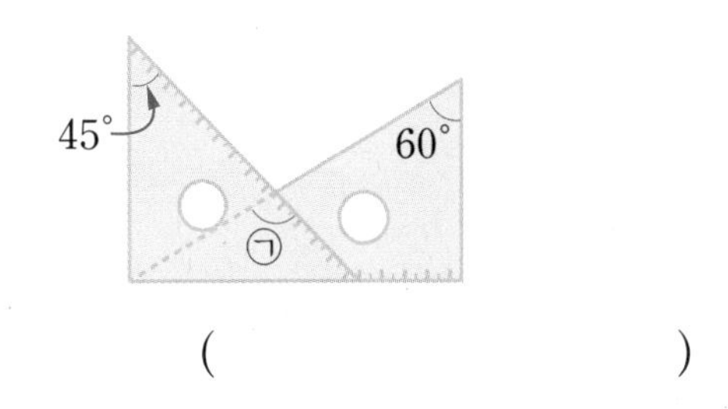

( )

17 직사각형 모양의 종이에 선 하나를 그어 사각형과 삼각형으로 나눈 것입니다. ㉠의 각도를 구해 보세요.

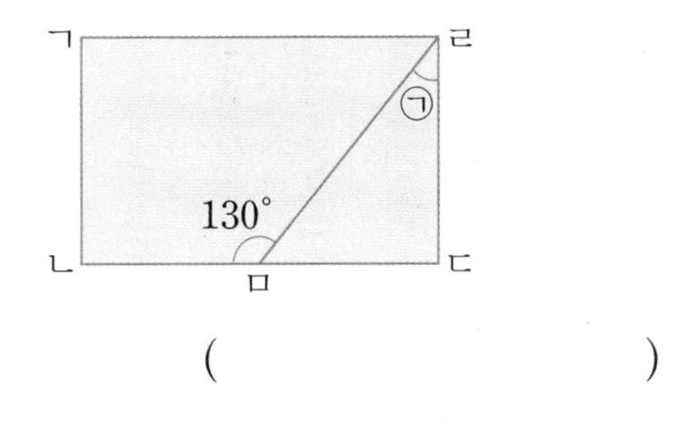

( )

18 다음 도형은 3개의 삼각형으로 나눌 수 있습니다. 도형에서 ㉠의 각도를 구해 보세요.

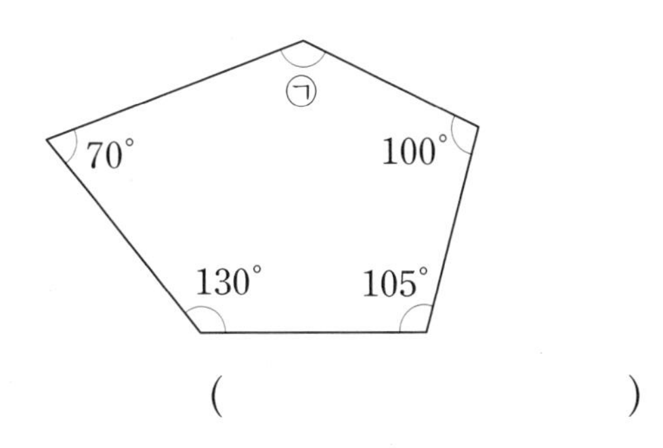

( )

19 어느 마을에 있는 동산에 오르는 길은 두 가지 길이 있습니다. ㉠과 ㉡ 중 어느 길로 올라가는 것이 더 힘이 들지 쓰고 그 까닭을 써 보세요.

답

까닭

20 삼각자 2개를 이어 붙여서 만들 수 있는 각도 중 둘째로 큰 각도는 몇 도인지 풀이 과정을 쓰고 답을 구해 보세요.

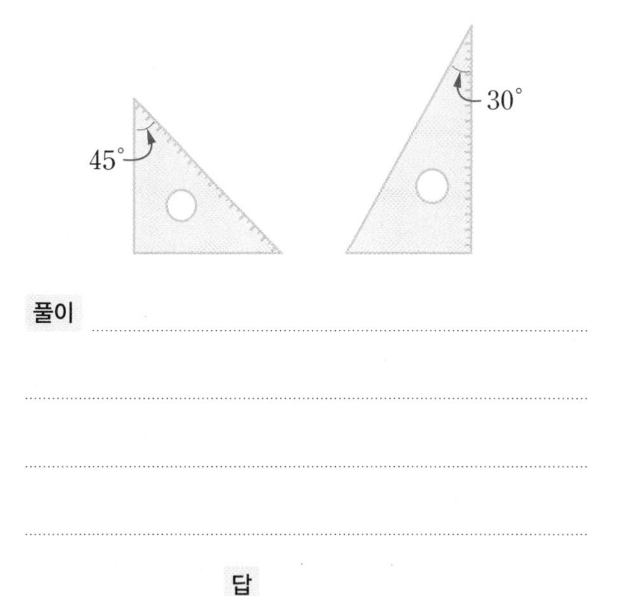

풀이

답

3 곱셈과 나눗셈

수가 아무리 커져도

곱셈과 나눗셈의 계산 방법은 바뀌지 않아.

÷15

450

나누는 수를 다시 곱하면
처음 수가 돼.

30

×15

1 (세 자리 수)×(몇십)을 알아볼까요

● (몇백)×(몇십)

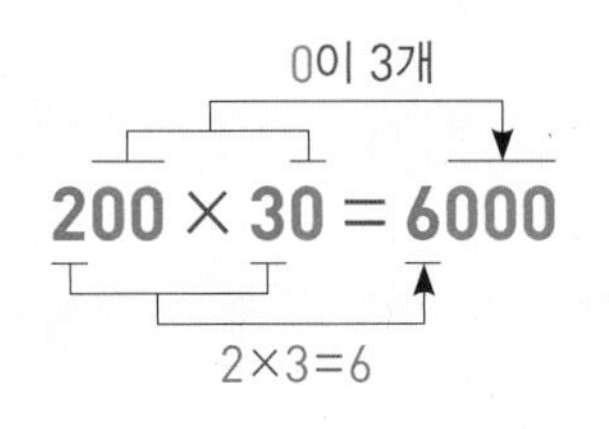

$$\begin{array}{r} 200 \\ \times \quad 30 \\ \hline 6000 \end{array}$$

➡ (몇)×(몇)의 계산 결과에 곱하는 두 수의 0의 개수만큼 0을 붙입니다.

● (세 자리 수)×(몇십)

163 × 2 = 326
(10배) (10배)
163 × 20 = 3260

$$\begin{array}{r} 163 \\ \times \quad 2 \\ \hline 326 \end{array} \xrightarrow{10배} \begin{array}{r} 163 \\ \times \quad 20 \\ \hline 3260 \end{array}$$

➡ (세 자리 수)×(몇)의 계산 결과에 0을 1개 붙입니다.

- (몇)×(몇)에서 생기는 0과 상관없이 곱하는 두 수의 0의 개수만큼 0을 붙여야 합니다.

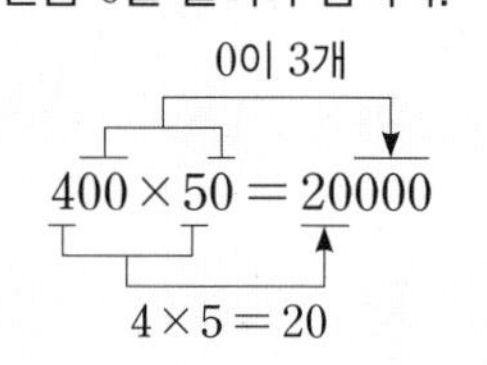

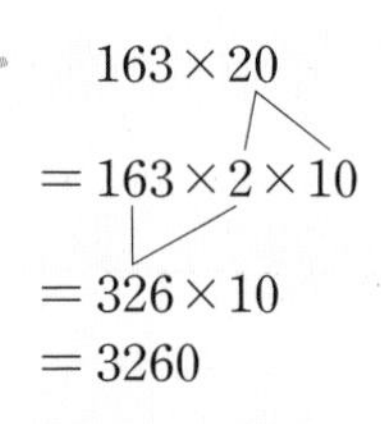

- 곱셈은 두 수를 바꾸어 곱해도 결과가 같습니다.
  163×20=20×163

1 □ 안에 알맞은 수를 써넣으세요.

(1) 400×30=□000
4×3=□

(2) 700×60=□000
7×6=□

2 다음 표를 완성하여 곱셈을 해 보세요.

	천의 자리	백의 자리	십의 자리	일의 자리	결과
143×4					
143×40					

➡ 143×40=□

3 □ 안에 알맞은 수를 써넣으세요.

260× 3 =□
10배 ↓ ↓ 10배
260×30=□

4 □ 안에 알맞은 수를 써넣으세요.

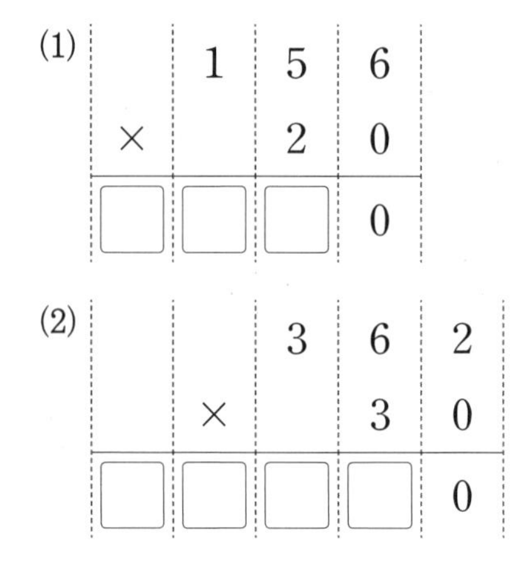

5 □ 안에 알맞은 수를 써넣으세요.

$57 \times 3 =$ □

$570 \times 3 =$ □

$570 \times 30 =$ □

6 □ 안에 알맞은 수를 써넣으세요.

(1)
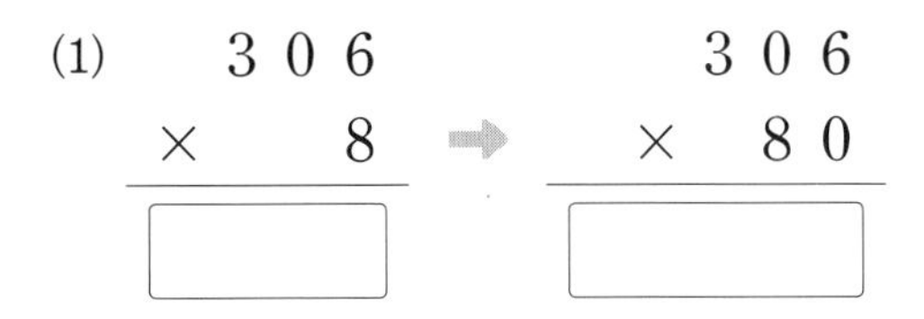

(2)
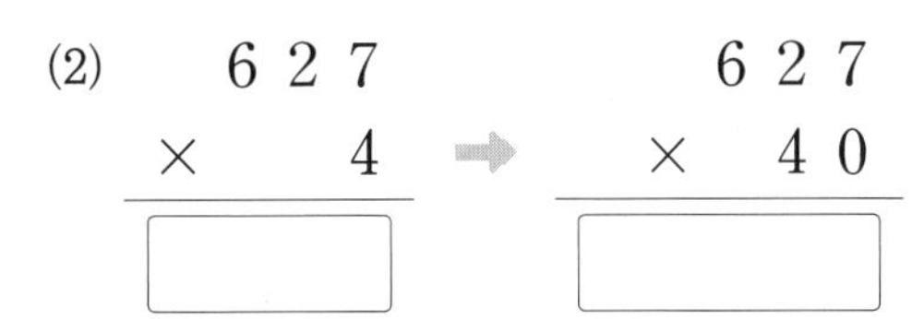

배운 것 연결하기 — 3학년 2학기

	1 5	2 4	7
×			3
1	6	4	1

7 498×60이 약 얼마인지 어림하여 구하고, 실제로 계산해 보려고 합니다. 498을 수직선에 표시하고, □ 안에 알맞은 수를 써넣으세요.

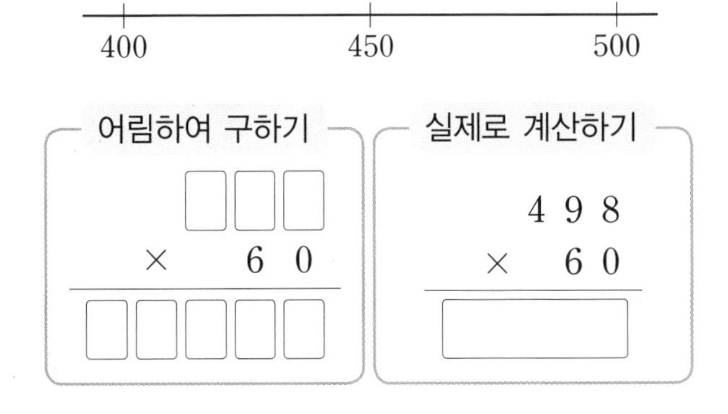

8 계산해 보세요.

(1) 385×70

(2) 902×30

9 □ 안에 알맞은 수를 써넣으세요.

$300 \times 60 =$ □

$30 \times 600 =$ □

$3 \times 6000 =$ □

10 □ 안에 알맞은 수를 써넣으세요.

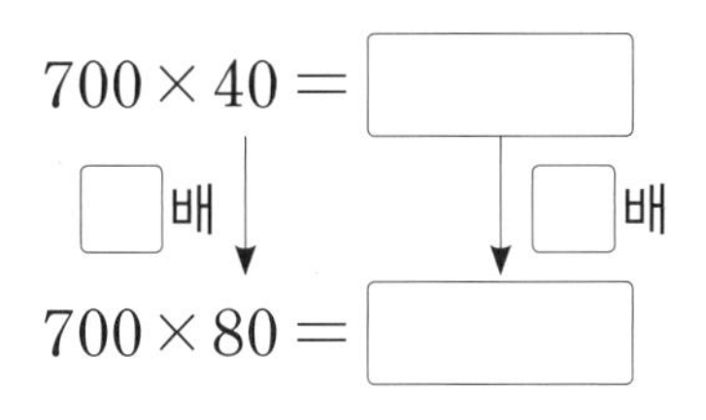

11 1년을 365일이라고 한다면 30년은 모두 며칠인지 구해 보세요.

식 ....

답 ....

2 (세 자리 수) × (몇십몇)을 알아볼까요

● (세 자리 수)×(몇십몇)

$$317 \times 28 < \begin{matrix} 317 \times 8 = 2536 \\ 317 \times 20 = 6340 \end{matrix}$$

8876

➡ 두 자리 수를 몇과 몇십으로 나누어 계산한 후 두 곱을 더합니다.

```
    3 1 7
×     2 8   ← 20+8
---------
  2 5 3 6   ← 317×8
  6 3 4 0   ← 317×20
---------
  8 8 7 6
```

- (몇백)×(몇십)으로 어림하여 계산할 수 있습니다.
  예) 317은 300쯤이고, 28은 30쯤이므로 317×28을 어림하여 구하면 약 300×30=9000입니다.

- 세로 계산에서 십의 자리를 곱할 때 계산의 편리함을 위해 일의 자리 0을 생략할 수 있습니다.

```
    3 1 7          3 1 7
×     2 8  ➡   ×     2 8
  2 5 3 6        2 5 3 6
  6 3 4 0        6 3 4
  8 8 7 6        8 8 7 6
```

확인!

● 317×28은 317×8과 317×□의 합과 같습니다.

1 □ 안에 알맞은 수를 써넣으세요.

(1) 250×14
- 250× 4=□
- 250×10=□
- 합: □

(2) 718×63
- 718× 3=□
- 718×60=□
- 합: □

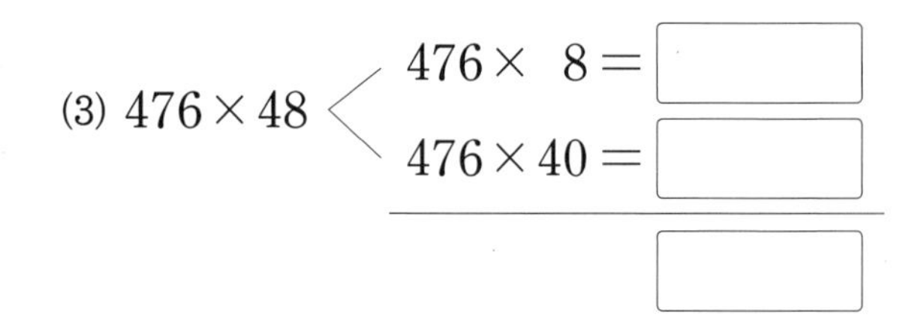

(3) 476×48
- 476× 8=□
- 476×40=□
- 합: □

2 □ 안에 알맞은 수를 써넣으세요.

(1)

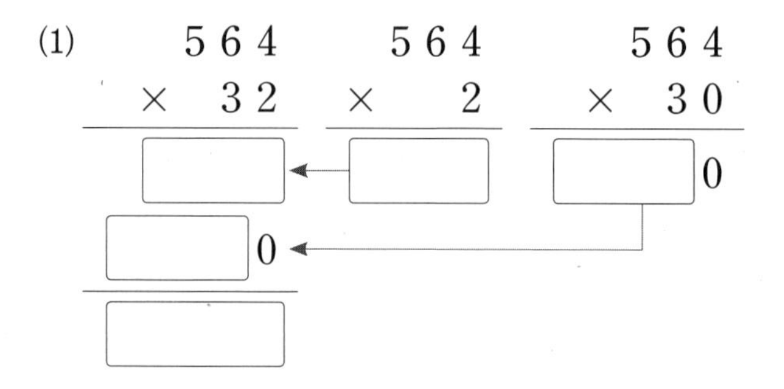

(2)

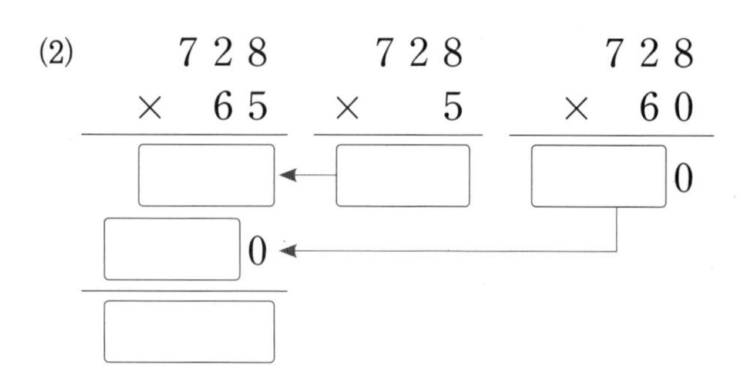

3 □ 안에 알맞은 수를 써넣으세요.

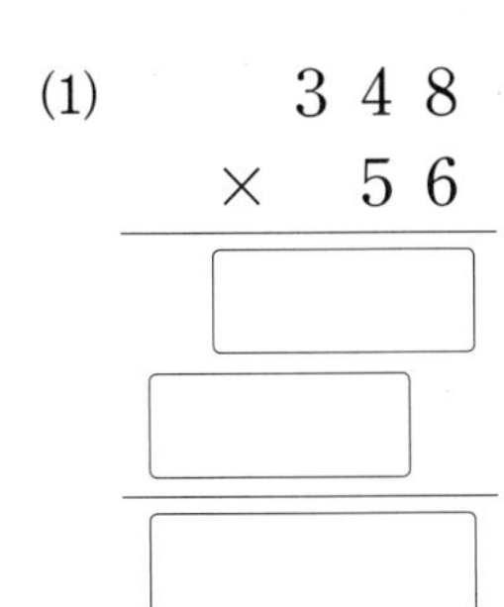

(1) 348×56　(2) 250×36

4 364×23이 약 얼마인지 어림하여 구하고 실제로 계산해 보세요.

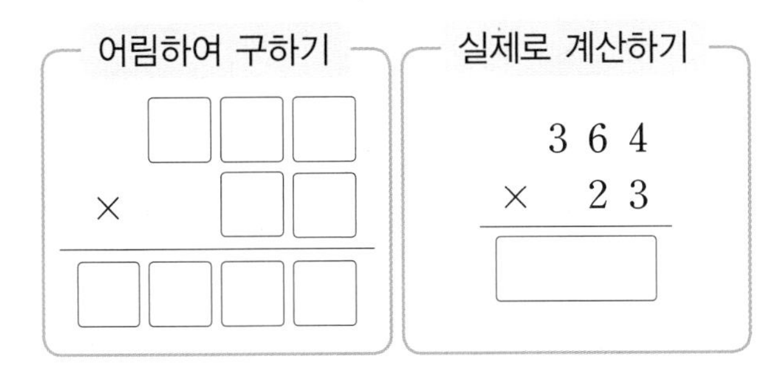

5 계산해 보세요.

(1) 617×43　(2) 804×52

6 잘못 계산한 부분을 찾아 까닭을 쓰고 바르게 계산해 보세요.

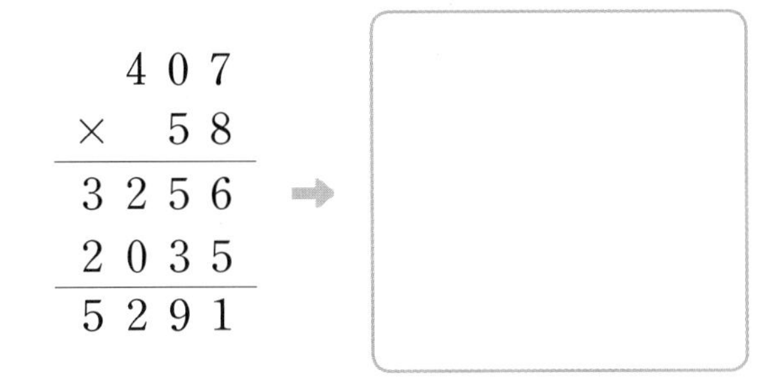

까닭

7 □ 안에 알맞은 수를 써넣으세요.

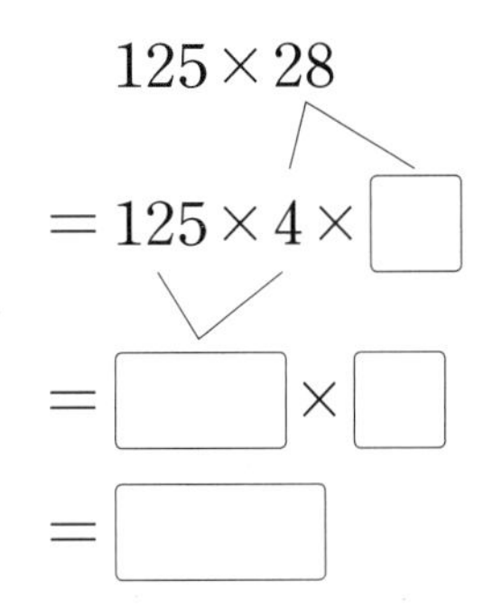

8 마트에서 650원짜리 과자를 15봉지 샀습니다. 과자의 값은 모두 얼마인지 구해 보세요.

식

답

기본기 다지기

1 (세 자리 수)×(몇십)

$395 \times 2 = 790$

10배 ↓ ↓ 10배

$395 \times 20 = 7900$

1 □ 안에 알맞은 수를 써넣으세요.

$19 \times 4 =$ □

$190 \times 4 =$ □

$190 \times 40 =$ □

2 어림하여 계산한 값을 찾아 ○표 하세요.

402×30 ➡	12000	15000	18000
698×20 ➡	10000	12000	14000

3 계산해 보세요.

(1)
$$\begin{array}{r} 5\ 8\ 4 \\ \times \quad 3\ 0 \\ \hline \end{array}$$

(2)
$$\begin{array}{r} 9\ 1\ 6 \\ \times \quad 2\ 0 \\ \hline \end{array}$$

4 □ 안에 알맞은 수를 써넣으세요.

$600 \times 50 = 6 \times 100 \times 5 \times$ □

$= 6 \times 5 \times 100 \times$ □

$= 30 \times$ □

$=$ □

5 □ 안에 알맞은 수를 써넣으세요.

$300 \times 70 =$ □

$30 \times 700 =$ □

$3 \times 7000 =$ □

6 계산 결과가 같은 것끼리 이어 보세요.

450×20 •	• 500×20
320×50 •	• 300×30
250×40 •	• 200×80

7 □ 안에 알맞은 수를 써넣으세요.

$210 \times 30 =$ □

□배 ↓ ↓ □배

$210 \times 60 =$ □

8 □ 안에 알맞은 수를 써넣으세요.

$72000 = 90 \times$ □

$72000 = 900 \times$ □

9 선우와 윤아는 저금통에 동전을 모았습니다. 누가 더 많이 모았을까요?

( )

2 (세 자리 수)×(몇십몇)

```
      2 5 3
   ×    4 6
  ---------
    1 5 1 8   ←253×6
  1 0 1 2     ←253×40
  ---------
  1 1 6 3 8   ←253×46
```

10 □ 안에 알맞은 수를 써넣으세요.

```
      8 5 7
   ×    3 1   ← 30+□
  ---------
        □     ← 857×□
      □       ← 857×□
  ---------
      □
```

11 계산해 보세요.

(1)
```
    4 2 6
  ×   2 4
  -------
```

(2)
```
    1 6 0
  ×   5 8
  -------
```

12 □ 안에 알맞은 수를 써넣으세요.

(1) $29 \times 137 = 137 \times \square$
$= \square$

(2) $63 \times 204 = \square \times 63$
$= \square$

13 빈칸에 알맞은 수를 써넣으세요.

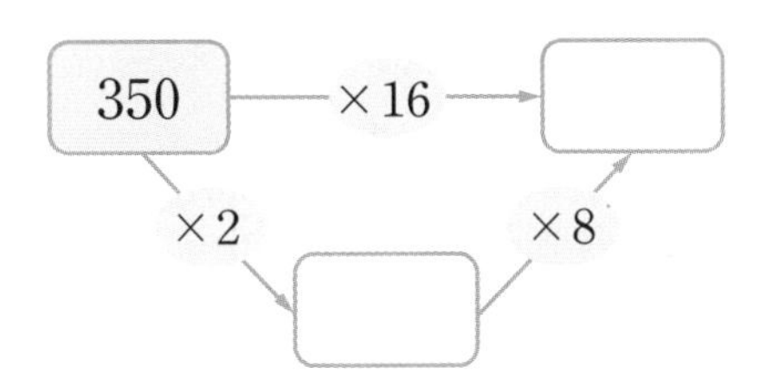

14 계산 결과를 비교하여 ◯ 안에 >, =, < 중 알맞은 것을 써넣으세요.

394×27 ◯ 516×14

창의+

15 서아는 묶음으로 파는 붙임딱지를 사려고 합니다. 어림하여 9000원으로 살 수 있는 붙임딱지 묶음을 찾아 ○표 하세요.

스마일 붙임딱지	하트 붙임딱지	무지개 붙임딱지
한 장에 300원 32장 묶음	한 장에 490원 18장 묶음	한 장에 610원 15장 묶음

( ) ( ) ( )

서술형

16 계산 결과가 큰 것부터 차례로 기호를 쓰려고 합니다. 풀이 과정을 쓰고 답을 구해 보세요.

㉠ 300×50 ㉡ 295×48 ㉢ 310×52

풀이

답

17 다음 곱셈식을 이용하여 827×66의 값을 구해 보세요.

$827 \times 6 = 4962$

(　　　　　　　)

18 □ 안에 알맞은 수를 써넣으세요.

		2	8	□
	×		□	7
	1	9	□	1
2	2	□	4	
2	4	□	2	1

19 □ 안에 알맞은 수를 써넣으세요.

(1) $254 \times 34 = 254 \times 33 +$ □

(2) $651 \times 26 = 651 \times 25 +$ □

20 다음 곱셈식을 이용하여 430×36의 값을 구하려고 합니다. □ 안에 알맞은 수를 써넣으세요.

$430 \times 4 = 1720$

➡ $430 \times 36 = 430 \times 40 - 430 \times$ □

= □ − □

= □

3 곱셈의 활용

문제에서 곱셈 상황을 찾아 식을 만들고 계산합니다.

●씩 ▲번
●원짜리 ▲개
● g짜리 ▲개
●개씩 ▲명
➡ ● × ▲

21 미술 시간에 사용할 리본 끈을 한 명에게 250 cm씩 나누어 주려고 합니다. 30명에게 나누어 주려면 리본 끈은 모두 몇 cm가 필요할까요?

식

답

22 어느 공장에서 하루에 선풍기를 245대씩 생산한다고 합니다. 이 공장에서 30일 동안 생산할 수 있는 선풍기는 모두 몇 대일까요?

(　　　　　　　)

23 한 상자에 150 g짜리 찰흙이 15개 들어 있습니다. 두 상자에 들어 있는 찰흙의 무게는 몇 g일까요?

( )

24 저금통에 500원짜리 동전 20개와 100원짜리 동전 63개가 들어 있습니다. 저금통에 들어 있는 돈은 모두 얼마일까요?

( )

창의+

25 정우가 운동 습관을 기르기 위해 쓴 내용을 보고 곱셈 문제를 만들어 보세요.

나의 운동 습관 기르기
하루에 줄넘기하는 횟수: 400회
실천한 기간: 7월 한 달 동안

문제

식

답

26 한 개에 550원인 사탕을 32개 사고 20000원을 냈습니다. 거스름돈으로 얼마를 받아야 할까요?

( )

4 바르게 계산한 값 구하기

예 어떤 수에 40을 곱해야 할 것을 잘못하여 뺐더니 360이 되었습니다. 바르게 계산한 값을 구해 보세요.

① 어떤 수를 □라고 하여 잘못 계산한 식 쓰기
➡ $\square - 40 = 360$

② ①의 식을 이용하여 □의 값 구하기
➡ $\square = 360 + 40 = 400$

③ 바르게 계산한 값 구하기
➡ $400 \times 40 = 16000$

27 어떤 수를 60배 해야 할 것을 잘못하여 6배 하였더니 600이 되었습니다. 바르게 계산한 값을 구해 보세요.

( )

28 어떤 수에 24를 곱해야 할 것을 잘못하여 더했더니 454가 되었습니다. 바르게 계산한 값을 구해 보세요.

( )

29 어떤 수에 35를 곱해야 할 것을 잘못하여 35를 뺐더니 258이 되었습니다. 바르게 계산한 값을 구해 보세요.

( )

개념 강의

3 몇십으로 나누어 볼까요

● 나머지가 없는 (세 자리 수)÷(몇십)

$120 \div 30 = 4$

$12 \div 3 = 4$

$$\begin{array}{r} 4 \\ 30\overline{)120} \\ -120 \\ \hline 0 \end{array}$$

30×4, $120 - 120$

몫 4 나머지 0

- $12 \div 3$의 몫은 $120 \div 30$의 몫과 같습니다.

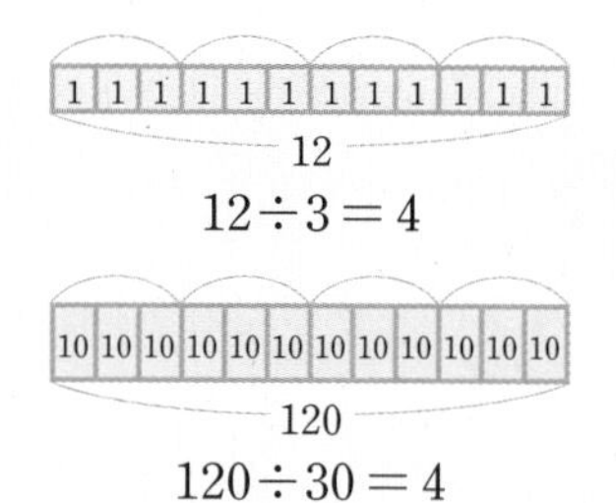

$12 \div 3 = 4$

$120 \div 30 = 4$

● 나머지가 있는 (세 자리 수)÷(몇십)

$40 \times 3 = 120$
$40 \times 4 = 160$
$40 \times 5 = 200$

163보다 크지 않으면서 가장 가까운 곱을 찾습니다.

$$\begin{array}{r} 4 \\ 40\overline{)163} \\ -160 \\ \hline 3 \end{array}$$

$163 \div 40 = 4 \cdots 3$ ➡ 몫 4 나머지 3

확인 $40 \times 4 = 160$, $160 + 3 = 163$

- (몇백몇십)÷(몇십)으로 어림하여 계산할 수 있습니다.

예 163은 160쯤이므로 $163 \div 40$을 어림하여 구하면 몫은 약 $160 \div 40 = 4$입니다.

1 $140 \div 20$은 얼마인지 수 모형으로 알아보세요.

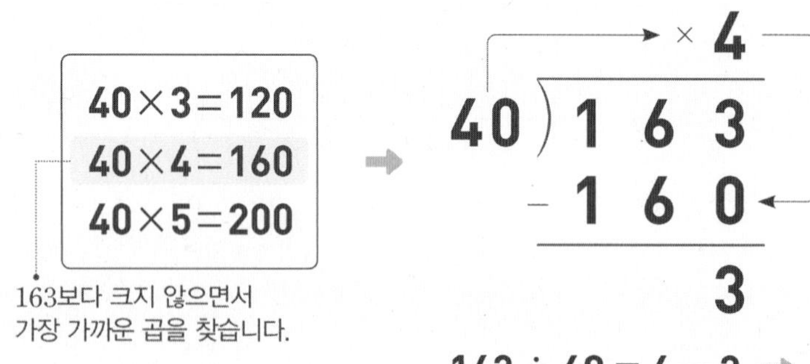

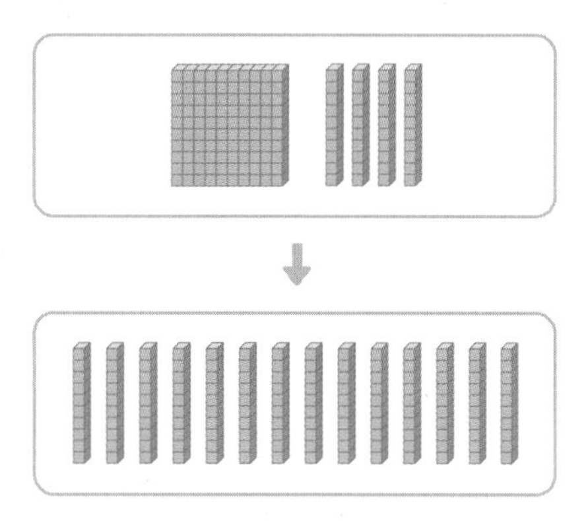

(1) 140을 20씩 묶어 보세요.

(2) □ 안에 알맞은 수를 써넣으세요.

$140 \div 20 = \square$

$$\begin{array}{r} \times\square \\ 20\overline{)140} \\ -\square \\ \hline 0 \end{array}$$

2 $358 \div 70$을 계산하는 방법을 알아보세요.

(1) 70과의 곱이 358보다 크지 않으면서 가장 가까운 수를 찾으려고 합니다. □ 안에 알맞은 수를 써넣으세요.

$70 \times 4 = \square$

$70 \times 5 = \square$

$70 \times 6 = \square$

(2) $358 \div 70$을 계산해 보세요.

$$\begin{array}{r} \square \\ 70\overline{)358} \\ \square \\ \hline \square \end{array}$$

3 빈칸에 알맞은 수를 써넣고, $150 \div 30$의 몫을 구해 보세요.

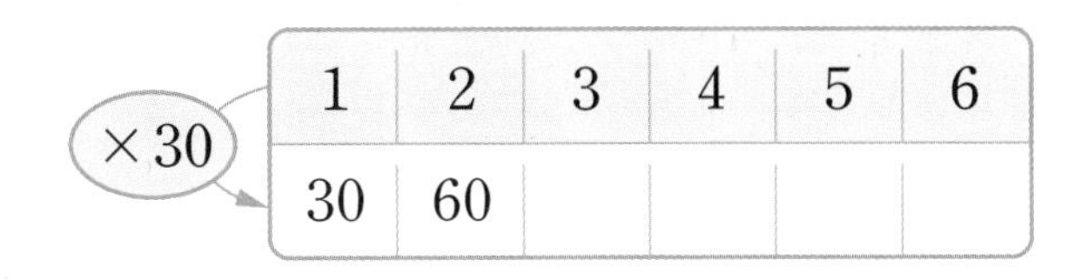

×30	1	2	3	4	5	6
	30	60				

$150 \div 30 = \square$

4 어림한 나눗셈의 몫으로 가장 적절한 것에 ○표 하세요.

$363 \div 90$

(4 , 5 , 40 , 41)

5 계산해 보세요.

(1) $320 \div 80$　(2) $250 \div 40$

(3) $30\overline{)270}$　(4) $60\overline{)450}$

6 □ 안에 알맞은 수를 써넣으세요.

$56 \div 7 = \square$

$560 \div 7 = \square$

$560 \div 70 = \square$

7 계산해 보고, 계산 결과가 맞는지 확인해 보세요.

$50\overline{)263}$

확인 ....

배운 것 연결하기　3학년 2학기

나눗셈을 바르게 했는지 확인하는 방법

$17 \div 3 = 5 \cdots 2$

확인 $3 \times 5 = 15$, $15 + 2 = 17$

8 □ 안에 알맞은 수를 써넣으세요.

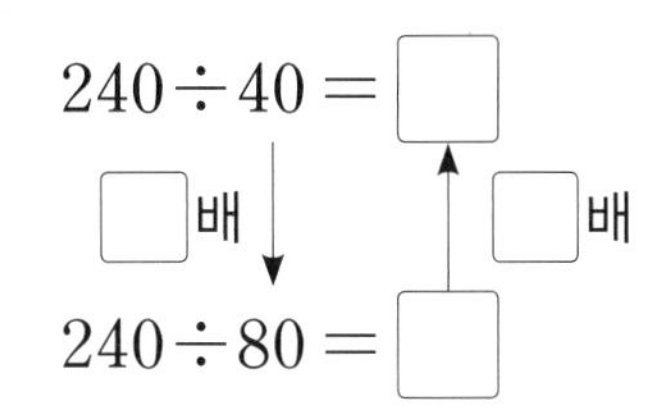

$240 \div 40 = \square$

□배 ↓　↑ □배

$240 \div 80 = \square$

9 과수원에서 사과를 180개 땄습니다. 이 사과를 한 상자에 30개씩 담으면 몇 상자가 될까요?

식 ....

답 ....

10 길이가 315 cm인 색 테이프를 50 cm씩 자르려고 합니다. 50 cm인 색 테이프는 몇 도막이 되고 남는 색 테이프는 몇 cm일까요?

식 ....

답 .... ,

4 몇십몇으로 나누어 볼까요(1)

● 몫이 한 자리 수인 (두 자리 수)÷(두 자리 수)

$16 \times 3 = 48$
$16 \times 4 = 64$
$16 \times 5 = 80$

16과의 곱이 80이 되는 경우를 찾습니다.

$$\begin{array}{r} 5 \\ 16 \overline{)\,80} \\ -\,80 \\ \hline 0 \end{array}$$

$80 \div 16 = 5$ ➡ 몫 5 나머지 0

확인 $16 \times 5 = 80$

- 16을 어림하면 20쯤이므로 $80 \div 16$을 어림하여 구하면 몫은 약 $80 \div 20 = 4$입니다. 16은 20보다 작으므로 실제 몫은 어림하여 구한 몫인 4보다 크게 생각할 수 있습니다.

● 몫이 한 자리 수인 (세 자리 수)÷(두 자리 수)

$23 \times 3 = 69$
$23 \times 4 = 92$
$23 \times 5 = 115$

110보다 크지 않으면서 가장 가까운 곱을 찾습니다.

$$\begin{array}{r} 4 \\ 23 \overline{)\,110} \\ -\,92 \\ \hline 18 \end{array}$$

$110 \div 23 = 4 \cdots 18$ ➡ 몫 4 나머지 18

확인 $23 \times 4 = 92$, $92 + 18 = 110$

- 나머지는 나누는 수보다 항상 작습니다.
  - $113 \div 23 = 4 \cdots 21$
  - $114 \div 23 = 4 \cdots 22$
  - $115 \div 23 = 5 \cdots 0$
  - $116 \div 23 = 5 \cdots 1$

확인!

- $95 \div 31$의 몫을 구할 때 필요한 곱셈식은 ($31 \times 2 = 62$, $31 \times 3 = 93$, $31 \times 4 = 124$)입니다.

1 $84 \div 16$을 계산하려고 합니다. □ 안에 알맞은 수를 써넣고 알맞은 말에 ○표 하세요.

몫 어림하기

84를 어림하면 80쯤이고, 16을 어림하면 20쯤이므로 $84 \div 16$을 어림하여 구하면 몫은 약 $80 \div 20 =$ □입니다.

➡ **어림한 몫이 적절한지 생각하기**

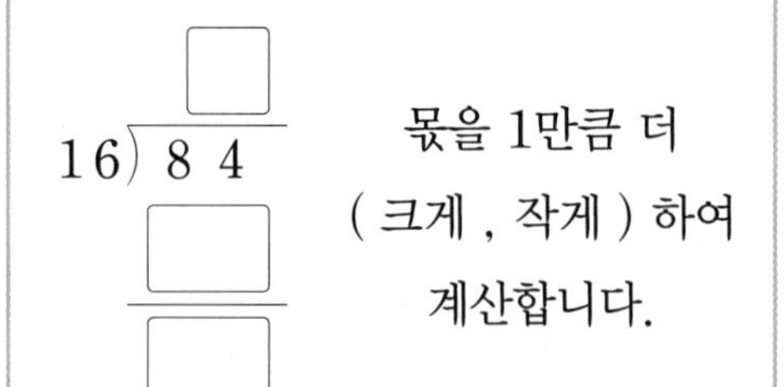

몫을 1만큼 더 (크게 , 작게) 하여 계산합니다.

➡ **몫을 정해서 계산하기**

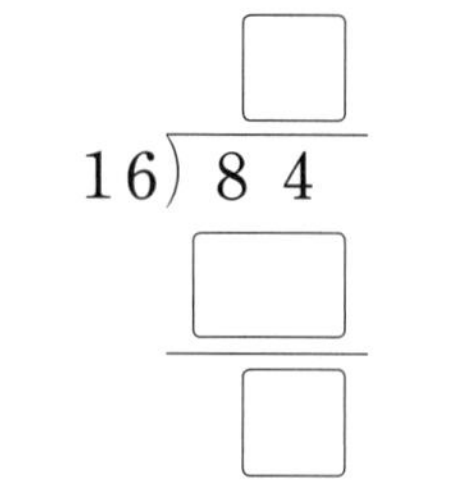

2 148÷32를 계산하는 방법을 알아보세요.

(1) 32와의 곱이 148보다 크지 않으면서 가장 가까운 수를 찾으려고 합니다. □ 안에 알맞은 수를 써넣으세요.

$32 \times 3 = \square$

$32 \times 4 = \square$

$32 \times 5 = \square$

(2) 148÷32를 계산해 보세요.

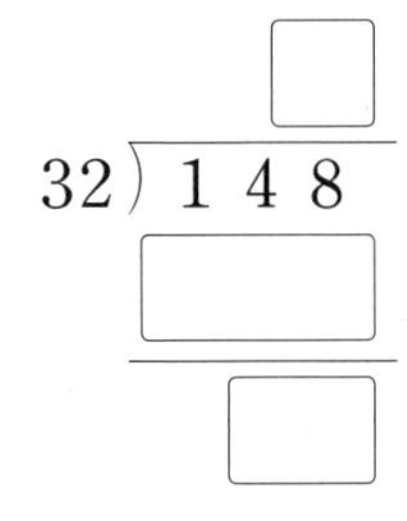

3 어림한 나눗셈의 몫으로 가장 적절한 것에 ○표 하세요.

63÷21

(2 , 3 , 20 , 30)

4 계산해 보고, 계산 결과가 맞는지 확인해 보세요.

(1) 22)7 9

확인

(2) 33)2 7 4

확인

5 잘못 계산한 부분을 찾아 까닭을 쓰고 바르게 계산해 보세요.

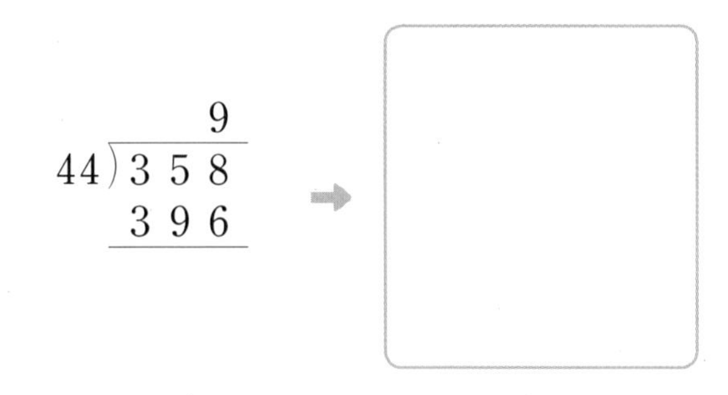

까닭

6 몫이 더 큰 것에 ○표 하세요.

75÷12	177÷31
( )	( )

7 구슬 175개를 한 봉지에 35개씩 담으려고 합니다. 구슬은 모두 몇 봉지가 될까요?

식

답

8 초콜릿 60개를 17명에게 똑같이 나누어 주려고 합니다. 한 사람에게 몇 개씩 나누어 줄 수 있고 초콜릿은 몇 개가 남을까요?

식

답 ,

5 몇십몇으로 나누어 볼까요(2)

● 나머지가 없고 몫이 두 자리 수인 (세 자리 수)÷(두 자리 수)

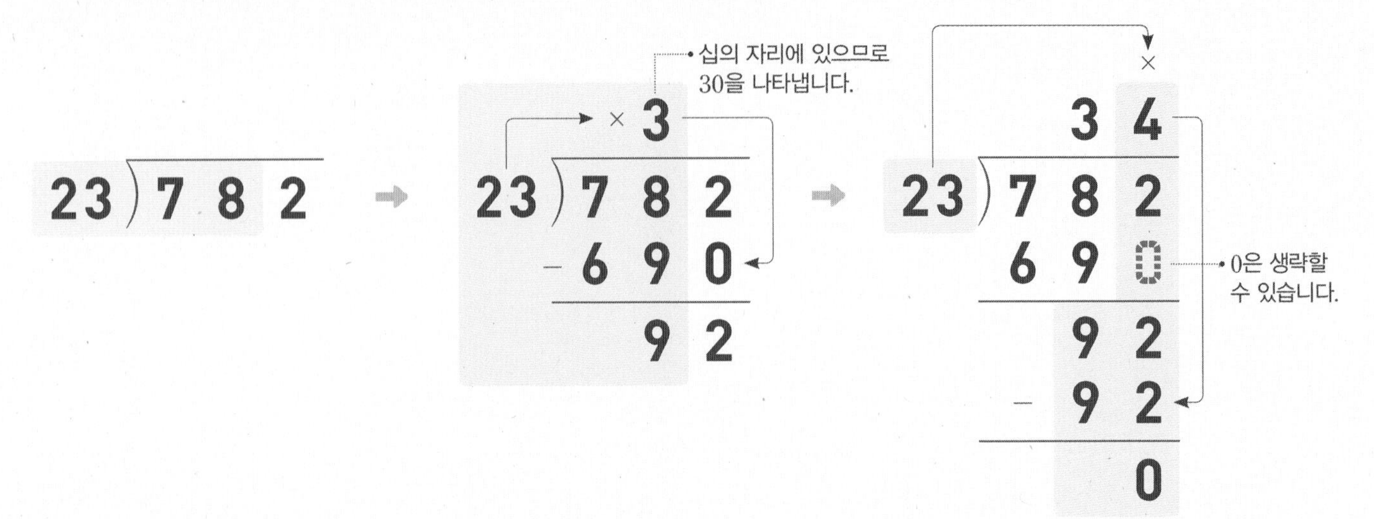

23＜78이므로 몫은 두 자리 수입니다.

$23 \times 30 = 690$, $23 \times 40 = 920$이므로 몫의 십의 자리 숫자는 3입니다.

남은 92를 23으로 나누면 몫의 일의 자리 숫자는 4입니다.

$782 \div 23 = 34$ → 몫 34 나머지 0 → 확인 $23 \times 34 = 782$

1 $644 \div 28$을 계산하려고 합니다. 알맞은 곱셈식에 ○표 하고 □ 안에 알맞은 수를 써넣으세요.

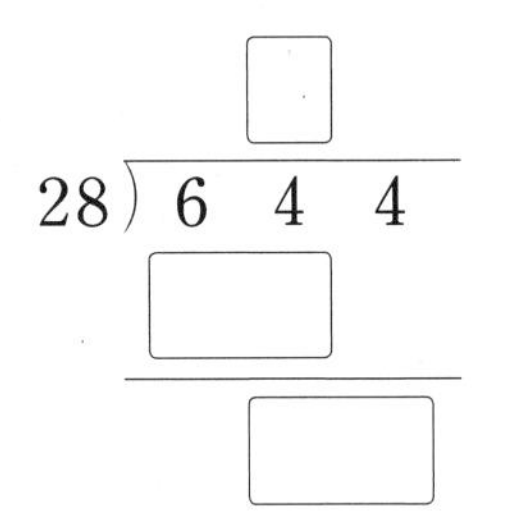

$28 \times 2 = 56$
$28 \times 3 = 84$

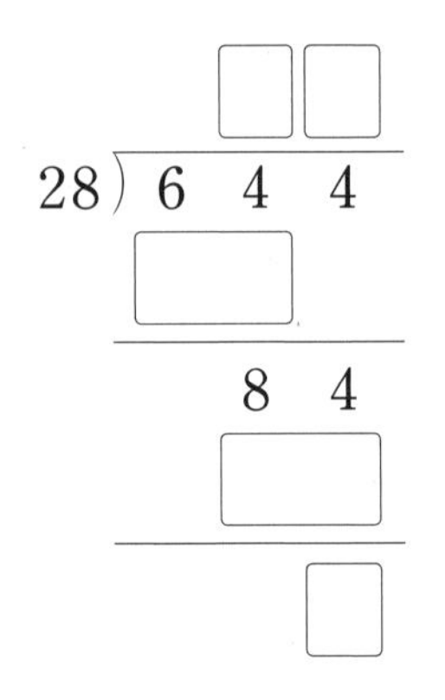

$28 \times 2 = 56$
$28 \times 3 = 84$

2 □ 안에 알맞은 수나 식을 써넣으세요.

(1)
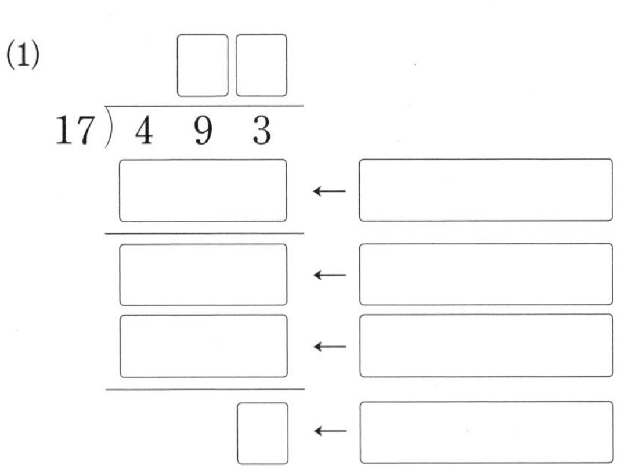

(2)
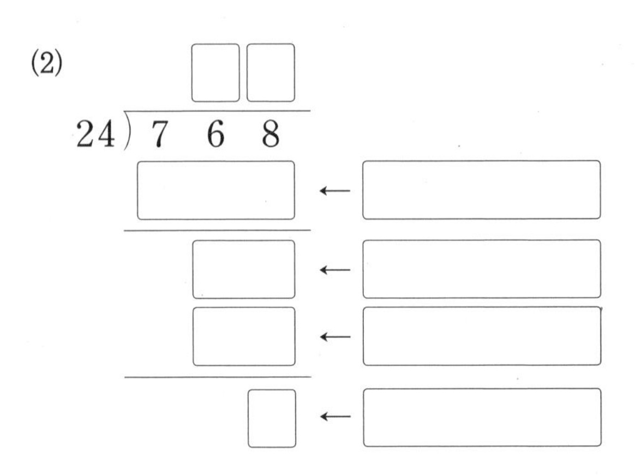

3 빈칸에 알맞은 수를 써넣고, $598 \div 13$의 몫을 어림해 보세요.

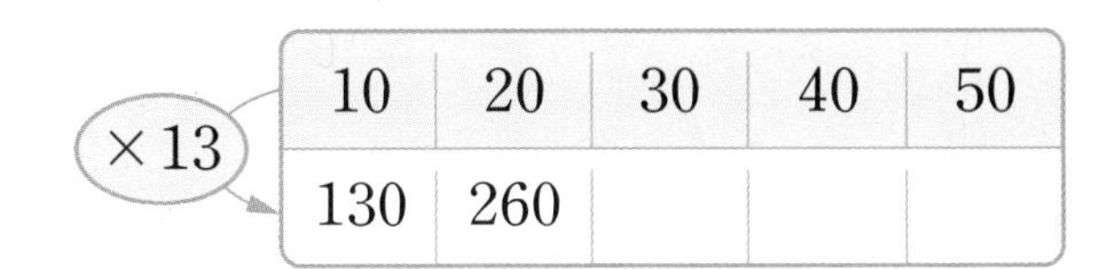

	10	20	30	40	50
$\times 13$	130	260			

$598 \div 13$의 몫은 ☐보다 크고 ☐보다 작습니다.

4 ☐ 안에 알맞은 식의 기호를 써넣으세요.

㉠ 29×3 ㉡ 29×30
㉢ $87 - 87$ ㉣ $957 - 870$

$$
\begin{array}{r}
33 \\
29\overline{)957} \\
87 \leftarrow \square \\
\hline
87 \leftarrow \square \\
87 \leftarrow \square \\
\hline
0 \leftarrow \square
\end{array}
$$

5 계산해 보세요.

(1) $38\overline{)608}$

(2) $27\overline{)945}$

6 계산해 보고, 계산 결과가 맞는지 확인해 보세요.

$43\overline{)817}$

확인 ……………………

7 몫이 한 자리 수인 나눗셈에 ○표, 몫이 두 자리 수인 나눗셈에 △표 하세요.

$225 \div 25$	$156 \div 13$	$561 \div 33$
$576 \div 72$	$495 \div 45$	$351 \div 39$

8 빈칸에 알맞은 수를 써넣으세요.

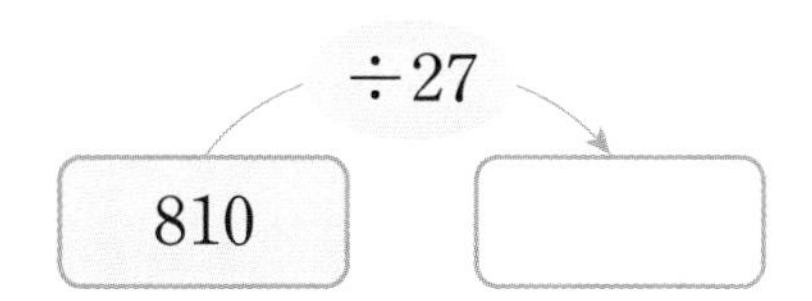

9 진호네 학교 학생 925명이 한 줄에 25명씩 줄을 섰습니다. 모두 몇 줄이 될까요?

식 ……………………

답 ……………………

6 몇십몇으로 나누어 볼까요(3)

● 나머지가 있고 몫이 두 자리 수인 (세 자리 수)÷(두 자리 수)

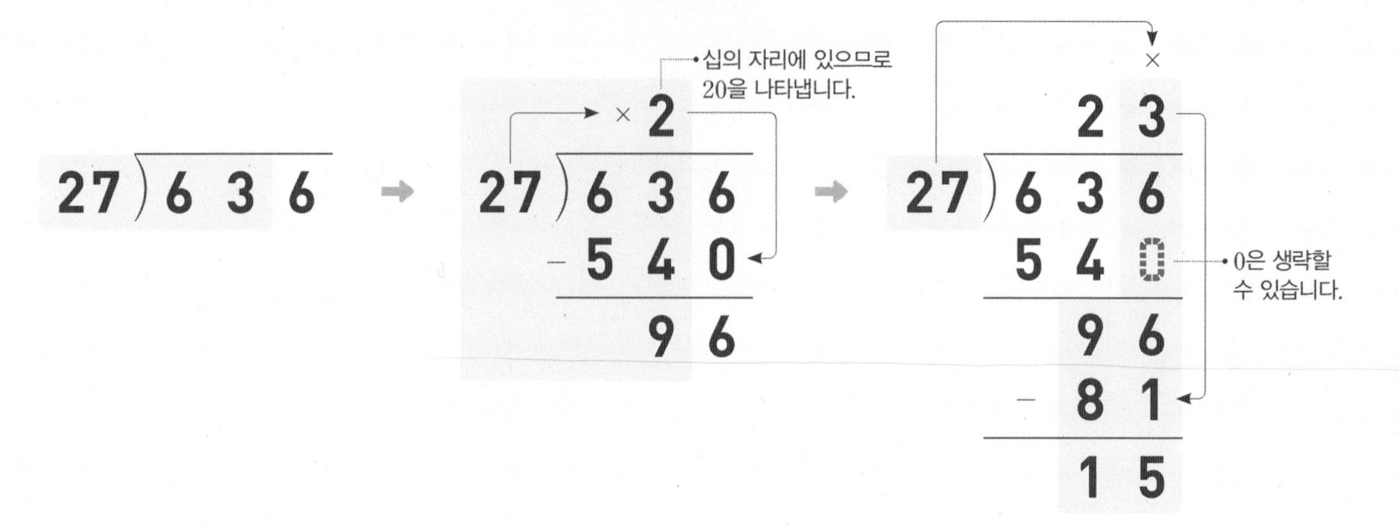

27 < 63이므로 몫은 두 자리 수입니다.

27 × 20 = 540, 27 × 30 = 810이므로 몫의 십의 자리 숫자는 2입니다.

남은 96을 27로 나누면 몫의 일의 자리 숫자는 3입니다.

636 ÷ 27 = 23 ⋯ 15 ➡ 몫 23 나머지 15 ➡ 확인 27 × 23 = 621, 621 + 15 = 636

1 209 ÷ 17을 계산하려고 합니다. 알맞은 곱셈식에 ○표 하고 □ 안에 알맞은 수를 써넣으세요.

17 × 1 = 17
17 × 2 = 34

17)2 0 9

↓

17 × 2 = 34
17 × 3 = 51

17)2 0 9
3 9

2 □ 안에 알맞은 수나 식을 써넣으세요.

(1)
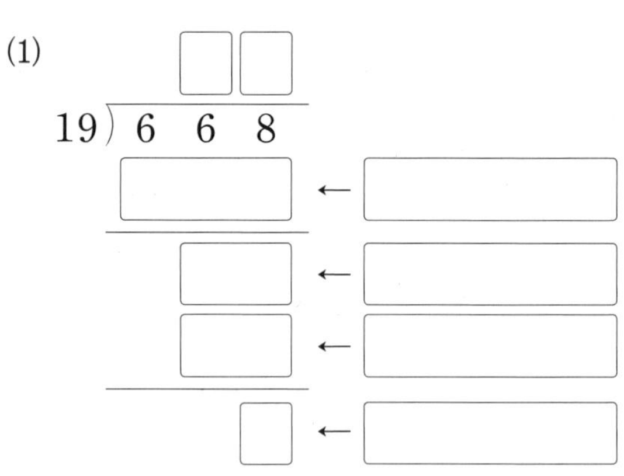

(2)
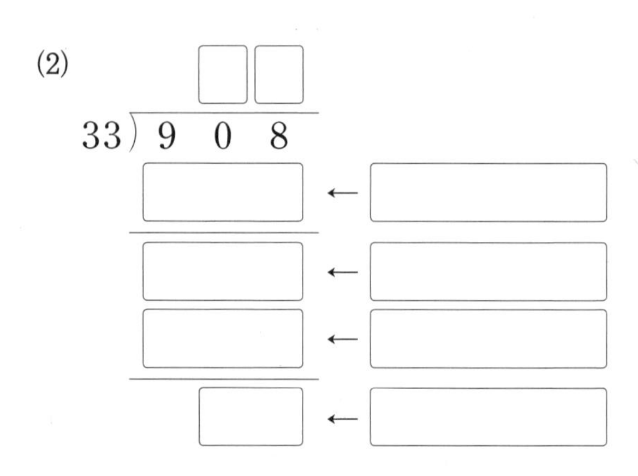

3 계산해 보세요.

(1) $39\overline{)726}$

(2) $23\overline{)592}$

4 계산해 보고, 계산 결과가 맞는지 확인해 보세요.

$29\overline{)939}$

확인

5 몫과 나머지를 구해 보세요.

$916 \div 42$

몫 ( )

나머지 ( )

6 636에서 34를 최대한 몇 번 뺄 수 있을까요?

( )

7 잘못 계산한 부분을 찾아 까닭을 쓰고 바르게 계산해 보세요.

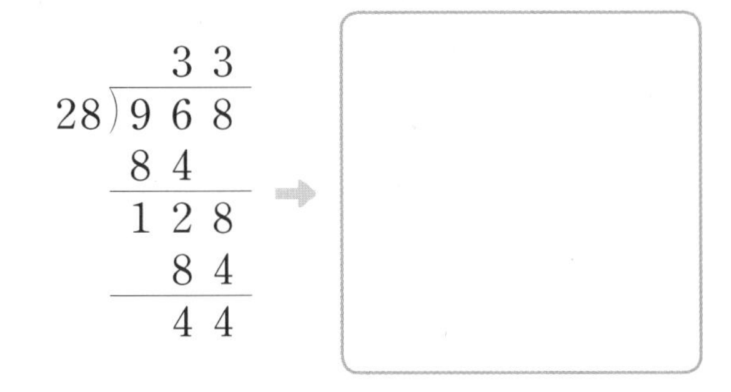

까닭

8 나눗셈의 몫과 나머지의 합을 구해 보세요.

$937 \div 17$

( )

9 □ 안에 알맞은 수를 써넣으세요.

$\square \div 51 = 17 \cdots 23$

10 한 상자를 묶는 데 끈 45 cm가 필요하다고 합니다. 끈 600 cm로 몇 상자까지 묶을 수 있고, 남는 끈은 몇 cm일까요?

식

답 ,

개념 적용

기본기 다지기

개념 + 문제 풀이

5 (세 자리 수)÷(몇십)

80)2 4 0 (×3)
− 2 4 0
0

➡ $240 \div 80 = 3$

80)2 4 5 (×3)
− 2 4 0
5

➡ $245 \div 80 = 3 \cdots 5$

30 □ 안에 알맞은 수를 써넣어 몫이 같은 나눗셈식을 만들어 보세요.

(1) $16 \div 2 = 8$
$160 \div \square = 8$

(2) $42 \div 7 = 6$
$\square \div 70 = 6$

31 두 수의 곱이 ○ 안의 수보다는 크지 않으면서 가장 가까운 수가 되도록 □ 안에 알맞은 자연수를 써넣으세요.

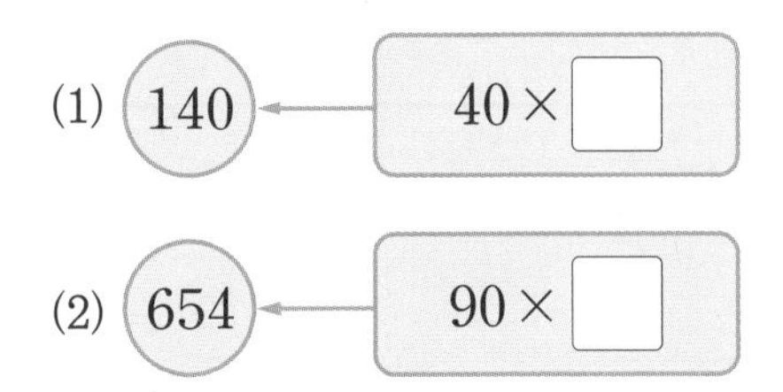

32 □ 안에 알맞은 수를 써넣고 $690 \div 80$의 몫과 나머지를 구해 보세요.

$80 \times 7 = \square$

$80 \times 8 = \square$

$80 \times 9 = \square$

$690 \div 80 = \square \cdots \square$

33 □ 안에 알맞은 수를 써넣으세요.

$120 \div 20 = \square$

$240 \div 40 = \square$

$360 \div 60 = \square$

34 빈칸에 알맞은 수를 써넣으세요.

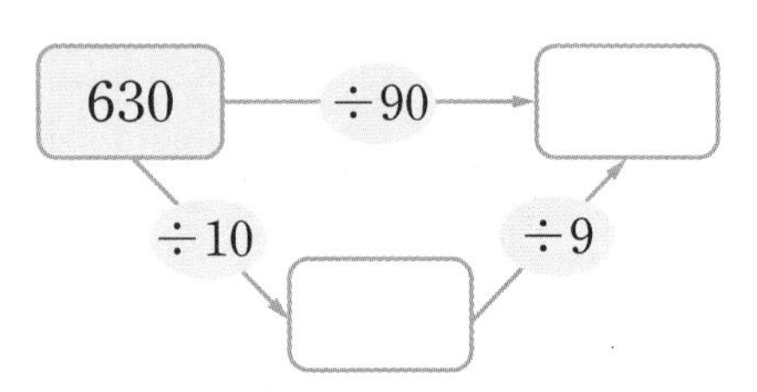

35 □ 안에 알맞은 수를 써넣으세요.

(1) $210 \div 70 = \square$
$140 \div 70 = \square$
$350 \div 70 = \square$

(2) $300 \div 50 = \square$
$50 \div 50 = \square$
$350 \div 50 = \square$

36 □ 안에 알맞은 수를 써넣으세요.

(1) □ $\div 40 = 9$

(2) $240 \div$ □ $= 8$

6 몇십몇으로 나누기(1) — 몫이 한 자리 수인 경우

$34 \times 2 = 68$
$34 \times 3 = 102$
$34 \times 4 = 136$

$$\begin{array}{r} 3 \\ 34\overline{)123} \\ -\,102 \\ \hline 21 \end{array}$$

➡ $123 \div 34 = 3 \cdots 21$

37 나눗셈을 계산하기 위한 곱셈식입니다. □ 안에 알맞은 수를 써넣으세요.

(1) $77 \div 15$ ➡ $15 \times$ □ $=$ □

(2) $69 \div 17$ ➡ $17 \times$ □ $=$ □

38 보기 와 같이 어림할 수 있는 식을 찾아 ○표 하고, 계산해 보세요.

보기

$347 \div 68$ ➡ $280 \div 70$ ($350 \div 70$)

어림하여 구하기 $350 \div 70 = 5$

실제로 계산하기 $347 \div 68 = 5 \cdots 7$

$297 \div 49$ ➡ $300 \div 50$ $350 \div 50$

어림하여 구하기 ....

실제로 계산하기 ....

39 계산해 보고, 계산 결과가 맞는지 확인해 보세요.

(1) $23\overline{)75}$

확인 ....

(2) $52\overline{)326}$

확인 ....

40 몫을 어떻게 정하면 좋을지 ○표 하고 계산해 보세요.

$$\begin{array}{r} 7 \\ 42\overline{)261} \\ 294 \\ \hline \end{array}$$

➡ 몫을 1만큼 더 (크게, 작게) 해요.

□

41 $160 \div 25$의 몫과 나머지를 구하려고 합니다. □ 안에 알맞은 수를 써넣으세요.

$100 \div 25 =$ □

$60 \div 25 =$ □ $\cdots$ □

$160 \div 25 =$ □ $\cdots$ □

창의+

42 □ 안에 알맞은 수를 써넣어 서아의 일기를 완성해 보세요.

용량(mL)	우유갑(매)	화장지 교환
200	45	1개
500	25	1개
1000	15	1개

5 월 9 일 금 요일 날씨

우리 반에서 환경 보호 행사로 우유갑 모으기를 했다. 우리가 모은 200 mL 우유갑 180매를 45매씩 묶어 화장지 □개로 행정복지센터에서 바꿀 수 있었다. 환경 보호에 도움도 되고 화장지도 받을 수 있어서 좋았다.

7 몇십몇으로 나누기(2) — 나머지가 없는 경우

$$\begin{array}{r} 6 \\ 12\overline{)732} \\ -\,72 \\ \hline 12 \end{array} \Rightarrow \begin{array}{r} 61 \\ 12\overline{)732} \\ 72 \\ \hline 12 \\ -\,12 \\ \hline 0 \end{array}$$

➡ $732 \div 12 = 61$

43 $782 \div 23$의 몫을 구하려고 합니다. □ 안에 알맞은 수를 써넣고, 몫의 십의 자리 숫자를 구할 때 필요한 식에 ○표 하세요.

$23 \times 20 =$ □ (　　)

$23 \times 30 =$ □ (　　)

$23 \times 40 =$ □ (　　)

44 계산해 보세요.

(1) $17\overline{)731}$

(2) $28\overline{)840}$

45 몫이 두 자리 수인 나눗셈을 모두 찾아 기호를 써 보세요.

㉠ $260 \div 65$　㉡ $555 \div 37$
㉢ $221 \div 17$　㉣ $368 \div 46$

(　　　　　　　)

46 $663 \div 13$을 오른쪽과 같이 잘못 계산했습니다. 다시 계산하지 않고 □ 안에 알맞은 수를 써넣어 몫을 바르게 구해 보세요.

$$\begin{array}{r} 49 \\ 13\overline{)663} \\ 52 \\ \hline 143 \\ 117 \\ \hline 26 \end{array}$$

나머지가 나누는 수보다 크므로 더 나눌 수 있습니다. $26 \div 13 =$ □이므로
$663 \div 13$의 몫은 $49 +$ □ $=$ □입니다.

47 빈칸에 알맞은 수를 써넣으세요.

770 —÷35→ □
770 —÷7→ □ —÷5→ □

48 □ 안에 알맞은 수를 써넣으세요.

$224 \div 16 = \square$

$224 \div 8 = \square$

$224 \div 4 = \square$

49 □ 안에 알맞은 수를 써넣으세요.

(1) $\square \div 17 = 19$

(2) $481 \div \square = 13$

8 몇십몇으로 나누기(3) – 나머지가 있는 경우

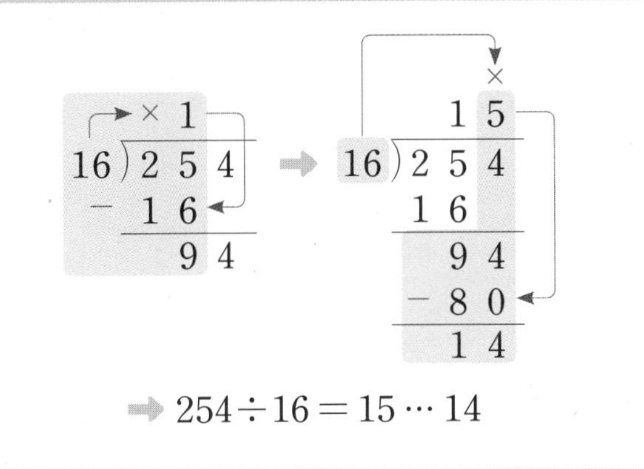

➡ $254 \div 16 = 15 \cdots 14$

50 $24 \times 3 = 72$를 이용하여 나눗셈을 하고 몫과 나머지를 구해 보세요.

24)7 9 6

몫 (　　　　　)
나머지 (　　　　　)

51 $796 \div 41$의 몫을 어림하여 구하고, 어림하여 구한 몫을 이용하여 실제 몫과 나머지를 구해 보세요.

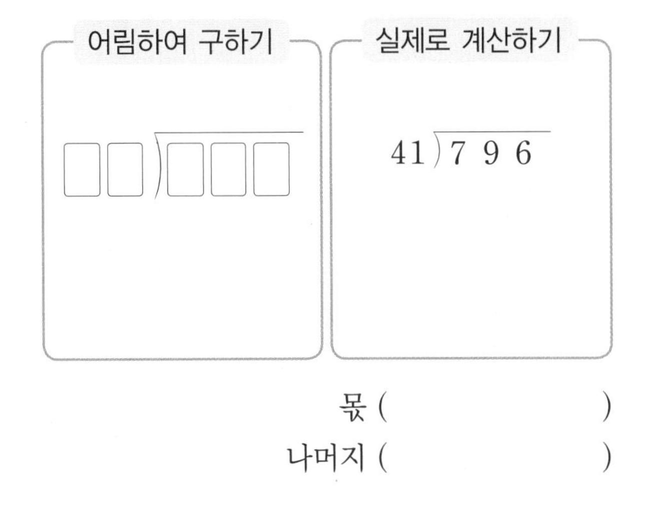

몫 (　　　　　)
나머지 (　　　　　)

52 계산해 보세요.

(1) 28)4 5 9

(2) 47)9 4 3

53 나머지가 큰 것부터 차례로 기호를 써 보세요.

㉠ $589 \div 25$　㉡ $427 \div 31$　㉢ $912 \div 12$

(　　　　　)

54 $884 \div 26 = 34$입니다. $890 \div 26$의 나머지는 얼마일까요?

(　　　　　)

9 나눗셈의 활용

나눗셈 상황을 찾아 식을 만들고 계산합니다.

●개를 ▲명에게 똑같이
●개를 한 사람에게 ▲개씩 ➡ ●÷▲
● L를 ▲ L 들이 통에

55 구슬 395개를 79명에게 똑같이 나누어 주려고 합니다. 한 사람에게 몇 개씩 나누어 주어야 하는지 구해 보세요.

식

답

56 사탕 574개를 한 봉지에 35개씩 담아 포장하려고 합니다. 포장을 다 하고 남는 사탕은 몇 개일까요?

식

답

57 880 L의 물을 36 L 들이 물탱크에 나누어 담으려고 합니다. 물을 남김없이 모두 담으려면 물탱크는 적어도 몇 개가 필요할까요?

(   )

10 나누는 수와 나머지의 관계

나머지는 나누는 수보다 작아야 합니다.

예 □÷80에서 나머지가 될 수 없는 수

79 ~~85~~ 23

58 나눗셈식의 나머지가 될 수 있는 수 중에서 가장 큰 자연수를 구해 보세요.

5●▲÷70

(   )

59 어떤 자연수를 27로 나누었을 때 나올 수 있는 나머지 중에서 가장 큰 자연수를 구해 보세요.

(   )

60 나눗셈식의 나머지가 가장 큰 수가 될 때 자연수 ㉠의 값을 구해 보세요.

㉠÷52＝17 ··· ●

(   )

11 나누어지는 수, 나누는 수 구하기

예 어떤 수를 20으로 나누었더니 몫은 11이고, 나머지는 8이었습니다. 어떤 수를 구해 보세요.

➡ 어떤 수를 □라고 하면
□ $\div 20 = 11 \cdots 8$입니다.
$20 \times 11 = 220$, $220 + 8 = 228 =$ □
따라서 어떤 수는 228입니다.

12 나누어지는 수, 나누는 수와 몫의 관계

나누어지는 수가 클수록 몫이 커지고 나누는 수가 클수록 몫이 작아집니다.

$100 \div 50 = 2$　　$500 \div 10 = 50$
$200 \div 50 = 4$　　$500 \div 50 = 10$
$300 \div 50 = 6$　　$500 \div 100 = 5$

61 계산이 맞는지 확인하는 식을 보고 □ 안에 알맞은 수를 써넣으세요.

(1) $76 \div$ □ $= 4 \cdots 8$

확인 $17 \times 4 = 68$, $68 + 8 = 76$

(2) □ $\div 74 =$ □ $\cdots 19$

확인 $74 \times 3 = 222$, $222 + 19 = 241$

62 어떤 수를 36으로 나누었더니 몫은 20이고, 나머지는 23이었습니다. 어떤 수를 구해 보세요.

(　　　　　　　)

63 393에 어떤 수를 곱해야 할 것을 잘못하여 나누었더니 몫은 24이고, 나머지가 9였습니다. 바르게 계산한 값을 구해 보세요.

(　　　　　　　)

64 어떤 수를 47로 나누었더니 몫은 15이고, 나머지는 24였습니다. 어떤 수를 31로 나누었을 때의 몫과 나머지를 구해 보세요.

몫 (　　　　　　　)
나머지 (　　　　　　　)

서술형

65 500을 어떤 수로 나누었을 때 가장 큰 몫과 가장 작은 몫의 차를 구하려고 합니다. 풀이 과정을 쓰고 답을 구해 보세요. (단, 몫이 자연수인 경우만 생각합니다.)

풀이

답

66 수 카드 5장을 한 번씩만 사용하여 (세 자리 수)$\div$(두 자리 수)의 나눗셈식을 만들려고 합니다. 만들 수 있는 식 중에서 몫이 가장 큰 나눗셈식을 완성해 보세요.

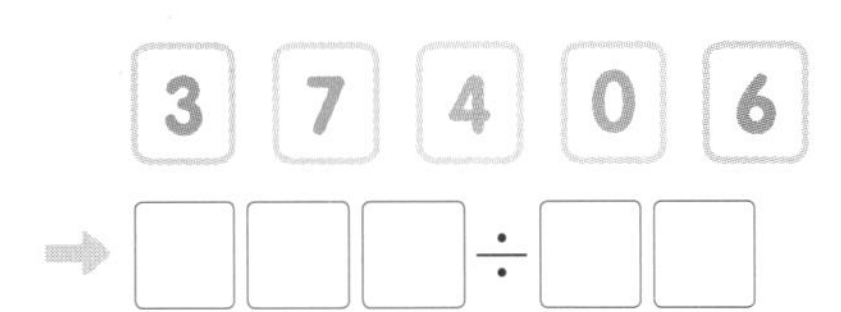

67 수 카드 5장을 한 번씩만 사용하여 (세 자리 수)$\div$(두 자리 수)의 나눗셈식을 만들려고 합니다. 만들 수 있는 식 중에서 몫이 가장 큰 나눗셈식을 완성하고 몫을 구해 보세요.

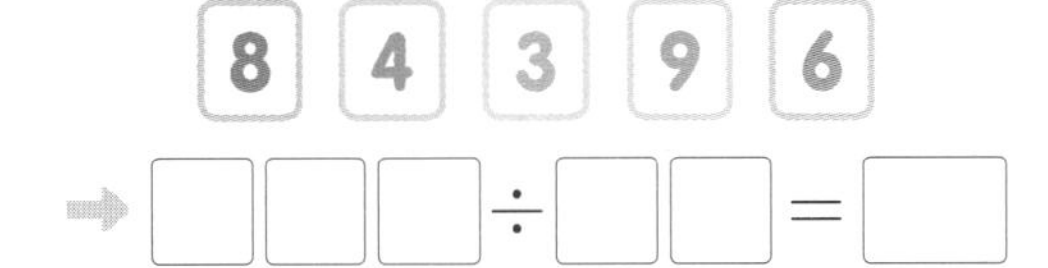

응용력 기르기

문제 풀이

심화유형 1 도로에 심은 나무 수 구하기

길이가 570 m인 도로의 한쪽에 처음부터 끝까지 15 m 간격으로 나무를 심으려고 합니다. 필요한 나무는 모두 몇 그루인지 구해 보세요. (단, 나무의 두께는 생각하지 않습니다.)

(　　　　　　　　)

핵심 NOTE

- (간격 수)=(도로의 길이)÷(간격)
- (필요한 나무 수)=(간격 수)+1

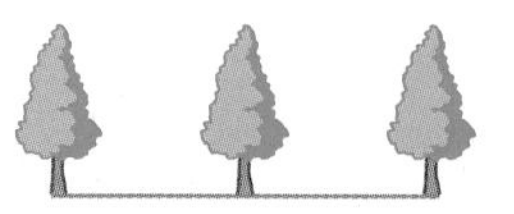

(간격 수)=2군데
(나무 수)=2+1=3(그루)

1-1 길이가 648 m인 도로의 한쪽에 처음부터 끝까지 12 m 간격으로 가로등을 세우려고 합니다. 필요한 가로등은 모두 몇 개인지 구해 보세요. (단, 가로등의 두께는 생각하지 않습니다.)

(　　　　　　　　)

1-2 길이가 378 m인 도로의 양쪽에 처음부터 끝까지 14 m 간격으로 나무를 심으려고 합니다. 필요한 나무는 모두 몇 그루인지 구해 보세요. (단, 나무의 두께는 생각하지 않습니다.)

(　　　　　　　　)

심화유형 2

나누어지는 수 구하기

0부터 9까지의 수 중에서 □ 안에 들어갈 수 있는 가장 큰 수를 구해 보세요.

$$40 \overline{)3\square 7} \quad \text{몫 } 8$$

( )

● 핵심 NOTE
- ▲÷■에서 ▲는 ■×(몫)보다 크거나 같고, ■×(몫+1)보다 작은 수입니다.

2-1 0부터 9까지의 수 중에서 □ 안에 들어갈 수 있는 가장 작은 수를 구해 보세요.

$$62 \overline{)7\square 6} \quad \text{몫 } 12$$

( )

2-2 나눗셈의 몫이 15일 때 0부터 9까지의 수 중에서 □ 안에 들어갈 수 있는 수는 모두 몇 개인지 구해 보세요.

$$6\square 7 \div 43$$

( )

2-3 어떤 수를 39로 나누었더니 몫이 24이고, 나머지가 있었습니다. 어떤 수가 될 수 있는 수 중에서 가장 큰 수를 구해 보세요.

( )

심화유형 3 수 카드를 사용하여 곱셈식과 나눗셈식 만들기

수 카드 5장을 한 번씩만 사용하여 (세 자리 수) × (두 자리 수)의 곱셈식을 만들려고 합니다. 만들 수 있는 식 중에서 곱이 가장 큰 곱셈식을 완성하고 곱을 구해 보세요.

[6] [4] [8] [2] [1]

➡ [ ][4][1] × [ ][ ]

(　　　　　　　　)

핵심 NOTE
- 곱이 가장 큰 곱셈식 만들기
  ➡ 가장 큰 수와 둘째로 큰 수를 곱하는 두 수의 가장 높은 자리에 놓습니다.

3-1

수 카드 5장을 한 번씩만 사용하여 (세 자리 수) × (두 자리 수)의 곱셈식을 만들려고 합니다. 만들 수 있는 식 중에서 곱이 가장 큰 곱셈식을 완성하고 곱을 구해 보세요.

[7] [1] [5] [9] [3]

➡ [ ][ ][1] × [ ][3]

(　　　　　　　　)

3-2

수 카드 5장을 한 번씩만 사용하여 (세 자리 수) ÷ (두 자리 수)의 나눗셈식을 만들려고 합니다. 만들 수 있는 식 중에서 몫이 가장 작은 나눗셈식을 완성하고 몫과 나머지를 구해 보세요.

[4] [5] [2] [6] [8]

➡ [ ][ ][5] ÷ [ ][6]

몫 (　　　　　　　　)

나머지 (　　　　　　　　)

통합 교과유형 4

수학 + 생활

곱셈과 나눗셈을 이용하여 가격 구하기

마트에서는 제품의 가격이 묶음으로 매겨진 경우가 많습니다. 이때 한 개당 얼마인지를 알아보면 가격을 더 정확히 비교할 수 있습니다. 다음은 마트에서 파는 세 종류의 면봉입니다. 한 개의 가격이 가장 저렴한 면봉을 골라 15통을 사려면 얼마가 필요할까요?

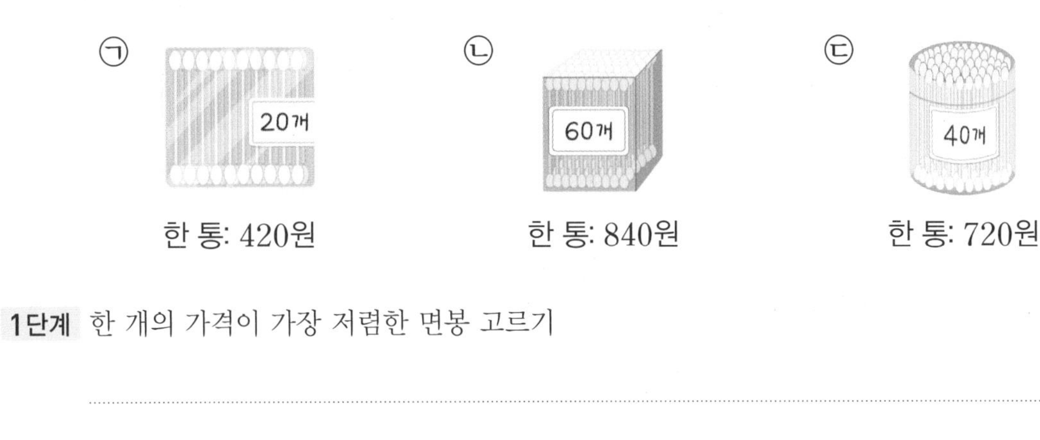

한 통: 420원　　한 통: 840원　　한 통: 720원

1단계 한 개의 가격이 가장 저렴한 면봉 고르기

2단계 한 개의 가격이 가장 저렴한 면봉 15통의 가격 구하기

(　　　　　　　)

핵심 NOTE

1단계 나눗셈을 이용하여 면봉 한 개의 가격을 구해 비교합니다.

2단계 곱셈을 이용해 한 개의 가격이 가장 저렴한 면봉 15통의 가격을 구합니다.

4-1

다음은 문구점에서 파는 세 종류의 색종이입니다. 한 장의 가격이 가장 저렴한 색종이를 골라 30묶음을 사려면 얼마가 필요할까요?

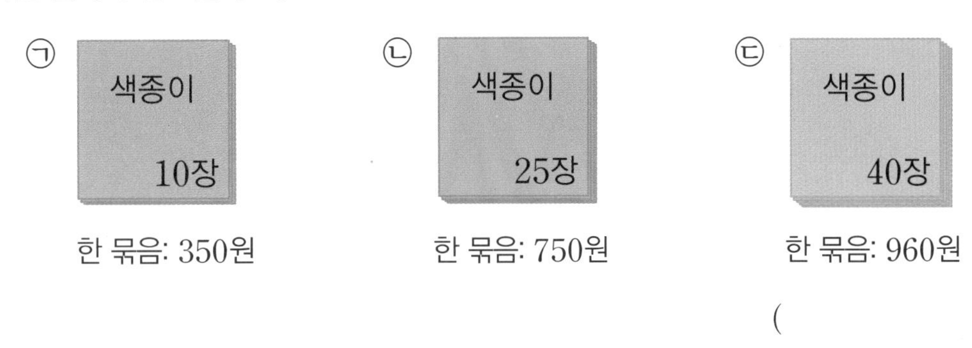

한 묶음: 350원　　한 묶음: 750원　　한 묶음: 960원

(　　　　　　　)

3

단원 평가 Level 1

점수

확인

1 □ 안에 들어갈 0의 수를 구해 보세요.

(1) $700 \times 60 = 42$□

(　　　　　　　　)

(2) $50 \times 800 = 4$□

(　　　　　　　　)

2 계산해 보세요.

(1)
$$\begin{array}{r} 256 \\ \times \quad 80 \\ \hline \end{array}$$

(2)
$$\begin{array}{r} 317 \\ \times \quad 25 \\ \hline \end{array}$$

3 몫과 나머지를 구해 보세요.

$78 \div 19$

몫 (　　　　　　　　)

나머지 (　　　　　　　　)

4 빈칸에 알맞은 수를 써넣으세요.

560 —÷80→ □

560 —÷10→ □ —÷8→ □

5 계산해 보고, 계산 결과가 맞는지 확인해 보세요.

$44\overline{)984}$

확인 ....

6 몫이 같은 것끼리 이어 보세요.

$360 \div 90$ •	• $150 \div 30$
$250 \div 50$ •	• $420 \div 60$
$210 \div 30$ •	• $160 \div 40$

7 곱이 다른 하나를 찾아 기호를 써 보세요.

㉠ 500×80　　㉡ 200×20

㉢ 400×10　　㉣ 100×40

(　　　　　　　　)

8 잘못 계산한 부분을 찾아 바르게 계산해 보세요.

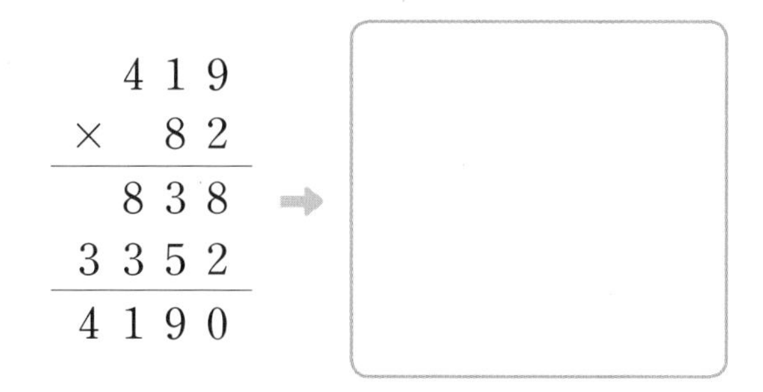

9 가장 큰 수와 가장 작은 수의 곱을 구해 보세요.

137 45 264 25

( )

10 □ 안에 알맞은 수를 써넣으세요.

$500 \times \square = 35000$

11 어느 공장에서 하루에 인형을 248개씩 만든다고 합니다. 이 공장에서 15일 동안 만든 인형은 모두 몇 개일까요?

식

답

12 리본 한 개를 만드는 데 색 테이프 26 cm가 필요하다고 합니다. 색 테이프 480 cm로 리본을 몇 개까지 만들 수 있고 남는 색 테이프는 몇 cm일까요?

( ), ( )

13 문구점에서 한 자루에 800원인 볼펜을 할인하여 570원에 팔고 있습니다. 이 볼펜을 37자루 샀다면 할인하기 전보다 얼마나 싸게 산 것일까요?

( )

14 승훈이네 학교 4학년 학생 332명이 40인승 버스에 타려고 합니다. 모두 타려면 버스가 적어도 몇 대 필요할까요?

( )

15 나눗셈식에서 지워진 부분에 알맞은 수를 구해 보세요.

$889 \div ● = 68 \cdots 5$

( )

3

16 □ 안에 알맞은 수를 써넣으세요.

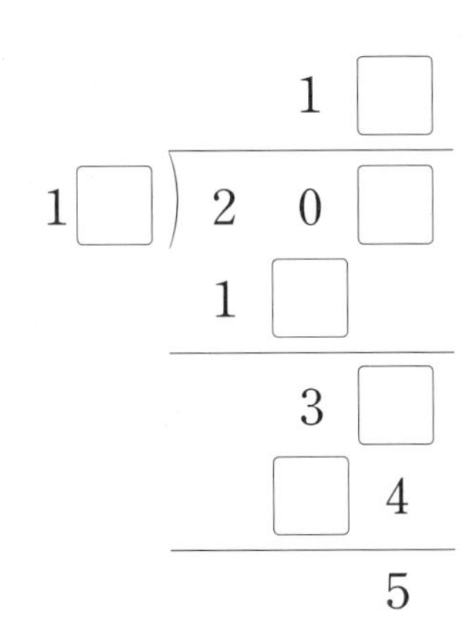

17 □ 안에 들어갈 수 있는 자연수 중에서 가장 큰 수를 구해 보세요.

$\square \times 31 < 788$

( )

18 수 카드 4장을 한 번씩만 사용하여 몫이 가장 큰 (두 자리 수)÷(두 자리 수)의 나눗셈식을 만들었을 때 몫과 나머지를 구해 보세요.

1 5 6 9

몫 ( )

나머지 ( )

19 저금통에 100원짜리 동전 47개와 500원짜리 동전 30개가 들어 있습니다. 저금통에 들어 있는 동전은 모두 얼마인지 풀이 과정을 쓰고 답을 구해 보세요.

풀이

답

20 어떤 수를 34로 나누어야 할 것을 잘못하여 43으로 나누었더니 몫이 8이고 나머지가 19였습니다. 바르게 계산했을 때 몫과 나머지는 얼마인지 풀이 과정을 쓰고 답을 구해 보세요.

풀이

답 몫: , 나머지:

단원 평가 Level 2

점수

확인

1 계산이 틀린 것을 찾아 기호를 써 보세요.

㉠ $200 \times 70 = 14000$
㉡ $80 \times 400 = 32000$
㉢ $300 \times 20 = 6000$
㉣ $60 \times 500 = 3000$

( )

2 계산해 보세요.

(1) $38 \overline{)153}$

(2) $49 \overline{)725}$

3 □ 안에 알맞은 수를 써넣으세요.

$15 \times 432 = 432 \times \square$
$= \square$

4 몫이 다른 하나를 찾아 기호를 써 보세요.

㉠ $24 \div 3$ ㉡ $240 \div 3$ ㉢ $240 \div 30$

( )

5 잘못 계산한 부분을 찾아 바르게 계산해 보세요.

$$\begin{array}{r} 4 \\ 14 \overline{)563} \\ 56 \\ \hline 3 \end{array}$$

➡ □

6 몫이 두 자리 수인 나눗셈을 모두 찾아 기호를 써 보세요.

㉠ $475 \div 60$ ㉡ $369 \div 33$
㉢ $847 \div 84$ ㉣ $539 \div 56$

( )

7 계산 결과를 비교하여 ○ 안에 >, =, < 중 알맞은 것을 써넣으세요.

(1) $280 \div 4$ ○ $280 \div 40$

(2) $360 \div 18$ ○ $180 \div 18$

8 두 곱의 차를 구해 보세요.

521×30 621×30

( )

3

9 나머지가 가장 큰 것을 찾아 기호를 써 보세요.

㉠ $184 \div 37$
㉡ $185 \div 37$
㉢ $186 \div 37$

( )

10 계산 결과가 큰 것부터 차례로 기호를 써 보세요.

㉠ 316×52
㉡ 516×32
㉢ 512×36

( )

11 125×49를 구하는 방법입니다. □ 안에 알맞은 수를 써넣으세요.

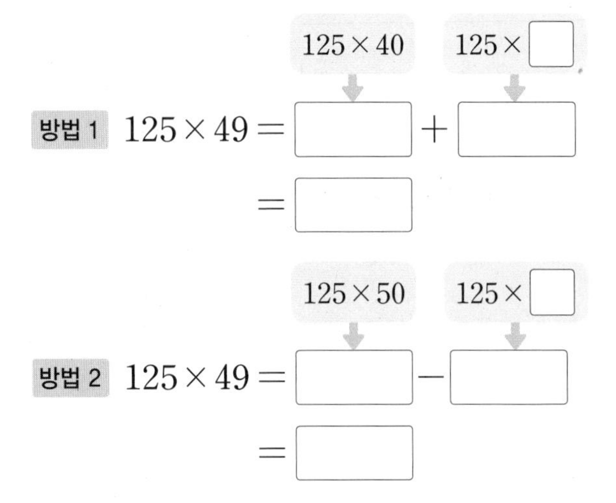

12 민하는 감기약을 하루에 17 mL씩 먹어야 합니다. 감기약이 102 mL 있다면 며칠 동안 먹을 수 있을까요?

식

답

13 전등을 신제품으로 바꾸면 한 가구당 하루에 84원이 절약된다고 합니다. 730가구가 전등을 신제품으로 바꾸면 하루에 얼마가 절약될까요?

( )

14 428개의 씨앗을 한 줄에 14개씩 모두 심으려고 합니다. 씨앗은 적어도 몇 개 더 필요할까요?

( )

15 □ 안에 알맞은 수를 써넣으세요.

		6	□	7
×			□	□
	2	□	6	1
2	□	4	□	
2	9	□	4	1

16 □ 안에 들어갈 수 있는 자연수 중에서 가장 작은 수를 구해 보세요.

$17\times29<35\times\square$

(　　　　　　　　)

17 다음 식에서 ♥가 될 수 있는 가장 큰 수를 구해 보세요.

♥ $\div 25=16\cdots$ ★

(　　　　　　　　)

18 무게가 똑같은 구슬 15개의 무게는 240 g입니다. 이 구슬 320개의 무게는 몇 g인지 구해 보세요.

(　　　　　　　　)

19 수 카드 5장을 한 번씩만 사용하여 가장 큰 세 자리 수와 가장 작은 두 자리 수를 만들었습니다. 만든 두 수의 곱은 얼마인지 풀이 과정을 쓰고 답을 구해 보세요.

7　3　8　5　2

풀이 ....

....

....

....

답 ....

20 현지가 345쪽인 책을 모두 읽으려고 합니다. 하루에 20쪽씩 읽으면 다 읽는 데 모두 며칠이 걸리는지 풀이 과정을 쓰고 답을 구해 보세요.

풀이 ....

....

....

....

답 ....

4 평면도형의 이동

생활에서도 이미 평면도형의 이동을 알고 있어.

발로 책을 **밀어 봐.**

손바닥을 **뒤집어 봐.**

머리를 왼쪽으로 **돌려 봐.**

도형은 이동 방법에 따라 위치와 방향이 달라져!

• 밀기

• 뒤집기

• 돌리기

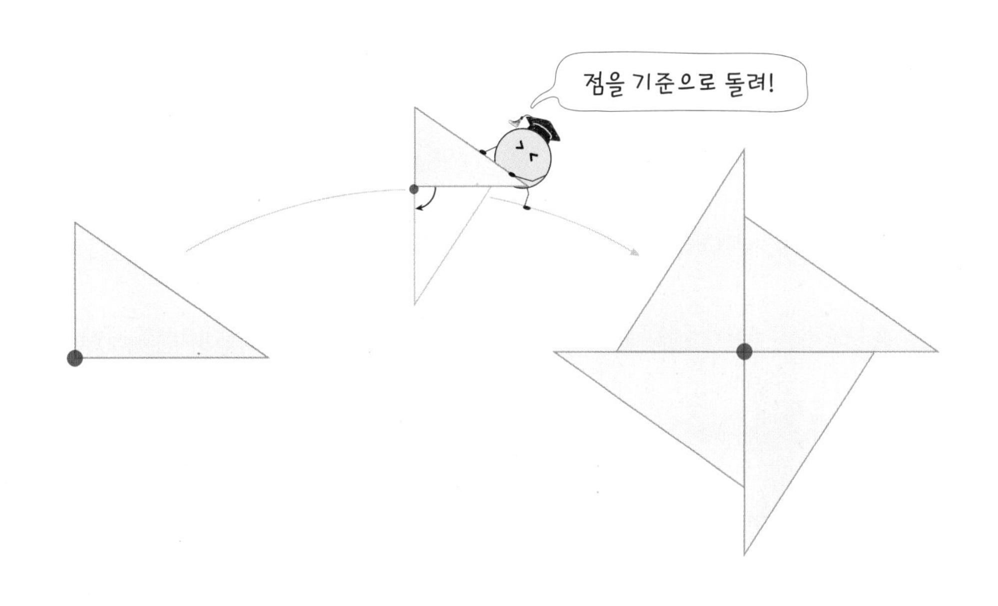

1 점을 이동해 볼까요

개념 강의

● 점의 이동

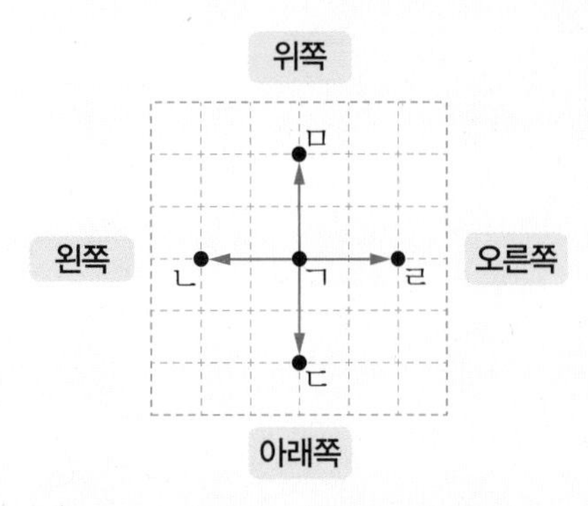

점 ㄱ을 왼쪽으로 2칸 이동한 위치에 점 ㄴ이 있습니다.
점 ㄱ을 아래쪽으로 2칸 이동한 위치에 점 ㄷ이 있습니다.
점 ㄱ을 오른쪽으로 2칸 이동한 위치에 점 ㄹ이 있습니다.
점 ㄱ을 위쪽으로 2칸 이동한 위치에 점 ㅁ이 있습니다.

- 점은 선을 따라서만 이동할 수 있습니다.

● 점 ㄱ을 점 ㄴ이 있는 위치로 이동하기

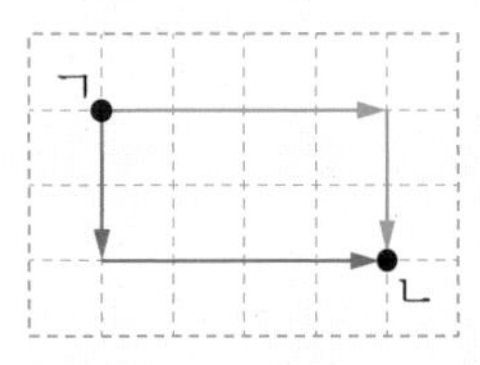

방법 1 점 ㄱ을 아래쪽으로 2칸, 오른쪽으로 4칸 이동합니다.
방법 2 점 ㄱ을 오른쪽으로 4칸, 아래쪽으로 2칸 이동합니다.

- 점을 이동하는 방법에는 여러 가지가 있습니다.

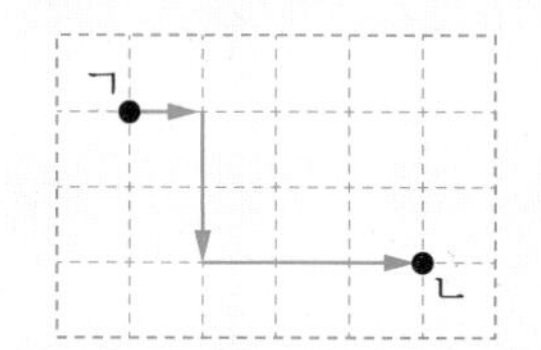

점 ㄱ을 오른쪽으로 1칸, 아래쪽으로 2칸, 오른쪽으로 3칸 이동합니다.

1 점을 주어진 방향으로 5칸 이동한 위치에 점을 그려 보세요.

(1) 왼쪽

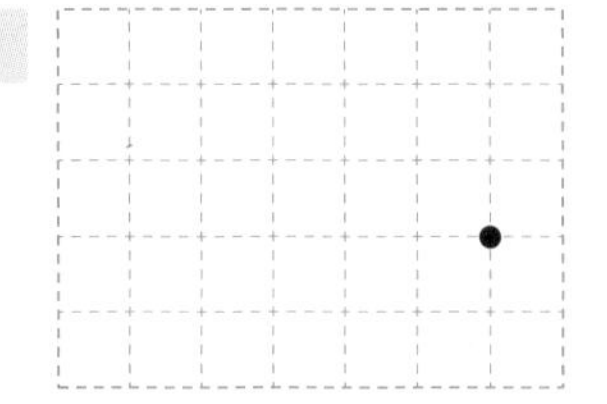

(2) 오른쪽

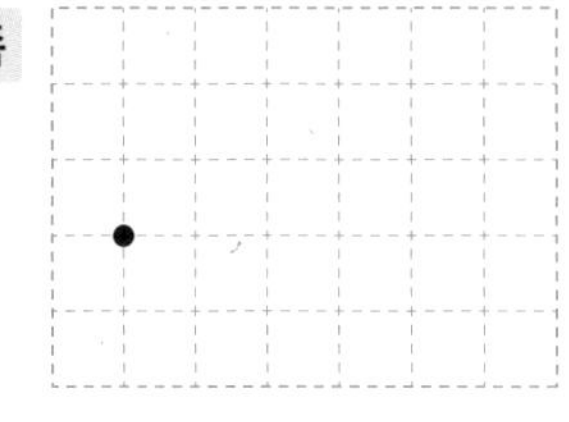

2 점을 주어진 방향으로 3 cm 이동한 위치에 점을 그려 보세요.

(1) 아래쪽

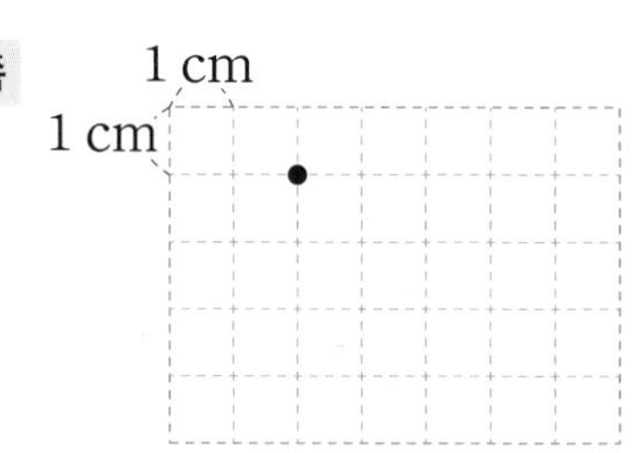

(2) 위쪽

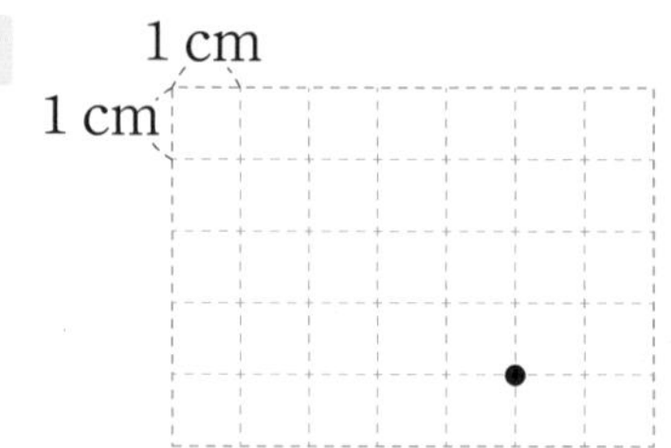

3 점을 오른쪽으로 4칸, 위쪽으로 2칸 이동한 위치에 점을 그려 보세요.

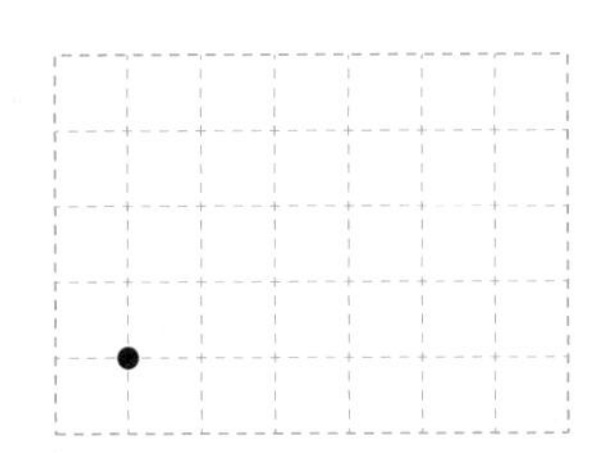

4 점 ㄱ을 점 ㄴ이 있는 위치로 이동하려고 합니다. □ 안에 알맞은 말이나 수를 써넣으세요.

ㄱ

ㄴ

출발 → □으로 □칸 이동 → □으로 □칸 이동 → 도착

5 점을 오른쪽으로 5 cm 이동했을 때의 위치입니다. 이동하기 전의 위치에 점을 그려 보세요.

1 cm

1 cm

6 검은색 바둑돌을 흰색 바둑돌이 있는 위치까지 이동하는 방법으로 알맞은 것에 ○표 하세요.

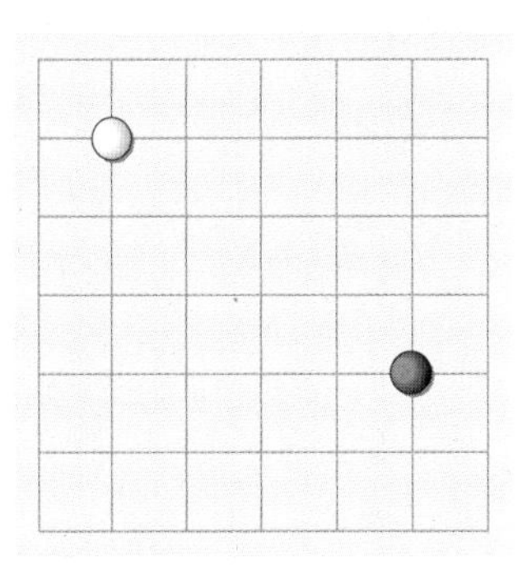

왼쪽으로 3칸, 위쪽으로 4칸 이동합니다. ( )

위쪽으로 3칸, 왼쪽으로 4칸 이동합니다. ( )

7 입구에서 전망대까지 이동하는 두 가지 방법을 알아보려고 합니다. □ 안에 알맞은 수를 써넣으세요.

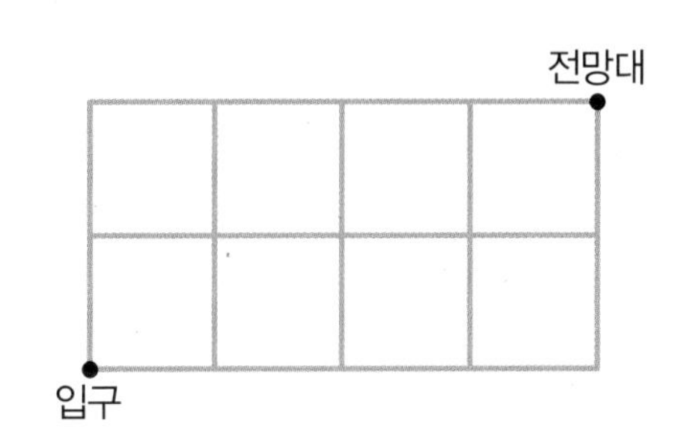

방법 1

입구에서 위쪽으로 □칸, 오른쪽으로 □칸 이동합니다.

방법 2

입구에서 오른쪽으로 □칸, 위쪽으로 □칸 이동합니다.

2 평면도형을 밀어 볼까요

● 평면도형 밀기

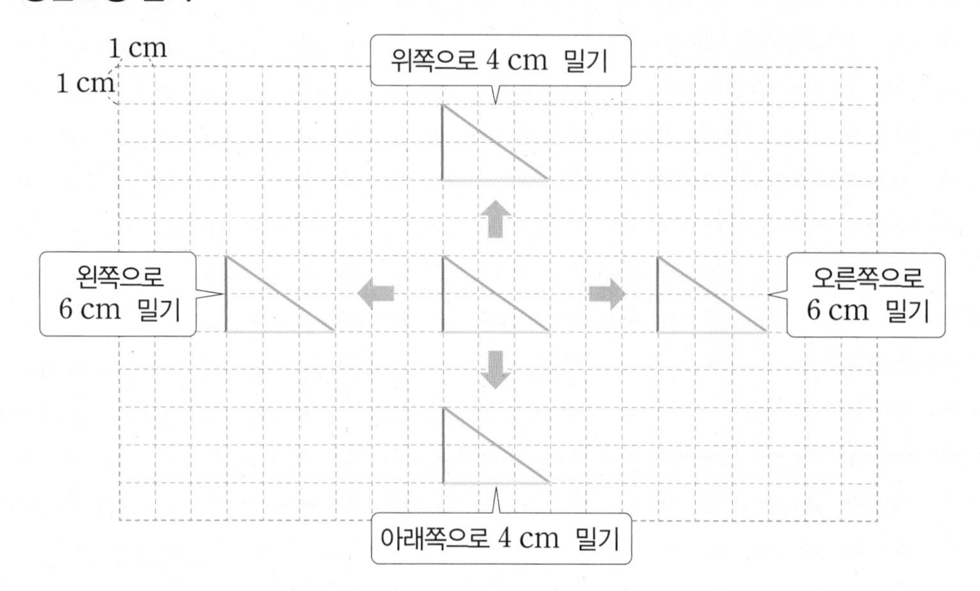

➡ 도형을 어느 방향으로 밀어도 모양은 변하지 않고 위치만 바뀝니다.

● ◪ 모양으로 밀기를 이용하여 규칙적인 무늬 만들기

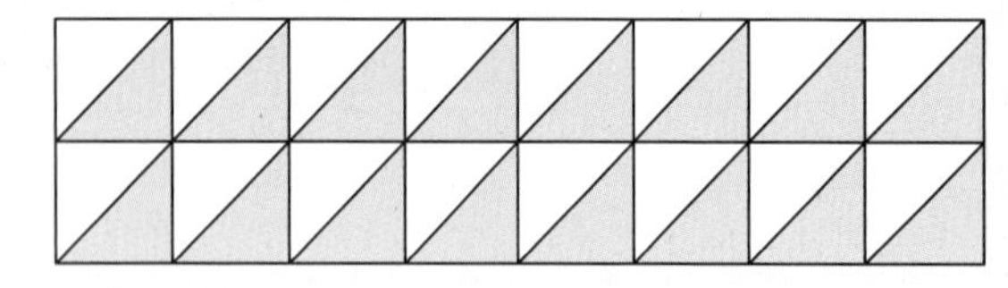

➡ ◪ 모양을 오른쪽으로 미는 것을 반복하여 첫째 줄의 모양을 만들고, 그 모양을 아래쪽으로 밀어서 무늬를 만들었습니다.

도형을 ■ cm만큼 밀었을 때의 도형 그리기

① 기준이 되는 변을 정합니다.
② 기준이 되는 변을 주어진 방향으로 ■ cm만큼 민 도형을 그립니다.

1 모양 조각을 오른쪽으로 밀었습니다. 알맞은 것은 어느 것일까요? (　　　)

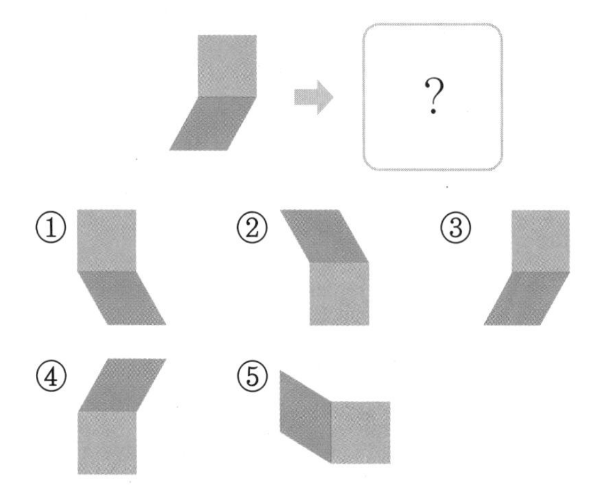

2 도형을 아래쪽으로 밀었을 때의 도형을 그려 보세요.

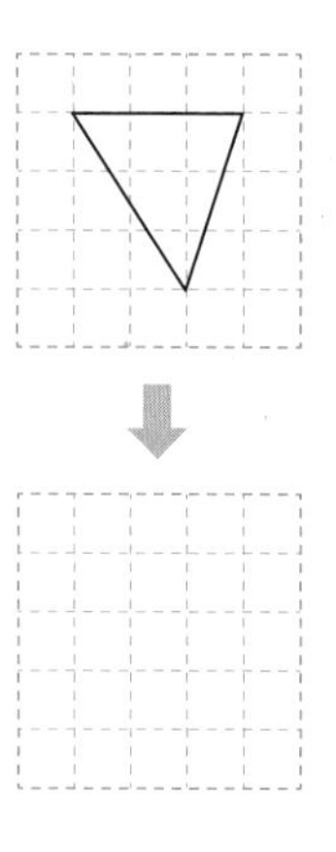

3 도형을 왼쪽으로 밀었을 때의 도형을 그려 보세요.

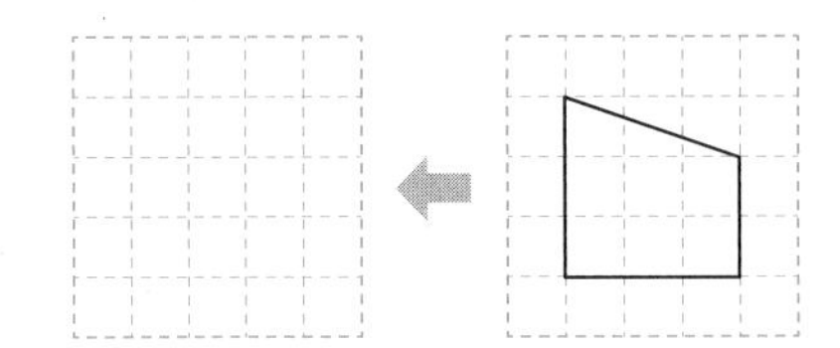

4 도형을 오른쪽, 왼쪽, 위쪽, 아래쪽으로 밀었을 때의 도형을 각각 그려 보세요.

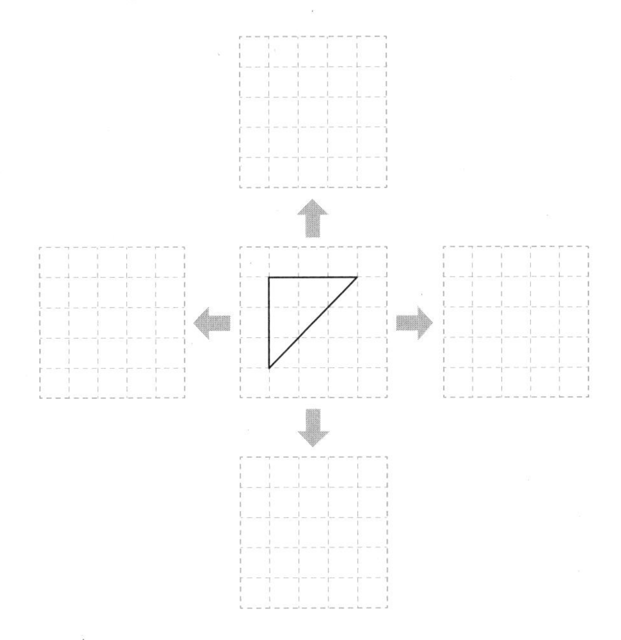

5 도형을 위쪽으로 4 cm 밀었을 때의 도형을 그려 보세요.

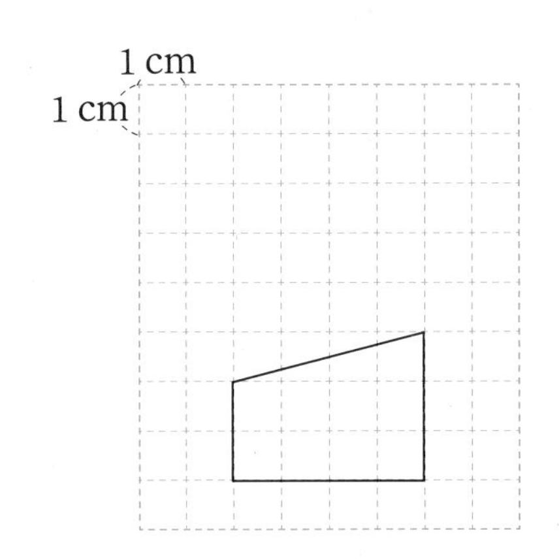

6 도형을 오른쪽으로 7 cm 민 다음 아래쪽으로 3 cm 밀었을 때의 도형을 각각 그려 보세요.

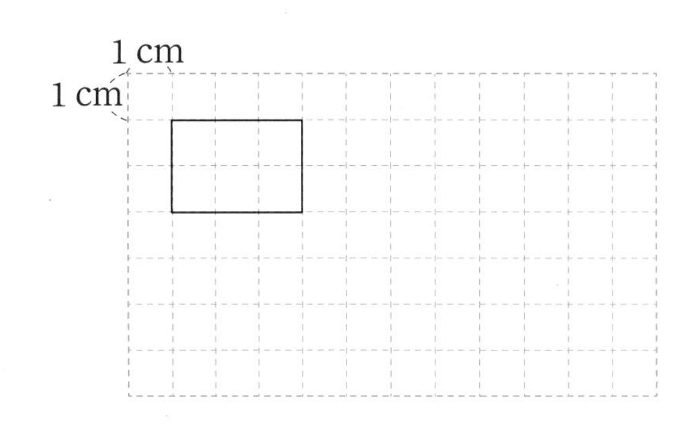

7 도형의 이동 방법을 설명해 보세요.

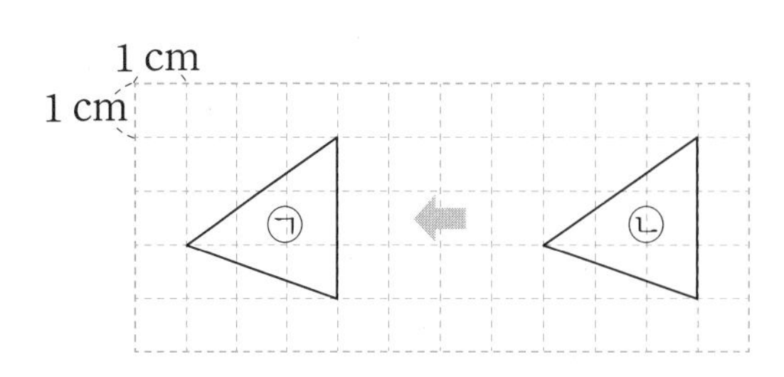

㉠ 도형은 ㉡ 도형을 ....

....

8 모양으로 밀기를 이용하여 규칙적인 무늬를 만들어 보세요.

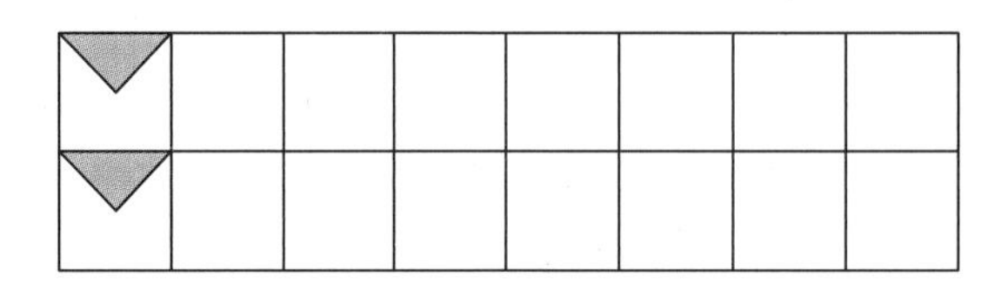

3 평면도형을 뒤집어 볼까요

● **평면도형 뒤집기**

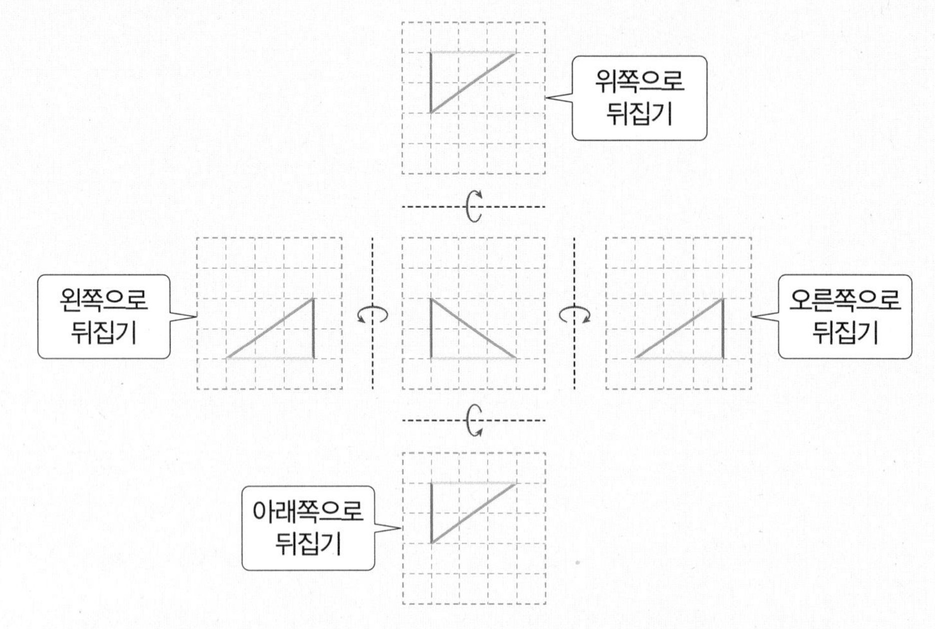

➡ 도형을 위쪽이나 아래쪽으로 뒤집으면 도형의 위쪽과 아래쪽이 서로 바뀝니다.
도형을 왼쪽이나 오른쪽으로 뒤집으면 도형의 왼쪽과 오른쪽이 서로 바뀝니다.

● **모양으로 뒤집기를 이용하여 규칙적인 무늬 만들기**

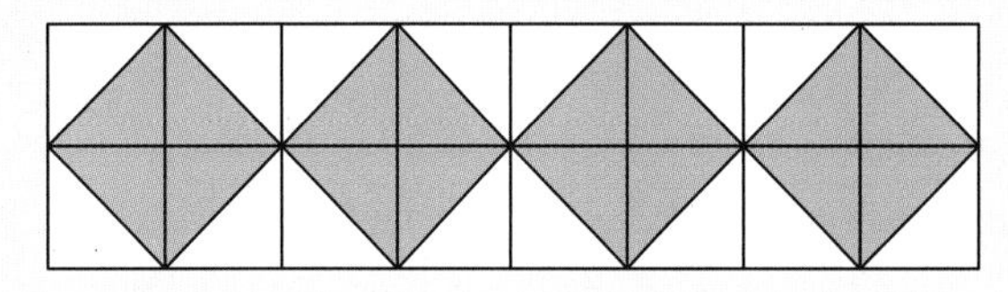

➡ 모양을 오른쪽으로 뒤집는 것을 반복하여 첫째 줄의 모양을 만들고,
그 모양을 아래쪽으로 뒤집어서 무늬를 만들었습니다.

뒤집은 도형이 같은 경우
- (위쪽으로 뒤집은 도형)
  =(아래쪽으로 뒤집은 도형)
- (왼쪽으로 뒤집은 도형)
  =(오른쪽으로 뒤집은 도형)
- (도형을 같은 방향으로 짝수 번 뒤집은 도형)
  =(처음 도형)
- (도형을 같은 방향으로 홀수 번 뒤집은 도형)
  =(1번 뒤집은 도형)

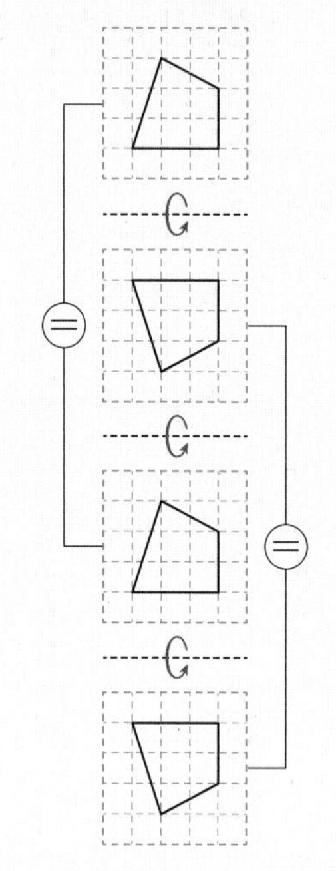

1 모양 조각을 오른쪽으로 뒤집었습니다. 알맞은 것을 찾아 ○표 하세요.

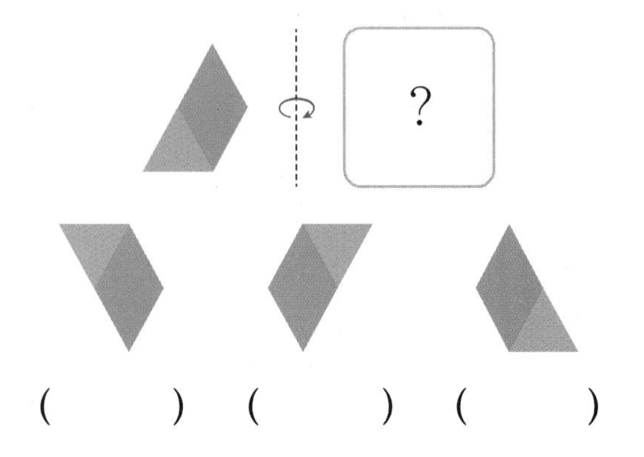

(　　) (　　) (　　)

2 도형을 아래쪽으로 뒤집었을 때의 도형을 그려 보세요.

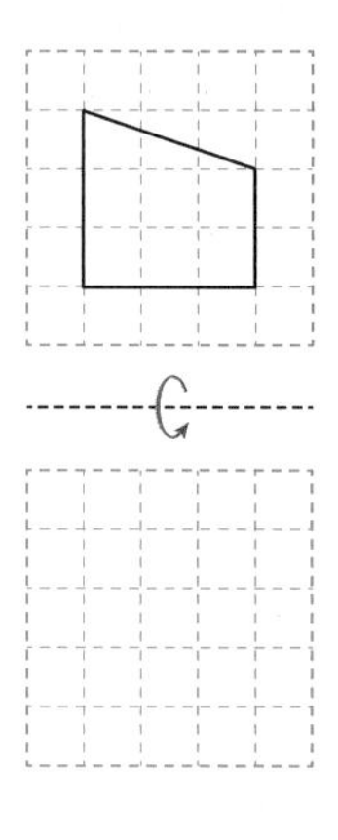

3 도형을 왼쪽으로 뒤집었을 때의 도형을 그려 보세요.

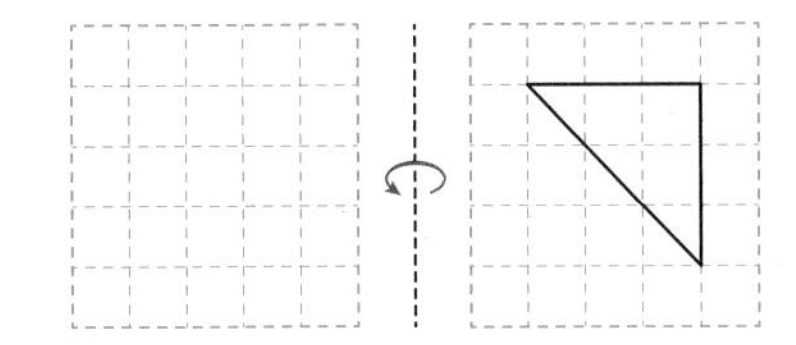

4 도형을 왼쪽으로 뒤집은 도형과 오른쪽으로 뒤집은 도형을 각각 그려 보세요. 또 그린 두 도형을 비교하여 써 보세요.

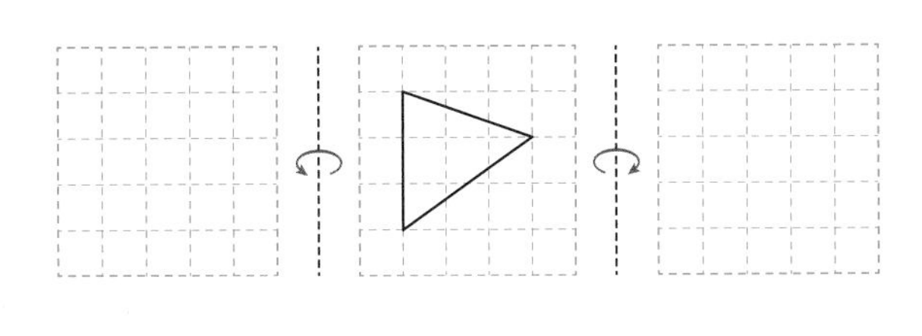

5 도형을 오른쪽, 왼쪽, 위쪽, 아래쪽으로 뒤집었을 때의 도형을 각각 그려 보세요.

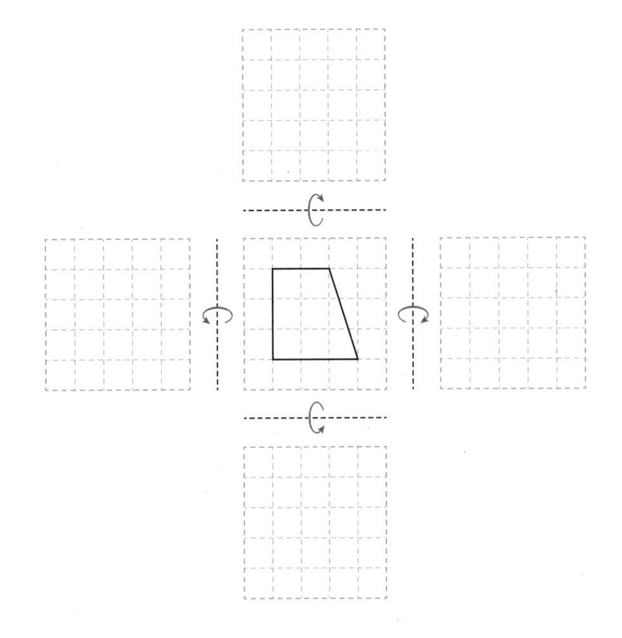

6 모양 조각을 어느 방향으로 뒤집었는지 써 보세요.

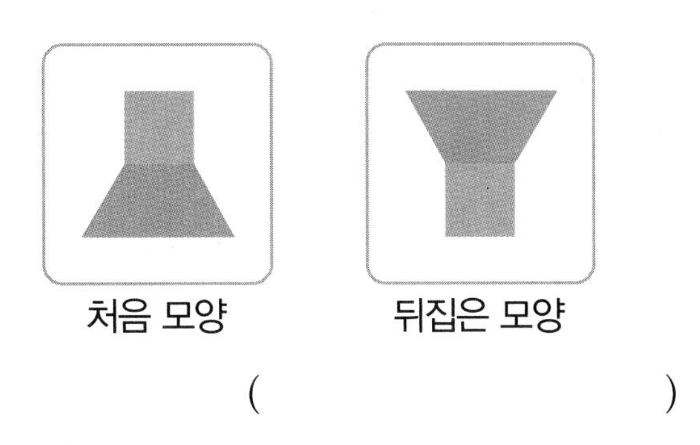

(　　　　　　　　)

7 도형을 오른쪽으로 뒤집은 다음 아래쪽으로 뒤집었을 때의 도형을 각각 그려 보세요.

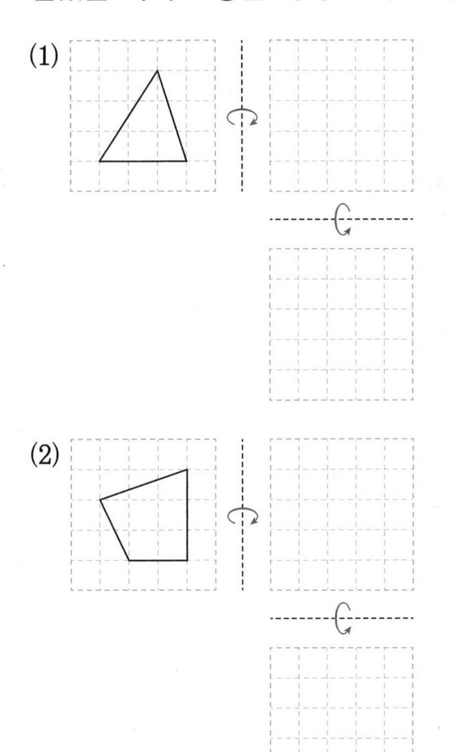

8 모양으로 뒤집기를 이용하여 규칙적인 무늬를 만들어 보세요.

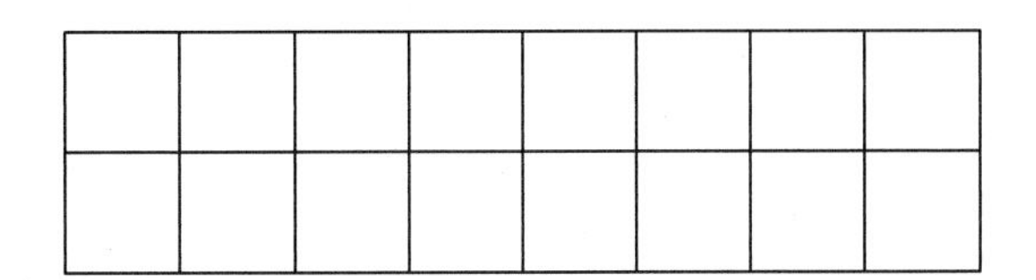

4 평면도형을 돌려 볼까요

평면도형 돌리기

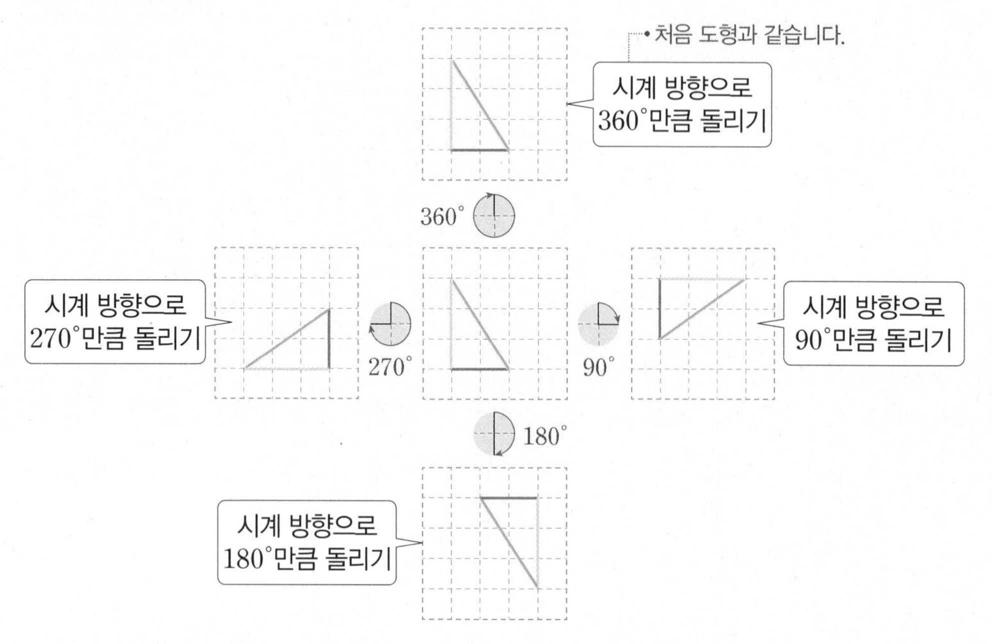

➡ 도형을 시계 방향으로 돌리면 도형의 위쪽이 오른쪽 → 아래쪽 → 왼쪽 → 위쪽으로 이동합니다.
도형을 시계 반대 방향으로 돌리면 도형의 위쪽이 왼쪽 → 아래쪽 → 오른쪽 → 위쪽으로 이동합니다.

평면도형 뒤집고 돌리기

• 도형을 오른쪽으로 뒤집고 시계 방향으로 90°만큼 돌리기

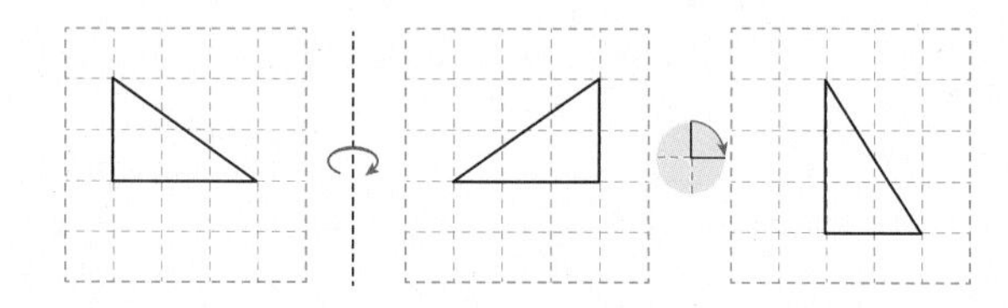

모양으로 돌리기와 밀기를 이용하여 규칙적인 무늬 만들기

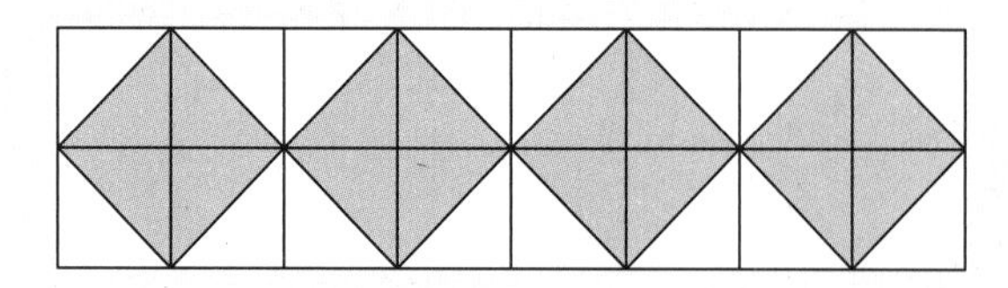

➡ 모양을 시계 방향으로 90°만큼 돌리는 것을 반복하여 모양을 만들고, 그 모양을 오른쪽으로 밀어서 무늬를 만들었습니다.

도형을 시계 반대 방향으로 돌리기

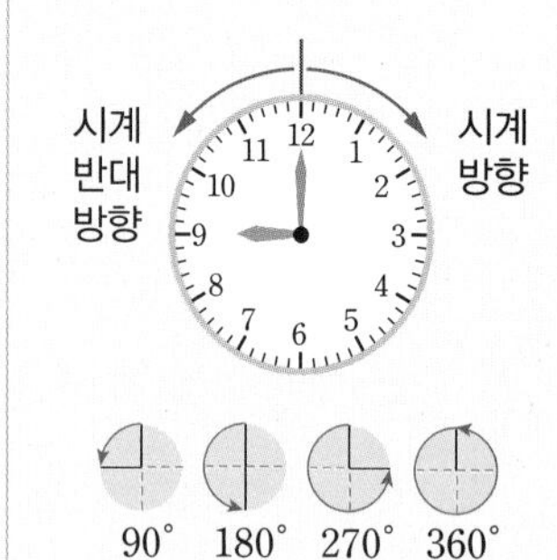

돌린 도형이 같은 경우

화살표 끝이 가리키는 위치가 같으면 도형을 돌렸을 때의 도형은 서로 같습니다.

1 모양 조각을 시계 방향으로 90°만큼 돌렸습니다. 알맞은 것은 어느 것일까요? (　　　)

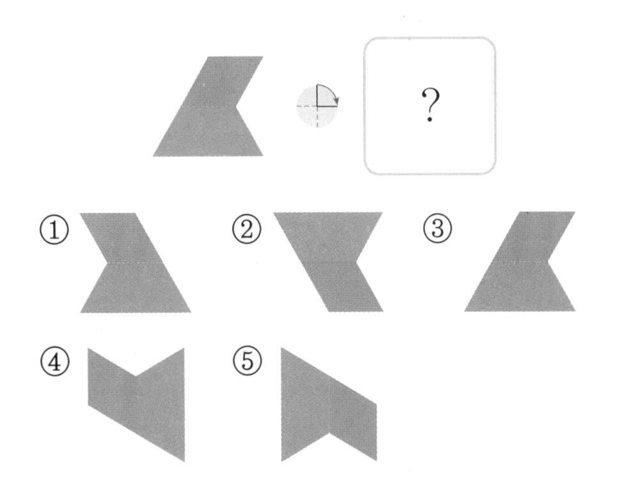

2 도형을 시계 방향으로 180°만큼 돌렸을 때의 도형을 그려 보세요.

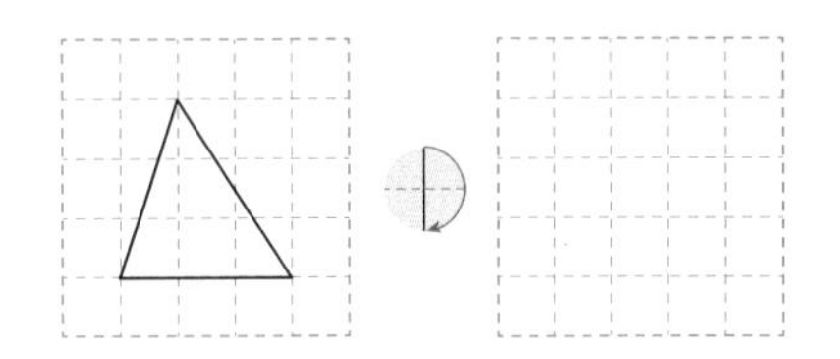

3 도형을 시계 반대 방향으로 90°, 180°, 270°, 360°만큼 돌렸을 때의 도형을 각각 그려 보세요.

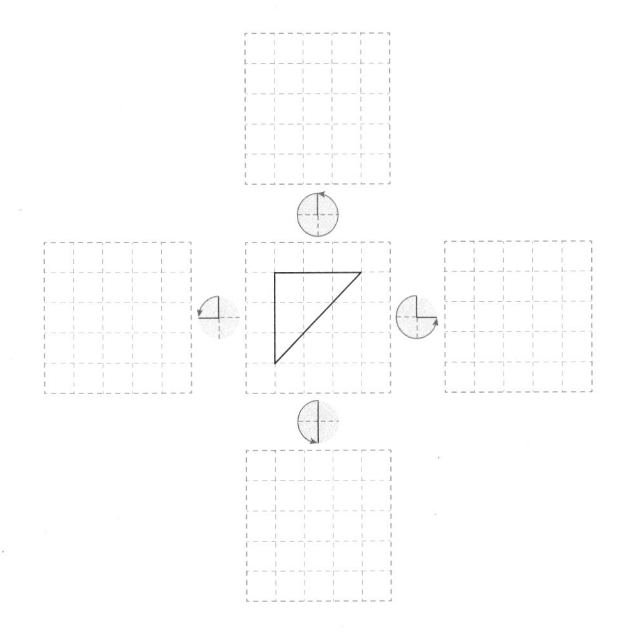

4 도형을 아래쪽으로 뒤집은 다음 시계 반대 방향으로 90°만큼 돌렸을 때의 도형을 각각 그려 보세요.

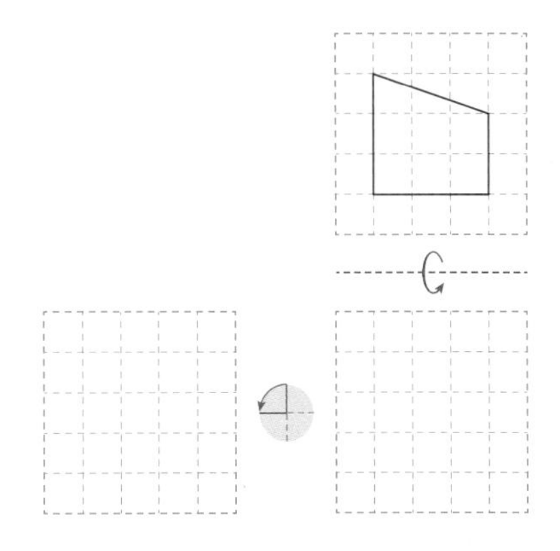

5 도형을 돌렸을 때의 도형을 비교해 보세요.

(1) 도형을 시계 방향으로 90°만큼 돌렸을 때의 도형을 그려 보세요.

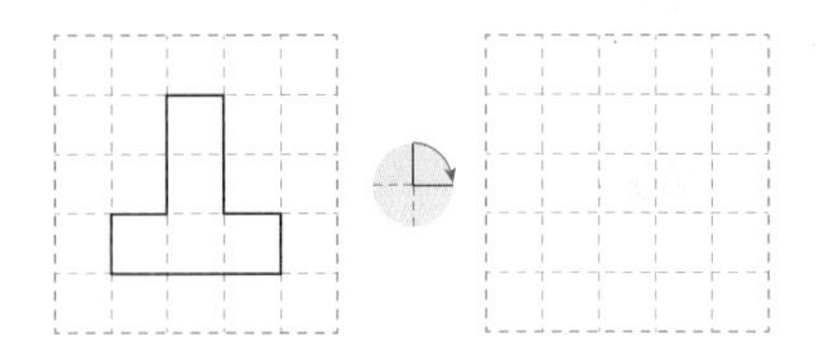

(2) 도형을 시계 반대 방향으로 270°만큼 돌렸을 때의 도형을 그려 보세요.

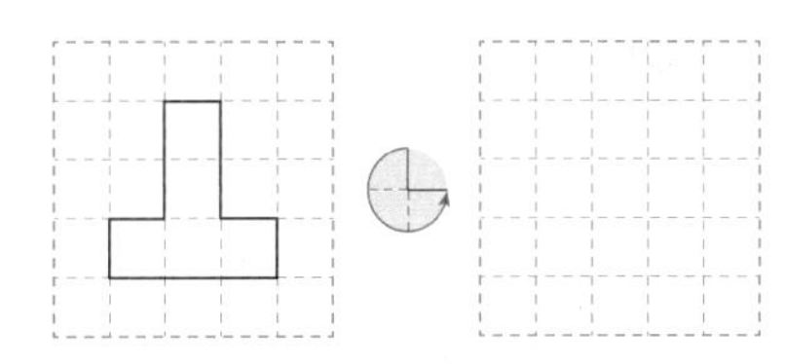

(3) 위 (1)과 (2)에서 그린 두 도형을 비교해 보세요.

6 ▯ 모양으로 돌리기와 밀기를 이용하여 규칙적인 무늬를 만들어 보세요.

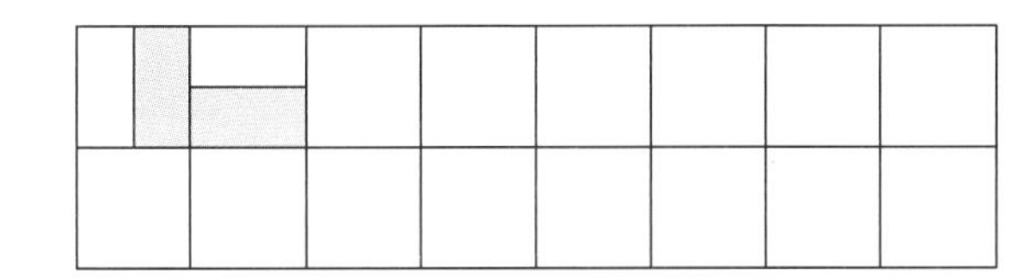

기본기 다지기

1 점 이동하기

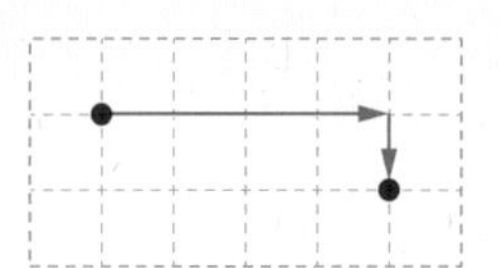

➡ 점을 오른쪽으로 4칸, 아래쪽으로 1칸 이동하였습니다.

1 점을 위쪽으로 2 cm, 왼쪽으로 3 cm 이동한 위치에 점을 그려 보세요.

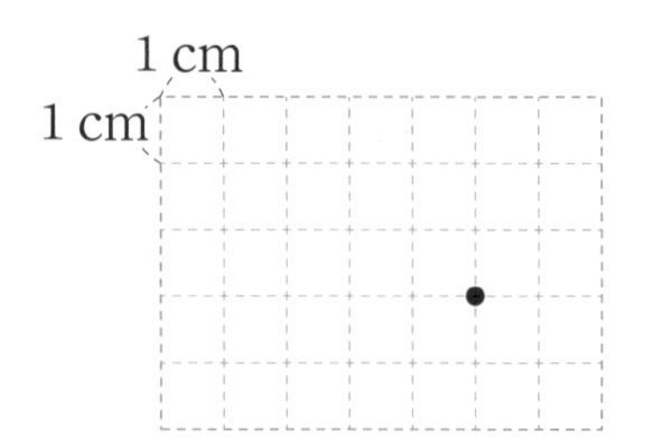

서술형

2 점 ㄱ을 어떻게 이동하면 점 ㄴ이 있는 위치로 이동할 수 있는지 설명해 보세요.

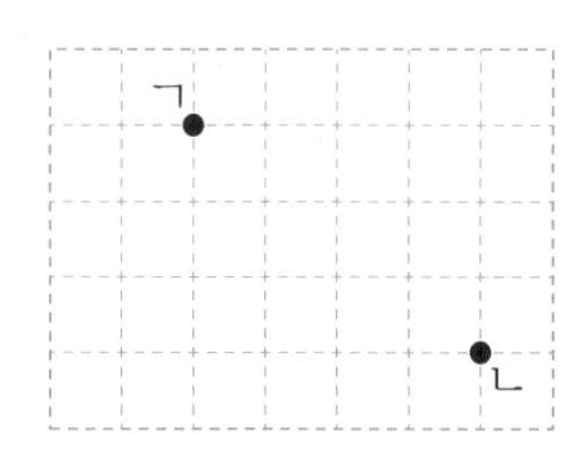

설명 ______________________

3 점을 아래쪽으로 2 cm, 왼쪽으로 4 cm 이동했을 때의 위치입니다. 이동하기 전의 위치에 점을 그려 보세요.

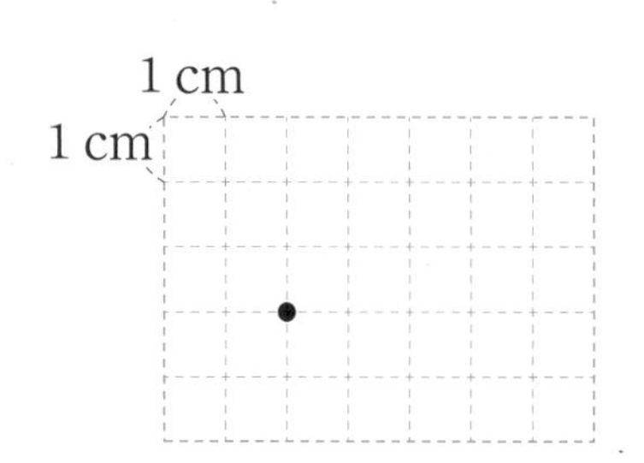

창의+

4 로봇 청소기를 이동한 위치의 기호를 찾아 써 보세요.

출발	아래쪽으로 1칸 이동	오른쪽으로 2칸 이동
	왼쪽으로 3칸 이동	아래쪽으로 3칸 이동
	아래쪽으로 1칸 이동	도착

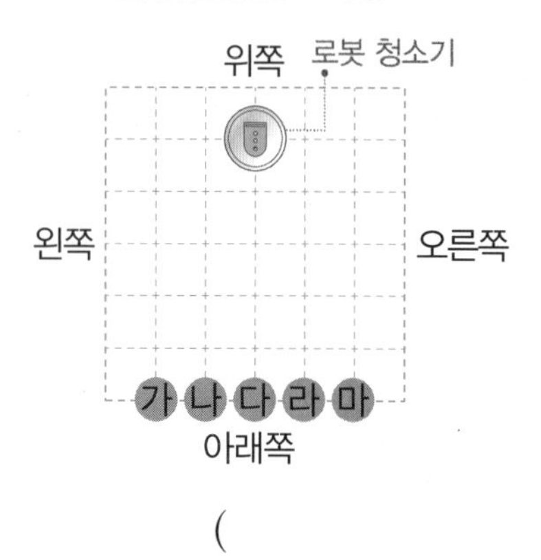

( )

2 평면도형 밀기

• 도형을 오른쪽으로 6 cm 밀기

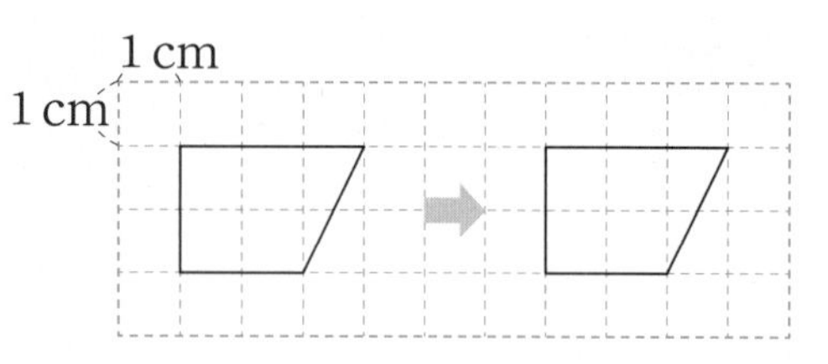

➡ 도형을 어느 방향으로 밀어도 모양은 변하지 않고 위치만 바뀝니다.

5 도형 밀기에 대한 설명입니다. 옳은 것에 ○표, 틀린 것에 ×표 하세요.

(1) 위쪽으로 밀면 위쪽과 아래쪽이 서로 바뀝니다. ( )

(2) 위쪽으로 민 도형과 아래쪽으로 민 도형은 서로 같습니다. ( )

6 도형을 왼쪽과 오른쪽으로 7 cm 밀었을 때의 도형을 각각 그려 보세요.

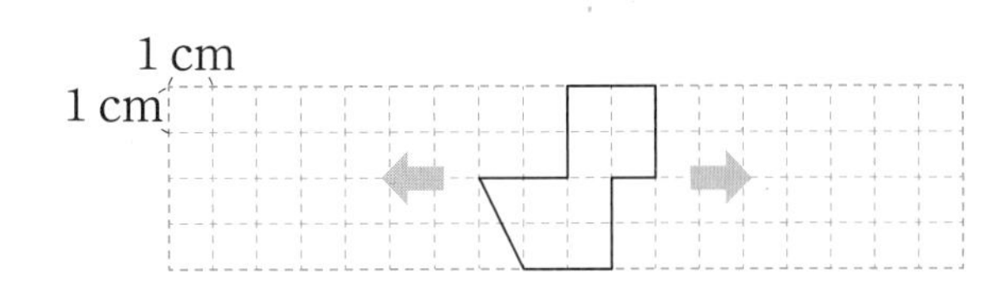

7 도형의 이동 방법을 설명한 것입니다. 문장을 완성해 보세요.

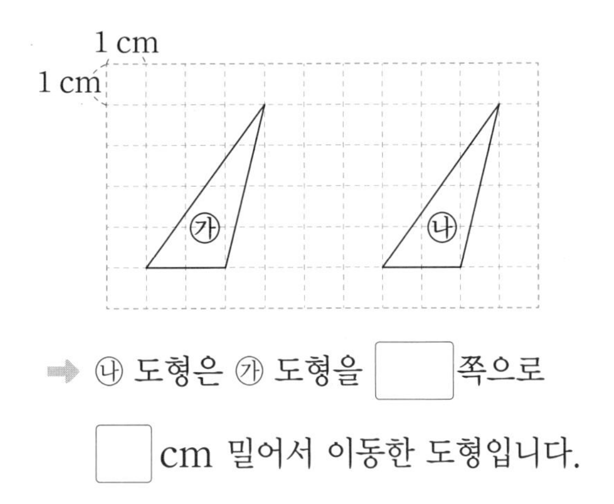

➡ ㉯ 도형은 ㉮ 도형을 □쪽으로 □ cm 밀어서 이동한 도형입니다.

8 도형을 지우가 말하는 대로 밀었을 때의 도형을 그려 보세요.

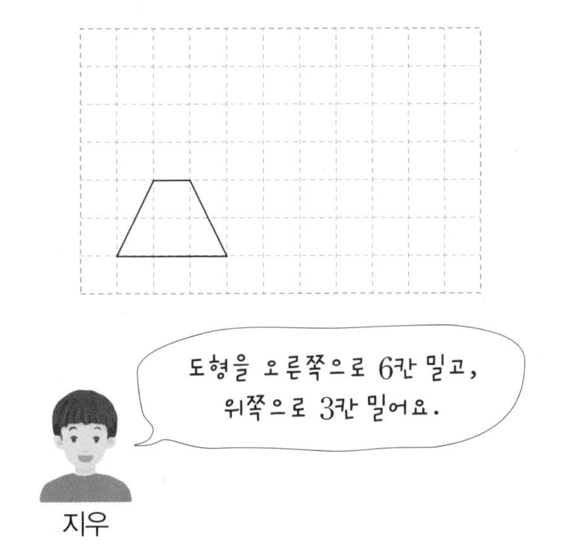

9 빨간색 사각형을 완성하려면 조각을 어떻게 움직여야 하는지 설명하려고 합니다. □ 안에 알맞은 말이나 수를 써넣으세요.

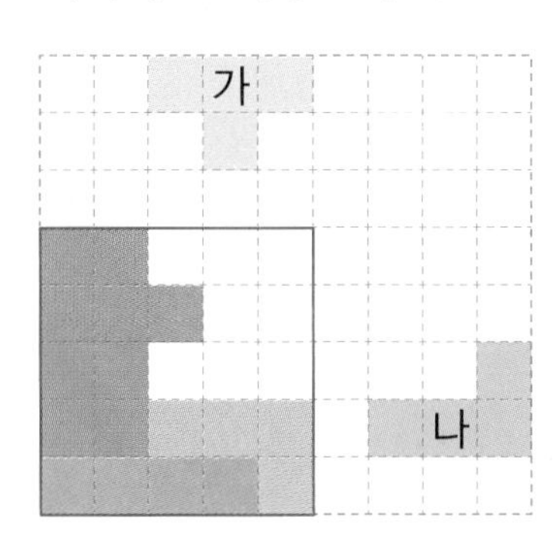

- 가를 □쪽으로 □칸 밀어요.
- 나를 □쪽으로 □칸 밀고,
  □쪽으로 □칸 밀어요.

3 평면도형 뒤집기

- 도형을 왼쪽, 오른쪽으로 뒤집기

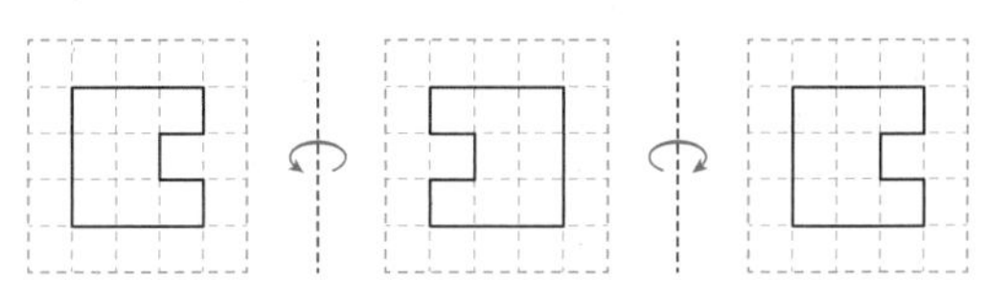

➡ 도형을 왼쪽으로 뒤집은 도형과 오른쪽으로 뒤집은 도형은 서로 같습니다.

10 도형을 왼쪽으로 뒤집었을 때의 도형과 오른쪽으로 뒤집었을 때의 도형을 각각 그려 보세요.

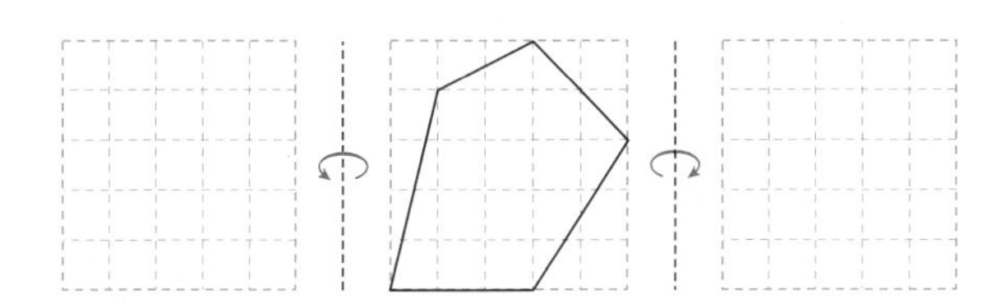

11 아래쪽으로 뒤집었을 때 처음 모양과 같은 도형을 찾아 기호를 써 보세요.

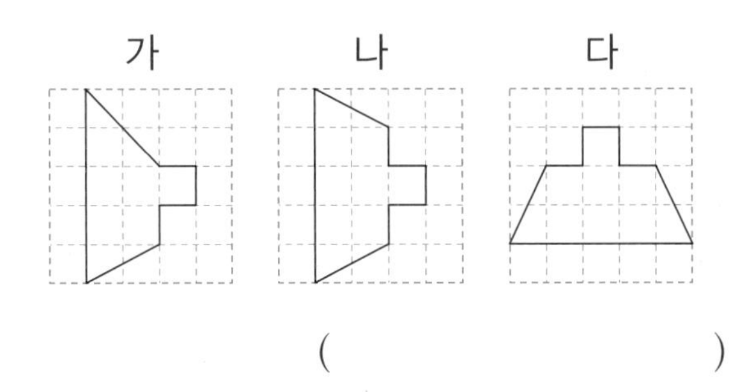

(　　　　　　　　　)

창의+

12 종이에 찍힌 그림을 보고 도장에 새겨진 그림을 찾아 기호를 써 보세요.

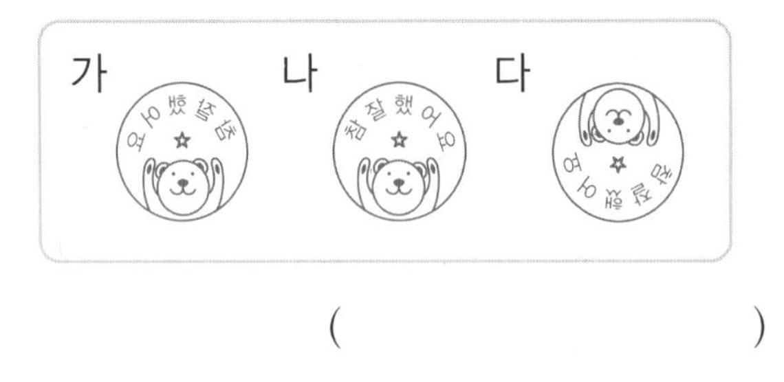

(　　　　　　　　　)

13 수 카드를 위쪽으로 뒤집었을 때의 수를 써 보세요.

(　　　　　　　　　)

4 평면도형 돌리기

• 도형을 180°만큼 돌리기

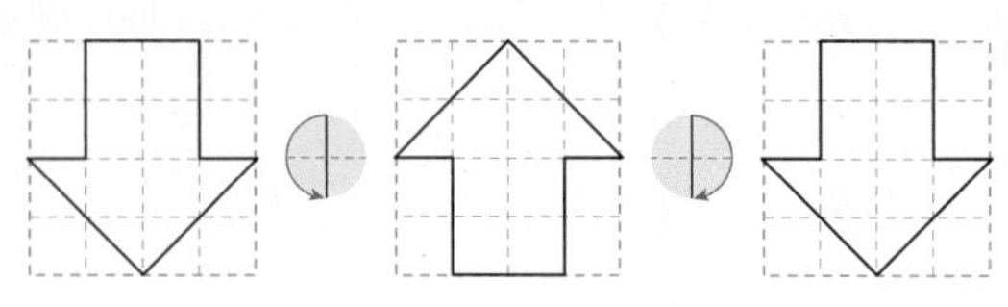

➡ 도형을 시계 반대 방향으로 180°만큼 돌린 도형과 시계 방향으로 180°만큼 돌린 도형은 서로 같습니다.

14 오른쪽 모양 조각을 시계 방향으로 270°만큼 돌렸습니다. 알맞은 것을 찾아 기호를 써 보세요.

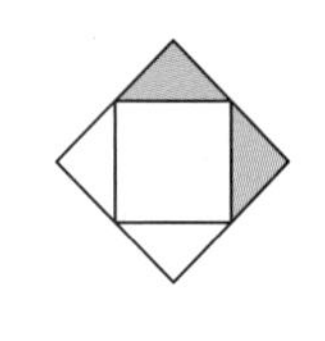

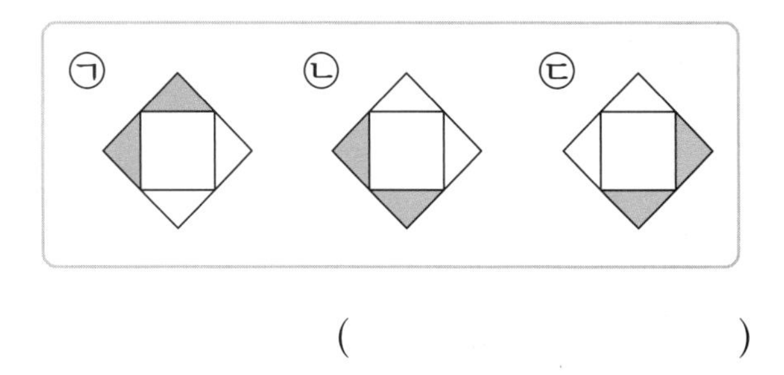

(　　　　　　　　　)

15 도형을 시계 방향으로 90°, 180°, 270°만큼 돌렸을 때의 도형을 각각 그려 보세요.

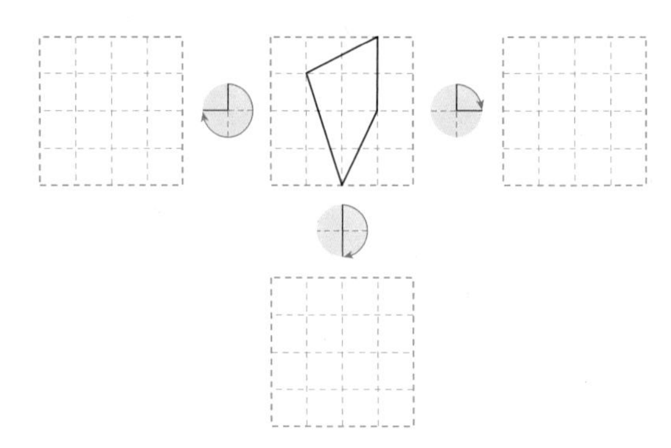

16 도형을 시계 방향으로 360°만큼 돌렸을 때의 도형을 그려 보세요.

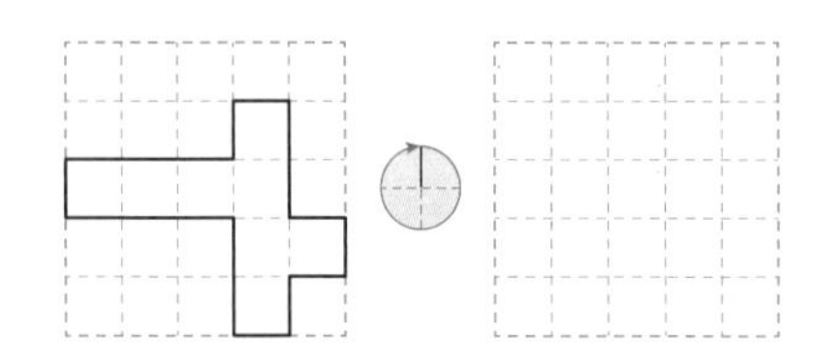

서술형

17 조각을 움직여서 퍼즐을 완성하려고 합니다. ㉠을 채우려면 어느 조각을 어떻게 움직여야 하는지 설명해 보세요.

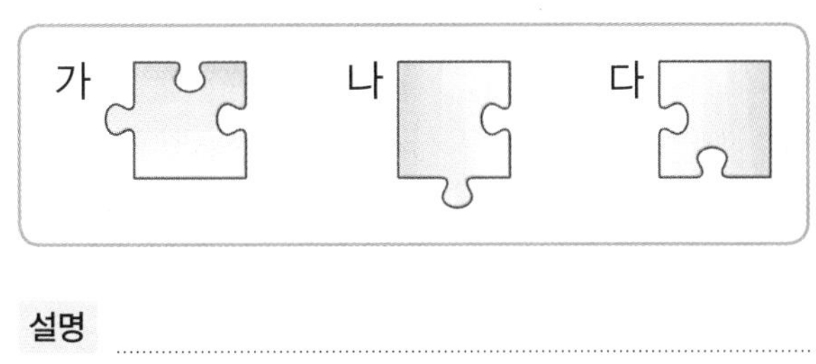

설명

5 평면도형 뒤집고 돌리기

• 도형을 오른쪽으로 뒤집고 시계 방향으로 180°만큼 돌리기

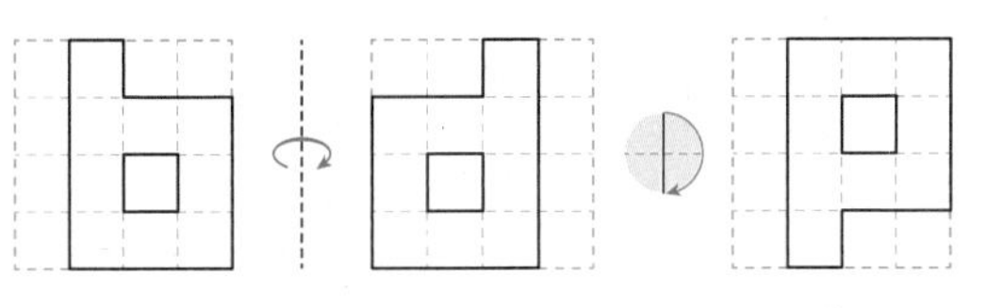

18 모양 조각을 오른쪽으로 뒤집은 다음 시계 방향으로 90°만큼 돌렸습니다. 알맞은 것은 어느 것일까요? (　　　　)

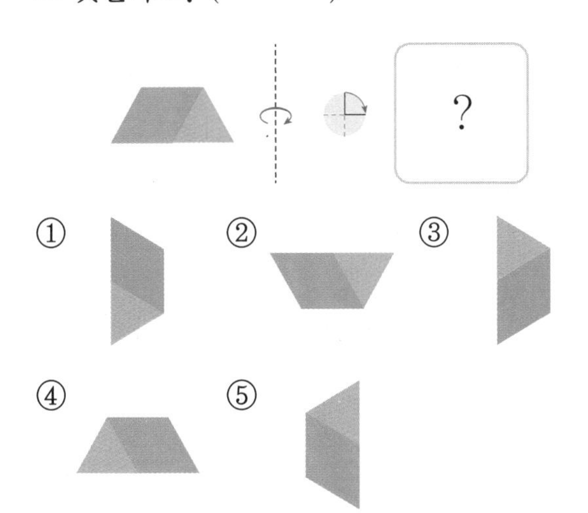

19 도형을 오른쪽으로 뒤집은 다음 시계 방향으로 90°만큼 돌린 도형을 각각 그려 보세요.

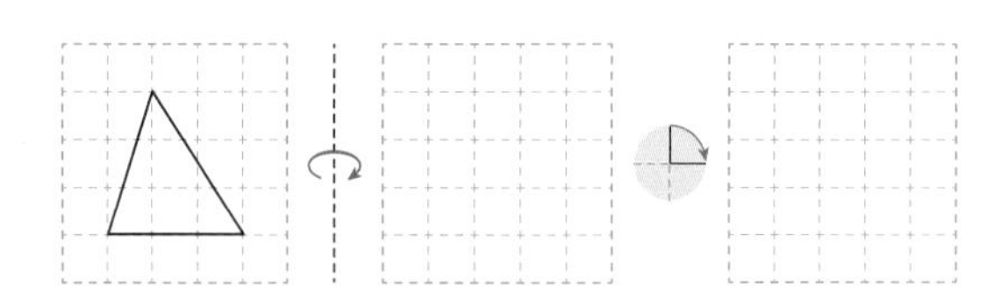

20 도형을 아래쪽으로 뒤집은 다음 시계 반대 방향으로 90°만큼 돌린 도형을 각각 그려 보세요.

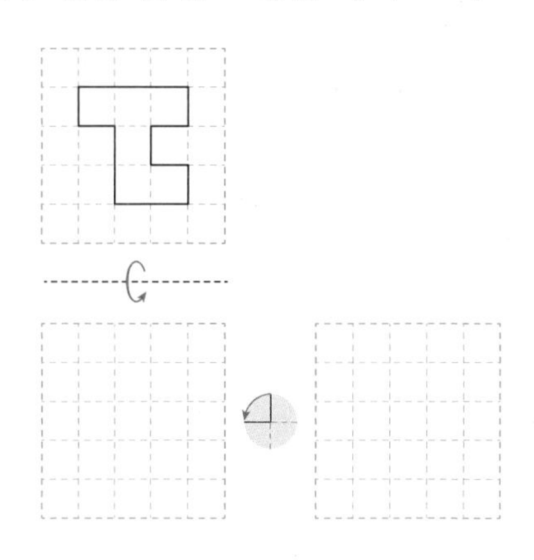

21 왼쪽 도형을 시계 방향으로 270°만큼 돌린 다음 어느 쪽으로 뒤집으면 오른쪽 도형이 되는지 모두 찾아 기호를 써 보세요.

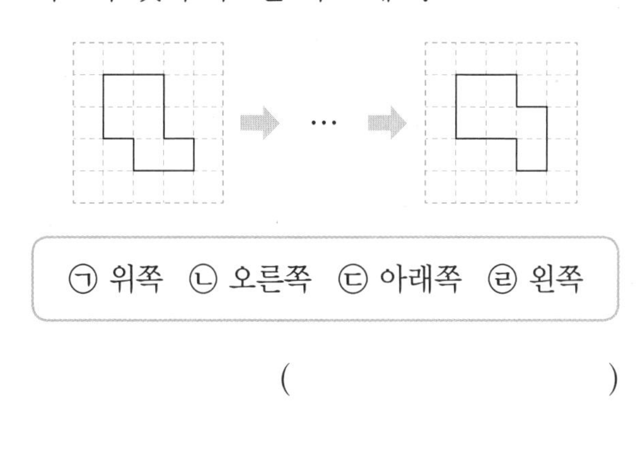

㉠ 위쪽　㉡ 오른쪽　㉢ 아래쪽　㉣ 왼쪽

(　　　　　　　　　　)

6 무늬 만들기

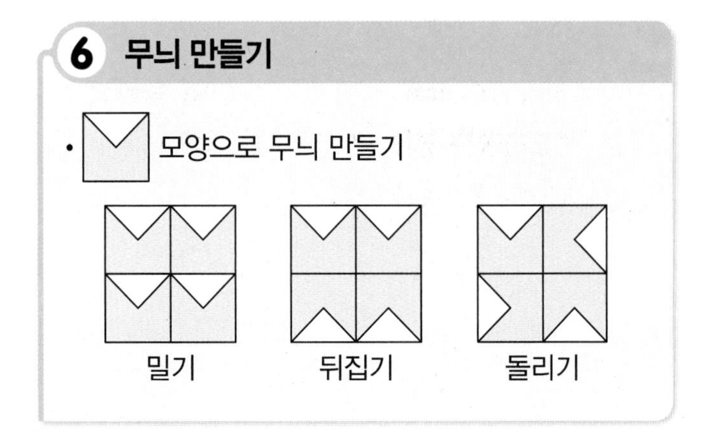

22 모양을 이용하여 무늬를 만들었습니다. 이용한 방법에 ○표 하세요.

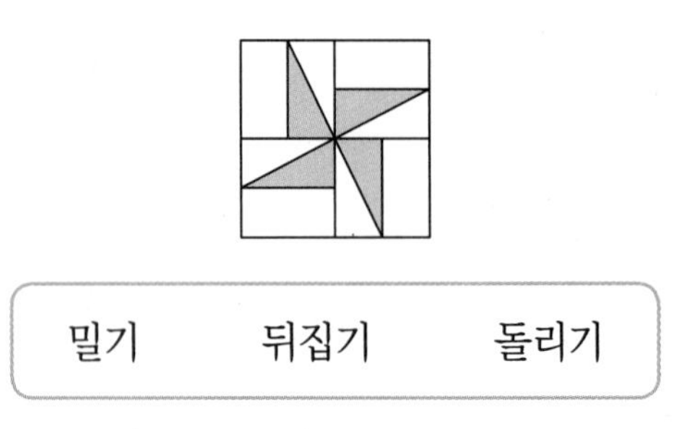

밀기　　뒤집기　　돌리기

23 모양으로 밀기, 뒤집기, 돌리기를 이용하여 규칙적인 무늬를 만들어 보세요.

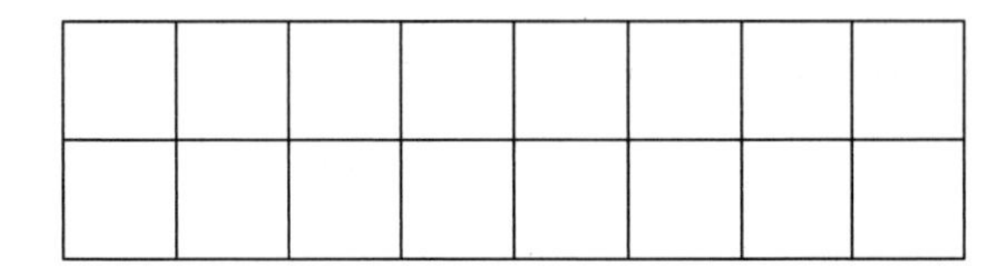

24 일정한 규칙에 따라 만든 무늬입니다. 빈칸에 알맞은 모양을 그려 보세요.

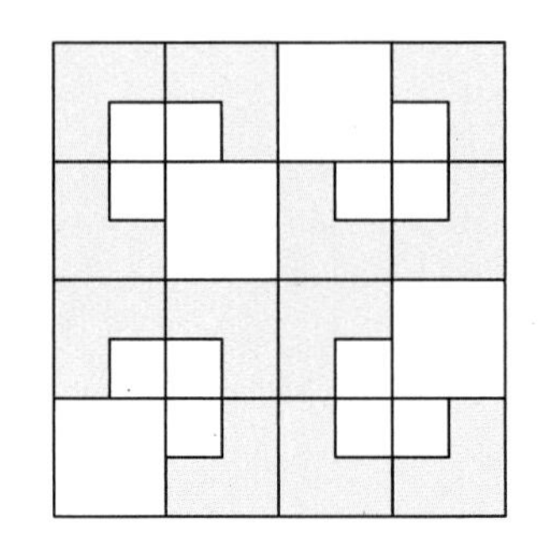

7 처음 도형 찾기

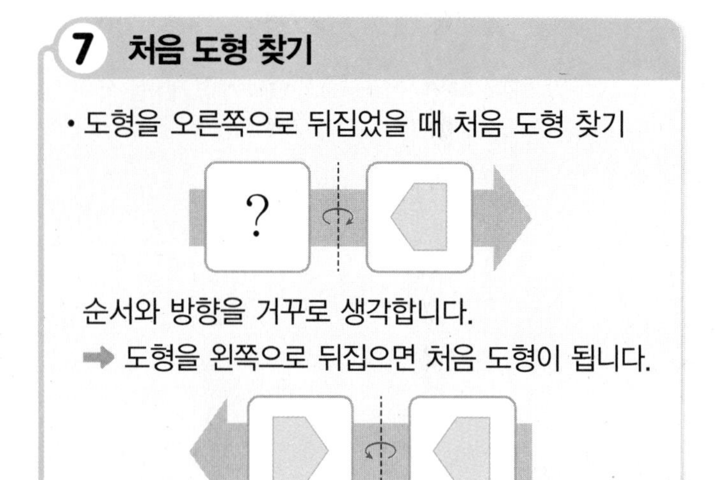

25 어떤 도형을 시계 반대 방향으로 180°만큼 돌린 도형입니다. 처음 도형을 그려 보세요.

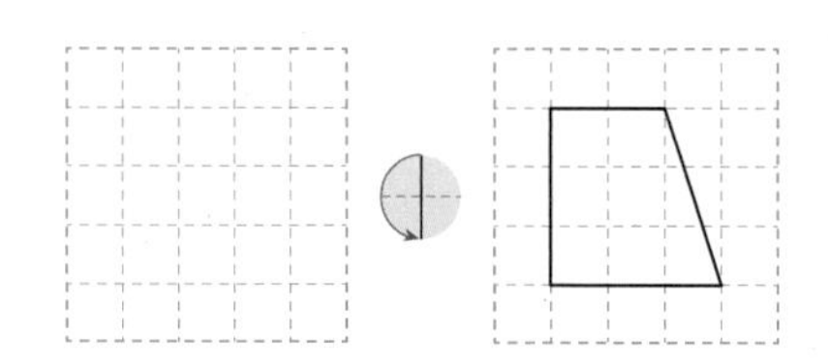

26 어떤 도형을 아래쪽으로 뒤집은 도형입니다. 처음 도형을 그려 보세요.

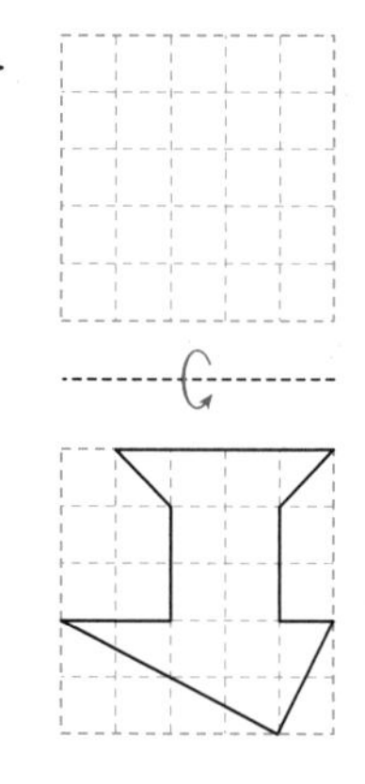

27 어떤 도형을 시계 방향으로 90°만큼 돌린 도형입니다. 처음 도형을 그려 보세요.

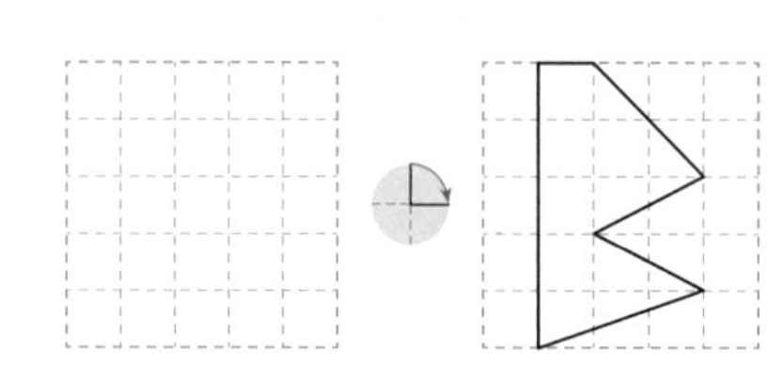

8 문자를 움직인 모양 알아보기

도형을 움직일 때와 같이 문자 전체를 움직입니다.

㉮ 한글 자음 ㅍ을 오른쪽으로 뒤집기

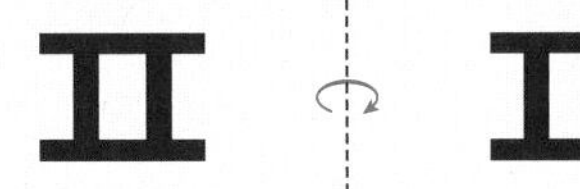

➡ 오른쪽으로 뒤집어도 처음 글자와 같습니다.

└• ㅍ의 왼쪽과 오른쪽이 똑같기 때문입니다.

서술형

28 왼쪽 글자를 한 번 돌렸더니 오른쪽 글자가 되었습니다. 글자를 돌린 방법을 설명해 보세요.

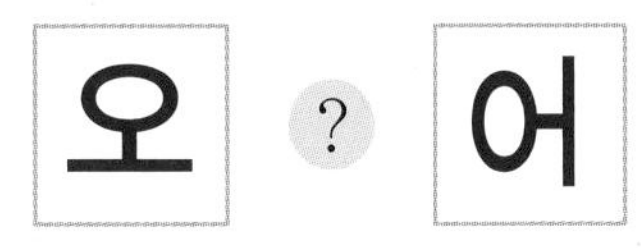

설명 ....

....

29 시계 반대 방향으로 180°만큼 돌렸을 때 처음 모양과 같은 글자는 어느 것일까요? (　　　)

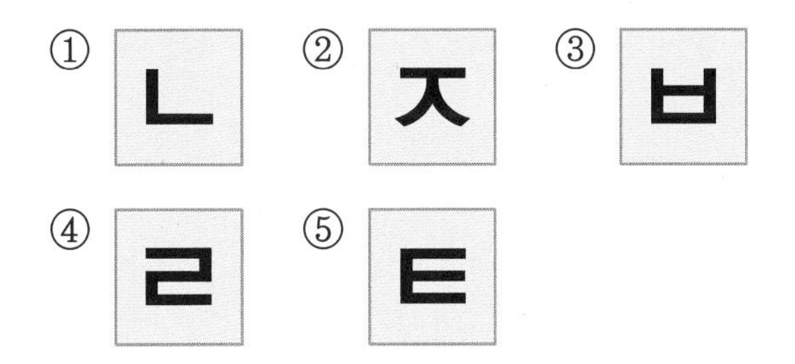

30 글자를 오른쪽으로 뒤집은 다음 시계 방향으로 180°만큼 돌렸을 때의 글자를 각각 써 보세요.

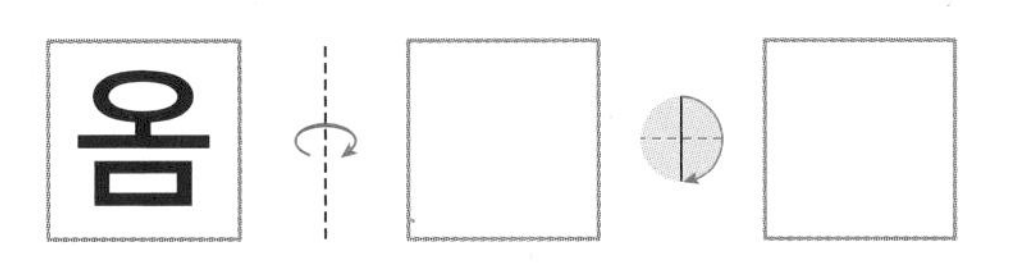

9 여러 번 움직인 도형 알아보기

㉮ 오른쪽으로 3번 뒤집은 도형

➡ 오른쪽으로 한 번 뒤집은 도형과 같습니다.

└• 오른쪽으로 2번 뒤집으면 처음 도형이 됩니다.

㉮ 시계 방향으로 180°만큼 3번 돌린 도형

➡ 시계 방향으로 180°만큼 한 번 돌린 도형과 같습니다. ─• 시계 방향으로 180°만큼 2번 돌리면 처음 도형이 됩니다.

31 도형을 왼쪽으로 2번 뒤집은 도형을 차례로 그려 보세요.

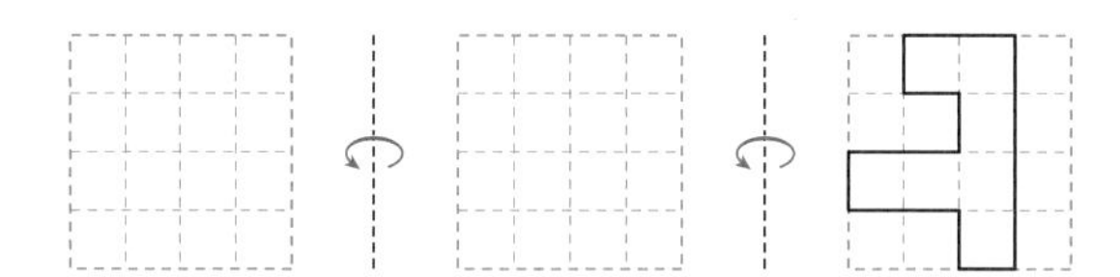

32 오른쪽 도형을 시계 방향으로 90°만큼 5번 돌린 도형을 찾아 기호를 써 보세요.

㉠ ㉡ ㉢

(　　　　　　)

33 도형을 시계 반대 방향으로 180°만큼 2번 돌린 다음 위쪽으로 2번 뒤집은 도형을 그려 보세요.

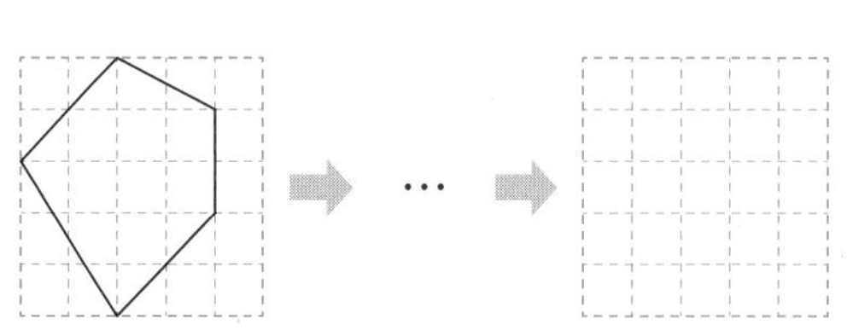

4

응용력 기르기

문제 풀이

심화유형 1

뒤집거나 돌렸을 때 처음 모양과 같은 글자 찾기

주어진 한글 자음 중 위쪽으로 뒤집었을 때 처음 모양과 같은 것은 모두 몇 개일까요?

ㄱ ㄴ ㄷ ㄹ ㅁ ㅂ ㅅ ㅇ ㅈ ㅊ ㅋ ㅌ ㅍ ㅎ

( )

핵심 NOTE • 도형을 위쪽으로 뒤집으면 도형의 위쪽과 아래쪽이 서로 바뀝니다.

1-1 주어진 영어 알파벳 대문자 중 왼쪽으로 뒤집었을 때 처음 모양과 같은 것은 모두 몇 개일까요?

A B C D E F G H I J K L M N

( )

1-2 주어진 디지털 숫자 중 시계 방향으로 $180°$만큼 돌렸을 때 처음 모양과 같은 것은 모두 몇 개일까요?

0 1 2 3 4 5 6 7 8 9

( )

여러 번 움직인 도형의 처음 도형 알아보기

심화유형 2

어떤 도형을 오른쪽으로 뒤집은 다음 시계 방향으로 90°만큼 돌렸더니 오른쪽과 같았습니다. 처음 도형을 그려 보세요.

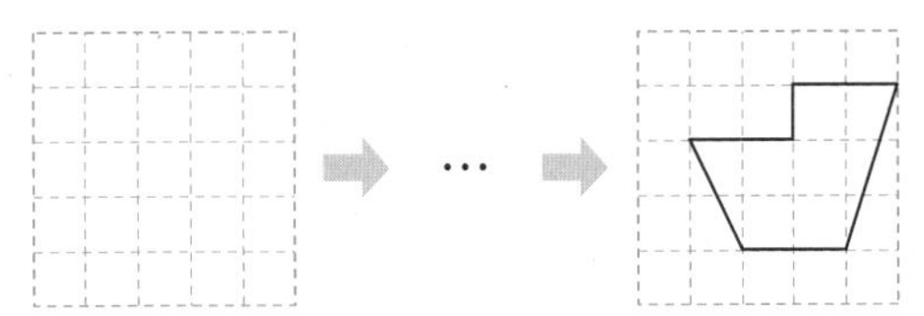

핵심 NOTE

- 처음 도형을 움직인 방법과 반대로 움직입니다.
- 오른쪽 도형을 시계 반대 방향으로 90°만큼 돌린 다음 왼쪽으로 뒤집습니다.

2-1 어떤 도형을 아래쪽으로 뒤집은 다음 시계 반대 방향으로 180°만큼 돌렸더니 오른쪽과 같았습니다. 처음 도형을 그려 보세요.

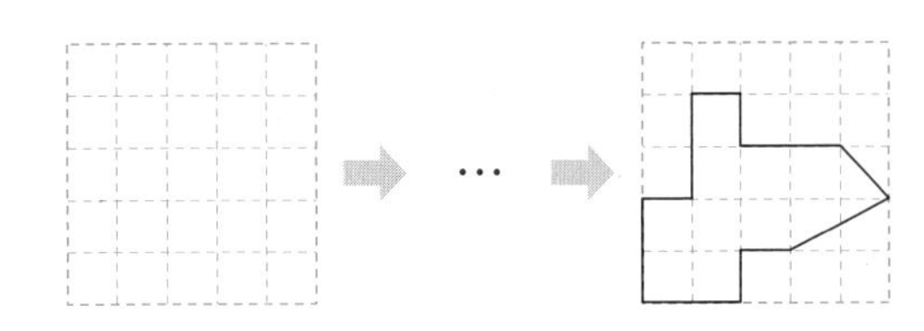

2-2 어떤 도형을 위쪽으로 6번 뒤집은 다음 시계 반대 방향으로 90°만큼 9번 돌렸더니 오른쪽과 같았습니다. 처음 도형을 그려 보세요.

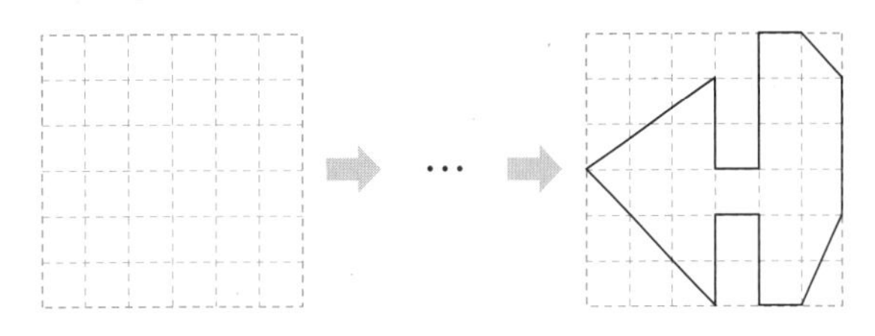

퍼즐 완성하기

주어진 도형을 밀기, 뒤집기, 돌리기를 이용하여 직사각형을 채워 보세요.

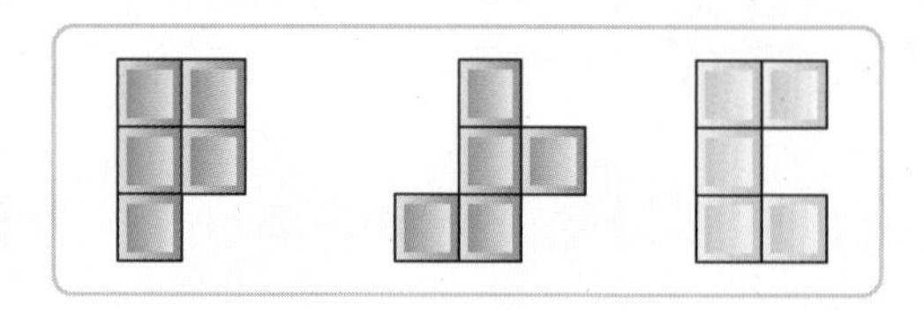

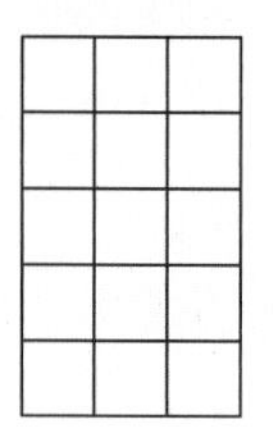

핵심 NOTE • 빈틈이 생기지 않도록 도형을 다양한 방법으로 이동하여 채워 봅니다.

3-1

주어진 도형 중 2개를 골라 밀기, 뒤집기, 돌리기를 이용하여 직사각형을 채워 보세요.

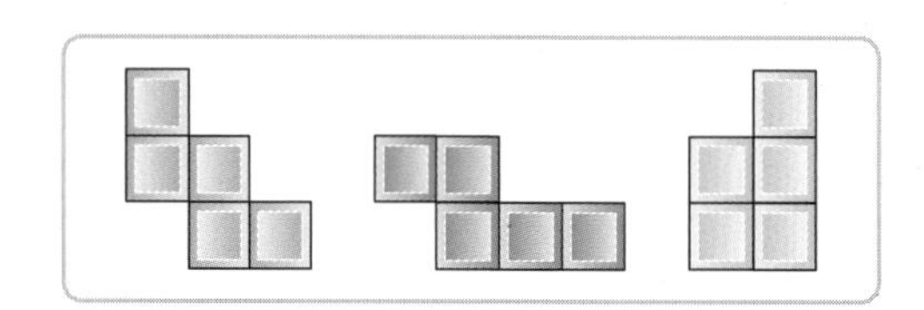

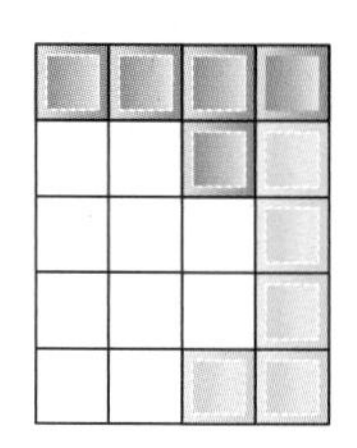

3-2

주어진 도형 중 3개를 골라 밀기, 뒤집기, 돌리기를 이용하여 직사각형을 채워 보세요.

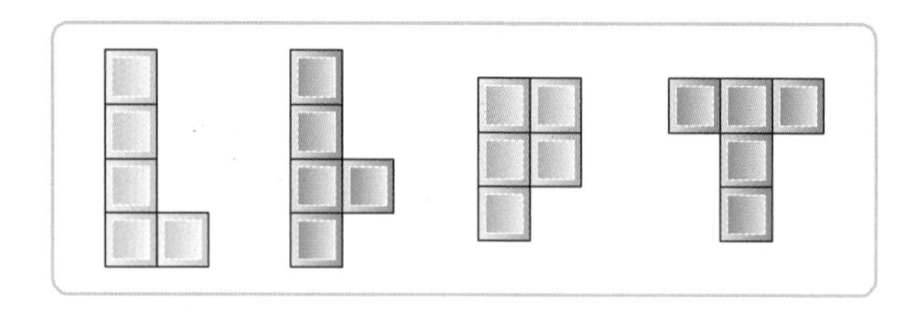

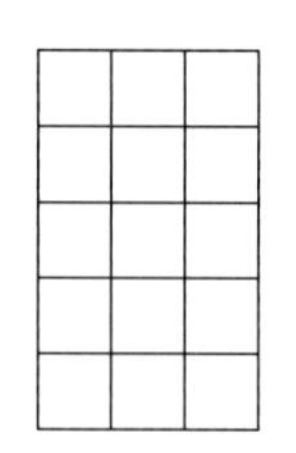

수학 + 과학

로봇 이동하기

컴퓨터가 어떤 일을 처리할 수 있도록 순서대로 명령어를 입력하는 것을 코딩이라고 합니다. 로봇의 시작하기 버튼을 누르면 코딩한 대로 음식을 배달합니다. 음식점에 들러 음식을 가지고 집까지 배달하려고 할 때 보기 에서 필요한 명령어를 모두 찾아 순서대로 기호를 써 보세요.

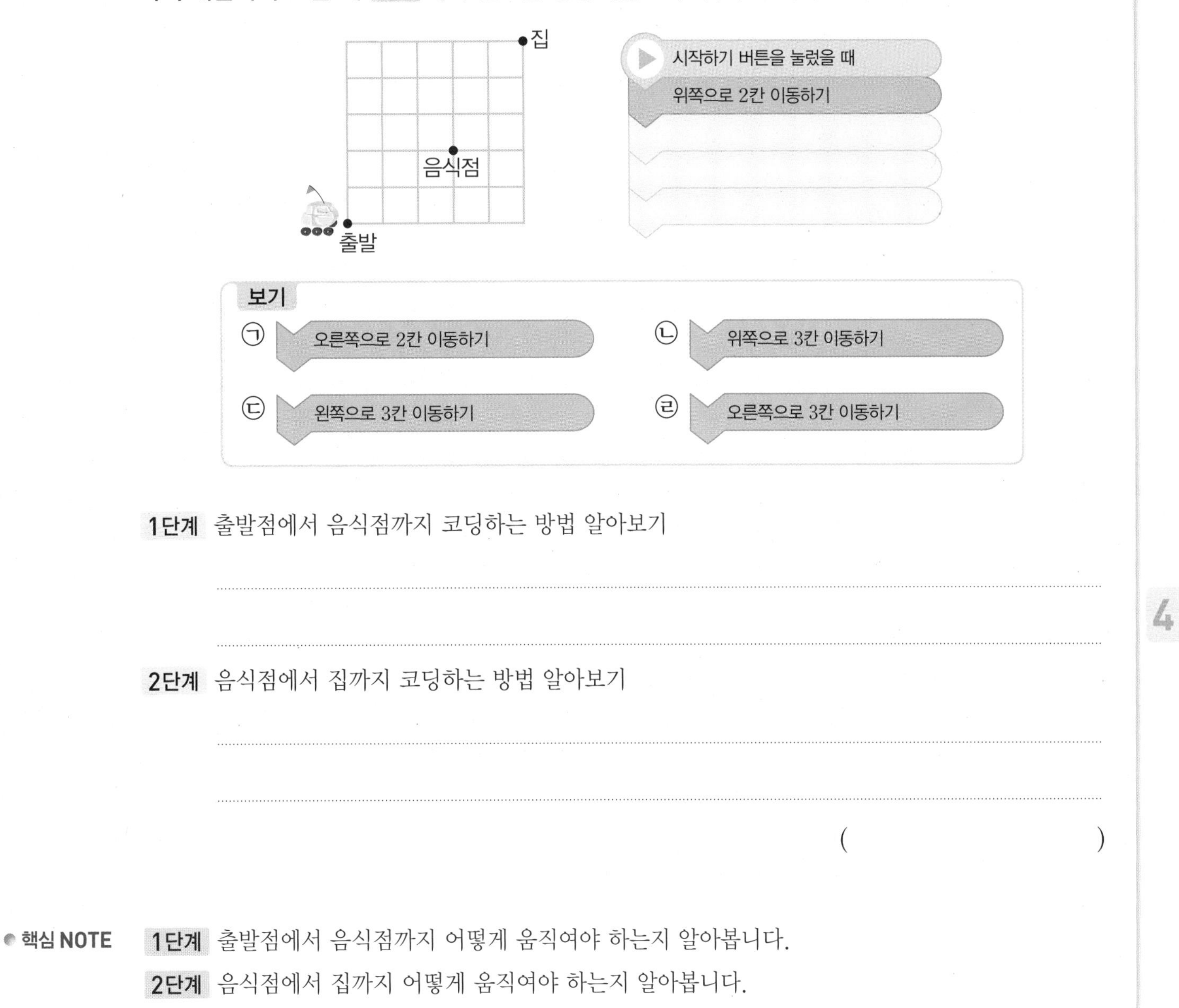

1단계 출발점에서 음식점까지 코딩하는 방법 알아보기

2단계 음식점에서 집까지 코딩하는 방법 알아보기

( )

핵심 NOTE
1단계 출발점에서 음식점까지 어떻게 움직여야 하는지 알아봅니다.
2단계 음식점에서 집까지 어떻게 움직여야 하는지 알아봅니다.

4-1

로봇의 시작하기 버튼을 누르면 코딩한 대로 집으로 이동합니다. 빨간색 점을 지나지 않으면서 이동할 수 있도록 위 4의 보기 에서 필요한 명령어를 모두 찾아 순서대로 기호를 써 보세요.

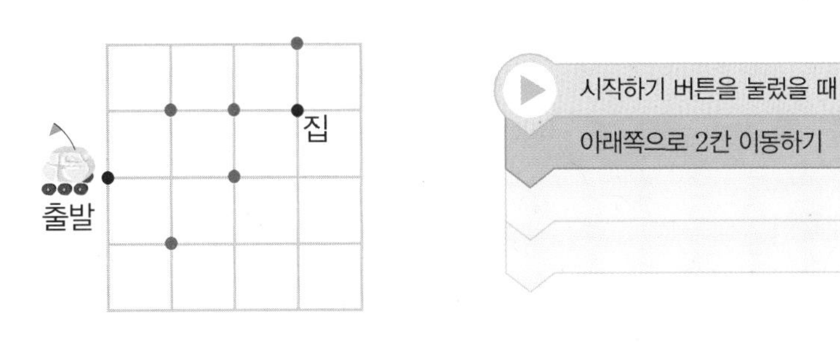

( )

단원 평가 Level 1

점수

확인

1 검은색 바둑돌을 흰색 바둑돌이 있는 위치까지 이동하려고 합니다. □ 안에 알맞은 수를 써넣으세요.

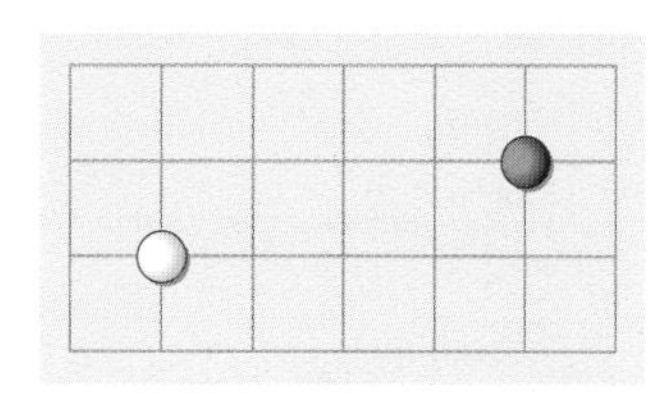

아래쪽으로 □칸, 왼쪽으로 □칸 이동합니다.

2 도형을 아래쪽으로 밀었을 때의 도형을 그려 보세요.

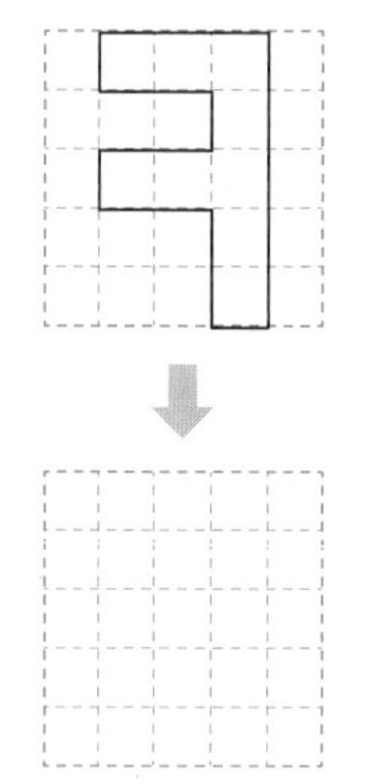

3 왼쪽 도형을 오른쪽으로 뒤집었을 때의 도형을 찾아 ○표 하세요.

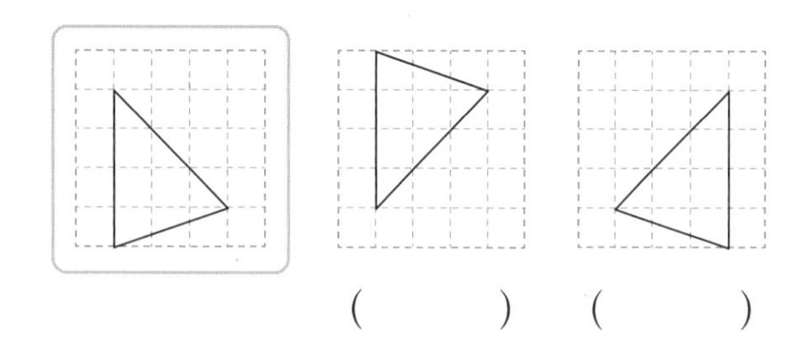

(　　　) (　　　)

4 숫자를 위쪽으로 뒤집었을 때의 모양을 그려 보세요.

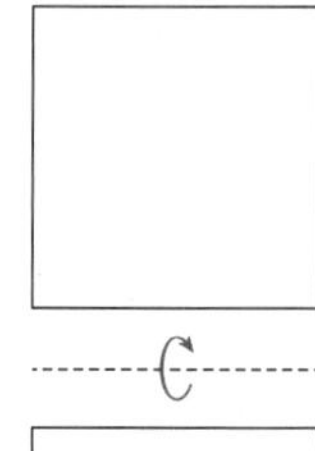

5 도형을 오른쪽으로 6 cm 민 다음 위쪽으로 2 cm 밀었을 때의 도형을 그려 보세요.

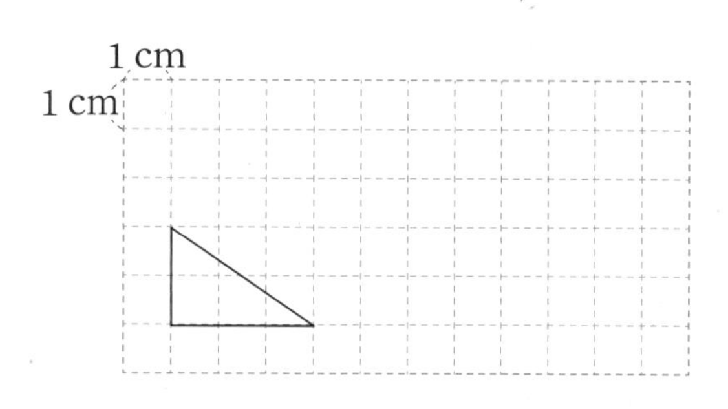

6 뒤집었을 때 퍼즐의 빈칸에 들어갈 수 있는 도형을 찾아 기호를 써 보세요.

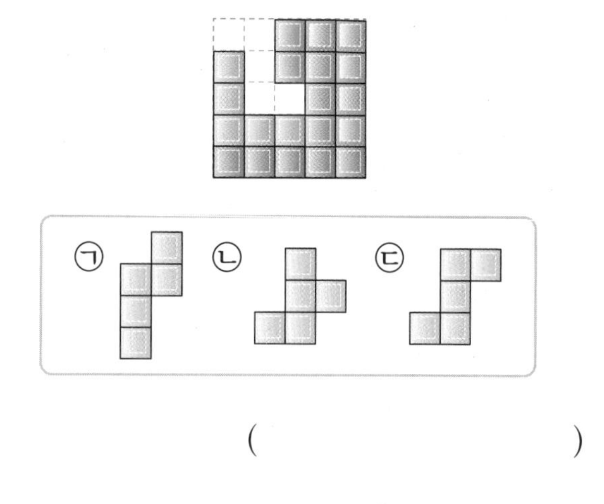

(　　　　　　　　)

7 도형을 오른쪽으로 뒤집은 다음 아래쪽으로 뒤집었을 때의 도형을 각각 그려 보세요.

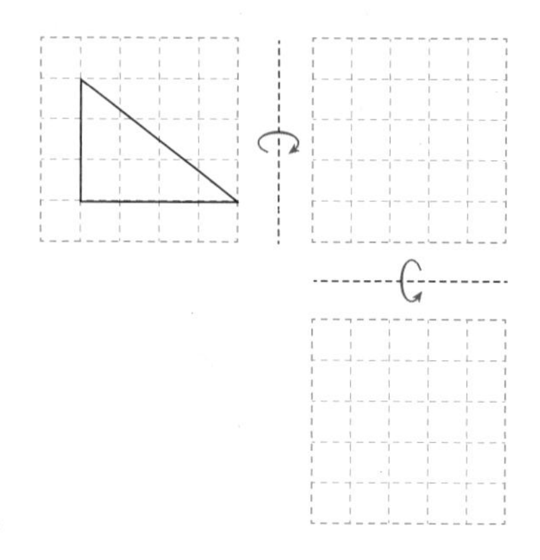

8 관계있는 것끼리 이어 보세요.

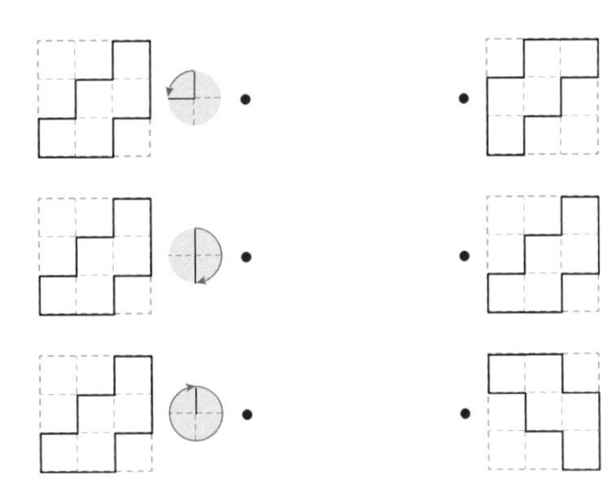

9 도형을 시계 방향으로 90°만큼 돌렸을 때의 도형을 그려 보세요.

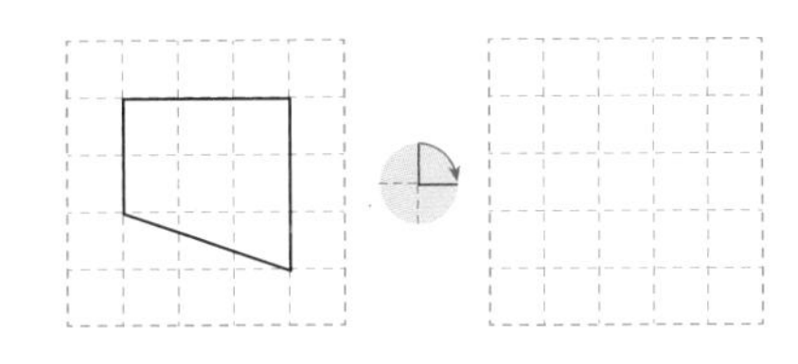

10 오른쪽 모양으로 만들 수 없는 무늬를 찾아 기호를 써 보세요.

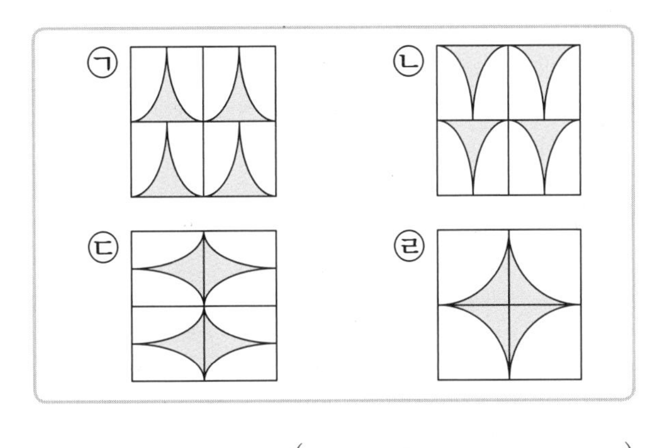

( )

11 오른쪽으로 뒤집었을 때 처음 모양과 같은 도형을 찾아 기호를 써 보세요.

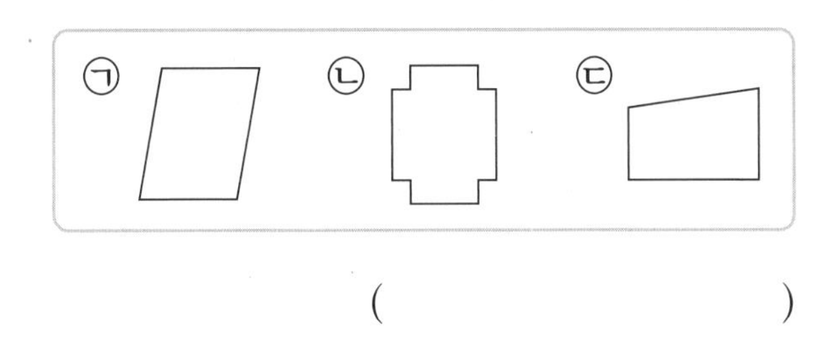

( )

12 모양 조각을 어느 방향으로 몇 도만큼 돌렸는지 써 보세요.

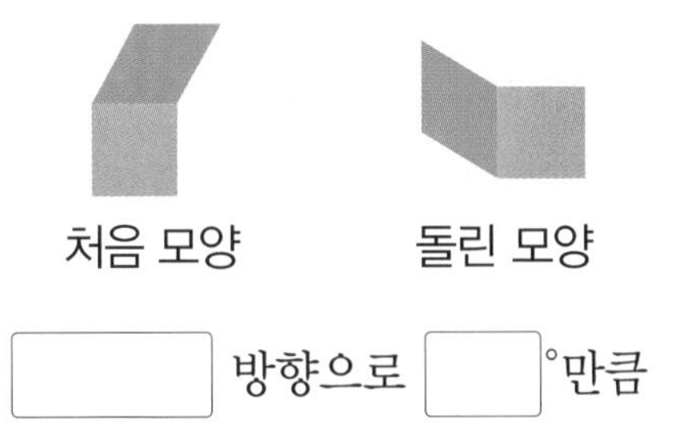

☐ 방향으로 ☐°만큼

13 점을 차례로 이동하여 도착한 위치에 점을 그려 보세요.

14 어떤 도형을 시계 반대 방향으로 180°만큼 돌린 도형입니다. 처음 도형을 그려 보세요.

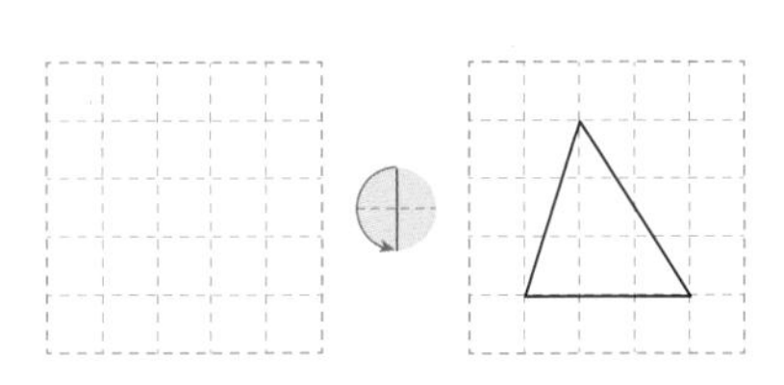

15 규칙에 따라 모양으로 만든 무늬를 완성해 보세요.

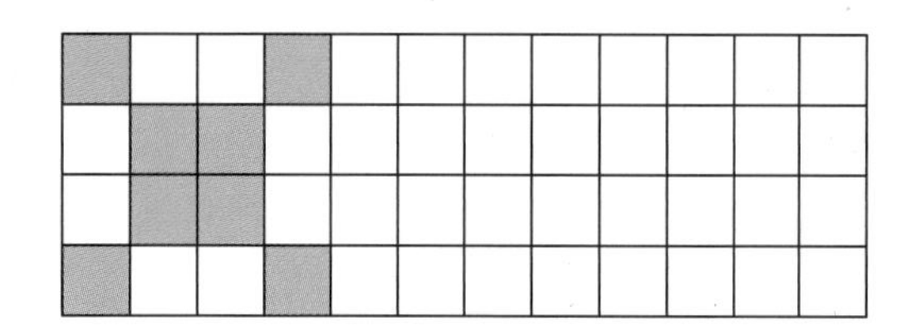

16 도형을 오른쪽으로 뒤집은 다음 시계 방향으로 180°만큼 돌린 도형을 각각 그려 보세요.

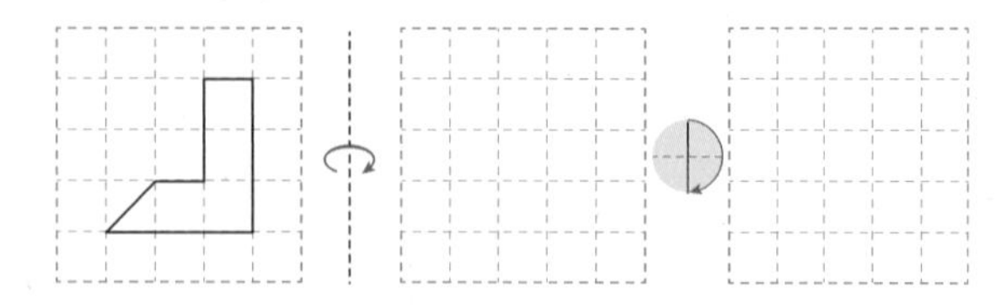

17 어떤 도형을 오른쪽으로 뒤집은 다음 시계 반대 방향으로 90°만큼 돌린 도형입니다. 처음 도형을 그려 보세요.

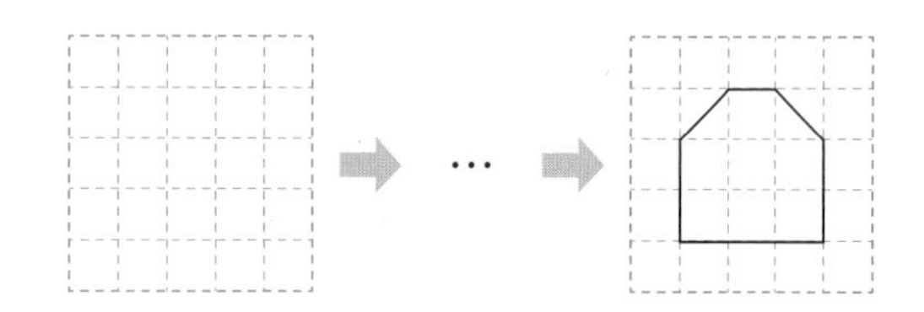

18 시계 방향으로 180°만큼 돌렸을 때 처음 모양과 같은 알파벳은 모두 몇 개일까요?

A E H K N T Z

( )

19 도형의 이동 방법을 설명해 보세요.

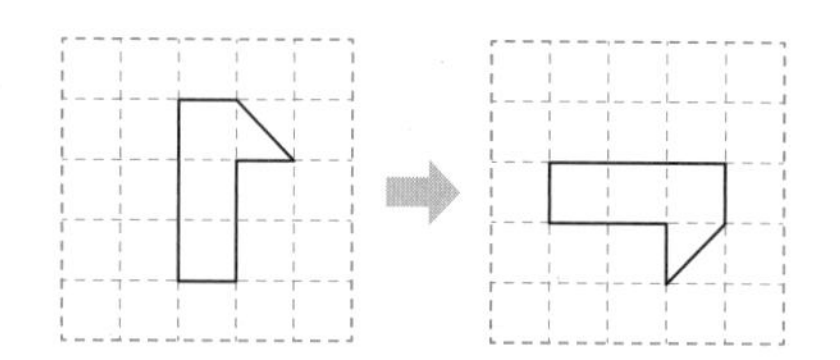

설명 ....

....

....

....

20 수 카드를 시계 방향으로 180°만큼 돌렸을 때 생기는 수와 처음 수의 차를 구하려고 합니다. 풀이 과정을 쓰고 답을 구해 보세요.

62

풀이 ....

....

....

....

답 ....

단원 평가 Level ❷

점수

확인

1 점을 왼쪽으로 5칸, 아래쪽으로 2칸 이동한 위치에 점을 그려 보세요.

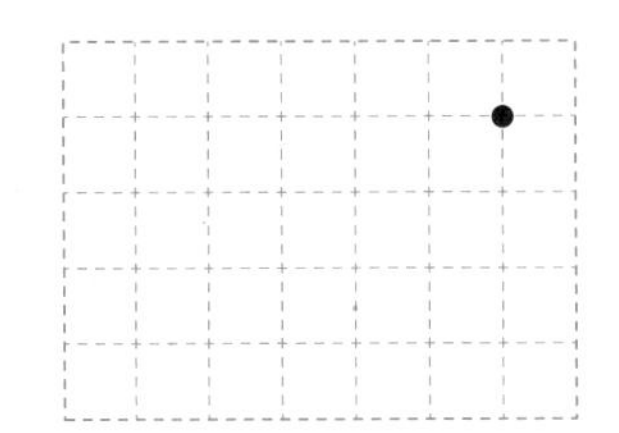

2 도형을 오른쪽으로 8 cm 민 다음 왼쪽으로 3 cm 밀었을 때의 도형을 그려 보세요.

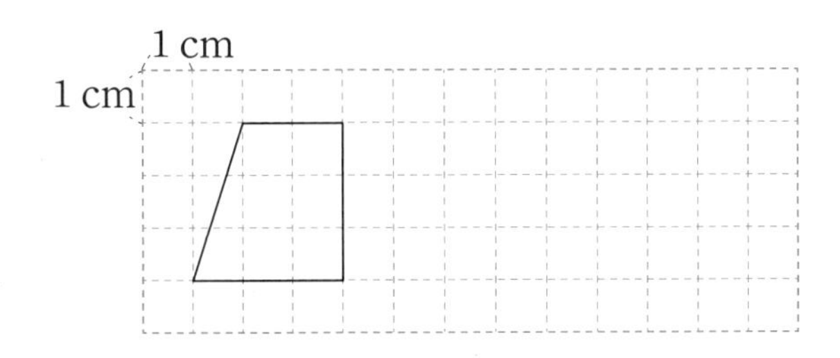

3 오른쪽 모양 조각을 한 번 뒤집었습니다. 알맞지 않은 것을 찾아 기호를 써 보세요.

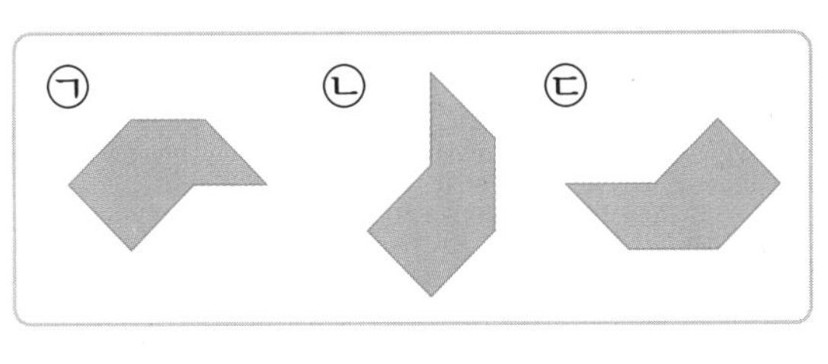

(   )

4 왼쪽 도형을 한 번 돌렸더니 오른쪽 도형이 되었습니다. 도형을 시계 방향으로 몇 도만큼 돌린 것일까요?

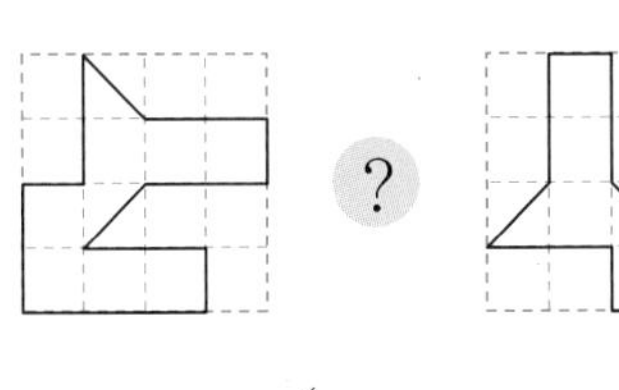

(   )

5 점 ㄱ을 점 ㄴ이 있는 위치로 이동하려고 합니다. □ 안에 알맞은 말이나 수를 써넣으세요.

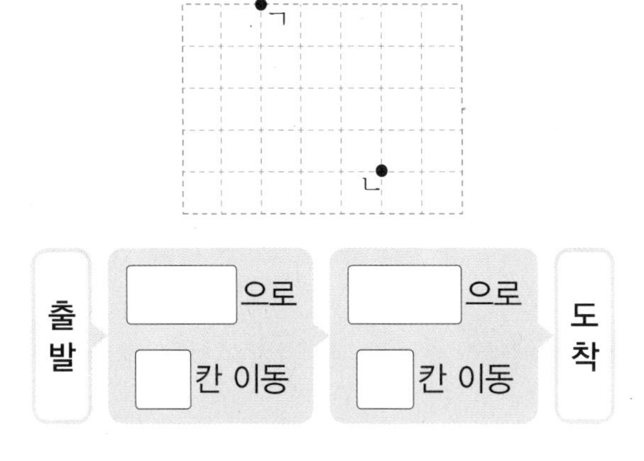

출발 → □으로 □칸 이동 → □으로 □칸 이동 → 도착

6 □ 안에 알맞은 기호를 써넣으세요.

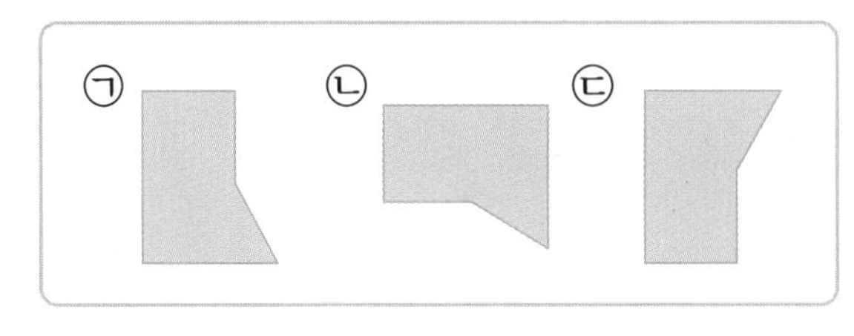

□ 모양 조각을 시계 방향으로 90°만큼 돌리면 □ 모양 조각이 됩니다.

7 다음 중 돌렸을 때 퍼즐의 빈칸에 들어갈 수 없는 퍼즐은 어느 것일까요? (   )

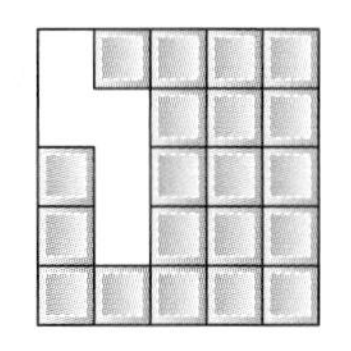

① 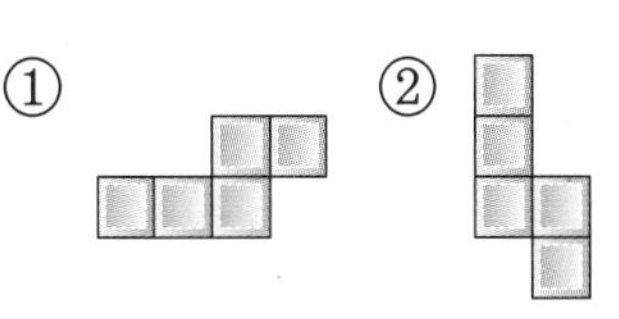 ② ③ 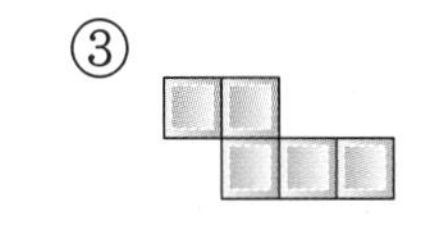

④ 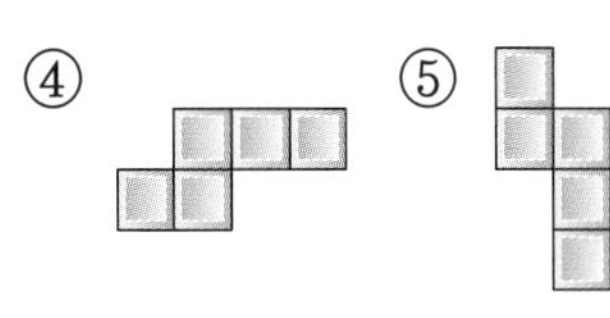 ⑤

8 도형을 시계 반대 방향으로 180°만큼 돌렸을 때의 도형을 그려 보세요.

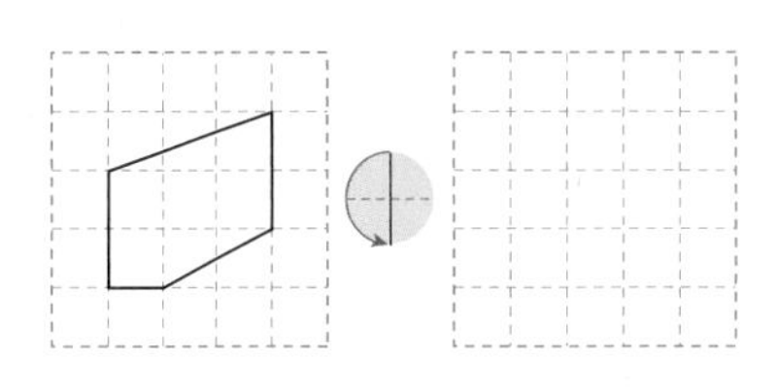

9 오른쪽 모양 조각을 돌렸습니다. 알맞지 않은 것을 찾아 ○표 하세요.

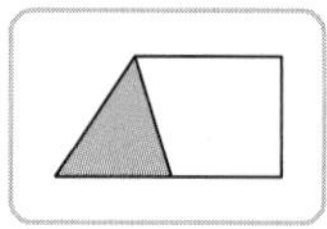

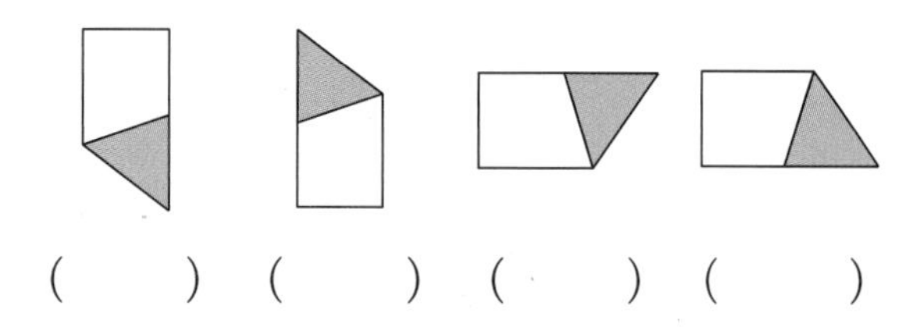

( ) ( ) ( ) ( )

10 돌리기와 밀기를 이용하여 다음과 같은 무늬를 만들 수 없는 모양을 찾아 기호를 써 보세요.

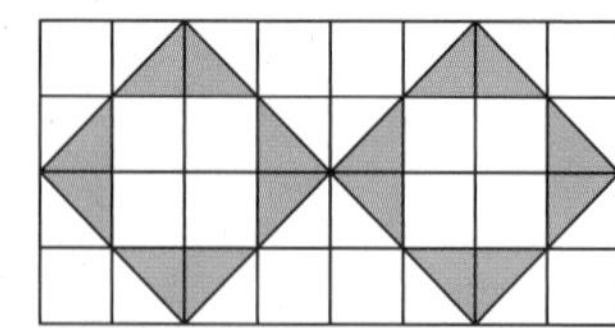

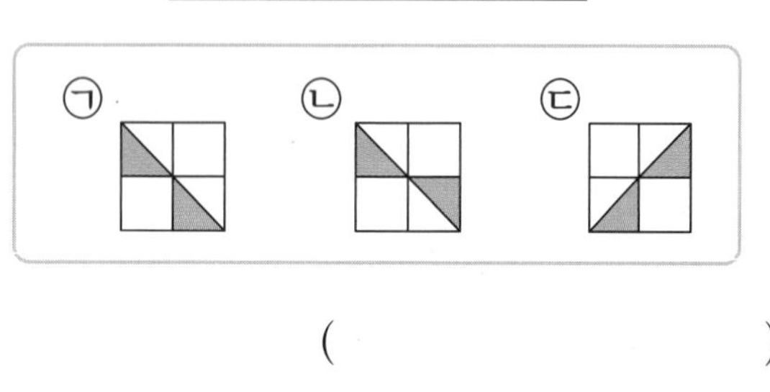

( )

11 어떤 도형을 다음과 같이 움직였을 때 처음 도형과 항상 같은 것을 모두 찾아 기호를 써 보세요.

㉠ 오른쪽으로 5 cm 밀기
㉡ 같은 방향으로 3번 뒤집기
㉢ 시계 방향으로 180°만큼 2번 돌리기

( )

12 도형을 오른쪽으로 뒤집은 다음 시계 반대 방향으로 270°만큼 돌렸을 때의 도형을 각각 그려 보세요.

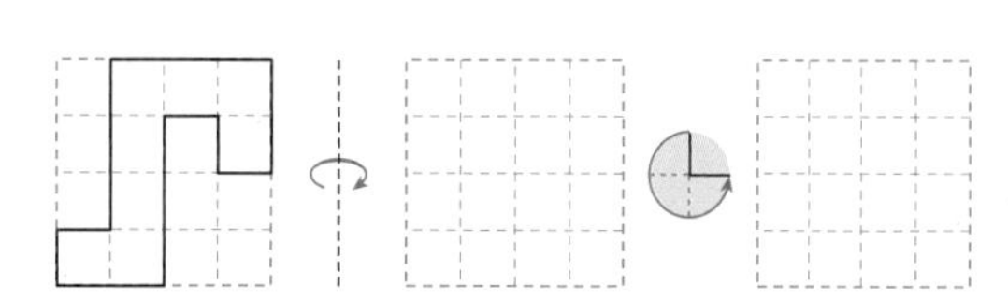

13 어떤 도형을 아래쪽으로 뒤집은 다음 시계 방향으로 90°만큼 돌린 도형입니다. 처음 도형과 가운데 도형을 각각 그려 보세요.

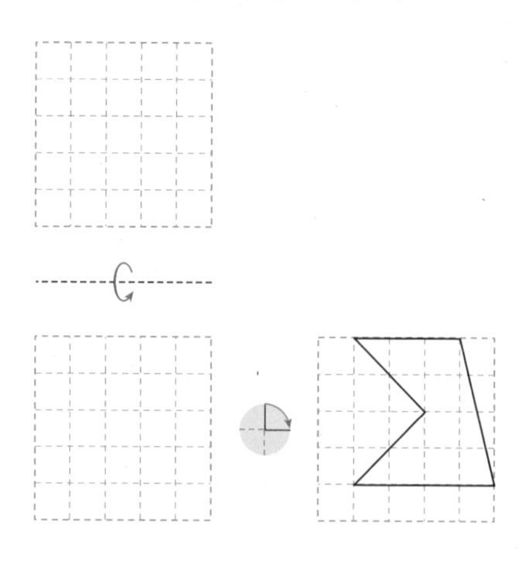

14 한글 자음 중 오른쪽으로 뒤집었을 때 처음 모양과 같은 것은 모두 몇 개인지 구해 보세요.

( )

15 수 카드를 시계 반대 방향으로 180°만큼 돌렸을 때 생기는 수와 처음 수의 합을 구해 보세요.

59

( )

16 가를 나와 같이 넣을 수 있는 방법을 모두 고르세요. (　　　　　)

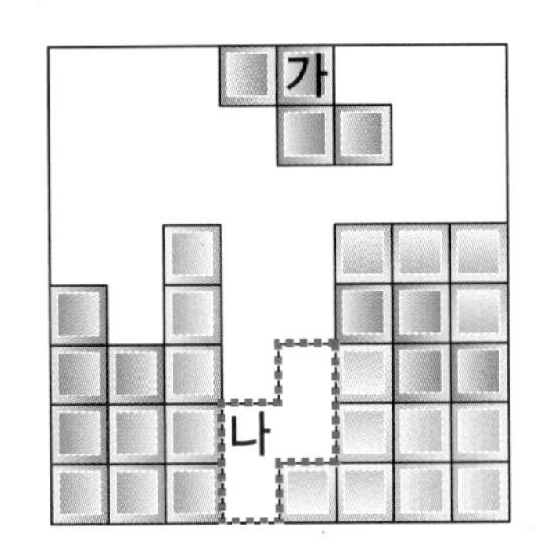

① 시계 방향으로 90°만큼 돌리기
② 시계 방향으로 180°만큼 돌리기
③ 시계 반대 방향으로 90°만큼 돌리기
④ 시계 반대 방향으로 180°만큼 돌리기
⑤ 시계 방향으로 360°만큼 돌리기

17 알파벳을 위쪽으로 5번 뒤집었을 때 처음 모양과 같은 것을 모두 찾아 기호를 써 보세요.

㉠ J ㉡ E ㉢ K ㉣ N

(　　　　　　　　　)

18 도형을 시계 방향으로 90°만큼 2번 돌린 다음 아래쪽으로 3번 뒤집은 도형을 그려 보세요.

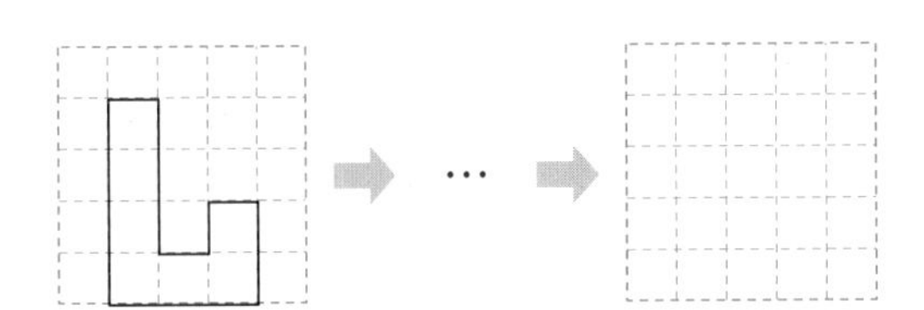

19 은우네 방 벽지는 왼쪽과 같은 모양을 이용하여 만들어진 무늬로 되어 있습니다. 벽지의 무늬는 왼쪽 모양을 어떻게 움직여서 만든 것인지 설명하고, 빈칸에 알맞은 무늬를 그려 보세요.

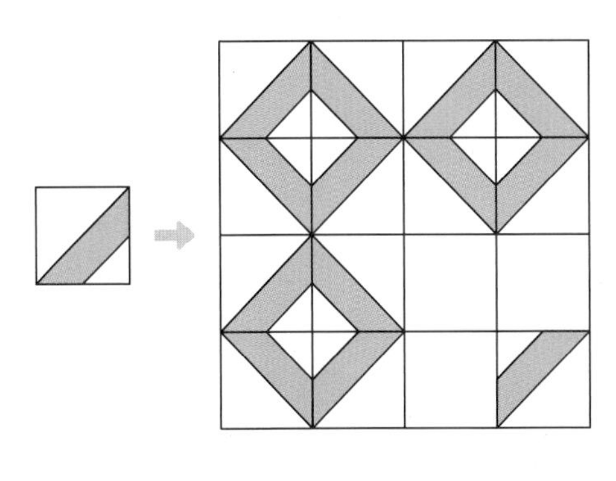

설명

20 주어진 디지털 숫자 중 왼쪽으로 뒤집었을 때 처음 모양과 같은 것은 모두 몇 개인지 풀이 과정을 쓰고 답을 구해 보세요.

0 1 2 3 4 5 6 7 8 9

풀이

답

5 막대그래프

조사한 자료를

그림으로 나타내면 **그림그래프!**

막대로 나타내면 **막대그래프!**

그래프의 모양이 다른 이유가 있겠지.

분류한 것을 막대그래프로 나타낼 수 있어!

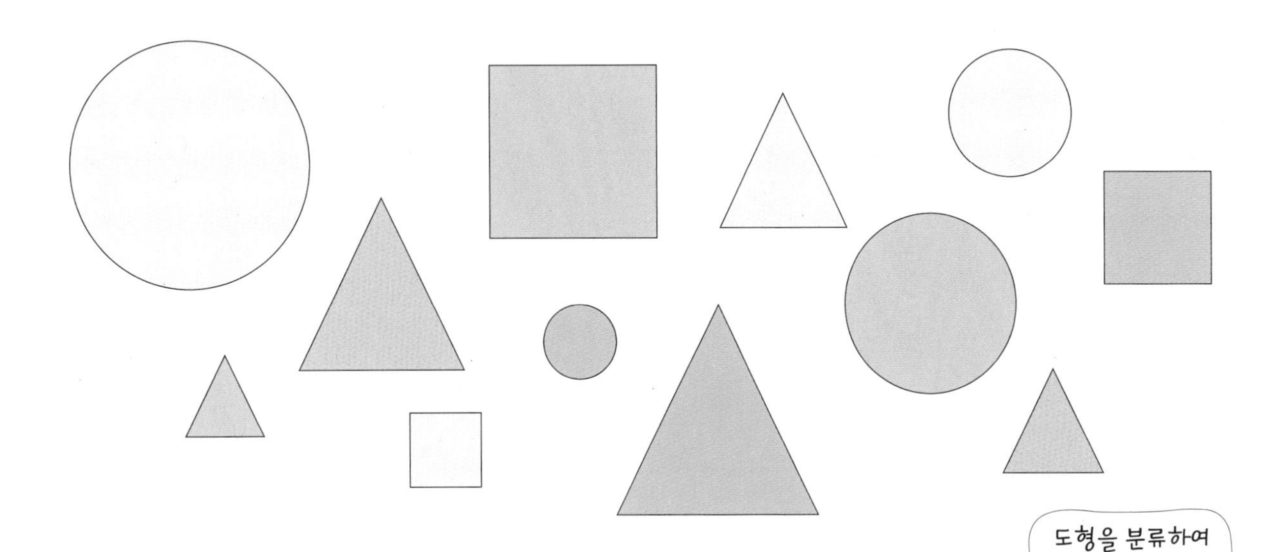

도형을 분류하여 표로 나타냈어.

● 표로 나타내기

도형	삼각형	사각형	원	합계
도형의 수(개)	5	3	4	12

● 막대그래프로 나타내기

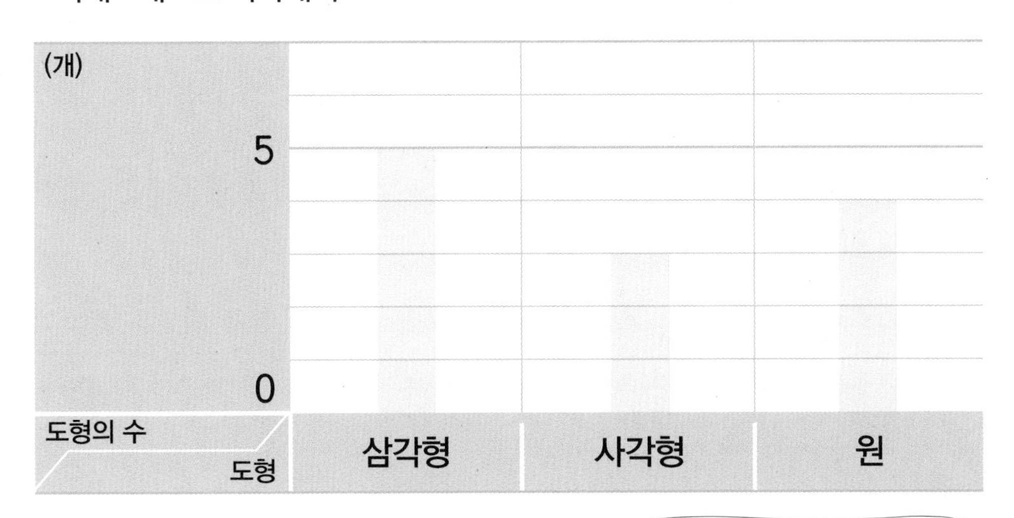

막대그래프의 가로에는 도형,
세로에는 도형의 수를 나타냈어.

1 막대그래프를 알아볼까요

개념 강의

● 막대그래프

막대그래프: 조사한 자료의 수량을 막대 모양으로 나타낸 그래프

가고 싶은 체험 학습 장소별 학생 수

장소	놀이공원	동물원	과학관	미술관	합계
학생 수(명)	10	8	6	7	31

가고 싶은 체험 학습 장소별 학생 수

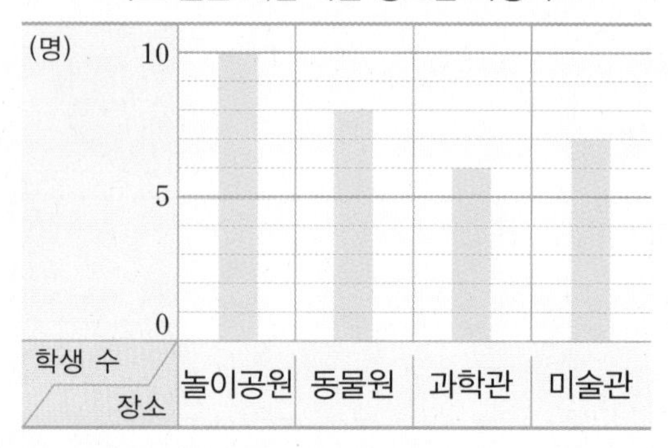

- 가로는 장소, 세로는 학생 수를 나타냅니다.
- 막대의 길이는 가고 싶은 체험 학습 장소별 학생 수를 나타냅니다.
- 세로 눈금 한 칸은 1명을 나타냅니다.

● 막대그래프의 내용 알아보기

- 가장 많은 학생들이 가고 싶은 체험 학습 장소는 놀이공원입니다.
- 가장 적은 학생들이 가고 싶은 체험 학습 장소는 과학관입니다.
- 동물원에 가고 싶어 하는 학생은 미술관에 가고 싶어 하는 학생보다 1명 더 많습니다.

막대가 가로인 막대그래프
막대가 가로인 막대그래프에서 가로는 수량, 세로는 종류를 나타냅니다.

마을별 공원 수

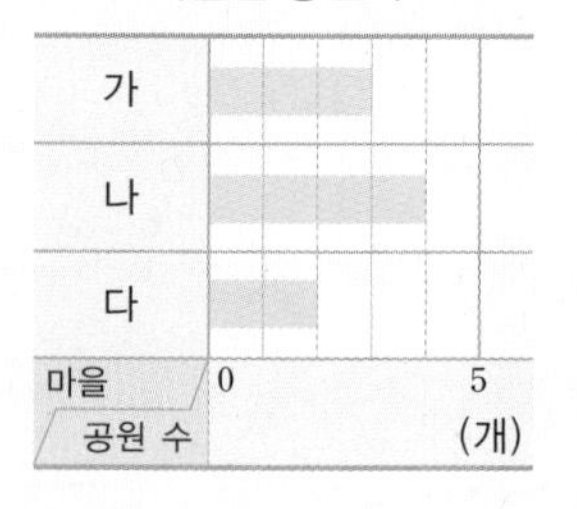

막대그래프에서 자료별 수량의 많고 적음은 막대의 길이로 비교합니다.
① 막대의 길이가 길수록 자료의 수량이 많습니다.
② 막대의 길이가 짧을수록 자료의 수량이 적습니다.

표와 막대그래프 비교하기
- 표는 조사한 자료별 수량과 합계를 알아보기 쉽습니다.
- 막대그래프는 자료별 수량의 많고 적음을 한눈에 비교하기 쉽습니다.

1 진수네 반 학생들이 좋아하는 색깔을 조사하여 나타낸 그래프입니다. 물음에 답하세요.

좋아하는 색깔별 학생 수

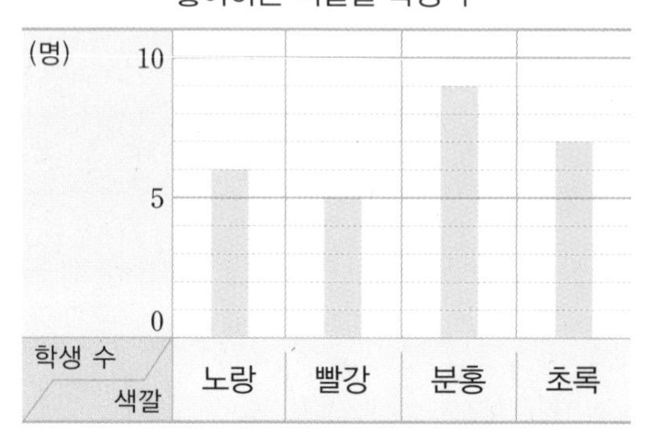

(1) 이와 같은 그래프를 무엇이라고 할까요?

( )

(2) 그래프에서 가로와 세로는 각각 무엇을 나타낼까요?

가로 ( )
세로 ( )

(3) 막대의 길이는 무엇을 나타낼까요?

( )

(4) 세로 눈금 한 칸은 몇 명을 나타낼까요?

( )

2 주영이네 반 학생들이 좋아하는 운동을 조사하여 나타낸 막대그래프입니다. 물음에 답하세요.

좋아하는 운동별 학생 수

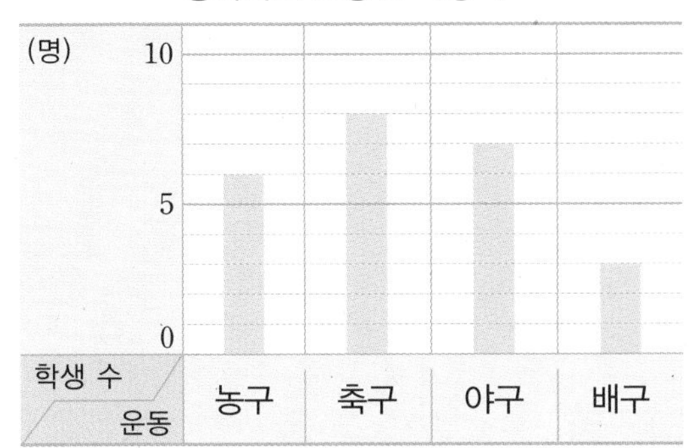

(1) 가장 많은 학생들이 좋아하는 운동은 무엇일까요?

( )

(2) 가장 적은 학생들이 좋아하는 운동은 무엇일까요?

( )

(3) 야구를 좋아하는 학생은 배구를 좋아하는 학생보다 몇 명 더 많을까요?

( )

(4) 농구보다 더 많은 학생들이 좋아하는 운동을 모두 찾아 써 보세요.

( )

배운 것 연결하기 — 2학년 2학기

자료를 조사하는 여러 가지 방법

① 한 사람씩 말하기
② 손 들기
③ 종이에 써서 게시판에 붙이기

3 현주네 농장에서 기르는 동물을 조사하여 나타낸 막대그래프입니다. 농장에서 기르는 소는 몇 마리일까요?

농장에서 기르는 동물 수

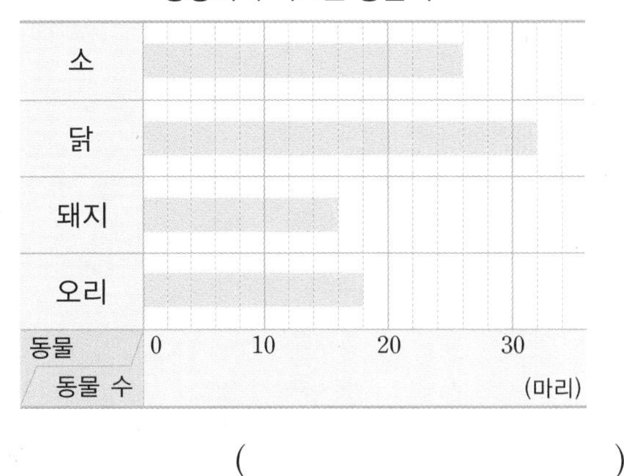

( )

4 승훈이네 반 학생들이 가고 싶어 하는 산을 조사하여 나타낸 표와 막대그래프입니다. 물음에 답하세요.

가고 싶어 하는 산별 학생 수

산	백두산	금강산	설악산	한라산	합계
학생 수(명)	5	3	9	6	23

가고 싶어 하는 산별 학생 수

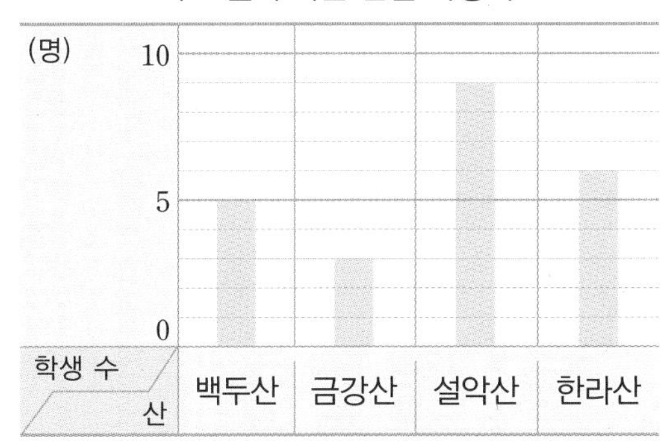

(1) 전체 학생 수를 알아보려면 표와 막대그래프 중 어느 것이 더 편리할까요?

( )

(2) 가장 많은 학생들이 가고 싶어 하는 산을 알아보려면 표와 막대그래프 중 어느 것이 더 편리할까요?

( )

2 막대그래프를 나타내 볼까요

● 막대그래프로 나타내는 방법

① 가로와 세로에 나타낼 것을 정합니다.
② 눈금 한 칸의 크기를 정하고, 조사한 수 중 가장 큰 수를 나타낼 수 있도록 눈금의 수를 정합니다.
③ 조사한 수에 맞도록 막대를 그립니다.
④ 막대그래프에 알맞은 제목을 씁니다. ‧‧‧‧‧‧• 제목을 가장 먼저 써도 됩니다.

좋아하는 책별 학생 수

책	동화책	위인전	과학책	만화책	합계
학생 수(명)	5	4	6	7	22

④ 좋아하는 책별 학생 수

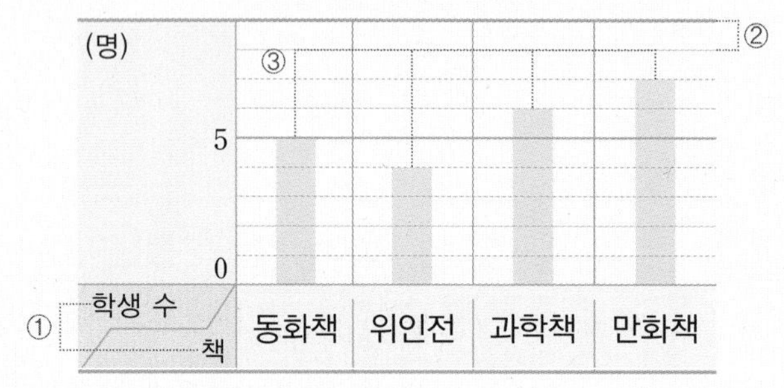

표를 보고 막대그래프로 나타내기

① 가로에는 책의 종류, 세로에는 학생 수를 나타냅니다.
② 눈금 한 칸의 크기를 1명으로 하고 7명까지 나타낼 수 있어야 합니다.
③ 동화책은 5칸, 위인전은 4칸, 과학책은 6칸, 만화책은 7칸만큼 막대를 그립니다.
④ 제목 '좋아하는 책별 학생 수'를 씁니다.

막대그래프를 다른 방법으로 나타내기

• 세로 눈금 한 칸의 크기를 다르게 하여 나타낼 수 있습니다.
• 그래프의 가로와 세로를 바꾸어 막대를 가로로 나타낼 수 있습니다.

● 자료를 조사하여 막대그래프로 나타내기

조사할 주제 정하기 → 조사 계획을 세우고 자료 조사하기 → 조사한 자료를 막대그래프로 나타내기 → 막대그래프로 자료 해석하기

1 민준이네 반 학생들이 기르고 싶은 반려동물을 조사하여 나타낸 표를 보고 막대그래프로 나타내려고 합니다. 물음에 답하세요.

기르고 싶은 반려동물별 학생 수

반려동물	개	고양이	고슴도치	햄스터	합계
학생 수(명)	8	7	4	9	28

(1) 가로에 반려동물의 종류를 나타낸다면 세로에는 무엇을 나타내야 할까요?

( )

(2) 세로 눈금 한 칸을 1명으로 나타내면 적어도 몇 칸까지 있어야 할까요?

( )

(3) 표를 보고 막대그래프로 나타내 보세요.

기르고 싶은 반려동물별 학생 수

2 승우네 과수원에 있는 과일나무를 조사하여 나타낸 표를 보고 막대그래프로 나타내려고 합니다. 물음에 답하세요.

과일나무별 나무 수

과일나무	배나무	감나무	귤나무	사과나무	합계
나무 수(그루)	12	10	8	14	44

(1) 세로 눈금 한 칸이 1그루를 나타낸다면 사과나무는 몇 칸으로 나타내야 할까요?

( )

(2) 표를 보고 막대그래프로 나타내 보세요.

(그루)				
15				
10				
5				
0				
나무 수 / 과일나무	배나무	감나무	귤나무	사과나무

(3) 표를 보고 세로 눈금 한 칸을 2그루로 하여 막대그래프로 나타내 보세요.

(그루)				
0				
나무 수 / 과일나무	배나무	감나무	귤나무	사과나무

3 수연이네 반 학생들이 좋아하는 계절을 조사하였습니다. 물음에 답하세요.

좋아하는 계절

봄	여름	가을	겨울

(1) 조사한 자료를 표로 나타내 보세요.

계절					합계
학생 수(명)					

(2) 표를 보고 막대가 세로로 된 막대그래프로 나타내 보세요.

(명)				
0				
학생 수 / 계절				

(3) 표를 보고 막대가 가로로 된 막대그래프로 나타내 보세요.

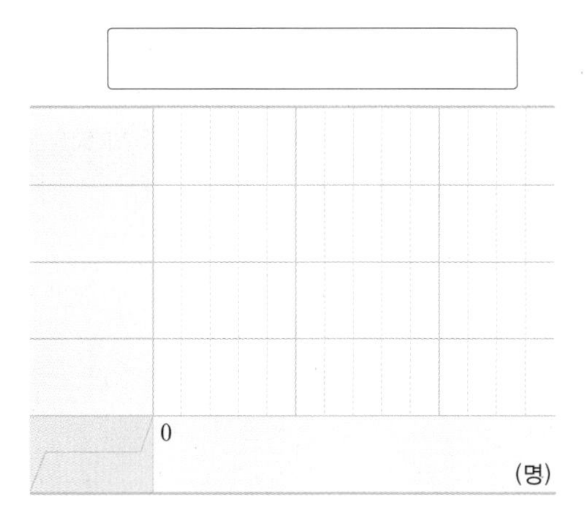

3 막대그래프를 활용해 볼까요

● **막대그래프의 활용**

지수네 반 학생들이 좋아하는 꽃별 학생 수

꽃	장미	국화	튤립	백합	합계
학생 수(명)	9	5	6	3	23

지수네 반 학생들이 좋아하는 꽃별 학생 수

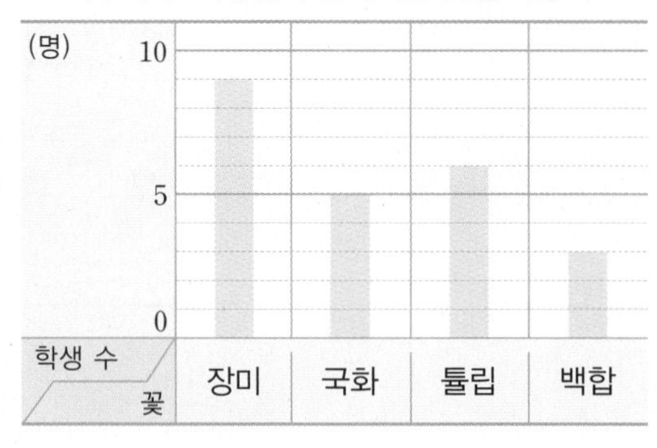

- 자료를 막대그래프로 나타내면 자료별 수량의 많고 적음을 한눈에 비교하기 쉽습니다.

• 국화를 좋아하는 학생은 5명입니다.
• 장미를 좋아하는 학생은 튤립을 좋아하는 학생보다 3명 더 많습니다.
• 튤립을 좋아하는 학생 수는 백합을 좋아하는 학생 수의 2배입니다.
• 가장 많은 학생들이 좋아하는 꽃은 장미입니다.
• 학교 화단에 지수네 반이 심을 꽃을 한 종류 정한다면 장미가 좋겠습니다.

- 막대그래프로 나타낸 자료를 보고 그래프에 나타나지 않은 정보를 해석하고 예상할 수 있습니다.

1 승우네 마을에서 일주일 동안 버려진 쓰레기 양을 조사하여 나타낸 막대그래프입니다. 물음에 답하세요.

일주일 동안 버려진 종류별 쓰레기 양

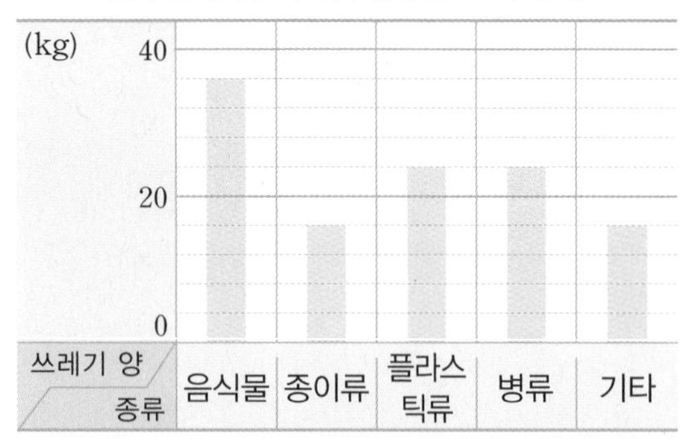

(1) 종이류 쓰레기의 양은 몇 kg일까요?

( )

(2) 플라스틱류와 양이 같은 쓰레기의 종류는 무엇일까요?

( )

(3) 막대그래프에서 승우네 집이 버린 쓰레기의 양을 알 수 있을까요?

( )

(4) 승우네 마을에서 줄이도록 가장 노력해야 하는 쓰레기의 종류는 무엇일까요?

( )

2 서아네 반 학생들이 좋아하는 간식을 조사하여 나타낸 막대그래프입니다. 물음에 답하세요.

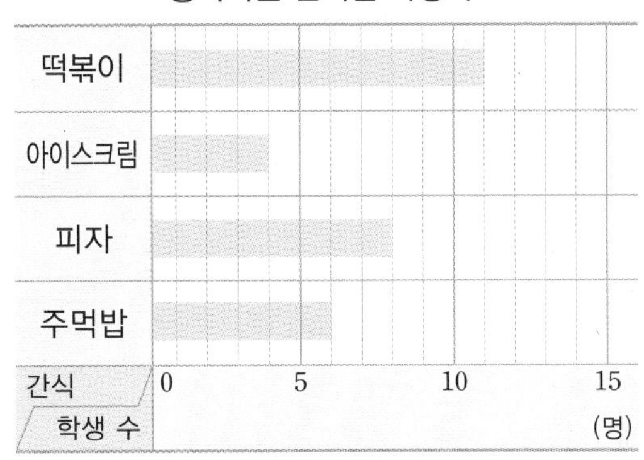

(1) 서아네 반 학생들이 좋아하는 간식의 종류는 모두 몇 가지일까요?

( )

(2) 피자를 좋아하는 학생은 아이스크림을 좋아하는 학생보다 몇 명 더 많을까요?

( )

(3) 많은 학생들이 좋아하는 간식의 종류부터 차례로 써 보세요.

( )

(4) 서아네 반 선생님께서 한 종류의 간식을 준비한다면 어떤 간식을 준비하는 것이 좋을지 쓰고 그 까닭을 써 보세요.

( )

까닭 ....

3 건우네 모둠 학생들의 100 m 달리기 기록을 조사하여 나타낸 막대그래프를 보고 알 수 있는 내용 중에서 옳은 것을 찾아 기호를 써 보세요.

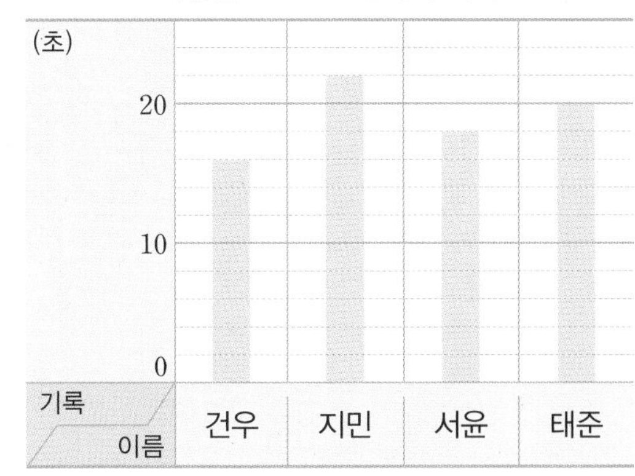

㉠ 기록이 가장 좋은 학생은 지민입니다.

㉡ 서윤이는 태준이보다 느립니다.

㉢ 달리기 대회에 나갈 선수를 한 명 뽑는다면 건우를 선수로 정하면 좋겠습니다.

( )

4 어느 지역의 연도별 밀가루 소비량을 조사하여 나타낸 막대그래프입니다. 2026년의 밀가루 소비량은 어떻게 변할 것이라고 예상되는지 써 보세요.

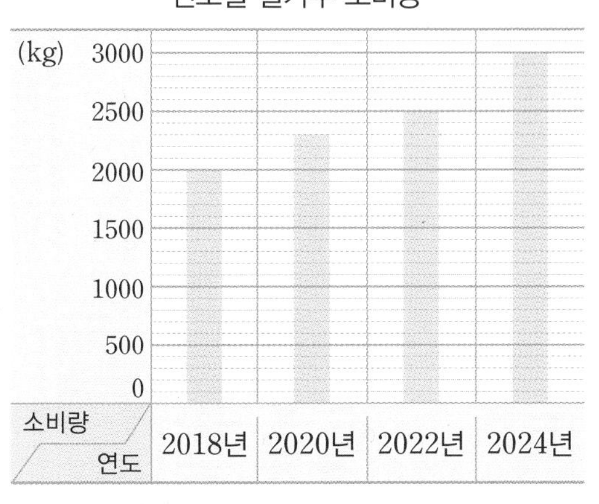

....

개념 적용

기본기 다지기

개념 + 문제 풀이

1 막대그래프 알아보기(1)

• 막대그래프: 조사한 자료의 수량을 막대 모양으로 나타낸 그래프

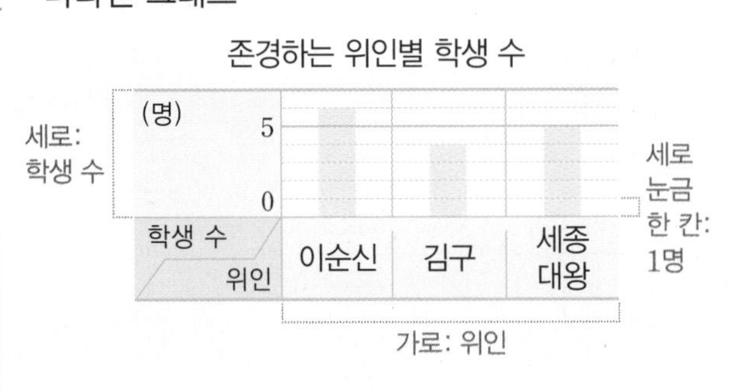

[1~3] 준하네 반 학생들이 좋아하는 채소를 조사하여 나타낸 막대그래프입니다. 물음에 답하세요.

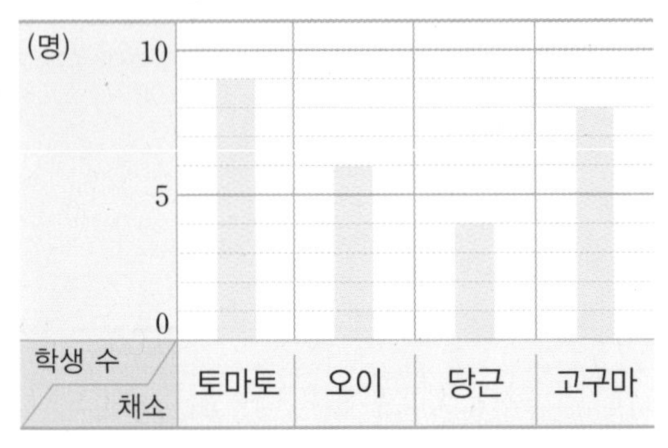

1 당근을 좋아하는 학생은 몇 명일까요?

(　　　　　　　　)

2 가장 많은 학생들이 좋아하는 채소는 어느 것일까요?

(　　　　　　　　)

서술형

3 오이를 좋아하는 학생 수와 고구마를 좋아하는 학생 수의 차는 몇 명인지 풀이 과정을 쓰고 답을 구해 보세요.

풀이

답

[4~8] 어느 가게에서 하루 동안 판매한 주스를 조사하여 나타낸 막대그래프입니다. 물음에 답하세요.

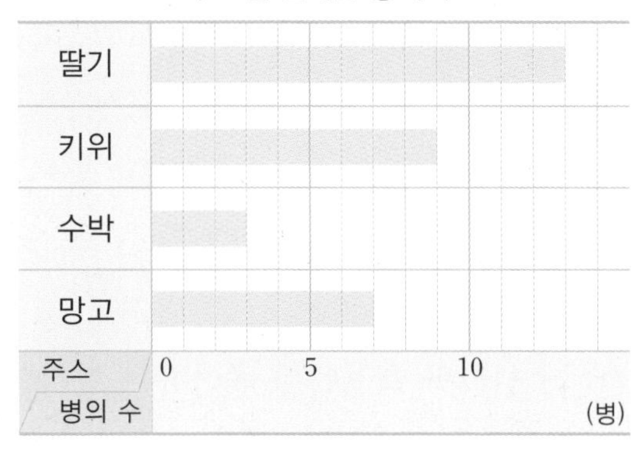

4 막대그래프에서 가로와 세로는 각각 무엇을 나타낼까요?

가로 (　　　　　　　　)

세로 (　　　　　　　　)

5 가로 눈금 한 칸은 몇 병을 나타낼까요?

(　　　　　　　　)

6 막대의 길이는 무엇을 나타낼까요?

(　　　　　　　　)

7 망고주스보다 더 많이 판매한 주스를 모두 써 보세요.

(　　　　　　　　)

8 판매한 키위주스 수는 수박주스 수의 몇 배일까요?

(　　　　　　　　)

[9~12] 윤지네 학교 학생들의 혈액형을 조사하여 나타낸 표와 막대그래프입니다. 물음에 답하세요.

혈액형별 학생 수

혈액형	A형	B형	O형	AB형	합계
학생 수(명)	220	140	180	80	620

혈액형별 학생 수

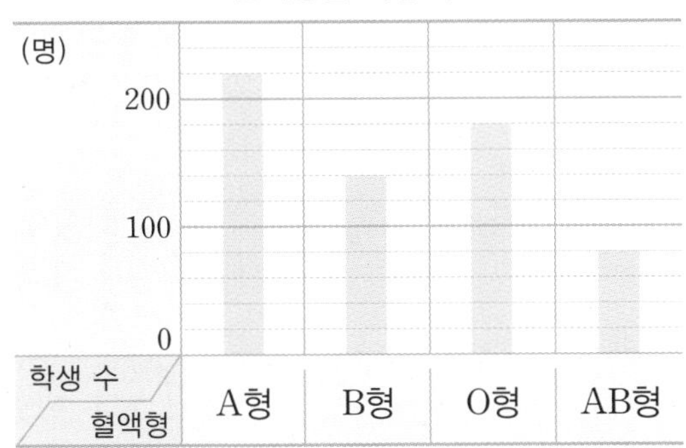

9 세로 눈금 한 칸은 몇 명을 나타낼까요?

( )

10 B형보다 학생 수가 많은 혈액형을 모두 써 보세요.

( )

11 학생 수가 가장 많은 혈액형부터 차례로 알아볼 때 한눈에 쉽게 알아볼 수 있는 것은 표와 막대그래프 중 어느 것일까요?

( )

12 조사한 전체 학생 수가 모두 몇 명인지 알기 쉬운 것은 표와 막대그래프 중 어느 것일까요?

( )

2 막대그래프 알아보기(2)

• 막대의 길이가 길수록 자료의 수량이 많고, 길이가 짧을수록 자료의 수량이 적습니다.

존경하는 위인별 학생 수

➡ 가장 많은 학생들이 존경하는 위인: 이순신

[13~15] 어느 농촌 지역의 마을별 가구 수를 조사하여 나타낸 막대그래프입니다. 물음에 답하세요.

마을별 가구 수

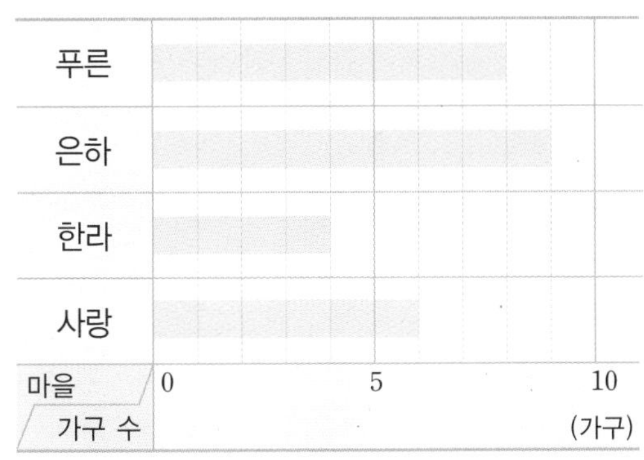

13 가구 수가 가장 적은 마을은 어디일까요?

( )

14 푸른 마을과 사랑 마을의 가구는 모두 몇 가구일까요?

( )

15 막대그래프를 보고 알 수 있는 내용을 두 가지 써 보세요.

[16~19] 지우네 학교 독서 토론 대회에 지원한 4학년과 5학년의 반별 학생 수를 조사하여 나타낸 막대그래프입니다. 물음에 답하세요.

독서 토론 대회에 지원한 반별 학생 수(4학년)

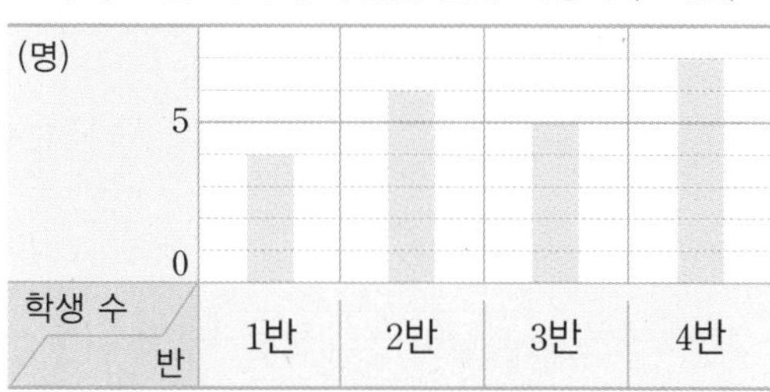

독서 토론 대회에 지원한 반별 학생 수(5학년)

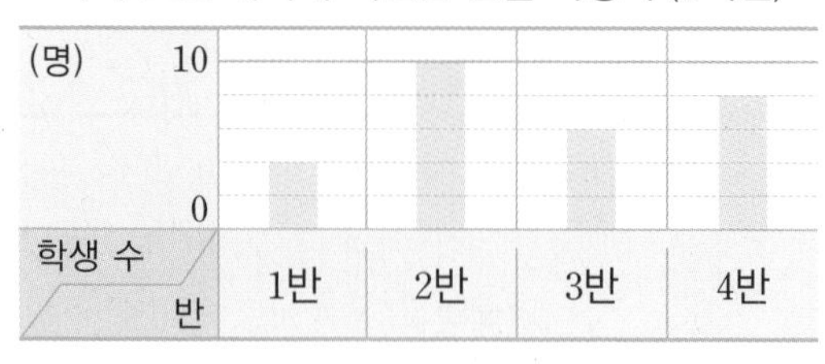

16 4학년과 5학년에서 독서 토론 대회에 가장 많은 학생들이 지원한 반은 각각 몇 반일까요?

( ), ( )

17 각각의 막대그래프에서 세로 눈금 한 칸은 몇 명을 나타낼까요?

( ), ( )

18 4학년 4반과 5학년 2반 중 독서 토론 대회에 지원한 학생이 더 많은 반은 몇 학년 몇 반일까요?

( )

19 독서 토론 대회에 지원한 학생 수가 4학년 1반과 같은 반은 몇 학년 몇 반일까요?

( )

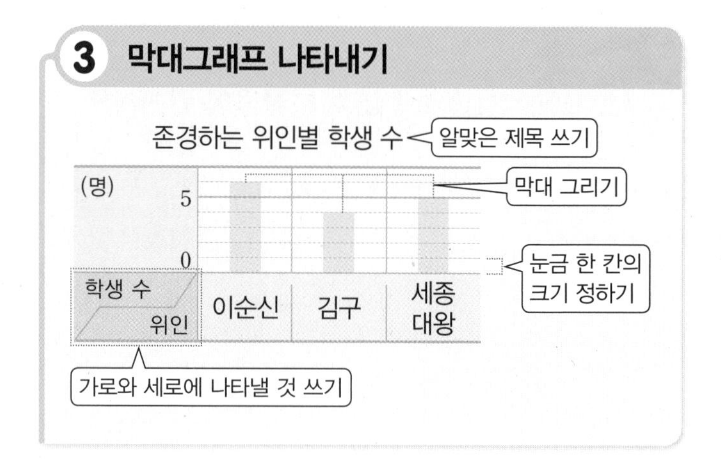

[20~22] 윤아네 반 학생들이 좋아하는 TV 프로그램을 조사하여 나타낸 표입니다. 물음에 답하세요.

좋아하는 TV 프로그램별 학생 수

프로그램	오락	만화	스포츠	음악	합계
학생 수(명)	9	7	6	4	26

20 표를 보고 막대그래프로 나타내려고 합니다. 세로 눈금 한 칸이 1명을 나타내도록 그릴 때 만화는 몇 칸으로 그려야 할까요?

( )

21 표를 보고 막대그래프로 나타내 보세요.

(명)
10
5
0
학생 수 / 프로그램
오락 만화 스포츠 음악

22 좋아하는 학생 수가 스포츠보다 더 많은 TV 프로그램을 모두 써 보세요.

( )

[23~26] 어느 아파트의 동별 자전거 수를 조사하여 나타낸 표입니다. 물음에 답하세요.

동별 자전거 수

동	가 동	나 동	다 동	라 동	합계
자전거 수(대)	16		20	14	72

23 나 동의 자전거는 몇 대일까요?

( )

24 세로 눈금은 적어도 몇 대까지 나타낼 수 있어야 할까요?

( )

25 표를 보고 막대가 세로로 된 막대그래프로 나타내 보세요.

(대)				
0				
자전거 수 / 동	가 동	나 동	다 동	라 동

26 표를 보고 막대가 가로로 된 막대그래프로 나타내 보세요.

가 동	
나 동	
다 동	
라 동	
동 / 자전거 수	0 (대)

4 자료를 조사하여 막대그래프로 나타내기

① 조사할 주제 정하기
② 조사 계획을 세우고 자료 조사하기
③ 조사한 자료를 막대그래프로 나타내기
④ 막대그래프로 자료 해석하기

[27~28] 희수네 반 학생들이 배우고 싶은 전통 악기를 조사하였습니다. 물음에 답하세요.

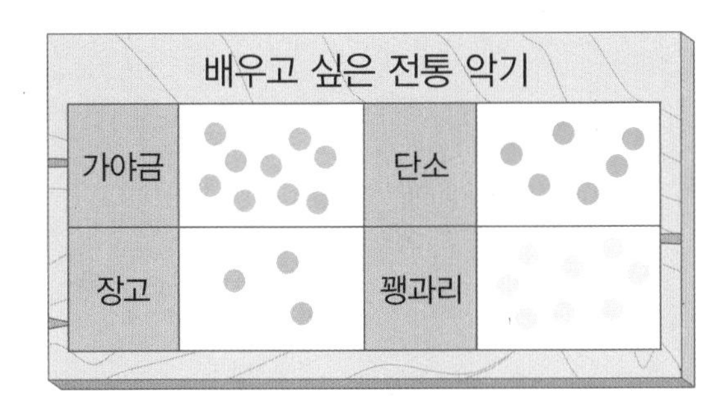

27 조사한 자료를 보고 표를 완성해 보세요.

배우고 싶은 전통 악기별 학생 수

전통 악기	가야금	장고	단소	꽹과리	합계
학생 수(명)	9				

28 표를 보고 막대그래프로 나타내 보세요.

배우고 싶은 전통 악기별 학생 수

[29~31] 현지네 반 학생들이 좋아하는 공휴일을 조사하였습니다. 물음에 답하세요.

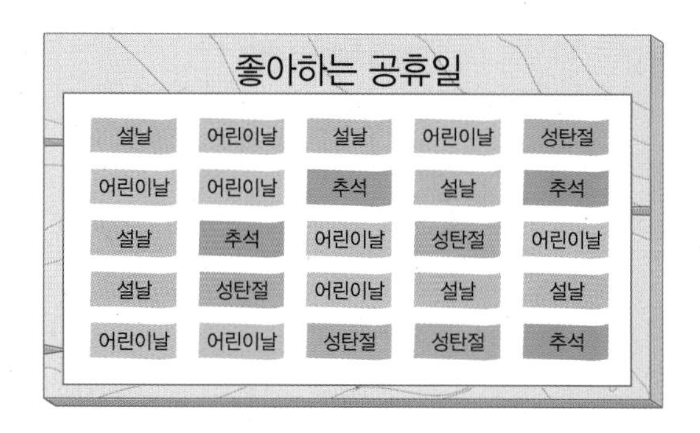

29 조사한 자료를 보고 표를 완성해 보세요.

좋아하는 공휴일별 학생 수

공휴일	설날	어린이날	추석	성탄절	합계
학생 수 (명)					

30 표를 보고 막대그래프로 나타내려고 합니다. 가로 눈금 한 칸이 1명을 나타내도록 그릴 때 성탄절은 몇 칸으로 그려야 할까요?

( )

31 표를 보고 막대그래프로 나타내 보세요.

좋아하는 공휴일별 학생 수

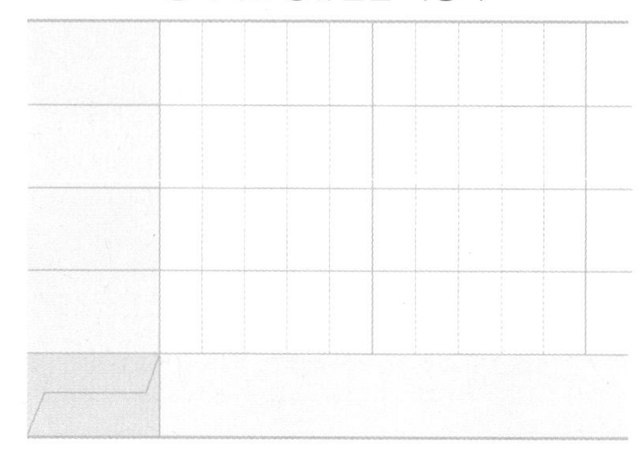

5 막대그래프 활용하기

존경하는 위인별 학생 수

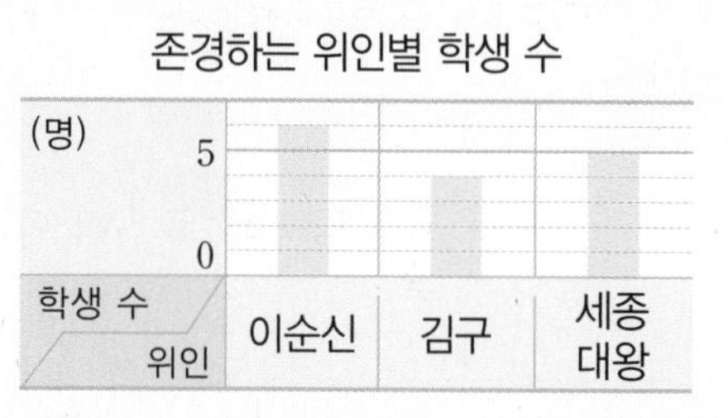

➡ 우리 학교 도서관에 이순신 관련 위인전을 많이 들여 놓으면 좋겠습니다.

[32~33] 은정이가 반 친구들의 장래 희망을 조사한 후 쓴 일기입니다. 물음에 답하세요.

5 월 7 일 월 요일 날씨 

오늘 우리 반 친구들의 장래 희망을 조사했다. 장래 희망이 의사인 학생이 9명으로 가장 많았고, 웹툰 작가와 게임 개발자인 학생이 각각 7명으로 같았다. 그리고 장래 희망이 경찰인 학생이 4명으로 가장 적었다. 친구들 모두 어른이 되어서 하고 싶은 일을 하는 멋진 사람이 되었으면 좋겠다.

32 은정이의 일기를 보고 막대그래프를 완성해 보세요.

장래 희망별 학생 수

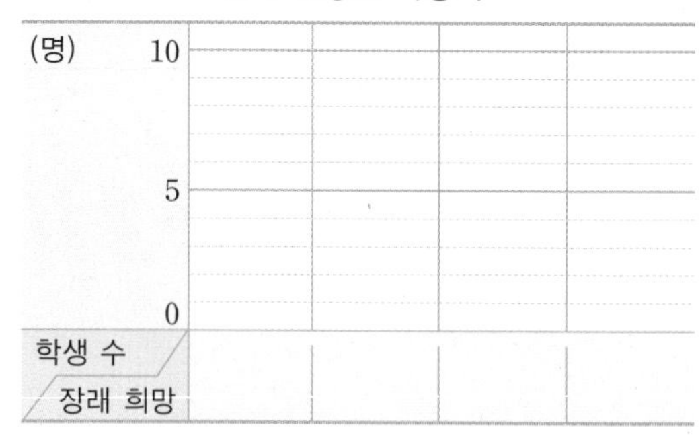

33 은정이네 반에서 직업 체험을 간다면 어느 직업을 체험하는 것이 좋을지 써 보세요.

( )

[34~36] 2024년 1월에 우리나라를 방문한 외국인 방문객 수를 조사하여 나타낸 막대그래프입니다. 물음에 답하세요.

나라별 외국인 방문객 수

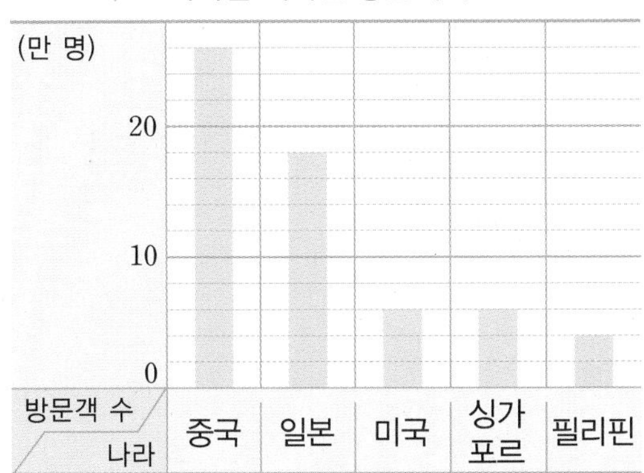

34 2024년 1월에 우리나라를 방문한 외국인 중 어느 나라 사람이 가장 많을까요?

( )

35 2024년 1월에 우리나라를 방문한 일본 방문객 수는 싱가포르 방문객 수의 몇 배일까요?

( )

서술형

36 공항 안내데스크 직원은 어느 나라 말을 잘하는 것이 좋을지 쓰고 그 까닭을 써 보세요.

( )

까닭

[37~38] 현주가 음식 100 g에서 얻는 열량과 1시간 동안 운동했을 때 소모되는 열량을 조사하여 나타낸 막대그래프입니다. 물음에 답하세요.

음식별 열량

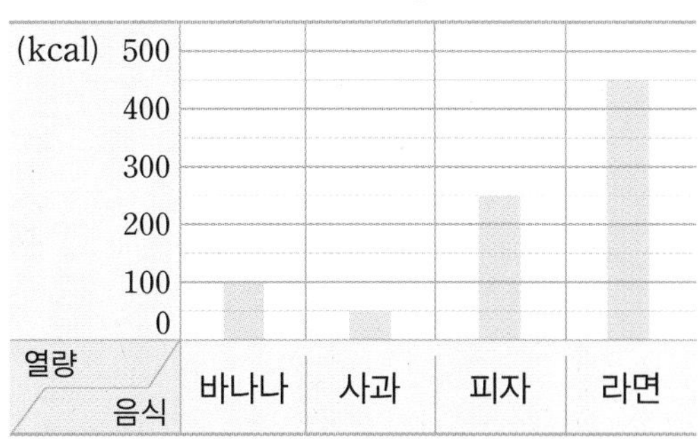

운동별 소모되는 열량

(kcal) 500 400 300 200 100 0

열량 / 운동: 걷기, 수영, 자전거 타기, 훌라후프

37 두 막대그래프를 보고 알 수 있는 내용을 각각 써 보세요.

음식별 열량

운동별 소모되는 열량

창의+ 서술형

38 피자 100 g에서 얻은 열량을 1시간 동안 모두 소모시키려면 어떤 운동을 하면 좋을지 쓰고 그 까닭을 써 보세요.

( )

까닭

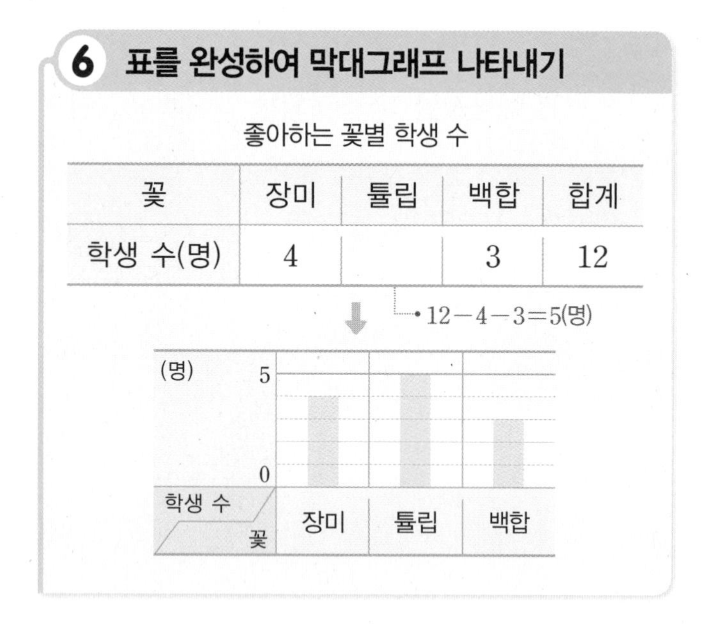

6 표를 완성하여 막대그래프 나타내기

좋아하는 꽃별 학생 수

꽃	장미	튤립	백합	합계
학생 수(명)	4		3	12

[39~41] 지수네 반 학생들이 가고 싶어 하는 나라를 조사하여 나타낸 표입니다. 호주에 가고 싶어 하는 학생은 몽골에 가고 싶어 하는 학생보다 1명 더 많을 때 물음에 답하세요.

가고 싶어 하는 나라별 학생 수

나라	프랑스	호주	몽골	싱가포르	합계
학생 수(명)	9			6	24

39 표를 완성해 보세요.

40 표를 보고 막대그래프로 나타내 보세요.

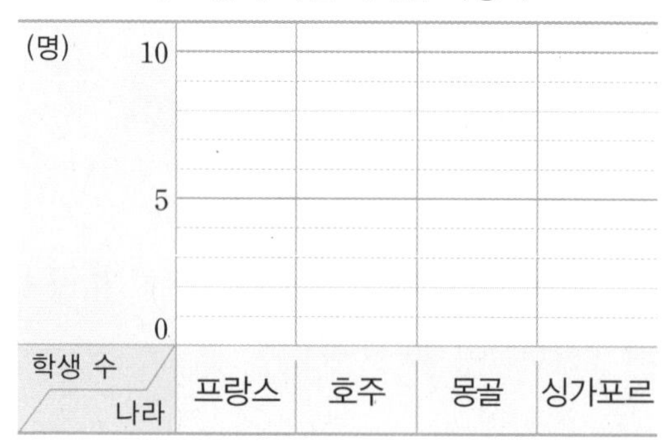

41 가고 싶어 하는 학생 수가 프랑스보다 적고 호주보다 많은 나라는 어느 나라일까요?

(　　　　　　　　)

[42~45] 어느 빵집에서 오늘 아침에 만든 종류별 빵의 수를 조사하여 나타낸 표입니다. 도넛의 수가 크로켓의 수의 2배일 때 물음에 답하세요.

종류별 빵의 수

종류	도넛	크림빵	크로켓	야채빵	합계
빵의 수(개)		40		24	112

42 도넛과 크로켓은 각각 몇 개인지 구해 보세요.

도넛 (　　　　　　　　)

크로켓 (　　　　　　　　)

43 표를 보고 막대그래프로 나타내 보세요.

종류별 빵의 수

도넛	
크림빵	
크로켓	
야채빵	
종류 / 빵의 수	0　　20　　40 (개)

44 도넛과 크림빵의 수가 같아지려면 어느 빵을 몇 개 더 만들어야 할까요?

(　　　　　　), (　　　　　　)

45 위 그래프에서 알 수 있는 내용을 두 가지 써 보세요.

7 여러 가지 항목이 나타난 막대그래프 해석하기

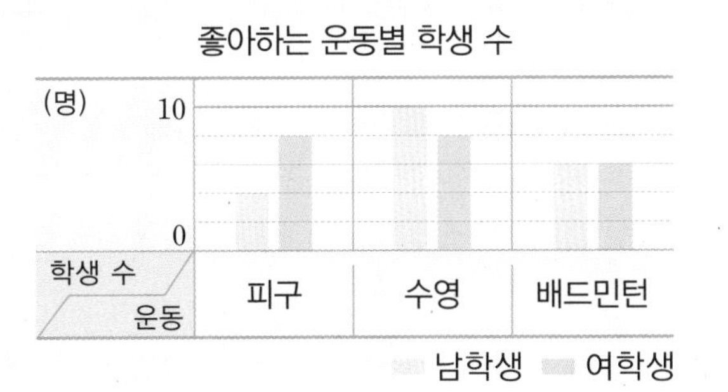

- 남학생 수와 여학생 수의 차가 가장 큰 운동: 피구
- 남학생 수와 여학생 수가 같은 운동: 배드민턴

[46~47] 두 신발 가게에서 판매한 신발 수를 조사하여 나타낸 표입니다. 물음에 답하세요.

두 신발 가게에서 판매한 신발 수

가게 \ 요일	금	토	일
A 가게	12켤레	15켤레	20켤레
B 가게	14켤레	16켤레	20켤레

46 표를 보고 막대그래프를 각각 완성해 보세요.

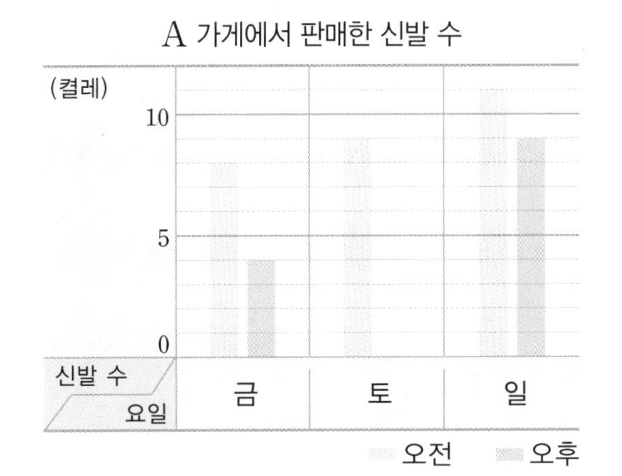

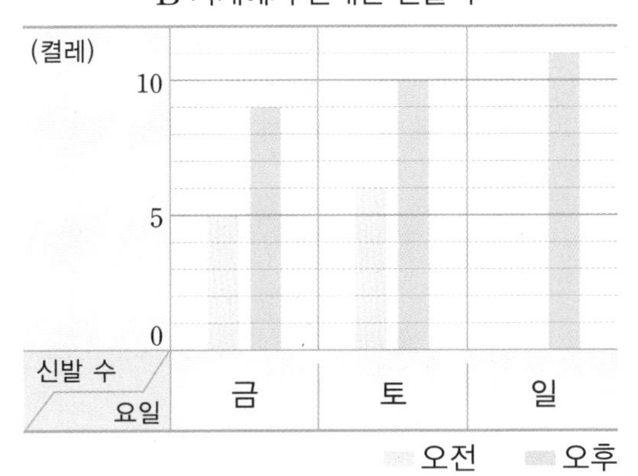

47 두 가게 중 어느 가게가 오후 늦게까지 문을 여는 것이 좋을까요?

(　　　　　　　　)

[48~50] 해인, 수민, 윤서 세 명의 학생 중에서 반 줄넘기 대표를 뽑으려고 합니다. 세 학생의 3회 줄넘기 기록을 나타낸 막대그래프를 보고 물음에 답하세요.

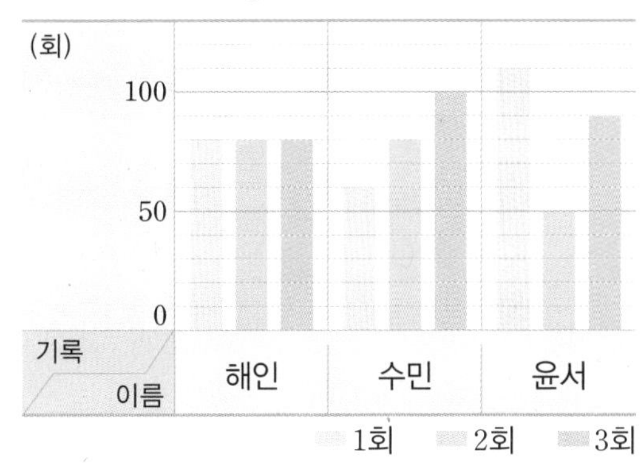

48 수민이의 2회 줄넘기 기록은 몇 회일까요?

(　　　　　　　　)

49 1회부터 3회까지의 줄넘기 기록의 합이 가장 큰 사람은 누구일까요?

(　　　　　　　　)

서술형

50 누구를 반 줄넘기 대표로 뽑으면 좋을지 쓰고, 그 까닭을 써 보세요.

(　　　　　　　　)

까닭

심화유형 1 표와 막대그래프 완성하기

건우네 학교 4학년 학생들이 환경보호를 위해 할 수 있는 활동을 조사하여 나타낸 표와 막대그래프입니다. 대중교통 이용하기를 고른 학생이 물 아껴 쓰기를 고른 학생보다 6명 더 많을 때 표와 막대그래프를 완성해 보세요.

환경보호를 위해 할 수 있는 활동별 학생 수

할 수 있는 활동	전기 아껴 쓰기	대중교통 이용하기	물 아껴 쓰기	일회용품 쓰지 않기	합계
학생 수(명)	18			20	

환경보호를 위해 할 수 있는 활동별 학생 수

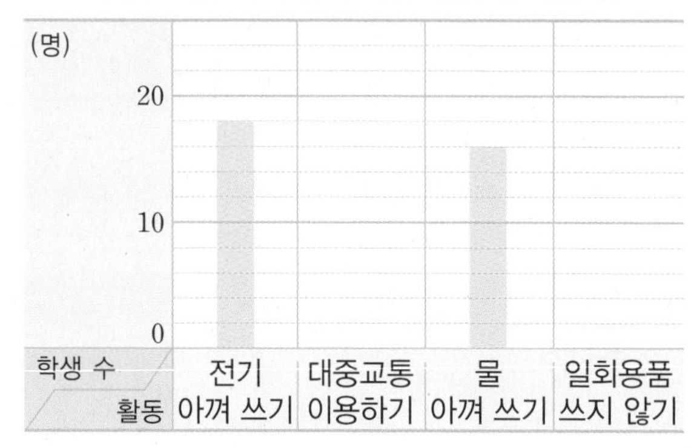

● 핵심 NOTE
• 막대그래프에 나타난 막대와 주어진 조건을 이용하여 표를 완성하고, 완성된 표를 이용하여 막대그래프를 완성합니다.

1-1 태영이네 모둠 학생들이 갯벌에서 잡은 조개 수를 조사하여 나타낸 표와 막대그래프입니다. 지호가 잡은 조개 수가 태영이가 잡은 조개 수의 3배일 때 표와 막대그래프를 각각 완성해 보세요.

학생별 갯벌에서 잡은 조개 수

이름	태영	은진	지호	예음	합계
조개 수(개)		60		70	

학생별 갯벌에서 잡은 조개 수

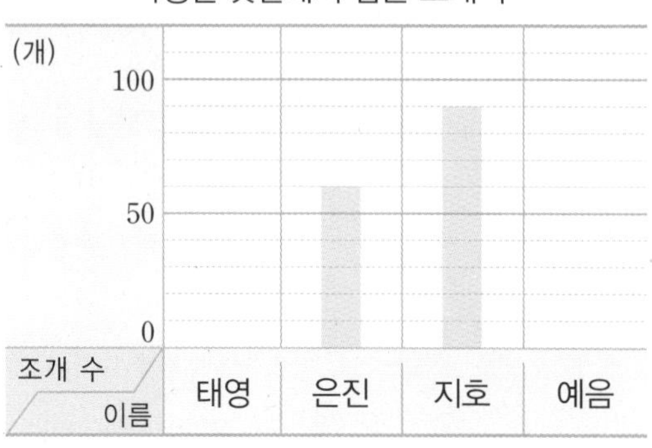

막대가 두 개인 막대그래프 알아보기

소담이네 학교 4학년 반별 남녀 학생 수를 조사하여 나타낸 막대그래프입니다. 남학생 수와 여학생 수의 차가 가장 큰 반은 어느 반이고, 그 차는 몇 명일까요?

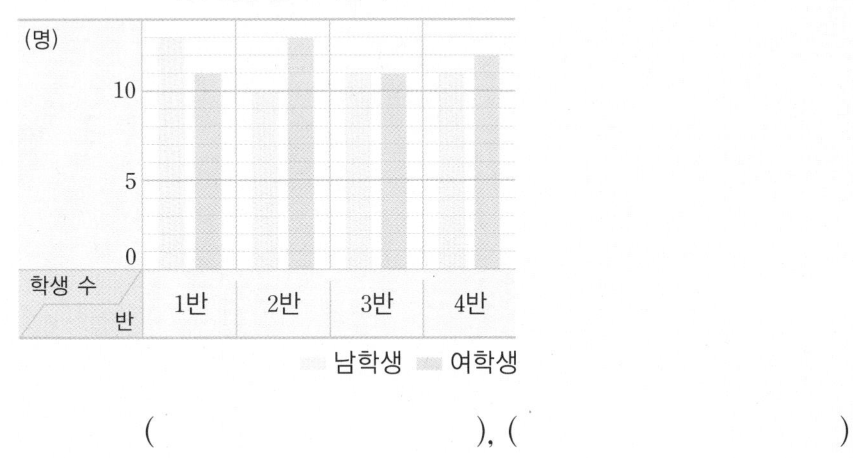

( ), ( )

핵심 NOTE

- 두 가지 항목을 하나의 그래프로 나타낸 막대그래프에서는 막대의 색깔에 주의하여 알아봅니다.
- 남녀 학생 수의 차를 구하는 문제이므로 각 반별로 두 막대의 길이를 비교하여 막대의 길이의 차가 가장 큰 반을 찾습니다.

2-1 어느 블로그의 요일별 방문자 수를 조사하여 나타낸 막대그래프입니다. 방문한 남자 수와 여자 수의 차가 가장 큰 요일은 어느 요일이고, 그 차는 몇 명일까요?

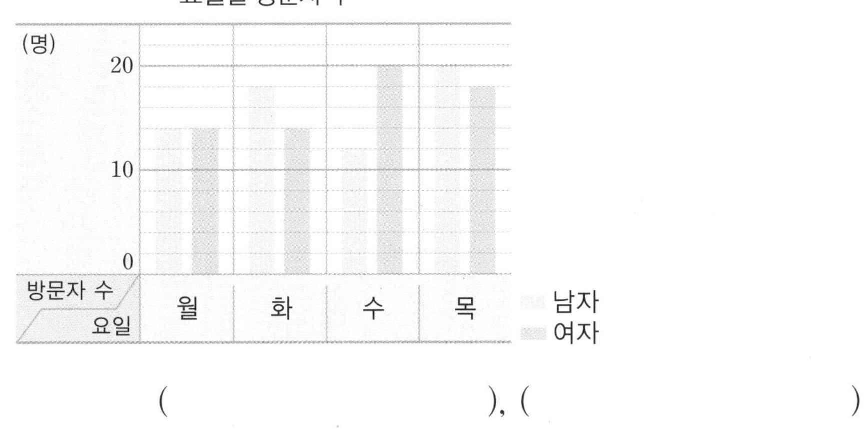

( ), ( )

5

2-2 2-1의 그래프에서 방문자 수가 같은 요일을 써 보세요.

( ), ( )

일부분이 찢어진 막대그래프 알아보기

혜주네 학교 4학년 반별 안경을 쓴 학생 수를 조사하여 나타낸 막대그래프의 일부분이 찢어졌습니다. 3반의 안경을 쓴 학생 수는 4반의 안경을 쓴 학생 수의 2배이고, 2반의 안경을 쓴 학생 수는 3반의 안경을 쓴 학생 수보다 1명 더 많습니다. 2반과 3반의 안경을 쓴 학생 수를 각각 구해 보세요.

반별 안경을 쓴 학생 수

(명)
10
5
0
학생 수 / 반
1반 2반 3반 4반

2반 (　　　　　　　　)
3반 (　　　　　　　　)

● 핵심 NOTE
• 찢어지지 않은 부분의 막대와 주어진 조건을 이용하여 찢어져서 보이지 않는 부분의 안경을 쓴 학생 수를 구합니다.

3-1 송현이네 화단에 있는 종류별 꽃의 수를 조사하여 나타낸 막대그래프의 일부분이 찢어졌습니다. 백합은 튤립의 3배이고, 국화는 백합보다 6송이 더 적습니다. 백합과 국화의 수를 각각 구해 보세요.

화단에 있는 종류별 꽃의 수

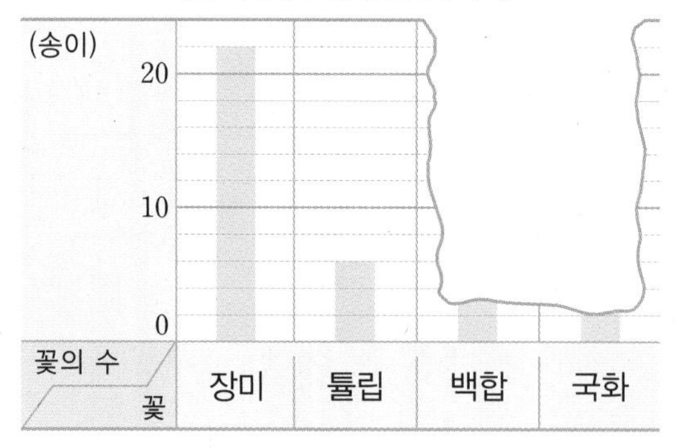

백합 (　　　　　　　　)
국화 (　　　　　　　　)

전기밥솥의 전력소비량 구하기

전력은 열에너지, 화학에너지 등을 변환시켜 생산한 전기에너지로 W(와트)라는 단위를 사용합니다. 전력소비량은 단위 시간당 전력 사용량을 의미하며 Wh(와트시)라는 단위를 사용합니다. 다음은 가전용품의 전력소비량을 나타낸 막대그래프입니다. 네 제품의 전력소비량의 합이 3600 Wh일 때 전기밥솥의 전력소비량은 몇 Wh인지 구해 보세요.

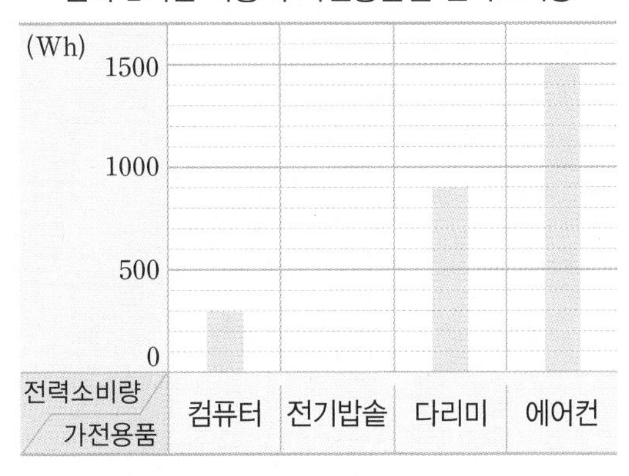

1단계 막대그래프를 보고 컴퓨터, 다리미, 에어컨의 전력소비량 각각 구하기

2단계 전력소비량의 합을 이용하여 전기밥솥의 전력소비량 구하기

( )

● **핵심 NOTE**

1단계 막대그래프를 보고 컴퓨터, 다리미, 에어컨의 전력소비량을 각각 구합니다.

2단계 전력소비량의 합을 이용하여 전기밥솥의 전력소비량을 구합니다.

4-1

오른쪽은 민우네 집에 있는 가전용품의 전력소비량을 나타낸 막대그래프입니다. 네 제품의 전력소비량의 합이 250Wh일 때 형광등의 전력소비량은 몇 Wh인지 구해 보세요.

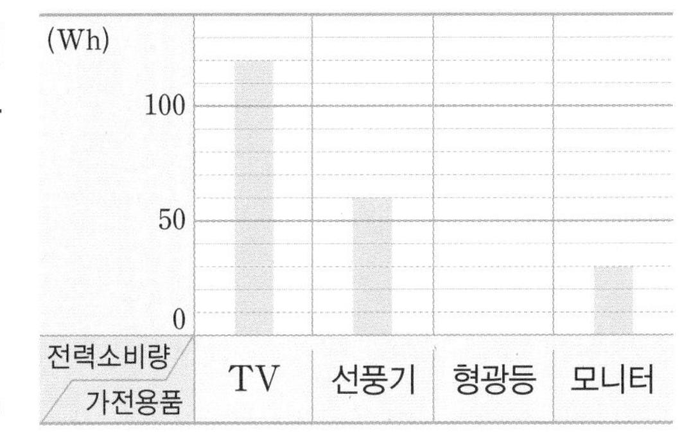

( )

5

단원 평가 Level ❶

점수

확인

[1~4] 어느 해 2월의 날씨를 조사하여 나타낸 막대그래프입니다. 물음에 답하세요.

날씨별 날수

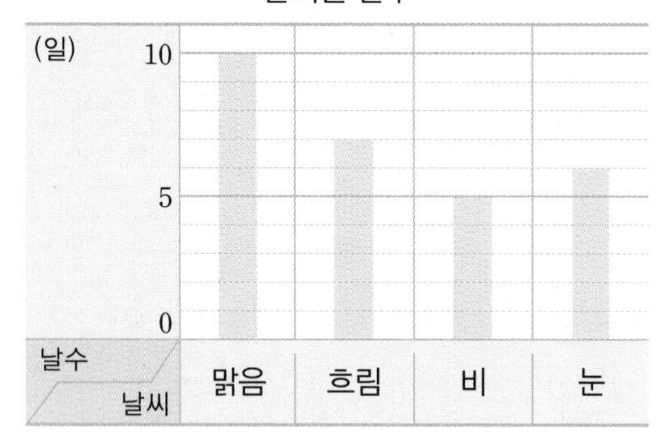

1 막대의 길이는 무엇을 나타낼까요?

( )

2 맑은 날은 며칠일까요?

( )

3 날수가 가장 적은 날씨의 종류는 무엇일까요?

( )

4 흐린 날은 눈이 온 날보다 며칠 더 많을까요?

( )

[5~8] 주영이네 반 학생들이 좋아하는 운동을 조사하여 나타낸 표입니다. 물음에 답하세요.

좋아하는 운동별 학생 수

운동	달리기	줄넘기	피구	축구	합계
학생 수(명)	6	3	12	7	28

5 표를 막대그래프로 나타낼 때 학생 수를 나타내는 눈금은 적어도 몇 명까지 나타낼 수 있어야 할까요?

( )

6 표를 보고 막대그래프로 나타내 보세요.

(명)
10
5
0
학생 수
운동

7 가장 많은 학생들이 좋아하는 운동은 무엇일까요?

( )

8 달리기보다 더 많은 학생들이 좋아하는 운동을 모두 찾아 써 보세요.

( )

[9~11] 연수네 반 학생들의 취미를 조사하였습니다. 물음에 답하세요.

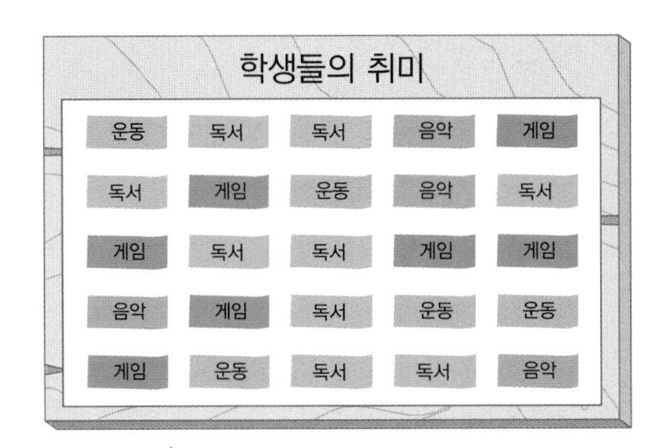

9 조사한 자료를 표로 정리해 보세요.

취미					합계
학생 수(명)					

10 표를 보고 막대그래프로 나타내 보세요.

(명) 10

5

0

학생 수 / 취미

11 표를 보고 학생 수가 많은 것부터 차례로 막대그래프로 나타내 보세요.

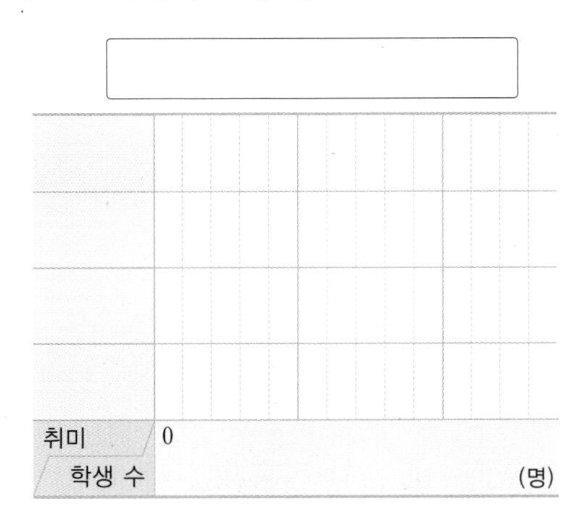

[12~15] 성민이네 학교 4학년 학생들이 좋아하는 간식을 조사하여 나타낸 막대그래프입니다. 물음에 답하세요.

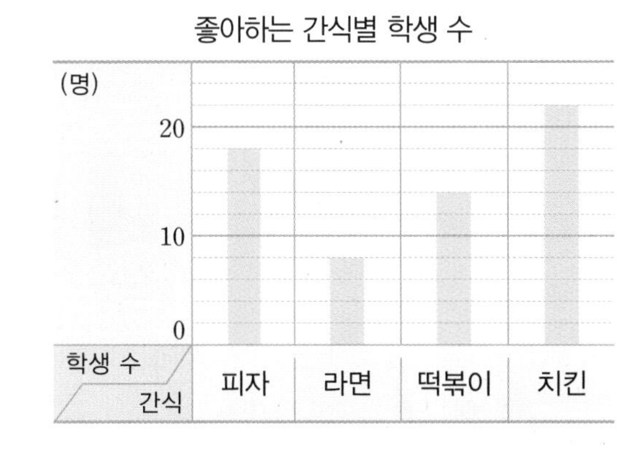

12 그래프에서 가로와 세로는 각각 무엇을 나타낼까요?

가로 (　　　　　　　　)

세로 (　　　　　　　　)

13 세로 눈금 한 칸은 몇 명을 나타낼까요?

(　　　　　　　　)

14 떡볶이를 좋아하는 학생은 몇 명일까요?

(　　　　　　　　)

15 많은 학생들이 좋아하는 간식부터 차례로 써 보세요.

(　　　　　　　　)

5

[16~18] 어느 지역의 연도별 쌀 생산량을 조사하여 나타낸 막대그래프입니다. 물음에 답하세요.

연도별 쌀 생산량

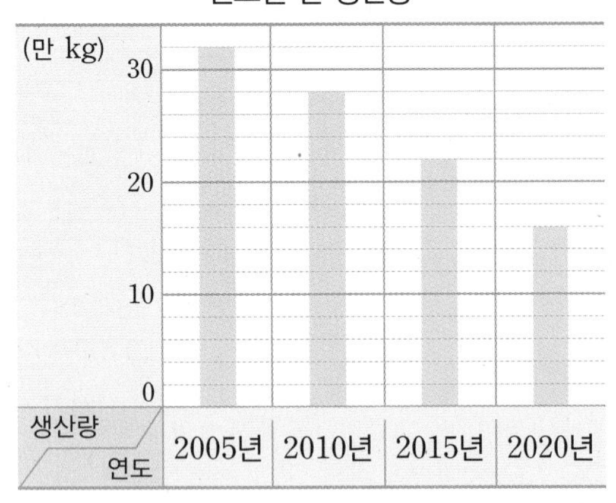

16 2005년의 쌀 생산량은 몇 kg일까요?

( )

17 2010년과 2020년의 쌀 생산량의 차는 몇 kg일까요?

( )

18 2025년의 쌀 생산량은 어떻게 변할지 예상해 보세요.

19 현주네 반 학생 30명의 혈액형을 조사하여 나타낸 막대그래프입니다. AB형인 학생은 몇 명인지 풀이 과정을 쓰고 답을 구해 보세요.

혈액형별 학생 수

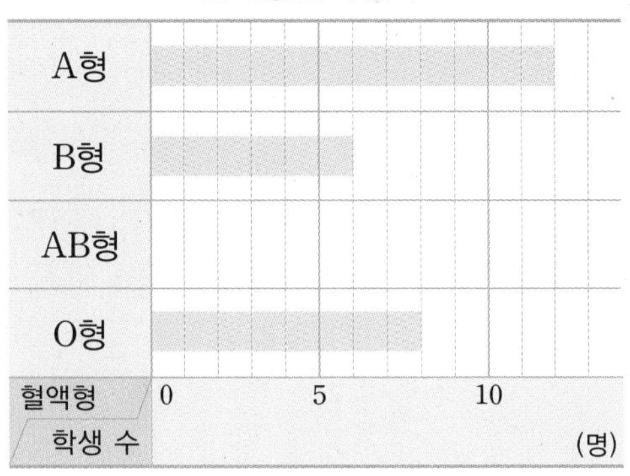

풀이

답

20 우주네 반 학생들이 관찰하고 싶은 곤충을 조사하여 나타낸 막대그래프입니다. 두 가지 곤충을 관찰할 수 있다면 어떤 곤충을 관찰하는 것이 좋을지 정하고 그 까닭을 써 보세요.

관찰하고 싶은 곤충별 학생 수

(명) 10, 5, 0

학생 수 / 곤충: 배추흰나비, 장수풍뎅이, 사슴벌레, 개미

답 ,

까닭

단원 평가 Level 2

점수

확인

[1~4] 어느 동물원의 동물 수를 조사하여 나타낸 막대그래프입니다. 물음에 답하세요.

동물원의 동물 수

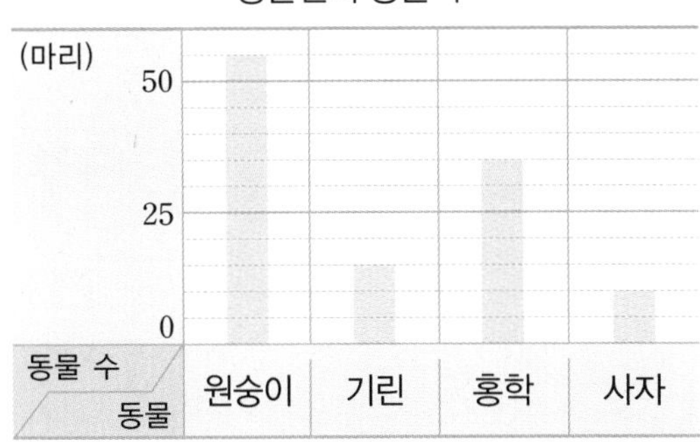

1 막대그래프에서 세로 눈금 한 칸은 몇 마리를 나타낼까요?

( )

2 홍학은 몇 마리일까요?

( )

3 기린보다 적은 동물은 어느 동물일까요?

( )

4 가장 많은 동물과 가장 적은 동물의 차는 몇 마리일까요?

( )

[5~9] 하민이네 학교의 방과후 강좌별 수강생 수를 조사하여 나타낸 표입니다. 물음에 답하세요.

강좌별 수강생 수

강좌	컴퓨터	레고	발레	과학 실험	합계
수강생 수(명)	7	14	12		43

5 조사한 수강생은 모두 몇 명일까요?

( )

6 과학 실험 수강생은 몇 명일까요?

( )

7 표를 보고 막대그래프로 나타내 보세요.

강좌별 수강생 수

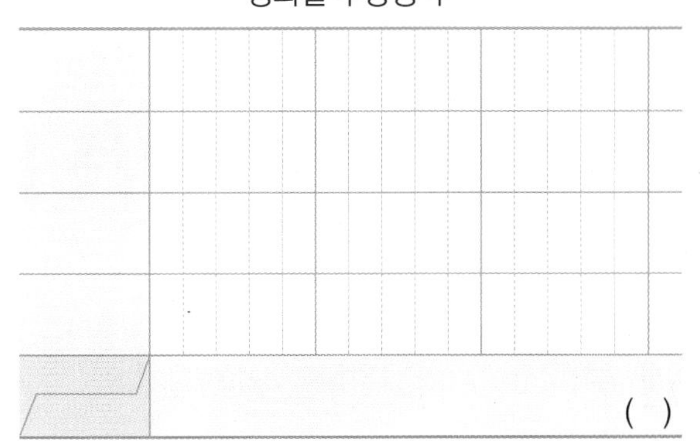

8 수강생이 둘째로 적은 강좌는 무엇일까요?

( )

9 수강생이 가장 많은 강좌의 수강생 수는 수강생이 가장 적은 강좌의 수강생 수의 몇 배일까요?

( )

10 선우네 반 학생 26명이 좋아하는 놀이기구를 조사하여 나타낸 막대그래프입니다. 자이로드롭을 좋아하는 학생은 몇 명일까요?

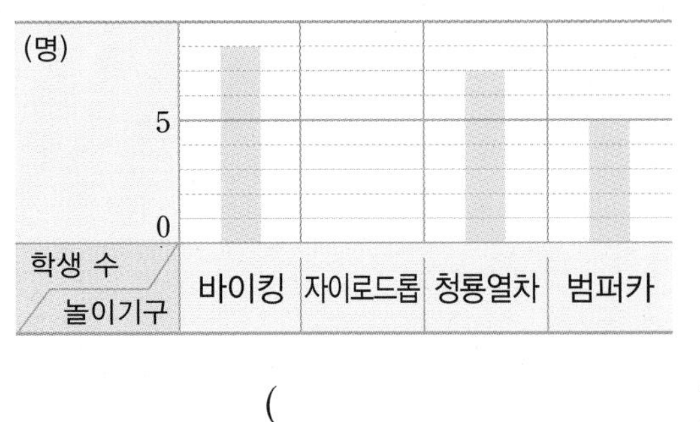

(　　　　　　　　　)

[11~12] 박물관의 요일별 입장객 수를 조사하여 나타낸 막대그래프입니다. 물음에 답하세요.

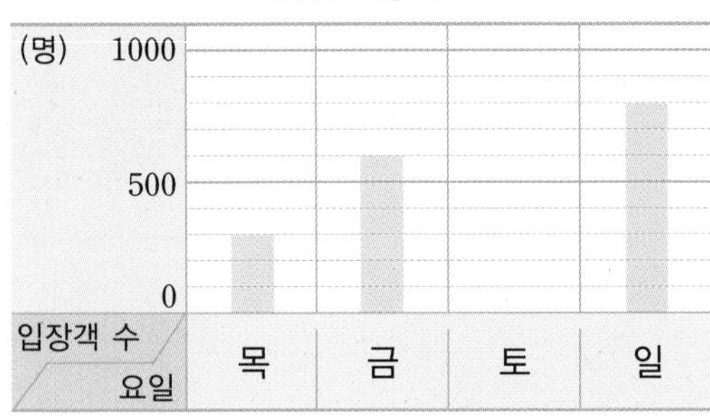

11 목요일의 입장객 수는 몇 명일까요?

(　　　　　　　　　)

12 토요일의 입장객 수는 목요일의 입장객 수의 3배입니다. 토요일의 입장객 수는 몇 명일까요?

(　　　　　　　　　)

[13~14] 유빈이가 서울에서 외국인 관광객들이 가고 싶어 하는 장소를 조사하여 나타낸 막대그래프입니다. 물음에 답하세요.

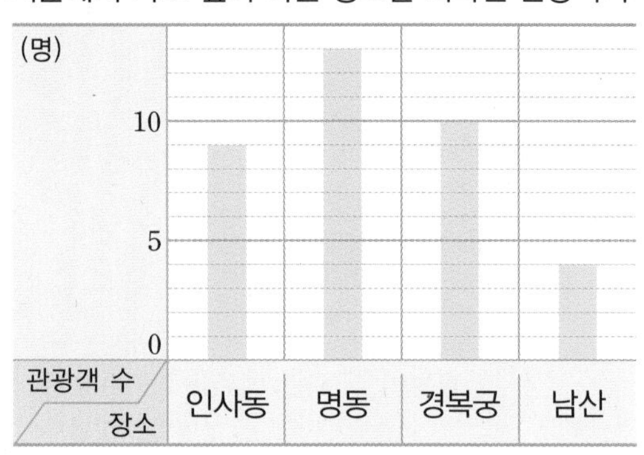

13 막대그래프를 보고 옳은 것을 모두 찾아 기호를 써 보세요.

> ㉠ 조사한 외국인 관광객 수는 모두 36명입니다.
> ㉡ 인사동에 가고 싶어 하는 외국인 관광객 수는 남산에 가고 싶어 하는 외국인 관광객 수의 2배입니다.
> ㉢ 유빈이가 조사한 외국인 관광객들이 가고 싶어 하는 장소는 4곳입니다.

(　　　　　　　　　)

14 외국인 관광객을 많이 만나려면 어느 장소로 가면 좋을까요?

(　　　　　　　　　)

[15~18] 도윤이네 학교에 있는 나무 수를 조사하여 나타낸 막대그래프의 일부분이 찢어졌습니다. 벚나무는 단풍나무의 2배이고, 소나무는 은행나무보다 5그루 적다고 합니다. 물음에 답하세요.

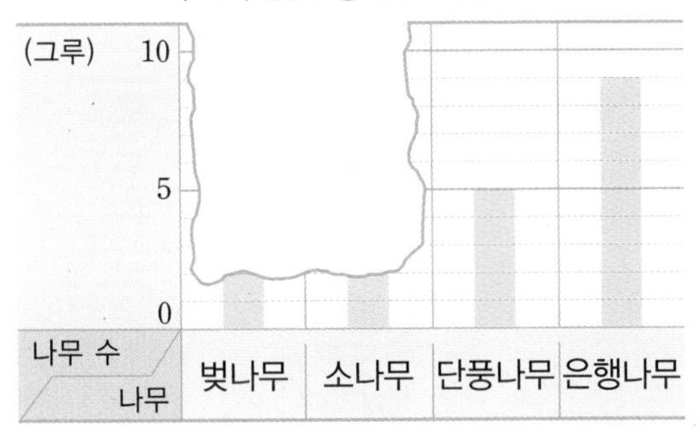

15 학교에 있는 벚나무와 소나무는 각각 몇 그루인지 차례로 써 보세요.

( ), ( )

16 막대그래프를 완성해 보세요.

학교에 있는 종류별 나무 수

(그루) 10, 5, 0

나무 수 / 나무: 벚나무, 소나무, 단풍나무, 은행나무

17 가장 많은 나무 수와 가장 적은 나무 수의 차는 몇 그루일까요?

( )

18 나무를 더 심어서 종류별로 나무의 수가 같도록 하려면 가장 많이 심어야 하는 나무는 무엇일까요?

( )

19 편의점 수가 둘째로 적은 마을은 어느 마을인지 풀이 과정을 쓰고 답을 구해 보세요.

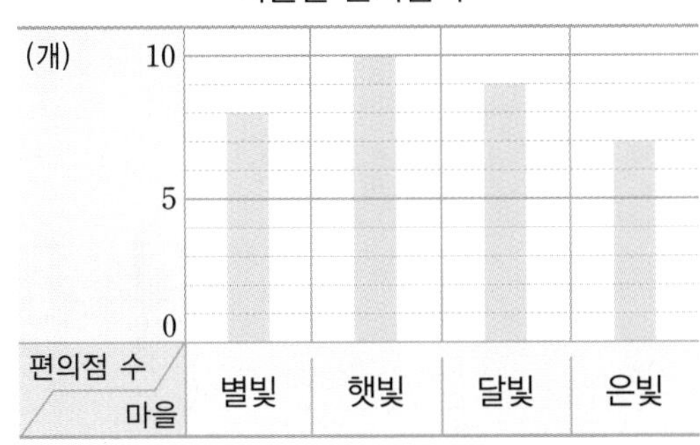

풀이

답

20 짜장면을 짬뽕보다 몇 그릇 더 많이 판매했는지 풀이 과정을 쓰고 답을 구해 보세요.

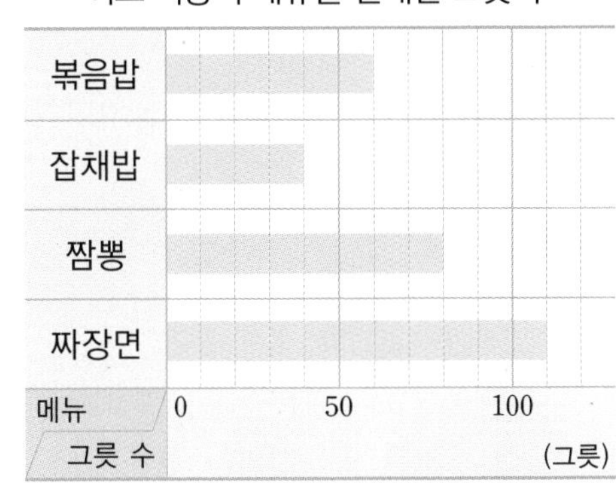

풀이

답

6 규칙 찾기

1개 ➡ 3개 ➡ 6개…?

그 다음에는 몇 개지?

규칙을 찾으면 알 수 있어!

규칙을 찾으면 다음을 알 수 있어!

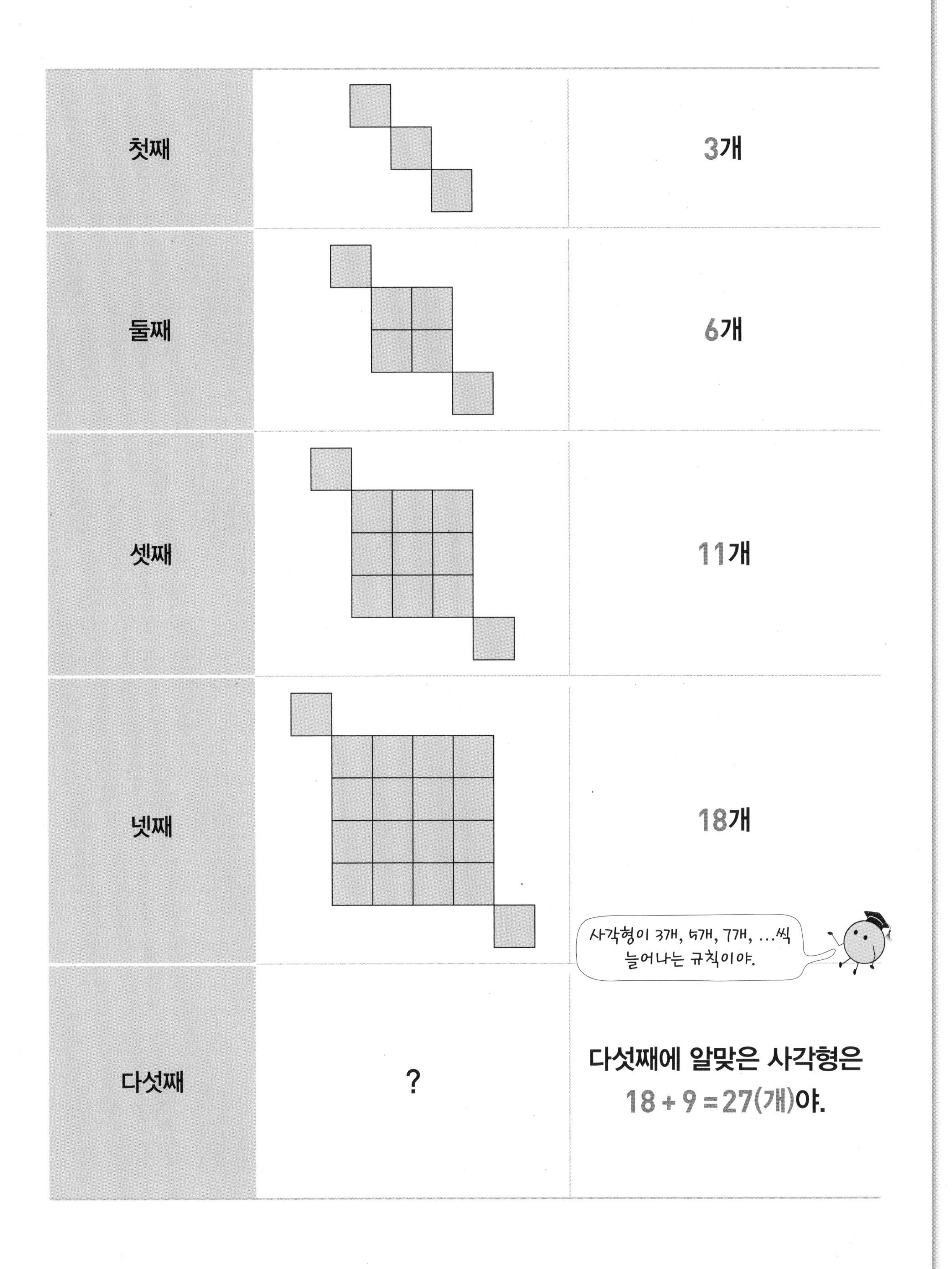

첫째		3개
둘째		6개
셋째		11개
넷째		18개
다섯째	?	다섯째에 알맞은 사각형은 18 + 9 = 27(개)야.

1 수의 배열에서 규칙을 찾아볼까요

개념 강의

수 배열표에서 규칙 찾기(1)

101	111	121	131	141
201	211	221	231	241
301	311	321	331	341
401	411	421	431	441

- 가로(→) 방향에서 규칙 찾기: 오른쪽으로 10씩 커지는 규칙입니다.
- 세로(↓) 방향에서 규칙 찾기: 아래쪽으로 100씩 커지는 규칙입니다.

수 배열표에서 규칙 찾기(2)

2	4	8	16	32
20	40	80	160	320
200	400	800	1600	3200
2000	4000	8000	16000	32000

- 가로(→) 방향에서 규칙 찾기: 오른쪽으로 2씩 곱하는 규칙입니다.
- 세로(↓) 방향에서 규칙 찾기: 아래쪽으로 10씩 곱하는 규칙입니다.

수 배열표에서 여러 가지 규칙 찾기
- 왼쪽으로 10씩 작아집니다.
- 위쪽으로 100씩 작아집니다.
- ↘ 방향으로 110씩 커집니다.
- ↖ 방향으로 110씩 작아집니다.
- ↙ 방향으로 90씩 커집니다.
- ↗ 방향으로 90씩 작아집니다.

1 수 배열표를 보고 물음에 답하세요.

150	145	140	135
350	345	340	335
550	545	540	535
750	745	740	735

(1) 가로(→) 방향에서 규칙을 찾아보세요.

규칙 오른쪽으로 ☐씩

(커지는 , 작아지는) 규칙입니다.

(2) 세로(↓) 방향에서 규칙을 찾아보세요.

규칙 아래쪽으로 ☐씩

(커지는 , 작아지는) 규칙입니다.

2 수 배열표를 보고 물음에 답하세요.

81	27	9	3
810	270	90	30
8100	2700	900	300
81000	27000	9000	3000

(1) 가로(→) 방향에서 규칙을 찾아보세요.

규칙 오른쪽으로 ☐씩

(곱하는 , 나누는) 규칙입니다.

(2) 세로(↓) 방향에서 규칙을 찾아보세요.

규칙 아래쪽으로 ☐씩

(곱하는 , 나누는) 규칙입니다.

3

수의 배열에서 규칙을 찾아 빈칸에 알맞은 수를 써넣으세요.

4

수 배열표에서 규칙을 찾아 빈칸에 알맞은 수를 써넣으세요.

615	625	635	
515	525	535	545
415	425		445
315		335	345

5

영화관의 좌석표입니다. ■, ●에 알맞은 좌석 번호를 각각 구해 보세요.

A 5	A 6	A 7	A 8	A 9	A 10	A 11
B 5	B 6	B 7	B 8	B 9	B 10	B 11
C 5	C 6	C 7	C 8	C 9	C 10	C 11
D 5	D 6	D 7	D 8	D 9	■	D 11
E 5	E 6	E 7	●	E 9	E 10	E 11

■ (　　　　　　　　)

● (　　　　　　　　)

6

수의 배열을 보고 물음에 답하세요.

(1) 수의 배열에서 규칙을 찾아 ○표 하세요.

3부터 시작하여 오른쪽으로 6씩 더하는 규칙입니다. (　)

3부터 시작하여 오른쪽으로 3씩 곱하는 규칙입니다. (　)

(2) 빈칸에 알맞은 수를 써넣으세요.

7

수의 배열을 보고 물음에 답하세요.

(1) 수의 배열에서 규칙을 찾아보세요.

규칙 ....

....

(2) 빈칸에 알맞은 수를 써넣으세요.

8

수 배열표에서 규칙을 찾아 □ 안에 알맞은 수를 써넣으세요.

	2	4	6	8
3	6	12	18	□
6	□	24	36	48
9	18	36	54	□

배운 것 연결하기 　**2학년 2학기**

×	2	3	4
2	4	6	8
3	6	9	12
4	8	12	16

- ■단 수는 오른쪽으로 갈수록 ■씩 커집니다.
- ■단 수는 아래쪽으로 갈수록 ■씩 커집니다.

2 모양의 배열에서 규칙을 찾아볼까요

● 모양의 배열에서 규칙 찾기

순서	첫째	둘째	셋째	넷째
배열				
식	1×1	2×2	3×3	4×4
수	1	4	9	16

모형( )의 수에서 규칙을 찾아 곱셈식으로 나타내면 다섯째는 5×5입니다.

➡ 다섯째에 알맞은 모형( )의 수는 $5\times5=25$(개)입니다.

다섯째

모양의 배열에서 규칙 찾기

- 모양의 규칙: 가로와 세로가 각각 1개씩 늘어나며 정사각형 모양이 됩니다.
- 수의 규칙: 모형의 수가 1개, 4개, 9개, 16개, ...로 3개, 5개, 7개, ...씩 늘어납니다.
- 다섯째에 알맞은 모양은 가로 5개, 세로 5개로 이루어진 정사각형 모양이고, 다섯째에 알맞은 모형의 수는 $16+9=25$(개)입니다.

1 모양의 배열을 보고 물음에 답하세요.

첫째 둘째 셋째 넷째

(1) 모형의 배열에서 규칙을 찾아보세요.

규칙 모형의 수가 1개부터 시작하여 위쪽과 오른쪽으로 각각 □개씩 늘어납니다.

(2) 다섯째에 알맞은 모양을 그려 보세요.

다섯째

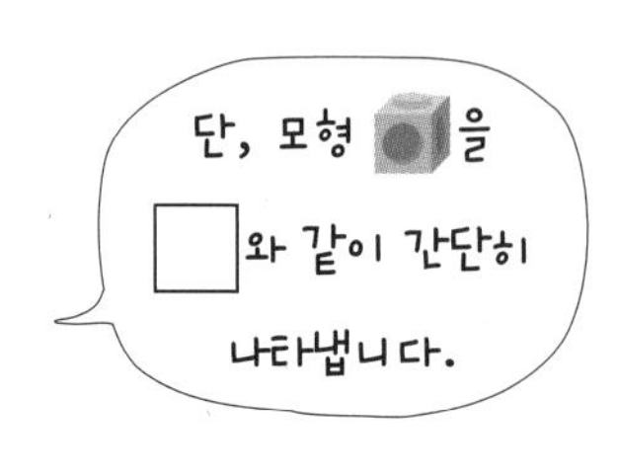

2 모양의 배열을 보고 물음에 답하세요.

첫째 둘째 셋째 넷째

(1) 모형의 배열에서 규칙을 찾아보세요.

규칙 모형의 수가 1개부터 시작하여 2개, □개, □개, ...씩 늘어납니다.

(2) 다섯째에 알맞은 모양을 그려 보세요.

다섯째

3 모양의 배열을 보고 물음에 답하세요.

첫째 둘째 셋째 넷째

(1) ▢의 배열에서 규칙을 찾아보세요.

규칙 오른쪽과 아래쪽으로 각각 ☐개씩 늘어납니다.

(2) ▢의 배열에서 규칙을 찾아보세요.

규칙 가로와 세로가 각각 1개, 2개, ☐개, ☐개, ...인 정사각형 모양이 됩니다.

(3) 다섯째에 알맞은 모양을 그려 보세요.

다섯째

4 모양의 배열을 보고 물음에 답하세요.

첫째 둘째 셋째 넷째

(1) 모양의 배열에서 규칙을 찾아보세요.

규칙 ▢을 중심으로 시계 방향으로 돌면서 ▢이 ☐개씩 늘어납니다.

(2) 여섯째에 알맞은 모양에서 ▢은 몇 개일까요?

( )

5 모양의 배열에서 수의 규칙을 찾아 ☐ 안에 알맞은 수를 써넣으세요.

순서	식	수
첫째	1	1
둘째	1+2	3
셋째	1+2+2	☐
넷째	1+2+2+☐	☐
다섯째	1+2+2+☐+☐	☐

6 모양의 배열을 보고 물음에 답하세요.

첫째 둘째 셋째

(1) 모양의 배열에서 규칙을 찾아보세요.

규칙 ....

(2) 다섯째에 알맞은 모양에서 ▢은 몇 개일까요?

( )

배운 것 연결하기 2학년 2학기

쌓기나무가 왼쪽과 위쪽으로 각각 1개씩 늘어납니다.

3 계산식의 배열에서 규칙을 찾아볼까요

● 덧셈식의 배열에서 규칙 찾기

순서	덧셈식
첫째	$1+2+1=4$
둘째	$1+2+3+2+1=9$
셋째	$1+2+3+4+3+2+1=16$
넷째	$1+2+3+4+5+4+3+2+1=25$

- 계산 결과는 덧셈식의 가운데 수를 두 번 곱한 것과 같습니다.
- 다섯째 덧셈식은 $1+2+3+4+5+6+5+4+3+2+1=36$입니다.

왼쪽 덧셈식에서 규칙 찾기
- 더하는 수가 2개씩 늘어납니다.
- 덧셈식의 가운데 수가 1씩 커집니다.
- 덧셈식의 가운데 수가 1씩 커지면 계산 결과는 1씩 커지는 수를 두 번 곱한 수입니다.

● 곱셈식의 배열에서 규칙 찾기

순서	곱셈식
첫째	$1\times1=1$
둘째	$11\times11=121$
셋째	$111\times111=12321$
넷째	$1111\times1111=1234321$

- 계산 결과의 가운데 숫자는 그 단계의 숫자입니다.
- 단계가 올라갈수록 자리 수가 2개씩 늘어납니다.
- 다섯째 곱셈식은 $11111\times11111=123454321$입니다.

왼쪽 곱셈식에서 규칙 찾기
- 단계가 올라갈수록 1이 1개씩 늘어나는 두 수를 곱합니다.
- 곱한 결과의 각 자리 숫자 중 가운데 숫자가 가장 큽니다.
- 곱한 결과는 가운데를 중심으로 접으면 똑같은 숫자가 서로 만납니다.

1 계산식을 보고 물음에 답하세요.

㉮
$515+234=749$
$515+244=759$
$515+254=769$
$515+264=779$

㉯
$202+303=505$
$212+313=525$
$222+323=545$
$232+333=565$

㉰
$537-234=303$
$637-334=303$
$737-434=303$
$837-534=303$

㉱
$985-153=832$
$885-253=632$
$785-353=432$
$685-453=232$

(1) 설명에 맞는 계산식을 찾아 기호를 써 보세요.

> 같은 자리 수가 똑같이 커지는 두 수의 차는 항상 일정합니다.

(　　　　　　　　)

(2) 지우의 생각과 같은 규칙적인 계산식을 찾아 기호를 써 보세요.

(　　　　　　　　)

2 계산식을 보고 물음에 답하세요.

㉮

$10\times11=110$
$20\times11=220$
$30\times11=330$
$40\times11=440$

㉯

$11\times11=121$
$11\times22=242$
$11\times33=363$
$11\times44=484$

㉰

$1210\div11=110$
$2420\div22=110$
$3630\div33=110$
$4840\div44=110$

㉱

$1100\div50=22$
$880\div40=22$
$660\div30=22$
$440\div20=22$

(1) 설명에 맞는 계산식을 찾아 기호를 써 보세요.

10부터 40까지 수 중 일의 자리 수가 0인 수에 11을 곱하면 백의 자리 수와 십의 자리 수가 같은 세 자리 수가 나옵니다.

( )

(2) 유미의 생각과 같은 규칙적인 계산식을 찾아 기호를 써 보세요.

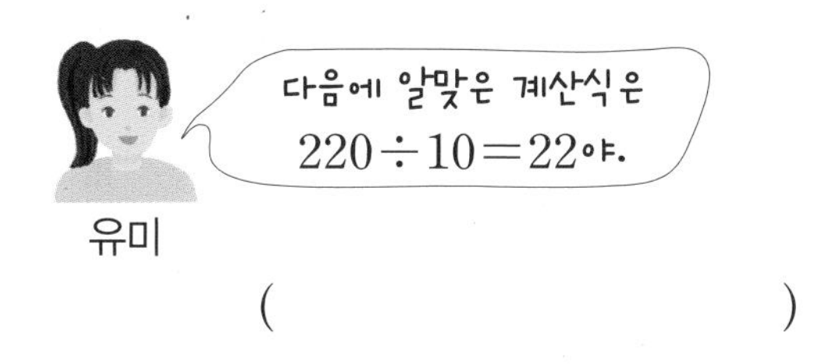

( )

3 곱셈식의 배열에서 규칙을 찾아 빈칸에 알맞은 곱셈식을 써넣으세요.

순서	곱셈식
첫째	$101\times11=1111$
둘째	
셋째	$303\times11=3333$
넷째	$404\times11=4444$

4 덧셈식의 배열을 보고 물음에 답하세요.

순서	덧셈식
첫째	$1+11=12$
둘째	$12+111=123$
셋째	$123+1111=1234$
넷째	$1234+11111=12345$

(1) 덧셈식의 배열에서 규칙을 찾아 다섯째 덧셈식을 써 보세요.

덧셈식

(2) 계산 결과가 123456789가 되는 덧셈식은 몇째인지 구해 보세요.

( )

5 곱셈식의 배열을 보고 물음에 답하세요.

순서	곱셈식
첫째	$9\times9=81$
둘째	$99\times89=8811$
셋째	$999\times889=888111$
넷째	$9999\times8889=88881111$

(1) 곱셈식의 배열에서 규칙을 찾아 다섯째 곱셈식을 써 보세요.

곱셈식

(2) 계산 결과가 888888111111이 되는 곱셈식은 몇째인지 구해 보세요.

( )

4 등호(=)가 있는 식을 알아볼까요

● **크기가 같은 두 양을 식으로 나타내기**

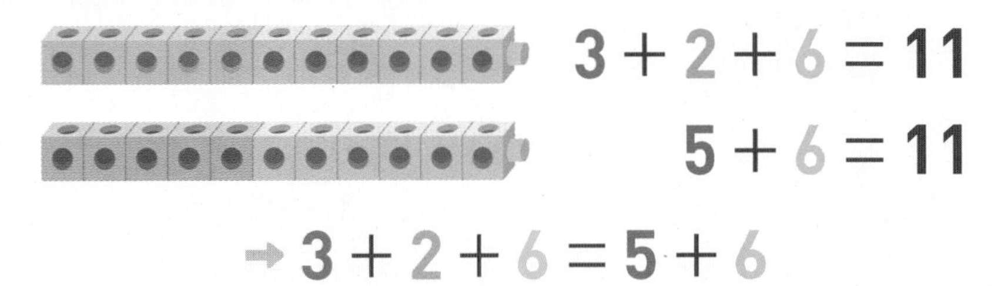

크기가 같은 두 양을 등호(=)를 사용하여 하나의 식으로 나타낼 수 있습니다.

● **계산하지 않고 옳은 식인지 알아보기**

2만큼 커집니다.

$11 + 9 = 13 + 7$

2만큼 작아집니다.

➡ 두 양이 같으므로 옳은 식입니다.

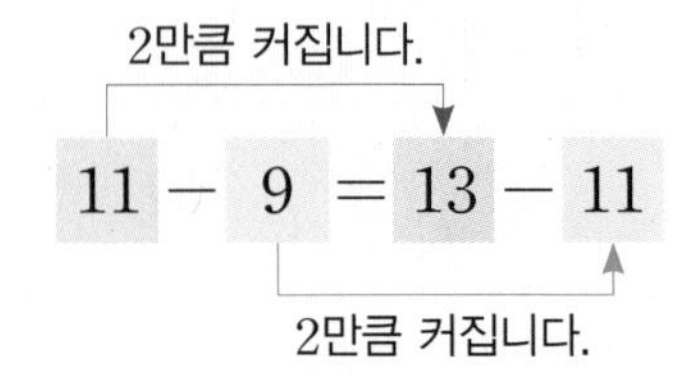

➡ 두 양이 같으므로 옳은 식입니다.

크기가 같은 두 양

3+2+6과 5+6의 크기는 같습니다.
'같습니다'는 '='로 나타냅니다.
➡ $3+2+6=5+6$

등호(=)도 부등호(>, <)처럼 두 양의 크기를 비교하는 기호입니다.

등호(=) 양쪽의 수가 얼마만큼 커지고 작아졌는지 비교하여 옳은 식인지 알 수 있습니다.

확인!

● 크기가 같은 두 양을 ☐을/를 사용하여 하나의 식으로 나타낼 수 있습니다.

1 모형을 보고 물음에 답하세요.

(1) 지아가 가지고 있는 모형의 수가 몇 개인지 덧셈식으로 나타내 보세요.

7+☐=☐

(2) 민우가 가지고 있는 모형의 수가 몇 개인지 덧셈식으로 나타내 보세요.

5+☐+☐=☐

(3) 등호(=)를 사용하여 (1), (2)의 두 식을 하나의 식으로 나타내 보세요.

식 ____________

2 수직선을 보고 $40-19=43-22$가 옳은 식인지 알아보려고 합니다. 물음에 답하세요.

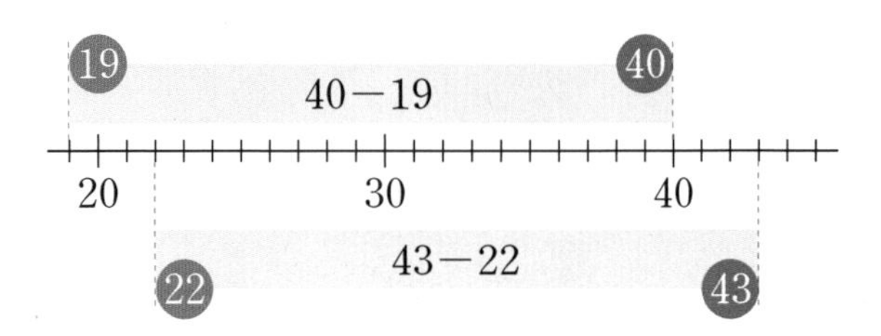

(1) ☐ 안에 알맞은 수를 써넣으세요.

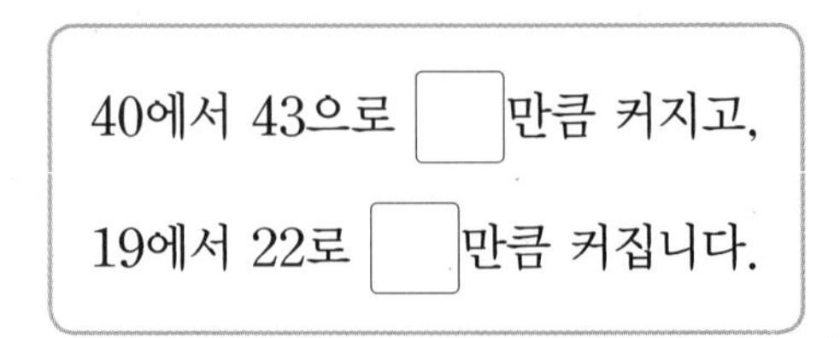

40에서 43으로 ☐만큼 커지고,
19에서 22로 ☐만큼 커집니다.

(2) 알맞은 말에 ○표 하세요.

$40-19=43-22$는
(옳은 , 옳지 않은) 식입니다.

3 계산 결과가 같은 식끼리 이어 보고 등호(=)를 사용하여 하나의 식으로 나타내 보세요.

$20+15$ •	• $13+13+13$
13×3 •	• $13+13+2$
	• $15+20$

식 ....

식 ....

4 □ 안에 알맞은 수를 써넣어 옳은 식을 만들어 보세요.

(1) $92+0=$□

(2) $53=53-$□

(3) $71+23=23+$□

(4) $4\times24=24\times$□

5 계산 결과가 같은 식을 찾아 등호(=)를 사용하여 하나의 식으로 나타내 보세요.

$65-10$	9×5
$70\div2$	$45+10$

식 ....

6 □ 안에 알맞은 수나 말을 써넣으세요.

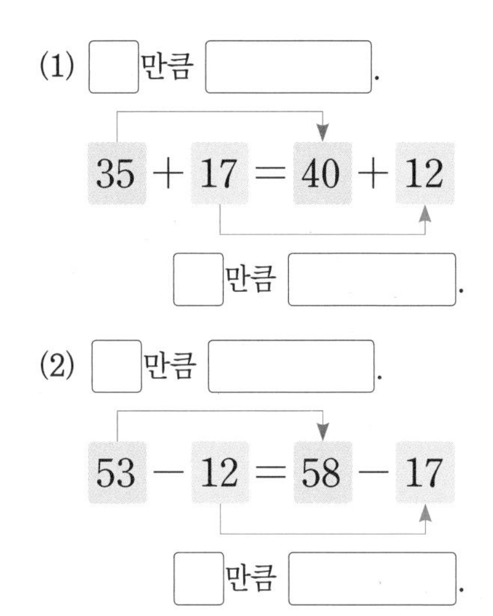

7 옳은 식을 모두 찾아 ○표 하세요.

$36=36$ (　　)

$28-15=25-12$ (　　)

$63+19=53+9$ (　　)

$3\times5=6\times10$ (　　)

$60\div6=30\div3$ (　　)

8 ▢ 안의 수를 바르게 고쳐 옳은 식을 만들어 보세요.

$58+19=60+$ 19

옳은 식 ....

1 수의 배열에서 규칙 찾기(1)

300	310	320
400	410	420
500	510	520

• 가로(→) 방향 규칙: 오른쪽으로 10씩 커집니다.
• 세로(↓) 방향 규칙: 아래쪽으로 100씩 커집니다.

1 수 배열표에서 규칙을 찾아 빈칸에 알맞은 수를 써넣으세요.

342	442	542	642
332	432	532	
322	422		622
	412	512	612

[2~3] 수 배열표를 보고 물음에 답하세요.

50004	50005	50006	50007	50008
50104	50105	50106	50107	50108
50204	50205	50206	50207	50208
50304	50305	50306	50307	50308
50404	50405	50406	50407	50408

2 50007부터 시작하여 100씩 커지는 수들에 색칠해 보세요.

3 빨간색 칸에 있는 수들의 규칙을 찾아보세요.

규칙 ....

4 수의 배열에서 규칙을 찾아 ♥, ★에 알맞은 수를 구해 보세요.

8421	♥	8221	8121	★	7921

♥ (　　　　　　), ★ (　　　　　　)

5 일부분이 찢어진 수 배열표에서 규칙을 찾아 ■에 알맞은 수를 구해 보세요.

61	64	67	70	73
161	164	167	170	173
361	364	367	370	
661	664	667	■	
1061	1064			

(　　　　　　)

[6~7] 나선 모양에 있는 수의 배열을 보고 물음에 답하세요.

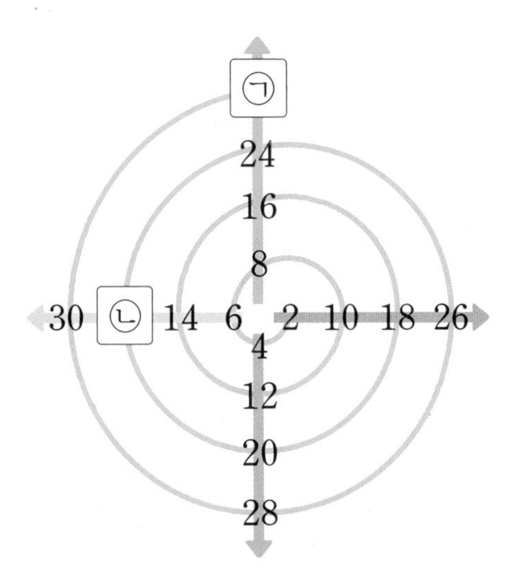

창의+

6 규칙을 두 가지 찾아보세요.

규칙 1 ....

규칙 2 ....

7 ㉠과 ㉡에 알맞은 수를 각각 구해 보세요.

㉠ (　　　　　　), ㉡ (　　　　　　)

2 수의 배열에서 규칙 찾기(2)

3	9	27
6	18	54
12	36	108

• 가로(→) 방향 규칙: 오른쪽으로 3씩 곱합니다.
• 세로(↓) 방향 규칙: 아래쪽으로 2씩 곱합니다.

8 수 배열표에서 규칙을 찾아 빈칸에 알맞은 수를 써넣으세요.

1296	432	144	48
648	216		24
324		36	12
162	54		6

서술형

9 수 배열의 규칙에 따라 빈칸에 알맞은 수는 얼마인지 풀이 과정을 쓰고 답을 구해 보세요.

15 - 45 - 135 - ☐ - 1215

풀이

답

10 수 배열표에서 규칙을 찾아 ☐ 안에 알맞은 수를 써넣으세요.

	☐	4	5	6
100	300	400	500	600
☐	900	1200	1500	1800
500	1500	☐	2500	3000
700	2100	2800	3500	☐

[11~12] 수 배열표를 보고 물음에 답하세요.

16	8	4	2
32	16	8	4
64			㉠
		㉡	

11 수 배열표를 완성했을 때 ㉠과 ㉡의 합을 구해 보세요.

( )

12 ↙ 방향에 있는 수의 배열에서 규칙을 찾아 빈칸에 알맞은 수를 써넣으세요.

13 수 배열표에서 규칙을 찾아 ■와 ▲에 알맞은 수를 각각 구해 보세요.

	213	214	215	216	217
34	2	6	0	4	8
35	5	0	5	0	■
36	8	4	0	6	2
37	1	8	5	2	9
38	4	2	▲	8	6

■ ( )
▲ ( )

6

3 모양의 배열에서 규칙 찾기

첫째 둘째 셋째 넷째

■의 수가 3개, 6개, 9개, 12개로 3개씩 늘어납니다.

14 모양의 배열에서 규칙을 찾아 셋째와 넷째에 알맞은 식과 수를 써넣으세요.

순서	첫째	둘째	셋째	넷째
배열				
식	1	1+3	1+3+3	
수	1	4		

15 모양의 배열에서 규칙을 찾아 다섯째에 알맞은 □의 수를 식으로 나타내고 모두 몇 개인지 구해 보세요.

순서	첫째	둘째	셋째
배열			
식	1	1+4	1+4+4
수	1	5	9

식 ....

답 ....

[16~17] 모양의 배열을 보고 물음에 답하세요.

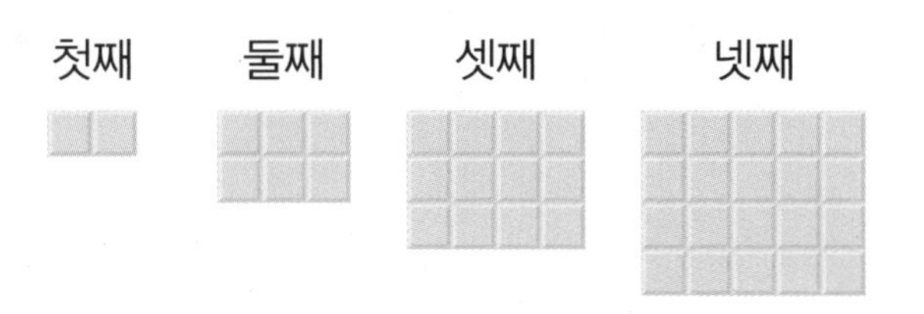

16 모양의 배열에서 규칙을 찾아보세요.

규칙 ....

17 다섯째에 알맞은 모양을 그려 보세요.

[18~19] 모양의 배열을 보고 물음에 답하세요.

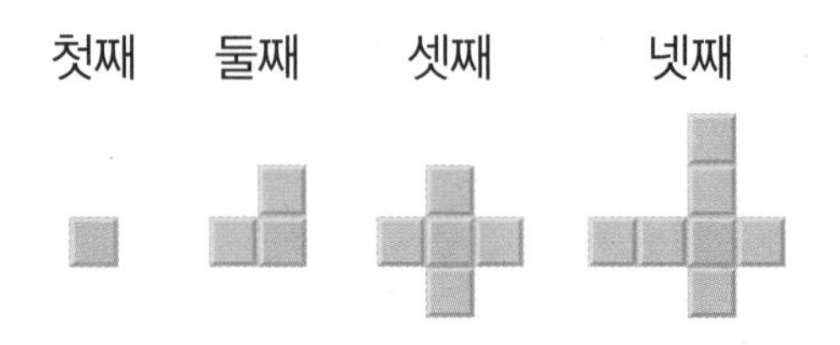

18 모양의 배열에서 규칙을 찾아보세요.

규칙 ....

19 다섯째에 알맞은 모양을 찾아 기호를 써 보세요.

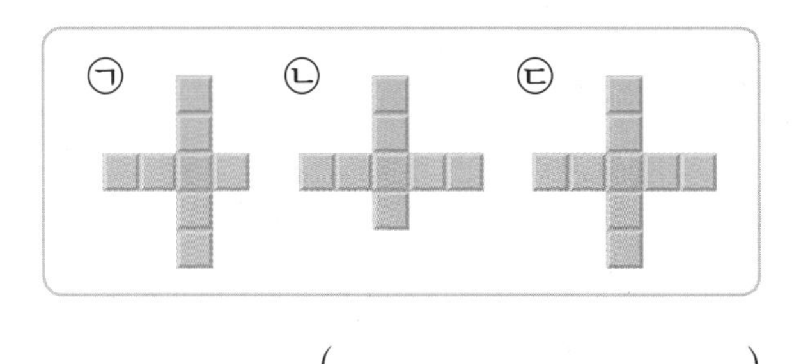

( )

4 계산식의 배열에서 규칙 찾기(1)

• 덧셈식의 배열에서 규칙 찾기

500+1600=2100	규칙
500+2700=3200	더하는 수가 1100씩
500+3800=4300	커지면 합도 1100씩
500+4900=5400	커집니다.

[20~21] 계산식을 보고 물음에 답하세요.

㉠	㉡
417+318=735	542+105=647
427+328=755	542+115=657
437+338=775	542+125=667
447+348=795	542+135=677

㉢	㉣
409−133=276	701−234=467
509−233=276	691−224=467
609−333=276	681−214=467
709−433=276	671−204=467

20 설명에 맞는 계산식을 찾아 기호를 써 보세요.

> 백의 자리 수가 똑같이 커지는 두 수의 차는 항상 일정합니다.

( )

21 민지의 생각과 같은 규칙적인 계산식을 찾아 기호를 써 보세요.

( )

[22~23] 덧셈식의 배열을 보고 물음에 답하세요.

순서	덧셈식
첫째	12+21=33
둘째	123+321=444
셋째	1234+4321=5555
넷째	12345+54321=66666
다섯째	

22 빈칸에 알맞은 덧셈식을 써넣으세요.

서술형

23 계산 결과가 99999999가 되는 덧셈식을 구하려고 합니다. 풀이 과정을 쓰고 덧셈식을 구해 보세요.

풀이

식

24 계산식의 배열에서 규칙을 찾아 □ 안에 알맞은 식을 써넣으세요.

300+200−300=200
500+400−600=300
700+600−900=400
□=500

5 계산식의 배열에서 규칙 찾기(2)

• 곱셈식의 배열에서 규칙 찾기

$300 \times 400 = 120000$
$500 \times 400 = 200000$
$700 \times 400 = 280000$
$900 \times 400 = 360000$

규칙
곱해지는 수가 200씩 커지면 곱은 80000씩 커집니다.

[25~26] 계산식을 보고 물음에 답하세요.

㉠
$11 \times 11 = 121$
$21 \times 11 = 231$
$31 \times 11 = 341$
$41 \times 11 = 451$

㉡
$50 \times 11 = 550$
$60 \times 11 = 660$
$70 \times 11 = 770$
$80 \times 11 = 880$

㉢
$77770 \div 77 = 1010$
$66660 \div 66 = 1010$
$55550 \div 55 = 1010$
$44440 \div 44 = 1010$

㉣
$1320 \div 60 = 22$
$1100 \div 50 = 22$
$880 \div 40 = 22$
$660 \div 30 = 22$

25 설명에 맞는 계산식을 찾아 기호를 써 보세요.

50부터 80까지의 수 중에서 일의 자리 수가 0인 수에 11을 곱하면 백의 자리 수와 십의 자리 수가 같은 세 자리 수가 나옵니다.

( )

26 태하의 생각과 같은 규칙적인 계산식을 찾아 기호를 써 보세요.

태하

다음에 알맞은 계산식은 $33330 \div 33 = 1010$이야.

( )

[27~28] 곱셈식의 배열을 보고 물음에 답하세요.

순서	곱셈식
첫째	$9 \times 9 = 81$
둘째	$99 \times 99 = 9801$
셋째	$999 \times 999 = 998001$
넷째	$9999 \times 9999 = 99980001$
다섯째	

27 빈칸에 알맞은 곱셈식을 써넣으세요.

서술형
28 계산 결과가 99999980000001이 되는 곱셈식을 구하려고 합니다. 풀이 과정을 쓰고 곱셈식을 구해 보세요.

풀이

식

29 나눗셈식의 배열에서 규칙을 찾아 □ 안에 알맞은 식을 써넣으세요.

$108 \div 9 = 12$
$1008 \div 9 = 112$
$10008 \div 9 = 1112$
$\square = 11112$

6 등호(=)가 있는 식 알아보기

$5+6=11$	$5+4+2=11$

➡ $5+6=5+4+2$

크기가 같은 두 양을 등호(=)를 사용하여 하나의 식으로 나타낼 수 있습니다.

30 저울의 양쪽 무게가 같아지도록 ☐ 안에 들어갈 수 있는 것을 모두 찾아 ○표 하세요.

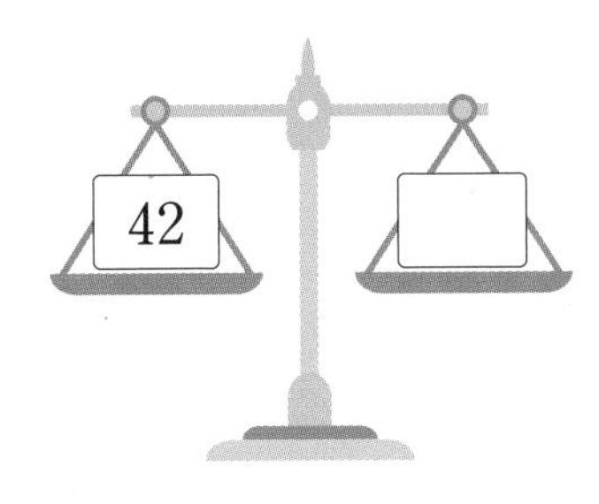

$40-2$ 6×7 42 $39+2$ $84\div2$

31 계산 결과가 같은 두 식을 찾아 ○표 하고, 등호(=)를 사용하여 하나의 식으로 나타내 보세요.

$15+32$ $50-2$	$55-6$ $42+7$
☐	☐

식 ....

32 주어진 카드를 사용하여 식을 완성해 보세요.
(단, 카드를 여러 번 사용할 수 있습니다.)

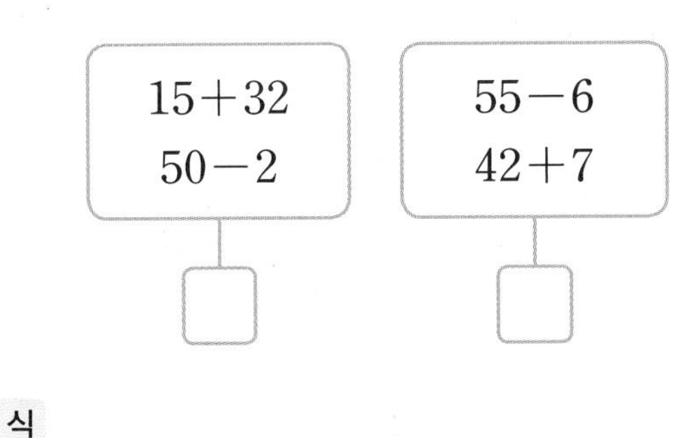

33 계산 결과가 32가 되는 식을 모두 찾아 ○표 하고, 등호(=)를 사용하여 두 식을 하나의 식으로 나타내 보세요.

$30-2$	4×8	$64\div2$
$32+0$	$28+5$	$8+8+8$

식 ....

식 ....

식 ....

7 계산하지 않고 옳은 식인지 알아보기

5만큼 커집니다.

$30-5=35-10$

5만큼 커집니다.

계산하지 않고 옳은 식인지 알 수 있습니다.

34 옳지 않은 식을 모두 찾아 ×표 하세요.

$55-5=60-10$ (   )

$27+8=30+11$ (   )

$6\times4=12\times8$ (   )

$72\div8=36\div4$ (   )

$11\times0=22\times0$ (   )

35 알맞은 말에 ○표 하고, 그 까닭을 써 보세요.

$80\div4=160\div8$은
(옳습니다 , 옳지 않습니다).

까닭 ....

....

정답과 풀이 49쪽

36 등호(=)가 있는 식을 완성하여 암호를 풀려고 합니다. □ 안에 알맞은 수나 글자를 써넣으세요.

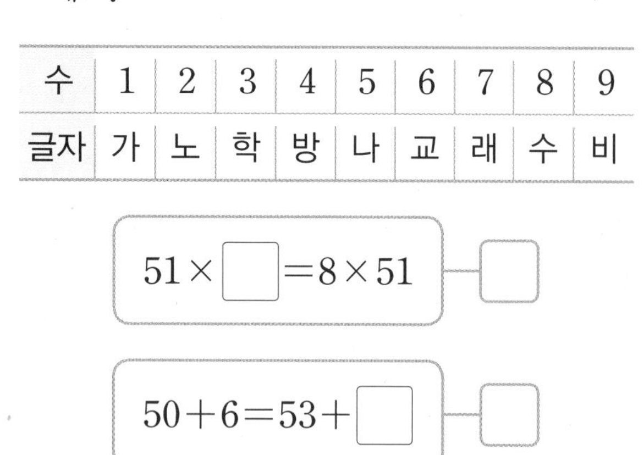

수	1	2	3	4	5	6	7	8	9
글자	가	노	학	방	나	교	래	수	비

$51\times\square=8\times51$ — □

$50+6=53+\square$ — □

37 등호(=)가 있는 식을 완성하려고 합니다. ■와 ▲에 알맞은 수의 합을 구해 보세요.

㉠ $54\div3=108\div$ ■

㉡ $28\times16=56\times$ ▲

( )

창의+

38 서아의 편지를 읽고 생일 파티 날짜와 시각을 구해 보세요.

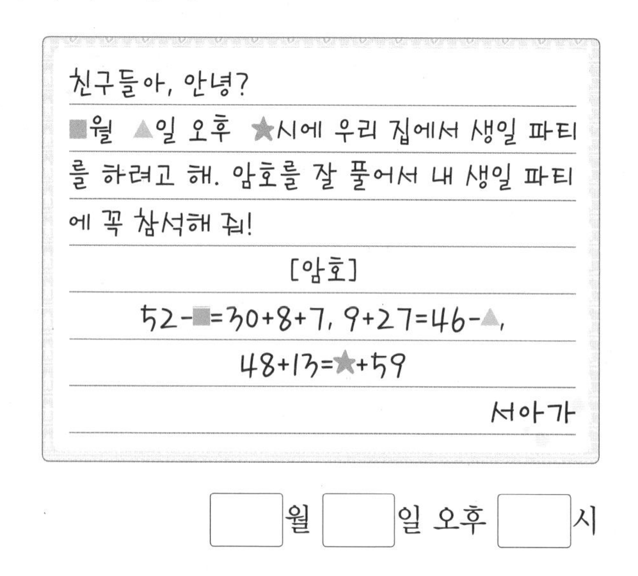

친구들아, 안녕?

■월 ▲일 오후 ★시에 우리 집에서 생일 파티를 하려고 해. 암호를 잘 풀어서 내 생일 파티에 꼭 참석해 줘!

[암호]

52-■=30+8+7, 9+27=46-▲,

48+13=★+59

서아가

□월 □일 오후 □시

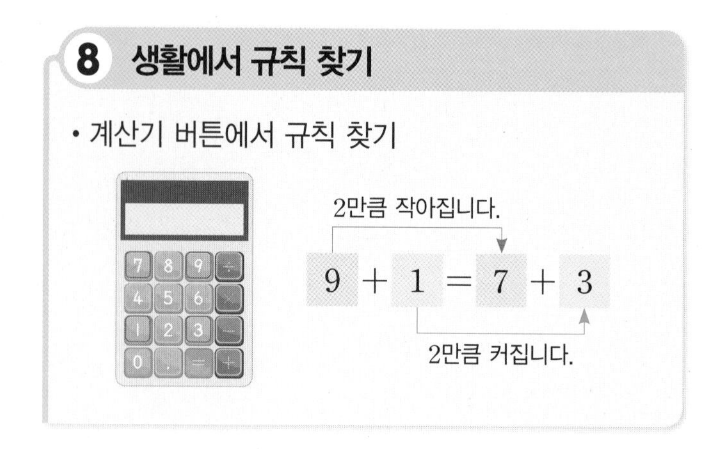

8 생활에서 규칙 찾기

• 계산기 버튼에서 규칙 찾기

39 □에서 ■으로 색칠된 두 수의 합과 같은 두 수를 찾아 등호(=)를 사용하여 하나의 식으로 나타내 보세요.

4월

일	월	화	수	목	금	토
		1	2	3	4	5
6	7	8	9	10	11	12
13	14	15	16	17	18	19
20	21	22	23	24	25	26
27	28	29	30			

$8+24=\square+\square$

40 엘리베이터 버튼의 수에서 계산 결과가 30이 되는 두 식을 쓰고, 등호(=)를 사용하여 두 식을 하나의 식으로 나타내 보세요.

23 24 25 ◀▶ ▶◀
17 18 19 20 21 22
11 12 13 14 15 16
5 6 7 8 9 10
B2 B1 1 2 3 4

30

식 ....

응용력 기르기

문제 풀이

심화유형 1 조건을 만족시키는 수의 배열 찾기

수 배열표를 보고 조건을 만족시키는 규칙적인 수의 배열을 찾아 색칠해 보세요.

조건
- 가장 큰 수는 61321입니다.
- 다음 수는 앞의 수보다 1010씩 작아집니다.

57281	57291	57301	57311	57321
58281	58291	58301	58311	58321
59281	59291	59301	59311	59321
60281	60291	60301	60311	60321
61281	61291	61301	61311	61321

● 핵심 NOTE
- 수 배열표를 보고 가로, 세로, ↖ 방향 등에 놓인 수의 배열에서 규칙을 찾아봅니다.

1-1 수 배열표를 보고 조건을 만족시키는 규칙적인 수의 배열을 찾아 색칠해 보세요.

조건
- 가장 작은 수는 36146입니다.
- 다음 수는 앞의 수보다 9900씩 커집니다.

					●
35746	45746	55746	65746	75746	
35846	45846	55846	65846	75846	
35946	45946	55946	65946	75946	
36046	46046	56046	66046	76046	
36146	46146	56146	66146	76146	

1-2 1-1의 수 배열의 규칙에 맞게 ●에 알맞은 수를 구해 보세요.

( )

6

순서에 알맞은 모양의 수 구하기

규칙에 따라 을 놓고 있습니다. 여섯째에 알맞은 모양에서 은 몇 개인지 구해 보세요.

첫째 둘째 셋째 넷째

( )

핵심 NOTE • 모형의 수를 세어 보며 모형이 늘어나는 규칙을 찾아봅니다.

2-1 규칙에 따라 을 놓고 있습니다. 여섯째에 알맞은 모양에서 은 몇 개인지 구해 보세요.

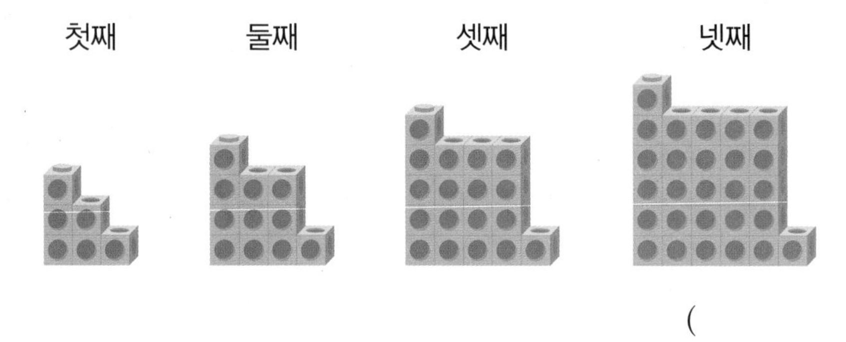

( )

2-2 규칙에 따라 을 놓고 있습니다. 일곱째에 알맞은 모양에서 은 몇 개인지 구해 보세요.

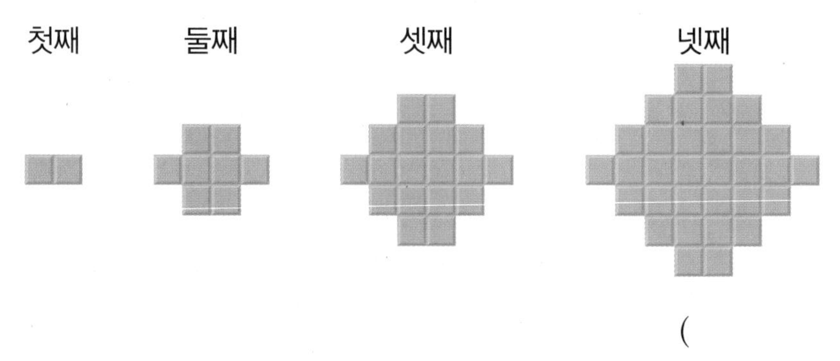

( )

계산식의 배열에서 규칙을 찾아 값 구하기

보기 의 곱셈식의 배열에서 규칙을 찾아 12345679×54의 값을 구해 보세요.

보기

$12345679 \times 9 = 111111111$

$12345679 \times 18 = 222222222$

$12345679 \times 27 = 333333333$

(　　　　　　　　　　)

● 핵심 NOTE　• 반복되는 수, 증가하는 수, 개수 등을 살펴보며 계산 결과의 규칙을 찾아봅니다.

3-1

보기 의 덧셈식의 배열에서 규칙을 찾아 $6666667 + 3333334$의 값을 구해 보세요.

보기

$67 + 34 = 101$

$667 + 334 = 1001$

$6667 + 3334 = 10001$

(　　　　　　　　　　)

3-2

보기 의 나눗셈식의 배열에서 규칙을 찾아 63으로 나누었을 때 몫이 12345678이 되는 수를 구해 보세요.

보기

$111111102 \div 9 = 12345678$

$222222204 \div 18 = 12345678$

$333333306 \div 27 = 12345678$

$444444408 \div 36 = 12345678$

(　　　　　　　　　　)

정답과 풀이 51쪽

통합 교과유형 4

수학 + 과학

비행기 좌석 번호 구하기

비행기는 날개와 그에 의해 발생하는 힘을 이용해 인공적으로 하늘을 나는 항공기를 말합니다. 최초의 비행기는 1903년 12월 27일에 미국의 라이트 형제가 발명한 것으로 12초 동안 36.3 m를 비행했고, 현대와 같이 사람을 수송하는 비행기는 1914년에 처음으로 운항이 시작되었습니다. 준호는 비행기를 타고 여행을 가려고 합니다. 준호가 지금 서 있는 곳의 좌석 번호가 10D일 때 두 줄 뒤 좌석이 준호의 좌석입니다. 준호의 좌석 번호를 구해 보세요.

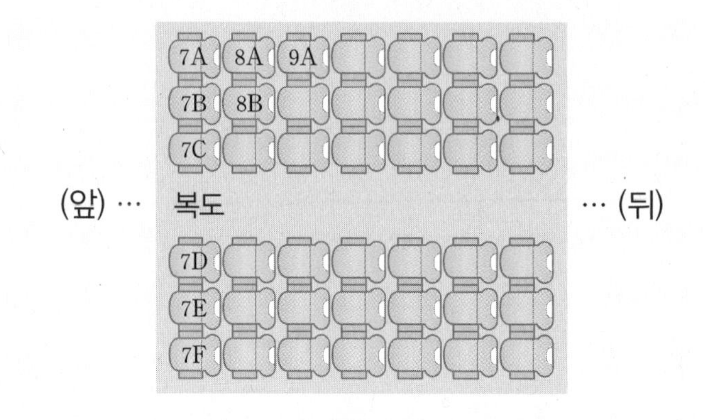

1단계 10D 좌석 위치 찾아보기

....

....

2단계 준호의 좌석 번호 구하기

....

....

(　　　　　　　)

핵심 NOTE

1단계 좌석 번호의 규칙을 찾아 10D 좌석 위치를 찾습니다.

2단계 좌석 번호의 규칙에 따라 준호의 좌석 번호를 구합니다.

4-1

공연장의 의자 뒷면에는 좌석 번호가 붙여져 있습니다. 연아가 지금 서 있는 곳이 다열 8번일 때 한 줄 앞 좌석이 연아의 좌석입니다. 연아의 좌석 번호를 구해 보세요.

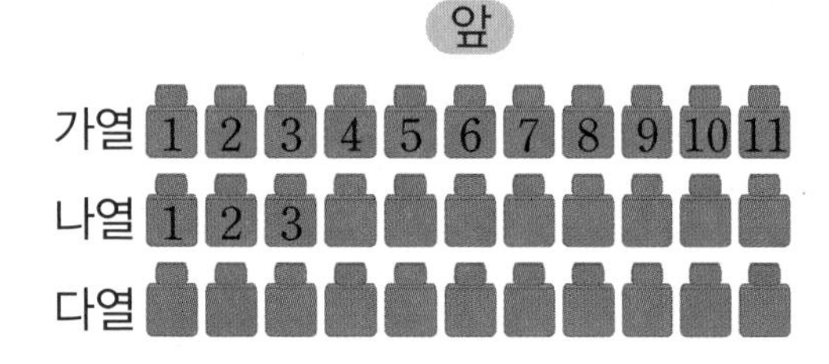

(　　　　　　　)

단원 평가 Level ❶

점수

확인

[1~2] 수 배열표를 보고 물음에 답하세요.

1001	1002	1003	1004	1005
1101	1102	1103	1104	1105
1201	1202	1203	1204	1205
1301	1302	1303	1304	1305
1401	1402	1403	1404	1405

1 가로( ) 방향에서 규칙을 찾아보세요.

규칙 오른쪽으로 □씩 커집니다.

2 수 배열표에서 또 다른 규칙을 찾아보세요.

규칙 ....

....

3 수의 배열에서 규칙을 찾아 ■, ●에 알맞은 수를 구해 보세요.

123	224	325	■	527	●

■ ( )

● ( )

4 덧셈식의 배열에서 규칙을 찾아 □ 안에 알맞은 수를 써넣으세요.

200 + 300 = 500

300 + 400 = □

400 + □ = 900

□ + 600 = 1100

5 수 배열표에서 규칙을 찾아 □ 안에 알맞은 수를 써넣으세요.

	1	2	□	4
50	50	100	150	□
100	100	□	300	400
150	□	300	450	600
□	200	400	□	800

6 □ 안에 알맞은 수를 써넣어 옳은 식을 만들어 보세요.

(1) $47-0=$ □

(2) $65=65+$ □

(3) $16+51=51+$ □

(4) $9\times41=41\times$ □

7 □ 안에 알맞은 수나 말을 써넣으세요.

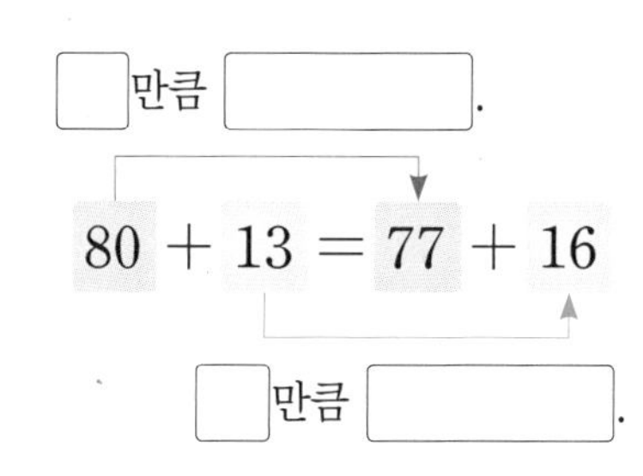

8 수의 배열에서 규칙을 찾아 빈칸에 알맞은 수를 써넣으세요.

8 — 16 — 32 — □ — 128

6

[9~10] 모양의 배열을 보고 물음에 답하세요.

첫째 둘째 셋째 넷째

9 모양의 배열에서 규칙을 찾아보세요.

규칙 ....

....

10 다섯째에 알맞은 모양을 그려 보세요.

다섯째

11 □ 안에 알맞은 수를 바르게 구한 사람의 이름을 써 보세요.

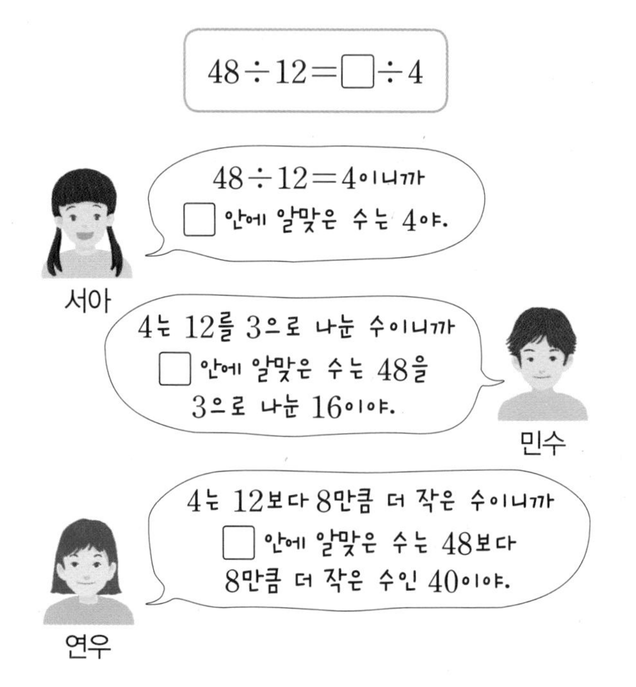

( )

[12~13] 모양의 배열을 보고 물음에 답하세요.

순서	첫째	둘째	셋째	넷째
배열				
식	1	1+2		
수	1	3		

12 모형의 배열에서 규칙을 찾아 셋째와 넷째에 알맞은 식과 수를 써넣으세요.

13 다섯째에 알맞은 모형의 수를 식으로 나타내고 모두 몇 개인지 구해 보세요.

식 ....

답 ....

[14~15] 나눗셈식의 배열을 보고 물음에 답하세요.

순서	나눗셈식
첫째	$108 \div 9 = 12$
둘째	$1008 \div 9 = 112$
셋째	$10008 \div 9 = 1112$
넷째	$100008 \div 9 = 11112$

14 나눗셈식의 배열에서 규칙을 찾아보세요.

규칙 ....

....

15 다섯째 나눗셈식을 써 보세요.

식 ....

16 엘리베이터 버튼의 수 배열에서 규칙적인 계산식을 찾아 써 보세요.

1	2	3	4	5	6	7	8	🔔
9	10	11	12	13	14	15	16	◀▶
17	18	19	20	21	22	23	24	▶◀

계산식 ....

17 곱셈식의 배열에서 규칙을 찾아 빈칸에 알맞은 곱셈식을 써넣으세요.

$$37037 \times 3 = 111111$$
$$37037 \times 6 = 222222$$
$$37037 \times 9 = 333333$$
$$\square$$
$$37037 \times 15 = 555555$$

18 등호(=)가 있는 식을 완성하려고 합니다. □ 안에 알맞은 수가 더 큰 것의 기호를 써 보세요.

㉠ $46+8+16=50+\square$
㉡ $82-20-\square=54-8$

( )

19 수의 배열에서 규칙을 찾아 빈칸에 알맞은 수를 구하려고 합니다. 풀이 과정을 쓰고 답을 구해 보세요.

486 — 162 — 54 — □ — 6

풀이 ....

답 ....

20 규칙에 따라 무늬를 만들었습니다. 넷째에 알맞은 모양에서 ▲은 몇 개인지 풀이 과정을 쓰고 답을 구해 보세요.

첫째 둘째 셋째

풀이 ....

답 ....

6

단원 평가 Level ❷

점수

확인

[1~2] 수 배열표를 보고 물음에 답하세요.

37	40	43	46	
137	140	143	146	149
337	340		346	349
637	640	643	646	649
	1040	1043	1046	1049

1 세로( ) 방향에서 규칙을 찾아보세요.

규칙 ....

2 규칙에 따라 빈칸에 알맞은 수를 써넣으세요.

3 규칙에 따라 사물함에 번호를 붙였습니다. ★ 모양으로 표시한 칸의 번호를 써 보세요.

가5	가6	가7			
나5	나6	나7			
다5	다6			★	
라5	라6				

( )

4 등호(=)가 있는 식으로 바르게 나타낸 것을 모두 찾아 기호를 써 보세요.

㉠ $50=48+3$
㉡ $25\times5=25\div5$
㉢ $11+23=23+11$
㉣ $35=35-0$

( )

[5~6] 수 배열표를 보고 물음에 답하세요.

	504	505	506	507	508
26	4	0	6	2	8
27	8	5	2	□	6
28	2	0	8	6	4
29	6	□	4	3	2

5 규칙을 찾아 □ 안에 알맞은 수를 써넣으세요.

6 수 배열표의 규칙에 따라 세로줄의 34와 가로줄의 609가 만나는 칸에 알맞은 수는 얼마일까요? ( )

[7~8] 모양의 배열을 보고 물음에 답하세요.

첫째 둘째 셋째 넷째

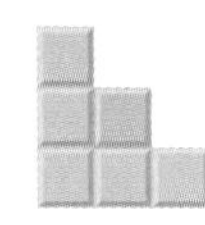

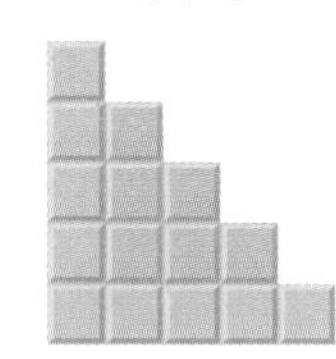

7 모양의 배열에서 규칙을 찾아보세요.

■의 규칙 ....

■의 규칙 ....

8 다섯째에 알맞은 모양을 그려 보세요.

다섯째

9 모양의 배열에서 규칙을 찾아 여섯째에 알맞은 모양을 그려 보세요.

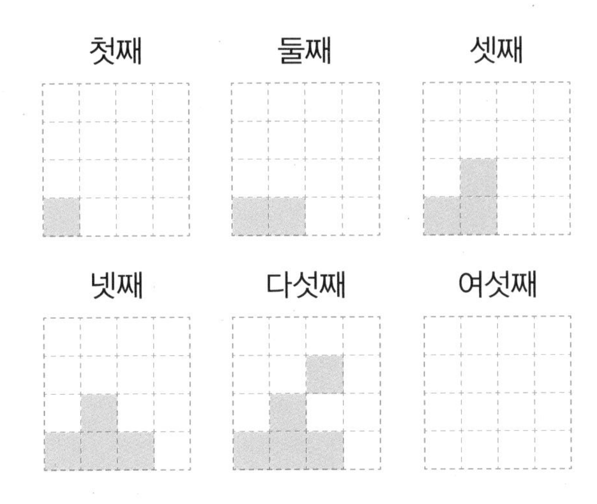

10 뺄셈식의 배열에서 규칙을 찾아 □ 안에 알맞은 수를 써넣으세요.

$555 - 349 = 206$

$565 - \square = 206$

$\square - 369 = 206$

$585 - 379 = \square$

11 주어진 카드를 사용하여 식을 2가지 완성해 보세요. (단, 카드를 여러 번 사용할 수 있습니다.)

9 15 21 + − × ÷

식 1 □□□ = □□□

식 2 □□□ = □□□

[12~14] 나눗셈식의 배열을 보고 물음에 답하세요.

순서	나눗셈식
첫째	$111111 \div 11 = 10101$
둘째	$222222 \div 22 = 10101$
셋째	$333333 \div 33 = 10101$
넷째	$444444 \div 44 = 10101$
다섯째	

12 나눗셈식의 배열에서 규칙을 찾아보세요.

규칙 ....

13 빈칸에 알맞은 나눗셈식을 써넣으세요.

14 88로 나누었을 때 몫이 10101이 되는 수를 구해 보세요.

(　　　　　　　　)

15 계산식의 배열을 보고 □ 안에 알맞은 식을 써넣으세요.

순서	계산식
첫째	$9 \times 9 = 88 - 7$
둘째	$98 \times 9 = 888 - 6$
셋째	$987 \times 9 = 8888 - 5$
넷째	$\square = 88888 - 4$

6

16 수 하나를 골라 바르게 고쳐 옳은 식을 2가지 만들어 보세요.

$20 \times 8 = 5 \times 16$

옳은 식 1 ....

옳은 식 2 ....

17 달력에서 보기 와 같은 규칙을 갖는 계산식을 찾아 써 보세요.

3월

일	월	화	수	목	금	토
1	2	3	4	5	6	7
8	9	10	11	12	13	14
15	16	17	18	19	20	21
22	23	24	25	26	27	28
29	30	31				

보기

$22 + 23 + 24 + 25 + 26 = 24 \times 5$

계산식 ....

18 다음 식을 등호(=)가 있는 식으로 나타내려고 합니다. ㉠~㉢ 중 등호(=)로 바꿀 수 있는 곳을 모두 찾아 기호를 써 보세요.

$85 - 30 + 15 + 40$

↑ ↑ ↑

㉠ ㉡ ㉢

( )

19 규칙에 따라 바둑돌을 놓고 있습니다. 일곱째에 알맞은 모양에서 바둑돌은 몇 개인지 풀이 과정을 쓰고 답을 구해 보세요.

첫째 둘째 셋째

풀이 ....

답 ....

20 곱셈식의 배열에서 규칙을 찾아 666666×666667의 값은 얼마인지 풀이 과정을 쓰고 답을 구해 보세요.

$66 \times 67 = 4422$

$666 \times 667 = 444222$

$6666 \times 6667 = 44442222$

풀이 ....

답 ....

상위권의 기준

상위권의 기준

최상위
사고력

수학 좀 한다면

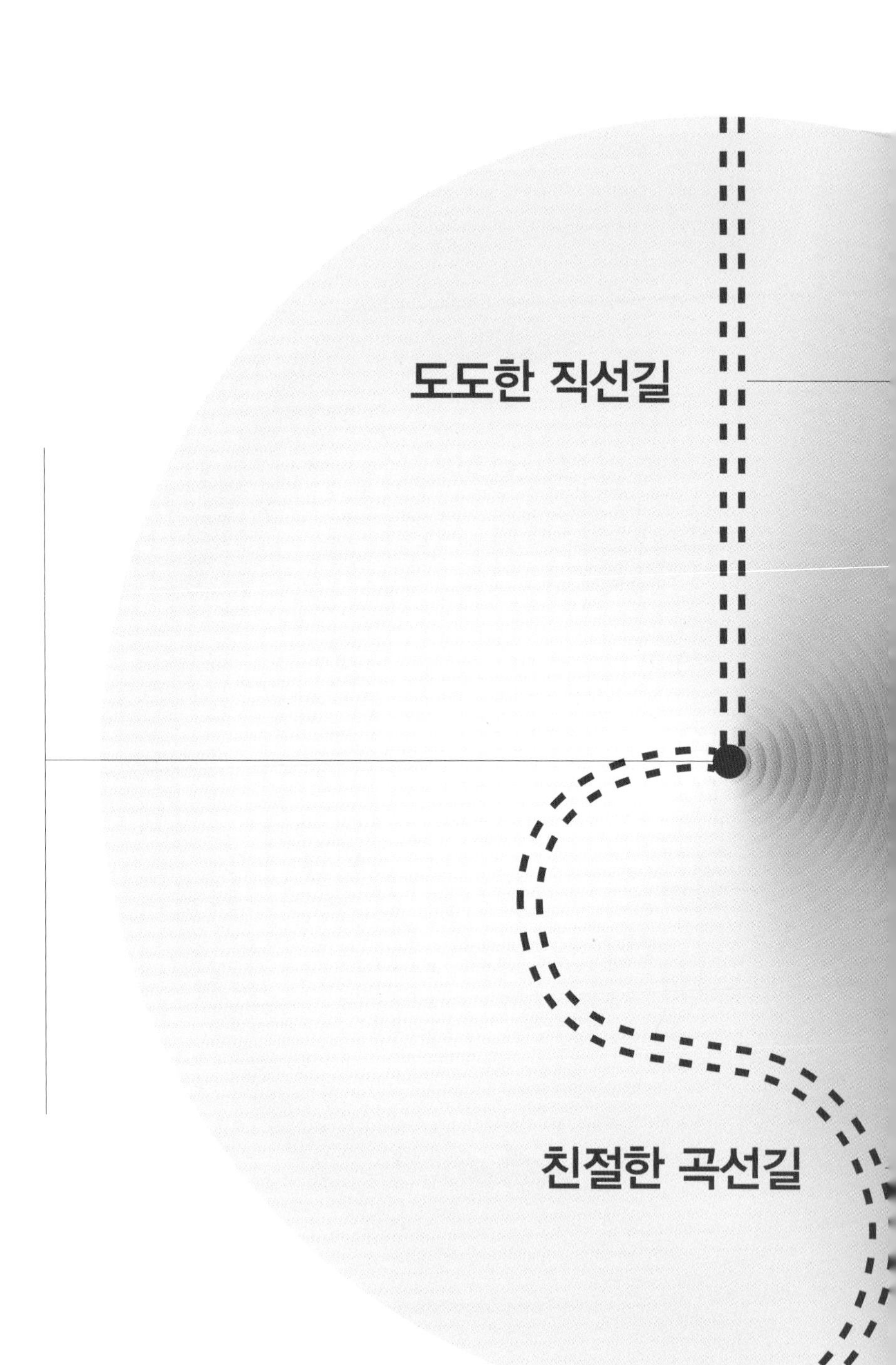

수학 좀 한다면

실력 보강 자료집

4-1

수학 좀 한다면

디딤돌

초등수학

실력 보강 자료집

4-1

- 서술형 문제 | 서술형 문제를 집중 연습해 보세요.
- 단원 평가 | 시험에 잘 나오는 문제를 한번 더 풀어 단원을 확실하게 마무리해요.

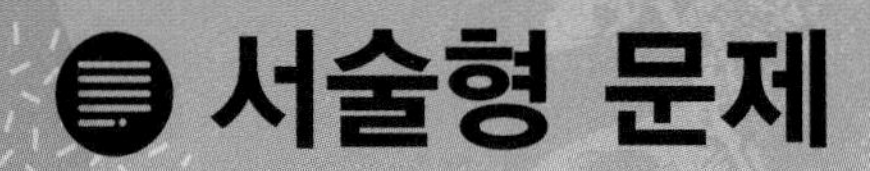

서술형 문제

1 수영이는 만 원짜리 지폐 2장, 천 원짜리 지폐 3장, 백 원짜리 동전 7개, 십 원짜리 동전 9개를 가지고 있습니다. 수영이가 가지고 있는 돈은 모두 얼마인지 풀이 과정을 쓰고 답을 구해 보세요.

풀이 ㉠ 만 원짜리 지폐 2장은 20000원, 천 원짜리 지폐 3장은 3000원, 백 원짜리 동전 7개는 700원, 십 원짜리 동전 9개는 90원입니다.
따라서 수영이가 가지고 있는 돈은 모두
20000+3000+700+90=23790(원)입니다.

답 23790원

1+ 서연이는 만 원짜리 지폐 5장, 천 원짜리 지폐 9장, 백 원짜리 동전 4개, 십 원짜리 동전 6개를 가지고 있습니다. 서연이가 가지고 있는 돈은 모두 얼마인지 풀이 과정을 쓰고 답을 구해 보세요.

풀이

답

2 두 도시의 인구수를 나타낸 표입니다. 가와 나 도시 중에서 인구가 더 많은 곳은 어디인지 풀이 과정을 쓰고 답을 구해 보세요.

가 도시	나 도시
4598647명	4597850명

풀이 ㉠ 두 수 모두 일곱 자리 수이므로 높은 자리 수부터 차례로 크기를 비교합니다. 백만, 십만, 만의 자리 수가 각각 같고 천의 자리 수가 $8>7$이므로 $4598647>4597850$입니다.
따라서 인구가 더 많은 곳은 가 도시입니다.

답 가 도시

2+ 어느 도시의 초등학생 수를 나타낸 표입니다. 여학생과 남학생 중에서 더 많은 쪽은 어느 쪽인지 풀이 과정을 쓰고 답을 구해 보세요.

여학생	남학생
564242명	565120명

풀이

답

3 수 카드를 모두 한 번씩만 사용하여 가장 큰 다섯 자리 수를 만들려고 합니다. 풀이 과정을 쓰고 답을 구해 보세요.

0 2 1 5 4

풀이

답

▶ 가장 큰 수를 만들려면 높은 자리부터 큰 수를 차례로 놓아야 합니다. 가장 작은 수를 만들려면 높은 자리부터 작은 수를 차례로 놓아야 합니다. 이때 0은 수의 맨 앞에 올 수 없습니다.

1

4 뛰어 세기를 하였습니다. ㉠에 알맞은 수는 얼마인지 풀이 과정을 쓰고 답을 구해 보세요.

265억 — 275억 — 285억 — ( ) — ㉠

풀이

답

▶ 먼저 몇씩 뛰어 세었는지 알아봅니다.

5 조가 530개, 억이 89개, 만이 9545개인 수를 15자리 수로 나타낼 때 0은 모두 몇 개인지 구하려고 합니다. 풀이 과정을 쓰고 답을 구해 보세요.

풀이

답

▶ 530조를 수로 나타내면 다음과 같으므로 자리에 주의하여 수를 씁니다.

530 0000 0000 0000
조 억 만

6 ㉠이 나타내는 값은 ㉡이 나타내는 값의 몇 배인지 풀이 과정을 쓰고 답을 구해 보세요.

> ㉠과 ㉡이 나타내는 값을 먼저 구한 후 0의 수를 비교합니다.

593460000 (㉠: 3)	20980000 (㉡: 9)

풀이

답

7 다음 수에서 200억씩 5번 뛰어 세면 얼마인지 구하려고 합니다. 풀이 과정을 쓰고 답을 구해 보세요.

> 200억씩 뛰어 세면 백억의 자리 수가 2씩 커집니다.

5조 8600억

풀이

답

8 작은 수부터 차례로 기호를 쓰려고 합니다. 풀이 과정을 쓰고 답을 구해 보세요.

> 주어진 수를 모두 수로 나타내 봅니다.

㉠ 540조 7896억
㉡ 오백이십조 사천팔백구십억
㉢ 530158700000000

풀이

답

9 어떤 장난감의 판매량이 매년 1500만 개씩 늘어나서 올해는 1억 4000만 개가 되었습니다. 이 장난감의 3년 전 판매량은 몇 개인지 풀이 과정을 쓰고 답을 구해 보세요.

풀이

답

▶ 올해 판매량에서 1500만씩 거꾸로 3번 뛰어 세면 3년 전 판매량을 구할 수 있습니다.

10 0부터 9까지의 수 중에서 □ 안에 들어갈 수 있는 수를 모두 구하려고 합니다. 풀이 과정을 쓰고 답을 구해 보세요.

76518203＞765□7400

풀이

답

▶ 높은 자리 수부터 차례로 비교하고 □ 아래 자리 수도 잊지 않고 비교합니다.

11 수 카드를 모두 한 번씩만 사용하여 50만보다 작으면서 50만에 가장 가까운 수를 만들려고 합니다. 풀이 과정을 쓰고 답을 구해 보세요.

5 7 1 2 4 0

풀이

답

▶ 50만보다 작으므로 십만의 자리 수는 5보다 작아야 합니다.

단원 평가 Level ❶

점수

확인

1 빈칸에 알맞은 수를 써넣으세요.

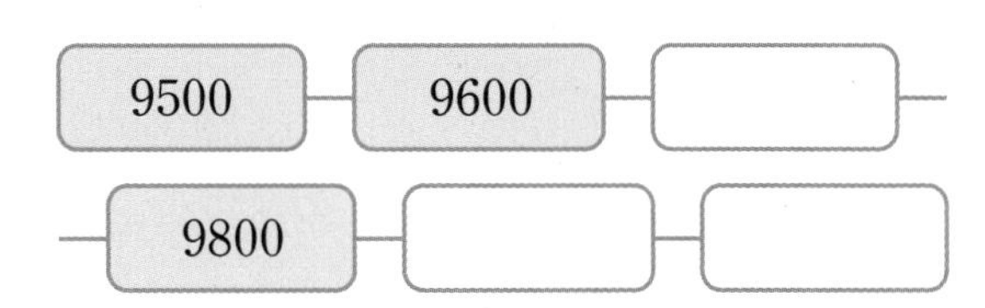

2 □ 안에 알맞은 수를 써넣어 보기 와 같이 나타내 보세요.

보기

80956＝80000＋900＋50＋6

30870＝□＋□＋□

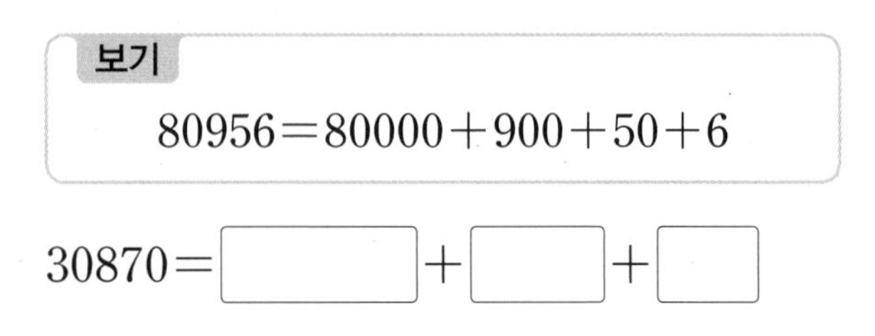

3 설명하는 수를 써 보세요.

억이 230개, 만이 5600개인 수

(　　　　　　　　　　)

4 십만의 자리 숫자가 가장 큰 수는 어느 것일까요? (　　　　)

① 2640874　② 6501702
③ 451308　④ 349785
⑤ 1907634

5 태양에서 지구까지의 거리는 일억 사천구백육십만 km입니다. 태양에서 지구까지의 거리를 수로 써 보세요.

(　　　　　　　　　　) km

6 보기 와 같이 수로 나타낼 때 0이 가장 많은 것을 찾아 기호를 써 보세요.

보기

이십오만 삼천 ➡ 253000

㉠ 오백칠십사만
㉡ 사백삼십만
㉢ 삼천이백구십팔만
㉣ 팔천칠만

(　　　　　　　　　　)

7 밑줄 친 숫자 7은 어느 자리 숫자이고 얼마를 나타낼까요?

5<u>7</u>3006941002000

(　　　　　　　　　　)의 자리

(　　　　　　　　　　)

8 빈칸에 알맞은 수를 써넣으세요.

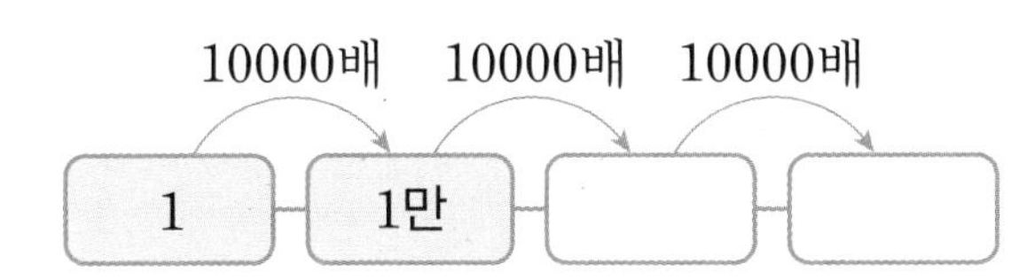

9 두 수의 크기를 비교하여 ◯ 안에 >, =, < 중 알맞은 것을 써넣으세요.

984103560000 ◯ 984124500000

10 뛰어 세기를 하였습니다. 빈칸에 알맞은 수를 써넣으세요.

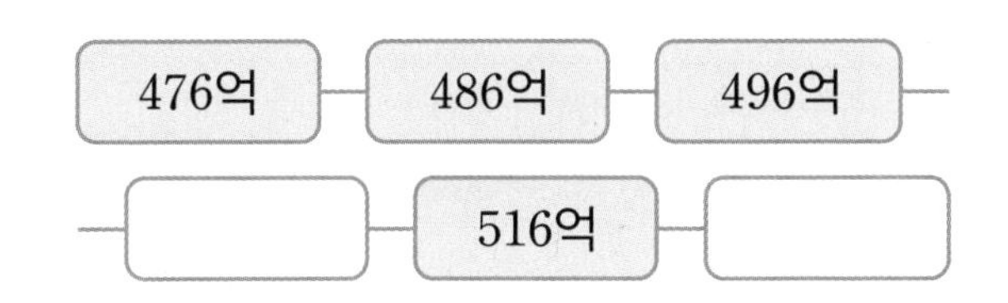

11 ㉠과 ㉡이 나타내는 값의 합은 얼마일까요?

( )

12 어떤 수에서 50억씩 10번 뛰어 세면 4조 3000억입니다. 어떤 수를 구해 보세요.

( )

13 수 카드를 모두 한 번씩만 사용하여 만들 수 있는 가장 작은 여섯 자리 수를 구해 보세요.

( )

14 수직선에서 ㉠에 알맞은 수는 얼마일까요?

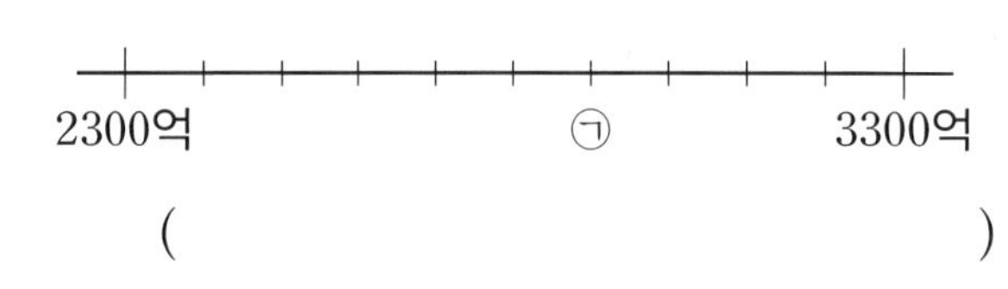

( )

15 설명하는 수를 써 보세요.

100만이 46개, 10만이 5개, 만이 7개인 수

( )

1

16 미현이는 저금통에 10000원짜리 지폐 11장, 1000원짜리 지폐 26장, 100원짜리 동전 35개를 모았습니다. 미현이가 모은 돈은 모두 얼마일까요?

( )

17 0부터 9까지의 수 중에서 □ 안에 들어갈 수 있는 수를 모두 구해 보세요.

973□6205 > 97385049

( )

18 수 카드를 모두 한 번씩만 사용하여 여덟 자리 수를 만들려고 합니다. 십만의 자리 숫자가 5인 가장 작은 수를 써 보세요.

4	0	6	9
3	1	5	2

( )

19 36000000원을 10만 원짜리 수표로 모두 바꾸려고 합니다. 10만 원짜리 수표 몇 장으로 바꿀 수 있는지 풀이 과정을 쓰고 답을 구해 보세요.

풀이

답

20 설명하는 수를 구하려고 합니다. 풀이 과정을 쓰고 답을 구해 보세요.

- 1부터 5까지의 수를 한 번씩 사용하였습니다.
- 23000보다 큰 수입니다.
- 23200보다 작은 수입니다.
- 일의 자리 수는 홀수입니다.

풀이

답

단원 평가 Level 2

점수

확인

1 천의 자리 숫자가 6인 수는 어느 것일까요? (   )

① 27936 ② 30562 ③ 40681
④ 56340 ⑤ 68125

2 설명하는 수를 쓰고 읽어 보세요.

1000억이 10개인 수

쓰기 (   )

읽기 (   )

3 클립 70000개를 한 상자에 1000개씩 담으려고 합니다. 필요한 상자는 모두 몇 상자일까요?

(   )

4 □ 안에 알맞은 수를 써넣으세요.

10000이 5개
1000이 12개
100이 3개
10이 7개
1이 22개

이면 □

5 십억의 자리 숫자가 가장 큰 수는 어느 것일까요? (   )

① 35426704120 ② 98745820407
③ 2148765047 ④ 17924608420
⑤ 86974354868

6 억이 21개, 만이 560개인 수를 10배 한 수를 써 보세요.

(   )

7 백만의 자리 숫자와 십억의 자리 숫자의 합을 구해 보세요.

157846559230206

(   )

8 두 수의 크기를 비교하여 ○ 안에 >, =, < 중 알맞은 것을 써넣으세요.

30억 259만 ○ 삼십억 이백구만 삼천

9 태양에서 화성까지의 거리는 2억 2800만 km입니다. 태양에서 화성까지의 거리는 길이가 1 m인 자를 몇 개 늘어놓은 것과 같을까요?

( )

10 큰 수부터 차례로 기호를 써 보세요.

㉠ 25941078645
㉡ 2964783500
㉢ 2조 500억 2000만
㉣ 2000억 600만

( )

11 은행에서 이천팔백오십만 원을 백만 원짜리와 십만 원짜리 수표로만 바꾸려고 합니다. 수표의 수를 가장 적게 하려면 백만 원짜리와 십만 원짜리 수표를 각각 몇 장으로 바꿔야 할까요?

백만 원짜리 수표 ( )

십만 원짜리 수표 ( )

12 356억 490만을 100배 한 수의 천억의 자리 숫자는 얼마일까요?

( )

13 뛰어 세기를 하였습니다. 빈칸에 알맞은 수를 써넣으세요.

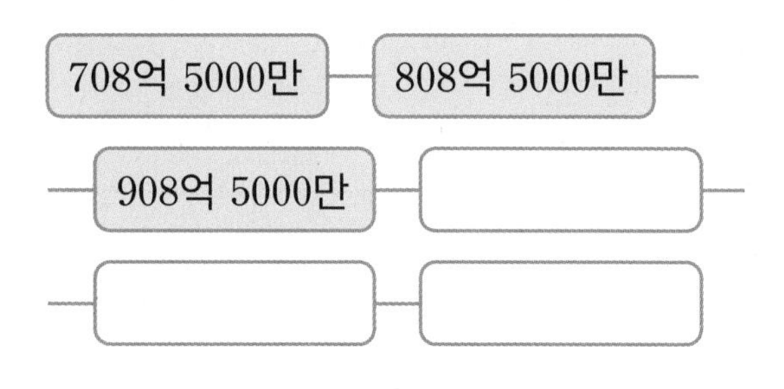

14 1부터 9까지의 수 중에서 □ 안에 들어갈 수 있는 수를 모두 구해 보세요.

$426640 > \square 89460$

( )

15 서연이네 가족은 여행을 가기로 하였습니다. 여행 경비로 여행사에 1000000원짜리 수표 3장, 100000원짜리 수표 9장, 10000원짜리 지폐 12장을 주었습니다. 여행 경비는 얼마일까요?

( )

16 어느 회사의 1년 매출액이 1조 280억 원이라고 합니다. 이 회사의 매출액이 매년 똑같았다면 10년 동안 매출액은 모두 얼마일까요?

(　　　　　　　　)

17 현수 아버지 자동차가 달린 거리는 올해까지 모두 120000 km입니다. 1년에 20000 km씩 달렸다면 80000 km를 달렸을 때는 몇 년 전일까요?

(　　　　　　　　)

18 □ 안에 0부터 9까지의 어느 수를 넣어도 될 때 더 큰 수의 기호를 써 보세요.

㉠ 468923□65600

㉡ 468□2305□456

(　　　　　　　　)

19 ㉠이 나타내는 값은 ㉡이 나타내는 값의 몇 배인지 풀이 과정을 쓰고 답을 구해 보세요.

56823582000 (㉠: 밑줄 친 숫자 5, ㉡: 밑줄 친 숫자 5)

풀이

답

20 수 카드를 모두 한 번씩만 사용하여 60만보다 크면서 60만에 가장 가까운 수를 만들려고 합니다. 풀이 과정을 쓰고 답을 구해 보세요.

2　1　3　5　6　8

풀이

답

1

서술형 문제

1 도형에서 ㉠의 각도는 몇 도인지 풀이 과정을 쓰고 답을 구해 보세요.

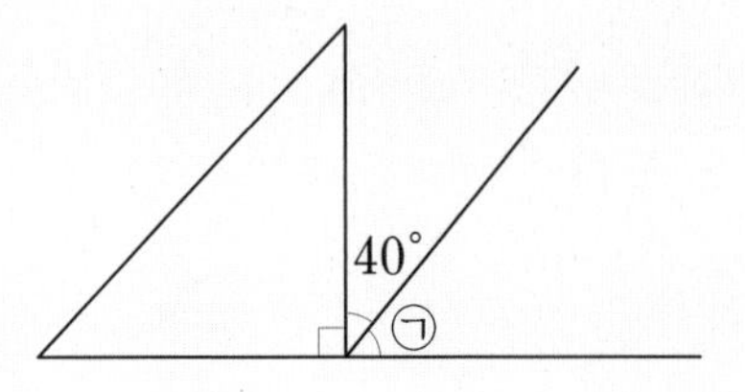

풀이 예 한 직선이 이루는 각도는 180°이므로

$90° + 40° + ㉠ = 180°$,

$㉠ = 180° - 90° - 40° = 50°$입니다.

답 50°

1+ 도형에서 ㉠의 각도는 몇 도인지 풀이 과정을 쓰고 답을 구해 보세요.

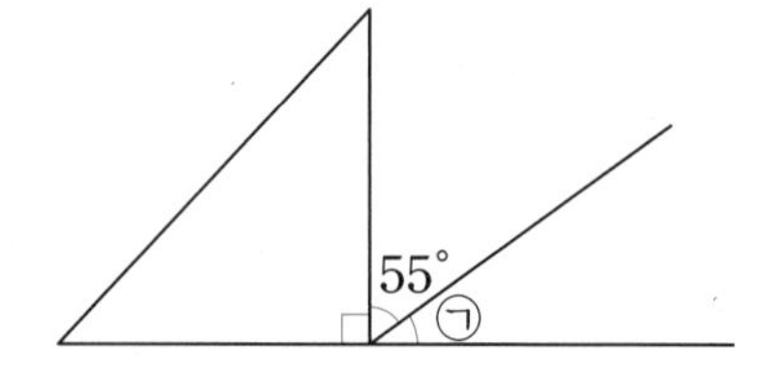

풀이

답

2 사각형에서 ㉠의 각도는 몇 도인지 풀이 과정을 쓰고 답을 구해 보세요.

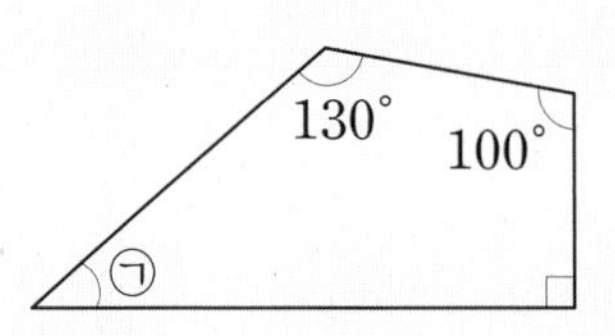

풀이 예 사각형의 네 각의 크기의 합은 360°이므로

$㉠ + 90° + 100° + 130° = 360°$,

$㉠ = 360° - 90° - 100° - 130° = 40°$입니다.

답 40°

2+ 사각형에서 ㉠의 각도는 몇 도인지 풀이 과정을 쓰고 답을 구해 보세요.

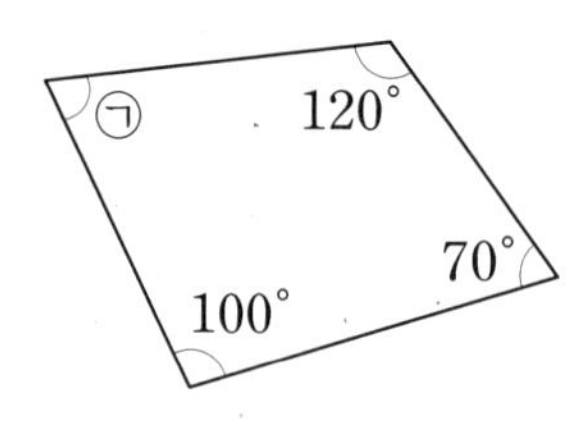

풀이

답

3 은희가 각의 크기를 잘못 비교하였습니다. 그 까닭을 쓰고 바르게 비교해 보세요.

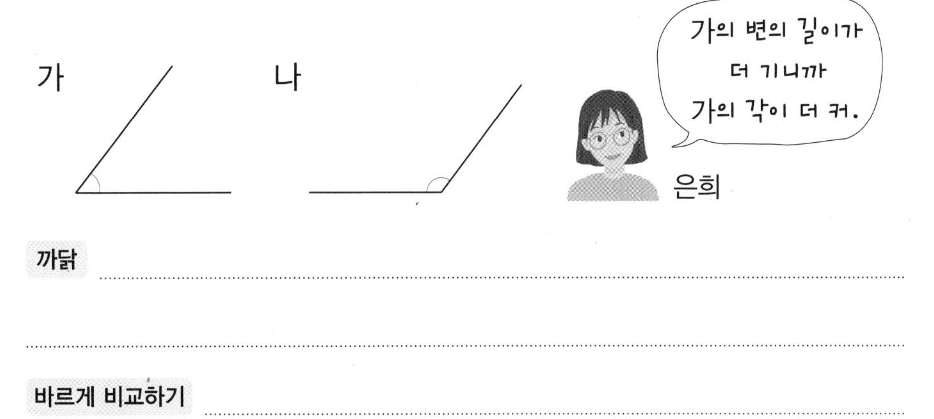

까닭

바르게 비교하기

▶ 각의 두 변이 벌어진 정도에 따라 각의 크기가 결정됩니다.

4 민지와 수호가 각도를 어림하였습니다. 실제 각도와 더 가깝게 어림한 사람은 누구인지 풀이 과정을 쓰고 답을 구해 보세요.

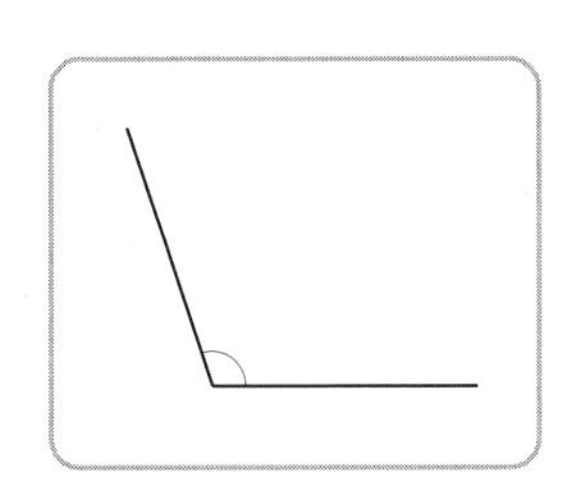

민지: 120°쯤 될 것 같아.
수호: 105°쯤 될 것 같아.

풀이

답

▶ 실제 각도와 어림한 각도의 차가 작을수록 가깝게 어림한 것입니다.

5 오른쪽 도형에서 찾을 수 있는 예각과 둔각의 수의 차는 몇 개인지 풀이 과정을 쓰고 답을 구해 보세요.

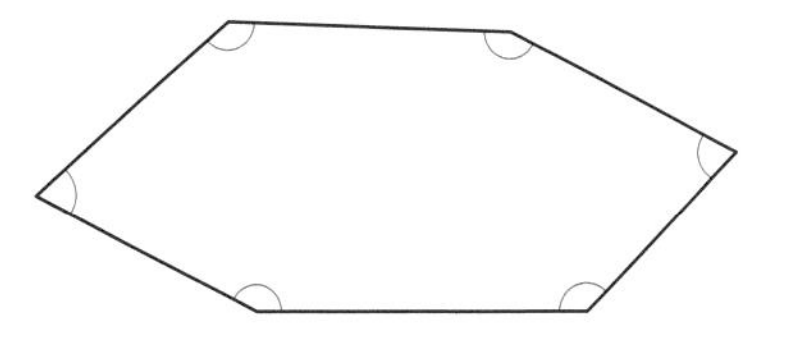

풀이

답

▶ 예각: 0°보다 크고 직각보다 작은 각
둔각: 직각보다 크고 180°보다 작은 각

6 도형에서 ㉠의 각도는 몇 도인지 풀이 과정을 쓰고 답을 구해 보세요.

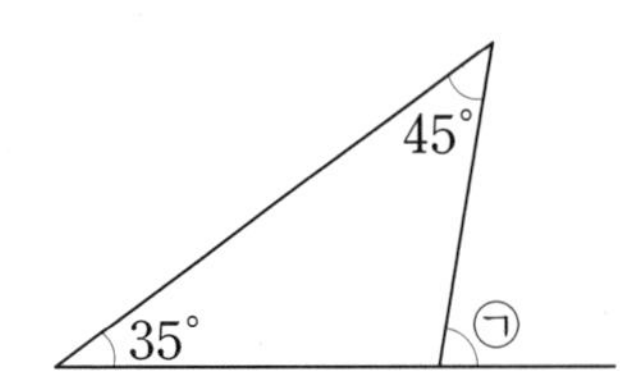

풀이 ....

....

....

답 ....

▶ 삼각형의 나머지 한 각의 크기를 먼저 구한 다음 한 직선이 이루는 각도가 180°임을 이용합니다.

7 피자 조각이 2개 있습니다. 두 피자 조각에 표시된 각도의 차는 몇 도인지 풀이 과정을 쓰고 답을 구해 보세요.

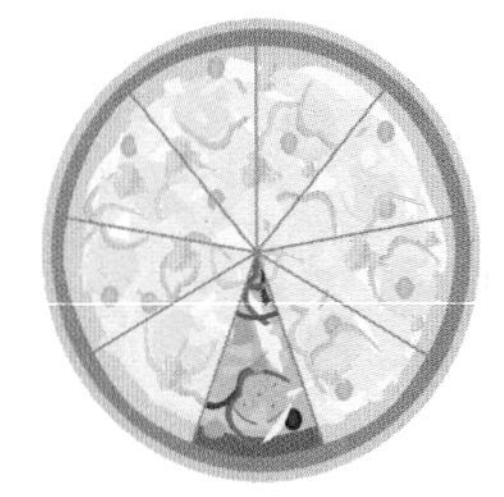

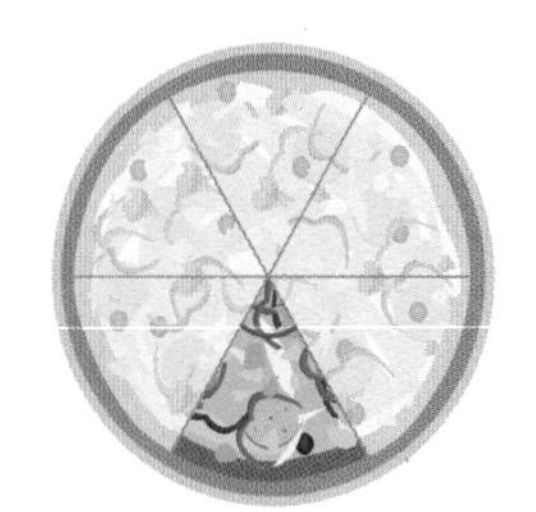

풀이 ....

....

....

답 ....

▶ 은 360°이므로 각 피자 조각의 각도는 360°를 조각 수로 나누어 구할 수 있습니다.

8 ㉠의 각도는 몇 도인지 풀이 과정을 쓰고 답을 구해 보세요.

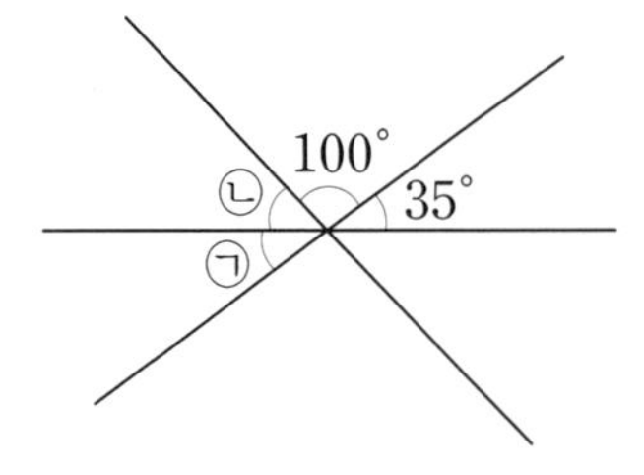

풀이 ....

....

....

답 ....

▶ 한 직선이 이루는 각도는 180°임을 이용하여 ㉡의 각도를 먼저 구합니다.

9

도형에서 ㉡의 각도는 몇 도인지 풀이 과정을 쓰고 답을 구해 보세요.

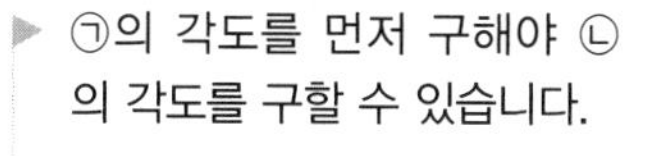
▶ ㉠의 각도를 먼저 구해야 ㉡의 각도를 구할 수 있습니다.

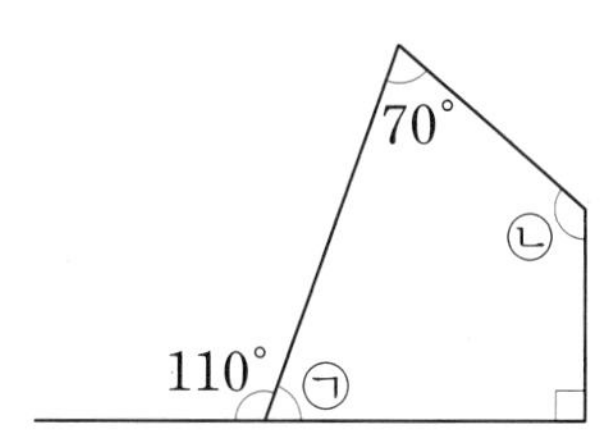

풀이

답

10

두 삼각자를 겹쳐서 만든 ㉠의 각도는 몇 도인지 풀이 과정을 쓰고 답을 구해 보세요.

▶ 삼각자는 45°, 45°, 90°인 삼각자와 30°, 60°, 90°인 삼각자가 있습니다.

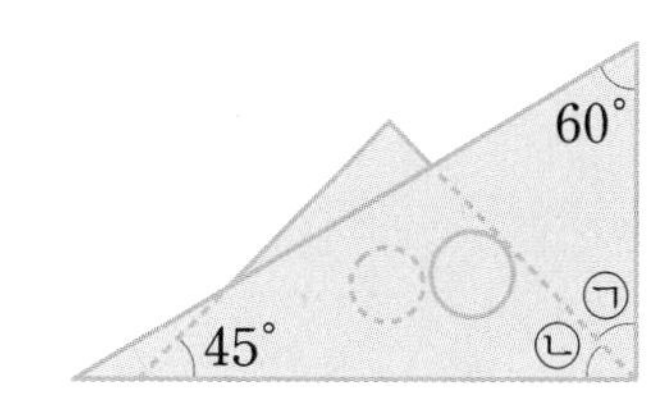

풀이

답

11

직사각형 모양의 종이를 다음과 같이 접었을 때 ㉠의 각도는 몇 도인지 풀이 과정을 쓰고 답을 구해 보세요.

▶ 종이를 접은 부분의 각도는 서로 같습니다.

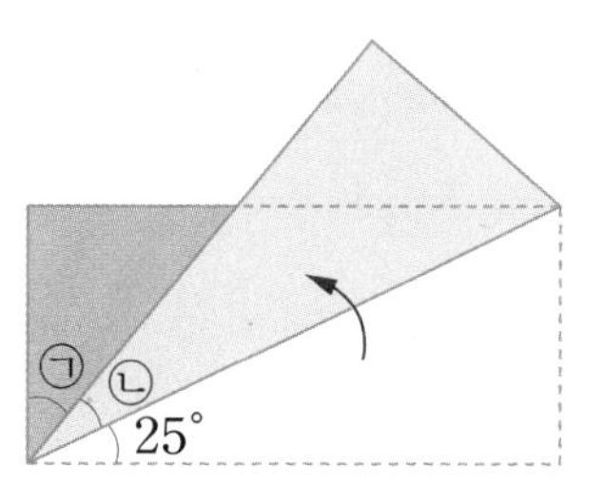

풀이

답

단원 평가 Level ①

점수

확인

1 각도를 바르게 잰 것에 ○표 하세요.

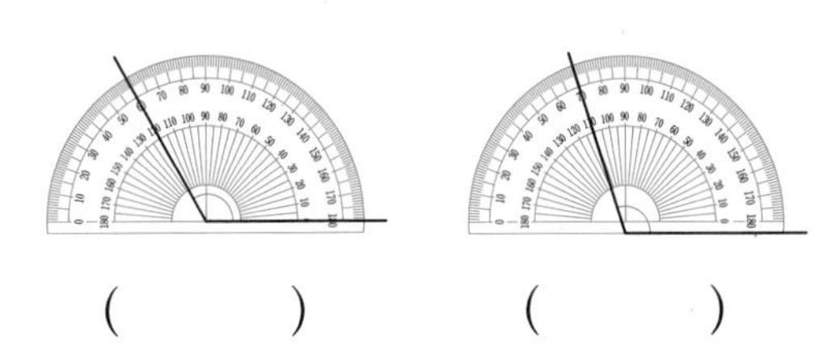

( ) ( )

2 가장 큰 각에 ○표, 가장 작은 각에 △표 하세요.

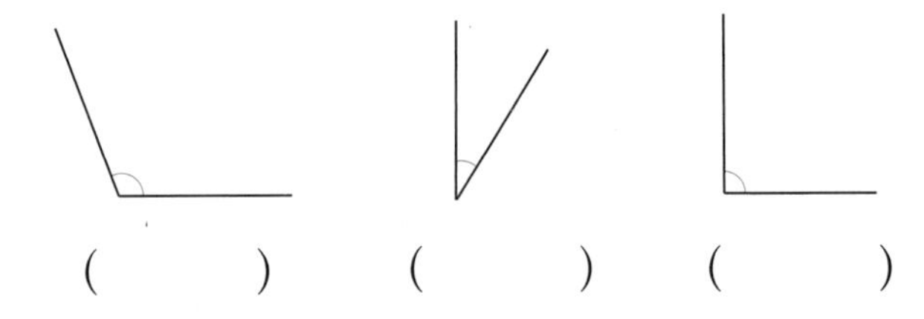

( ) ( ) ( )

3 각도기를 사용하여 각도를 재어 보세요.

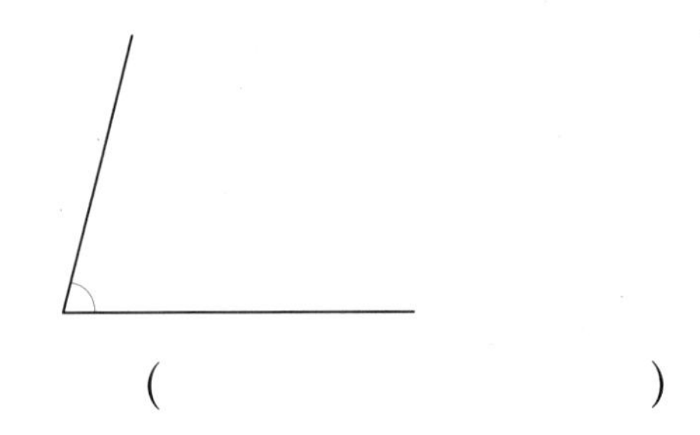

( )

4 다음 도형은 각의 크기가 모두 같습니다. 각도기를 사용하여 한 각의 크기가 몇 도인지 재어 보세요.

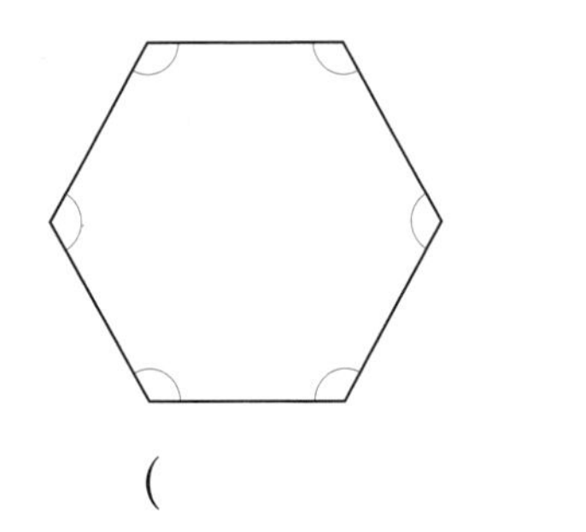

( )

5 주어진 각을 예각, 둔각으로 분류하여 기호를 써 보세요.

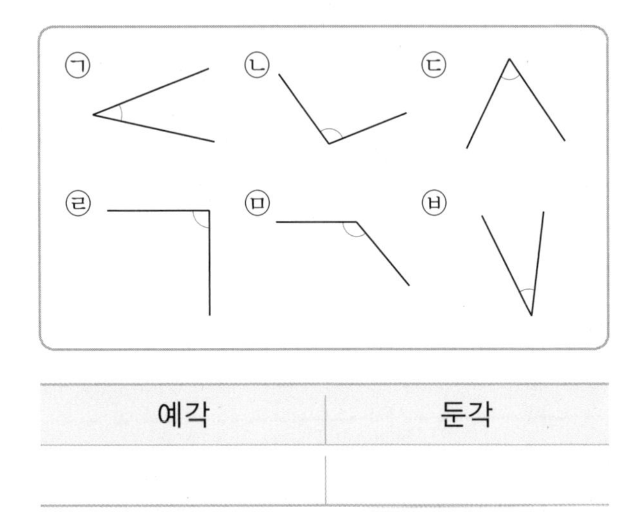

예각	둔각

6 예각을 모두 찾아 ○표 하세요.

75° 105° 54° 23° 130°

7 각도를 어림하고 각도기로 재어 확인해 보세요.

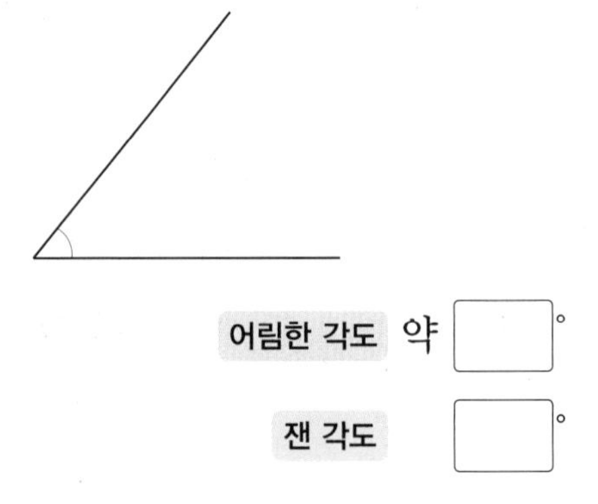

어림한 각도 약 □°

잰 각도 □°

8 도형에서 둔각은 모두 몇 개일까요?

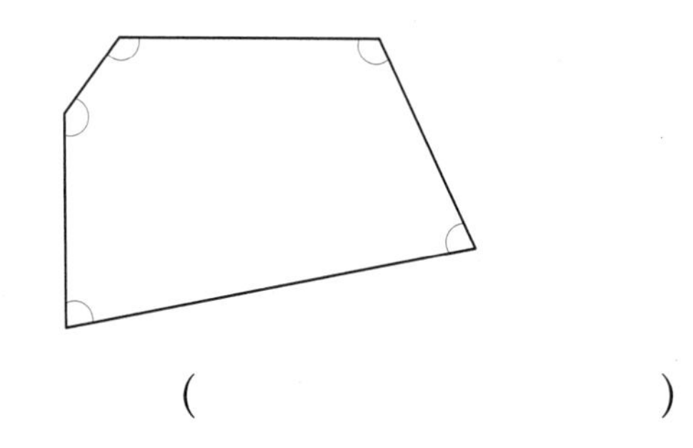

(　　　　　　　　　)

9 □ 안에 알맞은 수를 써넣으세요.

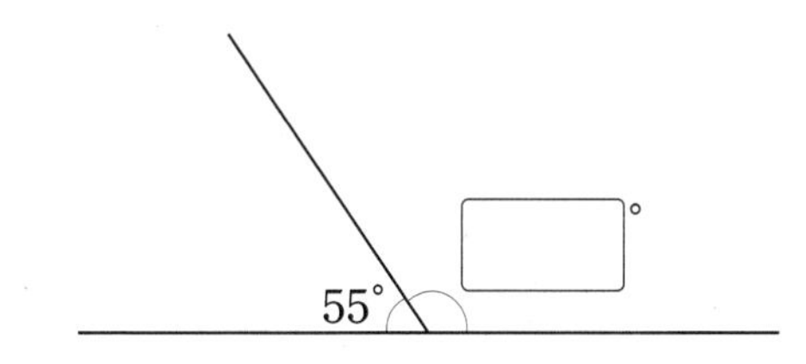

10 가장 큰 각과 가장 작은 각을 찾아 각도의 합과 차를 구해 보세요.

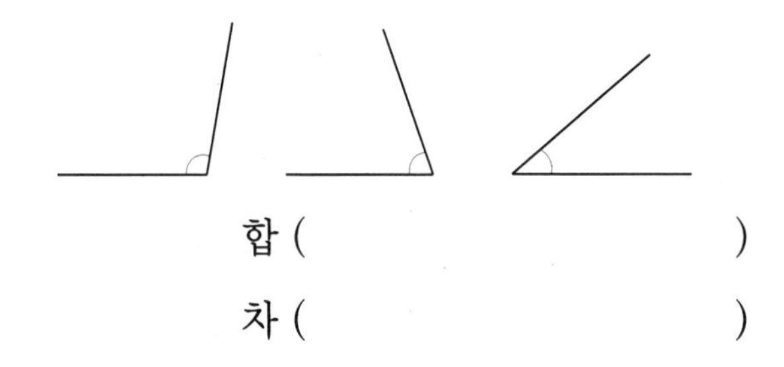

합 (　　　　　　　　　)

차 (　　　　　　　　　)

11 시계의 짧은바늘과 긴바늘이 이루는 작은 쪽의 각이 예각인 시각은 어느 것일까요? (　　　)

① 12시 30분　② 1시 30분
③ 3시　④ 4시 30분
⑤ 9시 30분

12 □ 안에 알맞은 수를 써넣으세요.

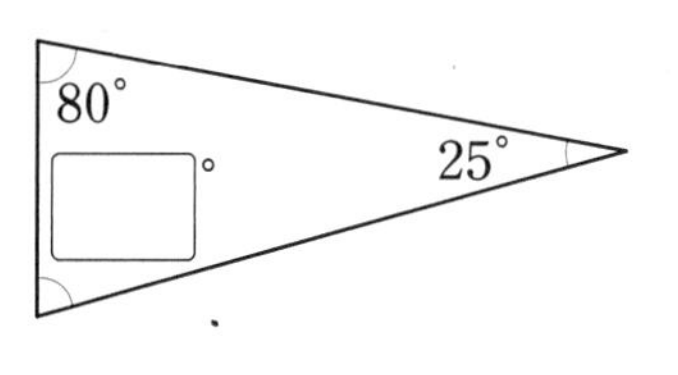

13 □ 안에 알맞은 수를 써넣으세요.

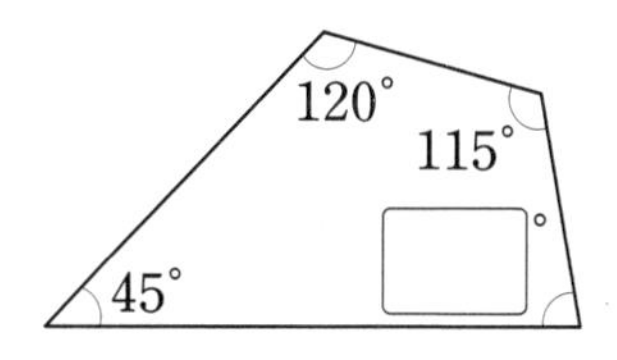

14 삼각형에서 ㉠과 ㉡의 각도의 합을 구해 보세요.

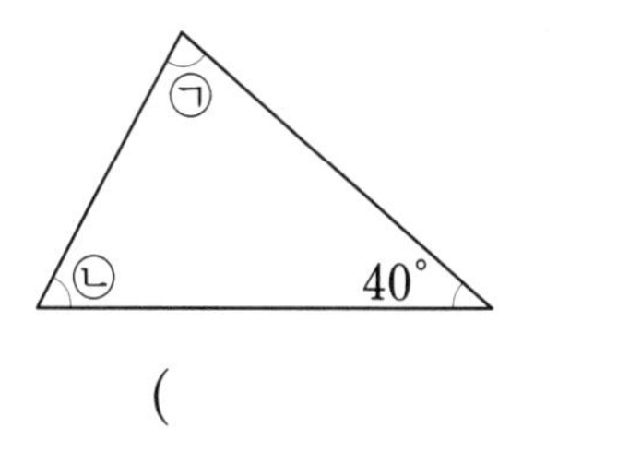

(　　　　　　　　　)

15 □ 안에 알맞은 수를 써넣으세요.

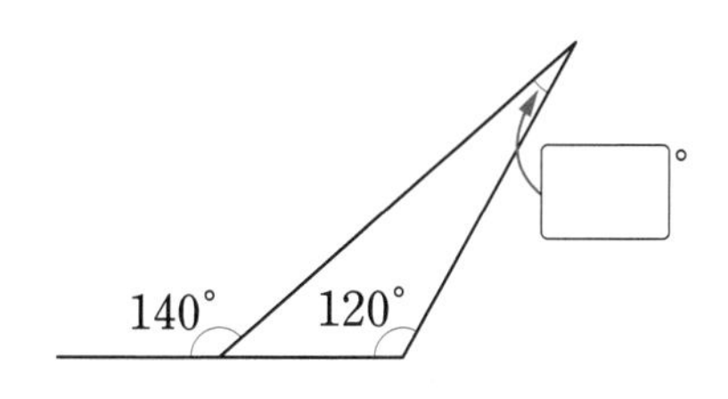

16 두 삼각자를 겹쳐서 만든 각입니다. □ 안에 알맞은 수를 써넣으세요.

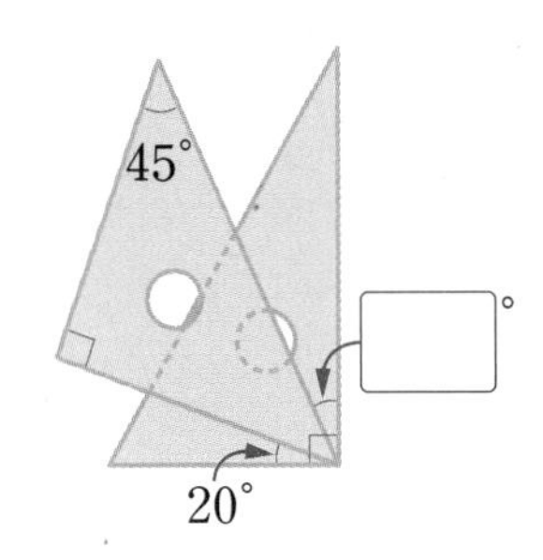

17 두 각도의 합과 차를 구해 보세요.

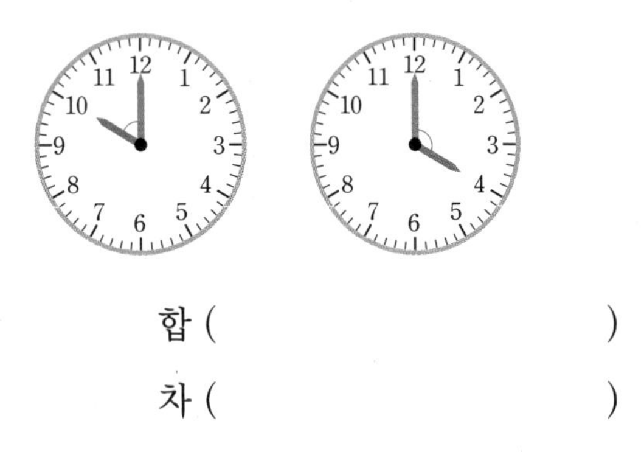

합 (　　　　　　　　　　)

차 (　　　　　　　　　　)

18 도형에서 ㉠의 각도는 몇 도인지 구해 보세요.

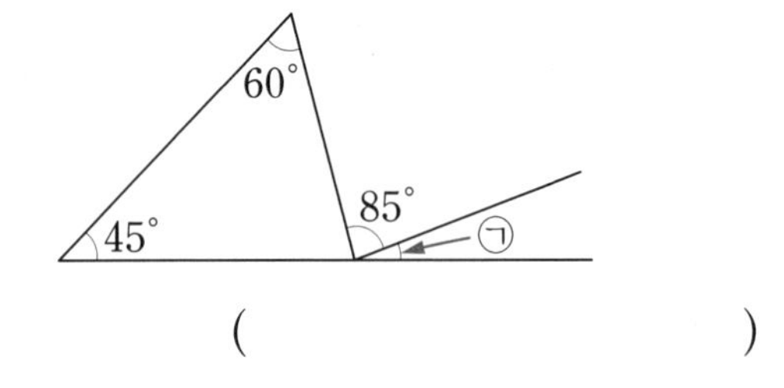

(　　　　　　　　　　)

19 각자 그린 삼각형의 세 각의 크기를 잰 것입니다. 잘못 잰 사람은 누구인지 풀이 과정을 쓰고 답을 구해 보세요.

유나: 35°, 70°, 75°
지수: 50°, 80°, 60°
태인: 55°, 75°, 50°

풀이

답

20 도형에서 ㉠의 각도는 몇 도인지 풀이 과정을 쓰고 답을 구해 보세요.

110°　㉠
100°　85°

풀이

답

단원 평가 Level 2

점수

확인

1 각의 크기가 작은 것부터 차례로 기호를 써 보세요.

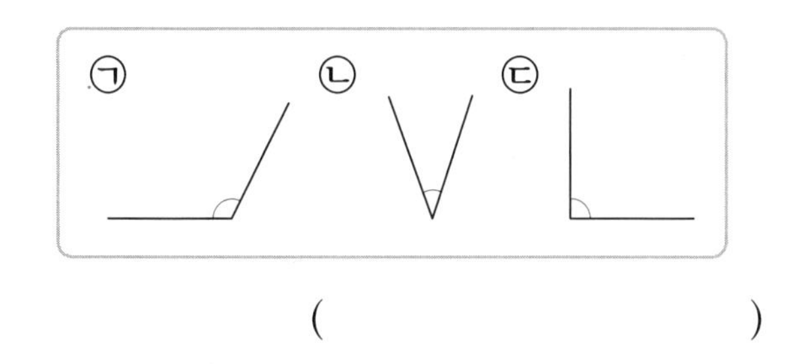

( )

2 각도를 구해 보세요.

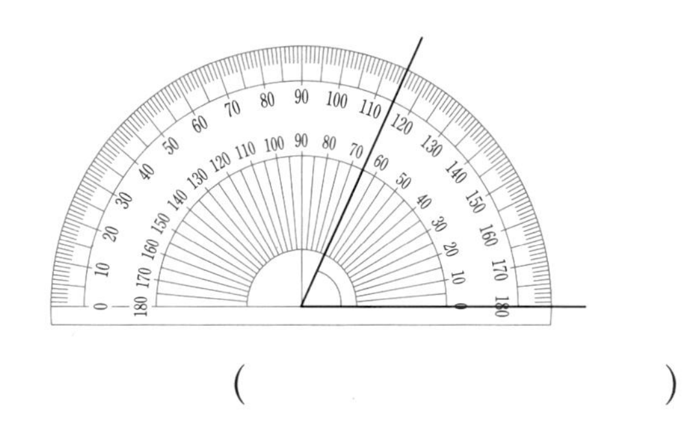

( )

3 두 각도의 합과 차를 구해 보세요.

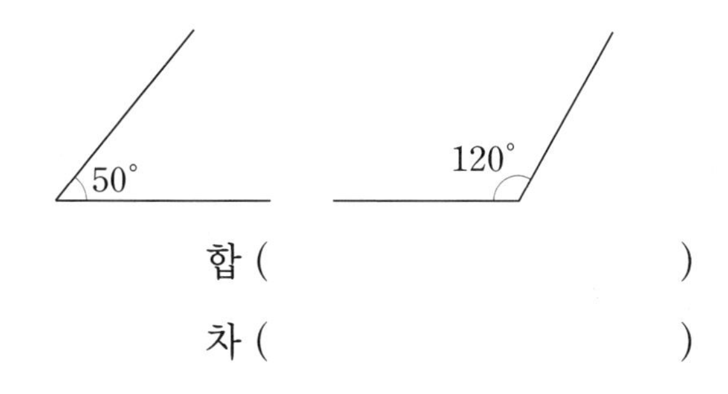

합 ( )

차 ( )

4 삼각자의 각을 보고 각도를 어림하고, 각도기로 재어 확인해 보세요.

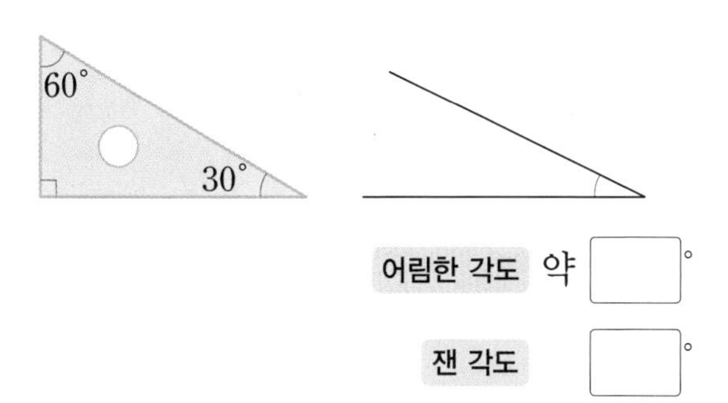

어림한 각도 약 □°

잰 각도 □°

5 시각에 맞게 긴바늘과 짧은바늘을 그리고, 긴바늘과 짧은바늘이 이루는 작은 쪽의 각이 예각, 둔각 중 어느 것인지 □ 안에 써넣으세요.

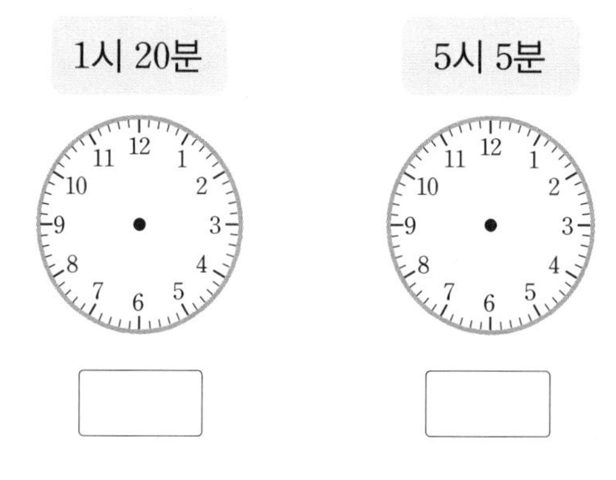

6 각도의 합을 비교하여 ○ 안에 >, =, < 중 알맞은 것을 써넣으세요.

$65° + 75°$ ○ $86° + 57°$

7 계산한 값이 예각인 것을 모두 찾아 기호를 써 보세요.

㉠ $25° + 75°$	㉡ $110° - 25°$
㉢ $160° - 70°$	㉣ $45° + 35°$

( )

8 도형에서 찾을 수 있는 예각, 둔각은 각각 몇 개일까요?

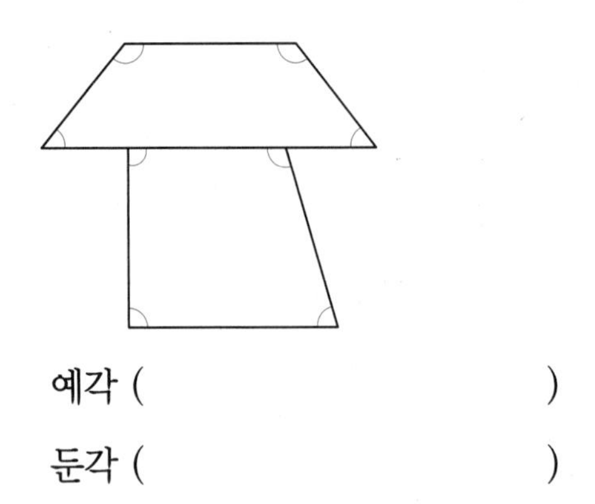

예각 (　　　　　　　　)

둔각 (　　　　　　　　)

9 부채의 부챗살이 이루는 각의 크기는 일정합니다. 그림과 같이 부챗살 5개를 이용하여 만든 부채를 완전히 펼쳤을 때 부채 갓대가 이루는 각도를 구해 보세요.

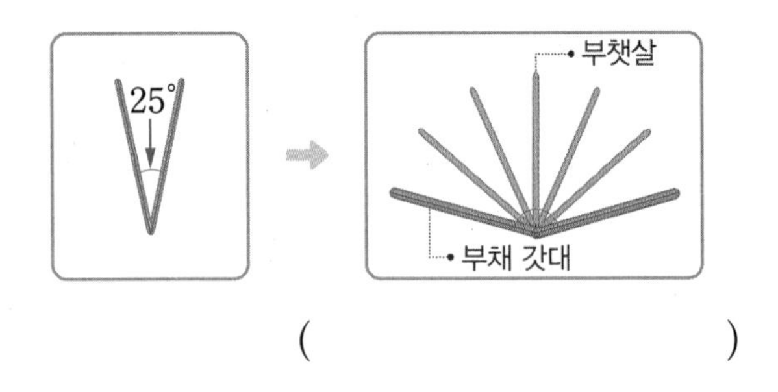

(　　　　　　　　)

10 시계의 긴바늘과 짧은바늘이 이루는 작은 쪽의 각도는 몇 도일까요?

(　　　　　　　　)

11 그림에서 찾을 수 있는 크고 작은 둔각은 모두 몇 개일까요?

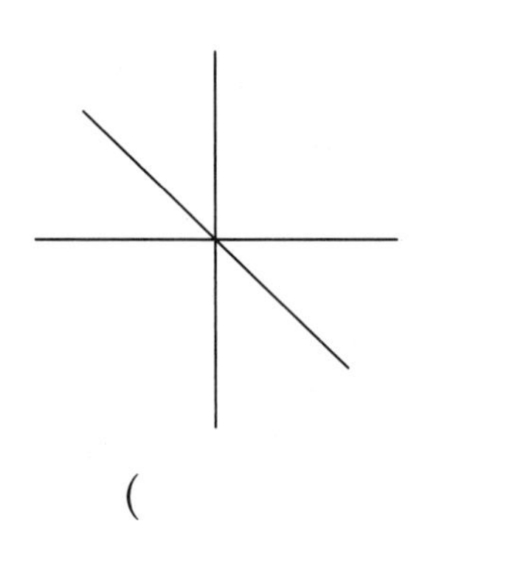

(　　　　　　　　)

12 □ 안에 알맞은 수를 써넣으세요.

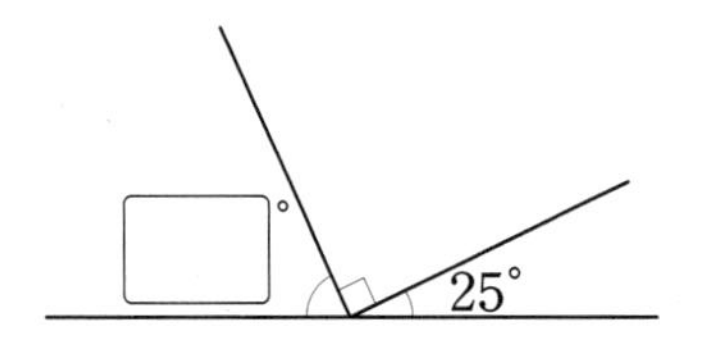

13 민정이가 잰 삼각형의 두 각은 각각 65°, 70°입니다. 이 삼각형의 나머지 한 각의 크기는 몇 도일까요?

(　　　　　　　　)

14 도형에서 ㉠과 ㉡의 각도의 합이 70°일 때 □ 안에 알맞은 수를 써넣으세요.

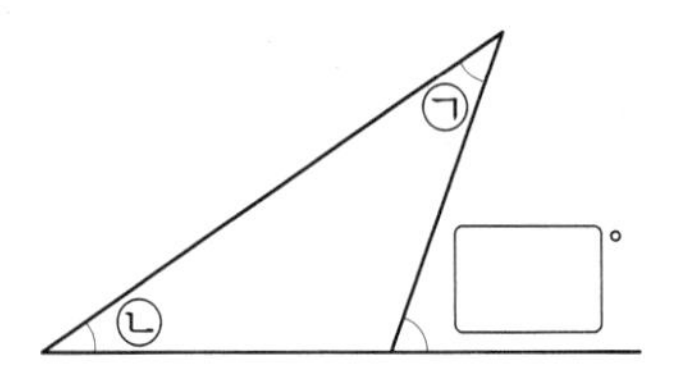

15 두 삼각자를 겹쳐서 만든 ㉠의 각도를 구해 보세요.

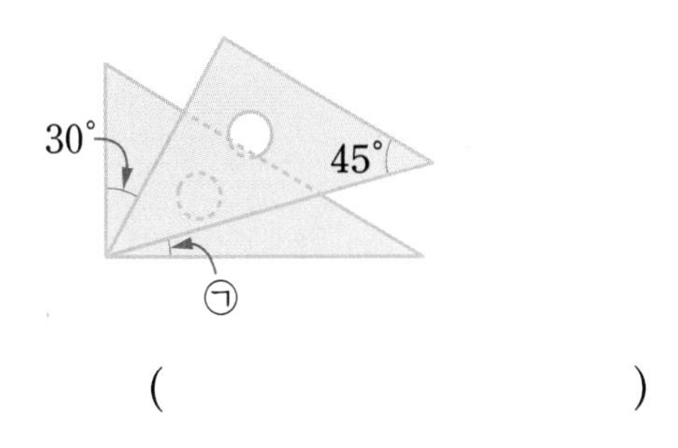

(   )

16 □ 안에 알맞은 수를 써넣으세요.

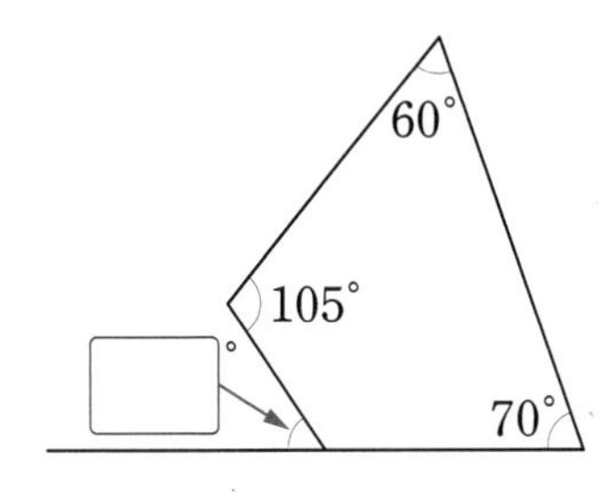

17 ㉠의 각도를 구해 보세요.

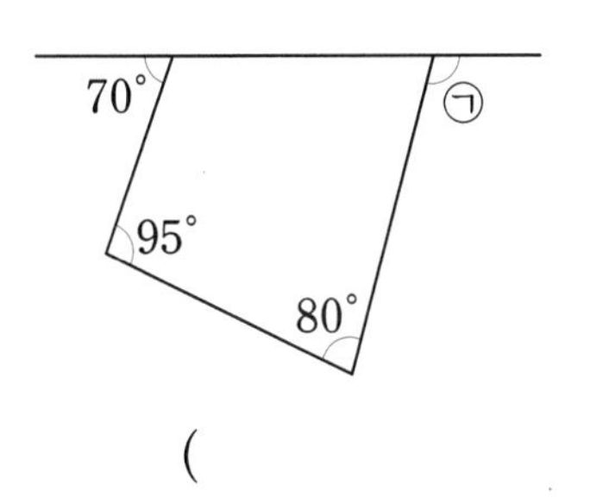

(   )

18 도형에서 다섯 각의 크기의 합을 구해 보세요.

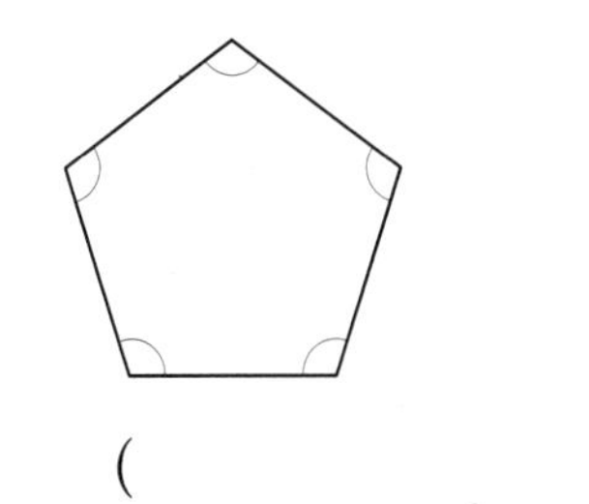

(   )

19 두 삼각자를 이어 붙여 만든 것입니다. ㉠과 ㉡의 각도의 차는 몇 도인지 풀이 과정을 쓰고 답을 구해 보세요.

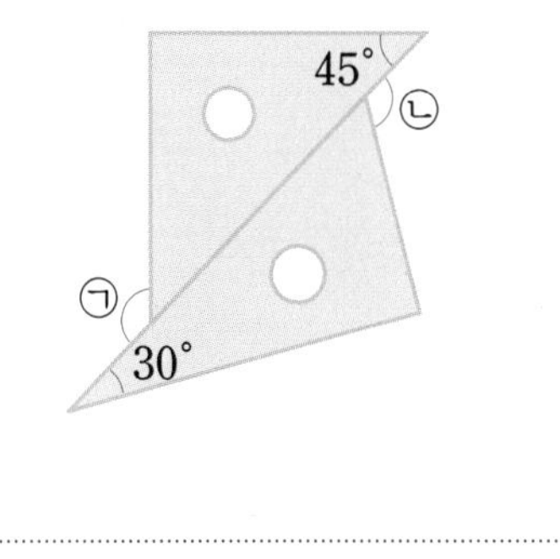

풀이

답

20 직사각형 모양의 종이를 다음과 같이 접었을 때 ㉠의 각도는 몇 도인지 풀이 과정을 쓰고 답을 구해 보세요.

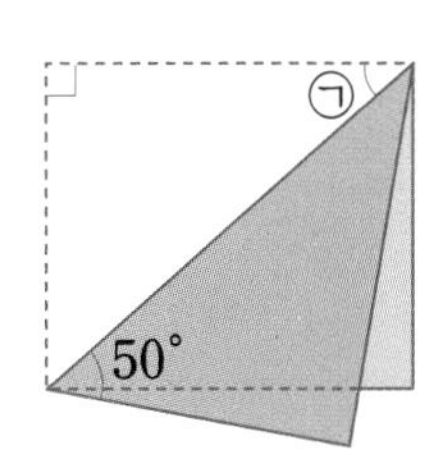

풀이

답

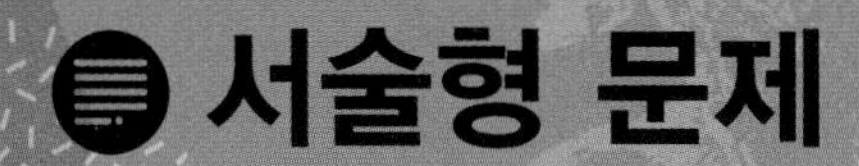

서술형 문제

1 성민이는 문구점에서 350원짜리 연필을 25자루 샀습니다. 성민이가 산 연필의 값은 모두 얼마인지 풀이 과정을 쓰고 답을 구해 보세요.

풀이 예 (성민이가 산 연필의 값)

=(연필 한 자루의 값)×(연필 수)

$=350 \times 25=8750$(원)

따라서 성민이가 산 연필의 값은 모두 8750원입니다.

답 8750원

1⁺ 명진이는 제과점에서 850원짜리 빵을 16개 샀습니다. 명진이가 산 빵의 값은 모두 얼마인지 풀이 과정을 쓰고 답을 구해 보세요.

풀이

답

2 나눗셈식의 나머지가 가장 큰 수가 될 때 자연수 ㉠은 얼마인지 구하려고 합니다. 풀이 과정을 쓰고 답을 구해 보세요.

㉠ $\div 37=16 \cdots$ □

풀이 예 37로 나누었을 때 가장 큰 나머지는 36입니다.

따라서 $37 \times 16=592$, $592+36=628$이므로 ㉠$=628$입니다.

답 628

2⁺ 나눗셈식의 나머지가 가장 큰 수가 될 때 자연수 ㉠은 얼마인지 구하려고 합니다. 풀이 과정을 쓰고 답을 구해 보세요.

㉠ $\div 28=15 \cdots$ □

풀이

답

3 가장 큰 수와 가장 작은 수의 곱은 얼마인지 풀이 과정을 쓰고 답을 구해 보세요.

85	97	167	115

풀이

답

▶ 수의 크기를 비교하여 가장 큰 수와 가장 작은 수를 찾습니다.

4 나눗셈의 몫이 가장 큰 것을 찾아 기호를 쓰려고 합니다. 풀이 과정을 쓰고 답을 구해 보세요.

㉠ $684 \div 76$ ㉡ $425 \div 25$ ㉢ $559 \div 43$

풀이

답

▶ 나눗셈의 몫을 각각 구해 봅니다.

5 미술 시간에 학생들에게 나누어 주기 위해 835원짜리 색 도화지를 50장 샀습니다. 색 도화지의 값은 모두 얼마인지 풀이 과정을 쓰고 답을 구해 보세요.

풀이

답

▶ 색 도화지의 값은 색 도화지 한 장의 값과 색 도화지의 수를 곱하여 구합니다.

6 민호가 모은 저금통에 들어 있는 돈을 세어 보았더니 다음과 같았습니다. 민호가 모은 돈은 얼마인지 풀이 과정을 쓰고 답을 구해 보세요.

500원짜리 동전 15개, 100원짜리 동전 60개

풀이

답

▶ 500원짜리 동전과 100원짜리 동전의 금액을 각각 구해 봅니다.

7 수 카드를 한 번씩만 사용하여 가장 큰 세 자리 수와 가장 작은 두 자리 수를 만들었습니다. 만든 두 수의 곱은 얼마인지 풀이 과정을 쓰고 답을 구해 보세요.

4 2 5 8 3

풀이

답

▶ 수 카드의 수의 크기를 비교하여 가장 큰 세 자리 수와 가장 작은 두 자리 수를 각각 만들어 봅니다.

8 길이가 946 cm인 색 테이프를 85 cm씩 최대한 많이 잘랐습니다. 85 cm짜리 도막은 몇 개이고 남은 색 테이프의 길이는 몇 cm인지 풀이 과정을 쓰고 답을 구해 보세요.

풀이

답 ,

▶ 전체 색 테이프의 길이를 한 도막의 길이로 나누었을 때
- 몫 ➡ 도막 수
- 나머지 ➡ 남은 길이

9 성원이가 345쪽인 동화책을 읽으려고 합니다. 하루에 25쪽씩 읽으면 며칠 만에 동화책을 모두 읽을 수 있는지 풀이 과정을 쓰고 답을 구해 보세요.

▶ 25쪽보다 적은 쪽수가 남아도 읽는 데 하루가 필요합니다.

풀이

답

10 수확한 밤 97 kg을 한 상자에 10 kg씩 담아서 팔려고 합니다. 팔 수 있는 밤의 무게는 몇 kg인지 풀이 과정을 쓰고 답을 구해 보세요.

▶ 10 kg보다 적은 무게의 밤은 팔 수 없습니다.

풀이

답

11 어떤 수를 38로 나누었더니 몫은 14이고, 나머지는 25였습니다. 어떤 수를 24로 나누었을 때의 몫과 나머지는 얼마인지 풀이 과정을 쓰고 답을 구해 보세요.

▶ 먼저 어떤 수를 구한 후 24로 나누어 봅니다.

풀이

답 몫: , 나머지:

단원 평가 Level 1

점수

확인

1 어림하여 구한 값을 찾아 ○표 하세요.

(1) 501×20 → 5000 | 10000 | 15000

(2) 697×31 → 12000 | 18000 | 21000

2 계산해 보세요.

(1) 532×30　　(2) 860×40

3 계산 결과를 찾아 이어 보세요.

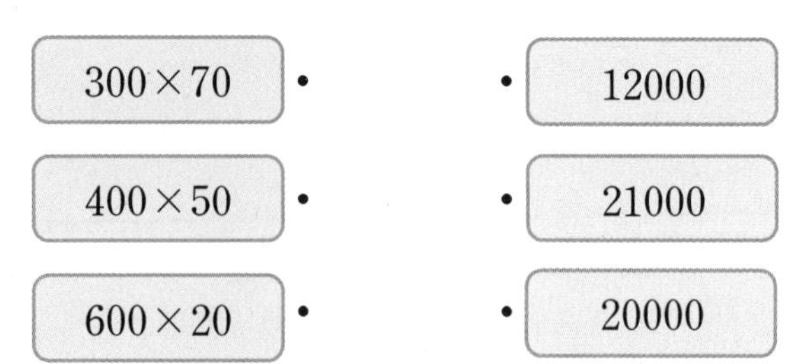

300×70	12000
400×50	21000
600×20	20000

4 나눗셈을 하여 빈칸에 몫을 쓰고 ○ 안에 나머지를 써넣으세요.

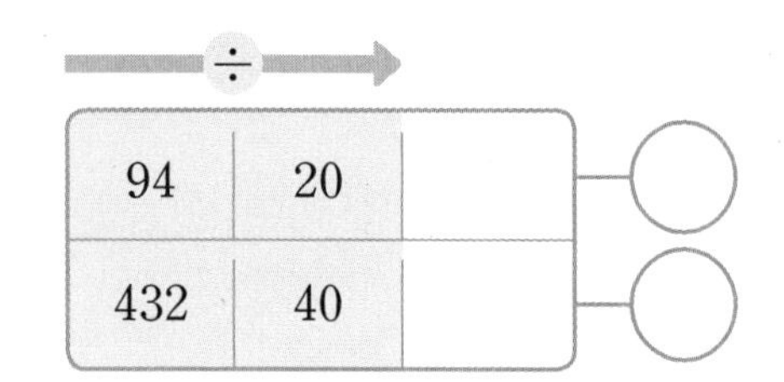

		÷	
94	20		○
432	40		○

5 계산 결과를 비교하여 ○ 안에 >, =, < 중 알맞은 것을 써넣으세요.

328×45 ○ 417×35

6 잘못 계산한 곳을 찾아 바르게 고쳐 보세요.

$$\begin{array}{r} 607 \\ \times \quad 78 \\ \hline 4856 \\ 4249 \\ \hline 9105 \end{array}$$

→

7 나머지가 큰 것부터 차례로 기호를 써 보세요.

㉠ $87 \div 16$
㉡ $131 \div 24$
㉢ $165 \div 19$

(　　　　　)

8 계산을 하고 나눗셈을 바르게 했는지 확인해 보세요.

$18 \overline{)438}$

확인 ....

9 몫이 두 자리 수인 나눗셈을 모두 찾아 기호를 써 보세요.

㉠ $315 \div 40$	㉡ $427 \div 35$
㉢ $690 \div 60$	㉣ $758 \div 76$

( )

10 $527 \div 17$을 오른쪽과 같이 잘못 계산했습니다. 다시 계산하지 않고 몫을 바르게 구하려고 합니다. □ 안에 알맞은 수를 써넣으세요.

```
     2 9
17)5 2 7
   3 4
   1 8 7
   1 5 3
     3 4
```

나머지 34가 17보다 크므로 더 나눌 수 있습니다.

$34 \div 17 =$ □이므로 $527 \div 17$의 몫은 $29 +$ □ $=$ □입니다.

11 길이가 250 cm인 색 테이프 30장을 겹치지 않게 한 줄로 이어 붙였습니다. 이어 붙인 색 테이프의 전체 길이는 몇 cm일까요?

( )

12 □ 안에 들어갈 수 있는 자연수 중에서 가장 큰 수를 구해 보세요.

□ $\times 27 < 876$

( )

13 수 카드를 한 번씩만 사용하여 몫이 가장 큰 (두 자리 수)$\div$(두 자리 수)의 나눗셈식을 만들었을 때 몫과 나머지를 구해 보세요.

5 1 2 8

몫 ( )

나머지 ( )

14 길이가 8 m 16 cm인 통나무를 잘라서 나무 의자를 만들려고 합니다. 나무 의자 1개를 만드는 데 통나무 55 cm가 필요하다면 이 통나무로 나무 의자를 몇 개까지 만들 수 있을까요?

( )

15 어떤 수를 28로 나누었을 때 나머지가 될 수 있는 수 중에서 가장 큰 자연수를 13으로 나누면 몫과 나머지는 얼마일까요?

몫 ( )

나머지 ( )

16 □ 안에 알맞은 수를 써넣으세요.

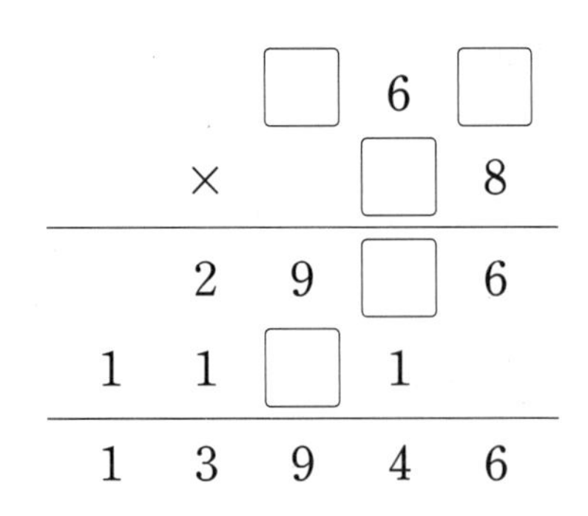

17 찬민이네 학교 학생이 한 버스에 35명씩 15대에 나누어 타고 체험 학습을 갔습니다. 모든 학생이 케이블카를 타기 위해 21명씩 모둠을 만들려고 합니다. 몇 모둠이 되는지 구해 보세요.

( )

18 수 카드를 한 번씩만 사용하여 (세 자리 수)×(두 자리 수)의 곱셈식을 만들려고 합니다. 만들 수 있는 식 중에서 곱이 가장 큰 곱셈식을 완성하고 곱을 구해 보세요.

4 7 3 5 9

➡ □□3 × □4

( )

19 윤서는 매일 아침 우유를 180 mL씩 마십니다. 윤서가 5월과 6월 두 달 동안 마신 우유는 모두 몇 mL인지 풀이 과정을 쓰고 답을 구해 보세요.

풀이

답

20 사과 243개를 상자에 담아 팔려고 합니다. 한 상자에 45개씩 담는다면 몇 상자를 팔 수 있는지 풀이 과정을 쓰고 답을 구해 보세요.

풀이

답

단원 평가 Level ❷

점수

확인

1 □ 안에 알맞은 수를 써넣으세요.

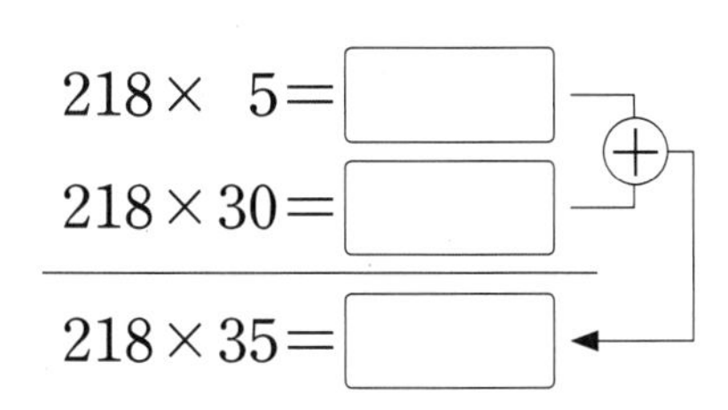

2 나눗셈의 몫과 나머지를 구해 보세요.

873÷38

몫 (　　　　)

나머지 (　　　　)

3 □ 안에 알맞은 수를 써넣으세요.

$19 \times 750 = 750 \times \square$

$= \square$

4 몫이 같은 것끼리 이어 보세요.

160÷40 •	• 360÷60
420÷70 •	• 720÷90
320÷40 •	• 200÷50

5 계산을 하고 나눗셈을 바르게 했는지 확인해 보세요.

$57 \overline{)963}$

확인 ....

6 빈칸에 알맞은 곱을 써넣으세요.

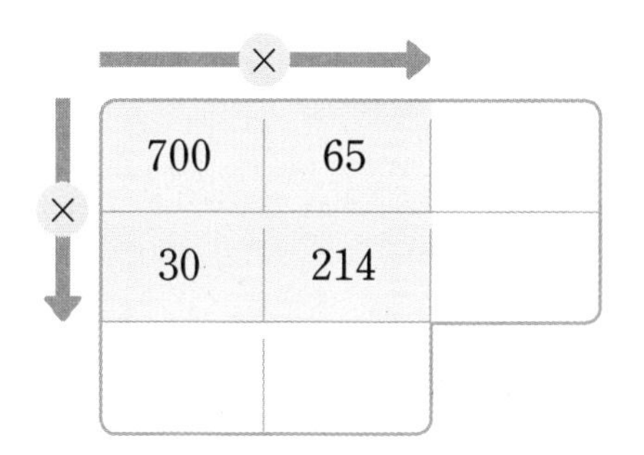

7 몫이 한 자리 수인 나눗셈에 ○표, 몫이 두 자리 수인 나눗셈에 △표 하세요.

412÷20	230÷27
(　　)	(　　)
129÷18	598÷31
(　　)	(　　)

8 가장 큰 수와 가장 작은 수의 곱을 구해 보세요.

35　516　24　493

(　　　　)

9 계산 결과가 큰 것부터 차례로 기호를 써 보세요.

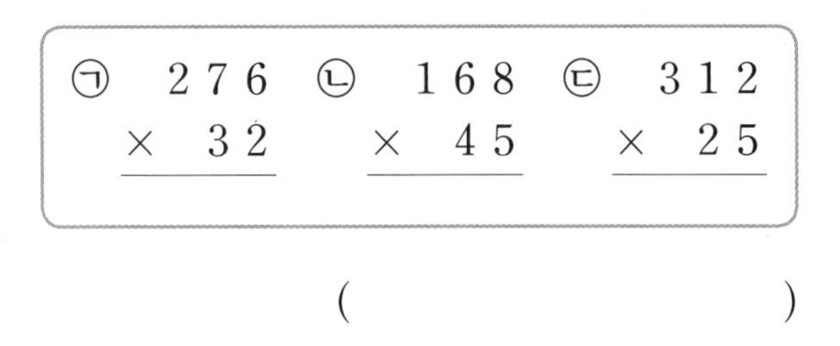

( )

10 □ 안에 알맞은 수를 써넣으세요.

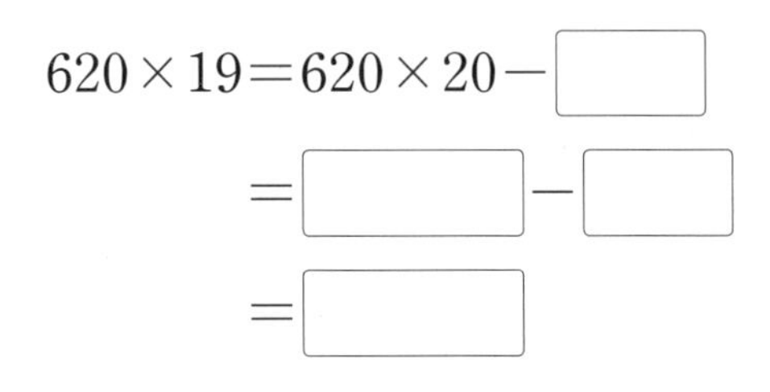

11 어느 공장에서 신발을 하루에 260켤레씩 만들고 있습니다. 이 공장에서 25일 동안 만드는 신발은 모두 몇 켤레일까요?

( )

12 민정이는 길이가 882 cm인 가죽끈으로 팔찌를 만들려고 합니다. 팔찌 한 개를 만드는 데 끈이 51 cm 필요할 때 만들 수 있는 팔찌는 몇 개일까요?

( )

13 880쪽인 동화책을 하루에 34쪽씩 읽으면 며칠 만에 동화책을 모두 읽을 수 있을까요?

( )

14 수 카드를 한 번씩만 사용하여 몫이 가장 작은 (세 자리 수)÷(두 자리 수)를 만들었을 때 몫과 나머지를 구해 보세요.

4 5 3 8 7

몫 ( )

나머지 ( )

15 어떤 수를 21로 나누면 몫은 348÷21의 몫보다 10만큼 더 크고 나머지는 같습니다. 어떤 수는 얼마일까요?

( )

16 509에 어떤 수를 곱해야 할 것을 잘못하여 어떤 수로 나누었더니 몫이 16이고 나머지가 13이었습니다. 바르게 계산하면 얼마일까요?

( )

17 ◯ 안에는 0부터 9까지 어느 수를 넣어도 됩니다. □ 안에 들어갈 수 있는 수를 모두 구해 보세요.

$43\overline{)3\bigcirc 9}$ (몫: □)

( )

18 □ 안에 알맞은 수를 써넣으세요.

```
          3 □
    ┌────────
2□ )□ 8  7
    □ 0
    ──────
      8 □
      8 0
    ──────
         7
```

19 유진이는 문구점에서 780원짜리 찰흙을 12개 사고 10000원을 냈습니다. 유진이가 받을 거스름돈은 얼마인지 풀이 과정을 쓰고 답을 구해 보세요.

풀이

답

20 한 상자에 45개씩 들어 있는 구슬이 19상자 있습니다. 이 구슬을 한 봉지에 25개씩 담아 팔려고 합니다. 구슬을 몇 개까지 팔 수 있는지 풀이 과정을 쓰고 답을 구해 보세요.

풀이

답

3

서술형 문제

1 도형의 이동 방법을 설명해 보세요.

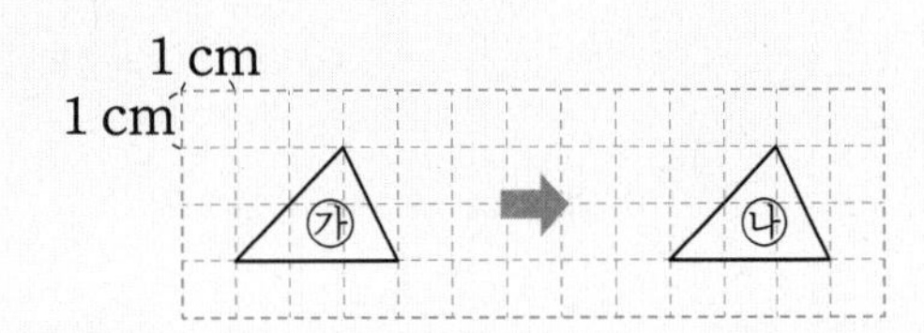

설명 예 ㉯ 도형은 ㉮ 도형을 오른쪽으로 8 cm만큼 밀어서 이동한 도형입니다.

1+ 도형의 이동 방법을 설명해 보세요.

1 cm
1 cm
㉮ ㉯

설명

2 글자 '군'이 '곤'이 되도록 뒤집는 방법을 설명해 보세요.

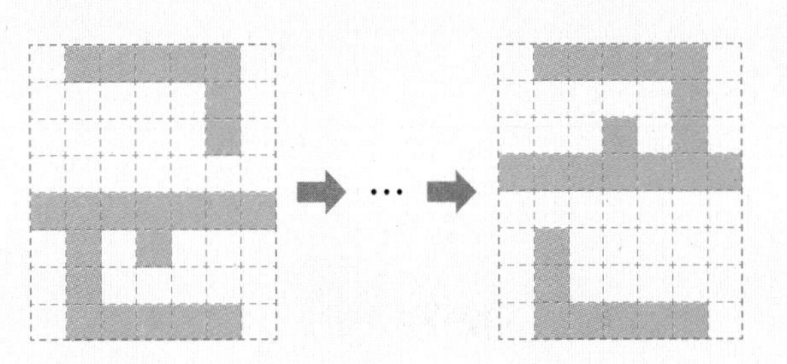

설명 예 글자 '군'을 오른쪽으로 뒤집고 아래쪽으로 뒤집으면 '곤'이 됩니다.

2+ 글자 '몬'이 '굼'이 되도록 뒤집는 방법을 설명해 보세요.

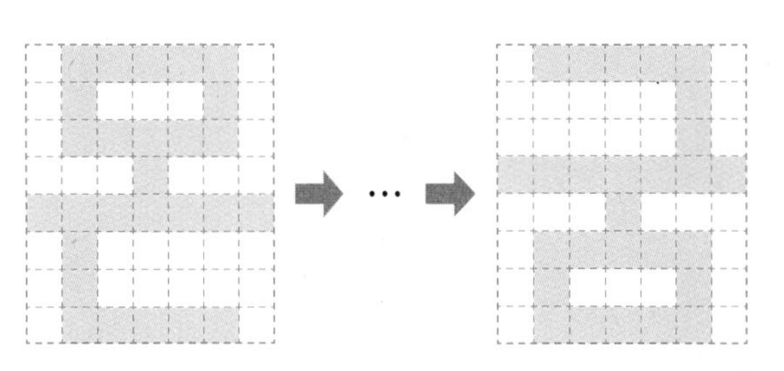

설명

3 점 ㄱ을 어떻게 이동하면 점 ㄴ의 위치로 이동할 수 있는지 설명해 보세요.

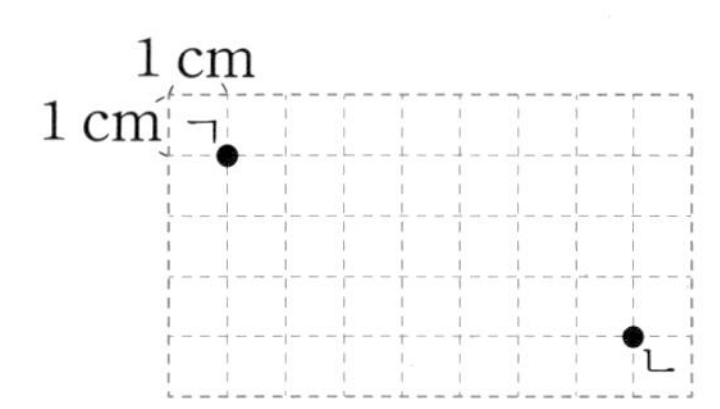

설명

▶ 오른쪽 또는 왼쪽, 위쪽 또는 아래쪽으로 몇 칸 이동했는지 알아봅니다.

4 오른쪽 도형은 왼쪽 도형을 어떻게 움직인 것인지 설명해 보세요.

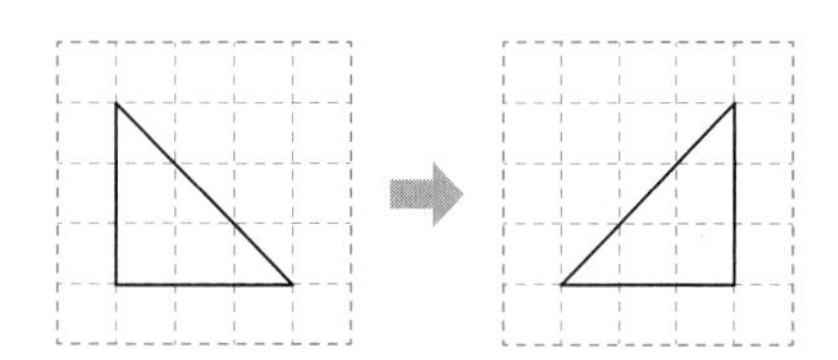

설명

▶ 밀기, 뒤집기, 돌리기 중 어떤 방법으로 움직였는지 알아봅니다.

5 오른쪽 도형은 왼쪽 도형을 돌리기 한 도형입니다. 어떻게 돌린 것인지 설명하고 에 화살표로 표시해 보세요.

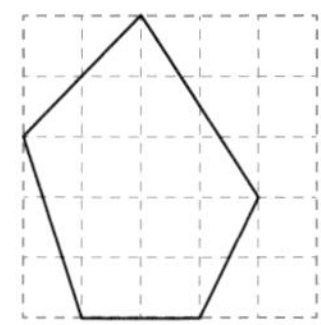

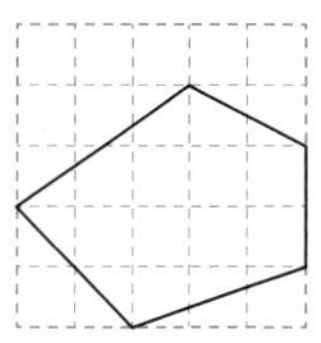

설명

▶ 왼쪽 도형의 위쪽 부분이 오른쪽 도형에서 어느 쪽으로 이동했는지 알아봅니다.

6 모양을 이용하여 규칙적인 무늬를 만들었습니다. 어떻게 움직여서 만든 것인지 움직인 방법을 설명해 보세요.

▶ 밀기, 뒤집기, 돌리기 중 어떤 방법으로 무늬를 만들었는지 알아봅니다.

설명

7 두 자리 수가 적힌 카드를 시계 방향으로 180°만큼 돌렸을 때 만들어지는 수와 처음 수의 차는 얼마인지 풀이 과정을 쓰고 답을 구해 보세요.

91

▶ 시계 방향으로 180°만큼 돌리면 위쪽이 아래쪽으로, 왼쪽이 오른쪽으로 이동합니다.

풀이

답

8 보기 의 모양으로 규칙적인 무늬를 만들고 만든 방법을 설명해 보세요.

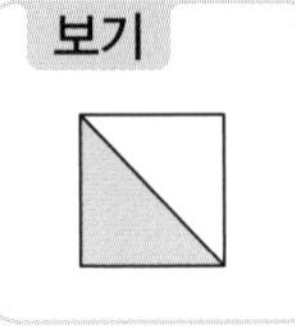

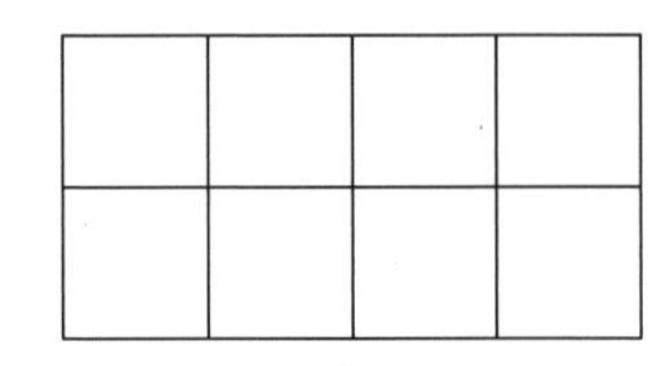

▶ 보기 의 모양을 밀기, 뒤집기, 돌리기의 방법으로 다양하게 무늬를 만들어 봅니다.

설명

9 글자를 일정한 규칙으로 돌리기 한 것입니다. 글자를 움직인 규칙을 설명하고 빈칸에 알맞은 모양을 그려 보세요.

설명

▶ 글자의 위쪽이 규칙적으로 어떻게 이동했는지 알아봅니다.

10 오른쪽으로 뒤집었을 때 처음 모양과 같은 알파벳은 모두 몇 개인지 풀이 과정을 쓰고 답을 구해 보세요.

A B C D E F G H

풀이

답

▶ 도형을 오른쪽으로 뒤집으면 도형의 왼쪽과 오른쪽이 서로 바뀝니다.

11 어떤 도형을 위쪽으로 뒤집어야 하는데 잘못하여 오른쪽으로 뒤집었더니 다음과 같은 도형이 되었습니다. 처음 도형과 바르게 움직였을 때의 도형을 그리고 그린 방법을 설명해 보세요.

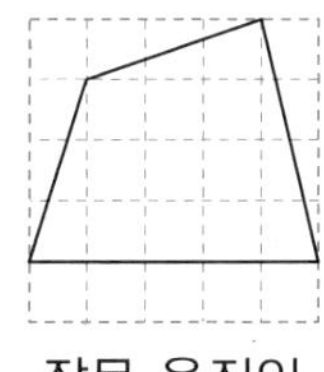
잘못 움직인 도형

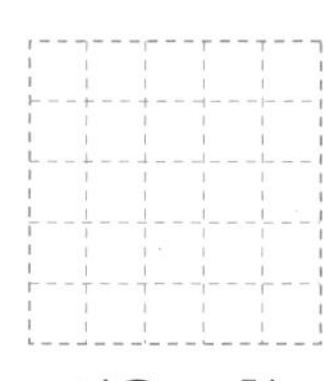
처음 도형

바르게 움직였을 때의 도형

설명

▶ 처음 도형을 알아보려면 움직인 도형을 거꾸로 움직여 봅니다.

단원 평가 Level 1

점수

확인

1 오른쪽 도형을 위쪽으로 밀었습니다. 알맞은 것에 ○표 하세요.

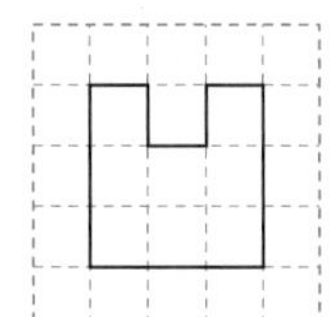

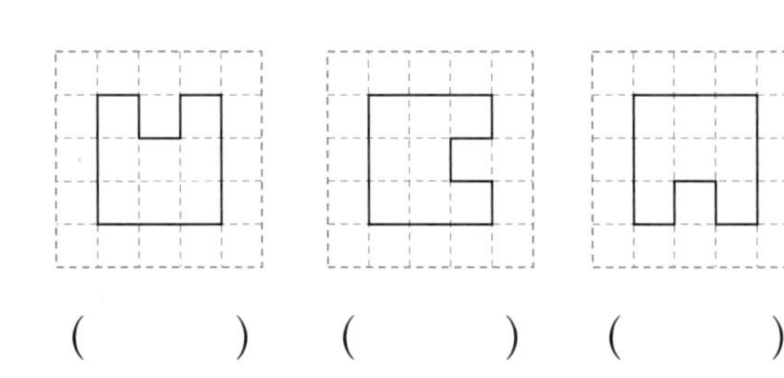

(　　) (　　) (　　)

2 점 ㄱ을 왼쪽으로 3칸 이동했을 때의 위치에 점 ㄴ으로 표시해 보세요.

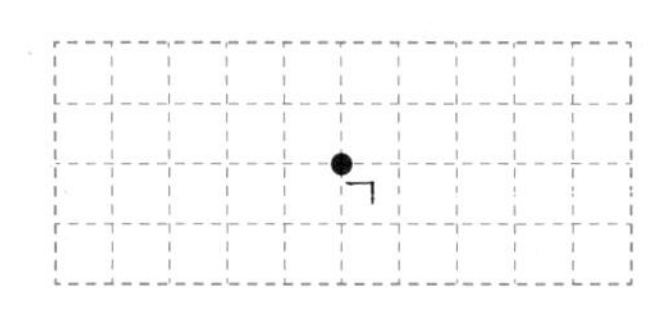

3 점을 어떻게 이동했는지 바르게 설명한 것을 찾아 기호를 써 보세요.

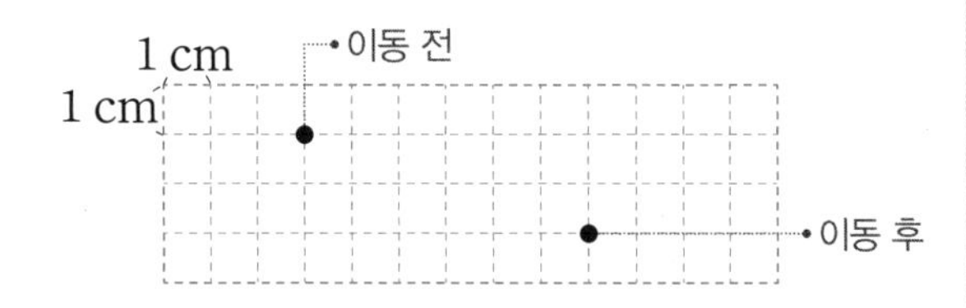

㉠ 점을 오른쪽으로 6 cm, 아래쪽으로 2 cm 이동했습니다.
㉡ 점을 왼쪽으로 6 cm, 위쪽으로 2 cm 이동했습니다.

(　　　　　)

4 어떤 도형을 오른쪽으로 5 cm 밀었을 때의 도형입니다. 처음 도형을 그려 보세요.

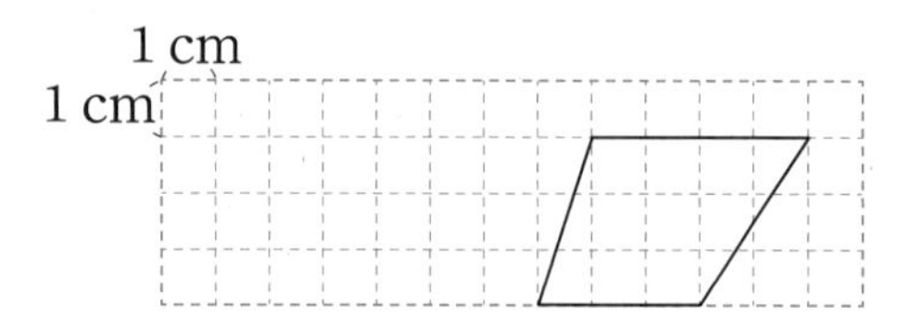

5 도형을 오른쪽으로 뒤집었을 때의 도형을 그려 보세요.

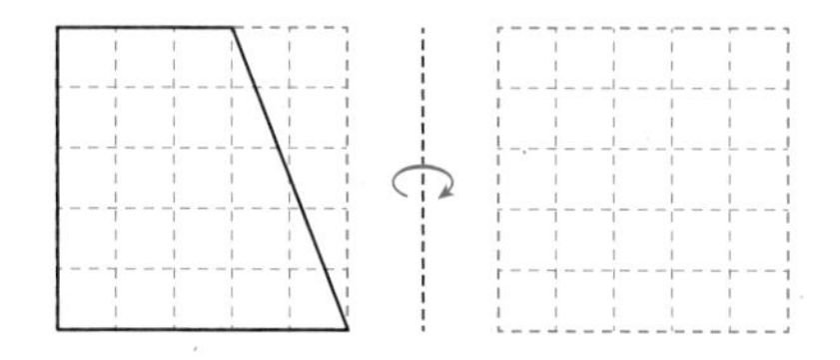

6 도형을 시계 방향으로 90°만큼 돌렸을 때의 도형을 그려 보세요.

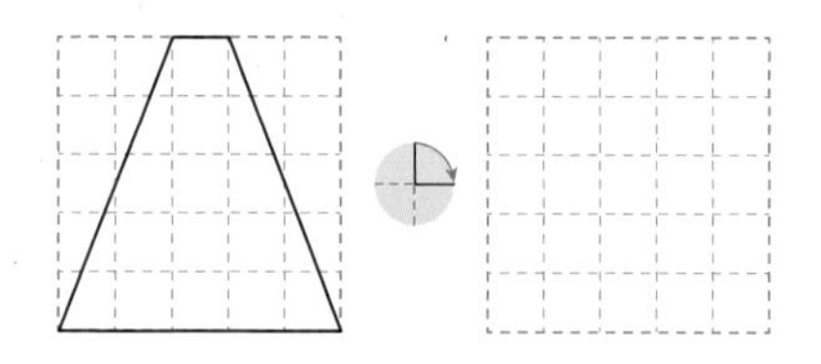

7 도형을 움직인 도형을 보고 알맞은 말에 ○표 하세요.

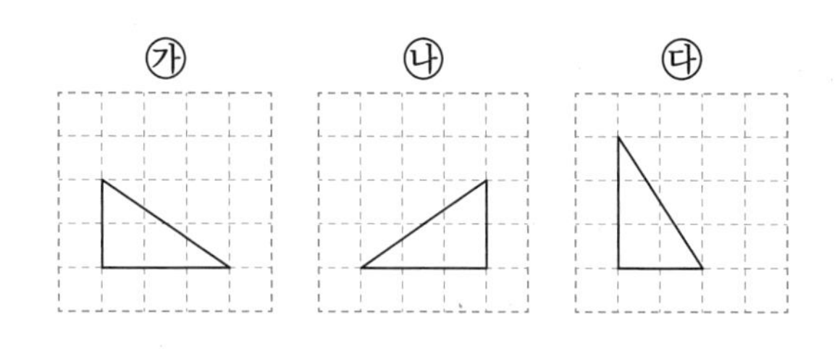

(1) 도형 ㉮를 오른쪽으로 (밀면 , 뒤집으면) 도형 ㉯가 됩니다.

(2) 도형 ㉯를 시계 방향으로 (90° , 180°) 만큼 돌리면 도형 ㉰가 됩니다.

8 도형을 오른쪽으로 뒤집은 다음 위쪽으로 뒤집었을 때의 도형을 각각 그려 보세요.

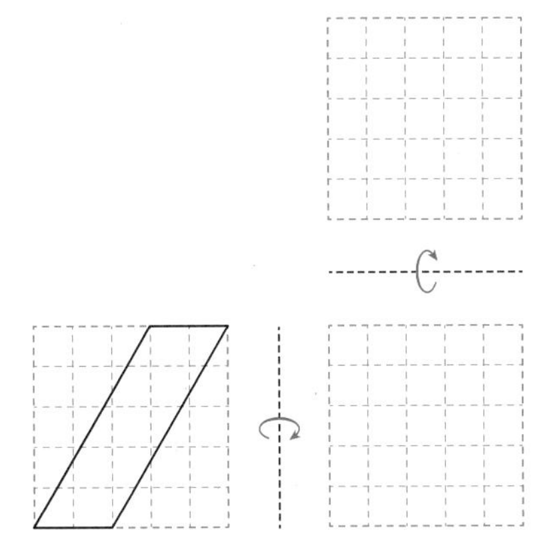

9 현우는 미술 시간에 자신의 번호를 나무 도막에 새겨 도장을 만들었습니다. 현우가 만든 도장을 찍었을 때 생기는 모양을 그려 보세요.

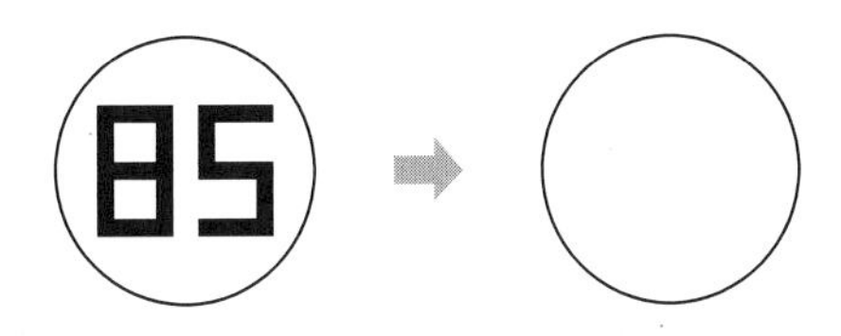

10 오른쪽 도형을 주어진 방향으로 돌렸을 때 서로 같은 도형끼리 짝 지은 것에 ○표 하세요.

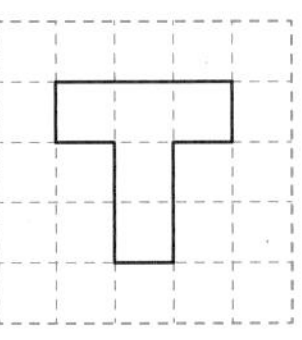

㉠ 시계 방향으로 90°, 시계 방향으로 270° ( )

㉡ 시계 방향으로 270°, 시계 반대 방향으로 270° ( )

㉢ 시계 방향으로 90°, 시계 반대 방향으로 270° ( )

11 일정한 규칙에 따라 그림 카드를 움직인 것입니다. 빈칸에 알맞은 모양을 그려 보세요.

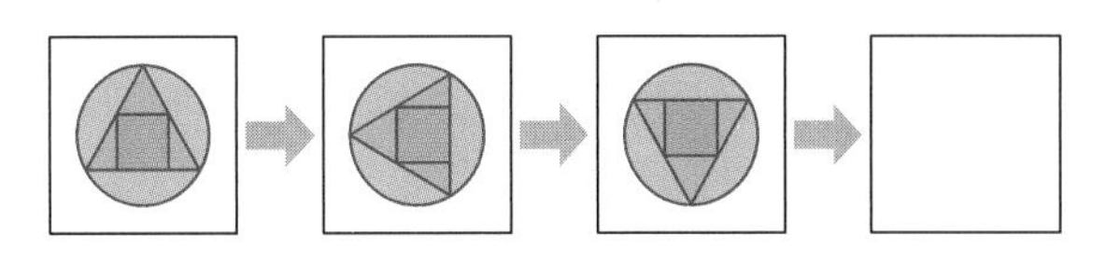

12 오른쪽 도형을 다음과 같이 움직였을 때의 도형이 다른 사람은 누구일까요?

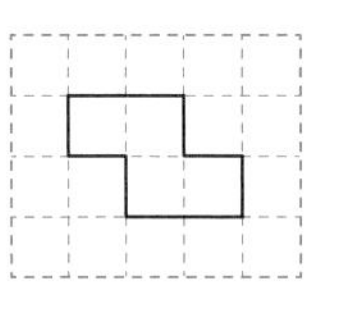

은하: 난 왼쪽으로 4번 뒤집었어.
선주: 난 위쪽으로 3번 뒤집었어.
도윤: 난 오른쪽으로 6번 뒤집었어.

( )

13 위쪽으로 뒤집었을 때 처음 모양과 같은 글자는 모두 몇 개일까요?

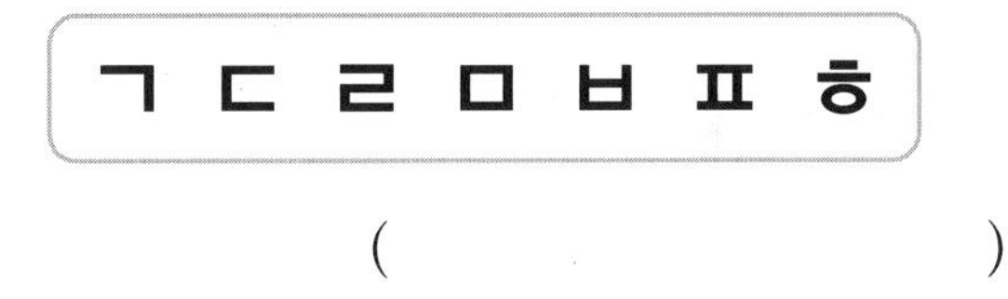

( )

14 일정한 규칙에 따라 만든 무늬입니다. 빈칸에 알맞은 모양을 그려 보세요.

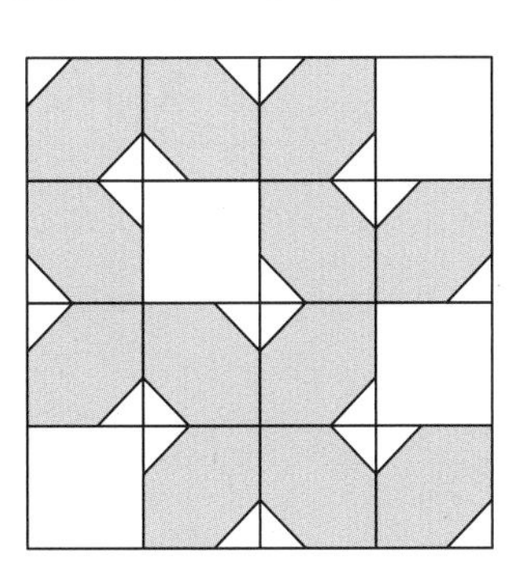

15 일정한 규칙에 따라 도형을 움직인 것입니다. 빈칸에 알맞은 도형을 그려 보세요.

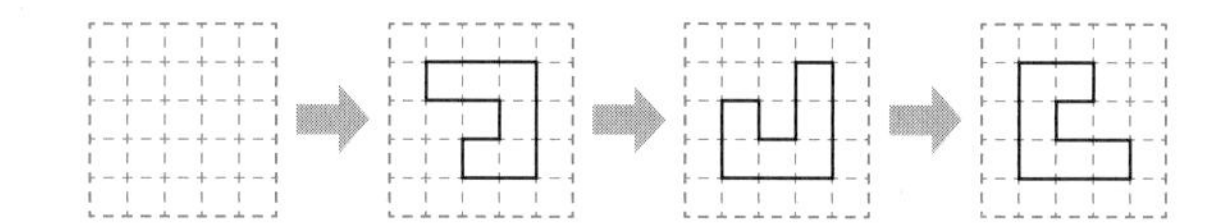

16 도형을 아래쪽으로 5번 뒤집은 다음 오른쪽으로 2번 뒤집은 도형을 그려 보세요.

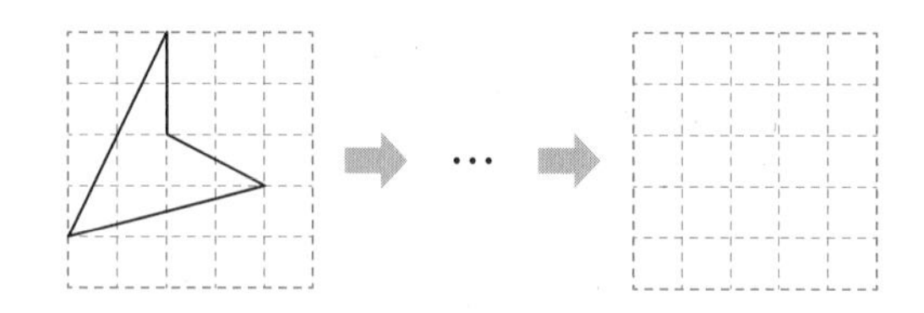

17 네 자리 수가 적힌 카드를 시계 방향으로 180° 만큼 돌렸을 때 만들어지는 수와 처음 수의 차는 얼마인지 구해 보세요.

(　　　　　　　　　)

18 어떤 도형을 왼쪽으로 뒤집은 다음 시계 방향으로 90°만큼 돌린 도형입니다. 처음 도형을 그려 보세요.

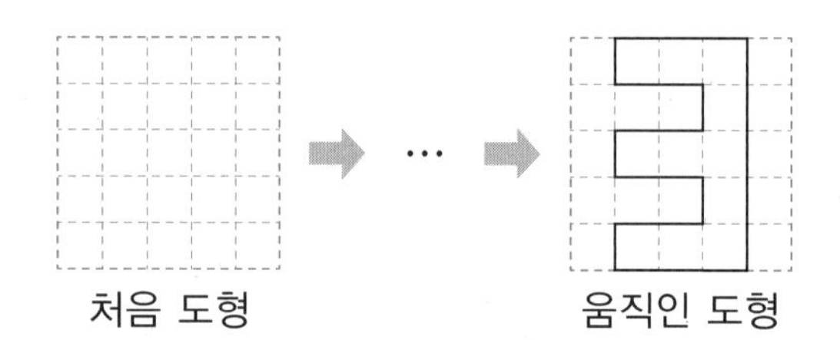

처음 도형　　　　움직인 도형

19 보기 의 낱말을 사용하여 삼각형을 움직인 방법을 2가지로 설명해 보세요.

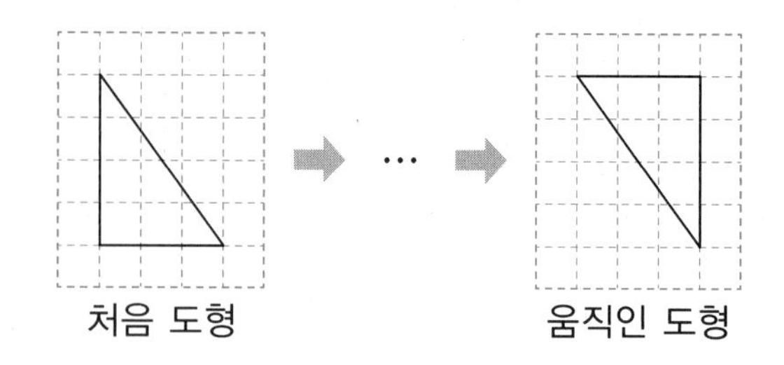

처음 도형　　　　움직인 도형

보기

왼쪽, 오른쪽, 위쪽, 아래쪽, 시계 방향, 시계 반대 방향, 90°, 180°, 270°, 뒤집기, 돌리기

방법 1 ....

....

방법 2 ....

....

20 모양을 이용하여 규칙적인 무늬를 만들었습니다. 만든 방법을 설명하고, 빈칸을 채워 무늬를 완성해 보세요.

설명 ....

....

....

....

단원 평가 Level 2

점수

확인

1 모양 조각을 아래쪽으로 밀었습니다. 알맞은 것을 찾아 기호를 써 보세요.

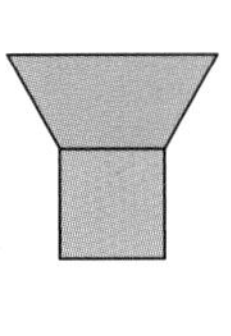

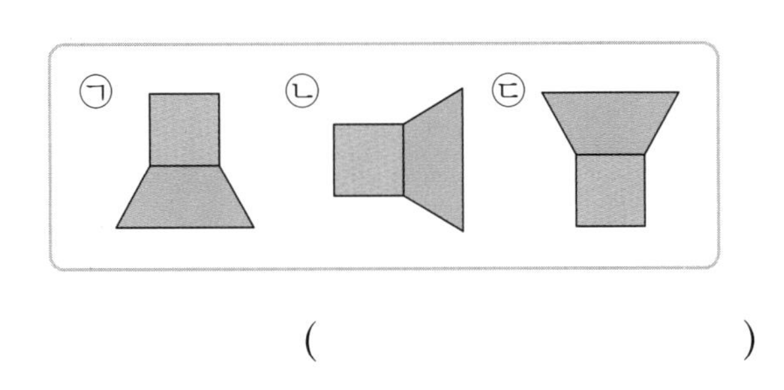

( )

2 점 ㄱ을 어떻게 움직이면 점 ㄴ의 위치로 옮길 수 있는지 써 보세요.

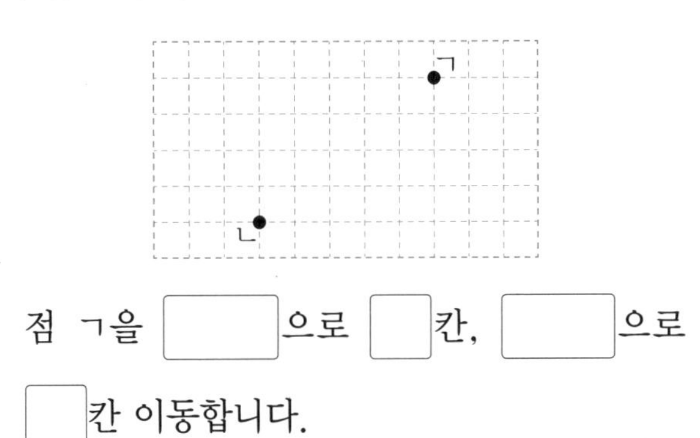

점 ㄱ을 [ ]으로 [ ]칸, [ ]으로 [ ]칸 이동합니다.

3 점을 왼쪽으로 4 cm 이동했을 때의 위치입니다. 이동하기 전의 위치에 점을 표시해 보세요.

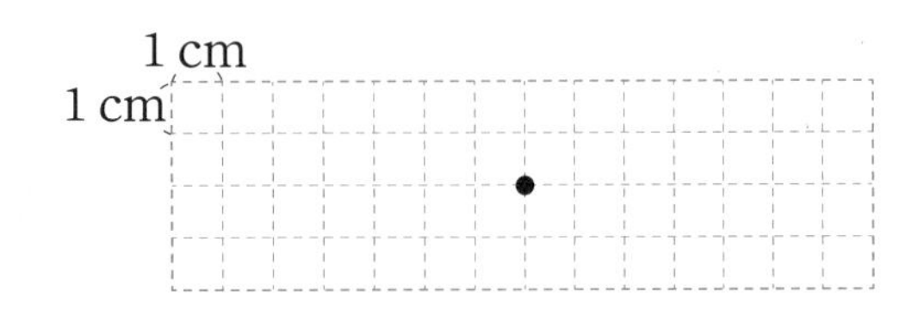

4 도형을 오른쪽으로 7 cm 밀었을 때의 도형을 그려 보세요.

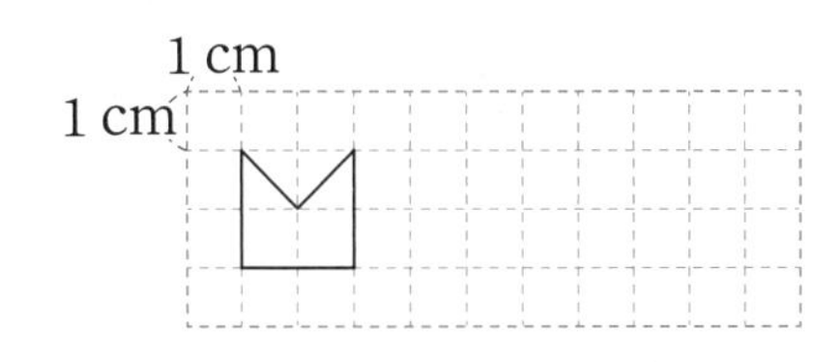

5 도형을 오른쪽으로 민 다음 아래쪽으로 밀었을 때의 도형을 그려 보세요.

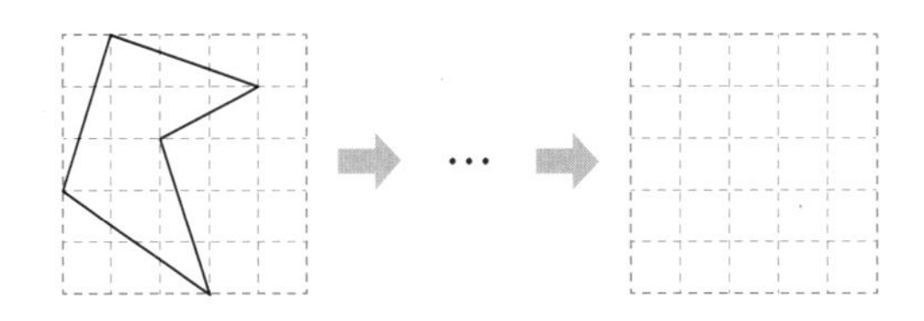

6 가운데 도형을 왼쪽으로 뒤집은 도형과 오른쪽으로 뒤집은 도형을 각각 그려 보세요.

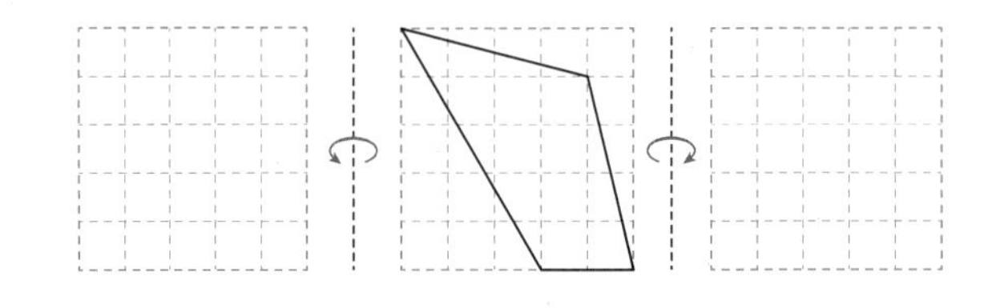

7 도형을 시계 방향으로 90°만큼 돌렸을 때의 도형을 그려 보세요.

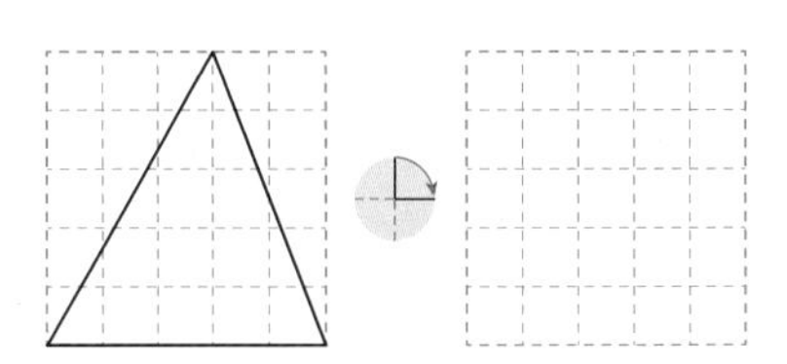

8 위쪽으로 뒤집었을 때 처음 모양과 같은 도형을 찾아 기호를 써 보세요.

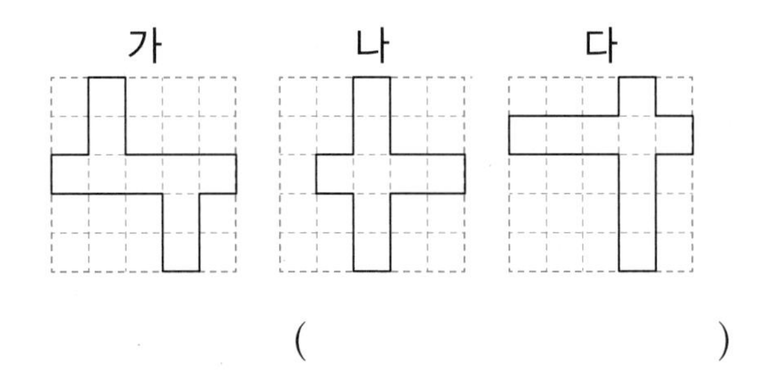

( )

9 글자 '**굴**'이 '**론**'이 되도록 움직인 방법을 바르게 설명한 사람은 누구일까요?

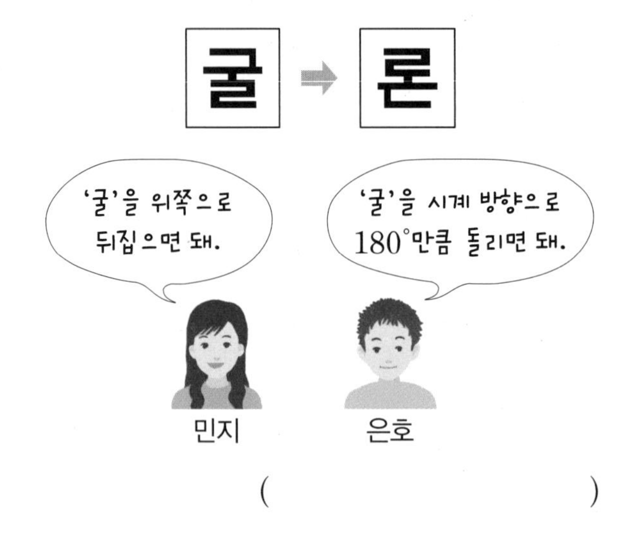

( )

10 오른쪽 수 카드를 왼쪽으로 뒤집었습니다. 알맞은 것은 어느 것일까요?

( )

① ② ③ ④ ⑤

11 보기 에서 알맞은 도형을 골라 □ 안에 기호를 써넣으세요.

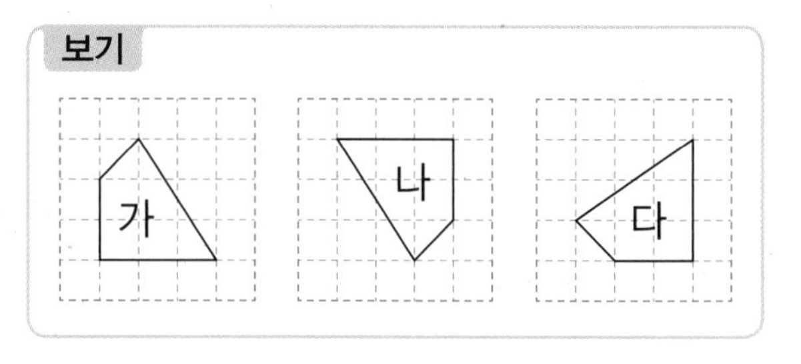

(1) 도형 가를 시계 반대 방향으로 90°만큼 돌리면 도형 □가 됩니다.

(2) 도형 □를 시계 방향으로 90°만큼 돌리면 도형 다가 됩니다.

12 오른쪽 도형은 왼쪽 도형을 돌리기 한 도형입니다. 어떻게 돌린 것인지 ⊕에 화살표로 표시해 보세요.

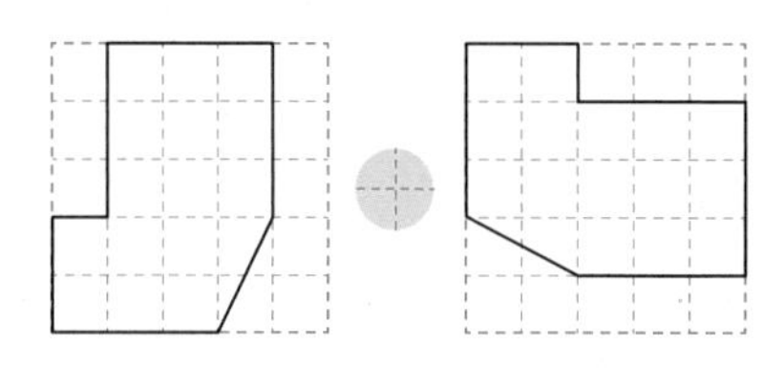

13 어떤 도형을 아래쪽으로 뒤집은 도형입니다. 처음 도형을 왼쪽에 그려 보세요.

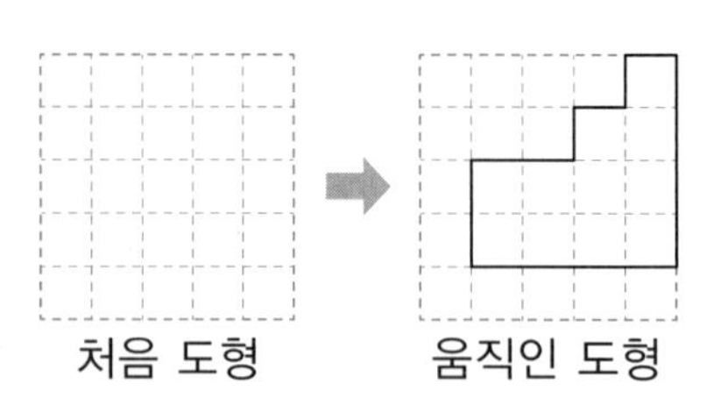

14 일정한 규칙에 따라 도형을 움직인 것입니다. 빈칸에 알맞은 도형을 그려 보세요.

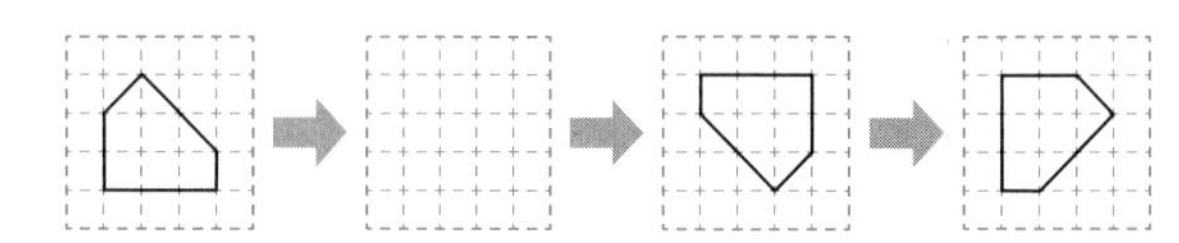

15 시계 방향으로 180°만큼 돌렸을 때 처음 모양과 다른 도형을 찾아 기호를 써 보세요.

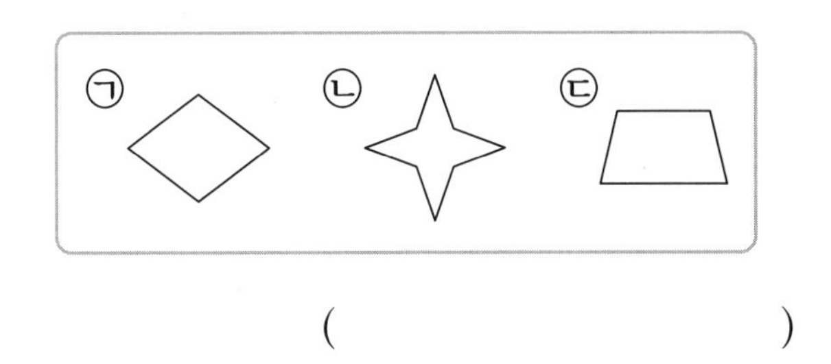

(　　　　　　　　)

16 모양으로 뒤집기를 이용하여 규칙적인 무늬를 만들어 보세요.

17 왼쪽 도형을 위쪽으로 7번 민 다음 시계 방향으로 90°만큼 5번 돌린 도형을 그려 보세요.

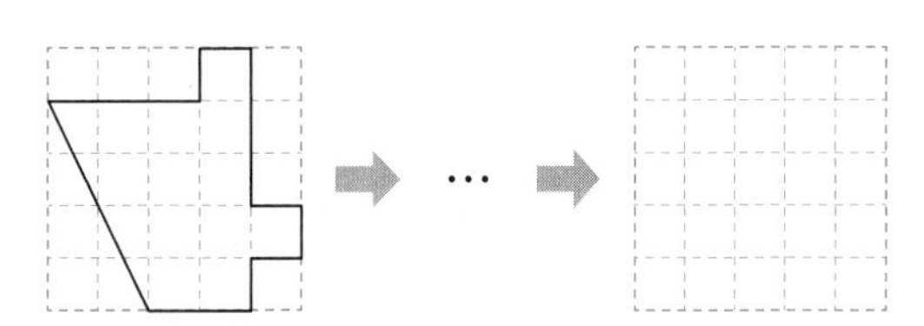

18 주어진 도형을 오른쪽으로 뒤집은 다음 시계 반대 방향으로 180°만큼 돌렸을 때의 도형을 그려 보세요.

19 어떤 도형을 아래쪽으로 5번 뒤집은 도형입니다. 처음 도형을 그리고, 그린 방법을 설명해 보세요.

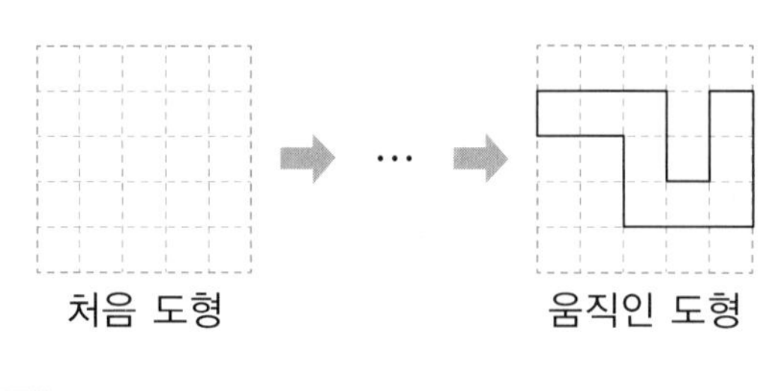

설명

20 수 카드를 왼쪽으로 뒤집었을 때 만들어지는 수와 처음 수의 차는 얼마인지 풀이 과정을 쓰고 답을 구해 보세요.

518

풀이

답

1 표를 보고 세로 눈금 한 칸이 1명을 나타내는 막대그래프로 나타내려고 합니다. 눈금은 적어도 몇 칸 필요한지 풀이 과정을 쓰고 답을 구해 보세요.

반별 안경 쓴 학생 수

반	1	2	3	4	5	6	합계
학생 수 (명)	8	10	12	9	10	13	62

풀이 예 안경 쓴 학생이 가장 많은 반은 6반의 13명이므로 13명까지 나타낼 수 있어야 합니다.
따라서 눈금은 적어도 13칸 필요합니다.

답 13칸

1+ 표를 보고 세로 눈금 한 칸이 2곳을 나타내는 막대그래프로 나타내려고 합니다. 눈금은 적어도 몇 칸 필요한지 풀이 과정을 쓰고 답을 구해 보세요.

지역별 유치원 수

지역	가	나	다	라	마	합계
유치원 수 (곳)	23	34	42	14	30	143

풀이

답

2 가장 많은 학생들이 좋아하는 과일과 가장 적은 학생들이 좋아하는 과일의 학생 수의 차는 몇 명인지 풀이 과정을 쓰고 답을 구해 보세요.

좋아하는 과일별 학생 수

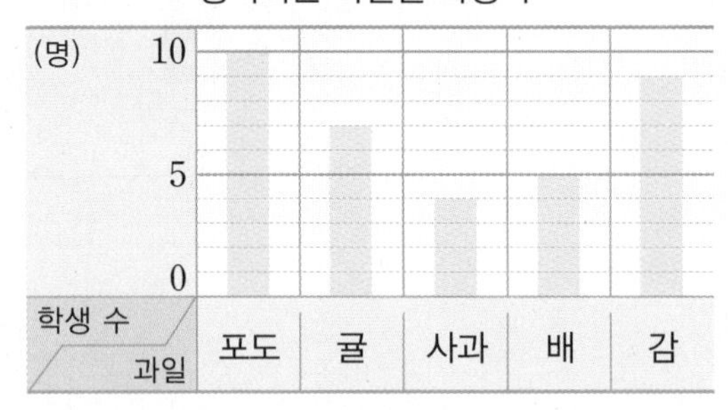

풀이 예 가장 많은 학생들이 좋아하는 과일은 막대의 길이가 가장 긴 포도로 10명이고 가장 적은 학생들이 좋아하는 과일은 막대의 길이가 가장 짧은 사과로 4명입니다.
따라서 학생 수의 차는 $10-4=6$(명)입니다.

답 6명

2+ 가장 많은 학생들이 좋아하는 과목과 가장 적은 학생들이 좋아하는 과목의 학생 수의 차는 몇 명인지 풀이 과정을 쓰고 답을 구해 보세요.

좋아하는 과목별 학생 수

(명) 10, 5, 0
학생 수 / 과목: 국어, 수학, 사회, 과학

풀이

답

3 마을별 초등학생 수를 조사하여 나타낸 막대그래프입니다. 그래프를 보고 알 수 있는 내용을 2가지 써 보세요.

▶ 막대의 길이로 학생 수를 비교하여 여러 가지 내용을 알 수 있습니다.

마을별 초등학생 수

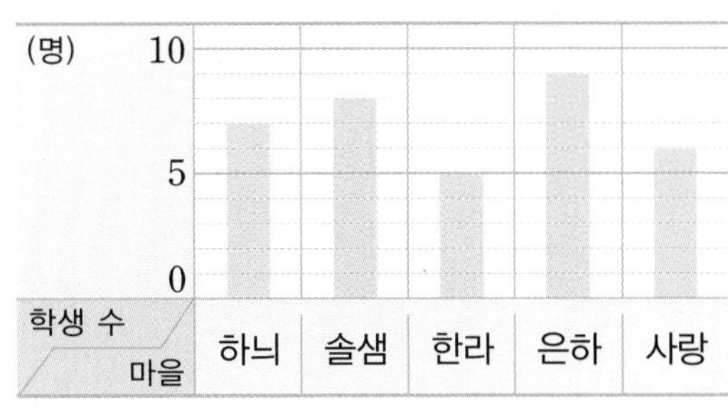

4 음악 프로그램을 좋아하는 학생은 몇 명인지 풀이 과정을 쓰고 답을 구해 보세요.

▶ 합계는 각 프로그램을 좋아하는 학생 수를 합한 수입니다.

좋아하는 TV 프로그램별 학생 수

프로그램	운동	오락	드라마	음악	합계
학생 수(명)	13	18	14		70

풀이

답

5 우유 배달을 받는 가구는 모두 몇 가구인지 풀이 과정을 쓰고 답을 구해 보세요.

▶ 먼저 눈금 한 칸이 나타내는 가구 수를 알아봅니다.

마을별 우유 배달을 받는 가구 수

(가구) 200
100
0
가구 수 / 마을: 가, 나, 다, 라

풀이

답

6 민수네 반 학생들이 좋아하는 운동을 조사하여 나타낸 표와 막대그래프입니다. 표와 막대그래프로 나타냈을 때 편리한 점을 각각 설명해 보세요.

▶ 조사한 자료의 수량을 표는 수로 나타내고 막대그래프는 막대의 길이로 나타내므로 각각의 편리한 점이 있습니다.

좋아하는 운동별 학생 수

운동	피구	배구	농구	야구	축구	합계
학생 수(명)	4	3	9	6	10	32

좋아하는 운동별 학생 수

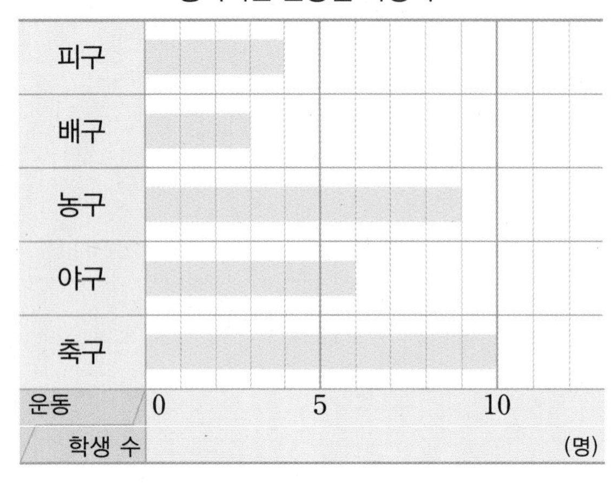

설명 ....

....

....

7 어느 가게의 주스 판매량을 조사하여 나타낸 막대그래프입니다. 오렌지주스의 판매량은 사과주스의 판매량의 2배일 때 오렌지주스의 판매량은 몇 개인지 풀이 과정을 쓰고 답을 구해 보세요.

▶ 사과주스의 판매량을 이용하여 오렌지주스의 판매량을 구해 봅니다.

주스별 판매량

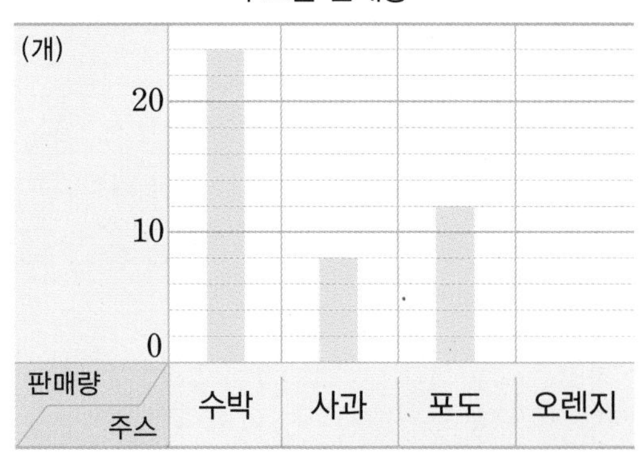

풀이 ....

....

....

답 ....

8 어느 자동차 회사에서 생산한 자동차의 수를 조사하여 나타낸 막대그래프입니다. 2030년에는 자동차 생산량이 어떻게 변할지 예상해 보고, 그렇게 생각한 까닭을 써 보세요.

▶ 자동차 생산량이 어떻게 변했는지 살펴보고 이를 근거로 2030년의 자동차 생산량이 어떻게 변할지 예상해 봅니다.

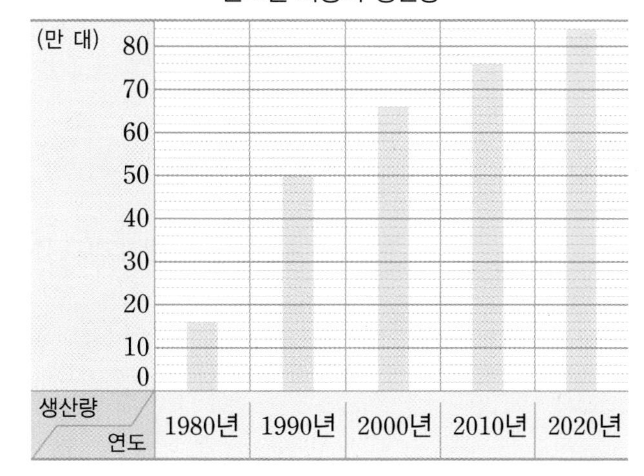

답 ....

까닭 ....

....

9 주환이네 반 30명의 취미를 조사하여 나타낸 막대그래프의 일부분이 찢어졌습니다. 운동이 취미인 학생은 독서가 취미인 학생보다 5명 더 많을 때 음악 감상이 취미인 학생은 몇 명인지 풀이 과정을 쓰고 답을 구해 보세요.

▶ 먼저 독서가 취미인 학생 수를 구해 봅니다.

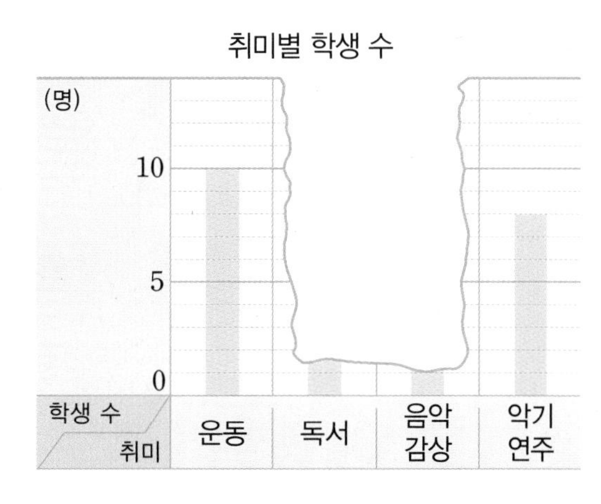

풀이 ....

....

....

답 ....

단원 평가 Level 1

점수

확인

[1~4] 어제 학교 도서관을 이용한 반별 학생 수를 조사하여 나타낸 막대그래프입니다. 물음에 답하세요.

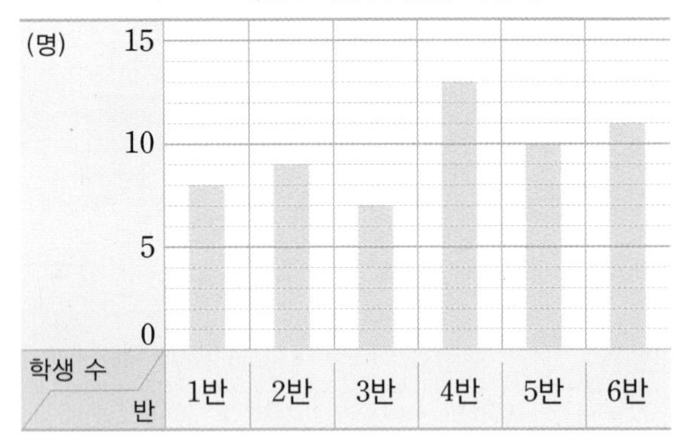

1 막대그래프의 가로와 세로는 각각 무엇을 나타낼까요?

가로 (　　　　　　　　)

세로 (　　　　　　　　)

2 학교 도서관을 이용한 학생이 10명보다 많은 반을 모두 써 보세요.

(　　　　　　　　)

3 세로 눈금 한 칸은 몇 명을 나타낼까요?

(　　　　　　　　)

4 이 그래프를 보고 알 수 있는 내용을 1가지 써 보세요.

[5~8] 월별로 비가 온 날수를 조사하여 나타낸 표입니다. 물음에 답하세요.

월별 비 온 날수

월	5월	6월	7월	8월	9월	합계
날수(일)	5	11	17	12	6	51

5 표를 보고 막대그래프로 나타내 보세요.

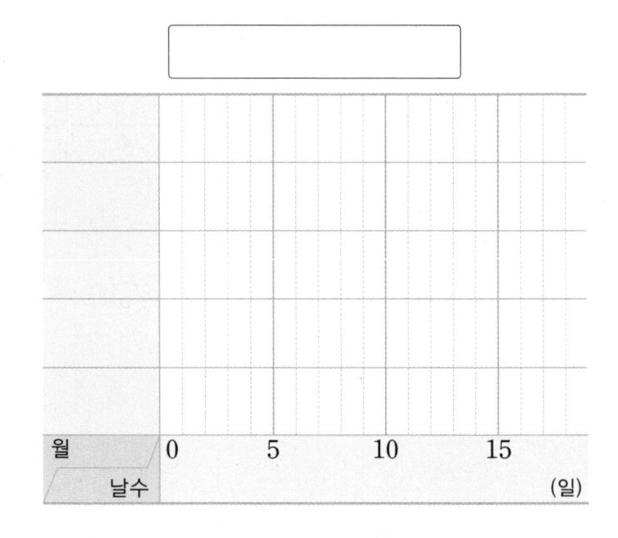

6 7월에 비가 오지 않은 날은 며칠일까요?

(　　　　　　　　)

7 8월에 비가 온 날은 5월에 비가 온 날보다 며칠 더 많을까요?

(　　　　　　　　)

8 표와 막대그래프 중에서 비가 가장 많이 온 달을 한눈에 알아보기에 편리한 것은 어느 것일까요?

(　　　　　　　　)

[9~11] 현서네 반 학생들이 좋아하는 간식을 조사하였습니다. 물음에 답하세요.

좋아하는 간식

햄버거	떡볶이	빵	치킨
●●●●●●	●●●●●●	●●●●	●●●●●●●●

9 조사한 자료를 보고 표로 나타내 보세요.

좋아하는 간식별 학생 수

간식					합계
학생 수 (명)					

10 9의 표를 보고 막대그래프로 나타내 보세요.

좋아하는 간식별 학생 수

(명) 10, 5, 0

학생 수 / 간식

11 위 표와 막대그래프를 보고 바르게 설명한 것을 찾아 기호를 써 보세요.

> ㉠ 가장 많은 학생들이 좋아하는 간식은 햄버거입니다.
> ㉡ 가장 적은 학생들이 좋아하는 간식은 빵입니다.
> ㉢ 현서가 좋아하는 간식은 떡볶이입니다.
> ㉣ 현서네 반 여학생은 12명입니다.

( )

[12~14] 농장별 기르는 돼지 수를 조사하여 나타낸 막대그래프입니다. 물음에 답하세요.

농장별 기르는 돼지 수

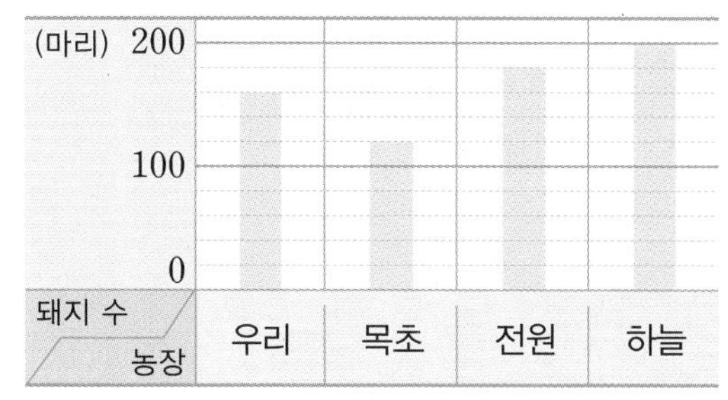

12 막대그래프를 보고 표로 나타내 보세요.

농장					합계
돼지 수 (마리)					

13 기르는 돼지 수가 가장 많은 농장과 가장 적은 농장의 돼지 수의 차는 몇 마리일까요?

( )

14 기르는 돼지가 많은 농장부터 차례로 써 보세요.

( )

[15~18] 지우네 학교 4학년 학생들 중 캠프에 참가하는 남녀 학생 수를 조사하여 나타낸 막대그래프입니다. 물음에 답하세요.

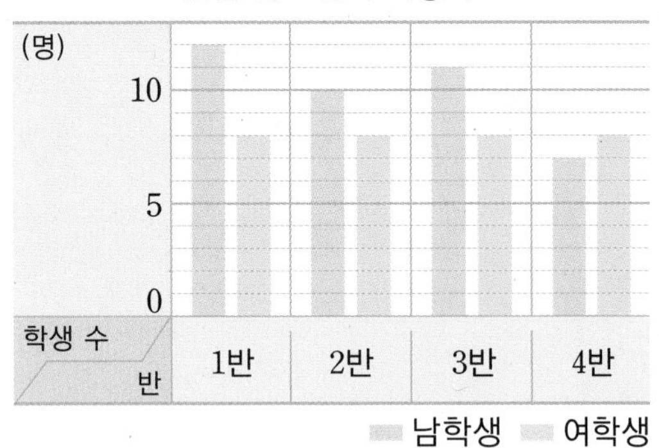

15 캠프에 참가하는 1반 학생은 몇 명일까요?

(　　　　　　　　　　)

16 캠프에 참가하는 남학생 수와 여학생 수의 차가 가장 적은 반은 몇 반일까요?

(　　　　　　　　　　)

17 캠프에 참가하는 학생 수가 가장 많은 반은 몇 반일까요?

(　　　　　　　　　　)

18 캠프에 참가하는 남학생은 모두 몇 명일까요?

(　　　　　　　　　　)

19 가장 많이 팔린 책은 가장 적게 팔린 책 수의 몇 배만큼 팔렸는지 풀이 과정을 쓰고 답을 구해 보세요.

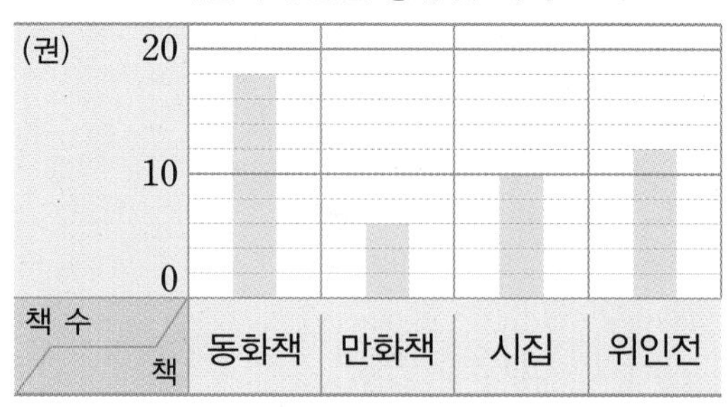

풀이 ....

....

....

답 ....

20 예은이네 학교 4학년 학생들이 가고 싶어 하는 도시를 조사하여 나타낸 막대그래프입니다. 현장 체험 학습으로 어느 도시를 가는 것이 좋을지 정해 보고 그 까닭을 써 보세요.

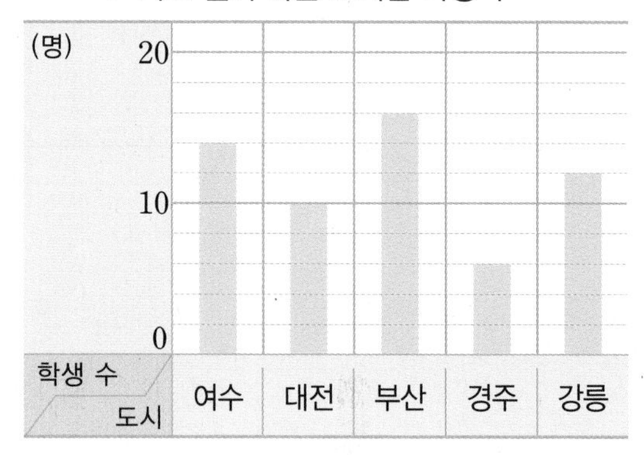

답 ....

까닭 ....

....

단원 평가 Level 2

점수

확인

[1~4] 마을별 초등학생 수를 조사하여 나타낸 막대그래프입니다. 물음에 답하세요.

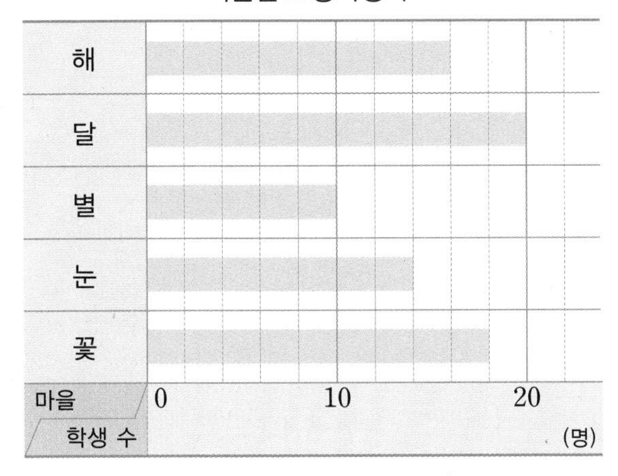

1 그래프의 가로와 세로는 각각 무엇을 나타낼까요?

가로 (　　　　　　　　)

세로 (　　　　　　　　)

2 꽃 마을의 초등학생은 몇 명일까요?

(　　　　　　　　)

3 해 마을과 눈 마을의 초등학생은 모두 몇 명일까요?

(　　　　　　　　)

4 초등학생 수가 가장 많은 마을은 어느 마을일까요?

(　　　　　　　　)

[5~8] 효린이네 반 학생들이 좋아하는 계절을 조사하여 나타낸 표입니다. 물음에 답하세요.

좋아하는 계절별 학생 수

계절	봄	여름	가을	겨울	합계
학생 수(명)	6	5	10	8	29

5 표를 보고 막대그래프로 나타내 보세요.

(명) 학생 수 / 계절	봄	여름	가을	겨울
0				

6 좋아하는 학생 수가 많은 계절부터 차례로 써 보세요.

(　　　　　　　　)

7 가을을 좋아하는 학생 수는 여름을 좋아하는 학생 수의 몇 배일까요?

(　　　　　　　　)

8 표와 막대그래프 중에서 효린이네 반 전체 학생 수를 알아보기에 편리한 것은 어느 것일까요?

(　　　　　　　　)

[9~11] 민호네 반 학생들이 배우고 싶은 악기를 조사하였습니다. 물음에 답하세요.

배우고 싶은 악기

바이올린	칼림바	드럼	플루트

9 조사한 자료를 보고 표로 나타내 보세요.

배우고 싶은 악기별 학생 수

악기					합계
학생 수 (명)					

10 9의 표를 보고 막대그래프로 나타내 보세요.

배우고 싶은 악기별 학생 수

(명) 10

5

0

학생 수 / 악기

11 위 표와 막대그래프를 보고 알 수 있는 내용을 2가지 써 보세요.

[12~15] 정현이네 모둠 친구들의 오래 매달리기 기록을 조사하여 나타낸 막대그래프입니다. 물음에 답하세요.

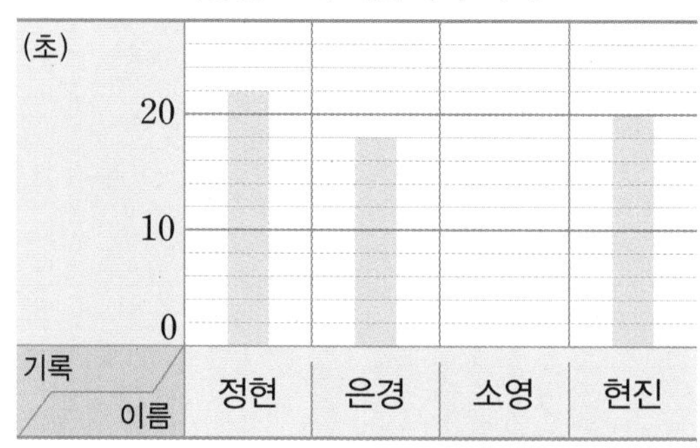

12 막대그래프에서 세로 눈금 한 칸은 몇 초를 나타낼까요?

( )

13 정현이의 오래 매달리기 기록은 몇 초일까요?

( )

14 소영이의 막대 길이는 현진이의 막대 길이보다 4칸 더 길다고 합니다. 소영이의 오래 매달리기 기록은 몇 초일까요?

( )

15 가장 오래 매달린 사람과 가장 짧게 매달린 사람의 기록의 차는 몇 초일까요?

( )

[16~18] 마을별 반려동물을 기르는 가구 수를 조사하여 나타낸 막대그래프의 일부분이 찢어졌습니다. 다 마을의 가구 수는 가 마을의 가구 수의 2배이고, 나 마을의 가구 수는 라 마을의 가구 수보다 10가구 더 적습니다. 물음에 답하세요.

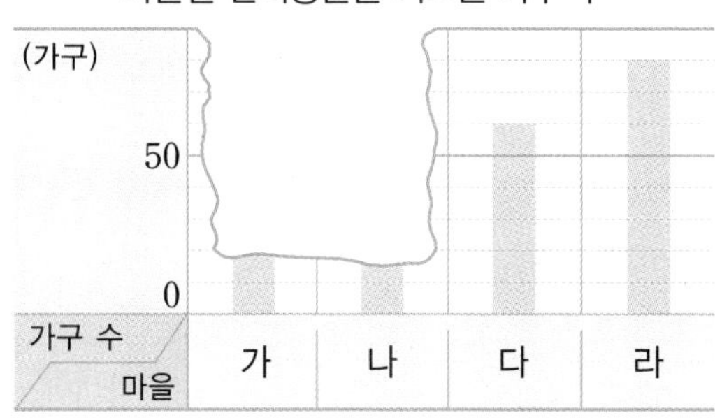

16 막대그래프에서 세로 눈금 한 칸은 몇 가구를 나타낼까요?

( )

17 가, 나 마을의 반려동물을 기르는 가구 수는 각각 몇 가구일까요?

가 ( )

나 ( )

18 막대그래프를 완성해 보세요.

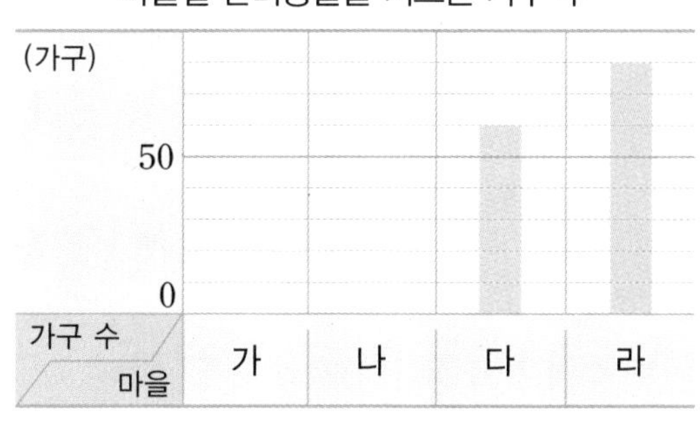

19 좋아하는 학생 수가 백합보다 많은 꽃은 무엇 무엇인지 풀이 과정을 쓰고 답을 구해 보세요.

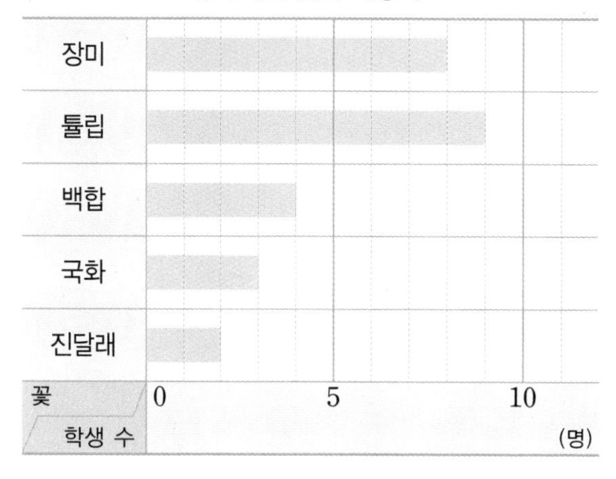

풀이

답

20 논술 대회에 참가한 남학생 수와 여학생 수의 차가 가장 큰 학교는 어느 학교이고, 그 차는 몇 명인지 풀이 과정을 쓰고 답을 구해 보세요.

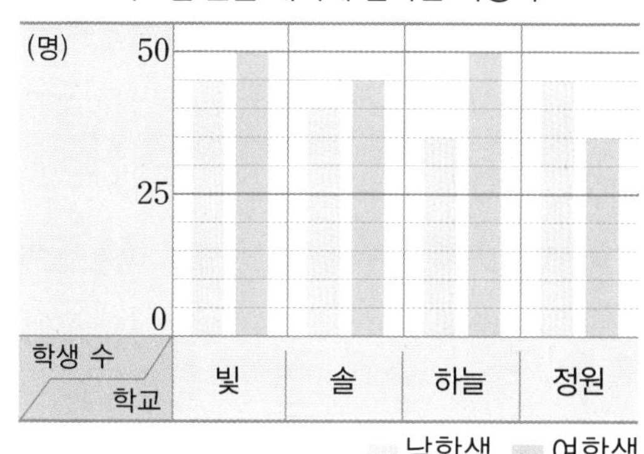

풀이

답 ,

서술형 문제

1 수의 배열에서 규칙을 찾아 ●에 알맞은 수를 구하려고 합니다. 풀이 과정을 쓰고 답을 구해 보세요.

2003	2013	2023	●	2043

풀이 예 2003부터 시작하여 오른쪽으로 10씩 커지는 규칙입니다.

따라서 ●$=2023+10=2033$입니다.

답 2033

1+ 수의 배열에서 규칙을 찾아 ■에 알맞은 수를 구하려고 합니다. 풀이 과정을 쓰고 답을 구해 보세요.

5004	5104	5204	■	5404

풀이

답

2 곱셈식의 배열에서 규칙을 찾아 다섯째 곱셈식을 구하려고 합니다. 풀이 과정을 쓰고 답을 구해 보세요.

순서	곱셈식
첫째	$11\times10=110$
둘째	$22\times10=220$
셋째	$33\times10=330$
넷째	$44\times10=440$

풀이 예 11씩 커지는 수에 10을 곱하면 계산 결과가 110씩 커지는 규칙입니다.

따라서 다섯째 곱셈식은 $55\times10=550$입니다.

답 $55\times10=550$

2+ 곱셈식의 배열에서 규칙을 찾아 다섯째 곱셈식을 구하려고 합니다. 풀이 과정을 쓰고 답을 구해 보세요.

순서	곱셈식
첫째	$10\times11=110$
둘째	$20\times11=220$
셋째	$30\times11=330$
넷째	$40\times11=440$

풀이

답

3 수 배열표에서 색칠된 칸의 규칙을 찾아 ■에 알맞은 수를 구하려고 합니다. 풀이 과정을 쓰고 답을 구해 보세요.

▶ 색칠된 칸의 규칙에 따라 58343 다음의 수를 구합니다.

28340	28341	28342		
38340	38341	38342	38343	
48340	48341	48342	48343	
58340	58341	58342	58343	
				■

풀이

답

4 사각형의 배열에서 규칙을 찾아 다섯째에 알맞은 사각형의 수를 식으로 나타내고 구하려고 합니다. 풀이 과정을 쓰고 답을 구해 보세요.

▶ 사각형이 어느 방향으로 몇 개 늘어나는지 살펴 규칙을 찾습니다.

순서	첫째	둘째	셋째	넷째
배열	■	■ ■■	■ ■■ ■■■	■ ■■ ■■■ ■■■■
식	1	1+2	1+2+3	
수	1	3		

풀이

식 답

5 옳지 않은 식을 찾아 까닭을 쓰고 바르게 고쳐 보세요.

▶ 계산하지 않고 옳은 식인지 알 수 있는 방법을 생각해 봅니다.

㉠ $37-14=33-10$ ㉡ $26\times4=13\times8$
㉢ $8\times0=27\times0$ ㉣ $27+21=30+24$

답

까닭

바르게 고치기

6 옳은 식이 쓰여 있는 종이의 일부분이 찢어졌습니다. 찢어진 부분에 알맞은 수는 얼마인지 계산하지 않고 구하려고 합니다. 풀이 과정을 쓰고 답을 구해 보세요.

$30 \div 6 = 60 \div$

풀이

답

▶ 등호의 왼쪽과 오른쪽을 비교하여 수가 어떻게 변했는지 살펴봅니다.

7 승강기 버튼의 수 배열을 보고 □ 안에 있는 수로 규칙적인 계산식을 만들었습니다. □ 안에 공통으로 들어갈 수는 얼마인지 풀이 과정을 쓰고 답을 구해 보세요.

13	14	15	16
9	10	11	12
5	6	7	8
1	2	3	4

$2+12=\square\times 2$

$6+8=\square\times 2$

$10+4=\square\times 2$

풀이

답

▶ □ 안에 있는 수의 배열에서 규칙을 찾아봅니다.

8 바둑돌의 배열에서 규칙을 찾아 여섯째에 놓일 흰색 바둑돌과 검은색 바둑돌은 각각 몇 개인지 풀이 과정을 쓰고 답을 구해 보세요.

첫째　둘째　셋째　넷째

풀이

답 흰색: , 검은색:

▶ 검은색 바둑돌과 흰색 바둑돌이 놓이는 규칙을 각각 찾습니다.

9 계산식의 배열에서 규칙을 찾아 쓰고 빈칸에 알맞은 계산식을 써넣으세요.

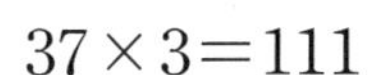

$$37\times3=111$$
$$37\times6=222$$
$$37\times9=333$$
$$37\times12=444$$

[ ]

규칙 ....

▶ 곱하는 수와 계산 결과에서 규칙을 찾습니다.

10 그림과 계산식의 배열을 보고 □ 안에 공통으로 들어갈 수를 구하려고 합니다. 풀이 과정을 쓰고 답을 구해 보세요.

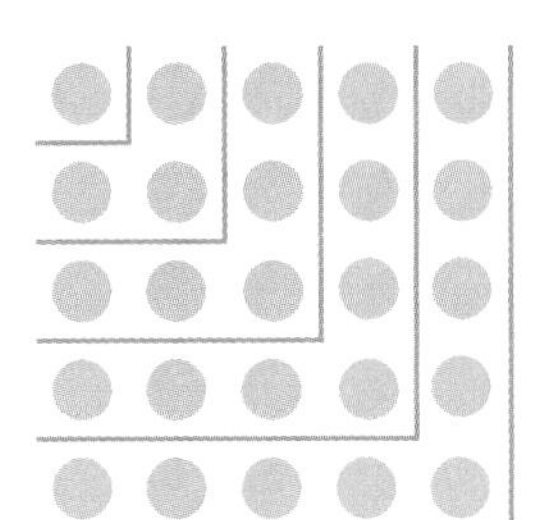

$$1=1\times1$$
$$1+3=2\times2$$
$$1+3+5=3\times3$$
$$1+3+5+7=4\times4$$
$$1+3+5+7+9=\square\times\square$$

풀이 ....

답 ....

▶ ●의 수의 합을 두 가지 방법으로 구할 수 있습니다.

$1+3=2\times2$

선의 구분에 따라 더하는 방법 / (가로에 놓인 ●의 수)×(세로에 놓인 ●의 수)

11 계산식의 배열에서 규칙을 찾아 계산 결과가 81이 되는 계산식을 구하려고 합니다. 풀이 과정을 쓰고 답을 구해 보세요.

$$1+2+3=2\times3$$
$$2+3+4=3\times3$$
$$3+4+5=4\times3$$
$$4+5+6=5\times3$$

풀이 ....

답 ....

▶ 연속한 자연수 1, 2, 3의 합

$1+2+3$ → 2×3

단원 평가 Level 1

점수

확인

1 수의 배열에서 규칙을 찾아 빈칸에 알맞은 수를 써넣으세요.

13	26	52	104		

2 모양의 배열을 보고 규칙을 찾아 여섯째에 알맞은 모양을 그리고 □ 안에 사각형의 수를 써넣으세요.

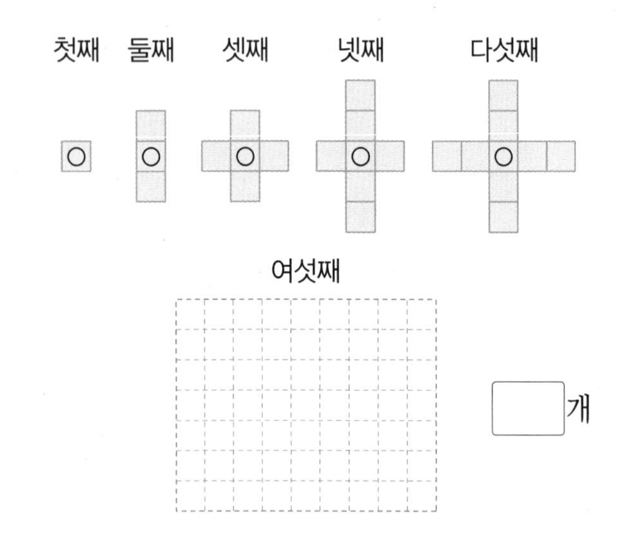

□개

3 수 배열표에서 규칙을 찾아 빈칸에 알맞은 수를 써넣으세요.

	1	2	3	4
30	30	60	90	120
40	40	80		
50	50		150	
60	60	120		

4 보기 와 같이 등호(=)를 사용하여 계산 결과가 같은 것을 식으로 나타내 보세요.

보기
$5+5+5=5\times3$

14×4	$32+10-2$
$50-10$	$28+28$

식

식

5 옳은 식이 되도록 □ 안에 알맞은 수를 써넣으세요.

(1) $65+\square=37+65$

(2) $18\times8=\square\times16$

[6~7] 덧셈식의 배열을 보고 물음에 답하세요.

순서	덧셈식
첫째	$405+203=608$
둘째	$415+213=628$
셋째	$425+223=648$
넷째	$435+233=668$

6 덧셈식의 배열에서 규칙을 찾아 써 보세요.

규칙

7 찾은 규칙에 따라 다섯째 덧셈식을 써 보세요.

식

8 주어진 카드 중에서 3장을 골라 식을 완성해 보세요.

0 1 5 + − × ÷

5=□□□

9 ■ 안의 수를 바르게 고쳐 옳은 식을 만들어 보세요.

48+52=45+ 49

옳은 식 ....

[10~11] 모양의 배열을 보고 물음에 답하세요.

첫째 둘째 셋째 넷째 다섯째

10 모양의 배열에서 규칙을 찾아 써 보세요.

규칙 ....

11 여섯째에 알맞은 사각형은 몇 개일까요?

(　　　　　　)

12 규칙에 따라 계단 모양의 수의 배열을 완성해 보세요.

- ↙ 방향으로 1씩 커집니다.
- 가로(→)로 4씩 커집니다.

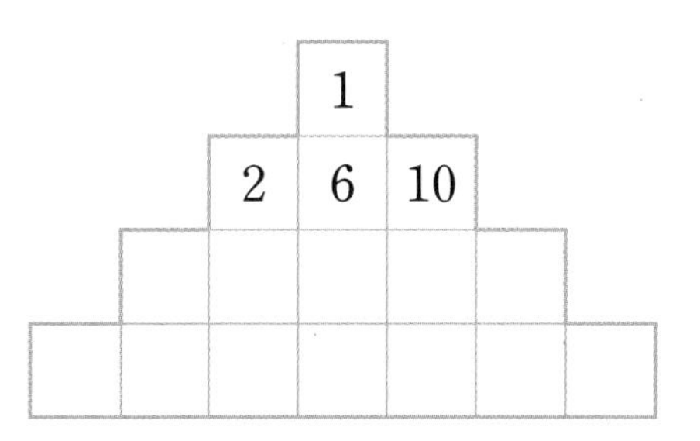

13 수 배열표에서 규칙을 찾아 빈칸에 알맞은 수를 써넣으세요.

30	130	330	630	1030
32	132	332		1032
34	134	334	634	
36	136		636	1036

[14~15] 곱셈식의 배열을 보고 물음에 답하세요.

순서	곱셈식
첫째	$11\times1=11$
둘째	$111\times11=1221$
셋째	$1111\times111=123321$
넷째	$11111\times1111=12344321$

14 다섯째 곱셈식을 써 보세요.

식 ....

15 규칙에 따라 계산 결과가 123456787654321이 되는 곱셈식을 써 보세요.

식 ....

6

16 □에서 ■으로 색칠한 두 수의 합과 같은 두 수를 찾아 등호(=)를 사용하여 하나의 식으로 나타내 보세요.

7월

일	월	화	수	목	금	토
			1	2	3	4
5	6	7	8	9	10	11
12	13	14	15	16	17	18
19	20	21	22	23	24	25
26	27	28	29	30	31	

$7+23=\square+\square$

17 우편함에 표시된 수의 배열에서 보기 와 같이 규칙적인 계산식을 찾아 써 보세요.

101	102	103	104	105	106
107	108	109	110	111	112

보기

$107-102=108-103$

계산식

18 나눗셈식의 배열에서 규칙을 찾아 27로 나누었을 때 계산 결과가 37037037이 되는 수를 찾아 써 보세요.

$111111111\div3=37037037$
$222222222\div6=37037037$
$333333333\div9=37037037$
$444444444\div12=37037037$

(　　　　　　　　　　)

19 수 배열표에서 색칠된 칸의 규칙을 찾아 ●에 알맞은 수를 구하려고 합니다. 풀이 과정을 쓰고 답을 구해 보세요.

10005	10015	10025	10035	10045
11005	11015	11025	11035	11045
12005	12015	12025	12035	12045
13005	13015	13025	13035	13045
14005	14015	14025	●	14045

풀이

답

20 곱셈식의 배열에서 규칙을 찾아 다섯째 곱셈식을 구하려고 합니다. 풀이 과정을 쓰고 답을 구해 보세요.

순서	곱셈식
첫째	$400\times11=4400$
둘째	$500\times11=5500$
셋째	$600\times11=6600$
넷째	$700\times11=7700$

풀이

답

단원 평가 Level ❷

점수

확인

[1~2] 수 배열표를 보고 물음에 답하세요.

1050	1100	1150	1200	1250
2050	2100	2150	2200	2250
3050	3100	3150	3200	3250
4050	4100	4150	4200	
5050	5100	5150	5200	5250

1 색칠한 칸에서 규칙을 찾아 써 보세요.

규칙 ....

2 빈칸에 알맞은 수를 구해 보세요.

( )

3 식을 보고 옳으면 ○표, 옳지 않으면 ×표 하세요.

(1) $23+25=20+3+25$ ( )

(2) $31+31+31+31=34\times3$ ( )

(3) $30\div5=90\div15$ ( )

4 계산 결과가 같은 두 식을 찾아 이어 보고 등호(=)를 사용한 식으로 각각 나타내 보세요.

4×15 •　　　　• $30+30$

$20+20+20$ •　　　　• 20×2

　　　　　　　　　　• 15×4

식 ....

식 ....

5 수의 배열에서 규칙을 찾아 빈칸에 알맞은 수를 써넣으세요.

15625		625	125	25	5

6 규칙에 따라 빈칸에 알맞은 모양을 그리고 □ 안에 알맞은 수를 써넣으세요.

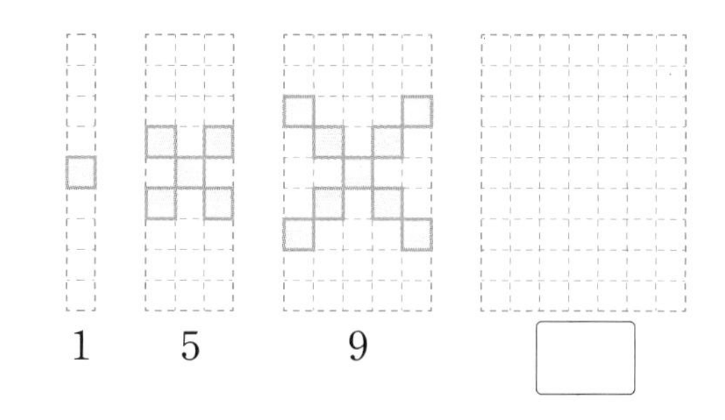

7 옳은 식이 되도록 □ 안에 알맞은 수를 써넣으세요.

(1) $64+8=\square+4+8$

(2) $33-\square=38-20$

8 계산 결과가 27이 되는 식을 빈칸에 써넣고 등호(=)를 사용하여 두 식을 하나의 식으로 나타내 보세요.

[ ] — 27 — [ ]

식 ....

9 수 배열표의 일부가 찢어졌습니다. ㉠에 알맞은 수를 구해 보세요.

33	37	41	45	49
133	137	141	145	149
333	337	341	345	
633	637		645	
1033			㉠	

( )

[10~11] 모양의 배열을 보고 물음에 답하세요.

10 아홉째에 알맞은 모양은 사각형이 몇 개로 이루어져 있을까요?

( )

11 일곱째에 알맞은 모양에서 ■은 어디에 있을까요? ( )

① 왼쪽 ② 오른쪽 ③ 위쪽
④ 아래쪽 ⑤ 가운데

[12~13] 수의 배열을 보고 물음에 답하세요.

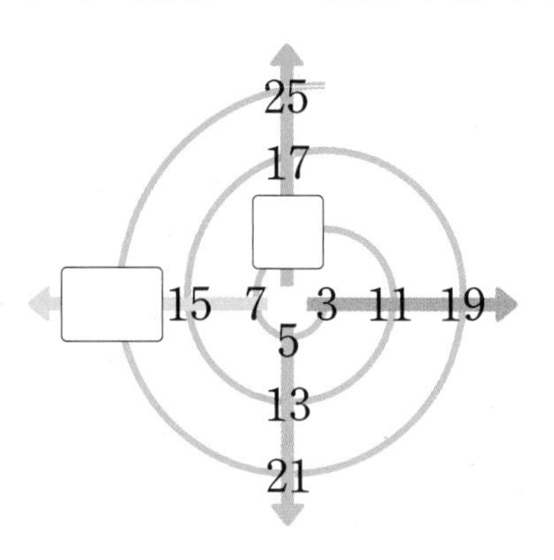

12 ↻ 방향에서 규칙을 찾아 써 보세요.

규칙 ....

13 □ 안에 알맞은 수를 써넣으세요.

[14~15] 계산식의 배열을 보고 물음에 답하세요.

순서	계산식
첫째	$100+1000-500=600$
둘째	$200+1100-600=700$
셋째	$300+1200-700=800$
넷째	$400+1300-800=900$
다섯째	

14 빈칸에 알맞은 식을 써넣으세요.

15 규칙에 따라 계산 결과가 1500이 되는 계산식을 써 보세요.

식 ....

16 곱셈식의 배열에서 규칙을 찾아 □ 안에 알맞은 수를 써넣으세요.

$$1\times1=1$$
$$11\times11=121$$
$$111\times111=12321$$
$$1111\times1111=\square$$

[17~18] 어느 아파트의 승강기 버튼입니다. 버튼에 나타난 수의 배열을 보고 물음에 답하세요.

17 버튼에 나타난 수의 배열에서 찾을 수 있는 규칙으로 옳지 않은 것은 어느 것일까요?

(　　　)

① → 방향으로 수가 4씩 커집니다.
② ↓ 방향으로 수가 1씩 작아집니다.
③ ↘ 방향으로 수가 3씩 커집니다.
④ ↙ 방향으로 수가 5씩 작아집니다.
⑤ 가로줄에 있는 네 수의 합은 ↑ 방향으로 6씩 커집니다.

18 승강기 버튼의 수에서 계산 결과가 21이 되는 식을 쓰고, 등호(=)를 사용하여 하나의 식으로 나타내 보세요.

21 ─ [　　　] [　　　]

식 ....

19 모양의 배열에서 규칙을 찾아 여섯째에 알맞은 초록색 삼각형(▲)은 몇 개인지 구하려고 합니다. 풀이 과정을 쓰고 답을 구해 보세요.

첫째　둘째　셋째　넷째

풀이 ....

답 ....

20 계단 모양의 수의 배열을 보고 규칙을 찾아 ★에 알맞은 수를 구하려고 합니다. 풀이 과정을 쓰고 답을 구해 보세요.

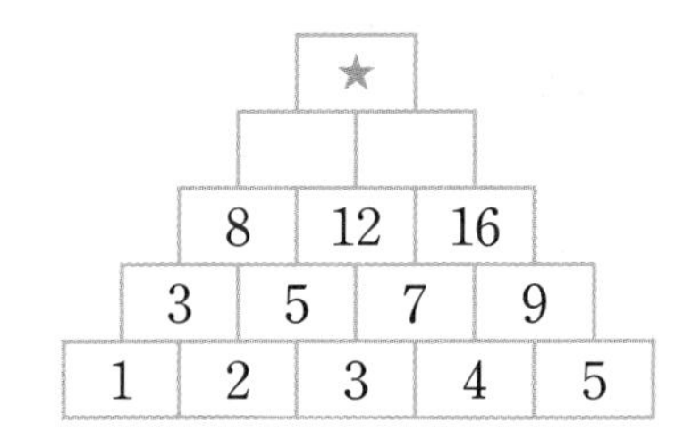

풀이 ....

답 ....

한걸음 한걸음 디딤돌을 걷다 보면
수학이 완성됩니다.

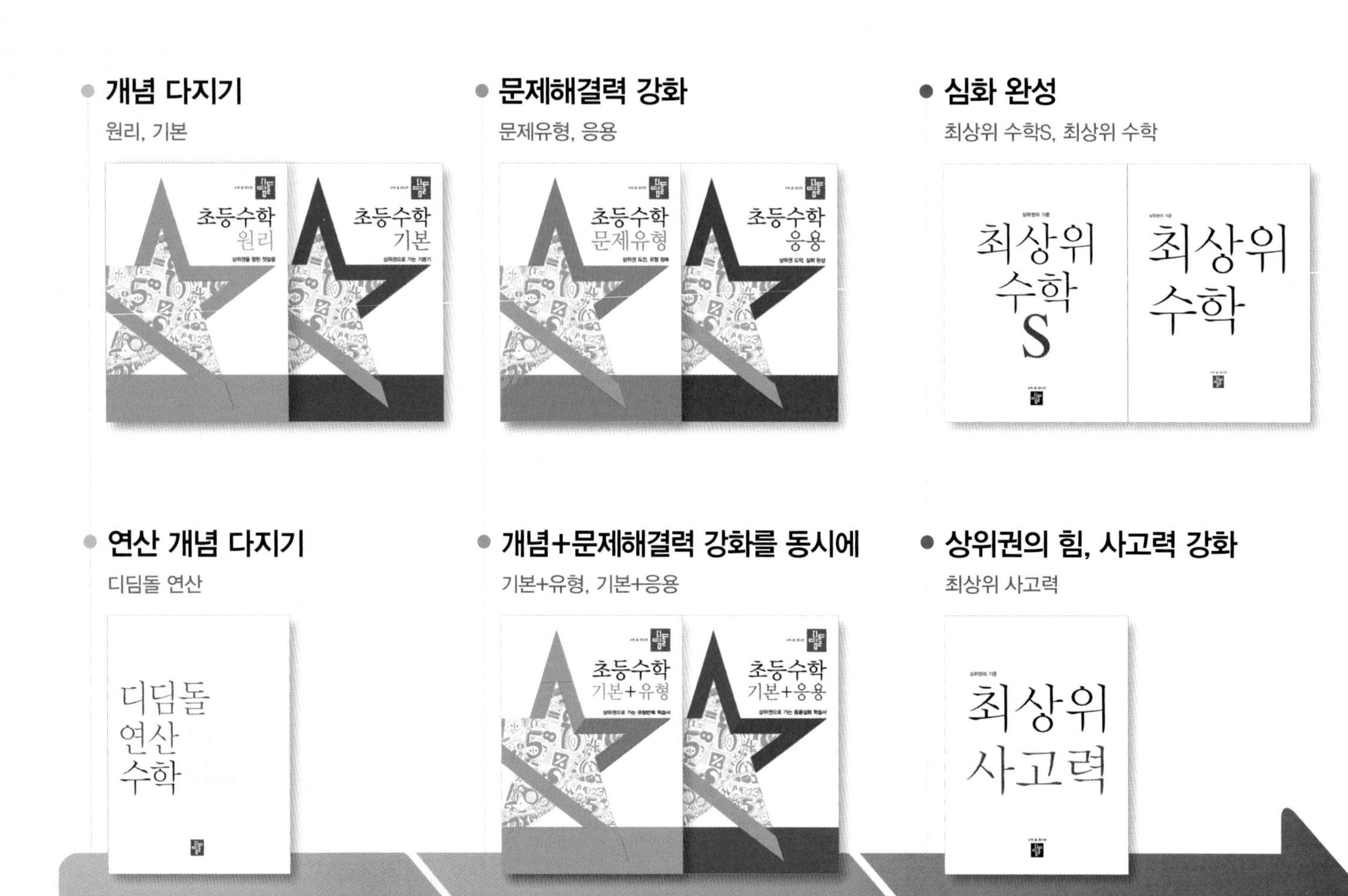

학습 능력과 목표에 따라
맞춤형이 가능한 디딤돌 초등 수학

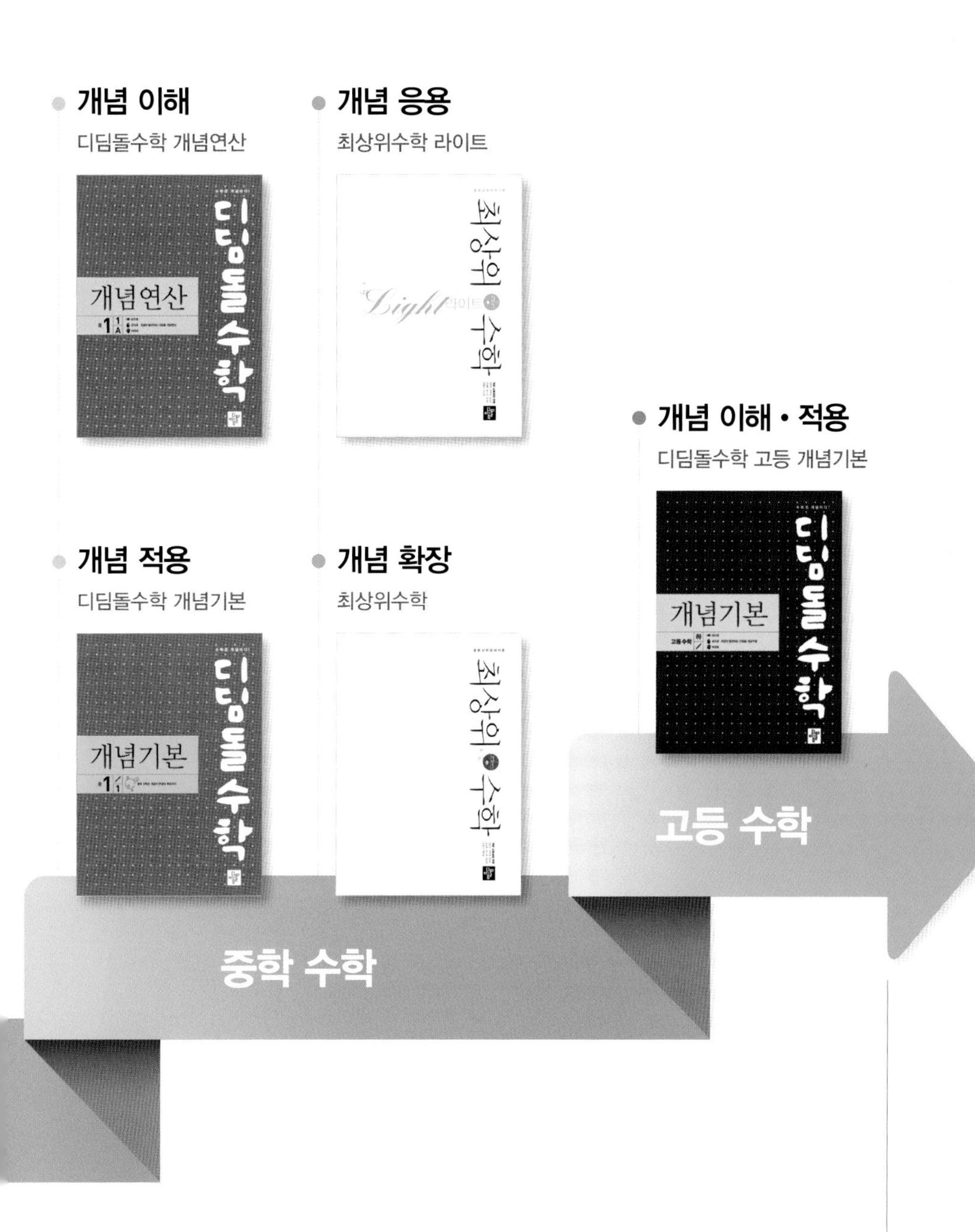

초등부터 고등까지

수학 좀 한다면 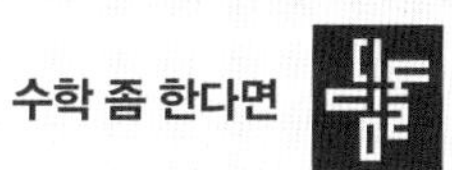

개념을 이해하고, 깨우치고, 꺼내 쓰는
올바른 중고등 개념 학습서

수능까지 연결되는 독해 로드맵

디딤돌 독해력은 수능까지 연결되는 체계적인 라인업을 통하여
수능에서 요구하는 핵심 독해 원리에 대한 이해는 물론,
단계 별로 심화되며 연결되는 학습의 과정을 통해
깊이 있고 종합적인 독해 사고의 능력까지 기를 수 있도록 도와줍니다.

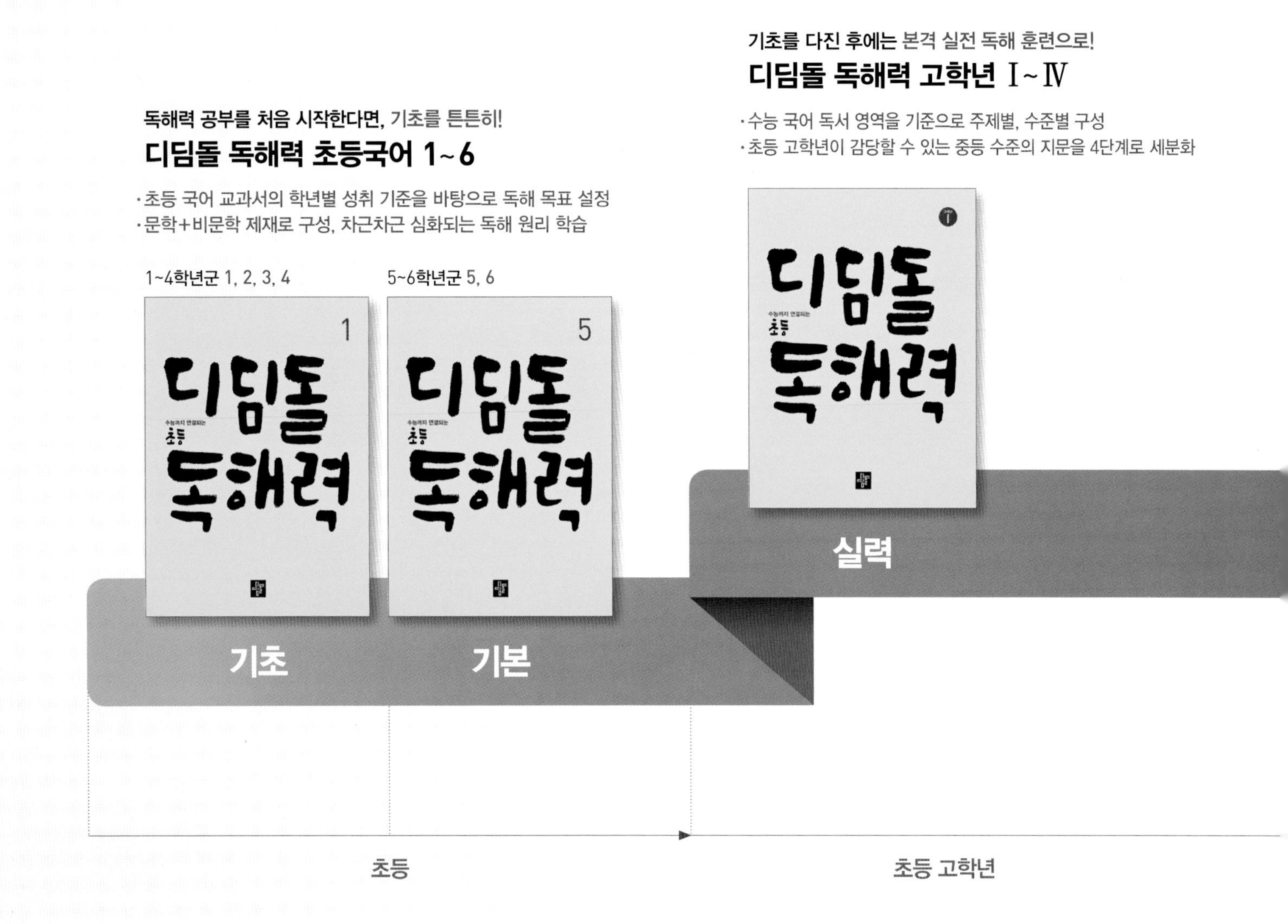

기본+응용 | 정답과 풀이

4-1

수학 좀 한다면

디딤돌

정답과 풀이

1 큰 수

과학, 산업, 정보 기술의 눈부신 발전은 시대를 거치며 인구의 증가와 함께 수많은 생산물과 정보를 만들어냈습니다. 이렇게 방대해진 인구와 생산물 및 정보를 표현하기 위해서는 큰 수의 사용이 필요합니다. 이제 초등학교에서도 큰 수를 다루어야 하는 일이 많고, 4학년 사회 교과에서 다루는 인구나 경제 및 지역 사회의 개념 이해 탐구를 위해 2학년 때 배운 네 자리 수 이상의 큰 수를 사용하게 됩니다. 이에 따라 이번 단원에서는 다섯 자리 이상의 수를 학습합니다. 10000 이상의 수를 구체물로 표현하는 것은 어렵지만, 십진법에 의한 자릿값의 원리는 네 자리 수와 똑같으므로 네 자리 수의 개념을 바탕으로 다섯 자리 이상의 수로 확장할 수 있도록 지도합니다.

교과서 개념 이해 1 1000이 10개인 수와 다섯 자리 수를 알아볼까요 8~9쪽

❗ 10000 / 만

1 예

1000	1000	1000	1000
1000	1000	1000	1000
1000	1000	1000	1000

2 3, 6, 4, 5, 8 / 36458

3 10, 100, 1000

4 100, 10, 1

5 9800, 10000

6 (1) 60 (2) 40

7 70519

8 (위에서부터) 오만 사천칠십이, 94105

9 (위에서부터) 6, 1 / 2000, 40 / 2000, 40

1 10000은 1000이 10개인 수이므로 [1000]을 10개 색칠합니다.

2 만의 자리부터 차례로 숫자를 쓰면 36458입니다.

3 10000은 1000이 10개, 100이 100개, 10이 1000개인 수입니다.

5 100씩 커지는 규칙에 따라 수를 쓰면 9500−9600−9700−9800−9900−10000입니다.

6 (1) 9940에서 20씩 3번 뛰어 세면 10000이므로 10000은 9940보다 60만큼 더 큰 수입니다.
(2) 9960에서 20씩 2번 뛰어 세면 10000이므로 9960은 10000보다 40만큼 더 작은 수입니다.

7 70000+0+500+10+9=70519

8 자리의 숫자가 0이면 숫자와 숫자가 나타내는 값을 읽지 않습니다. 또 숫자가 나타내는 값을 읽지 않은 경우에는 그 자리에 숫자 0을 씁니다.

9 52641을 각 자리의 숫자가 나타내는 값의 합으로 나타내면 52641=50000+2000+600+40+1입니다.

교과서 개념 이해 2 십만, 백만, 천만을 알아볼까요 10~11쪽

❗ 10|0000(또는 10만), 100|0000(또는 100만), 1000|0000(또는 1000만)

1 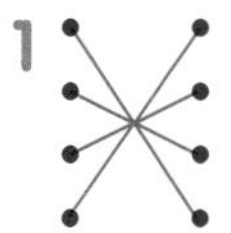

2 4, 40|0000(또는 40만)

3 (1) 20|0000(또는 20만) (2) 700|0000(또는 700만) (3) 4000|0000(또는 4000만)

4 2673|0000(또는 2673만)

5 (위에서부터) 73|0000, 사백십팔만, 3069|0000, 팔천오백이만

6 100만, 1000만

7 (위에서부터) 2, 9, 5 / 200|0000, 90|0000, 50000

8 6000|0000+200|0000+90|0000+40000

9 백만, 600|0000(또는 600만)

10 30|0000(또는 30만), 300|0000(또는 300만)

1 10000이 10개이면 10|0000, 10000이 100개이면 100|0000, 10000이 1000개이면 1000|0000입니다.

2 5841|0000에서 천만의 자리 숫자 5는 5000|0000, 백만의 자리 숫자 8은 800|0000, 십만의 자리 숫자 4는 40|0000, 만의 자리 숫자 1은 10000을 나타냅니다.

3 만 원짜리 지폐가 10장이면 10|0000원, 100장이면 100|0000원, 1000장이면 1000|0000원입니다.

4 20000000+6000000+700000+30000
=26730000

5 자리의 숫자가 0이면 숫자와 숫자가 나타내는 값을 읽지 않고, 숫자가 나타내는 값을 읽지 않은 경우에는 그 자리에 숫자 0을 씁니다.

6 10000이 10개이면 10만, 10000이 100개이면 100만, 10000이 1000개이면 1000만이므로 10만의 10배는 100만, 100만의 10배는 1000만입니다.

7 32950000=30000000+2000000+900000
+50000

8

천만의 자리	백만의 자리	십만의 자리	만의 자리
6	2	9	4
60000000	2000000	900000	40000

9

천만의 자리	백만의 자리	십만의 자리	만의 자리
7	6	2	5
70000000	6000000	200000	50000

10 ㉠ 18340000에서 숫자 3은 십만의 자리 숫자이므로 300000을 나타내고, ㉡ 53200000에서 숫자 3은 백만의 자리 숫자이므로 3000000을 나타냅니다.

교과서 개념 이해 3 억과 조를 알아볼까요 12~13쪽

❗ 100만, 1억 / 10억, 1000억 / 1조, 100조

1 (1) 10만, 1000만 (2) 1억, 100억
2 400000000000, 800000000
3 8, 1, 6, 3, 2, 5, 9, 7 / 팔천백육십삼조 이천오백구십칠억
4 (위에서부터) 구십오조 이천오백억,
1124000000000000

1 (1) 1억은 9999만보다 1만만큼 더 큰 수, 9990만보다 10만만큼 더 큰 수, 9900만보다 100만만큼 더 큰 수, 9000만보다 1000만만큼 더 큰 수입니다.
(2) 1조는 9999억보다 1억만큼 더 큰 수, 9990억보다 10억만큼 더 큰 수, 9900억보다 100억만큼 더 큰 수, 9000억보다 1000억만큼 더 큰 수입니다.

2 543800000000에서 5는 천억의 자리 숫자, 4는 백억의 자리 숫자, 3은 십억의 자리 숫자, 8은 억의 자리 숫자입니다.

3 큰 수는 일의 자리부터 네 자리씩 끊은 다음 '만', '억', '조'의 단위를 사용하여 왼쪽부터 차례로 읽습니다.

4 89 7000 0000 0000 (조 억 만)　95 2500 0000 0000 (조 억 만)
112 4000 0000 0000 (조 억 만)

개념 적용 기본기 다지기 14~17쪽

1 10000
2 (위에서부터) 10, 10000, 100
3 ㉢ / ⑩ 7000보다 3000만큼 더 큰 수
4 2000원　**5** 50상자
6 80000, 4000, 90　**7** 82456
8 11320원　**9** 18850원
10 (1) ㉢ (2) ㉡　**11** ㉢
12 6700장　**13** 1000배
14 지우 / ⑩ 우리나라의 전체 인구수는 5000만 명쯤 됩니다.
15　**16** ㉡
17 이백칠십육억　**18** 1004008300
19 1000장
20 10, 1000, 1000000000(또는 10억)
21 3400000000000(또는 3조 4000억)
22 (1) 912조 487억 (2) 1204조 692억 1652만
23 9400억, 1조 600억
24 은호 / ⑩ 천억의 자리 숫자는 0입니다.
25 100배　**26** 60006000
27 7070000(또는 707만)

1 9990보다 10만큼 더 큰 수는 10000입니다.

2 100의 10배는 1000이고, 1000의 10배는 10000이므로 10000은 100의 100배입니다.

4 1000원짜리 지폐 8장은 8000원입니다.
10000은 8000보다 2000만큼 더 큰 수이므로 2000원이 더 있어야 책을 살 수 있습니다.

5 1000이 10개이면 10000이므로 1000이 50개이면 50000입니다.
따라서 단추 50000개를 한 상자에 1000개씩 담으려면 모두 50상자가 필요합니다.

6 84095=80000+4000+90+5

서술형
7 예 숫자 8이 나타내는 값을 알아보면 39187 ➡ 80, 93824 ➡ 800, 82456 ➡ 80000, 48012 ➡ 8000입니다.
따라서 숫자 8이 나타내는 값이 가장 큰 수는 82456입니다.

단계	문제 해결 과정
①	숫자 8이 나타내는 값을 각각 구했나요?
②	숫자 8이 나타내는 값이 가장 큰 수를 바르게 찾았나요?

8
5000원짜리 지폐 1장 ➡ 5000원
1000원짜리 지폐 6장 ➡ 6000원
100원짜리 동전 3개 ➡ 300원
10원짜리 동전 2개 ➡ 20원
11320원

9
1000원짜리 지폐 16장 ➡ 16000원
100원짜리 동전 28개 ➡ 2800원
10원짜리 동전 5개 ➡ 50원
18850원

10 (1) 900 0000보다 100 0000만큼 더 큰 수는 천만입니다.
(2) 10000이 10개이면 십만, 10000이 100개이면 백만, 10000이 1000개이면 천만입니다.

11 ㉠ 600 0040 ➡ 5개　㉡ 7520 0000 ➡ 5개
㉢ 2010 0805 ➡ 4개　㉣ 305 0000 ➡ 5개

12 6700 0000원은 6700만 원이므로 6700 0000원을 만 원짜리 지폐로 찾으면 모두 6700장이 됩니다.

13 ㉠은 만의 자리 숫자로 30000을 나타내고, ㉡은 십의 자리 숫자로 30을 나타냅니다. 30000은 30의 1000배입니다.

15 7000만의 10배 ➡ 7억, 7억의 100배 ➡ 700억,
700만의 1000배 ➡ 70억

16 십억의 자리 숫자가 ㉠ 5, ㉡ 8, ㉢ 1, ㉣ 7이므로 ㉡이 가장 큽니다.
주의 | ㉠은 11자리 수, ㉡과 ㉢은 12자리 수, ㉣은 10자리 수로 자리 수가 다른 것에 주의합니다.

서술형
18 예 1000만이 100개이면 10억, 10만이 40개이면 400만, 1000이 8개이면 8000, 100이 3개이면 300입니다. 따라서 수는 10 0400 8300입니다.

단계	문제 해결 과정
①	각 자리의 숫자가 나타내는 값이 얼마인지 구했나요?
②	수가 얼마인지 바르게 구했나요?

19 100만이 100개이면 1억이고, 1억이 10개이면 10억이므로 10억 원을 100만 원짜리 수표로 바꾸면 모두 1000장이 됩니다.

20 1조는 1000억이 10개인 수이고, 10억이 1000개인 수이므로 10억을 1000배 한 수이고, 9990억보다 10억만큼 더 큰 수입니다.

21
1000억이 30개인 수 ➡ 3조
1000억이 4개인 수 ➡ 4000억
1000억이 34개인 수 ➡ 3조 4000억

22 (1) 912 0487 0000 0000
(2) 1204 0692 1652 0000

23 1000억을 5칸으로 나눈 것이므로 작은 눈금 한 칸은 200억을 나타냅니다.

25 ㉠ 99 0000보다 10000만큼 더 큰 수 ➡ 100 0000
㉡ 9990보다 10만큼 더 큰 수 ➡ 10000
따라서 100 0000은 10000의 100배이므로 ㉠이 나타내는 값은 ㉡이 나타내는 값의 100배입니다.

26 ㉠은 천만의 자리 숫자이므로 6000 0000을 나타내고, ㉡은 천의 자리 숫자이므로 6000을 나타냅니다.
따라서 ㉠과 ㉡이 나타내는 값의 합은 6000 6000입니다.

27 ㉠은 백만의 자리 숫자이므로 700 0000을 나타내고, ㉡은 만의 자리 숫자이므로 70000을 나타냅니다.
따라서 ㉠의 7이 나타내는 값과 ㉡의 7이 나타내는 값의 합은 707 0000입니다.

교과서 개념 이해 4 뛰어 세기를 해 볼까요 18~19쪽

1 (1) 670000, 870000, 970000
(2) 1420000, 1620000, 1720000
(3) 6538만, 6548만, 6568만

2 (1) 100억씩 (2) 10만씩

3 6560조, 6600조, 6620조

4 (1) 650000, 660000, 680000
(2) 3825조, 4025조, 4225조

5 (위에서부터) 8586만, 8476만, 8386만, 8276만

6 3억 8200만

7 (1) 4억, 400억 (2) 6000억, 6조

8 (위에서부터) 83억, 8조 3000억

9 3

1 100000씩 뛰어 세면 십만의 자리 수가 1씩 커집니다.

2 (1) 백억의 자리 수가 1씩 커지므로 100억씩 뛰어 세었습니다.
(2) 십만의 자리 수가 1씩 커지므로 10만씩 뛰어 세었습니다.

3 20조씩 뛰어 세면 십조의 자리 수가 2씩 커집니다.

4 (1) 만의 자리 수가 1씩 커지므로 10000씩 뛰어 셉니다.
(2) 백조의 자리 수가 1씩 커지므로 100조씩 뛰어 셉니다.

5 왼쪽에서 오른쪽으로 10만씩 뛰어 세었고, 아래쪽에서 위쪽으로 100만씩 뛰어 세었습니다.

6 3억 5200만－3억 6200만－3억 7200만 －3억 8200만

7 수를 10배 하면 수의 뒤에 0을 한 개 붙인 것과 같습니다.

8 83000000의 100배 ➡ 8300000000 ➡ 83억
8300000000의 1000배 ➡ 8300000000000 ➡ 8조 3000억

9 6300000의 100배는 630000000이므로 천만의 자리 숫자는 3입니다.

교과서 개념 이해 5 수의 크기를 비교해 볼까요 20~21쪽

1 <

2

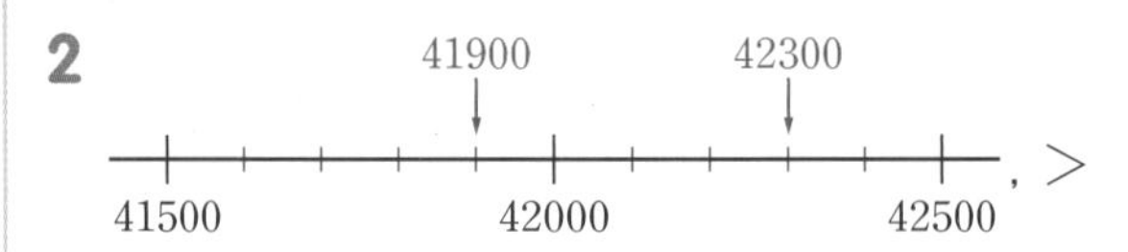

, >

3 65473, >, 64892

4 (1) > (2) > (3) > (4) <

5 (1) < (2) >

6

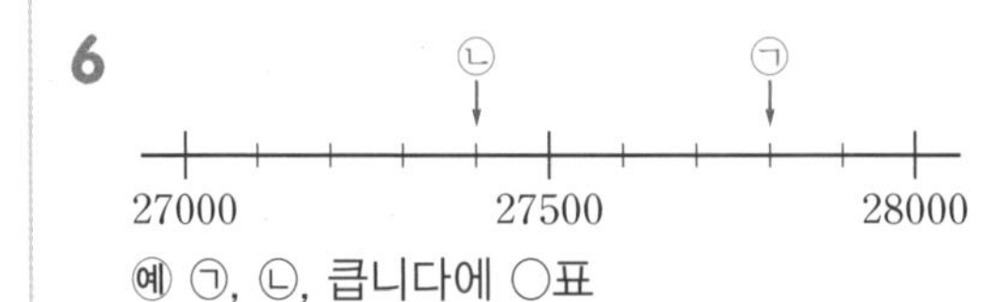

예 ㉠, ㉡, 큽니다에 ○표

7 (1) ㉡ (2) ㉢

8 가, 다, 나

1 74928<213650 (다섯 자리 수, 여섯 자리 수)

2 수직선에서는 오른쪽에 있는 수일수록 큰 수이므로 42300>41900입니다.

3 65473>64892 (5>4)

4 (1) 547305>547198 (3>1)
(2) 20754391>8754906 (여덟 자리 수, 일곱 자리 수)
(3) 217억 456만>98억 7900만 (11자리 수, 10자리 수)
(4) 3조 1543억<3조 2300억 (1<2)

5 (1) 삼천오백이십만 칠천구백이 ➡ 35207902
35207902<35216300 (0<1)
(2) 오백구십일억 ➡ 59100000000
59100000000>59096320000 (1>0)

6 '㉡은 ㉠보다 더 작습니다', '27800은 27400보다 더 큽니다', '27400은 27800보다 더 작습니다'도 정답입니다.

7 (1) 자리 수를 비교하면 ㉠ 아홉 자리 수, ㉡ 여덟 자리 수, ㉢ 아홉 자리 수이므로 가장 작은 수는 ㉡입니다.
(2) 자리 수가 같은 ㉠과 ㉢의 억의 자리 수를 비교하면 4<5이므로 가장 큰 수는 ㉢입니다.

8 가 도시: 1029만 명, 나 도시: 647만 명,
다 도시: 750만 명
1029만 > 750만 > 647만이므로 인구가 많은 도시부터 차례로 쓰면 가, 다, 나입니다.

기본기 다지기 (개념 적용) 22~23쪽

28 270억, 27조 **29** 485억
30 490만 **31** 3조 7300억
32 (1) < (2) > **33** ㉢
34 ㉡, ㉠, ㉢
35 9876543 / 1023456
36 10012244556699,
십조 백이십이억 사천사백오십오만 육천육백구십구
37 3900900 **38** 5978642310

28 어떤 수를 10배 한 수는 어떤 수의 뒤에 0을 한 개 붙인 수와 같습니다.

서술형
29 예 425억과 525억의 차는 100억이고, 100억을 똑같이 10칸으로 나누었으므로 작은 눈금 한 칸은 10억을 나타냅니다. 따라서 425억에서 10억씩 6번 뛰어 세면 425억 — 435억 — 445억 — 455억 — 465억 — 475억 — 485억이므로 ㉠이 나타내는 수는 485억입니다.

단계	문제 해결 과정
①	작은 눈금 한 칸의 크기를 구했나요?
②	㉠이 나타내는 수를 바르게 구했나요?

30 520만에서 10만씩 거꾸로 3번 뛰어 세기 합니다.
520만 — 510만 — 500만 — 490만

31 4조 5300억에서 2000억씩 거꾸로 4번 뛰어 센 수를 구합니다.
4조 5300억 — 4조 3300억 — 4조 1300억
— 3조 9300억 — 3조 7300억
따라서 어떤 수는 3조 7300억입니다.
주의 | 4조 1300억에서 2000억을 거꾸로 뛰어 세면 조의 자리 수는 3이 되고, 천억의 자리 수는 9가 됩니다.

32 (1) 9억 8726만 < 92억 1630만 4000
(2) 132조 35억 > 132조 3억 5000만

33 ㉠ 333000 ㉡ 329000 ㉢ 328000
따라서 판매 가격이 가장 낮은 판매자는 ㉢입니다.

34 ㉡ 7조 8462억 5000만 ㉢ 72조 9604만
➡ ㉡ < ㉠ < ㉢

35 가장 큰 수는 높은 자리부터 큰 수를 차례로 놓습니다.
가장 작은 수는 맨 앞에 0이 아닌 가장 작은 수 1을 놓고, 그 다음 높은 자리부터 작은 수를 차례로 놓습니다.

36 가장 작은 수를 만들려면 높은 자리부터 작은 수를 차례로 놓습니다. 단, 가장 높은 자리에는 0을 놓을 수 없으므로 0은 둘째로 높은 자리부터 놓을 수 있습니다.
따라서 가장 작은 14자리 수는 10012244556699입니다.

37 390만보다 크고 400만보다 작으므로 백만의 자리 숫자는 3이고 십만의 자리 숫자는 9입니다. 십만의 자리 숫자와 백의 자리 숫자가 같으므로 백의 자리 숫자도 9이고, 0이 4개이므로 만, 천, 십, 일의 자리 숫자는 각각 0입니다.
➡ 3900900

38 천의 자리 숫자가 2이므로 백만의 자리 숫자는 8입니다. 십억의 자리 숫자는 6보다 작은 수 중에서 가장 큰 수이므로 5입니다. 나머지 자리에는 높은 자리부터 남은 수 중에서 큰 수를 차례로 놓습니다.
➡ 5978642310

응용력 기르기 (개념 완성) 24~27쪽

1 3억 8000만, 5억 6000만
1-1 54억 5000만, 56억 **1-2** 3조
2 59873
2-1 486310 **2-2** 502379
3 5개
3-1 3개 **3-2** ㉢, ㉠, ㉡
4 1단계 예 100의 10배는 천, 100의 100배는 만, 100의 1000배는 10만, 100의 10000배는 100만이므로 100만 원을 100원짜리 동전으로 쌓으려면 100원짜리 동전이 모두 10000개 필요합니다.

2단계 ㉠ 100원짜리 동전 100개를 쌓은 높이가 약 18 cm이므로 100원짜리 동전 10000개를 쌓은 높이는 약 1800 cm입니다. / 약 1800 cm

4-1 약 190 m **4-2** 약 1600 km

1 4억에서 눈금 5칸만큼 뛰어 세면 5억이므로 눈금 5칸은 1억을 나타냅니다.
1억은 2000만이 5개인 수이므로 눈금 한 칸의 크기는 2000만입니다.
따라서 ㉠은 4억보다 2000만만큼 더 작은 수이므로 3억 8000만이고, ㉡은 5억에서 2000만씩 3번 뛰어 센 수이므로 5억－5억 2000만－5억 4000만－5억 6000만입니다.

1-1 52억에서 눈금 4칸만큼 뛰어 세면 54억이므로 눈금 4칸은 2억을 나타냅니다. 눈금 4칸이 2억을 나타내므로 눈금 2칸은 1억을 나타내고, 1억은 5000만이 2개인 수이므로 눈금 한 칸의 크기는 5000만입니다.
따라서 ㉠은 54억보다 5000만만큼 더 큰 수이므로 54억 5000만이고, ㉡은 54억 5000만에서 5000만씩 3번 뛰어 센 수이므로
54억 5000만－55억－55억 5000만－56억입니다.

1-2 4조에서 눈금 2칸만큼 뛰어 세면 4조 5000억이므로 눈금 2칸은 5000억을 나타냅니다. 5000억은 2500억이 2개인 수이므로 눈금 한 칸의 크기는 2500억입니다.
따라서 ㉠은 4조에서 2500억씩 거꾸로 4번 뛰어 센 수이므로 4조－3조 7500억－3조 5000억－3조 2500억－3조입니다.

다른 풀이 |
눈금 2칸이 5000억을 나타내므로 눈금 4칸은 1조를 나타냅니다. ㉠은 4조에서 거꾸로 4칸만큼 뛰어 센 수이므로 4조보다 1조만큼 더 작은 수인 3조입니다.

2 수의 크기를 비교하면 $3<5<7<8<9$입니다.
70000보다 작은 수 중 70000에 가장 가까운 수를 구해야 하므로 만의 자리에는 7보다 작은 수 중 가장 큰 수인 5가 들어가야 합니다.
70000에 가장 가까운 5□□□□을 만들려면 가장 큰 수부터 천, 백, 십, 일의 자리에 차례로 들어가야 합니다. 따라서 70000보다 작은 수 중 70000에 가장 가까운 수는 59873입니다.

2-1 수의 크기를 비교하면 $0<1<3<4<6<8$입니다.
60만보다 작은 수 중 60만에 가장 가까운 수를 구해야 하므로 십만의 자리에는 6보다 작은 수 중 가장 큰 수인 4가 들어가야 합니다.
60만에 가장 가까운 4□□□□□을 만들려면 가장 큰 수부터 만, 천, 백, 십, 일의 자리에 차례로 들어가야 합니다.
따라서 60만보다 작은 수 중 60만에 가장 가까운 수는 486310입니다.

2-2 수의 크기를 비교하면 $0<2<3<5<7<9$입니다.
40만보다 큰 수 중 40만에 가장 가까운 수를 구해야 하므로 십만의 자리에는 4보다 큰 수 중 가장 작은 수인 5가 들어가야 합니다.
40만에 가장 가까운 5□□□□□을 만들려면 가장 작은 수부터 만, 천, 백, 십, 일의 자리에 차례로 들어가야 합니다.
따라서 40만보다 큰 수 중 40만에 가장 가까운 수는 502379입니다.

3 두 수의 자리 수가 여덟 자리로 같으므로 높은 자리 수부터 차례로 비교합니다.
천만, 백만의 자리 수가 각각 같으므로 십만의 자리 수를 비교하여 52436817＞52□34259가 되려면 4＞□이어야 합니다.
만약 □ 안에 4를 넣으면 52436817＞52434259이므로 □ 안에 4도 들어갈 수 있습니다.
따라서 □ 안에 들어갈 수 있는 수는 0, 1, 2, 3, 4로 모두 5개입니다.

3-1 두 수의 자리 수가 아홉 자리로 같으므로 높은 자리 수부터 차례로 비교합니다.
억, 천만, 백만의 자리 수가 각각 같으므로 십만의 자리 수를 비교하여 815□42613＞815742571이 되려면 □＞7이어야 합니다.
만약 □ 안에 7을 넣으면 815742613＞815742571이므로 □ 안에 7도 들어갈 수 있습니다.
따라서 □ 안에 들어갈 수 있는 수는 7, 8, 9로 모두 3개입니다.

3-2 자리 수를 비교하면 ㉠과 ㉡은 여섯 자리 수이고 ㉢은 일곱 자리 수이므로 ㉢이 가장 큽니다.
자리 수가 같은 ㉠ 37■165와 ㉡ 37012■를 높은 자리 수부터 차례로 비교하기 위해 ㉠의 ■에 0부터 9까지의 수를 각각 넣어 봅니다.

㉠의 ■에 1부터 9까지의 수를 넣으면 ㉠>㉡이고, ㉠의 ■에 0을 넣어도 370165>37012■이므로 ㉠>㉡이 됩니다.
따라서 큰 수부터 차례로 기호를 쓰면 ㉢, ㉠, ㉡입니다.

4-1 500의 10배는 5000, 500의 100배는 5만, 500의 1000배는 50만, 500의 10000배는 500만, 500의 100000배는 5000만입니다.
즉, 5000만 원을 500원짜리 동전으로 쌓으려면 500원짜리 동전이 모두 100000개 필요합니다.
500원짜리 동전 100개를 쌓은 높이가 약 19 cm이므로 500원짜리 동전 100000개를 쌓은 높이는 약 19000 cm=190 m입니다.

4-2 10의 1억 배는 10억, 10의 10억 배는 100억이므로 100억 원을 10원짜리 동전으로 쌓으려면 10원짜리 동전이 모두 10억 개 필요합니다.
10원짜리 동전 100개를 쌓은 높이가 약 16 cm이므로 10원짜리 동전 10억 개를 쌓은 높이는 약 160000000 cm=1600000 m=1600 km입니다.

1단원 단원 평가 Level ❶ 28~30쪽

1 7000, 9000, 10000	**2** 90406, 구만 사백육
3 1억, 1조	**4** (위에서부터) 3000, 4000
5 20957140092	**6** ㉡
7 8번	**8** >
9 ④	**10** 6026조, 6426조
11 2275억 5000만	**12** 10457
13 목성, 수성	**14** 44580원
15 ㉢, ㉠, ㉡	**16** 100배
17 261845	**18** 6, 7, 8, 9
19 27장	**20** 1조 9000억

1 1000씩 커지는 규칙에 따라 수를 쓰면 5000−6000−7000−8000−9000−10000입니다.

2 10000이 9개 ➡ 90000
100이 4개 ➡ 400
1이 6개 ➡ 6
90406

3 일의 10000배는 만, 만의 10000배는 억, 억의 10000배는 조입니다.

4 10000은 7000보다 3000만큼 더 큰 수이고, 6000보다 4000만큼 더 큰 수입니다.

5 209억 5714만 92 ➡ 209 5714 0092
(억) (만)

6 ㉠ 100만 ➡ 1000000
㉡ 1000의 10000배 ➡ 10000000
㉢ 10000이 100개인 수 ➡ 1000000
따라서 나타내는 수가 다른 것은 ㉡입니다.

7 사천구십억 사백만 팔천 ➡ 4090억 400만 8000
➡ 409004008000
따라서 12자리 수로 나타내려면 0을 8번 써야 합니다.

8 팔천칠백사십육만 이천 ➡ 87462000
135920000>87462000
(아홉 자리 수) (여덟 자리 수)

9 백만의 자리 숫자는 ① 3259647 ➡ 3, ② 96702090 ➡ 6, ③ 42605749 ➡ 2, ④ 48407273 ➡ 8, ⑤ 7980451 ➡ 7입니다.
따라서 백만의 자리 숫자가 가장 큰 수는 ④입니다.

10 백조의 자리 수가 2씩 커지므로 200조씩 뛰어 셉니다.

11 100억씩 뛰어 세면 백억의 자리 수가 1씩 커집니다.
1875억 5000만−1975억 5000만−2075억 5000만−2175억 5000만−2275억 5000만

다른 풀이 |
100억씩 4번 뛰어 세면 400억이 커지므로 1875억 5000만보다 400억만큼 더 큰 2275억 5000만이 됩니다.

12 가장 작은 다섯 자리 수는 만의 자리부터 작은 수를 차례로 써야 합니다. 이때 0은 만의 자리에 쓸 수 없으므로 만들 수 있는 가장 작은 다섯 자리 수는 10457입니다.

13 각 행성의 지름의 자리 수를 알아보면 목성과 토성의 지름이 여섯 자리 수로 가장 크고, 수성과 화성의 지름이 네 자리 수로 가장 작습니다.

목성과 토성의 지름을 비교하면 142984＞120536이므로 가장 큰 행성은 목성입니다. (4＞2)
또, 수성과 화성의 지름을 비교하면 4878＜6789이므로 가장 작은 행성은 수성입니다. (4＜6)

14 10000원짜리 지폐 3장 ➡ 30000원
1000원짜리 지폐 14장 ➡ 14000원
100원짜리 동전 5개 ➡ 500원
10원짜리 동전 8개 ➡ 80원
44580원

15 ㉠ 47조 800억 ㉡ 45조 147억 ㉢ 90조 803억
90조 803억＞47조 800억＞45조 147억이므로
㉢＞㉠＞㉡입니다.

16 ㉠에서 숫자 4는 천만의 자리 숫자이므로 40000000을 나타내고, ㉡에서 숫자 4는 십만의 자리 숫자이므로 400000을 나타냅니다.
40000000은 400000보다 0이 2개 더 많으므로 400000의 100배입니다.

17 20만보다 크고 30만보다 작은 수이므로 십만의 자리 숫자는 2입니다. 1부터 9까지의 수 중 2, 1, 8, 4, 5를 빼면 3, 6, 7, 9가 남고 만의 자리 수는 짝수이므로 6입니다.
따라서 번호표의 수는 261845입니다.

18 두 수의 자리 수가 여덟 자리로 같으므로 높은 자리 수부터 차례로 비교합니다. 천만, 백만, 십만의 자리 수가 각각 같고, 천의 자리 수가 4＜5이므로 □는 6과 같거나 6보다 커야 합니다.
따라서 □ 안에 들어갈 수 있는 수는 6, 7, 8, 9입니다.

서술형
19 예 어머니가 찾으신 돈은 270만 원입니다.
270만은 10만이 27개이므로 10만 원짜리 수표는 모두 27장입니다.

평가 기준	배점(5점)
어머니가 찾으신 돈이 얼마인지 알고 있나요?	1점
10만 원짜리 수표는 모두 몇 장인지 구했나요?	4점

서술형
20 예 2000억씩 8번 뛰어 세면 1조 6000억이 커집니다.
따라서 어떤 수는 3조 5000억보다 1조 6000억만큼 더 작은 1조 9000억입니다.

평가 기준	배점(5점)
2000억씩 8번 뛰어 세면 얼마가 커지는지 구했나요?	2점
어떤 수를 구했나요?	3점

1단원 단원 평가 Level 2 31~33쪽

1 80000개
2 16 / 4000 / 30000 / 4006
3 6034000, 육백삼만 사천
4 억의 자리 숫자, 200000000(또는 2억)
5 11 **6** ②
7 ㉠ **8** ㉢, ㉠, ㉡
9 7월 **10** 300장
11 3000000(또는 300만) **12** (1) ㉢ (2) ㉡
13 9460조 8000억 km **14** 10배
15 ㉡ **16** 12543
17 0, 1, 2 **18** 8억 1500만
19 27000000(또는 2700만)
20 1204578

1 1000이 10개이면 10000이고 10000이 8개이면 80000입니다.
따라서 80봉지에 담은 사탕은 모두 80000개입니다.

2 34016을 각 자리의 숫자가 나타내는 값의 합으로 나타내면 34016＝30000＋4000＋10＋6입니다.
• 34016＝34000＋16
• 34016＝30016＋4000
• 34016＝4016＋30000
• 34016＝30010＋4006

3 만이 603개 ➡ 6030000
일이 4000개 ➡ 4000
6034000

4 50216387495
➡ 억의 자리 숫자, 200000000

5 억이 810개, 만이 43개인 수
➡ 810억 43만 ➡ 81000430000 ➡ 11자리 수
다른 풀이 |
가장 높은 자리가 백억의 자리이므로 11자리 수입니다.

6 100만은 99만 9999 다음의 수이므로 100만보다 1만큼 더 작은 수는 99만 9999입니다.

7 ㉠ 10000이 1000개인 수 ➡ 1000만
㉡ 7000만보다 3000만만큼 더 큰 수 ➡ 1억
㉢ 10만의 1000배인 수 ➡ 1억

8 세 수의 자리 수가 모두 같으므로 높은 자리 수부터 차례로 비교합니다. 백만의 자리 수를 비교하면 4 > 2이므로 가격이 가장 높은 것은 ㉡입니다. ㉠과 ㉢의 십만의 자리 수를 비교하면 9 > 6이므로 ㉠ > ㉢입니다.
따라서 가격이 낮은 제품부터 차례로 기호를 쓰면 ㉢, ㉠, ㉡입니다.

9 50000에서 13000씩 뛰어 세어 봅니다.
50000(3월) − 63000(4월) − 76000(5월) − 89000(6월) − 102000(7월)
따라서 모은 돈이 처음으로 10만 원을 넘는 때는 7월입니다.

10 100만이 10개이면 1000만이고, 1000만이 10개이면 1억이므로 1억 원을 100만 원짜리 수표로 찾으면 모두 100장이 됩니다.
따라서 3억 원을 100만 원짜리 수표로 찾으면 모두 300장이 됩니다.

11 19억 2038만 ➡ 19 2038 0000을 10배 하면 192 0380 0000이 됩니다. 192 0380 0000에서 숫자 3은 백만의 자리 숫자이므로 300만 또는 300 0000을 나타냅니다.

12 (1) 1조는 100억이 100개인 수이므로 9900억보다 100억만큼 더 큰 수입니다.
(2) 1조는 10억이 1000개인 수이므로 9990억보다 10억만큼 더 큰 수입니다.

13 1000광년은 9조 4608억 km의 1000배이므로 9460조 8000억 km입니다.

14 10억은 100만의 1000배 ➡ ㉠=1000
1조는 100억의 100배 ➡ ㉡=100
따라서 ㉠은 ㉡의 10배입니다.

15 ㉠ 1430조 − 2430조 − 3430조 − 4430조 − 5430조 − 6430조
㉡ 67억 − 670억 − 6700억 − 6조 7000억 − 67조 − 670조 − 6700조
따라서 6430조 < 6700조이므로 더 큰 수는 ㉡입니다.

16 12500보다 크고 12700보다 작은 다섯 자리 수는 125□□이거나 126□□입니다. 백의 자리 수가 홀수이므로 125□□이고, 1부터 5까지의 수를 한 번씩 사용하였으므로 12534이거나 12543입니다. 일의 자리 수가 홀수이므로 조건을 모두 만족하는 수는 12543입니다.

17 두 수의 자리 수가 같으므로 높은 자리 수부터 차례로 비교합니다. 천만, 백만, 십만의 자리 수가 각각 같으므로 만의 자리 수를 비교하여 145□ 6807 < 1453 2796이 되려면 □ < 3이어야 합니다.
만약 □ 안에 3을 넣으면 1453 6807 > 1453 2796이므로 □ 안에 3은 들어갈 수 없습니다.
따라서 □ 안에 들어갈 수 있는 수는 0, 1, 2입니다.

18 8억 500만에서 눈금 2칸만큼 뛰어 세면 8억 900만이므로 눈금 2칸은 400만을 나타냅니다. 400만은 200만이 2개인 수이므로 눈금 한 칸의 크기는 200만입니다.
따라서 ㉠은 8억 900만에서 200만씩 3번 뛰어 센 수이므로 8억 900만 − 8억 1100만 − 8억 1300만 − 8억 1500만입니다.

다른 풀이 |
눈금 2칸이 400만을 나타내므로 눈금 1칸은 200만을 나타내고, 눈금 5칸은 1000만을 나타냅니다.
따라서 ㉠은 8억 500만에서 눈금 5칸만큼 뛰어 센 수이므로 8억 500만보다 1000만만큼 더 큰 수인 8억 1500만입니다.

서술형
19 예 ㉠은 천만의 자리 숫자이므로 3000만을 나타내고, ㉡은 백만의 자리 숫자이므로 300만을 나타냅니다.
따라서 ㉠과 ㉡이 나타내는 값의 차는 3000만보다 300만만큼 더 작은 수인 2700만입니다.

평가 기준	배점(5점)
㉠이 나타내는 값과 ㉡이 나타내는 값을 각각 구했나요?	3점
㉠과 ㉡이 나타내는 값의 차를 구했나요?	2점

서술형
20 예 십만의 자리 숫자가 2인 일곱 자리 수는 □2□ □□□□이고, 가장 높은 자리에는 0이 올 수 없으므로 둘째로 작은 1을 놓고 작은 수를 차례로 놓습니다.
따라서 십만의 자리 숫자가 2인 가장 작은 수는 120 4578입니다.

평가 기준	배점(5점)
십만의 자리 숫자가 2인 일곱 자리 수를 만들었나요?	2점
가장 작은 수를 바르게 구했나요?	3점

2 각도

각은 다각형을 정의하는 데 필요한 요소로서 도형 영역에서 기초가 되는 개념이며, 사회과나 과학과 등 타 교과뿐만 아니라 일상생활에서도 폭넓게 사용됩니다. 3학년 1학기에서는 구체적인 생활 속의 사례나 활동을 통해 각과 직각을 학습하였습니다. 이 단원에서는 각의 크기, 즉 각도에 대해 배우게 됩니다. 각의 크기를 비교하는 활동을 통하여 표준 단위인 도(°)를 알아보고 각도기를 사용하여 각도를 측정할 수 있게 합니다. 각도는 4학년 2학기에 배우는 여러 가지 삼각형, 여러 가지 사각형 등 후속 학습의 중요한 기초가 되므로 다양한 조작 활동과 의사소통을 통해 체계적으로 지도해야 합니다.

교과서 개념 이해 1 각의 크기를 비교해 볼까요 / 각의 크기를 재어 볼까요 36~37쪽

! 바깥쪽에 ○표

1 나	2 나, 다
3 나	4 60
5 125°	6 (1) 40° (2) 115°

1 두 변이 벌어진 정도가 클수록 큰 각입니다.

2 보기 의 각보다 두 변이 더 많이 벌어진 각은 나와 다입니다.

3 각도기의 중심을 각의 꼭짓점에 맞추고 각도기의 밑금을 각의 한 변에 맞춘 것을 찾습니다.

4 각의 한 변이 안쪽 눈금 0에 맞춰져 있으므로 안쪽 눈금을 읽어야 합니다. ➡ 60°

5 각의 한 변이 바깥쪽 눈금 0에 맞춰져 있으므로 바깥쪽 눈금을 읽으면 125°입니다.

6 각도기의 중심을 각의 꼭짓점에 맞추고 각도기의 밑금을 각의 한 변에 맞춘 후 각의 다른 변이 가리키는 눈금을 읽습니다.

교과서 개념 이해 2 예각과 둔각을 알아볼까요 / 각도를 어림하고 재어 볼까요 38~39쪽

! 예각 / 둔각

1 둔각, 예각	2 예 80°
3 (1) 둔각 (2) 예각	4 예 30°
5 나, 라 / 가, 마 / 다, 바	6 70°, 120°
7 예 예각 / 둔각	
8 예 120, 120	9 (1) 둔각 (2) 예각

1 0°보다 크고 직각보다 작은 각을 예각이라 하고, 직각보다 크고 180°보다 작은 각을 둔각이라고 합니다.

2 가운데 있는 각의 크기는 왼쪽에 있는 각 60°보다 크고 오른쪽에 있는 각 90°보다 작으므로 약 80°로 어림할 수 있습니다.

4 삼각자의 45°보다 작으므로 약 30°로 어림할 수 있습니다.

5 직각을 기준으로 예각과 둔각을 찾아봅니다.

6 예각: 0°보다 크고 직각보다 작은 각 ➡ 70°
둔각: 직각보다 크고 180°보다 작은 각 ➡ 120°

7 예각: 0°보다 크고 직각보다 작은 각을 그립니다.
둔각: 직각보다 크고 180°보다 작은 각을 그립니다.

9 (1) 직각보다 크고 180°보다 작은 각이므로 둔각입니다.
(2) 0°보다 크고 직각보다 작은 각이므로 예각입니다.

개념 적용 기본기 다지기 40~43쪽

1 서아	2 (△) (○) ( )
3 ㉡	4 ㉣
5 125°	6 70°
7 80°	8 (위에서부터) 65, 115
9 115°, 25°	10 ㉡, ㉢

11 89°, 56°에 ○표, 113°, 172°에 △표

12

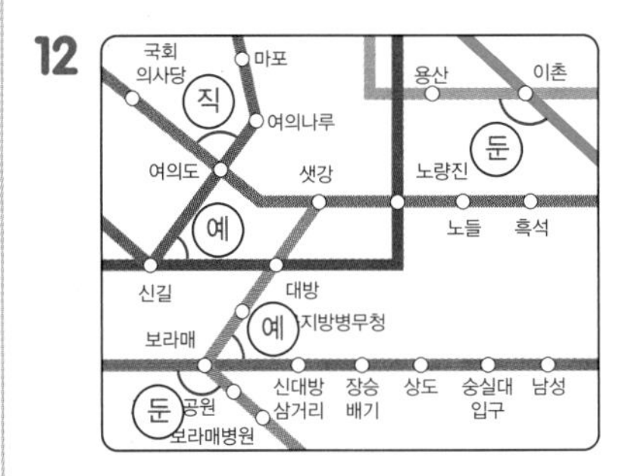

13 예

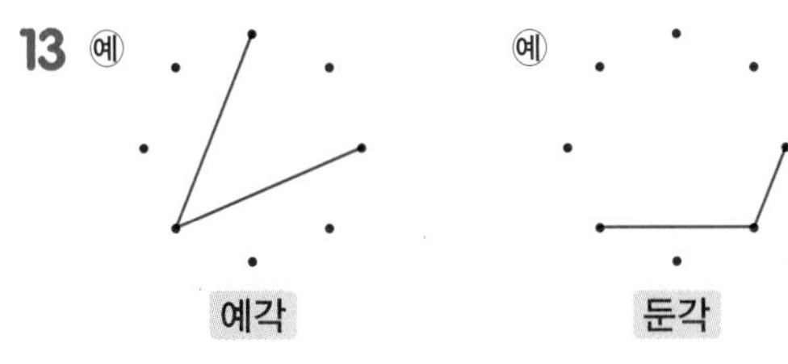

14 180°

15 360°

16 (1) 둔각 (2) 예각

17 (1) 직각 (2) 예각 (3) 둔각

18 ㉡, ㉣

19 둔각

20 예 25, 25

21 예 55, 55

22 민경

23 인호

1 각의 크기는 변의 길이와 관계없이 두 변이 벌어진 정도를 의미합니다.

2 각의 두 변이 가장 많이 벌어진 각이 가장 큰 각이고, 가장 적게 벌어진 각이 가장 작은 각입니다.

3 90°를 기준으로 ㉠은 같은 각도만큼 두 번 젖혀졌고, ㉡은 같은 각도만큼 세 번 젖혀졌으므로 표시한 각의 크기가 더 큰 것은 ㉡입니다.

4 각의 크기는 두 변이 많이 벌어질수록 큰 각입니다. 따라서 각의 크기가 가장 큰 것은 두 변이 가장 많이 벌어진 ㉣입니다.

5 각의 한 변이 바깥쪽 눈금 0에 맞춰져 있으므로 바깥쪽 눈금을 읽으면 125°입니다.

6 각에 맞춰 각도기를 돌려서 각도를 재어 봅니다.

서술형

7 예 각의 한 변이 안쪽 눈금 0에 맞춰져 있으므로 안쪽 눈금을 읽어야 하는데 바깥쪽 눈금을 읽었기 때문입니다.

단계	문제 해결 과정
①	각도를 잘못 구한 까닭을 썼나요?
②	각도를 바르게 구했나요?

9 가장 큰 각은 각 ㄱㄴㄷ으로 각의 크기가 115°이고, 가장 작은 각은 각 ㄷㄱㄴ으로 각의 크기가 25°입니다.

10 둔각은 90°보다 크고 180°보다 작은 각이므로 부채를 벌린 각도가 둔각인 것은 ㉡, ㉢입니다.

11 90°(직각)는 예각도 둔각도 아닙니다.

12 예각은 0°보다 크고 직각보다 작은 각이고, 둔각은 직각보다 크고 180°보다 작은 각입니다.

13 0°보다 크고 90°보다 작은 각이 되도록 세 점을 연결하면 예각이 됩니다. 90°보다 크고 180°보다 작은 각이 되도록 세 점을 연결하면 둔각이 됩니다.

14 각을 이루는 두 변이 직선이므로 표시한 각은 180°입니다.

15 주어진 각은 부채 갓대가 포개어졌을 때 큰 쪽의 각으로 한 바퀴입니다. ➡ 360°

16 (1) (2)

17 (1) (2) (3)

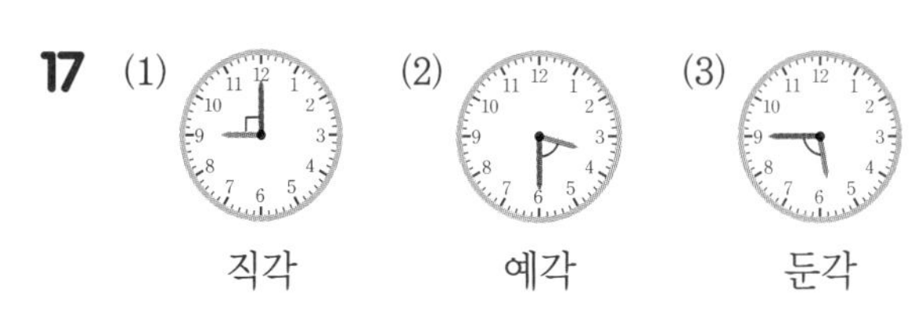

18 ㉠ ㉡ ㉢ ㉣

따라서 시계의 긴바늘과 짧은바늘이 이루는 작은 쪽의 각이 예각인 시각은 ㉡, ㉣입니다.

19 시계가 나타내는 시각은 3시 25분이므로 30분 후의 시각은 3시 55분입니다.

따라서 시계의 긴바늘과 짧은바늘이 이루는 작은 쪽의 각은 둔각입니다.

20 30°보다 약간 작으므로 약 25°로 어림할 수 있습니다.

21 60°보다 약간 작으므로 약 55°로 어림할 수 있습니다.

22 주어진 각은 90°의 반보다 조금 크므로 45°보다 큰 각으로 어림해야 합니다. 주어진 각은 90°를 3등분한 것 중 2개쯤이므로 60°로 어림하는 것이 더 가깝습니다.

서술형
23 예 각도기로 각도를 재어 보면 60°입니다.
60°에 더 가까운 각도는 65°이므로 어림을 더 잘한 사람은 인호입니다.

단계	문제 해결 과정
①	각도기로 재어 확인했나요?
②	누가 어림을 더 잘했는지 구했나요?

교과서 개념 이해 3 각도의 덧셈과 뺄셈을 해 볼까요 44~45쪽

1 (1) 80 (2) 120　**2** (1) 20 (2) 60
3 (1) 95 (2) 115　**4** (1) 75 (2) 35
5 (1) 130° (2) 65°　**6** <
7 (1) 90 (2) 180 (3) 180, 270 (4) 270, 360
8 50°　**9** 40°

3 자연수의 덧셈과 같은 방법으로 계산합니다.

4 자연수의 뺄셈과 같은 방법으로 계산합니다.

5 (1) $90°+40°=130°$
(2) $90°-25°=65°$

6 $89°+73°=162°$
$180°-11°=169°$
➡ $162°<169°$

8 각도기로 재어 보면 숙제를 할 때는 20°, 책을 읽을 때는 70°입니다. 따라서 책을 읽을 때는 숙제를 할 때보다 책상 각도를 $70°-20°=50°$ 더 높여야 합니다.

9 한 직선이 이루는 각도는 180°이므로
㉠$=180°-50°-90°=40°$입니다.

교과서 개념 이해 4 삼각형의 세 각의 크기의 합을 알아볼까요 46~47쪽

❗ 180

1 30°, 90°, 60° / 180　**2** 180, 180, 65
3 80°　**4** (1) 50 (2) 20
5 (왼쪽에서부터) 90, 45　**6** 80°
7 40°　**8** (1) 120 (2) 30

1 $30°+90°+60°=180°$

2 삼각형의 세 각의 크기의 합이 180°이므로 180°에서 주어진 두 각의 크기를 빼면 나머지 한 각의 크기를 구할 수 있습니다.

3 한 직선이 이루는 각도는 180°이므로
㉠$=180°-50°-50°=80°$입니다.

4 (1) $60°+70°+\square°=180°$
➡ $\square°=180°-60°-70°=50°$
(2) $\square°+30°+130°=180°$
➡ $\square°=180°-30°-130°=20°$

5 삼각자에서 ∟ 표시된 각의 크기는 90°입니다.
따라서 왼쪽 □°는 90°이고, 오른쪽 □°는
$180°-45°-90°=45°$입니다.

6 ㉠+㉡$+100°=180°$
➡ ㉠+㉡$=180°-100°=80°$

7

한 직선이 이루는 각도는 180°이므로
㉡$=180°-90°=90°$입니다.
㉠$+50°+90°=180°$
➡ ㉠$=180°-50°-90°=40°$

8 삼각자는 (90°, 45°, 45°), (90°, 60°, 30°)의 두 가지 종류가 있습니다.
(1) ㉠$=90°+30°=120°$
(2) ㉠$=90°-60°=30°$

교과서 개념 이해 5 사각형의 네 각의 크기의 합을 알아볼까요 48~49쪽

❶ 360

1 120°, 80°, 90°, 70° / 360

2 360, 360, 120

3 (1) 2개 (2) 180, 360

4 (1) 70 (2) 80

5 70°

6 150°

7 140°

8 (1) 720° (2) 360° (3) 360°

1 $120°+80°+90°+70°=360°$

2 사각형의 네 각의 크기의 합이 360°이므로 360°에서 주어진 세 각의 크기를 빼면 나머지 한 각의 크기를 구할 수 있습니다.

3 (2) (사각형의 네 각의 크기의 합)
=(삼각형의 세 각의 크기의 합)×2
$=180°\times2=360°$

4 (1) $\square°+70°+110°+110°=360°$
➡ $\square°=360°-70°-110°-110°=70°$
(2) $80°+\square°+60°+140°=360°$
➡ $\square°=360°-80°-60°-140°=80°$

5 $110°+90°+90°+$㉠$=360°$
➡ ㉠$=360°-110°-90°-90°=70°$

6 ㉠+㉡$+80°+130°=360°$
➡ ㉠+㉡$=360°-80°-130°=150°$

7 작은 사각형과 삼각형이 합쳐진 큰 사각형에서
$90°+90°+40°+$㉠$=360°$이므로
㉠$=360°-90°-90°-40°=140°$입니다.

다른 풀이 |
작은 사각형의 나머지 한 각의 크기는
$360°-90°-90°-100°=80°$이고, 삼각형의 나머지 한 각의 크기는 $180°-80°-40°=60°$입니다.
따라서 ㉠$=80°+60°=140°$입니다.

8 (1) $180°\times4=720°$
(3) 4개의 삼각형의 각의 크기의 합에서 안쪽 4개의 각의 크기를 빼면 사각형의 네 각의 크기의 합이 됩니다.
➡ $720°-360°=360°$

개념 적용 기본기 다지기 50~53쪽

24 (왼쪽에서부터) 40, 100 / 140°, 60°

25 ㉠

26 35°

27 (1) 40 (2) 150

28 230°

29 70, 290°

30 55

31 105°, 75°

32 35°

33 20, 180

34 180°

35 ㉡

36 65

37 85°

38 (위에서부터) 2, 2, 360

39 85, 360

40 잘못에 ○표 / 예 태하가 잰 사각형의 네 각의 크기의 합은 $140°+70°+50°+105°=365°$이므로 잘못 재었습니다.

41 130

42 55°

43 105°

44 15°

45 75°

46 100°

47 220°

48 70°

24 두 각도를 각각 재어 보면 40°, 100°입니다.
➡ 합: $40°+100°=140°$, 차: $100°-40°=60°$

25 ㉠ $28°+96°=124°$
㉡ $133°-15°=118°$
㉢ $90°+26°=116°$
따라서 가장 큰 각도는 ㉠입니다.

26 두 각도의 차는 큰 각도에서 작은 각도를 뺀 것과 같습니다.
➡ $80°-$㉠$=45°$, ㉠$=80°-45°=35°$

27 (1) $65°+\square°=105°$, $\square°=105°-65°=40°$
(2) $230°-\square°=80°$, $\square°=230°-80°=150°$

28 한 직선이 이루는 각도는 180°이므로 구하려는 각도는 $180°+50°=230°$입니다.

29 (그림)의 각도는 360°이고 $\square°=70°$이므로 구하려는 각도는 $360°-70°=290°$입니다.

30 한 직선이 이루는 각도는 180°이므로
$\square^\circ=180^\circ-35^\circ-90^\circ=55^\circ$입니다.

31 한 직선이 이루는 각도는 180°이므로
㉠$=180^\circ-75^\circ=105^\circ$이고
㉡$=180^\circ-105^\circ=75^\circ$입니다.
참고 | 두 직선이 만났을 때 마주보는 두 각의 크기는 서로 같습니다.

32

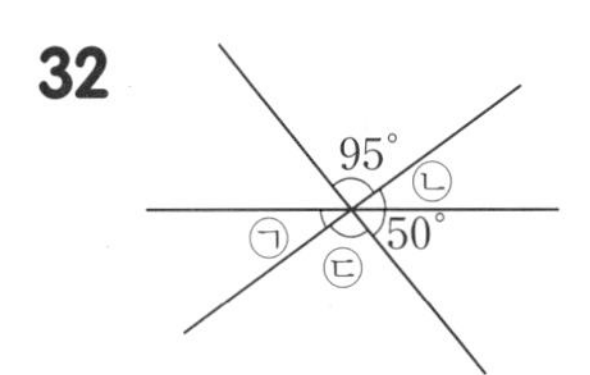

한 직선이 이루는 각도는 180°이므로
㉡$=180^\circ-95^\circ-50^\circ=35^\circ$이고
㉢$=180^\circ-$㉡$-50^\circ=180^\circ-35^\circ-50^\circ=95^\circ$입니다.
따라서 ㉠$=180^\circ-50^\circ-$㉢
$=180^\circ-50^\circ-95^\circ=35^\circ$입니다.

33 삼각형의 세 각의 크기의 합은 180°입니다.
$90^\circ+70^\circ+\square^\circ=180^\circ$,
$\square^\circ=180^\circ-90^\circ-70^\circ=20^\circ$

34 삼각형을 잘라도 모든 삼각형의 세 각의 크기의 합은 180°입니다.

35 삼각형의 세 각의 크기의 합은 항상 180°이므로 더해서 180°가 되지 않으면 삼각형의 세 각이 될 수 없습니다.
㉡은 $40^\circ+80^\circ+50^\circ=170^\circ$이므로 삼각형의 세 각이 될 수 없습니다.

36

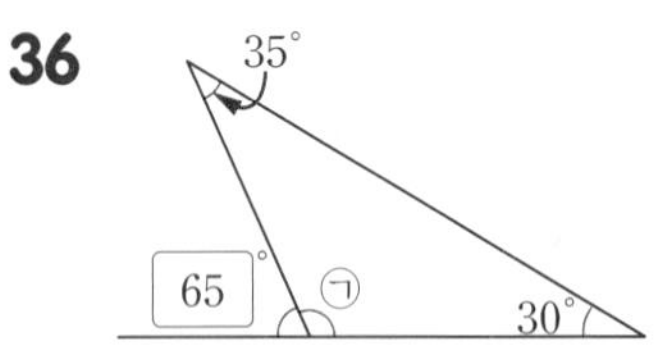

삼각형의 세 각의 크기의 합은 180°입니다.
$35^\circ+$㉠$+30^\circ=180^\circ$,
㉠$=180^\circ-35^\circ-30^\circ=115^\circ$,
$\square^\circ=180^\circ-115^\circ=65^\circ$

37

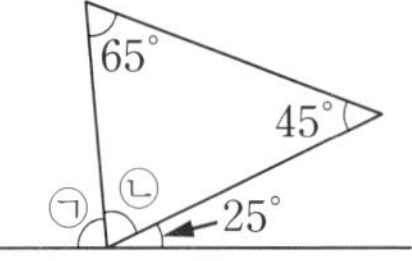

삼각형의 세 각의 크기의 합은 180°이므로
$65^\circ+$㉡$+45^\circ=180^\circ$,
㉡$=180^\circ-65^\circ-45^\circ=70^\circ$입니다.
한 직선이 이루는 각도는 180°이므로
㉠$=180^\circ-70^\circ-25^\circ=85^\circ$입니다.

38 사각형은 삼각형 2개로 나눌 수 있으므로 사각형의 네 각의 크기의 합은 삼각형의 세 각의 크기의 합의 2배와 같습니다.
따라서 사각형의 네 각의 크기의 합은 $180^\circ\times2=360^\circ$입니다.

39 사각형의 네 각의 크기의 합은 360°입니다.
$70^\circ+120^\circ+85^\circ+\square^\circ=360^\circ$,
$\square^\circ=360^\circ-70^\circ-120^\circ-85^\circ=85^\circ$

41

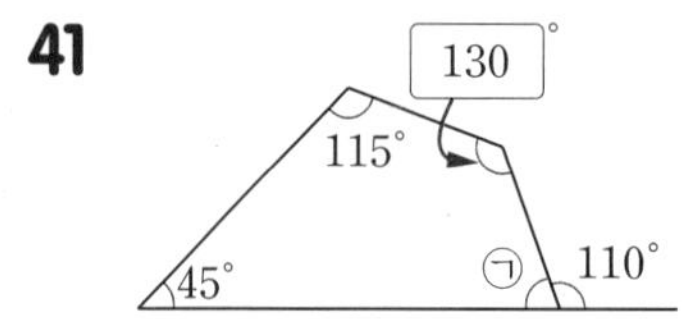

한 직선이 이루는 각도는 180°이므로
㉠$=180^\circ-110^\circ=70^\circ$입니다.
사각형의 네 각의 크기의 합은 360°이므로
$\square^\circ=360^\circ-115^\circ-45^\circ-70^\circ=130^\circ$입니다.

42

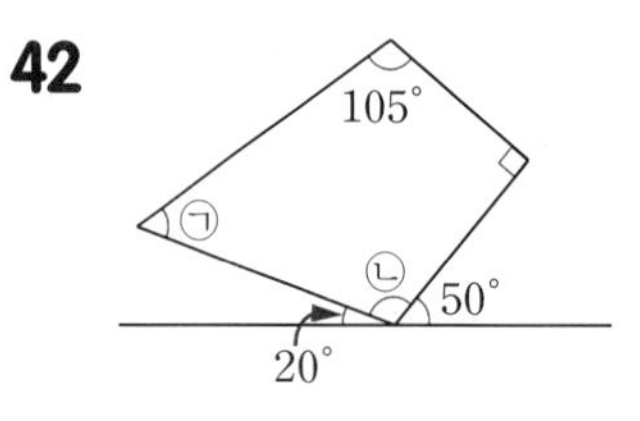

한 직선이 이루는 각도는 180°이므로
㉡$=180^\circ-20^\circ-50^\circ=110^\circ$입니다.
사각형의 네 각의 크기의 합은 360°이므로
㉠$=360^\circ-110^\circ-90^\circ-105^\circ=55^\circ$입니다.

43 이어 붙여진 두 각도의 합을 구합니다.
㉠$=60^\circ+45^\circ=105^\circ$

44 겹쳐진 두 각도의 차를 구합니다.
㉠$=45^\circ-30^\circ=15^\circ$

45 두 삼각자의 가장 작은 각끼리 이어 붙여야 이어 붙여서 만든 각이 가장 작게 됩니다. 두 삼각자에서 가장 작은 각도는 각각 30°, 45°이므로 두 삼각자를 이어 붙여서 만들 수 있는 가장 작은 각도는 $30^\circ+45^\circ=75^\circ$입니다.

46 사각형의 네 각의 크기의 합은 360°이므로
사각형 ㄱㄴㄷㄹ에서
㉠$=360^\circ-50^\circ-55^\circ-90^\circ-65^\circ=100^\circ$입니다.

47 사각형의 네 각의 크기의 합은 360°이므로
사각형 ㄱㄴㄹㅁ에서 ㉠+㉡+60°+㉢+80°=360°,
㉠+㉡+㉢=360°−60°−80°=220°입니다.

다른 풀이 |
삼각형의 세 각의 크기의 합은 180°이므로
삼각형 ㄱㄴㄷ에서 ㉢=180°−60°−55°=65°입니다.
사각형의 네 각의 크기의 합은 360°이므로
사각형 ㄱㄷㄹㅁ에서 ㉡+125°+80°+㉠=360°,
㉠+㉡=360°−125°−80°=155°입니다.
따라서 ㉠+㉡+㉢=155°+65°=220°입니다.

서술형
48

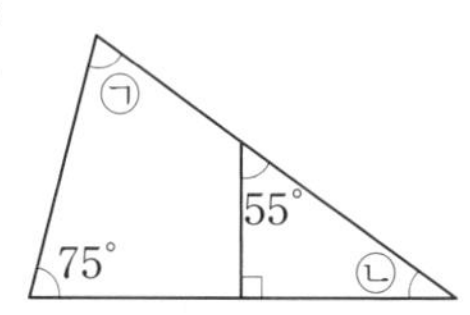

예 삼각형의 세 각의 크기의 합은 180°이므로
㉡=180°−55°−90°=35°입니다.
따라서 ㉠=180°−75°−35°=70°입니다.

단계	문제 해결 과정
①	㉡의 각도를 구했나요?
②	㉠의 각도를 구했나요?

개념 완성
응용력 기르기 54~57쪽

1 9개

1-1 9개 **1-2** 6개

2 75°

2-1 105° **2-2** 165°

3 20°

3-1 40° **3-2** 40°

4 **1단계** 예 펜타곤은 삼각형 3개로 나눌 수 있습니다.

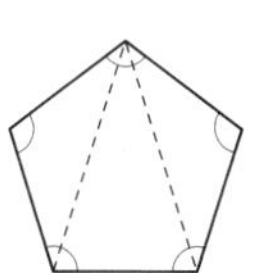

2단계 예 삼각형의 세 각의 크기의 합은 180°이므로 펜타곤의 다섯 각의 크기의 합은 180°의 3배인 180°×3=540°입니다. / 540°

4-1 720° **4-2** 1080°

1 가장 작은 각 1개로 이루어진 예각:

→ 5개

가장 작은 각 2개로 이루어진 예각:

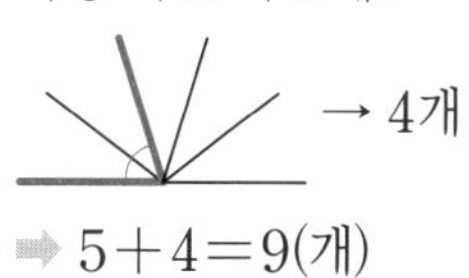
→ 4개

➡ 5+4=9(개)

1-1 가장 작은 각 4개로 이루어진 둔각:

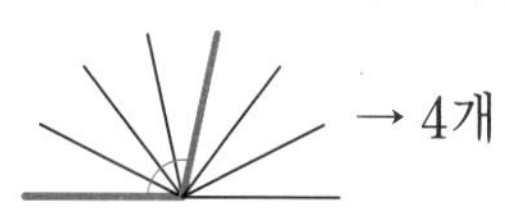
→ 4개

가장 작은 각 5개로 이루어진 둔각:

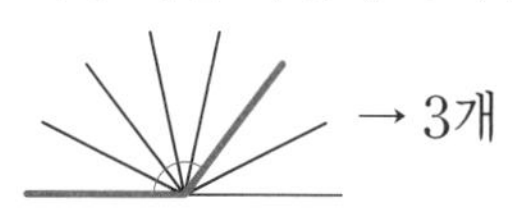
→ 3개

가장 작은 각 6개로 이루어진 둔각:

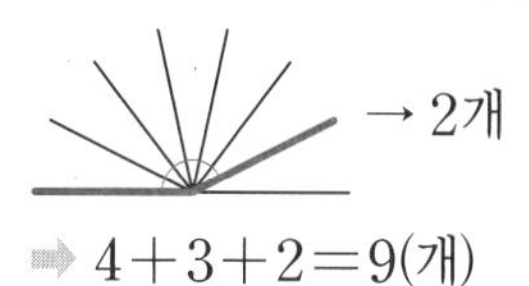
→ 2개

➡ 4+3+2=9(개)

1-2 • 크고 작은 예각의 수
가장 작은 각 1개로 이루어진 예각: 6개
가장 작은 각 2개로 이루어진 예각: 5개
➡ 6+5=11(개)
• 크고 작은 둔각의 수
가장 작은 각 4개로 이루어진 둔각: 3개
가장 작은 각 5개로 이루어진 둔각: 2개
➡ 3+2=5(개)
따라서 크고 작은 예각은 크고 작은 둔각보다
11−5=6(개) 더 많습니다.

2

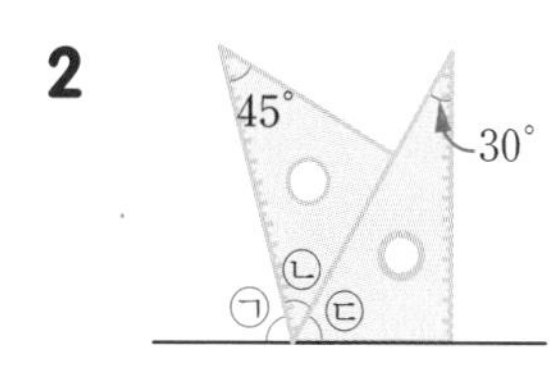

㉡=45°이고 ㉢=60°입니다.
한 직선이 이루는 각도는 180°이므로
㉠=180°−45°−60°=75°
입니다.

2-1

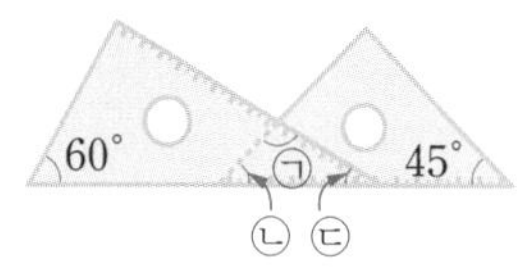

두 삼각자를 겹쳐서 만들어진 삼각형의 각도를 알아보면
㉡=45°이고 ㉢=30°입니다.
삼각형의 세 각의 크기의 합은 180°이므로
㉠=180°−45°−30°=105°입니다.

2-2 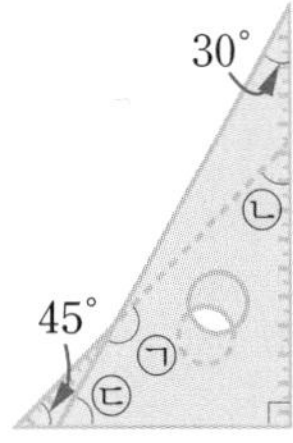

두 삼각자를 겹쳐서 만들어진 사각형의 각도를 알아보면
㉡$=45^\circ$이고 ㉢$=60^\circ$입니다.
사각형의 네 각의 크기의 합은 360°이므로
㉠$=360^\circ-45^\circ-60^\circ-90^\circ=165^\circ$입니다.

3 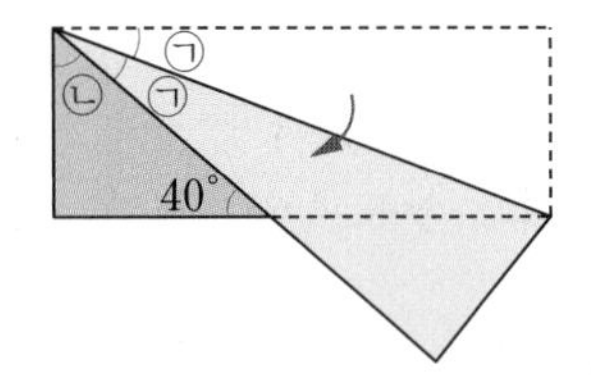

종이를 접어서 만들어진 작은 삼각형에서
㉡$=180^\circ-90^\circ-40^\circ=50^\circ$입니다.
종이를 접은 부분의 각도는 ㉠으로 같고 직사각형의 한 각의 크기는 90°이므로
$50^\circ+$㉠$+$㉠$=90^\circ$, ㉠$+$㉠$=40^\circ$입니다.
따라서 $20^\circ+20^\circ=40^\circ$이므로 ㉠$=20^\circ$입니다.

3-1 삼각형 ㅁㅅㄹ에서 종이를 접은 부분의 각도는 같으므로 (각 ㅁㄹㅅ)$=$(각 ㄷㄹㅅ)$=50^\circ$이고, 직사각형의 한 각의 크기는 90°이므로 ㉠$=180^\circ-90^\circ-50^\circ=40^\circ$입니다.

다른 풀이 |
삼각형 ㄹㅅㄷ에서 (각 ㅅㄹㄷ)$=50^\circ$이고, 직사각형의 한 각의 크기는 90°이므로
(각 ㄹㅅㄷ)$=180^\circ-50^\circ-90^\circ=40^\circ$입니다.
따라서 종이를 접은 부분의 각도는 같으므로
㉠$=$(각 ㄹㅅㄷ)$=40^\circ$입니다.

3-2 삼각형 ㅁㄱㄷ에서 종이를 접은 부분의 각도는 같으므로
(각 ㅁㄱㄷ)$=$(각 ㄴㄱㄷ)$=65^\circ$이고,
(각 ㄱㅁㄷ)$=$(각 ㄱㄴㄷ)$=90^\circ$입니다.
따라서 (각 ㅁㄷㄱ)$=$(각 ㄴㄷㄱ)
$=180^\circ-90^\circ-65^\circ=25^\circ$이므로
㉠$=90^\circ-25^\circ-25^\circ=40^\circ$입니다.

4-1 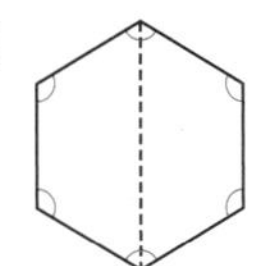

벌집은 사각형 2개로 나눌 수 있습니다.
사각형의 네 각의 크기의 합은 360°이므로 벌집의 여섯 각의 크기의 합은 360°의 2배인 $360^\circ\times2=720^\circ$입니다.

4-2 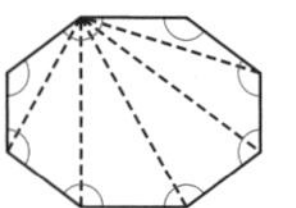 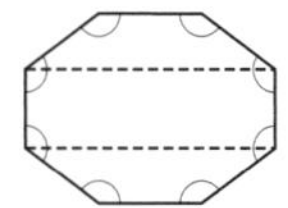

도로 표지판은 삼각형 6개 또는 사각형 3개로 나눌 수 있습니다.
따라서 도로 표지판의 여덟 각의 크기의 합은
$180^\circ\times6=1080^\circ$ 또는 $360^\circ\times3=1080^\circ$입니다.

2단원 단원 평가 Level ❶ 58~60쪽

1 2, 3, 1	**2** 민수
3 55°	**4** ㉠
5 가, 다, 바 / 라 / 나, 마	**6** 20°, 85°
7 3개	**8** 상현
9 150°, 80°	**10** >
11 (1) 예각 (2) 둔각	**12** ㉠
13 135°	**14** 75°
15 100	**16** 50°
17 125°	**18** 140°
19 70°	**20** 45°

1 두 변이 많이 벌어진 것부터 차례로 번호를 씁니다.

2 민수: 두 변이 더 많이 벌어져 있을수록 각의 크기가 더 큽니다.

3 각도기의 중심을 각의 꼭짓점에 맞추고 각도기의 밑금을 각의 한 변에 맞춘 후 각의 다른 변이 가리키는 눈금을 읽습니다.

4 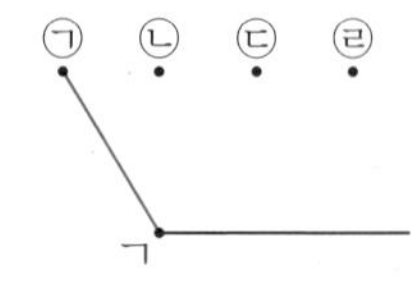

점 ㄱ과 ㉢, ㉣을 이으면 예각, ㉡을 이으면 직각이 됩니다.

5 0°보다 크고 직각보다 작은 각은 가, 다, 바이고 90°인 각은 라이고 직각보다 크고 180°보다 작은 각은 나, 마입니다.

6 예각은 0°보다 크고 직각보다 작은 각이므로 20°와 85° 입니다.

7

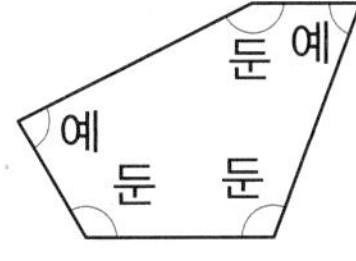

둔각은 직각보다 크고 180°보다 작은 각이므로 모두 3개입니다.

8 주어진 각의 크기를 각도기로 재어 보면 75°입니다. 어림한 각도와 각도기로 잰 각도의 차를 구해 보면 상현이는 $75^\circ-70^\circ=5^\circ$, 은영이는 $85^\circ-75^\circ=10^\circ$이므로 어림을 더 잘한 사람은 상현입니다.

9 합: $115^\circ+35^\circ=150^\circ$
차: $115^\circ-35^\circ=80^\circ$

10 $94^\circ+38^\circ=132^\circ$
$150^\circ-19^\circ=131^\circ$
➡ $132^\circ>131^\circ$

11 (1) 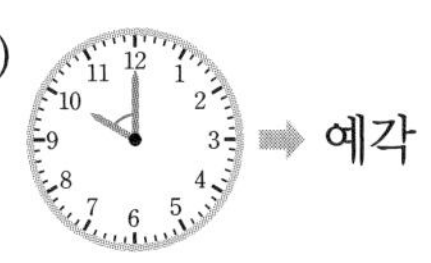 ➡ 예각 (2) 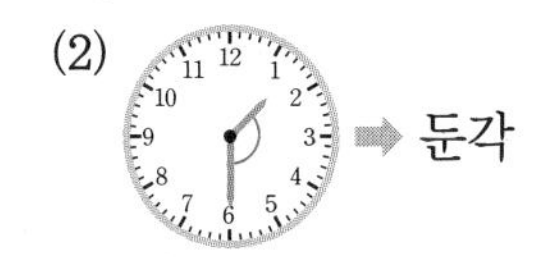 ➡ 둔각

12 주어진 피자 한 조각의 각도는 180°를 똑같이 3개로 나눈 것 중의 하나 또는 360°를 똑같이 6개로 나눈 것 중의 하나와 같습니다.

13 각도의 합은 자연수의 덧셈과 같은 방법으로 계산합니다.
➡ $45^\circ+90^\circ=135^\circ$

14 삼각자는 (90°, 45°, 45°), (90°, 60°, 30°)의 두 가지 종류가 있습니다.
따라서 ㉠$=30^\circ+45^\circ=75^\circ$입니다.

15 $110^\circ+80^\circ+70^\circ+\square^\circ=360^\circ$
➡ $\square^\circ=360^\circ-110^\circ-80^\circ-70^\circ=100^\circ$

16 한 직선이 이루는 각도는 180°이므로
(각 ㄷㅇㄹ)$=180^\circ-90^\circ-40^\circ=50^\circ$입니다.

17 ㉠+㉡$+55^\circ=180^\circ$
➡ ㉠+㉡$=180^\circ-55^\circ=125^\circ$

18

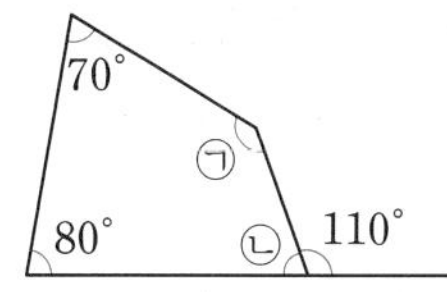

한 직선이 이루는 각도는 180°이므로
㉡$=180^\circ-110^\circ=70^\circ$입니다.
사각형의 네 각의 크기의 합은 360°이므로
㉠$=360^\circ-70^\circ-80^\circ-70^\circ=140^\circ$입니다.

서술형
19 예 각의 한 변이 바깥쪽 눈금 0에 맞춰져 있으므로 바깥쪽 눈금을 읽어야 하는데 안쪽 눈금을 읽었기 때문입니다.

평가 기준	배점(5점)
각도를 잘못 구한 까닭을 썼나요?	3점
각도를 바르게 구했나요?	2점

서술형
20 예 삼각형의 세 각의 크기의 합은 180°이므로
$75^\circ+60^\circ+$㉠$=180^\circ$입니다.
따라서 ㉠$=180^\circ-75^\circ-60^\circ=45^\circ$입니다.

평가 기준	배점(5점)
삼각형의 세 각의 크기의 합은 180°임을 알고 있나요?	2점
㉠의 각도를 구했나요?	3점

2단원 단원 평가 Level ❷

61~63쪽

1 ㉡, ㉣	**2** 65°, 50°
3 ㉠	**4** (1) 360 (2) 360
5 120°	**6** 45°
7 30°	**8** 예 95°, 95°
9 ㉢	**10** ③
11 3개	**12** 65°
13 110	**14** 225°
15 75	**16** 105°
17 40°	**18** 135°
19 ㉡	**20** 150°

1 투명 종이에 각을 그려 다른 각에 겹쳐서 비교해 보면 ㉡과 ㉣의 각의 크기가 같습니다. 이때 각의 크기는 변의 길이와 관계가 없습니다.

2

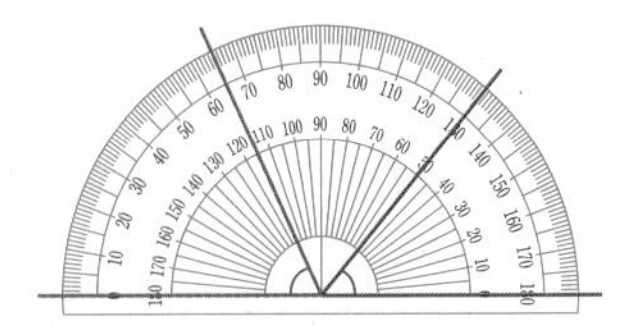

파란색 두 변으로 이루어진 각도는 각의 한 변이 각도기의 바깥쪽 눈금 0에 맞춰져 있으므로 바깥쪽 눈금을 읽습니다. ➡ 65°
빨간색 두 변으로 이루어진 각도는 각의 한 변이 각도기의 안쪽 눈금 0에 맞춰져 있으므로 안쪽 눈금을 읽습니다.
➡ 50°

3 ㉡ 90°인 각은 직각입니다.
㉢ 90°보다 크고 180°보다 작은 각을 둔각이라고 합니다.

4 사각형의 네 각의 크기의 합은 360°입니다.
(1) 단추: $90^\circ+90^\circ+90^\circ+90^\circ=360^\circ$
(2) 바구니: $70^\circ+110^\circ+110^\circ+70^\circ=360^\circ$

5 삼각형 ㄱㄴㄷ에서 둔각은 각 ㄱㄴㄷ이므로 각도기를 사용하여 각 ㄱㄴㄷ의 크기를 재어 봅니다.

6 한 직선이 이루는 각도는 180°이므로 180°인 각을 한 번 접으면 180°의 반인 90°가 되고, 한 번 더 접으면 90°의 반인 45°가 됩니다.
따라서 색종이를 세 번 접어서 만들어진 각의 크기는 45°입니다.

7 두 각의 꼭짓점과 한 변이 맞닿게 겹쳤을 때 겹치지 않는 부분의 각의 크기와 같습니다. 각도기를 사용하여 겹치지 않는 부분의 각의 크기를 재어 보면 30°입니다.

8 노트북이 열린 각도는 직각보다 조금 크므로 약 95°로 어림할 수 있습니다. 주어진 각도를 각도기로 재어 보면 95°입니다.

9 삼각형의 세 각의 크기의 합은 180°입니다.
㉠ $120^\circ+35^\circ+25^\circ=180^\circ$
㉡ $20^\circ+90^\circ+70^\circ=180^\circ$
㉢ $30^\circ+105^\circ+55^\circ=190^\circ$
따라서 삼각형의 세 각이 될 수 없는 것은 ㉢입니다.

10 시계의 숫자가 쓰여진 눈금 한 칸의 각도는 30°이므로 긴바늘과 짧은바늘이 이루는 작은 쪽의 각이 3칸보다 작은 것을 찾습니다.
따라서 예각인 것은 ③ 5시 40분입니다.

11

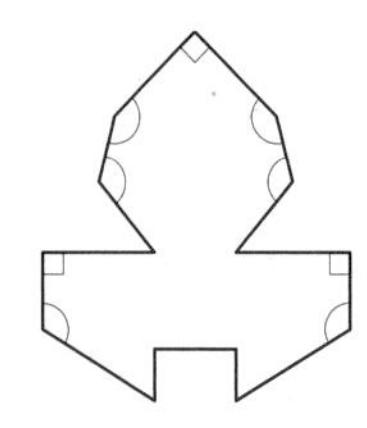

도형 안에 둔각은 6개, 직각은 3개이므로 둔각은 직각보다 $6-3=3$(개) 더 많습니다.

12 한 직선이 이루는 각도는 180°이므로
㉠$=180^\circ-25^\circ-90^\circ=65^\circ$입니다.

13 사각형의 네 각의 크기의 합은 360°입니다.
$\square^\circ=360^\circ-85^\circ-75^\circ-90^\circ=110^\circ$

14 부채를 펼친 각도는 180°보다 45°만큼 더 큰 각도이므로 $180^\circ+45^\circ=225^\circ$입니다.

15

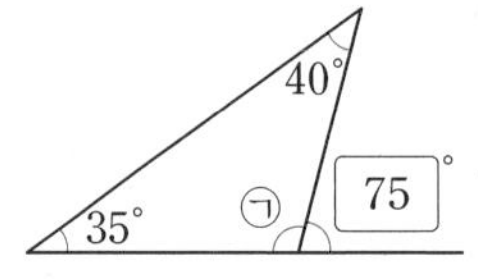

㉠$=180^\circ-40^\circ-35^\circ=105^\circ$,
$\square^\circ=180^\circ-105^\circ=75^\circ$

16

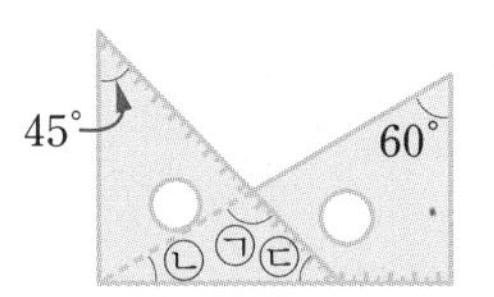

두 삼각자를 겹쳐서 만들어진 작은 삼각형의 각도를 알아보면 ㉡$=30^\circ$이고 ㉢$=45^\circ$입니다.
삼각형의 세 각의 크기의 합은 180°이므로
㉠$=180^\circ-30^\circ-45^\circ=105^\circ$입니다.

17

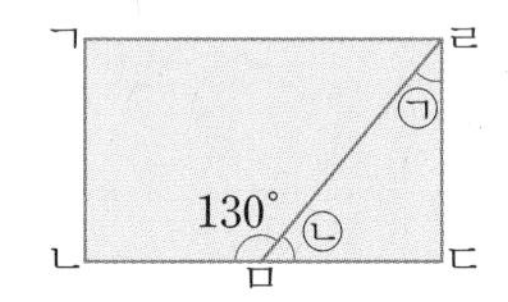

한 직선이 이루는 각도는 180°이므로
㉡$=180^\circ-130^\circ=50^\circ$입니다.
삼각형의 세 각의 크기의 합은 180°이고, 직사각형의 한 각의 크기는 90°이므로
㉠$=180^\circ-50^\circ-90^\circ=40^\circ$입니다.

18

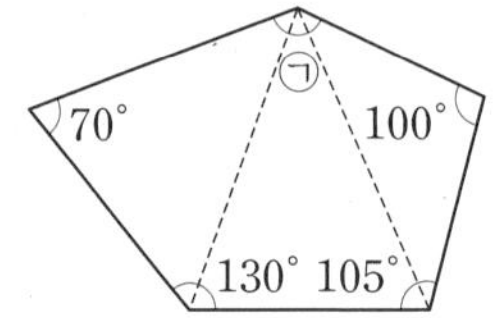

주어진 도형을 3개의 삼각형으로 나눌 수 있으므로 도형의 다섯 각의 크기의 합은 삼각형의 세 각의 크기의 합의 3배인 $180^\circ\times3=540^\circ$입니다.
따라서 ㉠$=540^\circ-70^\circ-130^\circ-105^\circ-100^\circ$
$=135^\circ$입니다.

서술형

19 ㉮ 더 많이 기울어져 있는 길로 올라가는 것이 더 힘듭니다. ㉠의 각도보다 ㉡의 각도가 더 크므로 올라가기 더 힘든 길은 ㉡입니다.

평가 기준	배점(5점)
어느 길로 올라가는 것이 더 힘이 들지 썼나요?	2점
올라가기 더 힘든 까닭을 썼나요?	3점

서술형

20 ㉮ 두 삼각자의 각도는 45°, 90°, 45°와 30°, 60°, 90°입니다. 두 삼각자를 이어 붙여서 만들 수 있는 가장 큰 각도는 $90° + 90° = 180°$이고, 둘째로 큰 각도는 $90° + 60° = 150°$입니다.

평가 기준	배점(5점)
삼각자 2개의 각의 크기를 알고 있나요?	2점
삼각자 2개를 이어 붙여서 만들 수 있는 각도 중 둘째로 큰 각도를 구했나요?	3점

3 곱셈과 나눗셈

생활에서 물건의 수를 세거나 물건을 나누어 가질 때 등 곱셈과 나눗셈이 필요한 상황을 많이 겪게 됩니다. 2학년 1학기에는 곱셈의 의미에 대하여 학습하였고, 3학년 1학기에 나눗셈의 의미와 곱셈과 나눗셈 사이의 관계에 대하여 학습하였습니다. 이 단원에서는 곱하는 수와 나누는 수가 두 자리 수인 곱셈과 나눗셈을 학습합니다. 이 단원은 자연수의 곱셈과 나눗셈의 계산을 학습하는 마지막 단계이므로 보다 큰 수의 곱셈과 나눗셈, 소수의 곱셈과 나눗셈에서도 계산 원리를 일반화하여 적용할 수 있도록 곱셈과 나눗셈의 계산 원리를 충실히 학습해야 합니다. 또한 곱셈과 나눗셈이 가진 연산의 성질을 경험하게 하여 중등 과정에서의 교환법칙, 결합법칙, 분배법칙 등의 개념과도 연결될 수 있도록 지도합니다.

교과서 개념 이해 1 (세 자리 수)×(몇십)을 알아볼까요 66~67쪽

1 (1) 12, 12 (2) 42, 42

2

	천의 자리	백의 자리	십의 자리	일의 자리	결과
143×4		5	7	2	572
143×40	5	7	2	0	5720

/ 5720

3 780, 7800

4 (1) 3, 1, 2 (2) 1, 0, 8, 6

5 171, 1710, 17100

6 (1) 2448, 24480 (2) 2508, 25080

7

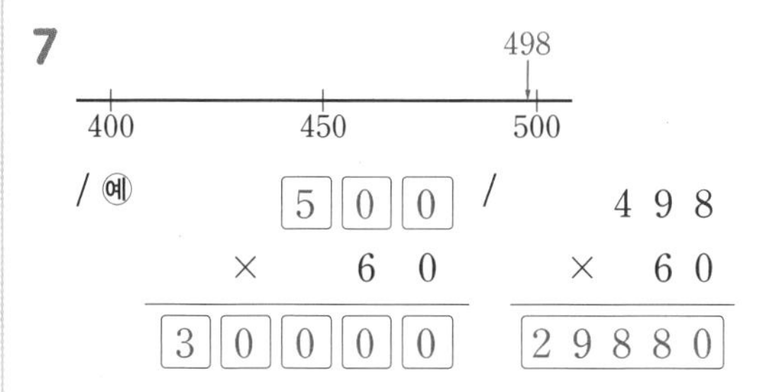

8 (1) 26950 (2) 27060

9 18000, 18000, 18000

10 (위에서부터) 28000 / 2, 2 / 56000

11 $365 \times 30 = 10950$(또는 365×30) / 10950일

5 570×3은 57×3의 10배이고, 570×30은 570×3의 10배입니다.

6 (1) 306×80은 306×8의 10배이므로 306×8을 계산한 값에 0을 1개 붙입니다.
(2) 627×40은 627×4의 10배이므로 627×4를 계산한 값에 0을 1개 붙입니다.

7 498을 어림하면 500쯤이므로 498×60을 어림하여 구하면 약 $500 \times 60 = 30000$입니다.
실제로 계산하면 $498 \times 60 = 29880$이므로 실제 계산 결과가 어림하여 구한 결과보다 더 작습니다.

8 (세 자리 수)×(몇십)은 (세 자리 수)×(몇)을 계산한 다음 0을 1개 붙입니다.

9 (몇)×(몇)을 계산한 다음 두 수의 0의 개수만큼 0을 붙입니다.

10 곱하는 수가 2배가 되면 곱도 2배가 됩니다.

11 $365 \times 3 = 1095$ ➡ $365 \times 30 = 10950$
따라서 30년은 모두 10950일입니다.

교과서 개념 이해 2 (세 자리 수)×(몇십몇)을 알아볼까요 68~69쪽

❗ 20

1 (1) 1000, 2500, 3500 (2) 2154, 43080, 45234
(3) 3808, 19040, 22848

2 (왼쪽에서부터) (1) 1128, 1692, 18048 / 1128, 1692
(2) 3640, 4368, 47320 / 3640, 4368

3 (1) 2088, 1740, 19488 (2) 1500, 750, 9000

4 예
$$\begin{array}{r} 400 \\ \times \quad 20 \\ \hline 8000 \end{array} \quad / \quad \begin{array}{r} 364 \\ \times \quad 23 \\ \hline 8372 \end{array}$$

5 (1) 26531 (2) 41808

6 예 $407 \times 50 = 20350$이므로 2035를 왼쪽으로 한 칸 옮겨 쓰거나 20350이라고 써야 합니다.
$$\begin{array}{r} 407 \\ \times \quad 58 \\ \hline 3256 \\ 2035 \\ \hline 23606 \end{array}$$

7 7 / 500, 7 / 3500

8 $650 \times 15 = 9750$(또는 650×15) / 9750원

1 (1) 250×14는 250×4와 250×10의 합과 같습니다.
(2) 718×63은 718×3과 718×60의 합과 같습니다.
(3) 476×48은 476×8과 476×40의 합과 같습니다.

2 (세 자리 수)×(몇십몇)은 두 자리 수를 몇과 몇십으로 나누어 계산한 후 두 곱을 더합니다.

3 세로 계산에서 십의 자리를 곱할 때 계산의 편리함을 위해 일의 자리 0을 생략할 수 있습니다.

4 364를 어림하면 400쯤이고, 23을 어림하면 20쯤이므로 364×23을 어림하여 구하면 약 $400 \times 20 = 8000$입니다.
실제로 계산하면 $364 \times 23 = 8372$이므로 실제 계산 결과가 어림하여 구한 결과보다 더 큽니다.
$$\begin{array}{r} 364 \\ \times \quad 23 \\ \hline 1092 \\ 728 \\ \hline 8372 \end{array}$$

5 (1)
$$\begin{array}{r} 617 \\ \times \quad 43 \\ \hline 1851 \\ 2468 \\ \hline 26531 \end{array}$$
(2)
$$\begin{array}{r} 804 \\ \times \quad 52 \\ \hline 1608 \\ 4020 \\ \hline 41808 \end{array}$$
세 자리 수와 두 자리 수의 십의 자리를 곱한 후 자리를 잘 맞추어 써야 합니다.

6 2035는 407×5가 아닌 407×50의 곱에서 일의 자리 0을 생략한 것이므로 만의 자리부터 써야 합니다.

7 $28 = 4 \times 7$이므로 125×28은 125에 4를 먼저 곱한 후 그 곱에 7을 곱해서 계산할 수 있습니다.

8
$$\begin{array}{r} 650 \\ \times \quad 15 \\ \hline 3250 \\ 650 \\ \hline 9750 \end{array}$$

기본기 다지기 70~73쪽

개념 적용

1 76, 760, 7600

2 12000에 ○표 /14000에 ○표

3 (1) 17520 (2) 18320 **4** 10, 10, 1000, 30000

5 21000, 21000, 21000

6

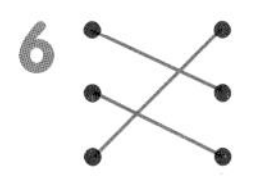

7 (위에서부터) 6300 / 2, 2 / 12600

8 800, 80 **9** 선우

10 (위에서부터) 1 / 857, 1 / 25710, 30 / 26567

11 (1) 10224 (2) 9280

12 (1) 29, 3973 (2) 204, 12852

13 (왼쪽에서부터) 700, 5600

14 $>$ **15** ( )(○)( )

16 ㉢, ㉠, ㉡ **17** 54582

18 (위에서부터) 3, 8, 8, 6, 6

19 (1) 254 (2) 651

20 (위에서부터) 4 / 17200, 1720 / 15480

21 $250\times30=7500$(또는 250×30) / 7500 cm

22 7350대 **23** 4500 g

24 16300원

25 예 정우는 줄넘기를 매일 400회씩 합니다. 정우가 7월 한 달 동안 한 줄넘기는 모두 몇 회일까요? / $400\times31=12400$(또는 400×31) / 12400회

26 2400원 **27** 6000

28 10320 **29** 10255

1 곱해지는 수와 곱하는 수에 따라 곱이 몇 배씩 커지는지 살펴봅니다.

2 402를 어림하면 400쯤이므로 402×30을 어림하여 구하면 약 $400\times30=12000$입니다.
698을 어림하면 700쯤이므로 698×20을 어림하여 구하면 약 $700\times20=14000$입니다.

3 (1) $584\times3=1752$
10배↓ ↓10배
$584\times30=17520$

(2) $916\times2=1832$
10배↓ ↓10배
$916\times20=18320$

5 곱해지는 수와 곱하는 수의 0의 개수의 합이 일정하기 때문에 곱이 같습니다.

6 $450\times20=9000$, $320\times50=16000$,
$250\times40=10000$, $500\times20=10000$,
$300\times30=9000$, $200\times80=16000$

7 곱하는 수가 2배가 되면 곱도 2배가 됩니다.

8 $72=9\times\square$에서 $\square$ 안에 알맞은 수를 찾은 다음 $=$ 양쪽의 0의 개수를 맞추어 봅니다.

9 (선우가 모은 돈)$=500\times10=5000$(원)
(윤아가 모은 돈)$=100\times40=4000$(원)
따라서 $5000>4000$이므로 선우가 더 많이 모았습니다.

11 (1)
$$\begin{array}{r} 4\,2\,6 \\ \times\quad 2\,4 \\ \hline 1\,7\,0\,4 \\ 8\,5\,2 \\ \hline 1\,0\,2\,2\,4 \end{array}$$

(2)
$$\begin{array}{r} 1\,6\,0 \\ \times\quad 5\,8 \\ \hline 1\,2\,8\,0 \\ 8\,0\,0 \\ \hline 9\,2\,8\,0 \end{array}$$

12 $2\times3=6$, $3\times2=6$과 같이 곱셈에서 순서를 바꾸어 곱해도 곱은 같습니다.

13 $16=2\times8$이므로 $350\times16=350\times2\times8$로 계산할 수 있습니다.
$350\times2=700$, $700\times8=5600$이므로 암산으로도 계산할 수 있습니다.

14 $394\times27=10638$, $516\times14=7224$
➡ $10638>7224$

15 스마일 붙임딱지: 32장을 30장쯤으로 어림하면 $300\times30=9000$이므로 300×32는 9000보다 큽니다.
하트 붙임딱지: 490원을 500원쯤으로 어림하면 $500\times18=9000$이므로 490×18은 9000보다 작습니다.
무지개 붙임딱지: 610원을 600원쯤으로 어림하면 $600\times15=9000$이므로 610×15는 9000보다 큽니다.
따라서 9000원으로 살 수 있는 붙임딱지는 하트 붙임딱지입니다.

서술형
16 예 ㉠ $300\times50=15000$, ㉡ $295\times48=14160$, ㉢ $310\times52=16120$이므로 계산 결과가 큰 것부터 차례로 기호를 쓰면 ㉢, ㉠, ㉡입니다.

단계	문제 해결 과정
①	계산 결과를 각각 구했나요?
②	계산 결과가 큰 것부터 차례로 기호를 썼나요?

17 827×66은 827×6과 827×60의 합입니다.
$827 \times 6 = 4962$이므로 $827 \times 60 = 49620$입니다.
따라서 827×66은 $4962 + 49620 = 54582$입니다.

18
$$\begin{array}{r} 2\ 8\ ㉠ \\ \times\quad ㉡\ 7 \\ \hline 1\ 9\ ㉢\ 1 \\ 2\ 2\ ㉣\ 4\ \ \\ \hline 2\ 4\ ㉤\ 2\ 1 \end{array}$$
• ㉠ $\times 7$의 일의 자리 수가 1이므로 ㉠$=3$입니다.
• $283 \times 7 = 1981$이므로 ㉢$=8$입니다.
• $3 \times$ ㉡의 일의 자리 수가 4이므로 ㉡$=8$입니다.
• $283 \times 8 = 2264$이므로 ㉣$=6$입니다.
• $1981 + 22640 = 24621$이므로 ㉤$=6$입니다.

19 (1) 254×34는 254를 34번 더한 것입니다.
따라서 254×34와 같아지려면 254×33에 254를 한 번 더 더해야 합니다.
(2) 651×26은 651을 26번 더한 것입니다.
따라서 651×26과 같아지려면 651×25에 651을 한 번 더 더해야 합니다.

20 $36 = 40 - 4$이므로 430×36은 430×40에서 430×4를 뺀 값과 같습니다.
$430 \times 4 = 1720$이므로 $430 \times 40 = 17200$입니다.
➡ $430 \times 36 = 17200 - 1720 = 15480$

21 250 cm씩 30명 ➡ $250 \times 30 = 7500$ (cm)

22 (생산할 수 있는 선풍기 수)$= 245 \times 30 = 7350$(대)

23 두 상자에 들어 있는 찰흙은 $15 \times 2 = 30$(개)입니다.
(전체 찰흙의 무게)$= 150 \times 30 = 4500$ (g)

24 $500 \times 20 = 10000$(원), $100 \times 63 = 6300$(원)
➡ $10000 + 6300 = 16300$(원)

25 7월은 31일까지 있습니다.
(7월 한 달 동안 한 줄넘기 횟수)
$= 400 \times 31 = 12400$(회)

26 (사탕의 가격)=(사탕 한 개의 가격)×(산 사탕의 수)
$= 550 \times 32 = 17600$(원)
(받아야 하는 거스름돈)$= 20000 - 17600 = 2400$(원)

27 어떤 수를 □라고 하면 $□ \times 6 = 600$이므로
$□ = 100$입니다.
따라서 바르게 계산한 값은 $100 \times 60 = 6000$입니다.

28 어떤 수를 □라고 하면 $□ + 24 = 454$이므로
$□ = 454 - 24 = 430$입니다.
따라서 바르게 계산한 값은 $430 \times 24 = 10320$입니다.

29 어떤 수를 □라고 하면 $□ - 35 = 258$이므로
$□ = 258 + 35 = 293$입니다.
따라서 바르게 계산한 값은 $293 \times 35 = 10255$입니다.

교과서 개념 이해 3 몇십으로 나누어 볼까요 74~75쪽

1 (1) 예 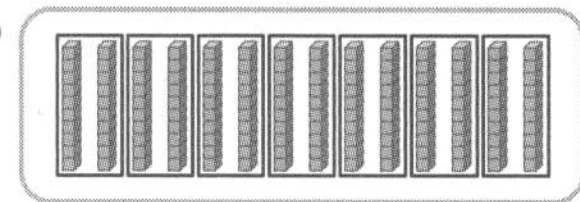
(2) (왼쪽에서부터) 7 / 7, 140

2 (1) 280, 350, 420 (2) (위에서부터) 5 / 350 / 8

3 90, 120, 150, 180 / 5

4 4에 ○표

5 (1) 4 (2) 6 ⋯ 10 (3) 9 (4) 7 ⋯ 30

6 8, 80, 8

7
$$\begin{array}{r} 5 \\ 50\overline{)263} \\ \underline{250} \\ 13 \end{array}$$
확인 $50 \times 5 = 250$, $250 + 13 = 263$

8 (위에서부터) 6 / 2, 2 / 3

9 $180 \div 30 = 6$(또는 $180 \div 30$) / 6상자

10 $315 \div 50 = 6 \cdots 15$(또는 $315 \div 50$) / 6도막, 15 cm

1 (2) 140은 20씩 7묶음이므로 $140 \div 20 = 7$입니다.

2 70과 곱하여 358보다 크지 않으면서 가장 가까운 수가 되는 곱셈식을 찾으면 $70 \times 5 = 350$이므로 $358 \div 70$의 몫은 5입니다.

3 $5 \times 30 = 150$이므로 $150 \div 30 = 5$입니다.

4 363은 360쯤이므로 $363 \div 90$을 어림하여 구하면 몫은 약 $360 \div 90 = 4$입니다.

5 (3)
$$\begin{array}{r} 9 \\ 30\overline{)270} \\ \underline{270} \\ 0 \end{array}$$
(4)
$$\begin{array}{r} 7 \\ 60\overline{)450} \\ \underline{420} \\ 30 \end{array}$$

6 $560 \div 70$의 몫은 $56 \div 7$의 몫과 같습니다.

8 나누는 수가 2배가 되면 몫은 절반이 됩니다.

9 $18 \div 3 = 6$ ➡ $180 \div 30 = 6$
따라서 사과는 6상자가 됩니다.

10 $315 \div 50 = 6 \cdots 15$이므로 50 cm인 색 테이프는 6도막이 되고 남는 색 테이프는 15 cm입니다.

교과서 개념 이해 4 몇십몇으로 나누어 볼까요(1) 76~77쪽

❗ $31 \times 3 = 93$에 ○표

1 (왼쪽에서부터) 4 / 4, 64, 20 / 크게에 ○표 / 5, 80, 4

2 (1) 96, 128, 160 (2) (위에서부터) 4 / 128 / 20

3 3에 ○표

4 (1)
$$\begin{array}{r} 3 \\ 22\overline{)79} \\ \underline{66} \\ 13 \end{array}$$
확인 $22 \times 3 = 66$, $66 + 13 = 79$

(2)
$$\begin{array}{r} 8 \\ 33\overline{)274} \\ \underline{264} \\ 10 \end{array}$$
확인 $33 \times 8 = 264$,
$264 + 10 = 274$

5 예 나누는 수와 몫을 곱한 값이 나누어지는 수보다 크므로 뺄 수 없습니다.
$$\begin{array}{r} 8 \\ 44\overline{)358} \\ \underline{352} \\ 6 \end{array}$$

6 (○) (   )

7 $175 \div 35 = 5$(또는 $175 \div 35$) / 5봉지

8 $60 \div 17 = 3 \cdots 9$(또는 $60 \div 17$) / 3개, 9개

1 어림한 몫으로 계산했을 때 나머지가 나누는 수와 같거나 나누는 수보다 크면 몫을 1만큼 더 크게 하여 계산합니다.

2 32와 곱하여 148보다 크지 않으면서 가장 가까운 수가 되는 곱셈식을 찾으면 $32 \times 4 = 128$이므로 $148 \div 32$의 몫은 4입니다.

3 63을 어림하면 60쯤이고, 21을 어림하면 20쯤이므로 $63 \div 21$을 어림하여 구하면 몫은 약 $60 \div 20 = 3$입니다.

4 나누는 수와 몫을 곱한 수에 나머지를 더했을 때 나누어지는 수가 되는지 확인합니다.

5 나누는 수와 몫을 곱한 값이 나누어지는 수보다 커서 뺄 수 없으므로 몫을 1만큼 더 작게 하여 계산합니다.

6 $75 \div 12 = 6 \cdots 3$, $177 \div 31 = 5 \cdots 22$
따라서 몫이 더 큰 것은 $75 \div 12$입니다.

7
$$\begin{array}{r} 5 \\ 35\overline{)175} \\ \underline{175} \\ 0 \end{array}$$

8 $60 \div 17 = 3 \cdots 9$이므로 한 사람에게 3개씩 나누어 줄 수 있고 초콜릿은 9개가 남습니다.

교과서 개념 이해 5 몇십몇으로 나누어 볼까요(2) 78~79쪽

1 $28 \times 2 = 56$에 ○표 / 2, 56, 84 /
$28 \times 3 = 84$에 ○표 / 2, 3, 56, 84, 0

2 (1)
$$\begin{array}{r} \boxed{2}\boxed{9} \\ 17\overline{)493} \\ \underline{\boxed{340}} \leftarrow \boxed{17 \times 20} \\ \boxed{153} \leftarrow \boxed{493-340} \\ \underline{\boxed{153}} \leftarrow \boxed{17 \times 9} \\ \boxed{0} \leftarrow \boxed{153-153} \end{array}$$

(2)
$$\begin{array}{r} \boxed{3}\boxed{2} \\ 24\overline{)768} \\ \underline{\boxed{720}} \leftarrow \boxed{24 \times 30} \\ \boxed{48} \leftarrow \boxed{768-720} \\ \underline{\boxed{48}} \leftarrow \boxed{24 \times 2} \\ \boxed{0} \leftarrow \boxed{48-48} \end{array}$$

3 390, 520, 650 / 40, 50

4 ㉡, ㉣, ㉠, ㉢

5 (1) 16 (2) 35

6

$$\begin{array}{r} 19 \\ 43\overline{)817} \\ 43 \\ \hline 387 \\ 387 \\ \hline 0 \end{array}$$

확인 $43 \times 19 = 817$

7

225 ÷ 25 (○)	156 ÷ 13 (△)	561 ÷ 33 (△)
576 ÷ 72 (○)	495 ÷ 45 (△)	351 ÷ 39 (○)

8 30

9 $925 \div 25 = 37$(또는 $925 \div 25$) / 37줄

1 $644 \div 28 = 23$ **확인** $28 \times 23 = 644$

2 (1) $493 \div 17 = 29$ **확인** $17 \times 29 = 493$
(2) $768 \div 24 = 32$ **확인** $24 \times 32 = 768$

3 $40 \times 13 = 520$, $50 \times 13 = 650$이므로 $598 \div 13$의 몫은 40보다 크고 50보다 작습니다.

4 나누는 수에 몫의 십의 자리를 곱할 때 87을 쓰지만 나타내는 값은 87이 아닌 $29 \times 30 = 870$입니다.

5 (1)

$$\begin{array}{r} 16 \\ 38\overline{)608} \\ 38 \\ \hline 228 \\ 228 \\ \hline 0 \end{array}$$

(2)

$$\begin{array}{r} 35 \\ 27\overline{)945} \\ 81 \\ \hline 135 \\ 135 \\ \hline 0 \end{array}$$

나누는 수에 몫의 십의 자리를 곱할 때 계산의 편리함을 위하여 일의 자리 0을 생략할 수 있습니다.

6 나누는 수와 몫을 곱한 수에 나머지를 더했을 때 나누어지는 수가 되는지 확인합니다.

7 나누어지는 수의 왼쪽 두 자리 수가 나누는 수보다 작으면 몫이 한 자리 수이고, 나누는 수와 같거나 나누는 수보다 크면 몫이 두 자리 수입니다.

8 $810 \div 27 = 30$

9

$$\begin{array}{r} 37 \\ 25\overline{)925} \\ 75 \\ \hline 175 \\ 175 \\ \hline 0 \end{array}$$

교과서 개념 이해 6 몇십몇으로 나누어 볼까요(3) 80~81쪽

1 $17 \times 1 = 17$에 ○표 / 1, 17, 39 /
$17 \times 2 = 34$에 ○표 / 1, 2, 17, 34, 5

2 (1)

$$\begin{array}{r} 35 \\ 19\overline{)668} \\ 570 \\ \hline 98 \\ 95 \\ \hline 3 \end{array}$$

570 ← 19×30
98 ← $668 - 570$
95 ← 19×5
3 ← $98 - 95$

(2)

$$\begin{array}{r} 27 \\ 33\overline{)908} \\ 660 \\ \hline 248 \\ 231 \\ \hline 17 \end{array}$$

660 ← 33×20
248 ← $908 - 660$
231 ← 33×7
17 ← $248 - 231$

3 (1) 18 ⋯ 24 (2) 25 ⋯ 17

4

$$\begin{array}{r} 32 \\ 29\overline{)939} \\ 87 \\ \hline 69 \\ 58 \\ \hline 11 \end{array}$$

확인 $29 \times 32 = 928$, $928 + 11 = 939$

5 21, 34

6 18번

7 예 나머지는 나누는 수보다 작아야 하는데 44는 28보다 큽니다.

$$\begin{array}{r} 34 \\ 28\overline{)968} \\ 84 \\ \hline 128 \\ 112 \\ \hline 16 \end{array}$$

8 57　　9 890

10 600÷45=13 ··· 15(또는 600÷45) / 13상자, 15 cm

1 209÷17=12 ··· 5
확인 17×12=204, 204+5=209

2 (1) 668÷19=35 ··· 3
확인 19×35=665, 665+3=668
(2) 908÷33=27 ··· 17
확인 33×27=891, 891+17=908

3 (1)
$$\begin{array}{r} 18 \\ 39\overline{)726} \\ 39 \\ \hline 336 \\ 312 \\ \hline 24 \end{array}$$
(2)
$$\begin{array}{r} 25 \\ 23\overline{)592} \\ 46 \\ \hline 132 \\ 115 \\ \hline 17 \end{array}$$
나누는 수에 몫의 십의 자리를 곱할 때 계산의 편리함을 위하여 일의 자리 0을 생략할 수 있습니다.

4 나누는 수와 몫을 곱한 수에 나머지를 더했을 때 나누어지는 수가 되는지 확인합니다.

5
$$\begin{array}{r} 21 \\ 42\overline{)916} \\ 84 \\ \hline 76 \\ 42 \\ \hline 34 \end{array}$$

6 636÷34=18 ··· 24이므로 636에서 34를 18번까지 뺄 수 있습니다.

7 나머지가 나누는 수보다 크므로 몫을 1만큼 더 크게 하여 계산합니다.

8 937÷17=55 ··· 2
몫은 55이고, 나머지는 2이므로 나눗셈의 몫과 나머지의 합은 55+2=57입니다.

9 51×17=867, 867+23=890이므로 □ 안에 알맞은 수는 890입니다.

10 600÷45=13 ··· 15이므로 13상자까지 묶을 수 있고 남는 끈은 15 cm입니다.

개념 적용 기본기 다지기　82~87쪽

30 (1) 20 (2) 420　　**31** (1) 3 (2) 7

32 (위에서부터) 560, 640, 720 / 8, 50

33 6, 6, 6　　**34** (왼쪽에서부터) 63, 7

35 (위에서부터) (1) 3, 2, 5 (2) 6, 1, 7

36 (1) 360 (2) 30

37 (1) 5, 75 (2) 4, 68

38 300÷50에 ○표 / 300÷50=6 / 297÷49=6 ··· 3

39 (1)
$$\begin{array}{r} 3 \\ 23\overline{)75} \\ 69 \\ \hline 6 \end{array}$$
확인 23×3=69, 69+6=75

(2)
$$\begin{array}{r} 6 \\ 52\overline{)326} \\ 312 \\ \hline 14 \end{array}$$
확인 52×6=312, 312+14=326

40 작게에 ○표 /
$$\begin{array}{r} 6 \\ 42\overline{)261} \\ 252 \\ \hline 9 \end{array}$$

41 (위에서부터) 4 / 2, 10 / 6, 10

42 4

43 (위에서부터) 460, ( ) / 690, (○) / 920, ( )

44 (1) 43 (2) 30　　**45** ㉡, ㉢

46 2, 2, 51　　**47** (왼쪽에서부터) 110, 22

48 14, 28, 56　　**49** (1) 323 (2) 37

50
$$\begin{array}{r} 33 \\ 24\overline{)796} \\ 72 \\ \hline 76 \\ 72 \\ \hline 4 \end{array}$$
/ 33 / 4

51 예
$$\begin{array}{r} 20 \\ 40\overline{)800} \\ 800 \\ \hline 0 \end{array}$$
/
$$\begin{array}{r} 19 \\ 41\overline{)796} \\ 41 \\ \hline 386 \\ 369 \\ \hline 17 \end{array}$$
/ 19 / 17

52 (1) 16 ··· 11 (2) 20 ··· 3

53 ㉡, ㉠, ㉢ **54** 6

55 $395 \div 79 = 5$(또는 $395 \div 79$) / 5개

56 $574 \div 35 = 16 \cdots 14$(또는 $574 \div 35$) / 14개

57 25개 **58** 69

59 26 **60** 935

61 (1) 17 (2) 241, 3 **62** 743

63 6288 **64** 23, 16

65 499 **66** 7, 6, 4 / 3, 0

67 9, 8, 6 / 3, 4 / 29

30 (1) $16 \div 2 = 8$이므로 $160 \div 20 = 8$입니다.
(2) $42 \div 7 = 6$이므로 $420 \div 70 = 6$입니다.

31 (1) $40 \times 3 = 120$, $40 \times 4 = 160$이므로 140보다 크지 않으면서 가장 가까운 수는 $40 \times \boxed{3} = 120$입니다.
(2) $90 \times 7 = 630$, $90 \times 8 = 720$이므로 654보다 크지 않으면서 가장 가까운 수는 $90 \times \boxed{7} = 630$입니다.

32 $80 \times 8 = 640$이므로 몫은 8입니다.
$690 - 640 = 50$이므로 나머지는 50이 됩니다.

33 나누어지는 수가 2배, 3배, ...가 될 때 나누는 수도 2배, 3배, ...가 되면 몫의 크기는 같습니다.

34 $90 = 10 \times 9$이므로 630을 90으로 나눈 값은 630을 10으로 나눈 후 다시 9로 나눈 값과 같습니다.

36 (1) $\square = 40 \times 9 = 360$
(2) $\square = 240 \div 8 = 30$

37 (1) $15 \times 5 = 75$, $15 \times 6 = 90$이므로 77보다 크지 않으면서 가장 가까운 수는 $15 \times 5 = 75$입니다.
(2) $17 \times 4 = 68$, $17 \times 5 = 85$이므로 69보다 크지 않으면서 가장 가까운 수는 $17 \times 4 = 68$입니다.

38 297을 어림하면 300쯤이고 49를 어림하면 50쯤이므로 $297 \div 49$를 어림하여 구하면 몫은 약 $300 \div 50 = 6$입니다.

40 261에서 294를 뺄 수 없으므로 몫을 1만큼 더 작게 하여 계산합니다.

41 160은 100과 60의 합이므로 $160 \div 25$를 $100 \div 25$와 $60 \div 25$로 나누어 생각합니다.
$100 \div 25 = 4$이고 $60 \div 25 = 2 \cdots 10$이므로
$160 \div 25 = 6 \cdots 10$이 됩니다.

42 200 mL 우유갑으로 바꾼 화장지의 수는
$180 \div 45 = 4$(개)입니다.

43 782보다 크지 않으면서 가장 가까운 수는 690이므로 $782 \div 23$의 몫의 십의 자리 숫자를 구할 때 필요한 식은 $23 \times 30 = 690$입니다.

44 (1)
```
      4 3
17)7 3 1
   6 8
     5 1
     5 1
       0
```
(2)
```
      3 0
28)8 4 0
   8 4
       0
```

45 나누어지는 수의 왼쪽 두 자리 수부터 먼저 나누어지면 몫이 두 자리 수입니다. 따라서 몫이 두 자리 수인 나눗셈은 ㉡, ㉢입니다.

47 $35 = 7 \times 5$이므로 770을 35로 나눈 값은 770을 7로 나눈 후 다시 5로 나눈 값과 같습니다.

48 나누어지는 수가 같을 때 나누는 수가 반씩 줄어들면 몫은 2배씩 늘어납니다.

49 (1) $\square = 17 \times 19 = 323$
(2) $\square = 481 \div 13 = 37$

51 796을 어림하면 800쯤이고 41을 어림하면 40쯤이므로 $796 \div 41$을 어림하여 구하면 몫은 약 $800 \div 40 = 20$입니다.
796은 800보다 작고, 41은 40보다 크므로 실제 몫은 어림하여 구한 몫인 20보다 작게 생각할 수 있습니다.

52 (1)
```
      1 6
28)4 5 9
   2 8
   1 7 9
   1 6 8
     1 1
```
(2)
```
      2 0
47)9 4 3
   9 4
       3
```

53 ㉠ $589 \div 25 = 23 \cdots 14$
㉡ $427 \div 31 = 13 \cdots 24$
㉢ $912 \div 12 = 76$
따라서 나머지가 큰 것부터 차례로 기호를 쓰면 ㉡, ㉠, ㉢입니다.

54 $26 \times 34 = 884$이고 $884 + 6 = 890$이므로 나머지는 6입니다.

55 (한 사람에게 나누어 주어야 하는 구슬 수)
$=$(전체 구슬 수)$\div$(사람 수)
$=395\div79=5$(개)

56 (전체 사탕 수)$\div$(한 봉지에 담는 사탕 수)
$=574\div35=16\cdots14$
따라서 사탕을 한 봉지에 35개씩 담으면 16봉지가 되고 남는 사탕은 14개입니다.

57 (전체 물의 양)$\div$(물탱크 한 개에 담는 물의 양)
$=880\div36=24\cdots16$
물탱크 한 개에 36 L씩 담으면 24개의 물탱크에 물이 가득 차고 16 L의 물이 남습니다. 16 L의 물도 담아야 하므로 물탱크는 적어도 $24+1=25$(개)가 필요합니다.

58 나머지는 나누는 수보다 항상 작아야 합니다. 나누는 수 70보다 작은 자연수 중에서 가장 큰 수는 69입니다.

59 나머지는 나누는 수보다 항상 작아야 합니다. 나누는 수 27보다 작은 자연수 중에서 가장 큰 수는 26입니다.

60 52로 나누었을 때 나머지가 될 수 있는 수 중에서 가장 큰 수는 51이므로 ●$=51$입니다.
$52\times17=884$, ㉠$=884+51=935$

62 어떤 수를 □라고 하면 □$\div36=20\cdots23$입니다.
$36\times20=720$, $720+23=$□, □$=743$
따라서 어떤 수는 743입니다.

63 어떤 수를 □라고 하면 $393\div$□$=24\cdots9$이므로
□$\times24=393-9$, □$\times24=384$, □$=16$입니다.
따라서 바르게 계산한 값은 $393\times16=6288$입니다.

64 어떤 수를 □라고 하면 □$\div47=15\cdots24$
$47\times15=705$, $705+24=$□, □$=729$입니다.
➡ $729\div31=23\cdots16$

서술형
65 예 가장 큰 몫은 $500\div1=500$이고 가장 작은 몫은 $500\div500=1$입니다.
따라서 가장 큰 몫과 가장 작은 몫의 차는 $500-1=499$입니다.

단계	문제 해결 과정
①	500을 어떤 수로 나누었을 때 가장 큰 몫과 가장 작은 몫을 구했나요?
②	가장 큰 몫과 가장 작은 몫의 차를 구했나요?

66 나누어지는 수가 클수록, 나누는 수가 작을수록 몫이 커집니다. 수 카드로 만들 수 있는 가장 큰 세 자리 수는 764이고 가장 작은 두 자리 수는 30이므로 몫이 가장 크게 되는 나눗셈식은 $764\div30$입니다.
참고 | $764\div30=25\cdots14$

67 나누어지는 수가 클수록, 나누는 수가 작을수록 몫이 커집니다. 수 카드로 만들 수 있는 가장 큰 세 자리 수는 986이고 가장 작은 두 자리 수는 34이므로 몫이 가장 크게 되는 나눗셈식은 $986\div34=29$입니다.

개념 완성
응용력 기르기

88~91쪽

1 39그루
1-1 55개 **1-2** 56그루
2 5
2-1 4 **2-2** 5개
2-3 974
3 6, 8, 2 / 52562
3-1 7, 5, 9 / 69843 **3-2** 2, 4, 8 / 2, 73
4 1단계 예 (면봉 한 개의 가격)
$=$(면봉 한 통의 가격)$\div$(면봉의 개수)입니다.
면봉 한 개의 가격을 각각 알아보면
㉠ $420\div20=21$(원), ㉡ $840\div60=14$(원),
㉢ $720\div40=18$(원)이므로 한 개의 가격이 가장 저렴한 면봉은 ㉡입니다.
2단계 예 ㉡ 면봉은 한 통에 840원이므로 15통을 사려면 $840\times15=12600$(원)이 필요합니다.
/ 12600원
4-1 28800원

1 (간격 수)$=570\div15=38$(군데)
➡ (필요한 나무 수)$=38+1=39$(그루)

1-1 (간격 수)$=648\div12=54$(군데)
➡ (필요한 가로등 수)$=54+1=55$(개)

1-2 (간격 수)$=378\div14=27$(군데)
(도로의 한쪽에 심어야 하는 나무 수)
$=27+1=28$(그루)
➡ (도로의 양쪽에 심어야 하는 나무 수)
$=28\times2=56$(그루)

2 3□7÷40의 몫이 8이므로 3□7은 $40\times8=320$보다 크거나 같고 $40\times9=360$보다 작아야 합니다.
따라서 □ 안에 들어갈 수 있는 수는 2부터 5까지이므로 가장 큰 수는 5입니다.

2-1 7□6÷62의 몫이 12이므로 7□6은 $62\times12=744$보다 크거나 같고 $62\times13=806$보다 작아야 합니다.
따라서 □ 안에 들어갈 수 있는 수는 4부터 9까지이므로 가장 작은 수는 4입니다.

2-2 6□7÷43의 몫이 15이므로 6□7은 $43\times15=645$보다 크거나 같고 $43\times16=688$보다 작아야 합니다.
따라서 □ 안에 들어갈 수 있는 수는 4, 5, 6, 7, 8로 모두 5개입니다.

2-3 (어떤 수)÷39=24 ⋯ (나머지)에서 나머지가 될 수 있는 수 중에서 가장 큰 수는 39보다 1만큼 더 작은 수인 38입니다.
따라서 $39\times24=936$, $936+38=974$이므로 어떤 수가 될 수 있는 수 중에서 가장 큰 수는 974입니다.

3 곱이 가장 크게 되려면 두 수의 높은 자리에 큰 수를 넣어야 합니다. 남은 세 수의 크기를 비교하면 $8>6>2$이므로 8과 6을 가장 높은 자리에 놓고 2를 남은 자리에 놓습니다.
➡ $841\times62=52142$, $641\times82=52562$
따라서 곱이 가장 큰 곱셈식은 $641\times82=52562$입니다.

3-1 곱이 가장 크게 되려면 두 수의 높은 자리에 큰 수를 넣어야 합니다. 남은 세 수의 크기를 비교하면 $9>7>5$이므로 9와 7을 가장 높은 자리에 놓고 5를 남은 자리에 놓습니다.
➡ $951\times73=69423$, $751\times93=69843$
따라서 곱이 가장 큰 곱셈식은
$751\times93=69843$입니다.

3-2 몫이 가장 작게 되려면 나누어지는 수는 작게, 나누는 수는 크게 만들어야 합니다. 남은 세 수의 크기를 비교하면 $2<4<8$이므로 수 카드로 만들 수 있는 가장 작은 세 자리 수는 245이고 가장 큰 두 자리 수는 86입니다.
따라서 몫이 가장 작은 나눗셈식은
$245\div86=2\cdots73$입니다.

4-1 (색종이 한 장의 가격)
=(색종이 한 묶음의 가격)÷(색종이의 장수)입니다.
색종이 한 장의 가격을 각각 알아보면
㉠ $350\div10=35$(원), ㉡ $750\div25=30$(원),
㉢ $960\div40=24$(원)이므로 한 장의 가격이 가장 저렴한 색종이는 ㉢입니다.
㉢ 색종이는 한 묶음에 960원이므로 30묶음을 사려면
$960\times30=28800$(원)이 필요합니다.

3단원 단원 평가 Level ❶ 92~94쪽

1 (1) 3개 (2) 4개
2 (1) 20480 (2) 7925
3 4, 2
4 (왼쪽에서부터) 56, 7
5
$$\begin{array}{r} 22 \\ 44{\overline{\smash{)}984}} \\ \underline{88} \\ 104 \\ \underline{88} \\ 16 \end{array}$$
확인 $44\times22=968$,
$968+16=984$
6 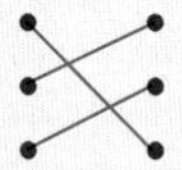
7 ㉠
8
$$\begin{array}{r} 419 \\ \times\ \ 82 \\ \hline 838 \\ 3352 \\ \hline 34358 \end{array}$$
9 6600
10 70
11 $248\times15=3720$(또는 248×15) / 3720개
12 18개, 12 cm
13 8510원
14 9대
15 13
16 (위에서부터) 2 / 7, 9 / 7 / 9 / 3

17 25　　**18** 6, 6
19 19700원　　**20** 10, 23

1 (1) $700\times60=42000$ ➡ 3개
(2) $50\times800=40000$ ➡ 4개

2 (1)
```
    2 5 6
  ×   8 0
---------
2 0 4 8 0
```
(2)
```
    3 1 7
  ×   2 5
---------
  1 5 8 5
  6 3 4
---------
  7 9 2 5
```

3
```
        4
19 ) 7 8
     7 6
    -----
        2
```

4 $80=10\times8$이므로 560을 80으로 나눈 값은 560을 10으로 나눈 후 다시 8로 나눈 값과 같습니다.

6 $360\div90=4$ • — • $160\div40=4$
$250\div50=5$ • — • $150\div30=5$
$210\div30=7$ • — • $420\div60=7$

7 ㉠ $500\times80=40000$　㉡ $200\times20=4000$
㉢ $400\times10=4000$　㉣ $100\times40=4000$

8 3352는 419×8이 아닌 419×80의 곱에서 일의 자리 0을 생략한 것이므로 만의 자리부터 써야 합니다.

9 가장 큰 수: 264, 가장 작은 수: 25
➡ $264\times25=6600$

10 $5\times7=35$이고, 500은 0이 2개, 35000은 0이 3개이므로 □ 안에 알맞은 수는 70입니다.

11 (15일 동안 만든 인형의 수)
=(하루에 만드는 인형의 수)×(날수)
$=248\times15=3720$(개)

12 $480\div26=18\cdots12$이므로 리본을 18개까지 만들 수 있고 남는 색 테이프는 12 cm입니다.

13 한 자루에 $800-570=230$(원) 할인한 것이므로 37자루를 샀다면 $230\times37=8510$(원) 싸게 산 것입니다.

14 $332\div40=8\cdots12$이므로 8대에 타면 12명이 남습니다. 남은 12명이 타려면 1대가 더 필요하므로 버스는 적어도 9대 필요합니다.

15 지워진 부분의 수를 □라고 하면
$\square\times68=889-5$, $\square\times68=884$입니다.
따라서 $\square=884\div68=13$입니다.

16
```
          1 ㉠
1㉡ ) 2 0 ㉢
       1 ㉣
      ------
         3 ㉤
         ㉥ 4
      ------
            5
```
• 3㉤−㉥4=5이므로 ㉤=9, ㉥=3입니다.
• ㉢=㉤=9입니다.
• 20−1㉣=3이므로 ㉣=7입니다.
• 1㉡×1=17이므로 ㉡=7입니다.
• 17×㉠=34이므로 ㉠=2입니다.

17 $788\div31=25\cdots13$
$25\times31=775$, $26\times31=806$이므로 □ 안에 들어갈 수 있는 가장 큰 수는 25입니다.

18 몫이 가장 크려면 나누어지는 수는 크게, 나누는 수는 작게 만들어야 합니다.
가장 큰 두 자리 수: 96, 가장 작은 두 자리 수: 15
➡ $96\div15=6\cdots6$

서술형
19 예 $100\times47=4700$(원), $500\times30=15000$(원)
따라서 저금통에 들어 있는 동전은 모두
$4700+15000=19700$(원)입니다.

평가 기준	배점(5점)
100원짜리 동전과 500원짜리 동전은 각각 얼마인지 구했나요?	3점
저금통에 들어 있는 동전은 모두 얼마인지 구했나요?	2점

서술형
20 예 어떤 수를 □라고 하면 $\square\div43=8\cdots19$입니다.
$43\times8=344$, $344+19=363$이므로 $\square=363$입니다. $363\div34=10\cdots23$이므로 바르게 계산한 몫은 10이고 나머지는 23입니다.

평가 기준	배점(5점)
어떤 수를 구했나요?	3점
바르게 계산했을 때 몫과 나머지를 구했나요?	2점

3단원 단원 평가 Level 2 95~97쪽

1 ㉣

2 (1) 4 … 1 (2) 14 … 39

3 15, 6480

4 ㉡

5
```
      4 0
14)5 6 3
   5 6
     ‾‾‾
       3
```

6 ㉡, ㉢

7 (1) > (2) >

8 3000

9 ㉠

10 ㉢, ㉡, ㉠

11 방법 1 (위에서부터) 9 / 5000, 1125 / 6125
방법 2 (위에서부터) 1 / 6250, 125 / 6125

12 $102 \div 17 = 6$(또는 $102 \div 17$) / 6일

13 61320원

14 6개

15 (위에서부터) 8 / 4, 3 / 0 / 7, 8 / 5

16 15

17 424

18 5120 g

19 20125

20 18일

1 ㉣ $60 \times 500 = 30000$

2 (1)
```
       4
38)1 5 3
   1 5 2
       1
```
(2)
```
      1 4
49)7 2 5
   4 9
   2 3 5
   1 9 6
     3 9
```

3 곱셈에서 순서를 바꾸어 곱해도 곱은 같습니다.

4 ㉠ $24 \div 3 = 8$ ㉡ $240 \div 3 = 80$ ㉢ $240 \div 30 = 8$
따라서 몫이 다른 하나는 ㉡입니다.

5 $14 \times 40 = 560$이므로 몫이 40인데 몫의 일의 자리에 0을 쓰지 않았습니다.

6 나누어지는 수의 왼쪽 두 자리 수가 나누는 수보다 작으면 몫이 한 자리 수이고, 나누는 수와 같거나 나누는 수보다 크면 몫이 두 자리 수입니다. 따라서 몫이 두 자리 수인 것은 ㉡ $369 \div 33$과 ㉢ $847 \div 84$입니다.

7 (1) 나누어지는 수가 같을 때에는 더 큰 수로 나눈 쪽의 몫이 더 작습니다.
➡ $4 < 40$이므로 $280 \div 4 > 280 \div 40$입니다.
(2) 나누는 수가 같을 때에는 더 큰 수를 나눈 쪽의 몫이 더 큽니다.
➡ $360 > 180$이므로 $360 \div 18 > 180 \div 18$입니다.

8 $521 \times 30 = 15630$, $621 \times 30 = 18630$
➡ $18630 - 15630 = 3000$

참고 | 521×30은 521씩 30묶음이고, 621×30은 621씩 30묶음이므로 두 곱은 100씩 30묶음만큼 차이가 납니다.

9 ㉠ $184 \div 37 = 4 \cdots 36$ ㉡ $185 \div 37 = 5$
㉢ $186 \div 37 = 5 \cdots 1$
따라서 나머지가 가장 큰 것은 ㉠입니다.

주의 | 나누는 수가 같을 때 나누어지는 수가 크다고 해서 나머지가 항상 더 큰 것은 아님에 주의합니다.

10 ㉠ $316 \times 52 = 16432$
㉡ $516 \times 32 = 16512$
㉢ $512 \times 36 = 18432$
➡ $18432 > 16512 > 16432$

11 방법 1 49는 $40 + 9$이므로 125×40에 125×9를 더합니다.
방법 2 49는 $50 - 1$이므로 125×50에서 125를 뺍니다.

12 (감기약을 먹을 수 있는 날수)
=(전체 감기약의 양)÷(하루에 먹어야 하는 감기약의 양)
$= 102 \div 17 = 6$(일)

13 (730가구에서 하루 동안 절약되는 금액)
=(한 가구당 하루에 절약되는 금액)×(가구 수)
$= 84 \times 730 = 730 \times 84 = 61320$(원)

14 $428 \div 14 = 30 \cdots 8$이므로 한 줄에 14개씩 심으면 30줄이 되고 8개가 남습니다.
따라서 마지막 줄에도 14개를 심으려면 씨앗은 $14 - 8 = 6$(개)가 더 필요합니다.

15
```
      6 ㉠ 7
  ×    ㉡ ㉢
  ‾‾‾‾‾‾‾‾‾‾
   2 ㉣ 6 1
 2 ㉤ 4 ㉥
  ‾‾‾‾‾‾‾‾‾‾
 2 9 ㉦ 4 1
```

- $7\times$ ㉢의 일의 자리 수가 1이므로 ㉢$=3$입니다.
- ㉠$\times 3$의 일의 자리 수가 4이므로 ㉠$=8$입니다.
- $687\times 3=2061$이므로 ㉣$=0$입니다.
- $6+$㉥$=14$이므로 ㉥$=8$입니다.
- $1+0+4=5$이므로 ㉦$=5$입니다.
- $2+$㉤$=9$이므로 ㉤$=7$입니다.
- $687\times 4=2748$이므로 ㉡$=4$입니다.

16 $17\times 29=493$이므로 $493<35\times\square$입니다.
$493\div 35=14\cdots 3$에서
$35\times 14=490$, $35\times 15=525$이므로
□ 안에 들어갈 수 있는 가장 작은 수는 15입니다.

17 나누는 수가 25이므로 나머지가 24일 때 ♥가 가장 큽니다.
♥$\div 25=16\cdots 24$에서
$25\times 16=400$, $400+24=424$
따라서 ♥가 될 수 있는 가장 큰 수는 424입니다.

18 구슬 15개의 무게가 240 g이므로
(구슬 한 개의 무게)$=240\div 15=16$ (g)입니다.
따라서 구슬 320개의 무게는
$16\times 320=320\times 16=5120$ (g)입니다.

서술형
19 예 만들 수 있는 가장 큰 세 자리 수는 875이고 만들 수 있는 가장 작은 두 자리 수는 23입니다.
따라서 만든 두 수의 곱은 $875\times 23=20125$입니다.

평가 기준	배점(5점)
만들 수 있는 가장 큰 세 자리 수와 가장 작은 두 자리 수를 각각 구했나요?	2점
만든 두 수의 곱을 구했나요?	3점

서술형
20 예 (책의 전체 쪽수)$\div$(하루에 읽는 쪽수)
$=345\div 20=17\cdots 5$
하루에 책을 20쪽씩 읽으면 17일 동안 읽고 5쪽이 남습니다. 남은 5쪽도 읽어야 하므로 책을 다 읽는 데 모두 $17+1=18$(일)이 걸립니다.

평가 기준	배점(5점)
$345\div 20$의 몫과 나머지를 구했나요?	3점
책을 다 읽는 데 모두 며칠이 걸리는지 구했나요?	2점

4 평면도형의 이동

이 단원은 평면에서 점 이동하기, 구체물이나 평면도형을 밀고 뒤집고 돌리는 다양한 활동을 경험하게 됩니다. 위치와 방향을 이용하여 점의 이동을 설명하고 평면도형의 평행이동, 대칭이동, 회전이동과 같은 도형 변환의 기초 개념을 형성하는 데 목적이 있습니다. 초등학교에서는 수학적으로 정확한 평면도형의 변환을 학습하는 것이 아니라 다양한 경험을 통해 생기는 모양들을 관찰하고 직관적으로 평면도형의 변환을 이해하는 데 초점을 둡니다. 평면도형의 변환은 변환 방법을 외우는 것이 아니라 학생 스스로 이해하고 경험해 보도록 하는 데 주안점이 있기 때문에 반복 연습하는 과정을 거쳐야 합니다. 이를 통해 학생들이 평면도형의 밀기, 뒤집기, 돌리기를 한 결과를 예상하고 추론해 볼 수 있는 공간 추론 능력을 기를 수 있습니다.

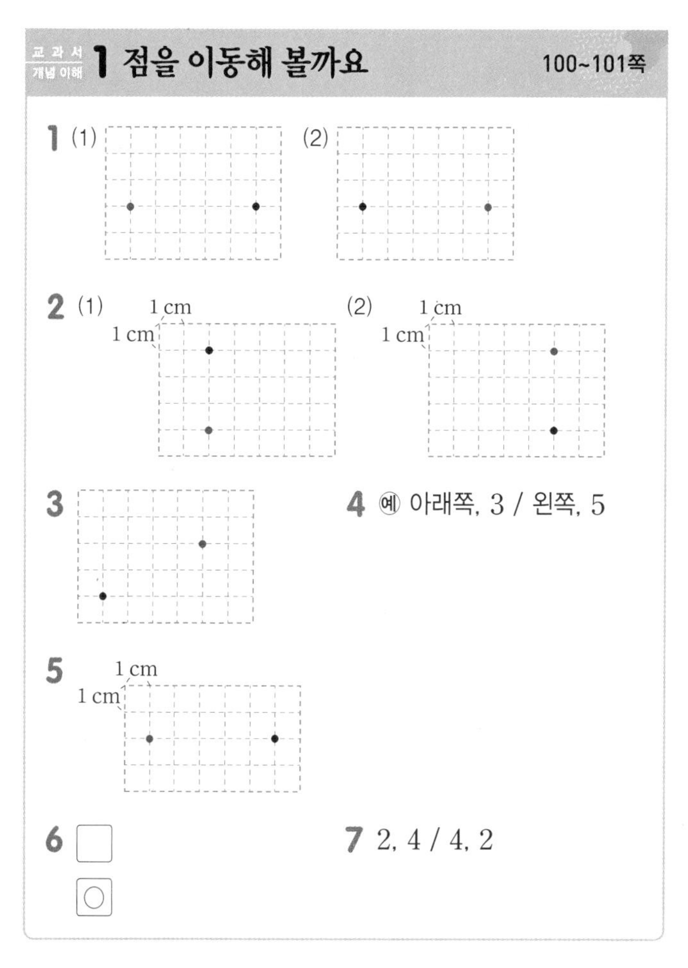

2 모눈 한 칸의 크기는 1 cm입니다.
(1) 점을 아래쪽으로 3칸 이동한 위치에 그립니다.
(2) 점을 위쪽으로 3칸 이동한 위치에 그립니다.

4 '왼쪽으로 5칸 이동 ➡ 아래쪽으로 3칸 이동'도 정답입니다.

5 모눈 한 칸의 크기는 1 cm입니다. 점을 오른쪽으로 5 cm 이동하기 전이므로 점을 왼쪽으로 5칸 이동한 위치에 그립니다.

7 이동하는 순서를 바꾸어도 이동한 위치는 같습니다.

교과서 개념 이해 2 평면도형을 밀어 볼까요 102~103쪽

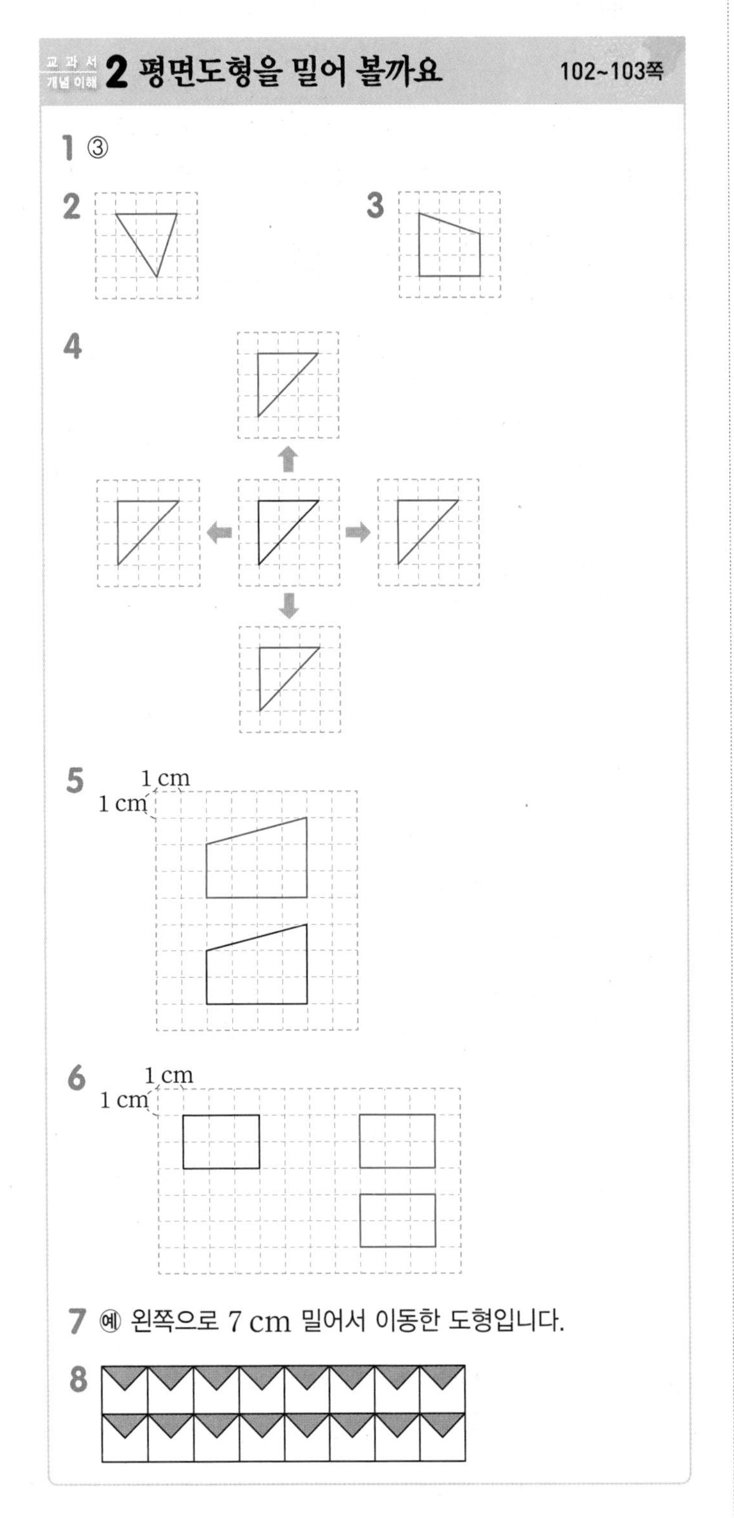

1 모양 조각을 오른쪽으로 밀면 모양은 변하지 않고 위치만 바뀝니다.

3 도형을 왼쪽으로 밀면 모양은 변하지 않고 위치만 바뀝니다.

4 도형을 어느 방향으로 밀어도 모양은 변하지 않고 위치만 바뀝니다.

5 사각형의 한 변을 기준으로 위쪽으로 4 cm 밀어 봅니다.

6 직사각형을 오른쪽으로 7 cm 밀었을 때의 도형을 그린 후 다시 그 도형을 아래쪽으로 3 cm 밀었을 때의 도형을 그립니다.

7 ㉠ 도형과 ㉡ 도형은 모양은 같지만 위치가 바뀌었으므로 밀어서 이동한 것입니다.

교과서 개념 이해 3 평면도형을 뒤집어 볼까요 104~105쪽

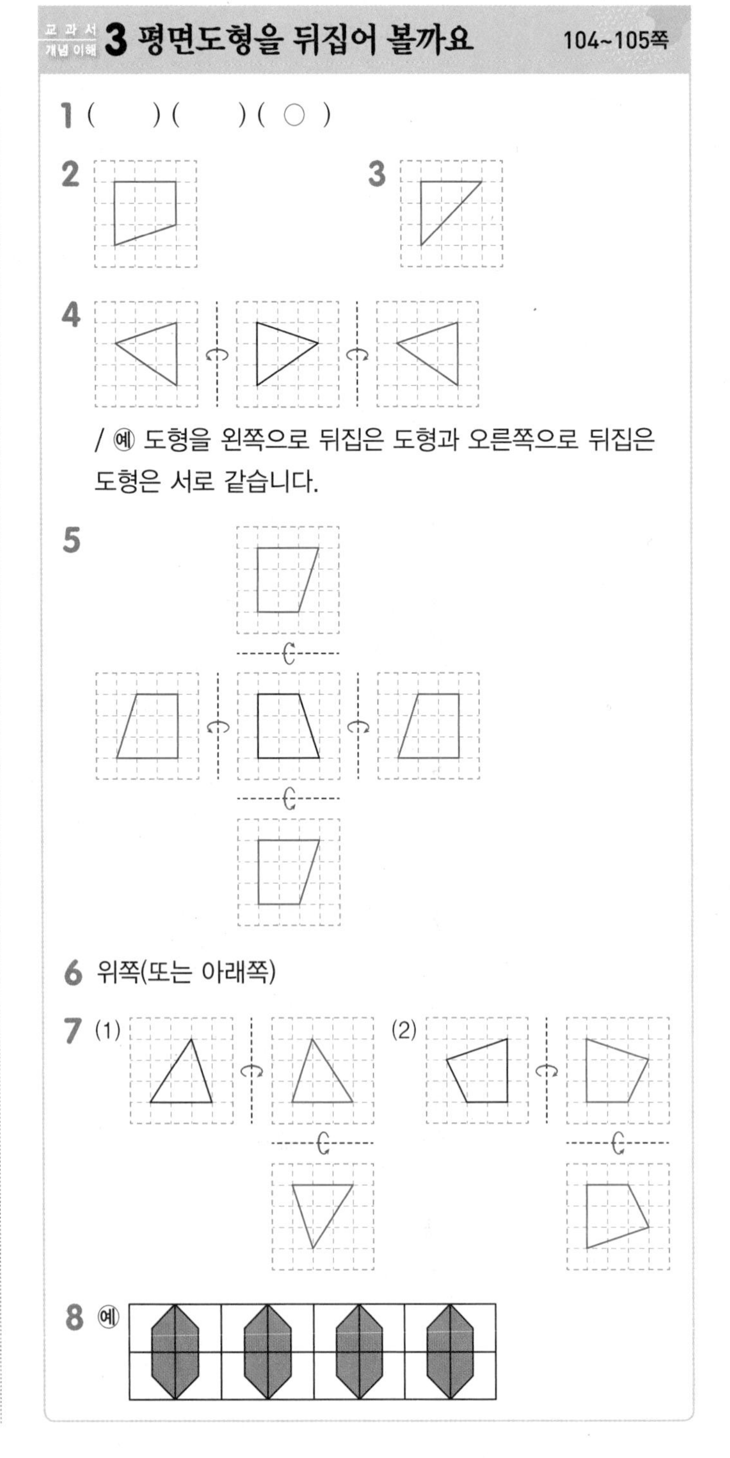

1 모양 조각을 오른쪽으로 뒤집으면 모양 조각의 오른쪽과 왼쪽이 서로 바뀝니다.

2 도형을 아래쪽으로 뒤집으면 도형의 위쪽과 아래쪽이 서로 바뀝니다.

3 도형을 왼쪽으로 뒤집으면 도형의 오른쪽과 왼쪽이 서로 바뀝니다.

5 도형을 오른쪽으로 뒤집은 도형과 왼쪽으로 뒤집은 도형이 서로 같고, 위쪽으로 뒤집은 도형과 아래쪽으로 뒤집은 도형이 서로 같습니다.

6 모양 조각의 위쪽과 아래쪽이 서로 바뀌었으므로 위쪽 또는 아래쪽으로 뒤집은 것입니다.

7 도형을 오른쪽으로 뒤집으면 도형의 오른쪽과 왼쪽이 서로 바뀌고, 다시 아래쪽으로 뒤집으면 도형의 위쪽과 아래쪽이 서로 바뀝니다.

8 주어진 모양을 오른쪽으로 뒤집는 것을 반복하여 모양을 만들고, 그 모양을 아래쪽으로 뒤집어서 무늬를 만들 수 있습니다.

교과서 개념 이해 4 평면도형을 돌려 볼까요 107쪽

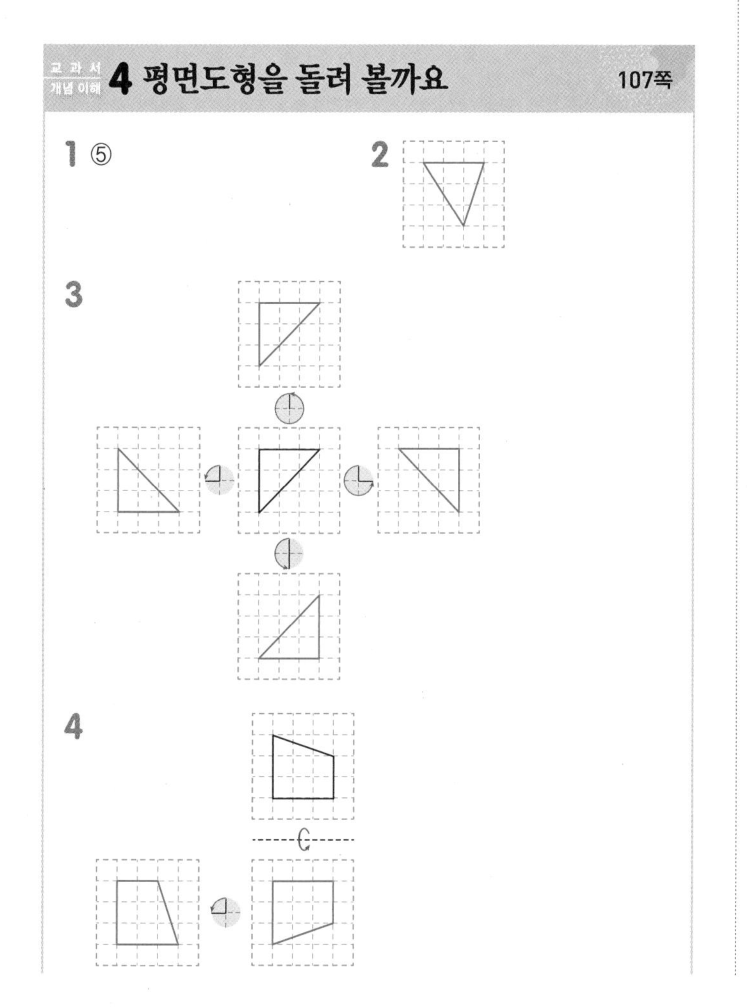

5 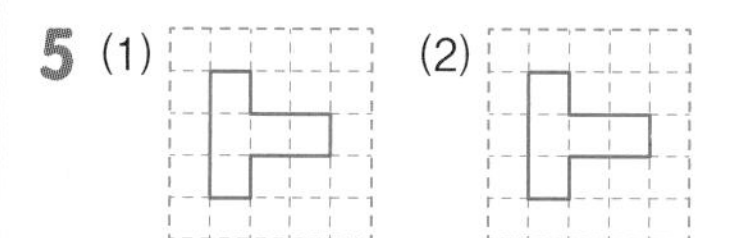

(3) 예 도형을 시계 방향으로 90°만큼 돌린 도형과 시계 반대 방향으로 270°만큼 돌린 도형은 서로 같습니다.

6 예 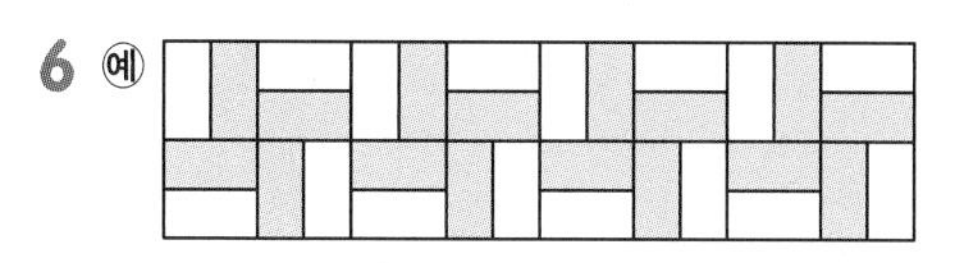

1 모양 조각을 시계 방향으로 90°만큼 돌리면 모양 조각의 위쪽이 오른쪽으로 이동합니다.

2 도형을 시계 방향으로 180°만큼 돌리면 도형의 위쪽이 아래쪽, 오른쪽이 왼쪽으로 이동합니다.

3 도형을 시계 반대 방향으로 돌리면 도형의 위쪽이 왼쪽 → 아래쪽 → 오른쪽 → 위쪽으로 이동합니다.

4 도형을 아래쪽으로 뒤집으면 도형의 위쪽과 아래쪽이 서로 바뀌고, 다시 시계 반대 방향으로 90°만큼 돌리면 도형의 위쪽이 왼쪽으로 이동합니다.

5 화살표 끝이 가리키는 위치가 같으면 도형을 돌렸을 때의 도형은 서로 같습니다.

6 주어진 모양을 시계 방향으로 90°만큼 돌리는 것을 반복하여 모양을 만들고, 그 모양을 오른쪽으로 밀어서 무늬를 만들 수 있습니다.

개념 적용 기본기 다지기 108~113쪽

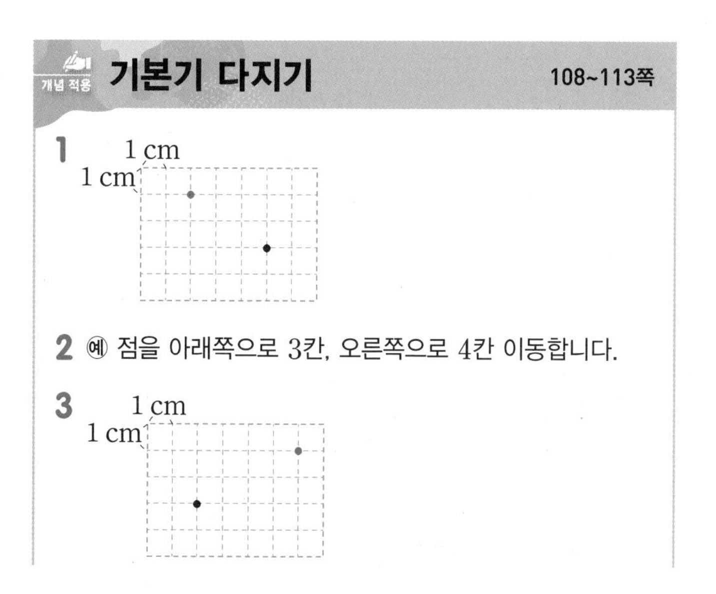

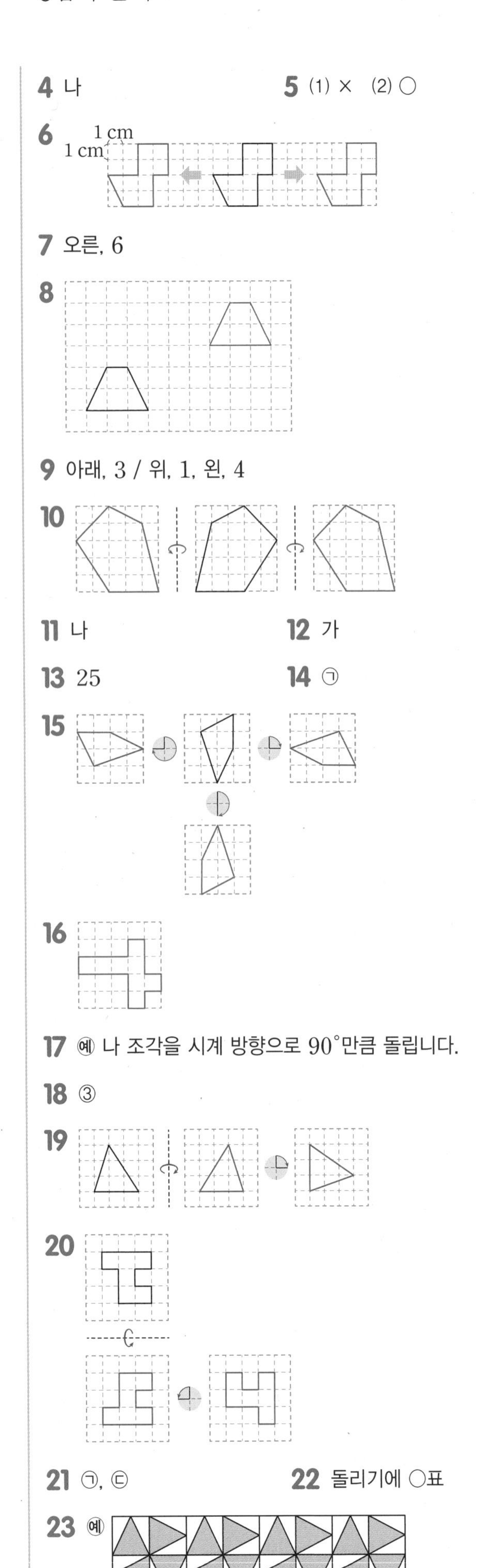

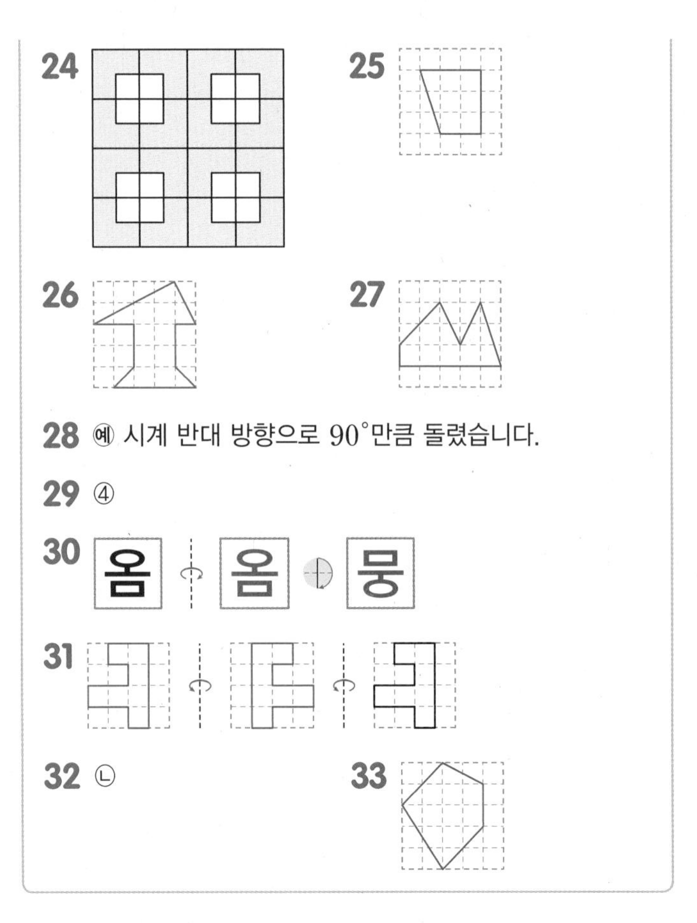

1 모눈 한 칸의 크기는 1 cm입니다. 점을 위쪽으로 2칸, 왼쪽으로 3칸 이동한 위치에 그립니다.

서술형
2

단계	문제 해결 과정
①	점 ㄱ을 어떻게 이동하면 점 ㄴ이 있는 위치로 이동할 수 있는지 설명했나요?

3 모눈 한 칸의 크기는 1 cm입니다. 점을 아래쪽으로 2 cm, 왼쪽으로 4 cm 이동하기 전이므로 점을 오른쪽으로 4칸, 위쪽으로 2칸 이동한 위치에 그립니다.

4 로봇 청소기를 아래쪽으로 1칸, 오른쪽으로 2칸, 아래쪽으로 3칸, 왼쪽으로 3칸, 아래쪽으로 1칸 이동하면 나에 도착합니다.

6 도형을 어느 방향으로 밀어도 모양은 변하지 않고 위치만 바뀝니다.

7 도형의 한 꼭짓점을 기준으로 하여 보면 ㉯ 도형은 ㉮ 도형을 오른쪽으로 6 cm 밀어서 이동한 도형입니다.

8 도형의 한 변을 기준으로 하여 오른쪽으로 6칸 밀고, 위쪽으로 3칸 밀었을 때의 도형을 그립니다.

10 도형을 왼쪽으로 뒤집은 도형과 오른쪽으로 뒤집은 도형은 서로 같습니다.

11 도형을 아래쪽으로 뒤집으면 도형의 위쪽과 아래쪽이 서로 바뀝니다. 그러나 도형의 위쪽과 아래쪽이 같으면 도형을 아래쪽으로 뒤집었을 때 처음 도형과 같습니다.

12 도장에 새긴 그림을 찍으면 왼쪽과 오른쪽이 서로 바뀌므로 도장을 찍었을 때의 그림을 오른쪽(또는 왼쪽)으로 뒤집은 그림을 찾습니다.

13 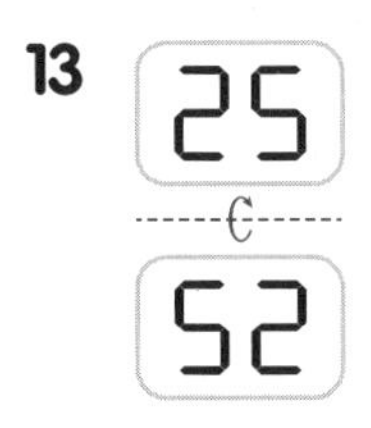

수 카드를 위쪽으로 뒤집으면 25가 됩니다.

14 시계 방향으로 270°만큼 돌리면 모양 조각의 위쪽이 왼쪽으로 이동합니다.

16 도형을 시계 방향(또는 시계 반대 방향)으로 360°만큼 돌린 도형은 처음 도형과 같습니다.

서술형
17

단계	문제 해결 과정
①	㉠을 채우려면 어느 조각을 어떻게 움직여야 하는지 설명했나요?

18 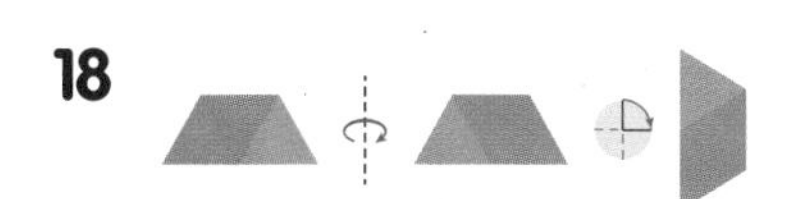

21 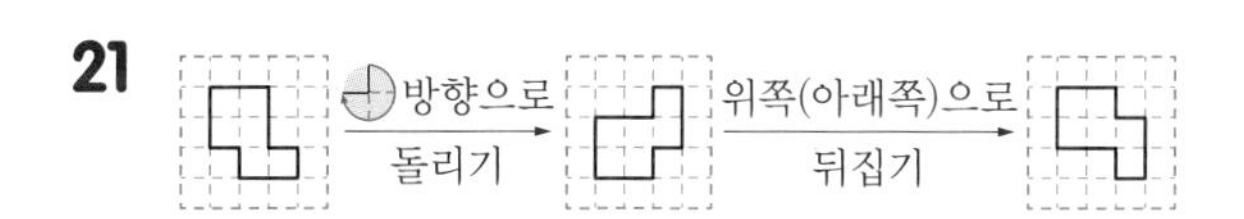

23 주어진 모양을 시계 방향으로 90°만큼 돌리는 것을 반복하여 모양을 만들고, 그 모양을 오른쪽으로 밀어서 무늬를 만들 수 있습니다.

25 처음 도형을 시계 반대 방향으로 180°만큼 돌려서 주어진 도형이 되었으므로 거꾸로 주어진 도형을 시계 방향으로 180°만큼 돌리면 처음 도형이 됩니다.

26 도형을 위쪽으로 뒤집으면 처음 도형이 됩니다.

27 도형을 방향으로 돌리면 처음 도형이 됩니다.

서술형
28

단계	문제 해결 과정
①	글자를 돌린 방법을 설명했나요?

29 ① ㄱ ② ㅗ ③ ㅁ ④ ㄹ ⑤ ㅋ

30 옴을 오른쪽으로 뒤집으면 옴이 되고, 이것을 방향으로 돌리면 뭉이 됩니다.

31 도형을 왼쪽으로 뒤집으면 도형의 오른쪽과 왼쪽이 서로 바뀝니다.
따라서 같은 방향으로 2번 뒤집은 모양은 처음 도형과 같습니다.

32 도형을 시계 방향으로 90°만큼 4번 돌린 도형은 처음 도형과 같으므로 시계 방향으로 90°만큼 5번 돌린 도형은 시계 방향으로 90°만큼 한 번 돌린 도형과 같습니다.

33 도형을 시계 반대 방향으로 180°만큼 2번 돌린 도형은 처음 도형과 같고, 위쪽으로 2번 뒤집은 도형도 처음 도형과 같습니다.
따라서 시계 반대 방향으로 180°만큼 2번 돌린 다음 위쪽으로 2번 뒤집은 도형은 처음 도형과 같습니다.

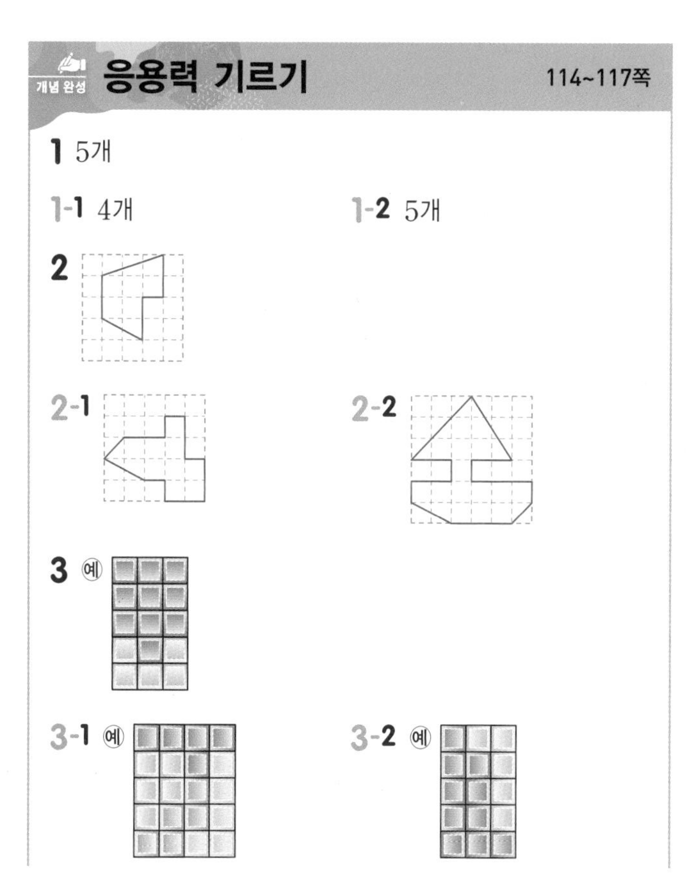

4 **1단계** 예 로봇이 위쪽으로 2칸 이동한 다음 오른쪽으로 3칸 이동하면 음식점까지 움직이므로 ㉣이 필요합니다.

2단계 예 로봇이 위쪽으로 3칸, 오른쪽으로 2칸 이동하면 집까지 움직이므로 ㉡, ㉠이 필요합니다.

/ ㉣, ㉡, ㉠(또는 ㉣, ㉠, ㉡)

4-1 ㉣, ㉡

1 도형을 위쪽으로 뒤집으면 도형의 위쪽과 아래쪽이 서로 바뀝니다. 즉, 위쪽 모양과 아래쪽 모양이 같은 자음은 위쪽으로 뒤집었을 때 처음 모양과 같습니다. 따라서 한글 자음 중 위쪽 모양과 아래쪽 모양이 같은 것을 찾으면 ㄷ, ㅁ, ㅇ, ㅌ, ㅍ으로 모두 5개입니다.

1-1 도형을 왼쪽으로 뒤집으면 도형의 왼쪽과 오른쪽이 서로 바뀝니다.
즉, 왼쪽 모양과 오른쪽 모양이 같은 알파벳 대문자는 왼쪽으로 뒤집었을 때 처음 모양과 같습니다.
따라서 주어진 알파벳 대문자 중 왼쪽 모양과 오른쪽 모양이 같은 것을 찾으면 A, H, I, M으로 모두 4개입니다.

참고 | 주어진 영어 알파벳 대문자를 각각 왼쪽으로 뒤집은 모양은 다음과 같습니다.
A → A, B → ꓭ, C → Ɔ, D → ᗡ, E → Ǝ, F → ꟻ,
G → Ә, H → H, I → I, J → Ⴑ, K → ꓘ, L → ⅃, M → M,
N → И

1-2 도형을 시계 방향으로 180°만큼 돌리면 도형의 위쪽은 아래쪽으로, 오른쪽은 왼쪽으로 이동합니다.
주어진 숫자를 시계 방향으로 각각 180°만큼 돌린 모양은 다음과 같습니다.
0 → 0, 1 → 1, 2 → 2, 3 → E, 4 → h, 5 → 5,
6 → 9, 7 → L, 8 → 8, 9 → 6
따라서 시계 방향으로 180°만큼 돌렸을 때 처음 모양과 같은 숫자는 0, 1, 2, 5, 8로 모두 5개입니다.

2 오른쪽 도형을 시계 반대 방향으로 90°만큼 돌린 다음 왼쪽으로 뒤집으면 처음 도형이 됩니다.

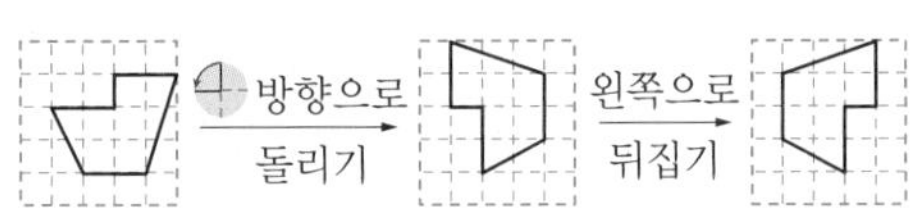

2-1 오른쪽 도형을 시계 방향으로 180°만큼 돌린 다음 위쪽으로 뒤집으면 처음 도형이 됩니다.

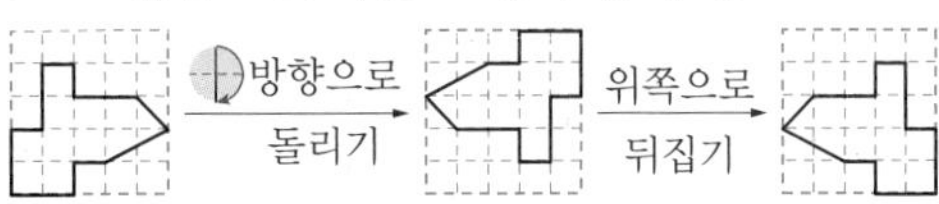

2-2 위쪽으로 6번 뒤집은 도형은 처음 도형과 같고, 시계 반대 방향으로 90°만큼 9번 돌린 도형은 시계 반대 방향으로 90°만큼 한 번 돌린 도형과 같습니다.
즉, 어떤 도형을 시계 반대 방향으로 90°만큼 돌린 도형이 오른쪽 도형이므로 오른쪽 도형을 시계 방향으로 90°만큼 돌리면 처음 도형이 됩니다.

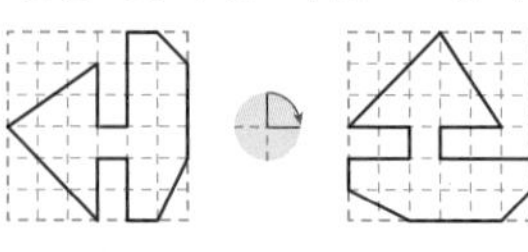

3 여러 가지 방법이 있습니다.

3-1 예

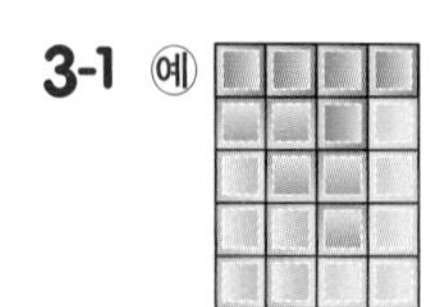

3-2 예

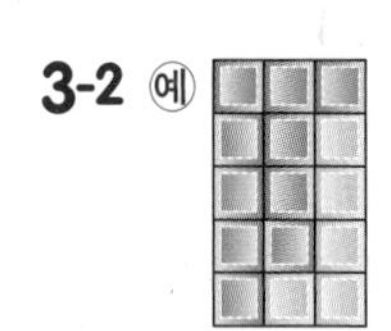

4 로봇이 위쪽으로 2칸 이동한 다음 ㉣, ㉡, ㉠ 또는 ㉣, ㉠, ㉡의 순서대로 이동하면 음식점을 들러 집까지 배달할 수 있습니다.

4-1 로봇이 아래쪽으로 2칸 이동한 다음 ㉣, ㉡의 순서대로 이동하면 집으로 이동할 수 있습니다.

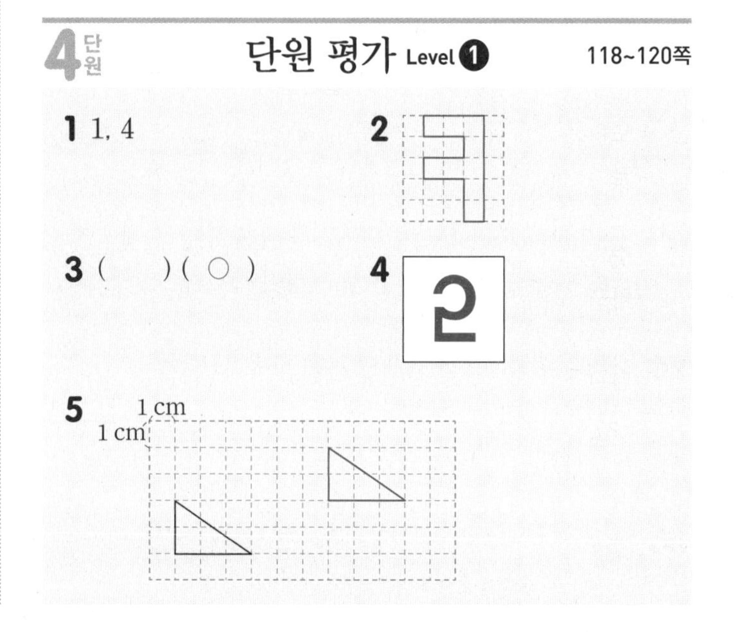

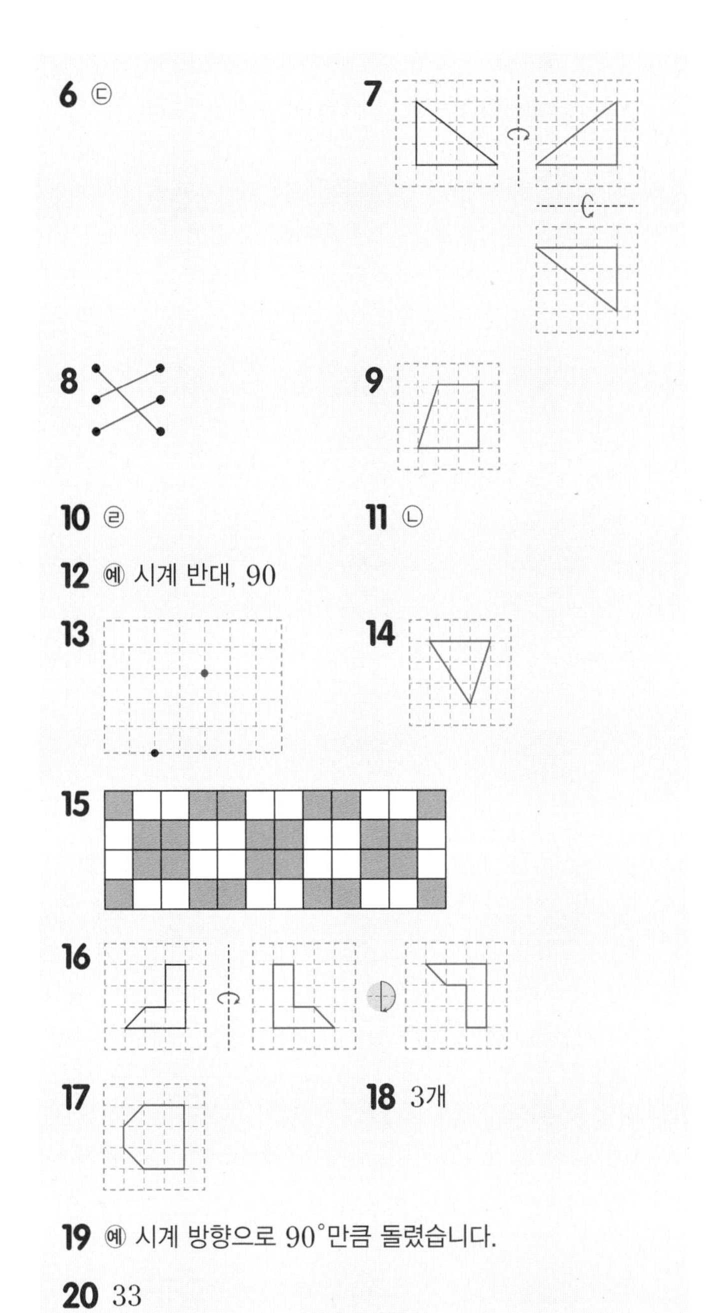

2 도형을 아래쪽으로 밀면 모양은 변하지 않고 위치만 바뀝니다.

3 도형을 오른쪽으로 뒤집으면 도형의 오른쪽과 왼쪽이 서로 바뀝니다.

4 숫자를 위쪽으로 뒤집으면 숫자의 위쪽과 아래쪽이 서로 바뀝니다.

5 삼각형을 오른쪽으로 6 cm 밀었을 때의 도형을 그린 후 다시 그 도형을 위쪽으로 2 cm 밀었을 때의 도형을 그립니다.

6 예 ㉢

7 도형을 오른쪽으로 뒤집으면 도형의 오른쪽과 왼쪽이 서로 바뀌고, 다시 아래쪽으로 뒤집으면 도형의 위쪽과 아래쪽이 서로 바뀝니다.

8 도형을 시계 방향으로 360°만큼 돌린 도형은 처음 도형과 같습니다.

9 도형을 시계 방향으로 90°만큼 돌리면 도형의 위쪽이 오른쪽으로 이동합니다.

10 ㉣은 ◪ 모양으로 만든 무늬입니다.

11 도형을 오른쪽으로 뒤집으면 도형의 오른쪽과 왼쪽이 서로 바뀌므로 오른쪽과 왼쪽의 모양이 같은 것을 찾습니다.

12 '시계 방향으로 270°만큼'도 정답입니다.

14 시계 반대 방향으로 180°만큼 돌린 도형을 거꾸로 시계 방향으로 180°만큼 돌리면 처음 도형이 됩니다.

15 주어진 모양을 뒤집기나 돌리기를 이용하여 무늬를 만들 수 있습니다.

16 도형을 오른쪽으로 뒤집으면 도형의 오른쪽과 왼쪽이 서로 바뀌고, 다시 시계 방향으로 180°만큼 돌리면 도형의 위쪽이 아래쪽으로 이동합니다.

17

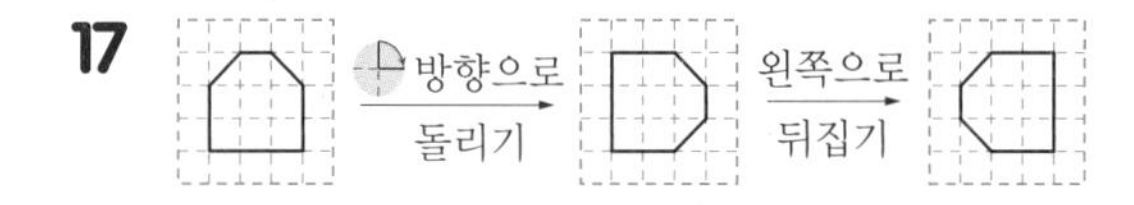

18 도형을 시계 방향으로 180°만큼 돌리면 도형의 위쪽이 아래쪽으로 이동합니다. 주어진 알파벳을 시계 방향으로 각각 180°만큼 돌린 모양은 다음과 같습니다.

A → ∀, E → Ǝ, H → H, K → ꓘ, N → N,
T → ⊥, Z → Z

따라서 시계 방향으로 180°만큼 돌렸을 때 처음 모양과 같은 알파벳은 H, N, Z로 모두 3개입니다.

서술형
19

평가 기준	배점(5점)
도형의 이동 방법을 설명했나요?	5점

서술형
20 예 수 카드를 시계 방향으로 180°만큼 돌렸을 때 생기는 수는 29입니다.
따라서 두 수의 차는 62−29=33입니다.

평가 기준	배점(5점)
수 카드를 시계 방향으로 180°만큼 돌렸을 때 생기는 수를 구했나요?	3점
두 수의 차를 구했나요?	2점

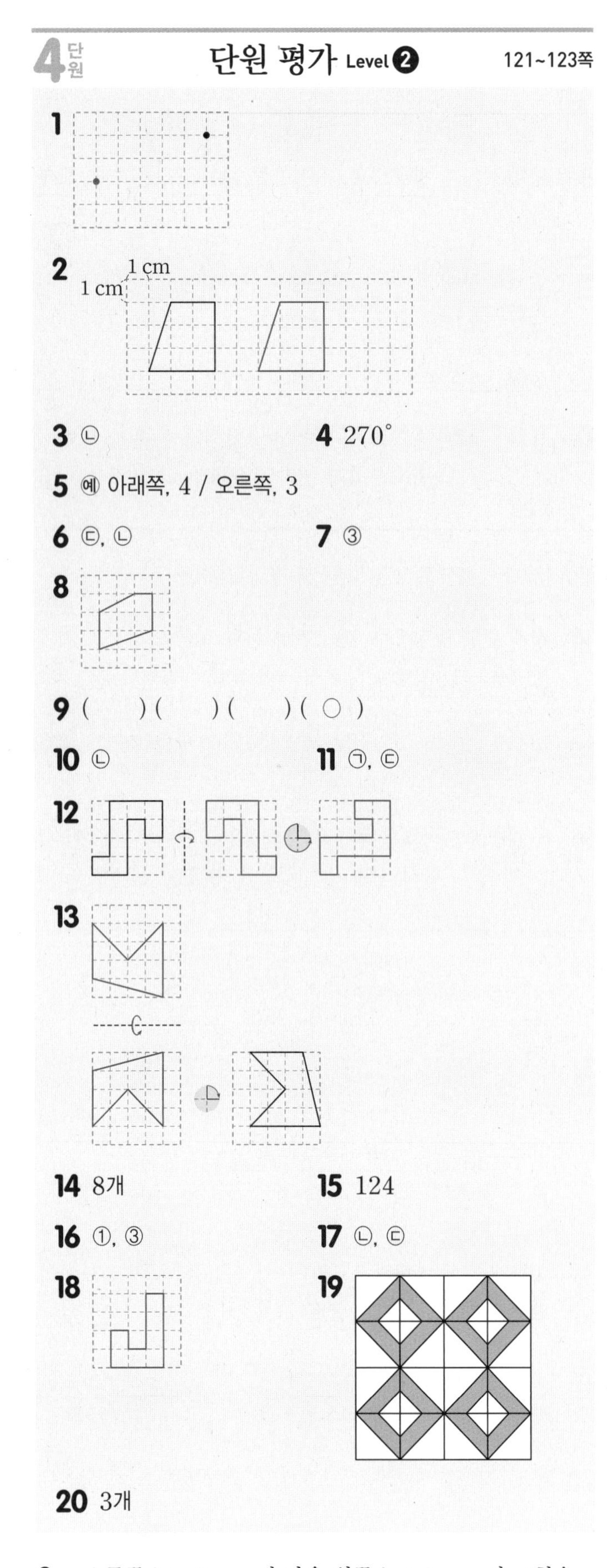

2 오른쪽으로 8 cm 민 다음 왼쪽으로 3 cm 민 도형은 오른쪽으로 5 cm 민 도형과 같습니다.

3 도형을 오른쪽(또는 왼쪽)으로 뒤집으면 ㉠이 되고, 위쪽(또는 아래쪽)으로 뒤집으면 ㉢이 됩니다.

4 도형의 위쪽이 오른쪽 → 아래쪽 → 왼쪽으로 이동하였으므로 시계 방향으로 270°만큼 돌린 것입니다.

7 ③은 빈칸의 퍼즐을 뒤집었을 때 나오는 퍼즐이기 때문에 돌리기 방법으로 빈칸에 들어갈 수 없습니다.

8 도형을 시계 반대 방향으로 180°만큼 돌리면 도형의 위쪽이 아래쪽으로, 오른쪽이 왼쪽으로 이동합니다.

9 첫째: 시계 반대 방향으로 90°만큼 돌리기
둘째: 시계 방향으로 90°만큼 돌리기
셋째: 시계 방향으로 180°만큼 돌리기

11 ㉠ 어느 방향으로 밀어도 처음 도형과 같습니다.
㉡ 같은 방향으로 3번 뒤집은 도형은 그 방향으로 한 번 뒤집은 도형과 같습니다.
㉢ 시계 방향으로 180°만큼 2번 돌린 도형은 처음 도형과 같습니다.

12 방향으로 돌린 도형은 방향으로 돌린 도형과 같습니다.

13 주어진 도형을 방향으로 돌리면 가운데 도형이 됩니다. 가운데 도형을 위쪽으로 뒤집으면 처음 도형이 됩니다.

14 도형을 오른쪽으로 뒤집으면 도형의 왼쪽과 오른쪽이 서로 바뀝니다. 따라서 한글 자음 중 왼쪽 모양과 오른쪽 모양이 같은 것을 모두 찾으면 ㅁ, ㅂ, ㅅ, ㅇ, ㅈ, ㅊ, ㅍ, ㅎ으로 모두 8개입니다.

15 수 카드를 시계 반대 방향으로 180°만큼 돌렸을 때 생기는 수는 65입니다.
따라서 두 수의 합은 $65+59=124$입니다.

16 나는 가를 또는 방향으로 돌린 모양입니다.

17 위쪽으로 5번 뒤집은 도형은 위쪽으로 한 번 뒤집은 도형과 같습니다. 알파벳을 위쪽으로 한 번 뒤집은 모양은 다음과 같습니다.
㉠ ٦ ㉡ E ㉢ K ㉣ И

18 도형을 아래쪽으로 2번 뒤집은 도형은 처음 도형과 같으므로 아래쪽으로 3번 뒤집은 도형은 아래쪽으로 한 번 뒤집은 도형과 같습니다.
따라서 주어진 도형을 시계 방향으로 90°만큼 2번 돌린 다음 아래쪽으로 한 번 뒤집은 도형을 그립니다.

서술형

19 예 주어진 모양을 시계 방향으로 90°만큼 돌리는 것을 반복하여 모양을 만들고, 그 모양을 밀어서 무늬를 만들었습니다.

평가 기준	배점(5점)
무늬를 만든 방법을 설명했나요?	3점
무늬를 그렸나요?	2점

서술형

20 예 주어진 디지털 숫자를 각각 왼쪽으로 뒤집으면 0, 1, 5, E, H, 2, ∂, Ր, 8, e입니다.
따라서 왼쪽으로 뒤집었을 때 처음 모양과 같은 것은 0, 1, 8로 모두 3개입니다.

평가 기준	배점(5점)
왼쪽으로 뒤집은 모양을 알고 있나요?	3점
처음 모양과 같은 것은 모두 몇 개인지 구했나요?	2점

막대그래프

우리는 일상생활에서 텔레비전이나 신문, 인터넷 자료를 볼 때마다 다양한 통계 정보를 접하게 됩니다. 이렇게 접하는 통계 자료는 상대방을 설득하는 근거 자료로 제시되는 경우가 많습니다. 그러므로 표와 그래프로 제시된 많은 자료를 읽고 해석하는 능력과 함께 판단하고 활용하는 통계 처리 능력도 필수적으로 요구됩니다. 학생들은 3학년까지 표와 그림그래프에 대해 배웠으며 이번 단원에서는 막대그래프에 대해 학습하게 됩니다. 막대그래프는 직관적으로 비교하기에 유용한 그래프입니다. 막대그래프를 이해하고 나타내고 해석하는 과정에서 정보 처리 역량을 강화하고, 해석하고 선택하거나 결정하는 과정에서 정보를 통해 추론해 보는 능력을 신장할 수 있습니다.

교과서 개념 이해 1 막대그래프를 알아볼까요 126~127쪽

1 (1) 막대그래프 (2) 색깔, 학생 수
(3) 좋아하는 색깔별 학생 수 (4) 1명

2 (1) 축구 (2) 배구 (3) 4명 (4) 축구, 야구

3 26마리

4 (1) 표 (2) 막대그래프

1 (1) 조사한 자료의 수량을 막대 모양으로 나타낸 그래프를 막대그래프라고 합니다.
(4) 세로 눈금 5칸이 5명을 나타내므로 세로 눈금 한 칸은 $5 \div 5 = 1$(명)을 나타냅니다.

2 (1) 막대의 길이가 가장 긴 것은 축구이므로 가장 많은 학생들이 좋아하는 운동은 축구입니다.
(2) 막대의 길이가 가장 짧은 것은 배구이므로 가장 적은 학생들이 좋아하는 운동은 배구입니다.
(3) 야구를 좋아하는 학생은 7명이고 배구를 좋아하는 학생은 3명이므로 학생 수의 차는 $7 - 3 = 4$(명)입니다.
(4) 농구보다 막대의 길이가 더 긴 것은 축구와 야구입니다.

3 가로 눈금 5칸이 10마리를 나타내므로 가로 눈금 한 칸은 $10 \div 5 = 2$(마리)를 나타냅니다.
소를 나타내는 막대는 13칸이므로 소는 $2 \times 13 = 26$(마리)입니다.

4 표는 조사한 자료별 수량과 합계를 알아보기 쉽고, 막대그래프는 자료별 수량의 많고 적음을 한눈에 비교하기 쉽습니다.

교과서 개념 이해 2 막대그래프를 나타내 볼까요 128~129쪽

1 (1) 학생 수 (2) 9칸

(3) 기르고 싶은 반려동물별 학생 수

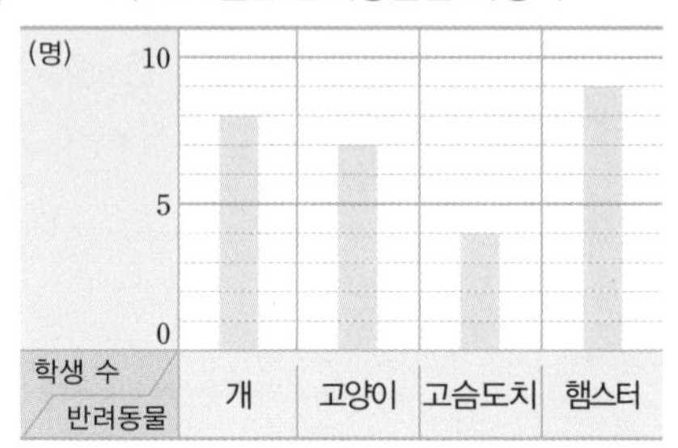

2 (1) 14칸

(2) 예 과일나무별 나무 수

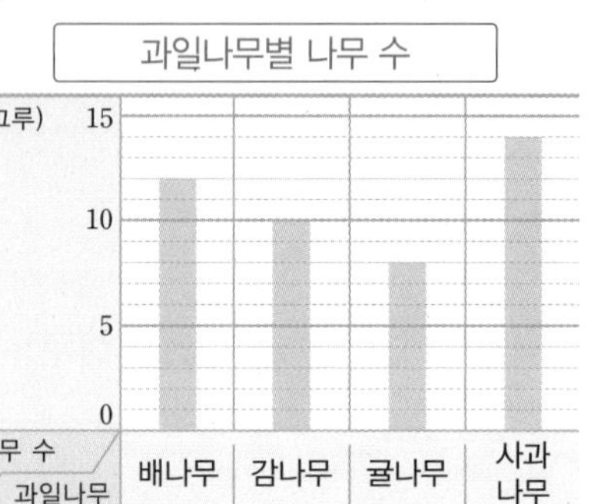

(3) 예 과일나무별 나무 수

(그루) 20 / 10 / 0
나무 수 / 과일나무: 배나무, 감나무, 귤나무, 사과나무

3 (1) 예 좋아하는 계절별 학생 수

계절	봄	여름	가을	겨울	합계
학생 수(명)	7	4	5	9	25

(2) 예 좋아하는 계절별 학생 수

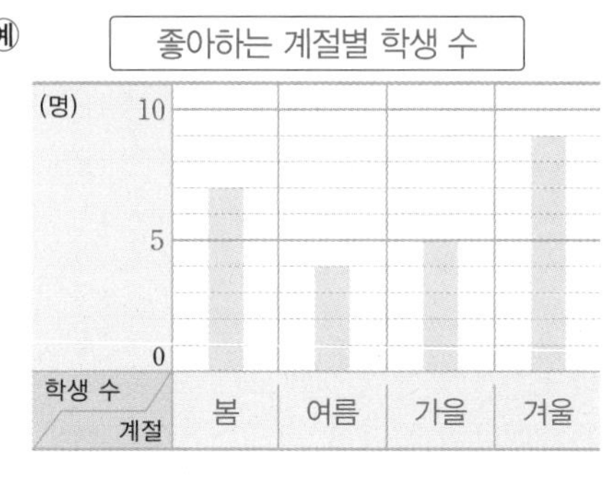

(3) 예

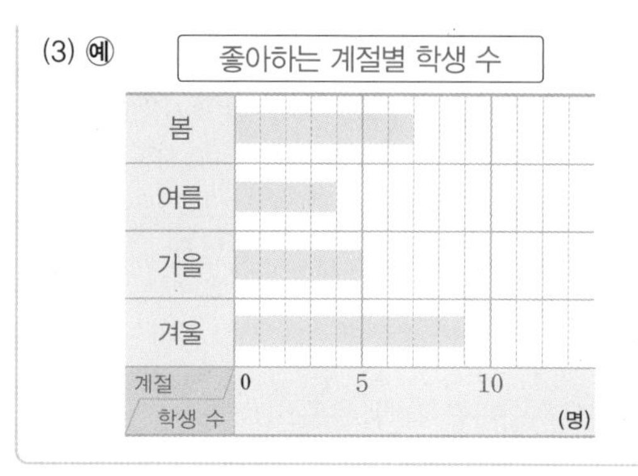

1 (2) 조사한 수 중 가장 큰 수가 9이므로 눈금은 적어도 9칸까지 있어야 합니다.

2 (3) 배나무는 6칸, 감나무는 5칸, 귤나무는 4칸, 사과나무는 7칸만큼 막대를 그립니다.

3 막대가 세로로 된 막대그래프는 세로에 학생 수를 나타내고, 막대가 가로로 된 막대그래프는 가로에 학생 수를 나타냅니다.

교과서 개념 이해 3 막대그래프를 활용해 볼까요 130~131쪽

1 (1) 16 kg (2) 병류 (3) 알 수 없습니다. (4) 예 음식물

2 (1) 4가지 (2) 4명

(3) 떡볶이, 피자, 주먹밥, 아이스크림

(4) 예 떡볶이 / 예 서아네 반 학생들이 가장 좋아하는 간식이 떡볶이이므로 선생님께서 떡볶이를 준비하는 것이 좋겠습니다.

3 ㉢

4 예 2018년부터 2024년까지 밀가루 소비량이 점점 늘어나고 있으므로 2026년의 밀가루 소비량은 2024년보다 더 늘어날 것입니다.

1 (1) 세로 눈금 5칸이 20 kg을 나타내므로 세로 눈금 한 칸은 $20 \div 5 = 4$ (kg)을 나타냅니다.
따라서 종이류 쓰레기의 양은 $4 \times 4 = 16$ (kg)입니다.

(4) 음식물 쓰레기의 양이 가장 많으므로 줄이도록 가장 노력해야 합니다.

2 (1) 떡볶이, 아이스크림, 피자, 주먹밥으로 모두 4가지입니다.

(2) 피자를 좋아하는 학생 수: 8명
아이스크림을 좋아하는 학생 수: 4명
➡ $8 - 4 = 4$(명)

(3) 막대의 길이가 긴 것부터 차례로 쓰면 떡볶이, 피자, 주먹밥, 아이스크림입니다.

3 막대의 길이가 짧을수록 빠른 것입니다.
㉠ 기록이 가장 좋은 학생은 가장 빠른 건우입니다.
㉡ 서윤이는 태준이보다 빠릅니다.

개념 적용 기본기 다지기 132~139쪽

1 4명 **2** 토마토

3 2명 **4** 병의 수, 주스

5 1병 **6** 주스별 판매한 병의 수

7 딸기주스, 키위주스 **8** 3배

9 20명 **10** A형, O형

11 막대그래프 **12** 표

13 한라 마을 **14** 14가구

15 예 • 가구 수가 가장 적은 마을부터 차례로 쓰면 한라 마을, 사랑 마을, 푸른 마을, 은하 마을입니다.
• 은하 마을의 가구 수가 한라 마을의 가구 수보다 5가구 더 많습니다.

16 4반, 2반 **17** 1명, 2명

18 5학년 2반 **19** 5학년 1반

20 7칸

21 

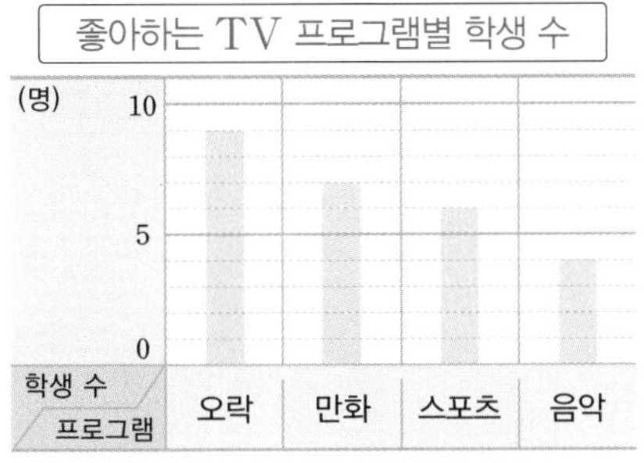

22 오락, 만화 **23** 22대

24 22대

25 예

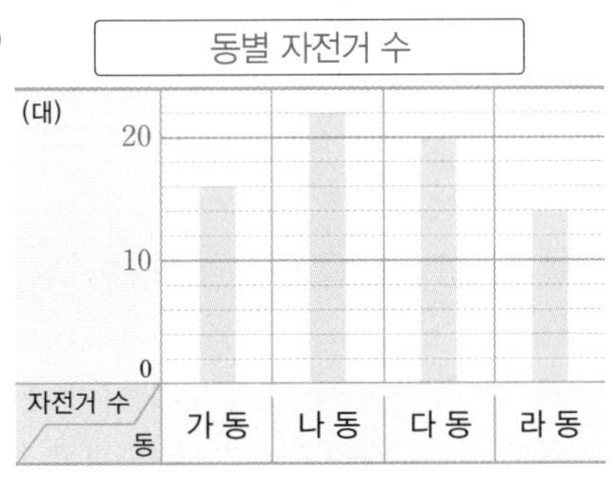

26 예

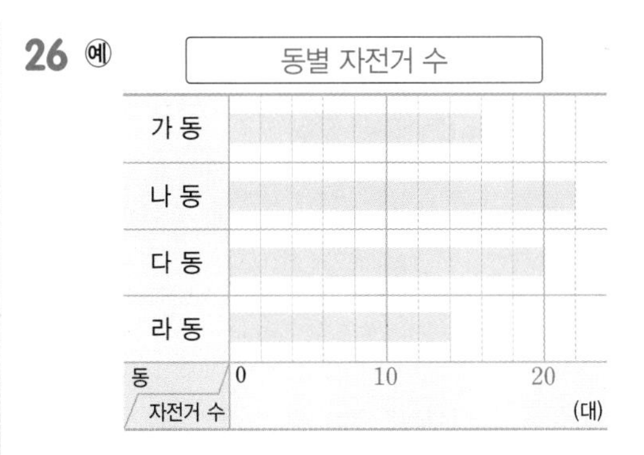

27 3, 6, 8, 26

28 

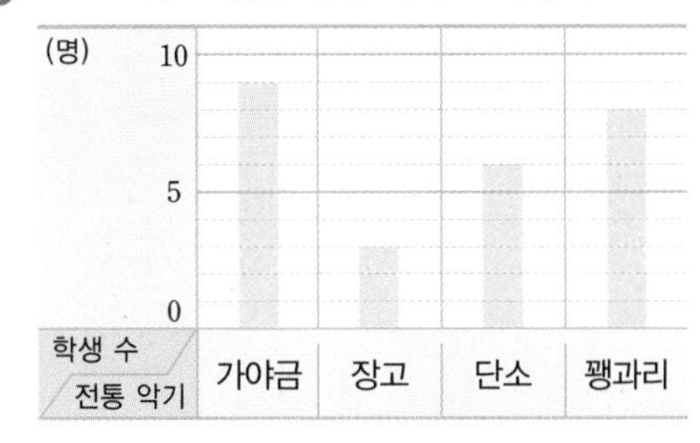

29 7, 9, 4, 5, 25 **30** 5칸

31 예

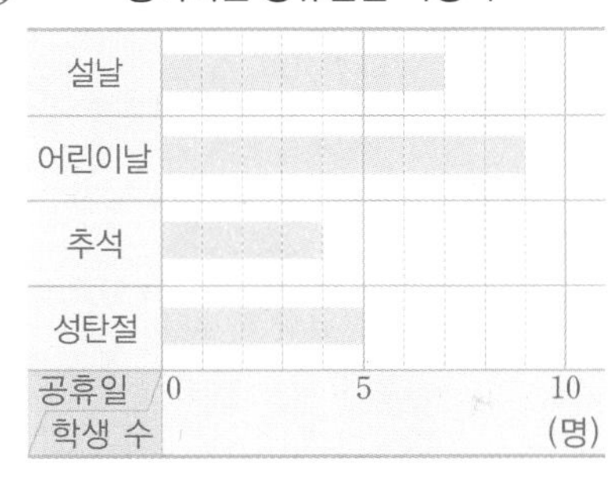

32 예

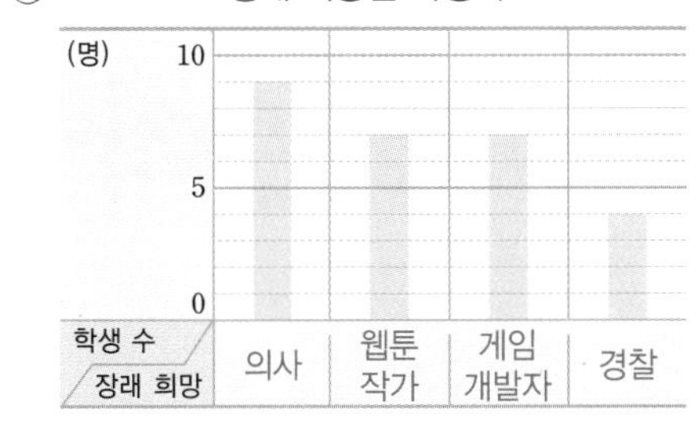

33 예 의사 **34** 중국

35 3배

36 예 중국어 / 예 중국 방문객 수가 가장 많으므로 중국어를 잘하는 것이 좋습니다.

37 예 바나나에서 얻은 열량은 사과에서 얻은 열량보다 높습니다. / 예 자전거 타기는 걷기보다 열량이 많이 소모됩니다.

38 예 수영 / 예 피자 100 g에서 얻은 열량 250 kcal를 1시간 동안 모두 소모시키려면 막대의 길이가 250 kcal보다 길어야 하므로 수영이나 자전거 타기를 하면 좋습니다.

39 5, 4

40 가고 싶어 하는 나라별 학생 수

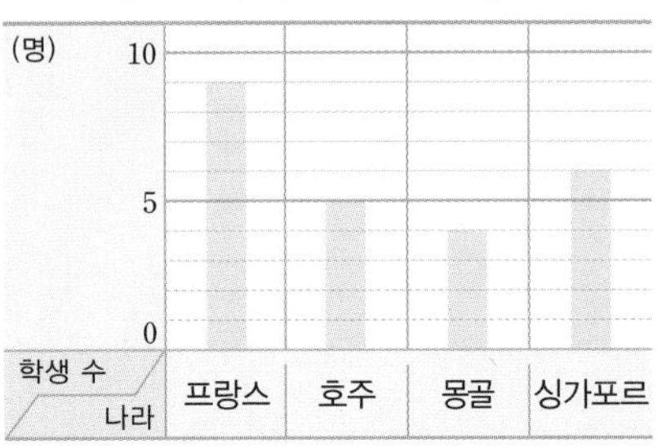

41 싱가포르

42 32개, 16개

43 종류별 빵의 수

종류	빵의 수
도넛	
크림빵	
크로켓	
야채빵	
빵의 수	0, 20, 40 (개)

44 도넛, 8개

45 예 • 크림빵을 가장 많이 만들었습니다.
• 야채빵은 크로켓보다 8개 더 많습니다.

46 A 가게에서 판매한 신발 수

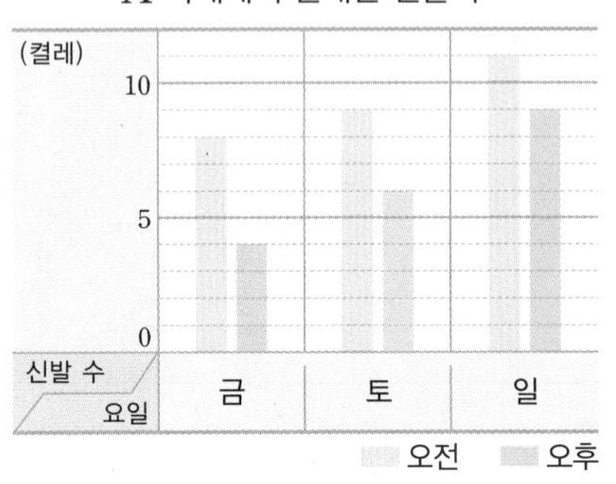

B 가게에서 판매한 신발 수

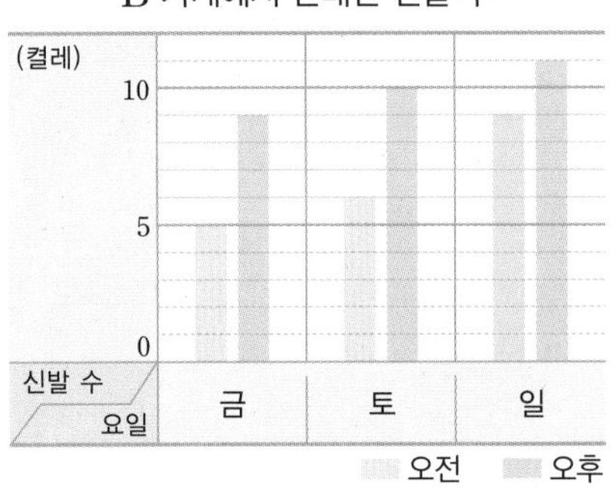

47 예 B 가게

48 80회

49 윤서

50 예 수민 / 예 줄넘기 기록이 꾸준히 늘고 있기 때문입니다.

1 세로 눈금 5칸이 5명을 나타내므로 세로 눈금 한 칸은 $5 \div 5 = 1$(명)을 나타냅니다.
따라서 당근을 좋아하는 학생은 4명입니다.

2 막대의 길이가 가장 긴 채소는 토마토입니다.

서술형
3 예 오이를 좋아하는 학생은 6명이고, 고구마를 좋아하는 학생은 8명이므로 학생 수의 차는 $8 - 6 = 2$(명)입니다.

단계	문제 해결 과정
①	오이와 고구마를 좋아하는 학생 수를 각각 구했나요?
②	오이와 고구마를 좋아하는 학생 수의 차를 구했나요?

5 가로 눈금 5칸이 5병을 나타내므로 가로 눈금 한 칸은 $5 \div 5 = 1$(병)을 나타냅니다.

7 막대의 길이가 망고주스보다 더 긴 것을 찾으면 딸기주스와 키위주스입니다.

8 판매한 키위주스는 9병이고, 수박주스는 3병이므로 판매한 키위주스 수는 수박주스 수의 $9 \div 3 = 3$(배)입니다.

9 세로 눈금 5칸이 100명을 나타내므로 세로 눈금 한 칸은 $100 \div 5 = 20$(명)을 나타냅니다.

10 B형보다 막대의 길이가 긴 것은 A형과 O형입니다.

11 막대그래프는 자료별 수량의 많고 적음을 한눈에 알기 쉽습니다.

12 표는 자료별 수량과 합계를 알기 쉽습니다.

13 막대의 길이가 가장 짧은 마을은 한라 마을입니다.

14 가로 눈금 한 칸은 1가구를 나타내므로 푸른 마을의 가구 수는 8가구이고, 사랑 마을의 가구 수는 6가구입니다.
따라서 푸른 마을과 사랑 마을의 가구는 모두 $8 + 6 = 14$(가구)입니다.

16 각각의 막대그래프에서 막대의 길이가 가장 긴 반을 찾아보면 4학년 막대그래프에서는 4반이고, 5학년 막대그래프에서는 2반입니다.

17 4학년 막대그래프는 세로 눈금 5칸이 5명을 나타내므로 세로 눈금 한 칸은 $5 \div 5 = 1$(명)을 나타냅니다.
5학년 막대그래프는 세로 눈금 5칸이 10명을 나타내므로 세로 눈금 한 칸은 $10 \div 5 = 2$(명)을 나타냅니다.

18 독서 토론 대회에 지원한 4학년 4반 학생 수는 7명이고, 독서 토론 대회에 지원한 5학년 2반 학생 수는 $2\times5=10$(명)입니다.
따라서 $7<10$이므로 독서 토론 대회에 지원한 학생이 더 많은 반은 5학년 2반입니다.

19 4학년 1반은 4명이므로 4학년 막대그래프에서는 4칸, 5학년 막대그래프에서는 2칸인 반을 찾습니다.

22 스포츠보다 막대의 길이가 더 긴 것을 찾으면 오락, 만화입니다.

23 (나 동의 자전거 수)$=72-16-20-14=22$(대)

24 자전거가 가장 많은 동의 자전거 수가 22대이므로 적어도 22대까지 나타낼 수 있어야 합니다.

27 전통 악기별 붙임딱지의 수를 각각 세어 봅니다.
(합계)$=9+3+6+8=26$(명)

29 각 공휴일별로 학생 수를 세어 봅니다. 각 학생 수의 합계가 조사한 전체 학생 수와 같은지 확인합니다.

30 성탄절을 좋아하는 학생은 5명이므로 5칸으로 그려야 합니다.

31 가로는 학생 수, 세로는 공휴일을 나타내므로 막대를 가로로 그립니다.

33 장래 희망이 의사인 학생이 가장 많으므로 의사를 체험하는 것이 좋겠습니다.

34 막대의 길이가 가장 긴 것은 중국입니다.

35 2024년 1월에 우리나라를 방문한 일본 방문객 수는 18만 명, 싱가포르 방문객 수는 6만 명이므로 3배입니다.

서술형
36

단계	문제 해결 과정
①	공항 안내데스크 직원은 어느 나라 말을 잘하는 것이 좋을지 썼나요?
②	그 까닭을 썼나요?

서술형
38

단계	문제 해결 과정
①	어떤 운동을 하면 좋을지 썼나요?
②	그 까닭을 썼나요?

39 몽골에 가고 싶어 하는 학생 수를 □명이라고 하면 호주에 가고 싶어 하는 학생 수는 (□+1)명입니다.
$9+(□+1)+□+6=24$, $□+□+16=24$,
$□+□=8$, $□=4$
따라서 호주에 가고 싶어 하는 학생은 5명, 몽골에 가고 싶어 하는 학생은 4명입니다.

41 막대의 길이가 프랑스보다 짧고 호주보다 긴 나라는 싱가포르입니다.

42 (도넛과 크로켓의 수의 합)$=112-40-24=48$(개)
크로켓의 수를 □개라고 하면 도넛의 수는 $(□\times2)$개이므로 $(□\times2)+□=48$, $□\times3=48$, $48\div3=□$, $□=16$입니다.
따라서 도넛은 $16\times2=32$(개), 크로켓은 16개입니다.

43 가로 눈금 5칸이 20개를 나타내므로 가로 눈금 한 칸은 $20\div5=4$(개)를 나타냅니다.

44 도넛은 32개이고 크림빵은 40개이므로 도넛을 $40-32=8$(개) 더 만들어야 합니다.

다른 풀이 |
도넛과 크림빵의 막대의 차는 $10-8=2$(칸)이므로 도넛을 $4\times2=8$(개) 더 만들어야 합니다.

46 (A 가게에서 토요일 오후에 판매한 신발 수)
$=15-9=6$(켤레)
(B 가게에서 일요일 오전에 판매한 신발 수)
$=20-11=9$(켤레)

47 A 가게는 오전에 손님이 많고, B 가게는 오후에 손님이 많으므로 B 가게가 오후 늦게까지 문을 여는 것이 좋겠습니다.

48 세로 눈금 5칸이 50회를 나타내므로 세로 눈금 한 칸은 $50\div5=10$(회)를 나타냅니다.
따라서 수민이의 2회 줄넘기 기록은 $10\times8=80$(회)입니다.

49 (해인이의 1회부터 3회까지의 줄넘기 기록의 합)
$=80+80+80=240$(회)
(수민이의 1회부터 3회까지의 줄넘기 기록의 합)
$=60+80+100=240$(회)
(윤서의 1회부터 3회까지의 줄넘기 기록의 합)
$=110+50+90=250$(회)
따라서 1회부터 3회까지의 줄넘기 기록의 합이 가장 큰 사람은 윤서입니다.

서술형
50

단계	문제 해결 과정
①	누구를 반 대표로 뽑으면 좋을지 썼나요?
②	그 까닭을 썼나요?

개념 완성

응용력 기르기 140~143쪽

1 22, 16, 76

환경보호를 위해 할 수 있는 활동별 학생 수

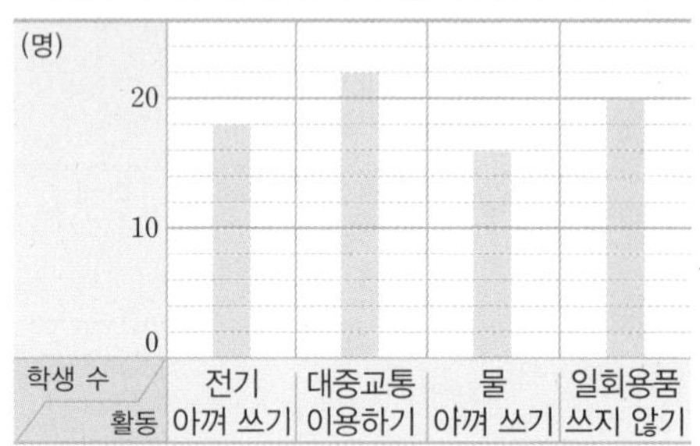

1-1 30, 90, 250

학생별 갯벌에서 잡은 조개 수

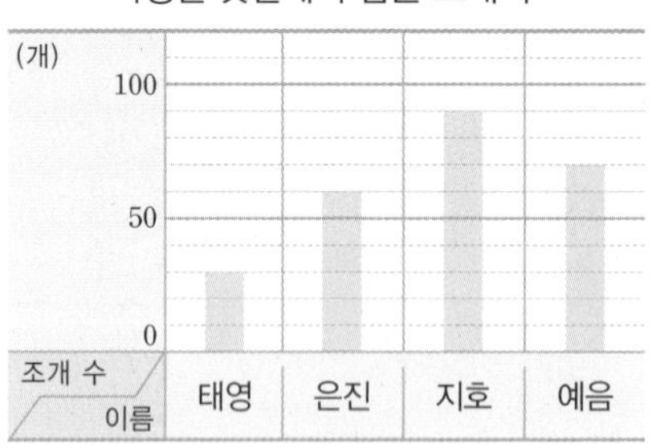

2 2반, 3명

2-1 수요일, 8명 **2-2** 화요일, 수요일

3 7명, 6명

3-1 18송이, 12송이

4 **1단계** ㉠ 세로 눈금 한 칸이 $500 \div 5 = 100$ (Wh)를 나타내므로 컴퓨터의 전력소비량은 300 Wh, 다리미의 전력소비량은 900 Wh, 에어컨의 전력소비량은 1500 Wh입니다.

2단계 ㉠ 전기밥솥의 전력소비량은 $3600 - 300 - 900 - 1500 = 900$ (Wh)입니다. / 900 Wh

4-1 40 Wh

1 막대그래프에서 물 아껴 쓰기를 고른 학생 수가 16명이므로 대중교통 이용하기를 고른 학생은 $16 + 6 = 22$(명)입니다.
(합계)$= 18 + 22 + 16 + 20 = 76$(명)

1-1 막대그래프에서 지호가 잡은 조개 수가 90개이므로 태영이가 잡은 조개 수는 $90 \div 3 = 30$(개)입니다.
(합계)$= 30 + 60 + 90 + 70 = 250$(개)

2 두 막대의 길이의 차가 가장 큰 반은 2반이고, 3칸 차이가 납니다. 세로 눈금 한 칸은 1명을 나타내므로 2반의 남녀 학생 수의 차는 3명입니다.

다른 풀이 |
두 막대의 길이의 차가 가장 큰 반은 2반이고, 2반의 남학생은 10명, 여학생은 13명이므로 남녀 학생 수의 차는 $13 - 10 = 3$(명)입니다.

2-1 두 막대의 길이의 차가 가장 큰 요일은 수요일이고, 4칸 차이가 납니다.
세로 눈금 한 칸은 $10 \div 5 = 2$(명)을 나타내므로 수요일에 방문한 남자 수와 여자 수의 차는 $2 \times 4 = 8$(명)입니다.

다른 풀이 |
두 막대의 길이의 차가 가장 큰 요일은 수요일이고, 수요일에 방문한 남자는 12명, 여자는 20명이므로 남자 수와 여자 수의 차는 $20 - 12 = 8$(명)입니다.

2-2 요일별로 방문자 수를 각각 알아봅니다.
월요일: $14 + 14 = 28$(명), 화요일: $18 + 14 = 32$(명),
수요일: $12 + 20 = 32$(명), 목요일: $20 + 18 = 38$(명)
따라서 방문자 수가 같은 요일은 화요일과 수요일입니다.

3 세로 눈금 한 칸은 1명을 나타내므로 4반의 안경을 쓴 학생 수는 3명이고, 3반의 안경을 쓴 학생 수는 4반의 안경을 쓴 학생 수의 2배이므로 $3 \times 2 = 6$(명)입니다.
2반의 안경을 쓴 학생 수는 3반의 안경을 쓴 학생 수보다 1명 더 많으므로 $6 + 1 = 7$(명)입니다.

3-1 세로 눈금 한 칸은 $10 \div 5 = 2$(송이)를 나타내므로 튤립은 6송이이고, 백합은 튤립의 3배이므로 $6 \times 3 = 18$(송이)입니다.
국화는 백합보다 6송이 더 적으므로 $18 - 6 = 12$(송이)입니다.

4-1 세로 눈금 한 칸이 $50 \div 5 = 10$ (Wh)를 나타내므로 TV의 전력소비량은 120 Wh, 선풍기의 전력소비량은 60 Wh, 모니터의 전력소비량은 30 Wh입니다.
따라서 형광등의 전력소비량은
$250 - 120 - 60 - 30 = 40$ (Wh)입니다.

5단원 단원 평가 Level ❶ 144~146쪽

1 날씨별 날수 **2** 10일

3 비 **4** 1일

5 12명

6 예

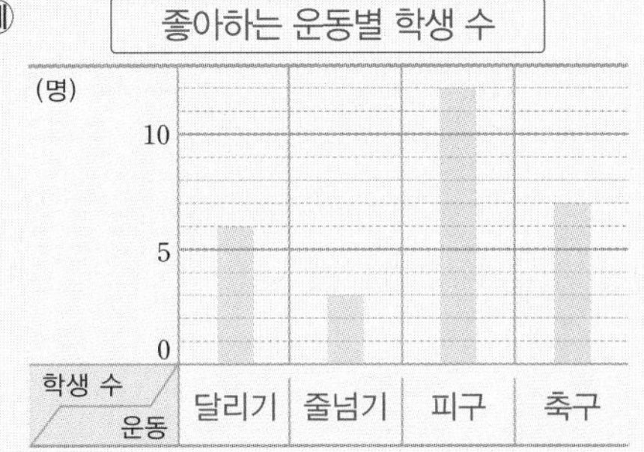

7 피구 **8** 피구, 축구

9 예

학생들의 취미별 학생 수

취미	운동	독서	음악	게임	합계
학생 수(명)	5	9	4	7	25

10 예

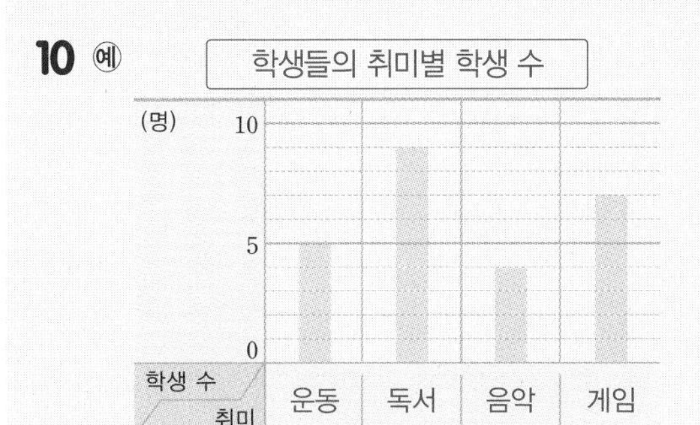

11 예

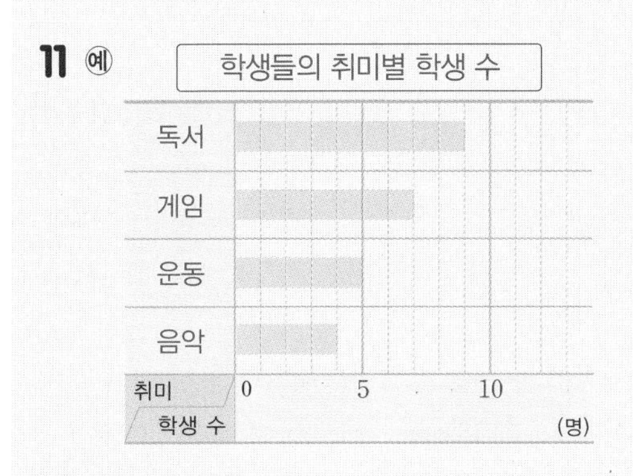

12 간식, 학생 수 **13** 2명

14 14명 **15** 치킨, 피자, 떡볶이, 라면

16 32만 kg **17** 12만 kg

18 예 2025년의 쌀 생산량은 2020년보다 줄어들 것 같습니다.

19 4명

20 예 장수풍뎅이, 배추흰나비

1 막대그래프에서 막대의 길이는 각 자료의 수량을 나타냅니다.

2 세로 눈금 한 칸은 1일을 나타내므로 맑은 날은 10일입니다.

3 막대의 길이가 가장 짧은 것은 비이므로 날수가 가장 적은 날씨의 종류는 비입니다.

4 흐린 날은 7일이고 눈이 온 날은 6일이므로 흐린 날은 눈이 온 날보다 $7-6=1$(일) 더 많습니다.

5 막대그래프의 눈금은 학생 수가 가장 많은 피구의 12명까지 나타낼 수 있어야 합니다.

6 세로 눈금 한 칸은 1명을 나타내므로 달리기는 6칸, 줄넘기는 3칸, 피구는 12칸, 축구는 7칸으로 나타냅니다.

7 막대의 길이가 가장 긴 것은 피구이므로 가장 많은 학생들이 좋아하는 운동은 피구입니다.

8 달리기보다 막대의 길이가 더 긴 것은 피구와 축구입니다.

11 막대가 세로로 된 막대그래프는 세로에 학생 수를 나타내고, 막대가 가로로 된 막대그래프는 가로에 학생 수를 나타냅니다.

12 좋아하는 간식별 학생 수를 조사하여 가로에는 간식, 세로에는 학생 수를 나타낸 것입니다.

13 세로 눈금 5칸이 10명을 나타내므로 세로 눈금 한 칸은 $10 \div 5=2$(명)을 나타냅니다.

14 세로 눈금 한 칸이 2명을 나타내고 떡볶이를 나타내는 막대는 7칸이므로 떡볶이를 좋아하는 학생은 $2 \times 7=14$(명)입니다.

15 막대의 길이가 긴 것부터 차례로 쓰면 치킨, 피자, 떡볶이, 라면입니다.

16 세로 눈금 한 칸은 2만 kg을 나타내고 2005년을 나타내는 막대는 16칸이므로 2005년의 쌀 생산량은 2만$\times 16=$32만 (kg)입니다.

17 2010년의 쌀 생산량은 28만 kg이고 2020년의 쌀 생산량은 16만 kg이므로 쌀 생산량의 차는 28만$-$16만$=$12만 (kg)입니다.

18 2005년부터 쌀 생산량이 점점 줄어들고 있으므로 2025년의 쌀 생산량은 2020년보다 줄어들 것으로 예상할 수 있습니다.

서술형
19 예 A형인 학생은 12명, B형인 학생은 6명, O형인 학생은 8명입니다. 현주네 반 학생은 모두 30명이므로 AB형인 학생은 $30-12-6-8=4$(명)입니다.

평가 기준	배점(5점)
A형, B형, O형인 학생 수를 각각 구했나요?	3점
AB형인 학생 수를 구했나요?	2점

서술형
20 예 가장 많은 학생들이 관찰하고 싶은 곤충은 장수풍뎅이, 둘째로 많은 학생들이 관찰하고 싶은 곤충은 배추흰나비이기 때문입니다.

평가 기준	배점(5점)
관찰할 곤충 두 가지를 정했나요?	3점
그 까닭을 썼나요?	2점

5단원 단원 평가 Level 2

147~149쪽

1 5마리 **2** 35마리
3 사자 **4** 45마리
5 43명 **6** 10명
7 예 강좌별 수강생 수

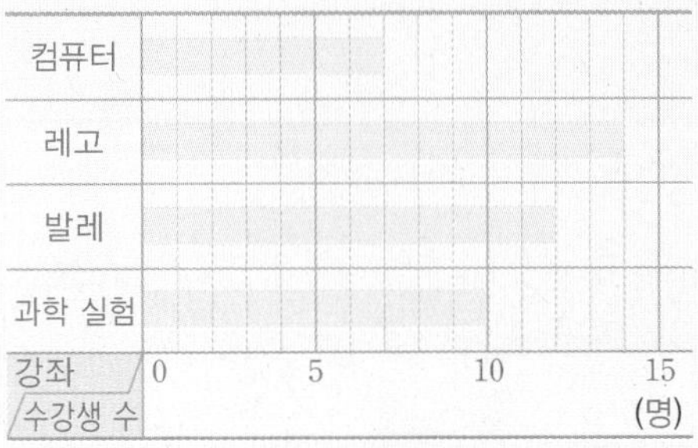

8 과학 실험 **9** 2배
10 6명 **11** 300명
12 900명 **13** ㉠, ㉢
14 예 명동 **15** 10그루, 4그루
16 학교에 있는 종류별 나무 수

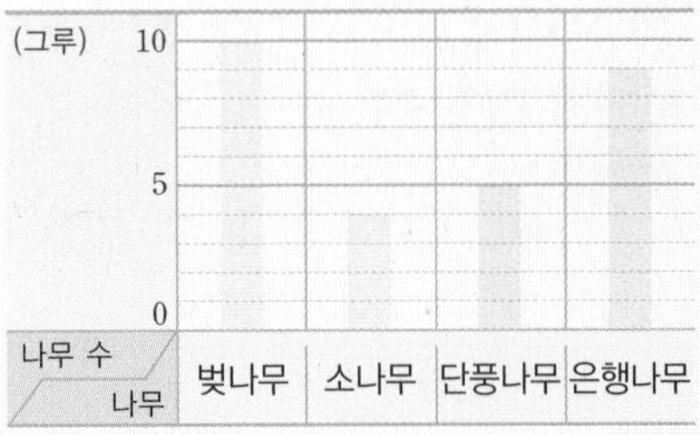

17 6그루 **18** 소나무
19 별빛 마을 **20** 30그릇

1 세로 눈금 5칸이 25마리를 나타내므로 세로 눈금 한 칸은 $25 \div 5=5$(마리)를 나타냅니다.

2 홍학을 나타내는 막대는 7칸이므로 $5 \times 7=35$(마리)입니다.

3 기린보다 막대의 길이가 짧은 동물은 사자입니다.

4 막대의 길이가 가장 긴 것은 원숭이이고 막대의 길이가 가장 짧은 것은 사자입니다.
원숭이는 55마리이고 사자는 10마리이므로 가장 많은 동물과 가장 적은 동물의 차는 $55-10=45$(마리)입니다.

6 (과학 실험 수강생 수)$=43-7-14-12=10$(명)

7 수강생 수를 가로로 하여 막대그래프로 나타냅니다.

8 막대의 길이가 둘째로 짧은 강좌는 과학 실험입니다.

9 막대의 길이가 가장 긴 강좌는 레고이고 막대의 길이가 가장 짧은 강좌는 컴퓨터입니다.
레고 수강생 수는 14명이고, 컴퓨터 수강생 수는 7명이므로 레고 수강생 수는 컴퓨터 수강생 수의 $14 \div 7=2$(배)입니다.

10 바이킹: 8명, 청룡열차: 7명, 범퍼카: 5명
(자이로드롭을 좋아하는 학생 수)
$=26-8-7-5=6$(명)

11 막대그래프에서 세로 눈금 한 칸은 $500 \div 5=100$(명)을 나타냅니다.
목요일을 나타내는 막대는 3칸이므로 목요일의 입장객 수는 $100 \times 3=300$(명)입니다.

12 목요일의 입장객 수는 300명이므로 토요일의 입장객 수는 $300 \times 3=900$(명)입니다.

13 ㉠ 조사한 외국인 관광객 수는 모두 $9+13+10+4=36$(명)입니다.
㉡ 인사동에 가고 싶어 하는 외국인 관광객 수는 9명이고 남산에 가고 싶어 하는 외국인 관광객 수는 4명이므로 인사동에 가고 싶어 하는 외국인 관광객 수는 남산에 가고 싶어 하는 외국인 관광객 수의 2배가 아닙니다.
㉢ 유빈이가 조사한 외국인 관광객들이 가고 싶어 하는 장소는 인사동, 명동, 경복궁, 남산으로 4곳입니다.

14 조사한 외국인 관광객들이 명동에 가장 많이 가고 싶어 하므로 명동에 가면 좋을 것입니다.

15 단풍나무는 5그루이므로 벚나무는 $5\times2=10$(그루)입니다. 은행나무는 9그루이므로 소나무는 $9-5=4$(그루)입니다.

17 막대의 길이가 가장 긴 것은 벚나무이고 막대의 길이가 가장 짧은 것은 소나무입니다. 벚나무와 소나무의 막대의 길이의 차는 6칸이므로 가장 많은 나무 수와 가장 적은 나무 수의 차는 6그루입니다.

18 막대의 길이가 가장 짧은 소나무를 가장 많이 심어야 합니다.

서술형
19 예 막대의 길이가 짧은 마을부터 차례로 쓰면 은빛 마을, 별빛 마을, 달빛 마을, 햇빛 마을입니다.
따라서 편의점 수가 둘째로 적은 마을은 별빛 마을입니다.

평가 기준	배점(5점)
막대의 길이를 비교했나요?	2점
편의점 수가 둘째로 적은 마을을 구했나요?	3점

서술형
20 예 가로 눈금 5칸이 50그릇을 나타내므로 가로 눈금 한 칸은 $50\div5=10$(그릇)을 나타냅니다.
짜장면은 $10\times11=110$(그릇) 판매했고, 짬뽕은 $10\times8=80$(그릇) 판매했습니다.
따라서 짜장면을 짬뽕보다 $110-80=30$(그릇) 더 많이 판매했습니다.

평가 기준	배점(5점)
짜장면과 짬뽕의 판매한 그릇 수를 각각 구했나요?	3점
짜장면을 짬뽕보다 몇 그릇 더 많이 판매했는지 구했나요?	2점

6 규칙 찾기

수학의 많은 내용은 규칙성을 다루고 있습니다. 규칙성은 수학의 많은 아이디어를 연결하는 데 도움을 주며 수학을 다양하게 사용할 수 있는 방법을 제공합니다. 이번 단원에서는 2학년 2학기때 학습한 규칙 찾기 내용을 더 확장하여 학습하게 되며 등호(=)의 개념을 연산적 관점에서 벗어나 관계적 기호임을 이해하는 학습이 이루어집니다. 특히 수의 규칙 찾기 활동은 이후 함수적 사고를 학습하기 위한 바탕이 됩니다. 초등학생들에게 요구되는 함수적 사고란 두 양 사이의 변화에 주목하는 사고를 의미합니다. 이러한 변화의 규칙은 규칙 찾기 활동을 통한 경험이 있어야 발견할 수 있으므로 규칙 찾기 활동은 함수적 사고 학습의 바탕이 됩니다.

교과서 개념 이해 1 수의 배열에서 규칙을 찾아볼까요 152~153쪽

1 (1) 5, 작아지는에 ○표 (2) 200, 커지는에 ○표

2 (1) 3, 나누는에 ○표 (2) 10, 곱하는에 ○표

3 3037

4 (위에서부터) 645, 435, 325

5 D10, E8

6 (1) □  (2) 243

7 (1) 예 96부터 시작하여 오른쪽으로 2씩 나누는 규칙입니다.
(2) 48

8 (위에서부터) 24, 12, 72

3 3007부터 시작하여 오른쪽으로 10씩 커집니다.

4 오른쪽으로 10씩 커지고, 아래쪽으로 100씩 작아집니다.

5 오른쪽으로 수가 1씩 커지고, 아래쪽으로 알파벳이 순서대로 바뀝니다.

6 (2) 오른쪽으로 3씩 곱하는 규칙이므로 빈칸에 알맞은 수는 $81\times3=243$입니다.

7 (2) $96\div2=48$

8 세로줄과 가로줄의 수가 만나는 칸에 두 수의 곱을 쓰는 규칙입니다.
➡ $3\times8=24$, $6\times2=12$, $9\times8=72$

교과서 개념 이해 2 모양의 배열에서 규칙을 찾아볼까요 154~155쪽

1 (1) 1 (2)

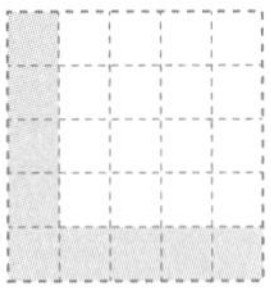

2 (1) 3, 4 (2)

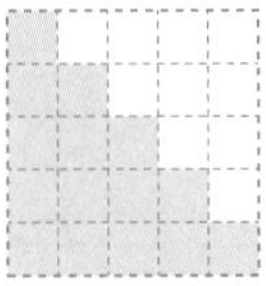

3 (1) 1 (2) 3, 4 (3)

4 (1) 1 (2) 6개

5 (위에서부터) 5 / 2, 7 / 2, 2, 9

6 (1) 예 사각형의 수가 2개부터 시작하여 오른쪽으로 3개씩 늘어납니다.
(2) 14개

6 첫째: 2개,
둘째: 2+3=5(개),
셋째: 2+3+3=8(개),
넷째: 2+3+3+3=11(개),
다섯째: 2+3+3+3+3=14(개)

교과서 개념 이해 3 계산식의 배열에서 규칙을 찾아볼까요 156~157쪽

1 (1) ㉰ (2) ㉯ 2 (1) ㉮ (2) ㉱

3 202×11=2222

4 (1) 12345+111111=123456 (2) 여덟째

5 (1) 99999×88889=8888811111 (2) 여섯째

1 (2) ㉯에서 십의 자리 수가 각각 1씩 커지는 두 수의 합은 20씩 커지므로 다음에 알맞은 계산식은 242+343=585입니다.

2 (2) ㉱에서 나누어지는 수는 220씩 작아지고 나누는 수는 10씩 작아지면 몫이 22로 같아지므로 다음에 알맞은 계산식은 220÷10=22입니다.

3 곱해지는 수가 101씩 커지고 계산 결과의 각 자리 숫자가 1씩 커지는 규칙이므로 둘째 곱셈식은 202×11=2222입니다.

4 (1) 1, 12, 123과 같이 자리 수가 늘어나는 수에 11, 111, 1111과 같이 자리 수가 늘어나는 수를 더하면 합은 12, 123, 1234와 같이 자리 수가 늘어납니다.
(2) 계산 결과가 1부터 9까지의 수를 쓴 수이므로 여덟째입니다.

5 (1) 9, 99, 999와 같이 자리 수가 늘어나는 수에 9, 89, 889와 같이 자리 수가 늘어나는 수를 곱하면 곱은 81, 8811, 888111과 같이 자리 수가 2개씩 늘어납니다.
(2) 계산 결과가 8을 6개, 1을 6개 쓴 수이므로 여섯째입니다.

교과서 개념 이해 4 등호(=)가 있는 식을 알아볼까요 158~159쪽

❶ 등호(=)

1 (1) 3, 10 (2) 2, 3, 10 (3) 예 7+3=5+2+3

2 (1) 3, 3 (2) 옳은에 ○표

3 
/ 예 20+15=15+20
/ 예 13×3=13+13+13

4 (1) 92 (2) 0 (3) 71 (4) 4

5 예 65−10=45+10

6 (1) (위에서부터) 5, 커집니다 / 5, 작아집니다
(2) (위에서부터) 5, 커집니다 / 5, 커집니다

7 (○)
(○)
( )
( )
(○)

8 58+19=60+17

4 (1) 어떤 수에 0을 더해도 그 크기는 변하지 않으므로 $92+0$은 92와 크기가 같습니다.
(2) 어떤 수에서 0을 빼도 그 크기는 변하지 않으므로 53은 $53-0$과 크기가 같습니다.
(3) 두 수를 바꾸어 더해도 그 크기는 변하지 않으므로 $71+23$은 $23+71$과 크기가 같습니다.
(4) 두 수를 바꾸어 곱해도 그 크기는 변하지 않으므로 4×24는 24×4와 크기가 같습니다.

5 $65-10=55$, $9\times5=45$, $70\div2=35$, $45+10=55$
$65-10$과 $45+10$의 계산 결과가 같으므로 $65-10=45+10$입니다.

7 등호(=) 양쪽의 양이 같은 것을 찾습니다.
$63+19$와 $53+9$는 계산 결과가 같지 않으므로 옳은 식이 아닙니다.
3×5와 6×10은 계산 결과가 같지 않으므로 옳은 식이 아닙니다.

8 58에서 60으로 2만큼 커졌으므로 19에서 17로 2만큼 작아져야 합니다.

기본기 다지기 160~166쪽

개념 적용

1 (위에서부터) 632, 522, 312

2

50004	50005	50006	50007	50008
50104	50105	50106	50107	50108
50204	50205	50206	50207	50208
50304	50305	50306	50307	50308
50404	50405	50406	50407	50408

3 예 50004부터 시작하여 ↘ 방향으로 101씩 커집니다.

4 8321, 8021 **5** 670

6 예 2부터 시작하여 ↻ 방향으로 2씩 커집니다. / 예 2부터 시작하여 → 방향으로 8씩 커집니다.

7 32, 22

8 (위에서부터) 72, 108, 18

9 405

10 (위에서부터) 3, 300, 2000, 4200

11 40 **12** 32, 128, 512

13 5, 0

14 (위에서부터) $1+3+3+3$ / 7, 10

15 $1+4+4+4+4$ / 17개

16 예 가로와 세로에 각각 1줄씩 더 늘어나서 이루어진 직사각형 모양입니다.

17

18 예 분홍색 사각형을 중심으로 왼쪽과 위쪽으로 1개씩, 오른쪽과 아래쪽으로 1개씩 번갈아가며 늘어납니다.

19 ㉢ **20** ㉢

21 ㉠

22 $123456+654321=777777$

23 $12345678+87654321=99999999$

24 $900+800-1200$

25 ㉡ **26** ㉢

27 $99999\times99999=9999800001$

28 $9999999\times9999999=99999980000001$

29 $100008\div9$

30 6×7, 42, $84\div2$에 ○표

31 $55-6$, $42+7$에 ○표 / 예 $55-6=42+7$

32 예 3, ×, 5, 5, ×, 3

33 4×8, $64\div2$, $32+0$에 ○표
/ 예 $4\times8=64\div2$ / 예 $4\times8=32+0$
/ 예 $64\div2=32+0$

34 ( )
(×)
(×)
( )
( )

35 옳습니다에 ○표 / 예 160은 80에 2를 곱한 수이고, 8은 4에 2를 곱한 수이므로 두 양이 같습니다.

36 8, 수 / 3, 학 **37** 14

38 7, 10, 2 **39** 예 10, 22

40 예 $17+13$, $19+11$ / 예 $17+13=19+11$

1 오른쪽으로 100씩 커지고, 아래쪽으로 10씩 작아집니다.

2 아래쪽으로 100씩 커지는 규칙이므로 50007부터 아래 칸에 있는 수를 모두 색칠합니다.

3 예시된 답 이외에도 규칙이 맞으면 정답입니다.

4 8421부터 시작하여 오른쪽으로 100씩 작아집니다.
따라서 ♥는 8421보다 100만큼 더 작은 수인 8321이고, ★은 8121보다 100만큼 더 작은 수인 8021입니다.

5 오른쪽으로 3씩 커집니다.
따라서 ■에 알맞은 수는 667보다 3만큼 더 큰 수인 670입니다.

다른 풀이 |
아래쪽으로 100, 200, 300, 400, ...씩 커집니다.
따라서 ■에 알맞은 수는 370보다 300만큼 더 큰 수인 670입니다.

7 ㉠=(24보다 8만큼 더 큰 수)=32
㉡=(14보다 8만큼 더 큰 수)=22

8 오른쪽으로 3씩 나누고, 아래쪽으로 2씩 나눕니다.

서술형
9 예 15부터 시작하여 오른쪽으로 3씩 곱합니다.
따라서 빈칸에 알맞은 수는 $135\times3=405$입니다.

단계	문제 해결 과정
①	수 배열의 규칙을 찾았나요?
②	빈칸에 알맞은 수를 구했나요?

10

×	㉠	4	5	6
100	300	400	500	600
㉡	900	1200	1500	1800
500	1500	㉢	2500	3000
700	2100	2800	3500	㉣

• $100\times$㉠$=300$이므로 ㉠$=3$입니다.
• ㉡$\times4=1200$이므로 ㉡$=300$입니다.
• ㉢$=500\times4=2000$
• ㉣$=700\times6=4200$

11

16	8	4	2
32	16	8	4
64	32	16	㉠
128	64	㉡	16

㉠=8, ㉡=32이므로 ㉠+㉡=8+32=40입니다.

12 ↙ 방향에 있는 수들은 4씩 곱하는 규칙입니다.

13 세로줄과 가로줄의 수가 만나는 칸에 두 수의 곱셈의 결과에서 일의 자리 숫자를 쓰는 규칙입니다.
■: $35\times217=7595$ ➡ 5
▲: $38\times215=8170$ ➡ 0

14 모형의 수가 1개부터 시작하여 3개씩 늘어납니다.

15 사각형의 수가 1개부터 시작하여 4개씩 늘어납니다.
따라서 다섯째에 알맞은 사각형의 수는
$1+4+4+4+4=17$(개)입니다.

17 다섯째에 알맞은 모양은 가로 6개, 세로 5개로 이루어진 직사각형 모양입니다.

19 넷째 모양에서 오른쪽과 아래쪽으로 1개씩 늘어난 모양입니다.

20 ㉣ 계산식의 규칙: 십의 자리 수가 똑같이 작아지는 두 수의 차는 항상 일정합니다.

21 ㉠ 계산식의 규칙: 십의 자리 수가 각각 1씩 커지는 두 수의 합은 20씩 커집니다.
따라서 다음에 알맞은 계산식은 $457+358=815$입니다.

22 12, 123, 1234와 같이 자리 수가 늘어나는 수에 21, 321, 4321과 같이 자리 수가 늘어나는 수를 더하면 합은 33, 444, 5555와 같이 자리 수가 늘어납니다.

서술형
23 예 계산 결과는 각 자리 숫자가 1씩 커지고 자리 수가 한 자리씩 늘어나므로 계산 결과가 99999999가 되는 덧셈식은 일곱째입니다.
따라서 일곱째 덧셈식은
$12345678+87654321=99999999$입니다.

단계	문제 해결 과정
①	규칙을 찾았나요?
②	계산 결과가 99999999가 되는 덧셈식을 구했나요?

24 300, 500, 700, ...과 같이 200씩 커지는 수에 각각 200, 400, 600, ...과 같이 200씩 커지는 수를 더하고, 300, 600, 900, ...과 같이 300씩 커지는 수를 빼면 계산 결과가 100씩 커집니다.
따라서 □ 안에 알맞은 식은 $900+800-1200$입니다.

26 ㉢ 계산식의 규칙: 나누어지는 수가 11110씩 작아지고 나누는 수가 11씩 작아지면 그 몫은 똑같습니다.
따라서 다음에 알맞은 계산식은 $33330\div33=1010$입니다.

27 곱해지는 수와 곱하는 수가 각각 9부터 9가 1개씩 늘어나면 곱은 9와 0이 1개씩 늘어납니다.
따라서 다섯째 곱셈식은
$99999 \times 99999 = 9999800001$입니다.

서술형
28 예 계산 결과는 9와 0의 수가 순서보다 1만큼 더 작은 수인 규칙입니다. 계산 결과에서 9와 0이 각각 6개이므로 일곱째입니다.
따라서 일곱째 곱셈식은
$9999999 \times 9999999 = 99999980000001$입니다.

단계	문제 해결 과정
①	규칙을 찾았나요?
②	계산 결과가 99999980000001이 되는 곱셈식을 구했나요?

29 나누는 수는 9로 일정하고 나누어지는 수는 108부터 0이 1개씩 늘어나면 몫은 1이 1개씩 늘어납니다.
따라서 □ 안에 알맞은 식은 $100008 \div 9$입니다.

31 $15+32=47$, $50-2=48$이므로 등호(=)를 사용하여 하나의 식으로 나타낼 수 없습니다.
$55-6=49$, $42+7=49$이므로 등호(=)를 사용하여 하나의 식으로 나타내면 $55-6=42+7$입니다.

32 등호(=) 양쪽에 같은 크기를 만들어 식을 완성했으면 정답입니다.

33 계산 결과가 32가 되는 식 4×8, $64 \div 2$, $32+0$ 중 두 식을 등호(=)의 양쪽에 써서 하나의 식으로 나타낼 수 있습니다.

34 등호(=) 양쪽의 양이 같지 않은 것을 찾습니다.

36 • 두 수를 바꾸어 곱해도 그 크기는 변하지 않습니다.
• 더해지는 수가 3만큼 더 커지고 더하는 수가 3만큼 더 작아지면 그 크기는 변하지 않습니다.

37 ㉠ 108은 54에 2를 곱한 수이므로 ■는 3에 2를 곱한 수입니다. ➡ ■$=3 \times 2=6$
㉡ 56은 28에 2를 곱한 수이므로 ▲는 16을 2로 나눈 수입니다. ➡ ▲$=16 \div 2=8$
따라서 ■와 ▲에 알맞은 수의 합은 $6+8=14$입니다.

38 $52-$■$=30+8+7$, $52-$■$=45$ ➡ ■$=7$
$9+27=46-$▲, $36=46-$▲ ➡ ▲$=10$
$48+13=$★$+59$, $61=$★$+59$ ➡ ★$=2$
따라서 생일 파티 날짜와 시각은 7월 10일 오후 2시입니다.

39 $8+24$와 합이 같은 두 수의 합은 $9+23$, $10+22$, $15+17$입니다.

40 덧셈, 곱셈을 이용하여 계산 결과가 30이 되는 여러 가지 식을 나타낼 수 있습니다. 이 중 두 식을 등호(=)의 양쪽에 써서 하나의 식으로 나타낼 수 있습니다.

개념 완성 응용력 기르기 167~170쪽

1

57281	57291	57301	57311	57321
58281	58291	58301	58311	58321
59281	59291	59301	59311	59321
60281	60291	60301	60311	60321
61281	61291	61301	61311	61321

1-1

35746	45746	55746	65746	75746
35846	45846	55846	65846	75846
35946	45946	55946	65946	75946
36046	46046	56046	66046	76046
36146	46146	56146	66146	76146

1-2 85646

2 36개

2-1 51개 **2-2** 98개

3 666666666

3-1 10000001 **3-2** 777777714

4 **1단계** 예 가로줄 좌석 번호의 규칙은 앞줄부터 숫자가 7, 8, 9, ... 순서로 1씩 커지고, 알파벳은 그대로입니다.
따라서 준호가 서 있는 10D는 7D에서 세 줄 뒤에 있는 좌석입니다.
2단계 예 10D에서 두 줄 뒤에 있는 좌석 번호는 숫자는 2만큼 더 커지고 알파벳은 그대로인 12D입니다. / 12D

4-1 나열 8번

1 오른쪽으로 10씩 커지고, 아래쪽으로 1000씩 커지고, ↖ 방향으로 1010씩 작아집니다.
따라서 두 가지 조건을 만족하는 수의 배열은 61321부터 시작하여 ↖ 방향의 수의 배열이므로 61321, 60311, 59301, 58291, 57281에 색칠합니다.

1-1 오른쪽으로 10000씩 커지고, 아래쪽으로 100씩 커지고, ↗ 방향으로 9900씩 커집니다.
따라서 두 가지 조건을 만족하는 수의 배열은 36146부터 시작하여 ↗ 방향의 수의 배열이므로 36146, 46046, 55946, 65846, 75746에 색칠합니다.

1-2 36146부터 시작하여 ↗ 방향으로 9900씩 커지므로 ●에 알맞은 수는 75746보다 9900만큼 더 큰 수인 85646입니다.

2 모형의 수가 1개부터 시작하여 3개, 5개, 7개, ...씩 늘어나는 규칙입니다.
따라서 여섯째에 알맞은 모양에서 모형은
$1+3+5+7+9+11=36$(개)입니다.

2-1 모형의 수가 6개부터 시작하여 5개, 7개, 9개, ...씩 늘어나는 규칙입니다.
따라서 여섯째에 알맞은 모양에서 모형은
$6+5+7+9+11+13=51$(개)입니다.

2-2 사각형의 수가 2개부터 시작하여 6개, 10개, 14개, ...씩 늘어나는 규칙입니다.
따라서 일곱째에 알맞은 모양에서 사각형은
$2+6+10+14+18+22+26=98$(개)입니다.

3 12345679에 9를 1배, 2배, 3배, ... 한 수를 곱한 값은 111111111을 1배, 2배, 3배, ... 한 수와 같습니다.
따라서 54는 9의 6배이므로
$12345679\times54=666666666$입니다.

3-1 더해지는 수는 67부터 6이 한 개씩 늘어나고 더하는 수는 34부터 3이 한 개씩 늘어나면 더한 값은 0이 한 개씩 늘어나는 규칙입니다.
따라서 $6666667+3333334=10000001$입니다.

3-2 111111102를 1배, 2배, 3배, ... 한 수를 9를 1배, 2배, 3배, ... 한 수로 나누면 몫은 모두 같다는 규칙입니다.
63은 9의 7배이므로
$777777714\div63=12345678$입니다.
따라서 63으로 나누었을 때 몫이 12345678이 되는 수는 777777714입니다.

4-1 세로줄의 좌석 번호는 앞줄부터 가열, 나열, 다열 순서로 정해지고, 숫자는 그대로입니다.
따라서 연아의 좌석 번호는 다열 8번에서 열의 순서는 다에서 나로 바뀌고 숫자는 그대로인 나열 8번입니다.

6단원 단원 평가 Level 1 171~173쪽

1 1
2 예 아래쪽으로 100씩 커집니다.
3 426, 628
4 (위에서부터) 700 / 500 / 500
5 (위에서부터) 3 / 200 / 200 / 150 / 200, 600
6 (1) 47 (2) 0 (3) 16 (4) 9
7 3, 작아집니다 / 3, 커집니다
8 64
9 예 노란색 사각형을 중심으로 위쪽과 오른쪽으로 1개씩, 왼쪽과 아래쪽으로 1개씩 번갈아가며 늘어납니다.
10 
11 민수
12 (위에서부터) $1+2+3$, $1+2+3+4$ / 6, 10
13 $1+2+3+4+5$, 15개
14 예 108, 1008, 10008과 같이 자리 수가 늘어나는 수를 9로 나누면 몫은 12, 112, 1112와 같이 자리 수가 늘어납니다.
15 $1000008\div9=111112$
16 예 $1+17=9\times2$, $2+18=10\times2$
17 $37037\times12=444444$
18 ㉠
19 18
20 16개

1 일의 자리 수가 1씩 커지므로 1씩 커지는 규칙입니다.

2 ↘ 방향으로 101씩 커집니다.
왼쪽으로 1씩 작아집니다.
위쪽으로 100씩 작아집니다.

3 123부터 시작하여 오른쪽으로 101씩 커집니다.

4 100씩 커지는 수에 100씩 커지는 수를 더하면 합은 200씩 커집니다.

5 세로줄과 가로줄의 수가 만나는 칸에 두 수의 곱을 쓰는 규칙입니다.

6 (3) 두 수를 바꾸어 더해도 그 크기는 변하지 않습니다.
(4) 두 수를 바꾸어 곱해도 그 크기는 변하지 않습니다.

8 8부터 시작하여 오른쪽으로 2씩 곱하는 규칙입니다.
➡ $32 \times 2 = 64$

10 넷째 모양의 왼쪽과 아래쪽에 각각 사각형을 1개씩 더 그립니다.

11 3으로 나눕니다.
$48 \div 12 = \square \div 4$ ➡ $\square = 48 \div 3 = 16$
3으로 나눕니다.

12 모형이 1개에서 시작하여 2개, 3개, 4개, ...씩 늘어나는 규칙입니다.

14 나누어지는 수, 나누는 수, 계산 결과가 각각 어떻게 바뀌는지 알아봅니다.

15 넷째 나눗셈식보다 나누어지는 수의 0이 한 개 늘어나면 계산 결과의 1이 한 개 늘어납니다.

16 예시된 답 이외에도 규칙이 맞으면 정답입니다.

17 37037에 3의 ■배인 수(■는 한 자리 수)를 곱하면 곱은 각 자리 숫자가 ■인 여섯 자리 수가 됩니다.
따라서 37037에 $3 \times 4 = 12$를 곱하면 4가 6개인 444444가 됩니다.

18 ㉠ $46 + 8 + 16 = 54 + 16 = 70$,
$70 = 50 + \square$ ➡ $\square = 20$
㉡ $82 - 20 - \square = 62 - \square$, $54 - 8 = 46$,
$62 - \square = 46$ ➡ $\square = 16$
따라서 □ 안에 알맞은 수가 더 큰 것은 ㉠입니다.

서술형
19 예 486부터 시작하여 오른쪽으로 3씩 나누는 규칙입니다.
따라서 빈칸에 알맞은 수는 $54 \div 3 = 18$입니다.

평가 기준	배점(5점)
수의 배열에서 규칙을 찾았나요?	2점
빈칸에 알맞은 수를 구했나요?	3점

서술형
20 예 ▲의 수가 1개부터 시작하여 3개, 5개, ...씩 늘어나는 규칙입니다.
따라서 넷째에 알맞은 모양에서 ▲은
$1 + 3 + 5 + 7 = 16$(개)입니다.

평가 기준	배점(5점)
규칙을 찾았나요?	2점
넷째에 알맞은 모양에서 ▲의 수를 구했나요?	3점

6단원 단원 평가 Level ❷

174~176쪽

1 예 아래쪽으로 100, 200, 300, ...씩 커집니다.

2 (위에서부터) 49 / 343 / 1037

3 다9

4 ㉢, ㉣

5 (위에서부터) 9 / 5

6 6

7 ■의 규칙 예 사각형이 0개부터 시작하여 1개, 2개, 3개, ...씩 늘어납니다.
■의 규칙 예 사각형이 3개부터 시작하여 위쪽, 오른쪽으로 각각 1개씩 늘어납니다.

8 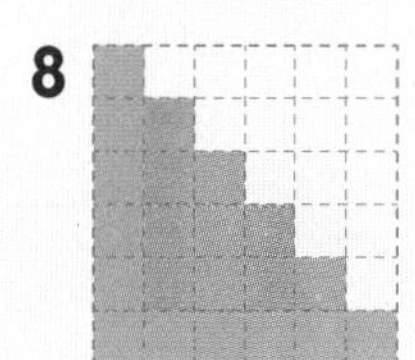

9 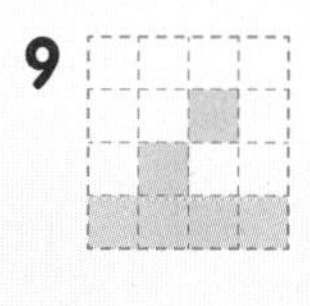

10 (위에서부터) 359 / 575 / 206

11 예 15, −, 9, 21, −, 15 / 9, ×, 15, 15, ×, 9

12 예 111111을 1배, 2배, 3배, ... 한 수를 11을 1배, 2배, 3배, ... 한 수로 나누면 몫은 모두 같습니다.

13 $555555 \div 55 = 10101$

14 888888

15 9876×9

16 예 $10 \times 8 = 5 \times 16$ / $20 \times 8 = 5 \times 32$

17 예 $15 + 16 + 17 + 18 + 19 = 17 \times 5$

18 ㉠, ㉡

19 64개

20 444444222222

2 오른쪽으로 3씩 커지고 아래쪽으로 100, 200, 300, ... 씩 커집니다.

3 ★ 모양으로 표시한 칸은 가로로 보면 다5에서 시작하여 기호는 그대로이고 숫자만 1씩 커지므로 표시한 칸의 번호는 다9입니다.

4 ㉠ 48+3=51이므로 50과 48+3은 등호(=)가 있는 식으로 나타낼 수 없습니다.
㉡ 25×5=125, 25÷5=5이므로 25×5와 25÷5는 등호(=)가 있는 식으로 나타낼 수 없습니다.

5 세로줄과 가로줄의 수가 만나는 칸에 두 수의 곱셈의 결과에서 일의 자리 숫자를 쓰는 규칙입니다.
27×507=13689 ➡ 9, 29×505=14645 ➡ 5

6 34×609=20706 ➡ 6

9 왼쪽 아래에서 시작하여 오른쪽과 ↗ 방향으로 번갈아가며 사각형이 1개씩 늘어납니다.

10 십의 자리 수가 각각 1씩 커지는 두 수의 차는 항상 일정합니다.

11 등호(=) 양쪽에 같은 크기를 만들어 식을 완성했으면 정답입니다.

14 88은 11을 8배 한 수이므로 나누는 수가 88인 나눗셈식은 여덟째입니다.
따라서 여덟째 나눗셈식은 888888÷88=10101이므로 88로 나누었을 때 몫이 10101이 되는 수는 888888입니다.

15 넷째: 네 자리 수 9876에 9를 곱한 값은 8이 5개인 수에서 4를 뺀 값과 같습니다.
따라서 □ 안에 알맞은 식은 9876×9입니다.

16
2를 곱합니다. 4로 나눕니다.
10×8=5×16, 20×8=5×32
2로 나눕니다. 4를 곱합니다.

17 달력에서 연속된 5개의 수를 더하면 (가운데 수)×5입니다.

18 ㉠을 등호(=)로 바꾸면
30+15+40=45+40=85이므로
85=30+15+40입니다.
㉡을 등호(=)로 바꾸면 85−30=55, 15+40=55이므로 85−30=15+40입니다.
㉢을 등호(=)로 바꾸면
85−30+15=55+15=70이므로 바꿀 수 없습니다.

서술형
19 예 가로와 세로에 각각 1줄씩 늘어나며 정사각형 모양이 됩니다.
따라서 일곱째에 알맞은 모양에서 바둑돌은
8×8=64(개)입니다.

평가 기준	배점(5점)
규칙을 찾았나요?	2점
일곱째에 알맞은 모양에서 바둑돌의 수를 구했나요?	3점

서술형
20 예 곱해지는 수와 곱하는 수의 6이 1개씩 늘어나면 곱은 4와 2가 1개씩 늘어납니다.
따라서 666666×666667은 444444222222입니다.

평가 기준	배점(5점)
규칙을 찾았나요?	2점
666666×666667의 값을 구했나요?	3점

1 큰 수

서술형 문제 2~5쪽

1+ 59460원	2+ 남학생
3 54210	4 305억
5 7개	6 100배
7 5조 9600억	8 ㉡, ㉢, ㉠
9 9500 0000개(또는 9500만 개)	
10 0, 1	11 47 5210

1+ 예 만 원짜리 지폐 5장은 50000원, 천 원짜리 지폐 9장은 9000원, 백 원짜리 동전 4개는 400원, 십 원짜리 동전 6개는 60원입니다.
따라서 서연이가 가지고 있는 돈은 모두
50000＋9000＋400＋60＝59460(원)입니다.

단계	문제 해결 과정
①	각각의 지폐와 동전은 얼마인지 수로 나타냈나요?
②	서연이가 가지고 있는 돈은 모두 얼마인지 구했나요?

2+ 예 두 수 모두 여섯 자리 수이므로 높은 자리 수부터 차례로 크기를 비교합니다. 십만, 만의 자리 수가 각각 같고 천의 자리 수가 4＜5이므로 564242＜565120입니다.
따라서 남학생이 더 많습니다.

단계	문제 해결 과정
①	여학생 수와 남학생 수의 크기를 비교했나요?
②	여학생과 남학생 중 더 많은 쪽을 구했나요?

3 예 가장 큰 다섯 자리 수를 만들려면 만의 자리부터 큰 수를 차례로 놓아야 합니다.
따라서 만들 수 있는 가장 큰 다섯 자리 수는 54210입니다.

단계	문제 해결 과정
①	가장 큰 다섯 자리 수를 만드는 방법을 설명했나요?
②	만들 수 있는 가장 큰 다섯 자리 수를 구했나요?

4 예 십억의 자리 수가 1씩 커졌으므로 10억씩 뛰어 센 수입니다.
10억씩 뛰어 세면 265억－275억－285억－295억－305억이므로 ㉠에 알맞은 수는 305억입니다.

단계	문제 해결 과정
①	몇씩 뛰어 세었는지 알았나요?
②	㉠에 알맞은 수를 구했나요?

5 예 조가 530개, 억이 89개, 만이 9545개인 수는 530조 89억 9545만이므로 수로 나타내면 530 0089 9545 0000입니다.
따라서 0은 모두 7개입니다.

단계	문제 해결 과정
①	15자리 수로 나타냈나요?
②	0은 모두 몇 개인지 구했나요?

6 예 ㉠이 나타내는 값은 9000 0000이고 ㉡이 나타내는 값은 90 0000입니다.
9000 0000은 90 0000보다 0이 2개 더 많으므로 ㉠이 나타내는 값은 ㉡이 나타내는 값의 100배입니다.

단계	문제 해결 과정
①	㉠과 ㉡이 나타내는 값을 각각 구했나요?
②	㉠이 나타내는 값은 ㉡이 나타내는 값의 몇 배인지 구했나요?

7 예 200억씩 뛰어 세면 백억의 자리 수가 2씩 커집니다.
5조 8600억－5조 8800억－5조 9000억－5조 9200억－5조 9400억－5조 9600억
따라서 5조 8600억에서 200억씩 5번 뛰어 센 수는 5조 9600억입니다.

단계	문제 해결 과정
①	5조 8600억에서 200억씩 뛰어 세었나요?
②	5조 8600억에서 200억씩 5번 뛰어 센 수를 구했나요?

8 예 ㉠ 540조 7896억, ㉡ 520조 4890억, ㉢ 530조 1587억
520조 4890억＜530조 1587억＜540조 7896억이므로 ㉡＜㉢＜㉠입니다.
따라서 작은 수부터 차례로 기호를 쓰면 ㉡, ㉢, ㉠입니다.

단계	문제 해결 과정
①	모두 수로 나타냈나요?
②	작은 수부터 차례로 기호를 썼나요?

9 예 매년 1500만 개씩 늘어났으므로 올해 판매량에서 1500만씩 거꾸로 3번 뛰어 센 수를 구합니다.
1억 4000만－1억 2500만－1억 1000만－9500만
따라서 3년 전 판매량은 9500만 개입니다.

단계	문제 해결 과정
①	올해 판매량에서 1500만씩 거꾸로 뛰어 세었나요?
②	3년 전 판매량을 구했나요?

10 예 두 수 모두 여덟 자리 수이므로 높은 자리 수부터 차례로 크기를 비교합니다. 천만, 백만, 십만의 자리 수가 각각 같고 천의 자리 수가 $8>7$이므로 □는 1과 같거나 1보다 작아야 합니다.
따라서 □ 안에 들어갈 수 있는 수는 0, 1입니다.

단계	문제 해결 과정
①	높은 자리 수부터 차례로 크기를 비교했나요?
②	□ 안에 들어갈 수 있는 수를 모두 구했나요?

11 예 50만보다 작은 수 중 50만에 가장 가까운 수를 만들어야 하므로 십만의 자리에는 5보다 작은 수 중 가장 큰 수인 4를 놓아야 합니다.
50만에 가장 가까운 4□ □□□□를 만들려면 만의 자리부터 큰 수를 차례로 놓아야 하므로 47 5210입니다.

단계	문제 해결 과정
①	십만의 자리 수를 구했나요?
②	50만보다 작으면서 50만에 가장 가까운 수를 구했나요?

1 단원 단원 평가 Level 1 6~8쪽

1 9700, 9900, 10000 **2** 30000, 800, 70
3 230 5600 0000(또는 230억 5600만)
4 ⑤
5 1 4960 0000(또는 1억 4960만)
6 ㉣
7 십조, 70 0000 0000 0000(또는 70조)
8 1억, 1조 **9** $<$
10 506억, 526억
11 202 0000 0000(또는 202억)
12 4 2500 0000 0000(또는 4조 2500억)
13 20 3568
14 2900 0000 0000(또는 2900억)
15 4657 0000(또는 4657만)
16 13 9500원 **17** 8, 9
18 1052 3469 **19** 360장
20 23145

1 백의 자리 수가 1씩 커지므로 100씩 뛰어 셉니다.
9900보다 100만큼 더 큰 수는 10000입니다.

3 230억 5600만 ➡ 230 5600 0000
억 만

4 십만의 자리 숫자를 각각 알아봅니다.
① 264 0874 ➡ 6 ② 650 1702 ➡ 5
③ 45 1308 ➡ 4 ④ 34 9785 ➡ 3
⑤ 190 7634 ➡ 9
따라서 십만의 자리 숫자가 가장 큰 수는 ⑤입니다.

5 일억 사천구백육십만 ➡ 1억 4960만 ➡ 1 4960 0000

6 ㉠ 574 0000 ➡ 4개 ㉡ 430 0000 ➡ 5개
㉢ 3298 0000 ➡ 4개 ㉣ 8007 0000 ➡ 6개
따라서 0이 가장 많은 것은 ㉣입니다.

7 573 0069 4100 2000
조 억 만
➡ 십조의 자리, 70 0000 0000 0000

8 1만의 10000배는 1억, 1억의 10000배는 1조입니다.

9 두 수는 자리 수(12자리)가 같으므로 높은 자리의 수부터 차례로 비교합니다.
9841 0356 0000 $<$ 9841 2450 0000
$0<2$

10 십억의 자리 수가 1씩 커지므로 10억씩 뛰어 셉니다.

11 ㉠의 숫자 2는 백억의 자리 숫자이므로 200억을 나타내고, ㉡의 숫자 2는 억의 자리 숫자이므로 2억을 나타냅니다.
따라서 ㉠과 ㉡이 나타내는 값의 합은 200억보다 2억만큼 더 큰 수인 202억입니다.

12 50억씩 10번 뛰어 센 수는 처음 수보다 500억만큼 더 큰 수입니다.
따라서 어떤 수는 4조 3000억보다 500억만큼 더 작은 수인 4조 2500억입니다.

13 가장 작은 수를 만들려면 높은 자리부터 작은 수를 차례로 놓아야 합니다. 이때 0은 수의 맨 앞에 올 수 없으므로 가장 작은 여섯 자리 수는 203568입니다.

14 2300억과 3300억 사이는 작은 눈금이 10칸이므로 작은 눈금 한 칸의 크기는 100억입니다.
따라서 ㉠은 2300억보다 600억만큼 더 큰 수이므로 2900억입니다.

15

100만이 46개	➡	4600만
10만이 5개	➡	50만
만이 7개	➡	7만
		4657만

16

10000원짜리 지폐 11장	➡	110000원
1000원짜리 지폐 26장	➡	26000원
100원짜리 동전 35개	➡	3500원
		139500원

17 두 수의 자리 수(여덟 자리)가 같으므로 높은 자리 수부터 차례로 비교합니다. 천만, 백만, 십만의 자리 수가 각각 같고 천의 자리 수가 6 > 5이므로 □는 8과 같거나 8보다 커야 합니다.
따라서 □ 안에 들어갈 수 있는 수는 8, 9입니다.

18 십만의 자리에 5를 놓으면 □□5□□□□□입니다.
0은 수의 맨 앞에 올 수 없으므로 작은 수부터 차례로 쓰면 10523469입니다.

서술형
19 예 36000000은 10만이 360개인 수입니다.
따라서 10만 원짜리 수표 360장으로 바꿀 수 있습니다.

평가 기준	배점(5점)
36000000은 10만이 몇 개인 수인지 알았나요?	3점
10만 원짜리 수표 몇 장으로 바꿀 수 있는지 구했나요?	2점

서술형
20 예 23000보다 크고 23200보다 작은 수를 23□□□라고 하면 백의 자리 수는 1입니다. 일의 자리 수가 홀수이므로 5이고 남은 수 4가 십의 자리 수가 됩니다.
따라서 설명하는 수는 23145입니다.

평가 기준	배점(5점)
설명하는 수를 구하는 과정을 썼나요?	2점
설명하는 수를 구했나요?	3점

1단원 단원 평가 Level ❷ 9~11쪽

1 ④
2 1000000000000(또는 1조) / 조 또는 일조
3 70상자 **4** 62392
5 ②
6 21056000000(또는 210억 5600만)
7 15 **8** >
9 228000000000개(또는 2280억 개)
10 ㉢, ㉣, ㉠, ㉡ **11** 28장, 5장
12 5
13 1008억 5000만, 1108억 5000만, 1208억 5000만
14 1, 2, 3
15 4020000원(또는 402만 원)
16 10280000000000원(또는 10조 2800억 원)
17 2년 전 **18** ㉠
19 10000배(또는 만 배) **20** 612358

1 천의 자리 숫자를 각각 알아봅니다.
① 27936 ➡ 7 ② 30562 ➡ 0 ③ 40681 ➡ 0
④ 56340 ➡ 6 ⑤ 68125 ➡ 8
따라서 천의 자리 숫자가 6인 수는 ④입니다.

2 1000억이 10개인 수는 1조입니다.

3 10000은 1000이 10개인 수이므로 70000은 1000이 70개인 수입니다.
따라서 필요한 상자는 모두 70상자입니다.

4

10000이 5개	➡	50000
1000이 12개	➡	12000
100이 3개	➡	300
10이 7개	➡	70
1이 22개	➡	22
		62392

5 십억의 자리 숫자를 각각 알아봅니다.
① 35426704120 ➡ 5 ② 98745820407 ➡ 8
③ 2148765047 ➡ 2 ④ 17924608420 ➡ 7
⑤ 86974354868 ➡ 6
따라서 십억의 자리 숫자가 가장 큰 수는 ②입니다.

6 억이 21개, 만이 560개인 수는 21억 560만이므로 이 수를 10배 한 수는 210억 5600만입니다.

7 157|8465|5923|0206
→ 백만의 자리 숫자: 9
→ 십억의 자리 숫자: 6
➡ 9+6=15

8 삼십억 이백구만 삼천 ➡ 30억 209만 3000이므로
30억 259만>30억 209만 3000
5>0

9 1 km=1000 m이므로
2억 2800만 km ➡ 2|2800|0000 km
➡ 2280|0000|0000 m

10 ㉠ 259억 4107만 8645 ㉡ 29억 6478만 3500
㉢ 2조 500억 2000만 ㉣ 2000억 600만
➡ ㉢>㉣>㉠>㉡
따라서 큰 수부터 차례로 쓰면 ㉢, ㉣, ㉠, ㉡입니다.

11 이천팔백오십만 ➡ 2850만 ➡ 2850|0000
2850|0000=2800|0000+50|0000
따라서 이천팔백오십만 원은 백만 원짜리 수표 28장과 십만 원짜리 수표 5장으로 바꿀 수 있습니다.

12 356억 490만 ➡ 356|0490|0000이고, 10배 할 때마다 수의 끝자리에 0이 하나씩 붙으므로 100배 하면 0이 2개 더 붙습니다.
따라서 3|5604|9000|0000이므로 천억의 자리 숫자는 5입니다.

13 708억 5000만에서 808억 5000만으로 백억의 자리 수가 1만큼 더 커졌으므로 100억씩 뛰어 센 것입니다.

14 두 수의 자리 수(여섯 자리)가 같으므로 높은 자리 수부터 차례로 비교합니다.
만의 자리 수를 비교하면 2<8이므로 □는 4보다 작아야 합니다.
따라서 □ 안에 들어갈 수 있는 수는 1, 2, 3입니다.

15
100|0000원짜리 수표 3장 ➡ 300|0000원
10|0000원짜리 수표 9장 ➡ 90|0000원
1|0000원짜리 지폐 12장 ➡ 12|0000원
402|0000원
따라서 여행 경비는 402|0000원입니다.

16 1조 280억(1|0280|0000|0000)을 10배 하면 10조 2800억(10|2800|0000|0000)입니다.

17 1년에 20000 km를 달리므로 120000에서 거꾸로 20000씩 뛰어 세어 봅니다.
120000−100000−80000이므로 2년 전입니다.

18 두 수 모두 12자리 수이고 ㉠의 □ 안에 가장 작은 수 0을 넣고 ㉡의 □ 안에 가장 큰 수 9를 넣어도 ㉠이 더 큽니다.

서술형
19 예 ㉠의 숫자 8은 억의 자리 숫자이므로 8|0000|0000을 나타내고 ㉡의 숫자 8은 만의 자리 숫자이므로 80000을 나타냅니다.
따라서 8|0000|0000은 80000보다 0이 4개 더 많으므로 ㉠이 나타내는 값은 ㉡이 나타내는 값의 10000배입니다.

평가 기준	배점(5점)
㉠과 ㉡이 나타내는 값을 각각 구했나요?	3점
㉠이 나타내는 값은 ㉡이 나타내는 값의 몇 배인지 구했나요?	2점

서술형
20 예 60만보다 크면서 60만에 가장 가까운 수를 만들어야 하므로 십만의 자리 수는 6입니다. 60만에 가장 가까운 6□|□□□□를 만들려면 만의 자리부터 작은 수를 차례로 놓아야 하므로 61|2358입니다.

평가 기준	배점(5점)
십만의 자리 수를 구했나요?	2점
60만보다 크면서 60만에 가장 가까운 수를 구했나요?	3점

2 각도

서술형 문제 12~15쪽

1⁺ $35°$	**2⁺** $70°$

3 예 각의 크기는 변의 길이에 관계없이 두 변이 많이 벌어질수록 큰 각입니다. / 예 나의 두 변이 더 많이 벌어졌으므로 나의 각이 더 큽니다.

4 수호	**5** 2개
6 $80°$	**7** $20°$
8 $35°$	**9** $130°$
10 $45°$	**11** $40°$

1⁺ 예 한 직선이 이루는 각도는 $180°$이므로
$90°+55°+㉠=180°$,
$㉠=180°-90°-55°=35°$입니다.

단계	문제 해결 과정
①	한 직선이 이루는 각도를 알고 있나요?
②	㉠의 각도를 구했나요?

2⁺ 예 사각형의 네 각의 크기의 합은 $360°$이므로
$㉠+100°+70°+120°=360°$,
$㉠=360°-100°-70°-120°=70°$입니다.

단계	문제 해결 과정
①	사각형의 네 각의 크기의 합을 알고 있나요?
②	㉠의 각도를 구했나요?

3

단계	문제 해결 과정
①	각의 크기를 잘못 비교한 까닭을 썼나요?
②	각의 크기를 바르게 비교했나요?

4 예 각도기로 재어 보면 $110°$입니다. 실제 각도와 어림한 각도의 차를 구해 보면
민지: $120°-110°=10°$, 수호: $110°-105°=5°$입니다.
따라서 실제 각도와 더 가깝게 어림한 사람은 수호입니다.

단계	문제 해결 과정
①	각도기로 각도를 재었나요?
②	실제 각도와 더 가깝게 어림한 사람을 찾았나요?

5

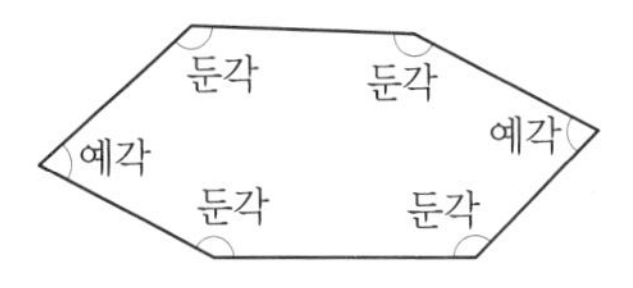

예 도형에서 찾을 수 있는 예각은 2개, 둔각은 4개입니다.
따라서 예각과 둔각의 수의 차는 $4-2=2$(개)입니다.

단계	문제 해결 과정
①	도형에서 찾을 수 있는 예각과 둔각의 수를 각각 구했나요?
②	도형에서 찾을 수 있는 예각과 둔각의 수의 차를 구했나요?

6 예 삼각형의 세 각의 크기의 합은 $180°$이므로 삼각형의 나머지 한 각의 크기는 $180°-45°-35°=100°$입니다.
따라서 $㉠=180°-100°=80°$입니다.

단계	문제 해결 과정
①	삼각형의 나머지 한 각의 크기를 구했나요?
②	㉠의 각도를 구했나요?

7 예 왼쪽 피자 조각의 각도는 $360°\div9=40°$이고,
오른쪽 피자 조각의 각도는 $360°\div6=60°$입니다.
따라서 두 피자 조각의 각도의 차는 $60°-40°=20°$입니다.

단계	문제 해결 과정
①	두 피자 조각의 각도를 각각 구했나요?
②	두 피자 조각의 각도의 차를 구했나요?

8 예 한 직선이 이루는 각도는 $180°$이므로
$㉡=180°-100°-35°=45°$입니다.
따라서 $㉠=180°-45°-100°=35°$입니다.

단계	문제 해결 과정
①	㉡의 각도를 구했나요?
②	㉠의 각도를 구했나요?

9 예 한 직선이 이루는 각도는 $180°$이므로
$㉠=180°-110°=70°$입니다.
사각형의 네 각의 크기의 합은 $360°$이므로
$70°+70°+90°+㉡=360°$,
$㉡=360°-70°-70°-90°=130°$입니다.

단계	문제 해결 과정
①	㉠의 각도를 구했나요?
②	㉡의 각도를 구했나요?

10 예 삼각형의 세 각의 크기의 합은 $180°$이므로
$㉡=180°-90°-45°=45°$입니다.
따라서 $㉠=90°-45°=45°$입니다.

단계	문제 해결 과정
①	㉡의 각도를 구했나요?
②	㉠의 각도를 구했나요?

11 예 종이를 접은 부분의 각도는 서로 같으므로 ㉡$=25^\circ$입니다.
직사각형의 한 각의 크기는 90°이므로
㉠$+25^\circ+25^\circ=90^\circ$, ㉠$=90^\circ-25^\circ-25^\circ=40^\circ$입니다.

단계	문제 해결 과정
①	㉡의 각도를 구했나요?
②	㉠의 각도를 구했나요?

2단원 단원 평가 Level ❶ 16~18쪽

1 (○)( )
2 (○)(△)( )
3 75°
4 120°
5 ㉠, ㉢, ㉥ / ㉡, ㉤
6 75°, 54°, 23°에 ○표
7 예 50, 50
8 3개
9 125
10 140°, 60°
11 ④
12 75
13 80
14 140°
15 20
16 25
17 180°, 60°
18 20°
19 지수
20 85°

1 각도기의 중심을 각의 꼭짓점에 맞추고 각도기의 밑금을 각의 한 변에 맞춘 것을 찾습니다.

2 두 변의 벌어진 정도가 클수록 큰 각입니다.

3 각도기의 밑금과 중심을 바르게 맞추어 각의 크기를 잽니다.

4 각의 꼭짓점을 정한 뒤 각도기의 중심과 각의 꼭짓점을 맞추고 각도를 잽니다.

5 예각은 0°보다 크고 직각보다 작은 각이므로 ㉠, ㉢, ㉥이고, 둔각은 직각보다 크고 180°보다 작은 각이므로 ㉡, ㉤입니다.
㉣은 직각입니다.

6 예각은 0°보다 크고 직각보다 작은 각이므로 75°, 54°, 23°입니다.

7 45°보다 조금 더 크므로 약 50°로 어림할 수 있습니다.
각도기로 재어 보면 50°입니다.

8

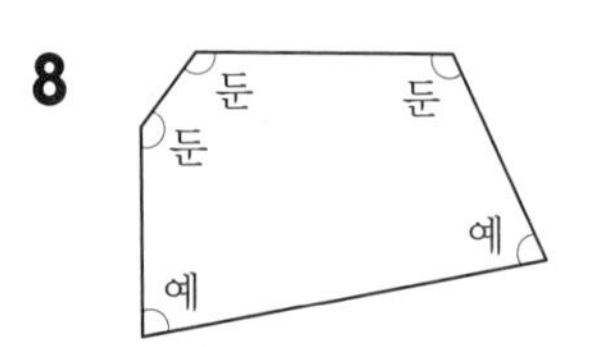

둔각은 직각보다 크고 180°보다 작은 각이므로 모두 3개입니다.

9 한 직선이 이루는 각도는 180°이므로
$55^\circ+\square^\circ=180^\circ$, $\square^\circ=180^\circ-55^\circ=125^\circ$입니다.

10 100° 70° 40°

각도기로 각을 재어 보면 각각 100°, 70°, 40°이므로 가장 큰 각은 100°, 가장 작은 각은 40°입니다.
➡ 합: $100^\circ+40^\circ=140^\circ$, 차: $100^\circ-40^\circ=60^\circ$

11

따라서 시계의 짧은바늘과 긴바늘이 이루는 작은 쪽의 각이 예각인 시각은 ④입니다.

12 삼각형의 세 각의 크기의 합은 180°이므로
$\square^\circ=180^\circ-80^\circ-25^\circ=75^\circ$입니다.

13 사각형의 네 각의 크기의 합은 360°이므로
$\square^\circ=360^\circ-120^\circ-45^\circ-115^\circ=80^\circ$입니다.

14 삼각형의 세 각의 크기의 합은 180°이므로
㉠$+$㉡$+40^\circ=180^\circ$, ㉠$+$㉡$=180^\circ-40^\circ=140^\circ$입니다.

15

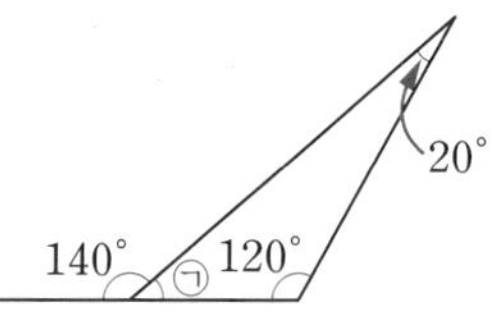

한 직선이 이루는 각도는 180°이므로
$㉠=180°-140°=40°$입니다.
삼각형의 세 각의 크기의 합은 180°이므로
$㉠+120°+□°=180°$, $40°+120°+□°=180°$,
$□°=180°-40°-120°=20°$입니다.

16 삼각자의 나머지 한 각의 크기는
$180°-45°-90°=45°$입니다.
➡ $□°=90°-45°-20°=25°$

17 숫자 눈금 12칸이 360°이므로 숫자 눈금 한 칸의 각도는 $360°\div12=30°$입니다.
10시의 각도는 $30°\times2=60°$이고, 4시의 각도는
$30°\times4=120°$입니다.
➡ 합: $60°+120°=180°$, 차: $120°-60°=60°$

18 삼각형의 세 각의 크기의 합은 180°이므로
나머지 한 각의 크기는 $180°-60°-45°=75°$입니다.
따라서 $㉠=180°-75°-85°=20°$입니다.

서술형
19 예 삼각형의 세 각의 크기의 합은 180°입니다.
유나: $35°+70°+75°=180°$,
지수: $50°+80°+60°=190°$,
태인: $55°+75°+50°=180°$
따라서 세 각의 크기를 잘못 잰 사람은 지수입니다.

평가 기준	배점(5점)
세 사람이 잰 세 각의 크기의 합을 각각 구했나요?	3점
세 각의 크기를 잘못 잰 사람은 누구인지 구했나요?	2점

서술형
20

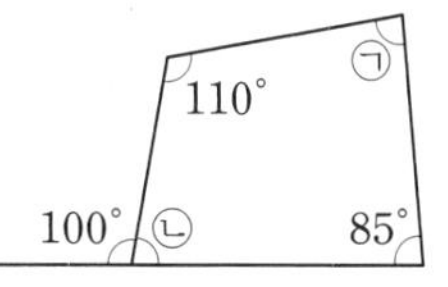

예 $㉡=180°-100°=80°$입니다.
사각형의 네 각의 크기의 합은 360°이므로
$㉠+110°+80°+85°=360°$,
$㉠=360°-110°-80°-85°=85°$입니다.

평가 기준	배점(5점)
㉡의 각도를 구했나요?	2점
㉠의 각도를 구했나요?	3점

2단원 단원 평가 Level ❷ 19~21쪽

1 ㉡, ㉢, ㉠
2 65°
3 170°, 70°
4 예 25, 25
5 (시계), 예각 / (시계), 둔각
6 <
7 ㉡, ㉣
8 3개, 3개
9 150°
10 120°
11 4개
12 65
13 45°
14 70
15 15°
16 55
17 105°
18 540°
19 15°
20 40°

1 두 변의 벌어진 정도가 작을수록 작은 각입니다.

2 각의 한 변이 안쪽 눈금 0에 맞춰져 있으므로 안쪽 눈금을 읽으면 65°입니다.

3 합: $50°+120°=170°$
차: $120°-50°=70°$

4 30°보다 조금 더 작으므로 약 25°로 어림할 수 있습니다.
각도기로 재어 보면 25°입니다.

5 0°보다 크고 직각보다 작은 각은 예각, 직각보다 크고 180°보다 작은 각은 둔각입니다.

6 $65°+75°=140°$, $86°+57°=143°$
➡ $140°<143°$

7 ㉠ $25°+75°=100°$ ㉡ $110°-25°=85°$
㉢ $160°-70°=90°$ ㉣ $45°+35°=80°$
계산한 값이 0°보다 크고 직각보다 작은 것은 ㉡, ㉣입니다.

8

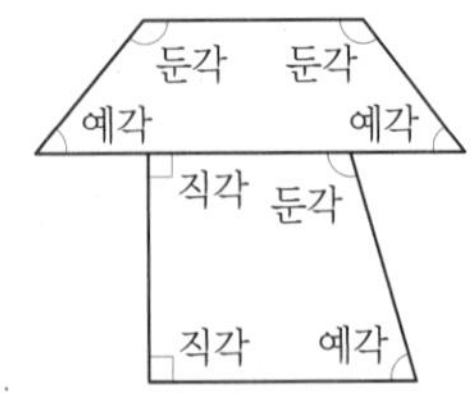

예각은 0°보다 크고 직각보다 작은 각이므로 3개입니다.
둔각은 직각보다 크고 180°보다 작은 각이므로 3개입니다.

9 부챗살 5개로 부채를 만들면 부챗살 사이의 각이 6개 생기므로 완전히 펼쳤을 때 부채 갓대가 이루는 각도는 $25° \times 6 = 150°$입니다.

10 숫자 눈금 한 칸의 각도는 30°이고, 숫자 8에서 12까지는 4칸입니다.
➡ $30° \times 4 = 120°$

11

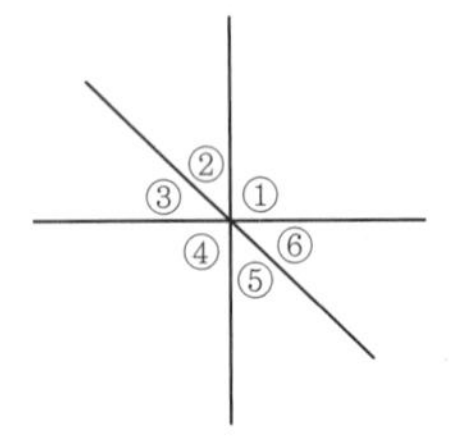

둔각은 직각보다 크고 180°보다 작은 각입니다.
①+②, ①+⑥, ③+④, ④+⑤ ➡ 4개

12 한 직선이 이루는 각도는 180°이므로
□°$= 180° - 90° - 25° = 65°$입니다.

13 삼각형의 세 각의 크기의 합은 180°이므로 나머지 한 각의 크기는 $180° - 65° - 70° = 45°$입니다.

14 삼각형의 나머지 한 각의 크기는 $180° - 70° = 110°$입니다.
한 직선이 이루는 각도는 180°이므로
□°$= 180° - 110° = 70°$입니다.

15 두 각이 90°, 45°인 삼각자의 나머지 한 각의 크기는 45°입니다.
$30° + 45° +$ ㉠ $= 90°$, ㉠ $= 90° - 30° - 45° = 15°$

16 사각형의 네 각의 크기의 합은 360°이므로 나머지 한 각의 크기는 $360° - 60° - 105° - 70° = 125°$입니다.
한 직선이 이루는 각도는 180°이므로
□°$= 180° - 125° = 55°$입니다.

17

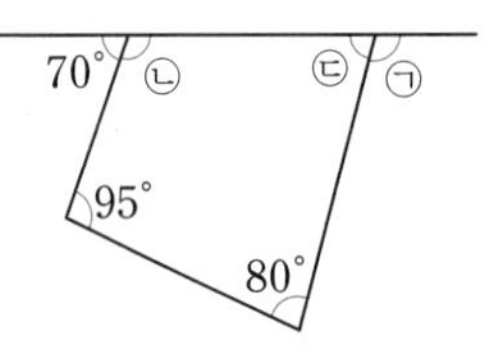

㉡ $= 180° - 70° = 110°$
사각형의 네 각의 크기의 합은 360°이므로
$110° + 95° + 80° +$ ㉢ $= 360°$,
㉢ $= 360° - 110° - 95° - 80° = 75°$입니다.
따라서 ㉠ $= 180° - 75° = 105°$입니다.

18

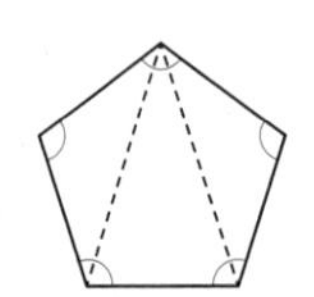

도형은 3개의 삼각형으로 나눌 수 있습니다.
(다섯 각의 크기의 합)
=(삼각형의 세 각의 크기의 합)×3
$= 180° \times 3 = 540°$

서술형
19

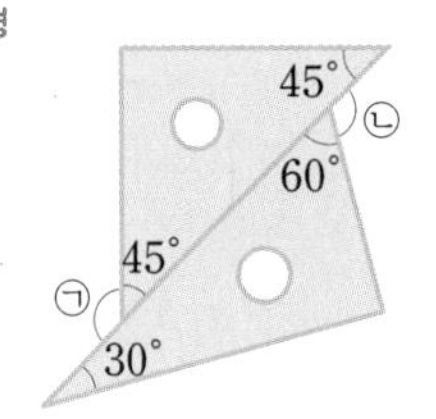

예 삼각자의 나머지 한 각의 크기는 각각 45°, 60°입니다.
㉠ $= 180° - 45° = 135°$, ㉡ $= 180° - 60° = 120°$
따라서 ㉠과 ㉡의 각도의 차는 $135° - 120° = 15°$입니다.

평가 기준	배점(5점)
㉠과 ㉡의 각도를 각각 구했나요?	3점
㉠과 ㉡의 각도의 차를 구했나요?	2점

서술형
20

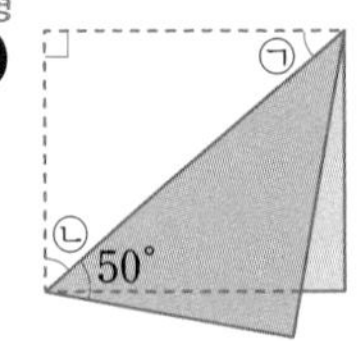

예 종이를 접은 부분의 각도는 서로 같으므로 ㉡ $= 50°$입니다.
삼각형의 세 각의 크기의 합은 180°이므로
$90° + 50° +$ ㉠ $= 180°$,
㉠ $= 180° - 90° - 50° = 40°$입니다.

평가 기준	배점(5점)
㉡의 각도를 구했나요?	2점
㉠의 각도를 구했나요?	3점

3 곱셈과 나눗셈

서술형 문제 22~25쪽

1+ 13600원	2+ 447
3 14195	4 ㉡
5 41750원	6 13500원
7 19642	8 11개, 11 cm
9 14일	10 90 kg
11 23, 5	

1+ 예 (명진이가 산 빵의 값)
$=$(빵 한 개의 값)$\times$(빵의 수)
$=850\times16=13600$(원)
따라서 명진이가 산 빵의 값은 모두 13600원입니다.

단계	문제 해결 과정
①	문제에 알맞은 곱셈식을 세웠나요?
②	명진이가 산 빵의 값을 구했나요?

2+ 예 28로 나누었을 때 가장 큰 나머지는 27입니다.
따라서 $28\times15=420$, $420+27=447$이므로
㉠$=447$입니다.

단계	문제 해결 과정
①	가장 큰 나머지를 구했나요?
②	㉠은 얼마인지 구했나요?

3 예 가장 큰 수는 167이고, 가장 작은 수는 85입니다.
따라서 가장 큰 수와 가장 작은 수의 곱은
$167\times85=14195$입니다.

단계	문제 해결 과정
①	가장 큰 수와 가장 작은 수를 찾았나요?
②	가장 큰 수와 가장 작은 수의 곱을 구했나요?

4 예 ㉠ $684\div76=9$, ㉡ $425\div25=17$,
㉢ $559\div43=13$
따라서 나눗셈의 몫이 가장 큰 것은 ㉡입니다.

단계	문제 해결 과정
①	나눗셈의 몫을 각각 구했나요?
②	나눗셈의 몫이 가장 큰 것을 찾아 기호를 썼나요?

5 예 (색 도화지의 값)
$=$(색 도화지 한 장의 값)$\times$(색 도화지의 수)
$=835\times50=41750$(원)
따라서 색 도화지의 값은 모두 41750원입니다.

단계	문제 해결 과정
①	문제에 알맞은 곱셈식을 세웠나요?
②	색 도화지의 값을 구했나요?

6 예 500원짜리 동전 15개는 $500\times15=7500$(원)이고, 100원짜리 동전 60개는 $100\times60=6000$(원)입니다.
따라서 민호가 모은 돈은 $7500+6000=13500$(원)입니다.

단계	문제 해결 과정
①	500원짜리 동전과 100원짜리 동전의 금액을 각각 구했나요?
②	민호가 모은 돈은 얼마인지 구했나요?

7 예 만들 수 있는 가장 큰 세 자리 수는 854이고, 가장 작은 두 자리 수는 23입니다.
따라서 만든 두 수의 곱은 $854\times23=19642$입니다.

단계	문제 해결 과정
①	만들 수 있는 가장 큰 세 자리 수와 가장 작은 두 자리 수를 각각 구했나요?
②	만든 두 수의 곱을 구했나요?

8 예 $946\div85=11\cdots11$이므로 85 cm짜리 도막은 11개이고 남은 색 테이프는 11 cm입니다.

단계	문제 해결 과정
①	문제에 알맞은 나눗셈식을 세웠나요?
②	도막 수와 남은 색 테이프의 길이를 구했나요?

9 예 $345\div25=13\cdots20$이므로 13일 동안 읽으면 20쪽이 남습니다.
따라서 남은 20쪽도 읽으려면 하루가 더 걸리므로 14일 만에 동화책을 모두 읽을 수 있습니다.

단계	문제 해결 과정
①	문제에 알맞은 나눗셈식을 세웠나요?
②	며칠 만에 동화책을 모두 읽을 수 있는지 구했나요?

10 예 $97\div10=9\cdots7$이므로 9상자를 팔 수 있습니다.
따라서 팔 수 있는 밤의 무게는 $10\times9=90$ (kg)입니다.

단계	문제 해결 과정
①	문제에 알맞은 나눗셈식을 세웠나요?
②	팔 수 있는 밤의 무게를 구했나요?

11 예 어떤 수를 □라고 하면 □÷38=14 ⋯ 25입니다.
38×14=532, 532+25=557이므로 □=557입니다.
557÷24=23 ⋯ 5이므로 몫은 23, 나머지는 5입니다.

단계	문제 해결 과정
①	어떤 수를 구했나요?
②	어떤 수를 24로 나누었을 때의 몫과 나머지를 구했나요?

3단원 단원 평가 Level 1

26~28쪽

1 (1) 10000에 ○표 (2) 21000에 ○표

2 (1) 15960 (2) 34400

3
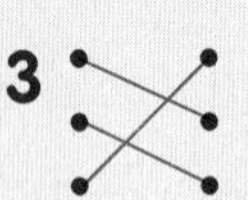

4 4, 14 / 10, 32

5 >

6
```
      6 0 7
   ×    7 8
   ────────
    4 8 5 6
  4 2 4 9
  ─────────
  4 7 3 4 6
```

7 ㉢, ㉡, ㉠

8
```
        2 4
   18)4 3 8
      3 6
      ─────
        7 8
        7 2
      ─────
          6
```
확인 18×24=432, 432+6=438

9 ㉡, ㉢

10 (위에서부터) 2, 2, 31

11 7500 cm

12 32

13 7, 1

14 14개

15 2, 1

16 (위에서부터) 3, 7 / 3 / 3 / 0

17 25모둠

18 7, 5, 9 / 70782

19 10980 mL

20 5상자

1 (1) 501을 어림하면 500쯤이므로 501×20을 어림하여 구하면 약 500×20=10000입니다.
(2) 697을 어림하면 700쯤이고 31을 어림하면 30쯤이므로 697×31을 어림하여 구하면 약 700×30=21000입니다.

3 300×70=21000, 400×50=20000, 600×20=12000

4 94÷20=4 ⋯ 14
432÷40=10 ⋯ 32

5 328×45=14760, 417×35=14595
➡ 14760>14595

6 607×70=42490이므로 4249를 왼쪽으로 한 자리씩 옮겨 써야 합니다.

7 ㉠ 87÷16=5 ⋯ 7, ㉡ 131÷24=5 ⋯ 11, ㉢ 165÷19=8 ⋯ 13이므로 나머지는 각각 7, 11, 13입니다.
➡ 7<11<13
따라서 나머지가 큰 것부터 차례로 기호를 쓰면 ㉢, ㉡, ㉠입니다.

9 (세 자리 수)÷(두 자리 수)에서 나누어지는 수의 왼쪽 두 자리가 나누는 수보다 작으면 몫이 한 자리 수이고, 나누는 수와 같거나 나누는 수보다 크면 몫이 두 자리 수입니다.
따라서 몫이 두 자리 수인 것은 ㉡ 427÷35와 ㉢ 690÷60입니다.

10 나머지는 나누는 수보다 작아야 합니다.

11 (색 테이프의 전체 길이)=250×30=7500 (cm)

12 876÷27=32 ⋯ 12이므로 □ 안에는 32와 같거나 32보다 작은 수가 들어갈 수 있습니다.
따라서 □ 안에 들어갈 수 있는 가장 큰 수는 32입니다.

13 몫이 가장 크려면 나누어지는 수는 가장 크고 나누는 수는 가장 작아야 합니다.
수 카드로 만들 수 있는 가장 큰 수는 85이고, 가장 작은 수는 12이므로 나눗셈식은 85÷12=7 ⋯ 1입니다.
따라서 몫은 7, 나머지는 1입니다.

14 1 m=100 cm이므로 8 m 16 cm=816 cm입니다.
816÷55=14 ⋯ 46이므로 나무 의자를 14개까지 만들 수 있습니다.

15 어떤 수를 28로 나누었을 때 나머지가 될 수 있는 수 중에서 가장 큰 자연수는 27입니다.
$27 \div 13 = 2 \cdots 1$이므로 몫은 2, 나머지는 1입니다.

16
$$\begin{array}{r} ㉠\ 6\ ㉡ \\ \times \quad ㉢\ 8 \\ \hline 2\ 9\ ㉣\ 6 \\ 1\ 1\ ㉤\ 1\ \ \\ \hline 1\ 3\ 9\ 4\ 6 \end{array}$$

- ㉣$+1=4$, ㉣$=3$
- $9+$㉤$=9$, ㉤$=0$
- ㉡$\times 8$의 일의 자리가 6이 되는 ㉡은 2 또는 7입니다.
  ㉡$\times$㉢의 일의 자리가 1이므로 ㉡$=7$입니다.
- $7\times$㉢의 일의 자리가 1이므로 ㉢$=3$입니다.
- ㉠$67\times 8=2936$에서 ㉠$=3$입니다.

17 찬민이네 학교 학생은 모두 $35\times 15=525$(명)입니다.
따라서 21명씩 모둠을 만들면 $525\div 21=25$(모둠)이 됩니다.

18 곱이 가장 크게 되려면 두 수의 높은 자리에 큰 수를 놓아야 합니다. 남은 세 수의 크기를 비교하면 $9>7>5$이므로 9와 7을 두 수의 높은 자리에 놓고 남은 자리에 5를 놓습니다.
$953\times 74=70522$, $753\times 94=70782$
따라서 곱이 가장 큰 곱셈식은 $753\times 94=70782$입니다.

서술형
19 ㉮ 5월은 31일, 6월은 30일까지 있으므로 윤서는 매일 우유를 180 mL씩 61일 동안 마셨습니다.
따라서 윤서가 5월과 6월 두 달 동안 마신 우유는 모두 $180\times 61=10980$ (mL)입니다.

평가 기준	배점(5점)
5월과 6월은 모두 며칠인지 구했나요?	2점
윤서가 5월과 6월 두 달 동안 마신 우유는 모두 몇 mL인지 구했나요?	3점

서술형
20 ㉮ $243\div 45=5\cdots 18$이므로 사과를 5상자에 담고 18개가 남습니다.
따라서 팔 수 있는 사과는 5상자입니다.

평가 기준	배점(5점)
문제에 알맞은 나눗셈식을 세웠나요?	3점
팔 수 있는 상자 수를 구했나요?	2점

3단원 단원 평가 Level ❷ 29~31쪽

1 (위에서부터) 1090, 6540, 7630
2 22, 37
3 19, 14250
4 (선 잇기)
5
$$\begin{array}{r} 16 \\ 57\overline{)963} \\ 57 \\ \hline 393 \\ 342 \\ \hline 51 \end{array}$$
확인 $57\times 16=912$, $912+51=963$

6 (위에서부터) 45500 / 6420 / 21000, 13910
7 (△)(○) / (○)(△)
8 12384
9 ㉠, ㉢, ㉡
10 620 / 12400, 620 / 11780
11 6500켤레
12 17개
13 26일
14 3, 84
15 558
16 15779
17 7, 8, 9
18 (위에서부터) 4 / 0, 6 / 6 / 7
19 640원
20 850개

2
$$\begin{array}{r} 22 \\ 38\overline{)873} \\ 76 \\ \hline 113 \\ 76 \\ \hline 37 \end{array}$$

3 곱셈에서 순서를 바꾸어 곱해도 곱은 같습니다.

4 $160\div 40=4$, $420\div 70=6$, $320\div 40=8$
$360\div 60=6$, $720\div 90=8$, $200\div 50=4$

6 $700\times 65=45500$, $30\times 214=6420$
$700\times 30=21000$, $65\times 214=13910$

7 (세 자리 수)÷(두 자리 수)에서 나누어지는 수의 왼쪽 두 자리 수가 나누는 수와 같거나 크면 몫이 두 자리 수가 되므로 정확하게 계산하지 않아도 어림하여 알 수 있습니다.
412÷20 ➡ 두 자리 수, 230÷27 ➡ 한 자리 수,
129÷18 ➡ 한 자리 수, 598÷31 ➡ 두 자리 수

8 가장 큰 수: 516, 가장 작은 수: 24
➡ 516×24=12384

9 ㉠ $276 \times 32 = 8832$ ㉡ $168 \times 45 = 7560$ ㉢ $312 \times 25 = 7800$
계산 결과를 비교하면 8832>7800>7560이므로 계산 결과가 큰 것부터 차례로 기호를 쓰면 ㉠, ㉢, ㉡입니다.

10 620×19는 620씩 19묶음이고 620×20은 620씩 20묶음이므로 620×19는 620×20보다 620만큼 더 작습니다.
➡ 620×19=620×20−620
=12400−620
=11780

11 (신발 수)=260×25=6500(켤레)

12 882÷51=17 … 15이므로 팔찌를 17개 만들 수 있습니다.

13 880÷34=25 … 30이므로 25일 동안 동화책을 읽으면 30쪽이 남습니다. 남은 30쪽을 읽는 데 하루가 더 필요하므로 26일 만에 동화책을 모두 읽을 수 있습니다.

14 몫이 가장 작으려면 세 자리 수는 가장 작게, 두 자리 수는 가장 크게 만들어야 합니다.
만들 수 있는 가장 작은 세 자리 수는 345이고, 가장 큰 두 자리 수는 87입니다.
➡ 345÷87=3 … 84

15 348÷21=16 … 12이므로
(어떤 수)÷21=26 … 12입니다.
➡ 21×26=546, 546+12=558이므로 어떤 수는 558입니다.

16 어떤 수를 □라고 하면 509÷□=16 … 13입니다.
□×16=509−13, □×16=496, □=31
따라서 바르게 계산하면 509×31=15779입니다.

17 309÷43=7 … 8, 399÷43=9 … 12이므로 □ 안에 들어갈 수 있는 수는 7, 8, 9입니다.

18
```
        3 ㉠
2㉡)㉢ 8 7
    ㉣ 0
    -----
      8 ㉤
      8 0
    -----
        7
```
• 2㉡×3의 일의 자리 수가 0이므로 ㉡=0입니다.
• 20×3=60이므로 ㉣=6입니다.
• ㉢8−60=8이므로 ㉢=6입니다.
• 20×4=80이므로 ㉠=4입니다.
• ㉤=7

서술형
19 예 찰흙 12개의 값은 780×12=9360(원)입니다.
따라서 거스름돈은 10000−9360=640(원)입니다.

평가 기준	배점(5점)
찰흙 12개의 값을 구했나요?	2점
거스름돈은 얼마인지 구했나요?	3점

서술형
20 예 (전체 구슬 수)=45×19=855(개)
한 봉지에 25개씩 담으면 855÷25=34 … 5이므로 구슬을 34봉지 팔 수 있습니다.
따라서 구슬을 34×25=850(개)까지 팔 수 있습니다.

평가 기준	배점(5점)
전체 구슬 수를 구했나요?	2점
팔 수 있는 구슬 수를 구했나요?	3점

4 평면도형의 이동

서술형 문제 32~35쪽

1+ 예 ㉮ 도형은 ㉯ 도형을 왼쪽으로 9 cm만큼 밀어서 이동한 도형입니다.

2+ 예 글자 '몬'을 오른쪽(왼쪽)으로 뒤집고 아래쪽(위쪽)으로 뒤집으면 '굼'이 됩니다.

3 예 점 ㄱ을 오른쪽으로 7 cm, 아래쪽으로 3 cm 이동합니다.

4 예 왼쪽 도형을 오른쪽(왼쪽)으로 뒤집었습니다.

5 예 도형의 위쪽 부분이 왼쪽으로 이동하였으므로 왼쪽 도형을 시계 반대 방향으로 90°만큼(또는 시계 방향으로 270°만큼) 돌리면 오른쪽 도형이 됩니다. / 예

6 예 주어진 모양을 오른쪽으로 뒤집는 것을 반복하여 첫째 줄의 모양을 만들고, 그 모양을 아래쪽으로 뒤집어서 무늬를 만들었습니다.

7 75

8 예

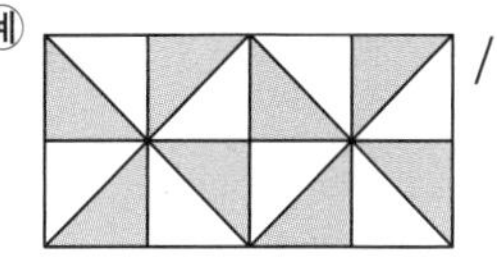

/ 예 모양을 시계 방향으로 90°만큼 돌리는 것을 반복하여 모양을 만들고, 그 모양을 오른쪽으로 밀어서 무늬를 만들었습니다.

9 예 글자의 위쪽 부분이 오른쪽으로 이동하였으므로 시계 방향으로 90°만큼(또는 시계 반대 방향으로 270°만큼) 돌리는 규칙입니다. /

10 2개

11

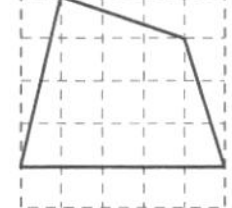

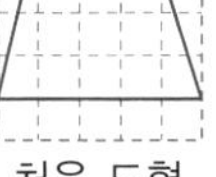

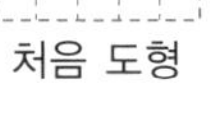

처음 도형　　바르게 움직였을 때의 도형

/ 예 잘못 움직인 도형을 왼쪽으로 뒤집으면 처음 도형이 됩니다. 위쪽으로 뒤집은 도형은 처음 도형을 위쪽과 아래쪽이 서로 바뀌도록 그립니다.

1+

단계	문제 해결 과정
①	어느 쪽으로 얼마만큼 이동했는지 찾았나요?
②	이동 방법을 설명했나요?

2+

단계	문제 해결 과정
①	어느 쪽으로 뒤집었는지 찾았나요?
②	뒤집는 방법을 설명했나요?

3

단계	문제 해결 과정
①	어느 쪽으로 몇 cm 이동했는지 설명했나요?

4

단계	문제 해결 과정
①	어느 쪽으로 어떻게 움직였는지 설명했나요?

5

단계	문제 해결 과정
①	어떻게 돌린 것인지 설명했나요?
②	에 화살표로 표시했나요?

6

단계	문제 해결 과정
①	어떻게 움직여서 만든 것인지 찾았나요?
②	움직인 방법을 설명했나요?

7 예 91이 적힌 카드를 시계 방향으로 180°만큼 돌리면 16이 됩니다.
따라서 두 수의 차는 $91-16=75$입니다.

단계	문제 해결 과정
①	수 카드를 시계 방향으로 180°만큼 돌렸을 때 만들어지는 수를 구했나요?
②	두 수의 차를 구했나요?

8

단계	문제 해결 과정
①	규칙적인 무늬를 만들었나요?
②	무늬를 만든 방법을 설명했나요?

9

단계	문제 해결 과정
①	글자를 움직인 규칙을 설명했나요?
②	빈칸에 알맞은 모양을 그렸나요?

10 예 도형을 오른쪽으로 뒤집으면 도형의 왼쪽과 오른쪽이 서로 바뀌므로 왼쪽과 오른쪽이 같은 알파벳을 찾으면 A, H로 모두 2개입니다.

단계	문제 해결 과정
①	도형을 오른쪽으로 뒤집으면 어떻게 바뀌는지 설명했나요?
②	오른쪽으로 뒤집었을 때 처음 모양과 같은 알파벳은 모두 몇 개인지 구했나요?

11

단계	문제 해결 과정
①	처음 도형과 바르게 움직였을 때의 도형을 각각 그렸나요?
②	그린 방법을 설명했나요?

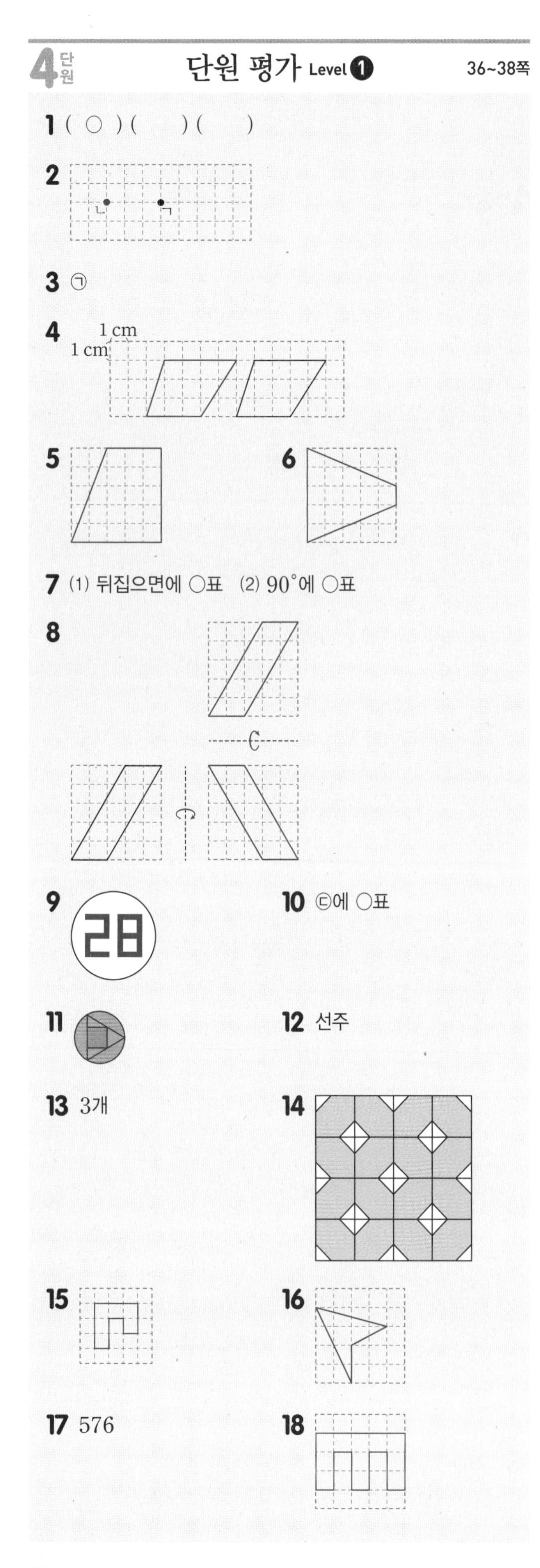

19 방법 1 예 삼각형을 시계 방향으로 180°만큼 돌리기 했습니다.

방법 2 예 삼각형을 오른쪽으로 뒤집은 다음 위쪽으로 뒤집기 했습니다.

20 예 주어진 모양을 시계 방향으로 90°만큼 돌리는 것을 반복하여 모양을 만들고, 그 모양을 밀어서 무늬를 만들었습니다.

/ 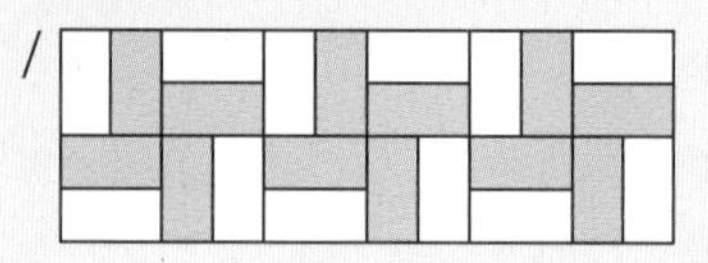

1 도형을 어느 방향으로 밀어도 처음 도형과 같습니다.

4 주어진 도형을 왼쪽으로 5 cm만큼 밀어서 이동한 도형을 그립니다.

5 도형을 오른쪽으로 뒤집으면 왼쪽과 오른쪽이 서로 바뀝니다.

6 도형을 시계 방향으로 90°만큼 돌리면 위쪽이 오른쪽으로 이동합니다.

7 (1) 도형을 오른쪽으로 뒤집으면 왼쪽과 오른쪽이 서로 바뀝니다.

(2) 도형을 시계 방향으로 90°만큼 돌리면 위쪽이 오른쪽으로 이동합니다.

8 도형을 오른쪽으로 뒤집으면 왼쪽과 오른쪽이 서로 바뀌고 위쪽으로 뒤집으면 위쪽과 아래쪽이 서로 바뀝니다.

9 도장을 찍었을 때 생기는 모양은 도장에 새겨진 모양을 왼쪽 또는 오른쪽으로 뒤집었을 때의 모양과 같습니다.

10 ㉢ 도형을 시계 방향으로 90°만큼 돌리면 위쪽이 오른쪽으로 이동합니다. 시계 반대 방향으로 270°만큼 돌린 것은 90°만큼씩 세 번 돌린 것과 같으므로 도형의 위쪽이 왼쪽 → 아래쪽 → 오른쪽으로 이동합니다.
따라서 두 방법으로 돌린 도형이 서로 같습니다.

11 그림을 시계 반대 방향으로 90°만큼 돌리는 규칙입니다.

12 왼쪽이나 오른쪽으로 짝수 번 뒤집은 도형은 처음 도형과 같습니다.

13 위쪽으로 뒤집었을 때 처음 모양과 같은 글자는 ㄷ, ㅁ, ㅍ으로 모두 3개입니다.

14 모양을 오른쪽으로 뒤집는 것을 반복하여 모양을 만들고, 그 모양을 아래쪽으로 뒤집어서 무늬를 만들었습니다.

다른 풀이 |

모양을 시계 방향으로 90°만큼 돌리는 것을 반복하여 모양을 만들고, 그 모양을 오른쪽과 아래쪽으로 밀어서 무늬를 만들었습니다.

15 둘째 도형 을 기준으로 시계 방향으로 90°만큼 돌리는 규칙입니다.
따라서 빈칸에 알맞은 도형은 둘째 도형을 시계 반대 방향으로 90°만큼 돌린 도형입니다.

16 아래쪽으로 5번 뒤집은 도형은 아래쪽으로 한 번 뒤집은 도형과 같고 오른쪽으로 2번 뒤집은 도형은 처음 도형과 같습니다.
따라서 도형을 아래쪽으로 뒤집은 도형을 그립니다.

17 5619가 적힌 카드를 시계 방향으로 180°만큼 돌리면 6195가 됩니다.
따라서 두 수의 차는 6195−5619=576입니다.

18 오른쪽 도형을 시계 반대 방향으로 90°만큼 돌리고 오른쪽으로 뒤집으면 처음 도형이 됩니다.

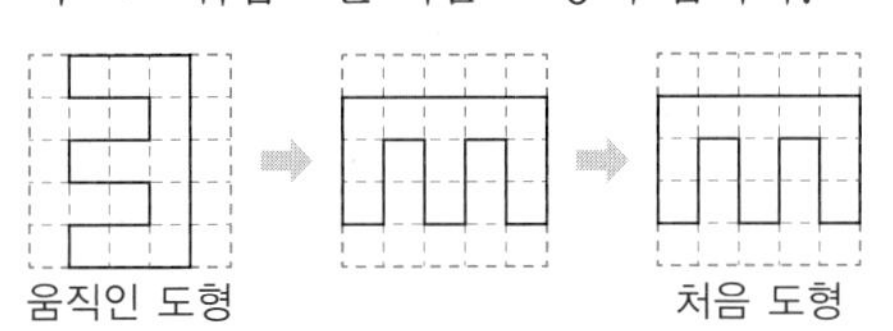

서술형
19

평가 기준	배점(5점)
한 가지 방법으로 설명했나요?	2점
다른 한 가지 방법으로 설명했나요?	3점

서술형
20

평가 기준	배점(5점)
무늬를 만든 방법을 설명했나요?	1점
빈칸을 채워 무늬를 완성했나요?	4점

4단원 단원 평가 Level 2 39~41쪽

1 ㉢ **2** 예 왼쪽, 5, 아래쪽, 4

3 1 cm 1 cm

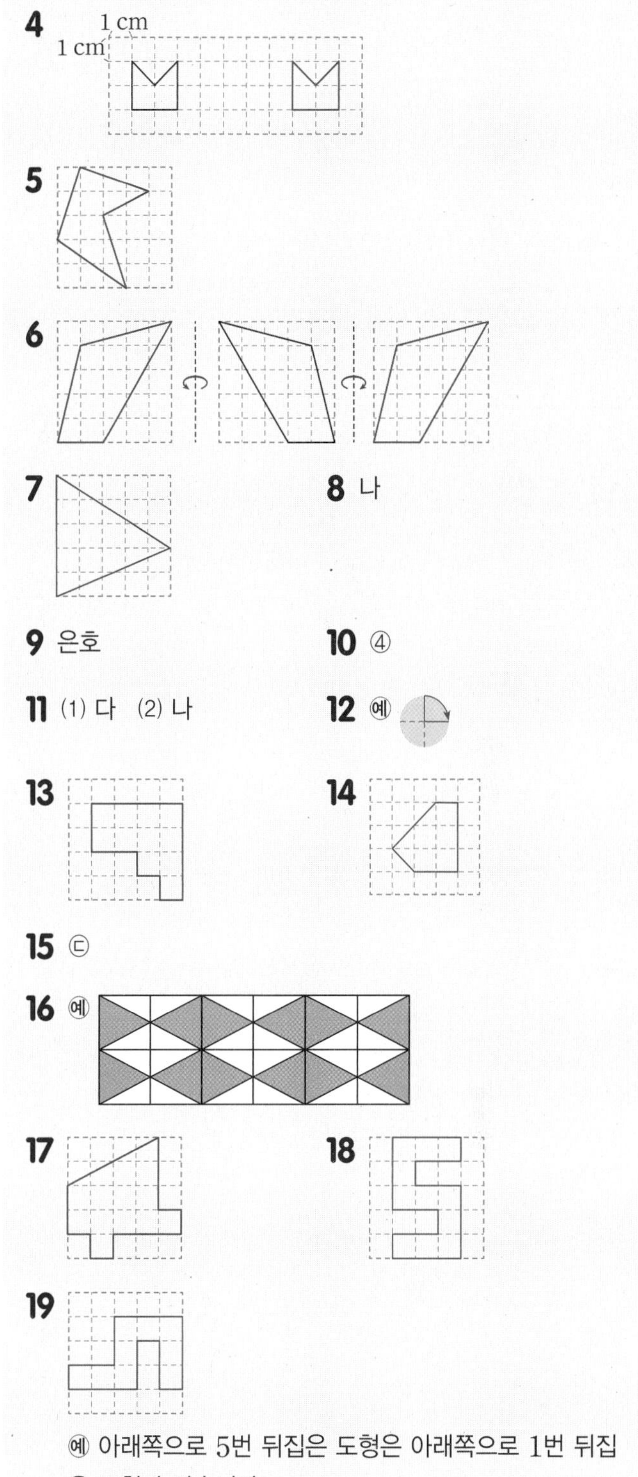

예 아래쪽으로 5번 뒤집은 도형은 아래쪽으로 1번 뒤집은 도형과 같습니다.
따라서 처음 도형은 움직인 도형을 위쪽으로 1번 뒤집은 도형을 그립니다.

20 294

1 모양 조각을 밀었을 때 모양은 변하지 않으므로 ㉢입니다.

2 예

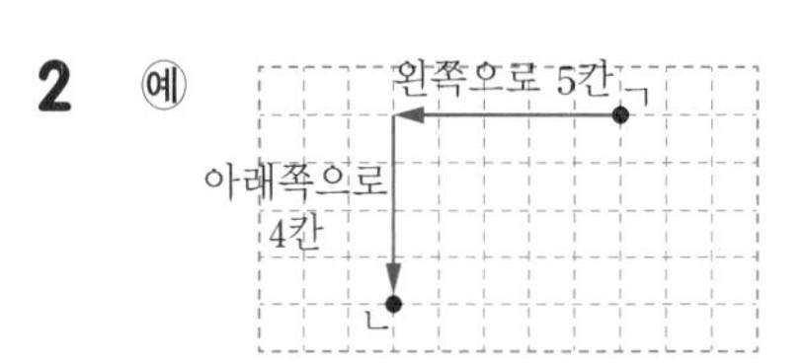

3 이동하기 전 점의 위치는 오른쪽으로 4 cm 이동한 곳이므로 오른쪽으로 4 cm 이동한 곳에 점을 찍습니다.

4 도형을 밀면 모양은 변하지 않고 민 방향과 길이만큼 위치만 바뀝니다.

5 도형을 어느 방향으로 밀어도 처음 도형과 같습니다.

6 도형을 왼쪽으로 뒤집은 도형과 오른쪽으로 뒤집은 도형은 서로 같습니다.

7 도형을 시계 방향으로 90°만큼 돌리면 위쪽이 오른쪽으로 이동합니다.

8 위쪽으로 뒤집으면 위쪽과 아래쪽이 서로 바뀝니다.
따라서 위쪽과 아래쪽 모양이 같은 **나**가 처음 모양과 같습니다.

10 수 카드의 왼쪽과 오른쪽이 서로 바뀐 모양을 찾으면 ④입니다.

12 도형의 위쪽 부분이 오른쪽으로 이동하였으므로 시계 방향으로 90°만큼(시계 반대 방향으로 270°만큼) 돌리기한 것입니다.

13 오른쪽 도형을 위쪽으로 뒤집으면 처음 도형이 됩니다.

14 넷째 도형은 셋째 도형의 위쪽 부분이 왼쪽으로 이동하였으므로 도형을 시계 반대 방향으로 90°만큼 돌리는 규칙입니다.

15 ㉢

16 예 모양을 오른쪽으로 뒤집는 것을 반복하여 모양을 만들고, 그 모양을 아래쪽으로 뒤집어서 무늬를 만들었습니다.

17 도형을 위쪽으로 7번 밀었을 때의 도형은 처음 도형과 같고 시계 방향으로 90°만큼 5번 돌린 도형은 시계 방향으로 90°만큼 한 번 돌린 도형과 같습니다.
따라서 왼쪽 도형을 시계 방향으로 90°만큼 돌린 도형을 그립니다.

18

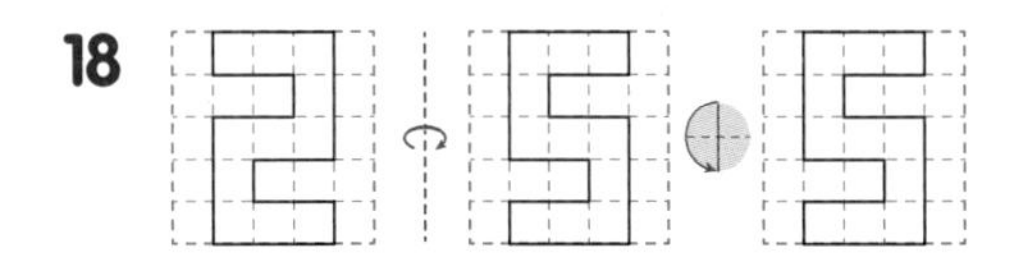

서술형
19

평가 기준	배점(5점)
처음 도형을 그렸나요?	2점
처음 도형을 그린 방법을 설명했나요?	3점

서술형
20 예 수 카드를 왼쪽으로 뒤집으면 812가 됩니다.
따라서 두 수의 차는 $812-518=294$입니다.

평가 기준	배점(5점)
수 카드를 왼쪽으로 뒤집었을 때 만들어지는 수를 구했나요?	3점
두 수의 차를 구했나요?	2점

5 막대그래프

서술형 문제 42~45쪽

1⁺ 21칸　　2⁺ 5명

3 예 • 초등학생이 가장 많은 마을은 은하 마을입니다.
　• 초등학생이 가장 적은 마을은 한라 마을입니다.

4 25명　　5 600가구

6 예 표는 전체 학생 수를 알아보기에 편리합니다.
막대그래프는 학생들이 가장 좋아하는 운동을 한눈에 알아보기에 편리합니다.

7 16개

8 예 2020년보다 늘어날 것이라고 생각합니다.
/ 예 생산량이 꾸준히 늘고 있기 때문입니다.

9 7명

1⁺ 예 유치원 수가 가장 많은 지역은 다 지역의 42곳이므로 42곳까지 나타낼 수 있어야 합니다.
따라서 눈금 한 칸이 2곳을 나타내므로 눈금은 적어도 $42 \div 2 = 21$(칸) 필요합니다.

단계	문제 해결 과정
①	유치원이 가장 많은 지역의 유치원은 몇 곳인지 알았나요?
②	눈금은 적어도 몇 칸 필요한지 구했나요?

2⁺ 예 가장 많은 학생들이 좋아하는 과목은 막대의 길이가 가장 긴 수학으로 10명이고 가장 적은 학생들이 좋아하는 과목은 막대의 길이가 가장 짧은 사회로 5명입니다.
따라서 학생 수의 차는 $10-5=5$(명)입니다.

단계	문제 해결 과정
①	가장 많은 학생들이 좋아하는 과목과 가장 적은 학생들이 좋아하는 과목의 학생 수를 각각 구했나요?
②	학생 수의 차를 구했나요?

3

단계	문제 해결 과정
①	알 수 있는 내용을 한 가지 썼나요?
②	알 수 있는 내용을 또 한 가지 썼나요?

4 예 조사한 학생이 70명이므로 음악 프로그램을 좋아하는 학생은 $70-13-18-14=25$(명)입니다.

단계	문제 해결 과정
①	각 학생 수의 합이 합계임을 알고 있나요?
②	음악 프로그램을 좋아하는 학생 수를 구했나요?

5 예 세로 눈금 5칸이 100가구를 나타내므로 세로 눈금 한 칸은 $100 \div 5 = 20$(가구)를 나타냅니다.
따라서 우유 배달을 받는 가구는 모두
$140+80+180+200=600$(가구)입니다.

단계	문제 해결 과정
①	세로 눈금 한 칸의 크기를 구했나요?
②	우유 배달을 받는 가구 수를 구했나요?

6

단계	문제 해결 과정
①	표의 편리한 점을 설명했나요?
②	막대그래프의 편리한 점을 설명했나요?

7 예 세로 눈금 5칸이 10개를 나타내므로 세로 눈금 한 칸은 $10 \div 5 = 2$(개)를 나타냅니다.
따라서 사과주스의 판매량은 8개이므로 오렌지주스의 판매량은 $8 \times 2 = 16$(개)입니다.

단계	문제 해결 과정
①	사과주스의 판매량을 구했나요?
②	오렌지주스의 판매량을 구했나요?

8

단계	문제 해결 과정
①	2030년의 자동차 생산량이 어떻게 변할지 예상했나요?
②	그렇게 생각한 까닭을 썼나요?

9 예 운동이 취미인 학생은 10명이므로 독서가 취미인 학생은 $10-5=5$(명)입니다.
따라서 음악 감상이 취미인 학생은
$30-10-5-8=7$(명)입니다.

단계	문제 해결 과정
①	독서가 취미인 학생 수를 구했나요?
②	음악 감상이 취미인 학생 수를 구했나요?

5단원 단원 평가 Level ❶ 46~48쪽

1 반, 학생 수　　**2** 4반, 6반

3 1명

4 ㉠ 학교 도서관을 이용한 학생이 가장 많은 반은 4반입니다.

5 ㉠

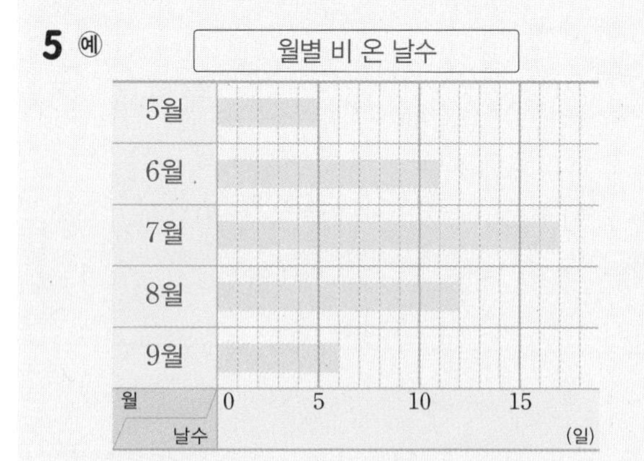

6 14일　　**7** 7일

8 막대그래프

9 ㉠ 좋아하는 간식별 학생 수

간식	햄버거	떡볶이	빵	치킨	합계
학생 수 (명)	6	6	4	8	24

10 ㉠ 좋아하는 간식별 학생 수

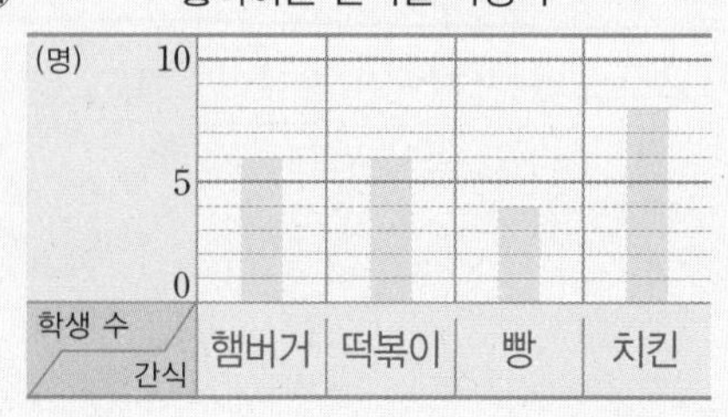

11 ㉡

12 ㉠ 농장별 기르는 돼지 수

농장	우리	목초	전원	하늘	합계
돼지 수 (마리)	160	120	180	200	660

13 80마리

14 하늘 농장, 전원 농장, 우리 농장, 목초 농장

15 20명　　**16** 4반

17 1반　　**18** 40명

19 3배

20 ㉠ 부산 / ㉠ 가장 많은 학생들이 가고 싶어 하는 도시가 부산이기 때문입니다.

2 막대의 길이가 10명보다 긴 반은 4반, 6반입니다.

3 세로 눈금 5칸이 5명을 나타내므로 세로 눈금 한 칸은 $5 \div 5 = 1$(명)을 나타냅니다.

6 7월에 비가 온 날은 17일이고, 7월은 31일까지 있으므로 비가 오지 않은 날은 $31 - 17 = 14$(일)입니다.

7 8월에 비가 온 날은 12일이고, 5월에 비가 온 날은 5일입니다.
➡ $12 - 5 = 7$(일)

8 비가 가장 많이 온 달을 알아보려면 막대그래프에서 막대의 길이가 가장 긴 것을 찾는 것이 편리합니다.

9 간식별 붙임딱지의 수를 세어 표로 나타냅니다.
(합계)$= 6 + 6 + 4 + 8 = 24$(명)

11 ㉠ 가장 많은 학생들이 좋아하는 간식은 치킨입니다.
㉢ 현서가 좋아하는 간식은 알 수 없습니다.
㉣ 현서네 반 여학생 수는 알 수 없습니다.

12 세로 눈금 5칸이 100마리를 나타내므로 세로 눈금 한 칸은 $100 \div 5 = 20$(마리)를 나타냅니다.
따라서 우리 농장은 160마리, 목초 농장은 120마리, 전원 농장은 180마리, 하늘 농장은 200마리입니다.
(합계)$= 160 + 120 + 180 + 200 = 660$(마리)

13 기르는 돼지 수가 가장 많은 농장은 하늘 농장으로 200마리이고 가장 적은 농장은 목초 농장으로 120마리입니다.
따라서 돼지 수의 차는 $200 - 120 = 80$(마리)입니다.

14 막대의 길이가 긴 것부터 차례로 씁니다.

15 1반에서 캠프에 참가하는 남학생은 12명이고 여학생은 8명이므로 모두 $12 + 8 = 20$(명)입니다.

16 보라색 막대의 길이와 노란색 막대의 길이의 차가 가장 적은 반은 4반입니다.
따라서 남학생 수와 여학생 수의 차가 가장 적은 반은 4반입니다.

17 캠프에 참가하는 여학생 수는 모든 반이 같으므로 남학생 수의 막대가 가장 긴 1반이 가장 많습니다.

18 캠프에 참가하는 남학생은 1반 12명, 2반 10명, 3반 11명, 4반 7명이므로 모두
$12+10+11+7=40$(명)입니다.

서술형
19 예 가장 많이 팔린 책은 동화책으로 18권 팔렸고, 가장 적게 팔린 책은 만화책으로 6권 팔렸습니다.
따라서 동화책은 만화책 수의 $18 \div 6=3$(배)만큼 팔렸습니다.

평가 기준	배점(5점)
가장 많이 팔린 책 수와 가장 적게 팔린 책 수를 각각 구했나요?	3점
몇 배만큼 팔렸는지 구했나요?	2점

서술형
20

평가 기준	배점(5점)
어느 도시를 가는 것이 좋을지 정했나요?	2점
도시를 정한 까닭을 썼나요?	3점

5단원 단원 평가 Level 2

49~51쪽

1 학생 수, 마을
2 18명
3 30명
4 달 마을

5 예 좋아하는 계절별 학생 수

(명) 10, 5, 0
학생 수 / 계절: 봄, 여름, 가을, 겨울

6 가을, 겨울, 봄, 여름
7 2배

8 표

9 배우고 싶은 악기별 학생 수

악기	바이올린	칼림바	드럼	플루트	합계
학생 수 (명)	9	6	7	4	26

10 예

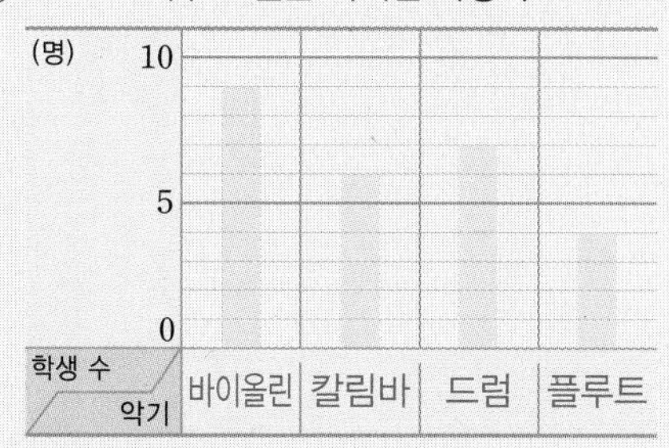

11 예 • 가장 많은 학생들이 배우고 싶은 악기는 바이올린입니다.
• 가장 적은 학생들이 배우고 싶은 악기는 플루트입니다.

12 2초
13 22초

14 28초
15 10초

16 10가구
17 30가구, 70가구

18

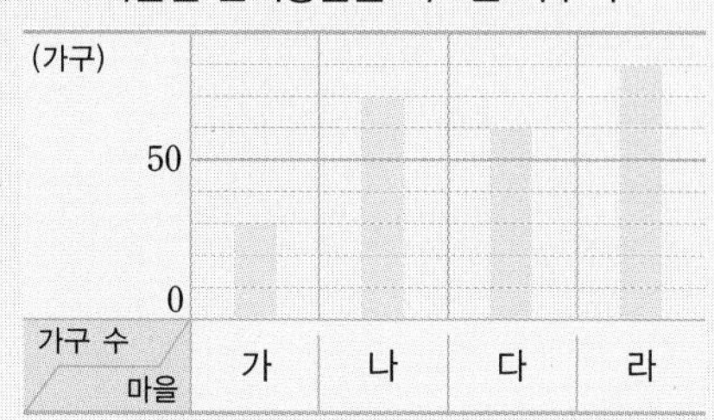

19 장미, 튤립
20 하늘 학교, 15명

2 가로 눈금 5칸이 10명을 나타내므로 가로 눈금 한 칸이 $10 \div 5=2$(명)을 나타냅니다.
따라서 꽃 마을은 9칸이므로 $2 \times 9=18$(명)입니다.

3 해 마을의 초등학생은 16명이고, 눈 마을의 초등학생은 14명이므로 모두 $16+14=30$(명)입니다.

4 막대의 길이가 가장 긴 마을은 달 마을입니다.

5 세로 눈금 한 칸을 1명으로 나타냅니다.

7 가을을 좋아하는 학생 수: 10명
여름을 좋아하는 학생 수: 5명
➡ $10 \div 5=2$(배)

8 표의 합계를 보면 전체 학생 수를 쉽게 알 수 있습니다.

9 배우고 싶은 악기별 붙임딱지의 수를 세어 표로 나타냅니다.
(합계)$=9+6+7+4=26$(명)

12 세로 눈금 5칸이 10초를 나타내므로 세로 눈금 한 칸은 $10 \div 5 = 2$(초)를 나타냅니다.

13 정현이의 막대 길이는 11칸이므로 $2 \times 11 = 22$(초)입니다.

14 현진이의 오래 매달리기 기록은 20초이고 소영이는 현진이보다 $2 \times 4 = 8$(초) 더 길므로 $20 + 8 = 28$(초)입니다.

15 가장 오래 매달린 사람은 소영이로 28초이고
가장 짧게 매달린 사람은 은경이로 18초입니다.
➡ $28 - 18 = 10$(초)

16 세로 눈금 5칸이 50가구를 나타내므로 세로 눈금 한 칸은 $50 \div 5 = 10$(가구)를 나타냅니다.

17 다 마을은 60가구이므로
가 마을은 $60 \div 2 = 30$(가구)입니다.
라 마을은 80가구이므로
나 마을은 $80 - 10 = 70$(가구)입니다.

서술형
19 예 막대의 길이가 백합보다 더 긴 것은 장미, 튤립입니다. 따라서 좋아하는 학생 수가 백합보다 많은 꽃은 장미, 튤립입니다.

평가 기준	배점(5점)
막대의 길이를 비교했나요?	3점
좋아하는 학생 수가 백합보다 많은 꽃을 구했나요?	2점

서술형
20 예 두 막대의 길이의 차가 가장 큰 학교는 하늘 학교입니다. 세로 눈금 1칸은 5명을 나타내고, 하늘 학교에서 두 막대의 길이의 차가 3칸이므로 남학생 수와 여학생 수의 차는 $3 \times 5 = 15$(명)입니다.

평가 기준	배점(5점)
남학생 수와 여학생 수의 차가 가장 큰 학교를 찾았나요?	2점
학생 수의 차를 구했나요?	3점

6 규칙 찾기

서술형 문제 52~55쪽

1+ 5304 **2+** $50 \times 11 = 550$

3 68344 **4** $1+2+3+4+5$ / 15

5 ㉣ / 예 27이 30으로 3만큼 더 커졌으므로 21은 18로 3만큼 더 작아져야 양쪽의 계산 결과가 같아집니다. / 예 $27 + 21 = 30 + 18$

6 12 **7** 7

8 15개, 21개

9 예 곱해지는 수가 37로 일정하고 곱하는 수가 3씩 커지면 곱은 111씩 커집니다. / $37 \times 15 = 555$

10 5 **11** $26 + 27 + 28 = 27 \times 3$

1+ 예 5004부터 시작하여 오른쪽으로 100씩 커지는 규칙입니다.
따라서 ■$= 5204 + 100 = 5304$입니다.

단계	문제 해결 과정
①	규칙을 찾았나요?
②	■에 알맞은 수를 구했나요?

2+ 예 10씩 커지는 수에 11을 곱하면 계산 결과가 110씩 커지는 규칙입니다.
따라서 다섯째 곱셈식은 $50 \times 11 = 550$입니다.

단계	문제 해결 과정
①	규칙을 찾았나요?
②	다섯째 곱셈식을 구했나요?

3 예 28340부터 ↘ 방향으로 10001씩 커지는 규칙입니다.
따라서 ■에 알맞은 수는 58343보다 10001만큼 더 큰 수인 68344입니다.

단계	문제 해결 과정
①	규칙을 찾았나요?
②	■에 알맞은 수를 구했나요?

4 예 아래쪽으로 사각형이 2개, 3개, 4개, ... 늘어나는 규칙입니다.
따라서 다섯째에 알맞은 사각형의 수는
$1+2+3+4+5=15$입니다.

단계	문제 해결 과정
①	규칙을 찾았나요?
②	다섯째에 알맞은 사각형의 수를 식으로 나타내고 구했나요?

5

단계	문제 해결 과정
①	옳지 않은 식을 찾아 까닭을 썼나요?
②	바르게 고쳤나요?

6 예 나누어지는 수 60이 30의 2배이므로 나누는 수도 6의 2배가 되어야 계산 결과가 같아집니다.
따라서 찢어진 부분에 알맞은 수는 $6\times2=12$입니다.

단계	문제 해결 과정
①	찢어진 부분에 알맞은 수가 6의 2배임을 알았나요?
②	찢어진 부분에 알맞은 수를 구했나요?

7 예 가운데 있는 수를 중심으로 ↔, ↘, ↙ 방향의 수의 합은 가운데 수 7에 2를 곱한 것과 같습니다.

단계	문제 해결 과정
①	규칙을 찾았나요?
②	□ 안에 공통으로 들어갈 수를 구했나요?

8 예 흰색 바둑돌은 첫째에 1개가 놓이고 그 이후 홀수 째에 5개, 9개, ...가 더 놓이고, 검은색 바둑돌은 짝수 째에 3개, 7개, ...가 더 놓입니다.
➡ (여섯째에 놓일 흰색 바둑돌의 수)
$=1+5+9=15$(개)
(여섯째에 놓일 검은색 바둑돌의 수)
$=3+7+11=21$(개)

단계	문제 해결 과정
①	여섯째에 놓이는 흰색 바둑돌의 수를 구했나요?
②	여섯째에 놓이는 검은색 바둑돌의 수를 구했나요?

9

단계	문제 해결 과정
①	규칙을 찾았나요?
②	빈칸에 알맞은 계산식을 구했나요?

10 예 1부터 연속한 홀수의 합은 가로에 놓인 ●의 수를 두 번 곱한 것과 같습니다.
$1+3+5+7+9$는 가로에 놓인 ●의 수가 5이므로 5×5입니다.

단계	문제 해결 과정
①	규칙을 찾았나요?
②	□ 안에 공통으로 들어갈 수를 구했나요?

11 예 연속한 세 수를 더하면 계산 결과는 가운데 수에 3을 곱한 값입니다. $81=27\times3$이므로 계산 결과가 27×3이 되는 계산식은 가운데 수가 27이므로 $26+27+28=27\times3$입니다.

단계	문제 해결 과정
①	규칙을 찾았나요?
②	계산 결과가 81이 되는 계산식을 구했나요?

6단원 단원 평가 Level 1 56~58쪽

1 208, 416

2 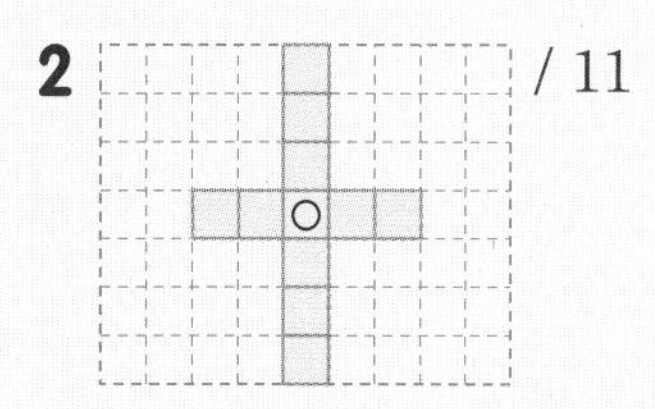 / 11

3 (위에서부터) 120, 160 / 100, 200 / 180, 240

4 예 $14\times4=28+28$ / 예 $32+10-2=50-10$

5 (1) 37 (2) 9

6 예 십의 자리 수가 1씩 커지는 두 수의 합은 20씩 커집니다.

7 $445+243=688$

8 예 5, ×, 1

9 $48+52=45+55$

10 예 첫째 사각형의 위부터 시작하여 시계 방향으로 돌면서 사각형이 1개, 2개, 3개, 4개, ...로 늘어납니다.

11 16개

12 (위에서부터) 3, 7, 11, 15, 19 / 4, 8, 12, 16, 20, 24, 28

13 (위에서부터) 632 / 1034 / 336

14 $111111\times11111=1234554321$

15 $111111111\times11111111=1234567887654321$

16 예 9, 21

17 예 $109-104=110-105$

18 999999999

19 14035

20 $800\times11=8800$

1 13부터 시작하여 오른쪽으로 2씩 곱하는 규칙입니다.

2 ○ 표시된 사각형을 기준으로 위쪽과 아래쪽으로 1개씩, 왼쪽과 오른쪽으로 1개씩 번갈아가며 늘어나는 규칙입니다.

3 세로줄과 가로줄의 수가 만나는 칸에 두 수의 곱을 쓰는 규칙입니다.

4 $14 \times 4 = 56$, $32 + 10 - 2 = 40$, $50 - 10 = 40$, $28 + 28 = 56$
➡ $14 \times 4 = 28 + 28$, $32 + 10 - 2 = 50 - 10$

5 (1) 두 수를 바꾸어 더해도 합은 같으므로 $37 + 65$는 $65 + 37$과 계산 결과가 같습니다.
(2) 곱하는 수 16이 8의 2배이므로 곱해지는 수는 18을 2로 나눈 9가 되어야 계산 결과가 같아집니다.

7 십의 자리 수가 1씩 커지므로 더하는 두 수는 445, 243이 되고 합은 20씩 커지고 있으므로 688이 됩니다.

8 예 $5 = 0 + 5$, $5 = 5 + 0$, $5 = 5 - 0$, $5 = 1 \times 5$, $5 = 5 \times 1$, $5 = 5 \div 1$

9 48이 45로 3만큼 더 작아졌으므로 52는 55로 3만큼 더 커져야 계산 결과가 같아집니다.

11 $1 + 1 + 2 + 3 + 4 + 5 = 16$(개)

13 가로는 오른쪽으로 100, 200, 300, ...만큼 더 커지는 규칙이고, 세로는 아래쪽으로 2씩 커지는 규칙입니다.

14 곱해지는 수는 11부터 시작하여 1이 1개씩 늘어나고 곱하는 수는 1부터 시작하여 1이 1개씩 늘어나면 곱은 1부터 순서까지의 수가 나오고 다시 그 수부터 1까지 줄어듭니다.

15 계산 결과에서 가장 큰 수가 8이므로 여덟째 곱셈식이 됩니다.
따라서 곱해지는 수의 1은 9개, 곱하는 수의 1은 8개가 됩니다.

16 □에서 $7 + 23$과 합이 같은 식은 $8 + 22$, $9 + 21$, $14 + 16$입니다.

17 우편함에 표시된 수의 배열에서 ↗ 방향으로 빼면 차가 모두 5가 됩니다.

18 27은 3의 9배이므로 나누어지는 수는 111111111의 9배인 999999999입니다.

서술형
19 예 10035부터 아래쪽으로 1000씩 커지는 규칙입니다.
따라서 ●에 알맞은 수는 13035보다 1000만큼 더 큰 수인 14035입니다.

평가 기준	배점(5점)
규칙을 찾았나요?	2점
●에 알맞은 수를 구했나요?	3점

서술형
20 예 100씩 커지는 수에 11을 곱하면 계산 결과가 1100씩 커지는 규칙입니다.
따라서 다섯째 곱셈식은 $800 \times 11 = 8800$입니다.

평가 기준	배점(5점)
규칙을 찾았나요?	2점
다섯째 곱셈식을 구했나요?	3점

6단원 단원 평가 Level 2

59~61쪽

1 예 1050부터 ↘ 방향으로 1050씩 커지는 규칙입니다.

2 4250

3 (1) ○ (2) × (3) ○

4 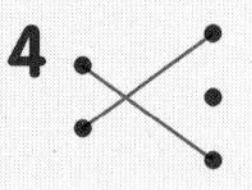
예 $4 \times 15 = 15 \times 4$ / 예 $20 + 20 + 20 = 30 + 30$

5 3125

6 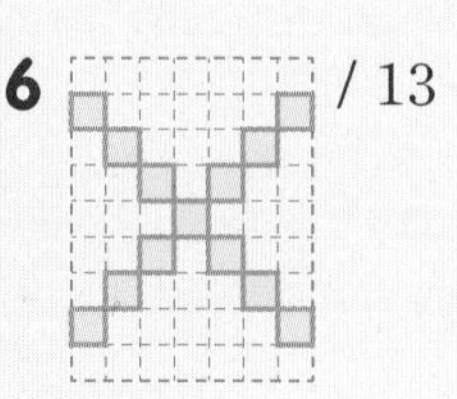 / 13

7 (1) 60 (2) 15

8 예 3×9, $30 - 3$ / $3 \times 9 = 30 - 3$

9 1045

10 9개

11 ②

12 예 3부터 2씩 커지는 규칙입니다.

13 (왼쪽에서부터) 23, 9

14 $500+1400-900=1000$

15 $1000+1900-1400=1500$

16 1234321 **17** ⑤

18 예 $4+7+10$, $2+7+12$ / $4+7+10=2+7+12$

19 21개 **20** 48

2 아래쪽으로 1000씩 커지는 규칙이므로 3250보다 1000만큼 더 큰 수인 4250입니다.

3 (1) $23=20+3$이므로 $23+25=20+3+25$입니다.
(2) $31+31+31+31=31\times4=124$, $34\times3=102$이므로 옳지 않습니다.
(3) 나누어지는 수 90이 30의 3배이고 나누는 수 15가 5의 3배이므로 계산 결과가 같습니다.

5 5부터 시작하여 ← 방향으로 5씩 곱하는 규칙입니다.
➡ $625\times5=3125$

6 ↘, ↙ 방향으로 1개씩, 모두 4개씩 늘어나는 규칙입니다.
따라서 □ 안에 알맞은 수는 $9+4=13$입니다.

7 (1) $64=60+4$이므로 $64+8=60+4+8$입니다.
(2) 38이 33으로 5만큼 더 작아졌으므로 20은 15로 5만큼 더 작아져야 계산 결과가 같아집니다.

9 색칠된 칸은 45부터 세로로 100, 200, 300, ...만큼 더 커지는 규칙입니다.
따라서 ㉠은 645보다 400만큼 더 큰 수인 1045입니다.

10 사각형의 수가 첫째는 1개, 둘째는 2개, 셋째는 3개, ... 이므로 1개에서 시작하여 1개씩 늘어나는 규칙입니다.
따라서 아홉째는 9개입니다.

11 둘째는 아래쪽, 셋째는 오른쪽, 넷째는 위쪽, 다섯째는 왼쪽, 여섯째는 아래쪽이므로 일곱째는 오른쪽에 있습니다.

14 100씩 커지는 수에 100씩 커지는 수를 더하고, 100씩 커지는 수를 빼면 계산 결과는 100씩 커집니다.

15 계산 결과가 100씩 커지므로 계산 결과가 1500이 되는 계산식은 10째 계산식입니다.
따라서 $1000+1900-1400=1500$입니다.

16 1이 1개씩 늘어나는 수를 두 번 곱한 결과는 가운데를 중심으로 왼쪽과 오른쪽에 똑같은 수가 오게 됩니다.
따라서 $1111\times1111=1234321$입니다.

17 ⑤ ↑ 방향으로 수가 1씩 커지므로 가로줄에 있는 네 수의 합은 위쪽으로 4씩 커집니다.

18 덧셈, 뺄셈, 곱셈, 나눗셈을 이용하여 계산 결과가 21이 되는 식을 쓰고, 두 식을 등호(=)의 양쪽에 써서 하나의 식으로 나타낼 수 있습니다.

서술형
19 예 초록색 삼각형이 1개, 3개, 6개, 10개로 한 단계가 진행될 때마다 2개, 3개, 4개 늘어나는 규칙입니다.
따라서 다섯째는 $10+5=15$(개), 여섯째는 $15+6=21$(개)입니다.

평가 기준	배점(5점)
초록색 삼각형의 수에 대한 규칙을 찾았나요?	2점
여섯째에 올 초록색 삼각형의 수를 구했나요?	3점

서술형
20 예 아래에 있는 두 수의 합을 위 칸에 쓰는 규칙입니다.
빈칸에 알맞은 수는 $8+12=20$, $12+16=28$이므로 ★$=20+28=48$입니다.

평가 기준	배점(5점)
규칙을 찾았나요?	2점
★에 알맞은 수를 구했나요?	3점

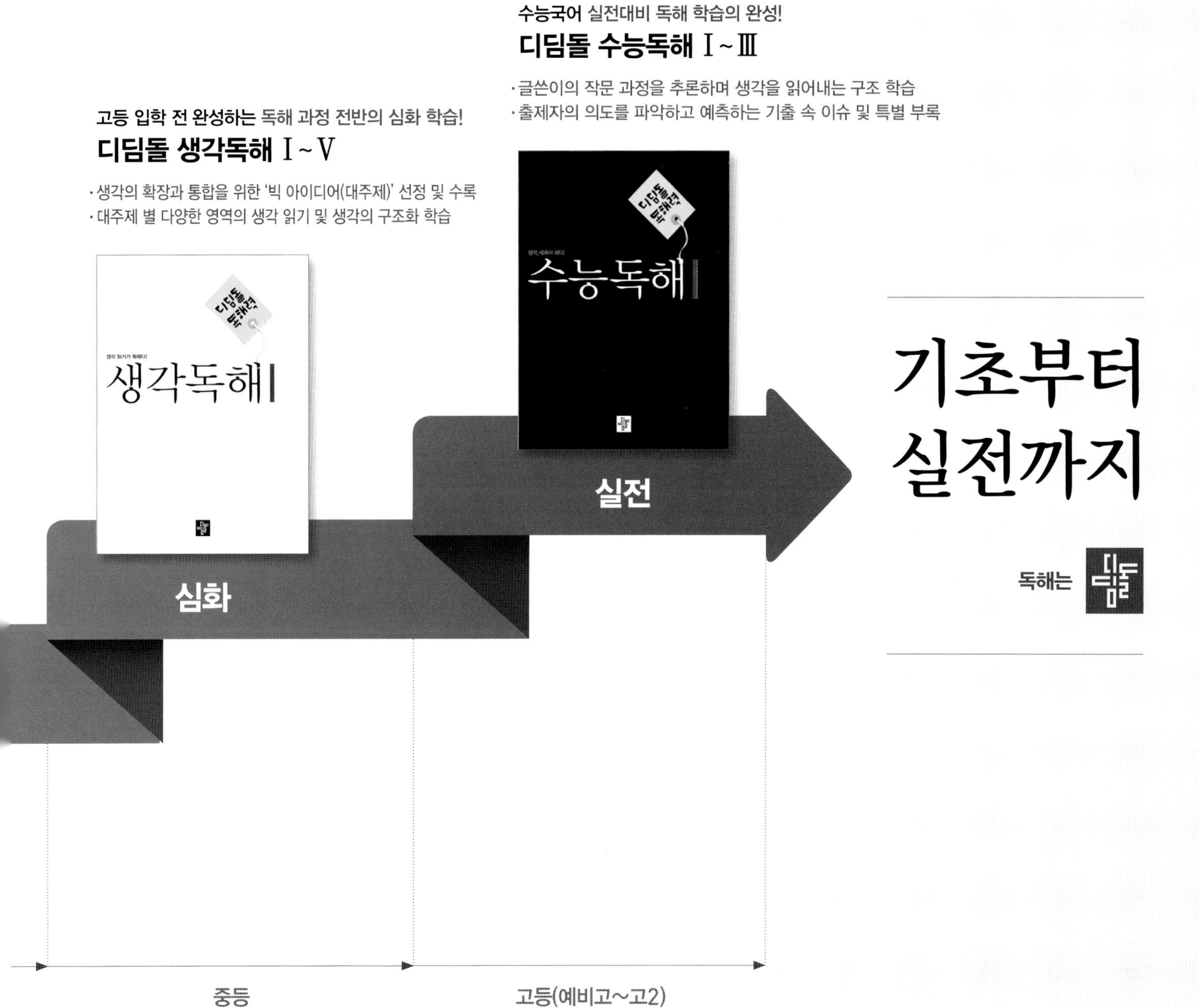

수능국어 실전대비 독해 학습의 완성!
디딤돌 수능독해 Ⅰ~Ⅲ
·글쓴이의 작문 과정을 추론하며 생각을 읽어내는 구조 학습
·출제자의 의도를 파악하고 예측하는 기출 속 이슈 및 특별 부록
고등 입학 전 완성하는 독해 과정 전반의 심화 학습!
디딤돌 생각독해 Ⅰ~Ⅴ
·생각의 확장과 통합을 위한 '빅 아이디어(대주제)' 선정 및 수록
·대주제 별 다양한 영역의 생각 읽기 및 생각의 구조화 학습
생각독해Ⅰ
수능독해Ⅰ
심화
실전
중등
고등(예비고~고2)
기초부터 실전까지
독해는 디딤돌

다음에는 뭐 풀지?

다음에 공부할 책을 고르기 어려우시다면, 현재 성취도를 먼저 체크해 보세요.
최상위로 가는 맞춤 학습 플랜만 있다면 내 실력에 꼭 맞는 교재를 선택할 수 있어요!
단계에 따라 내 실력을 진단해 보고, 다음 학습도 야무지게 준비해 봐요!

첫 번째, 단원평가의 맞힌 문제 수 또는 점수를 모두 더해 보세요.

단원		맞힌 문제 수 OR	점수 (문항당 5점)
1단원	1회		
	2회		
2단원	1회		
	2회		
3단원	1회		
	2회		
4단원	1회		
	2회		
5단원	1회		
	2회		
6단원	1회		
	2회		
합계			

※ 단원평가는 각 단원의 마지막 코너에 있는 20문항 문제지입니다.